# 수산식품 가공 이용학

이성갑 · 김동수 공저

광 문 각

# 머 리 말

세계적인 인구폭증과 산업발달로 육상자원(陸上資源 : 식량과 에너지)의 고갈현상이 점점 심각해져 이 부족자원(不足資源)을 해양에서 충당하려는 노력들이 증대되고 있다.

바다생물인 어류(魚類)·패류(貝類)·해조류(海藻類)는 인류의 단백질자원의 공급원으로 예로부터 널리 이용되어 왔고 앞으로도 더욱 중요시되어 바다에서의 식량자원의 공급없이는 인류의 생존유지는 어렵다고 단정할 수 있고 생활환경으로서의 바다 보호도 시급한 문제로 대두되고 있다.

특히 우리 나라는 3면이 바다로 둘러싸여 있고 내륙지(內陸地)의 자원확보도 부족하여 바다의 목장화(牧場化) 사업을 포함한 수산업의 발달과 수산식품 가공기술의 진보는 국가적인 중요과제로 되어 있다.

이러한 천혜(天惠)의 수산 식량자원을 이용하여 국리민복(國利民福)의 자원으로 활용하려면 과학적 기초 위에 경험적 기술을 축적하는 것은 무엇보다 중요하고 필요하다. 수산자원은 그 종류가 심(甚)히 많고 또 그 가공이용법도 무수히 많고 다양하다.

이러한 면에서 저자들은 그 동안 해외유학과 수산물연구소 및 생산회사에의 연구 및 실무경험 그리고 20여 년의 대학강의 등의 경력을 토대로 1982년 출간한 수산식품 가공학을 이번에 전면적으로 대폭 증보(增補)하여 많은 기술 정보를 수록토록 하여 이 분야에 종사하는 실무자는 물론 이 분야에 뜻을 두고 공부하는 대학생들의 교재로 다소나마 도움을 드리고자 이 책을 내놓게 되었다. 본서는 먼저 수산식품의 원료인 어(魚)·패(貝)·해조류(海藻類)의 특성을 살리고 그 특성을 기초로 한 가공원리와 실제를 과학적으로 기술하는데 노력하였다. 또 개개의 수산가공품별로 생산·품질관리 기술을 다루어 가공, 저장에 따른 품질변화를 막고 상품가치를 높이는 기술을 다루었으며 아울러 되도록 최근에 새롭게 관심이 고조되고 있는 수산물의 생리활성물질, 어란가공품, 전통수산식품, 어육연제품(魚肉煉製品), 수산통조림, 조미수산건제품(調味水産乾製品), 어분(魚粉), 어유(魚油) 등 많은 분야를 골고루 다루고자 노력하였다.

본서 집필에 가능한 한 문제점이 없도록 노력하였으나 천학비재(淺學非材)하여 많은 오류가 있을 것으로 사료되며 이점 차후(此後) 발견, 지적되는 사항은 계속적으로 수정 보완할 것을 약속 드리며 강호제현(江湖諸賢)의 많은 지도와 편달을 바랍니다.

끝으로 이 책이 출판되기까지 물심양면으로 애써 주신 광문각출판사 박정태 사장님 그리고 편집부 여러분들께 감사를 드립니다.

1999. 3.

서울 冠岳山 山麓에서 著者 씀

# 차 례

## 1장 서론



## 2장 수산가공 원료의 특성



## 3장 수산물의 생리활성 기능성분

## 4장 수산가공의 요건



## 5장 수산 냉동품



## 6장 수산 건제품



## 7장 수산 훈제품

## 8 장 수산 염신장품



## 9 장 수산 연제품



## 10 장 수산 통조림

## 11장 수산 조미가공품



## 12장 어란 가공품



## 13장 어 분



## 14장 어 유

## 15장 해조 가공품



## 16장 수산가공공장 용수와 폐수



## 17장 수산가공공장의 위생관리

# 1장 서 론

## Ⅰ. 수산가공의 의의와 목적

수산가공(Fish Technology)이란 어업생산물에 물리적, 화학적 또는 생물학적 조작을 가하여 저장할 수 있게 하거나 새로운 성질을 가진 식품이나 가축사료, 의약품 등을 만드는 생산수단을 말하는 것으로서 수산제조라고도 한다.

수산물은 계절적으로 생산되기 때문에 일정한 소비량을 공급하기 위해서는 저장이 필요하게 되며 또한 소비에 대한 효과적인 대응과 그리고 편리하게 사용하기 위해서는 가공을 하지 않을 수 없다. 이와 같이 수산가공은 수산물의 생산에 못지 않게 중요한 필수적인 수단인 것이다.

이러한 수산가공에 대한 이론과 방법을 연구하는 학문이 바로 수산 가공학 또는 수산제조학(Fish Technology)이다. 다시 말해서 수산가공학은 수산물의 저장, 처리 이용, 가공, 제조 등에 관한 기초적 및 응용적 연구를 하는 응용과학이며 대상은 어획으로 생산되는 수산물인 생선(魚肉), 알(魚卵), 해조(海藻) 등은 물론 내장 기름, 부산물 등에 이르기까지 다양하다. 응용분야는 식료품, 사료, 비료, 의약품, 가공용품, 공업원료 등 각 분야에 걸쳐서 날이 갈수록 더욱 개량되고 창안 발전되어 그 제품의 종류는 수백 종에 달하고 있다. 구미 제국에서는 어획량이 많고 수산물의 소비가 높으므로 이 계통의 학문이나 산업이 보편화되어 있다.

우리나라에 있어서는 아직 초보적인 단계에 있으므로 제품 생산과정에 있어서나 보건위생상 꾸준한 계몽이 필요하다. 근래에 와서야 우리나라 각 대학의 관계학과 강좌가 개설되고 있는 실정이다. 앞으로 수산가공학에 뜻을 둔 사람은 물리학, 화학, 미생물학, 생물

학, 생물화학, 동물학, 생리학, 식물학, 경제학, 심리학, 이학, 공학 등의 기초분야는 물론 수산학, 영양학, 위생학, 공예학, 포장학 등의 분야까지도 종합적인 추구를 하지 않으면 안 될 것이다.

수산물의 가공은 여러 가지 이유로 더욱 중요시되고 있는데 그 중 몇 가지를 열거하면 다음과 같다.

① 수산물은 어획된 상태로는 장기 저장에 견디기 힘들기 때문에 이것을 냉장, 냉동, 건조, 통조림 등의 방법에 의하여 가공함으로써 저장성을 갖도록 하든가 위생적인 상태로 만들며 ② 새로운 가공품을 만들므로서 제품의 부가가치를 높이고 ③ 원료의 용적을 줄여서 수송보관을 편리하게 하며 ④ 어획 수산물을 무작정 시장에 방출하면 가격변동이 심해지므로 저장성을 높여 보존하여 그 유통량을 조절할 수 있고 수산물의 공급과 수요를 적절하게 규제함으로써 수산업자를 보호하며 한편으로는 소비자의 이익을 도모하는 것이 되므로 산업발전에 이바지하게 되며 ⑤ 다양한 수산가공품을 생산공급하여 우리의 식생활을 윤택하게 할 수 있고 또 국민 영양 증진에 크게 이바지 할 수 있게 되는 것 등이다.

# Ⅱ. 생산 및 가공기술

## 1. 수산가공의 범위

어업에 의하여 수확한 어패조류의 이용가치를 유지, 향상시키려는 목적으로 한 기술적 분야는 넓은 의미의 수산가공으로 취급되고 있다.

본래 어획물은 동물성 단백질, 무기질의 급원으로서 높은 식품가치를 갖고 있는 반면에 낮은 보존성을 갖는 특성이 있다. 특히 보존성이 다른 생선식품에 비하여 극히 낮은데 이것은 해양 생물에 유래되는 숙명적인 특징으로서의 큰 결점이다. 따라서 어획물을 신선한 상태로 보존하려는 기술, 즉 저장(preservation)은 어업과 직결되는 제일의 기술적 분야가 된다. 옛부터 실질적으로 적용되고 있는 냉각, 건조, 염장 및 통조림 등은 주로 수산물의 저장을 위하여 안출된 방법들로 오늘날 기술적으로 크게 진보 발전된 가공분야들이다. 다음으로는 어획물에 어떠한 인위적 처리를 가하여 적극적으로 이들의 저장성을 부가 증강시키고 더욱 기호성을 부여하여 발전시켜온 분야가 소위 가공(processing)이다. 물론 이때의 제품은 생선물과는 판이하게 다른 성상으로 변환되며 많은 저장법이 포함된다.

여기서 통조림은 높은 저장성과 아울러 기호성이 부가되는 점이 우수한 가공법이다. 또 기호성 부여를 주목적으로 한 연제품이나 더 높은 저장성을 갖는 농후 조미품 등 이 분야의 가공품은 적지 않다.

한편 어획물의 모두가 식품으로 이용되는 것은 아니고 물고기의 개체에서도 가식부(可食部) 이외의 부분은 불가식부(不可食部)로 제외된다. 또한 어획물로서 해조류 중에는 식용으로 적당하지 않은 종류도 있다. 더욱이 이들 불가식부, 즉 식용 부적당한 품종이라도 성분상으로는 각각 유용한 어획물 이용의 한 분야로 경시할 수는 없다. 더욱이 자원유효이용의 면에서 이의 필요성이 더욱 증대되고 있다.

## 2. 수산물의 생산 및 가공 동향

### (1) 수산물의 생산

1995년도 이후 WTO 체제의 출범으로 국제간에는 수출입의 장벽이 허물어지고 국제경쟁력의 시대로 향하는 그야말로 경제원칙에 입각한 치열한 국제무역의 시대로 접어들게 되었다.

식량자원 중 수산물은 유일한 수출우위의 자원으로써 옛날부터 수산자원의 생산 및 이용방법이 발달하였으며 60년대에는 잡는 어업, 70년대에는 잡는 어업과 양식 어업(기르는 어업)이 크게 발전하여 국가산업의 중요한 위치를 차지하였다.

80년대에 들어서면서 국내외 수산업 여건의 변화 및 내수산업의 급격한 성장으로 국내 수산업도 가공산업 위주의 이용분야가 크게 성장하게 되었고 90년대에 접어들면서 고품질의 수산가공식품과 위생 및 영양을 동시에 만족해야 상품성이 인정되는 고품위의 제품생산 시대에 접어들었다. 뿐만 아니라 1995년도에 발족한 WTO의 체제 하에는 국제경쟁력까지 확보되지 않으면 안되게 되었다.

그러나 80년대 중반에 들어서면서부터 세계 연안 각국의 수산자원 보호정책의 강화, 태국, 중국, 칠레 등 개발도상국의 수산업 발전, 국내 연근해 및 원양어업 생산의 정체 및 인건비 상승 등에 의한 2차 가공산업 여건의 변화는 그동안 양적인 증산시책 및 원료상태의 수출에 의한 국내 수산업의 성장기반을 크게 악화시키게 되었으며 수출채산성의 악화는 곧바로 가공식품 산업발전과 내수시장 기반 구축으로 이어지게 되었다.

원천기술의 개발없이 외국의 가공기술을 손쉽게 들여올 수 있었던 몇몇 수산 대기업의 주도로 참치통조림, 맛살류, 조미오징어, 조미김 및 젓갈류 등의 상업적 제품이 크게 성공하여 비교적 짧은 시간에도 불구하고 국내의 내수시장은 80년대부터 크게 성장되었다.

그러나 90년대에 접어들면서 품질개선 및 소비구조가 한계에 이르고 향후 전망에 대해서도 매우 불투명하게 되었다. 이런 원인에 대해서는 몇 가지 구조적인 문제점을 지적할 수 있다. 즉 원료어의 안정적 확보 불투명, 인건비의 상승 등 제조업의 여건 악화, 신제품

개발기술 부족, 식품관련제도 미비, 중소기업의 여건 및 구조가 불합리한 점을 들 수가 있다. 이와 같은 어려운 여건 하에서도 우리나라의 수산물 생산량은 일정한 수준으로 유지하고 있으며 앞으로도 이러한 상황은 계속될 수 있을 것으로 생각된다.

다음의 표 1-1에 나타난 바와 같이 우리나라의 수산물 총생산량은 1997년의 경우 약 3,244천 톤으로 10년 전인 1987년 이후 거의 비슷한 생산량을 보이고 있다. 이러한 원인은 연근해 어획량의 감소(연안어장의 매립 간척으로 어장축소) 및 원양산 어획물의 할당량 축소에 따른 것으로 볼 수 있다. 반면 수산물의 국내 소비는 매년 꾸준히 증가하는 현상을 보이고 있어 해마다 수입이 증가한다는 사실을 단적으로 증명해 주고 있다. 즉 1988년의 수입량은 54만 2천 톤이였으나 1997년의 경우는 118만 9천 톤으로 약 20배 정도의 급신장을 보였다. 한편 수출의 경우는 1988년 이후 정체 현상을 보이고 있으나 수입량의 증가에 따른 국민일인당 소비량은 약 44kg 수준으로 세계 수준의 수산물 소비국임을 알 수 있다.

표 1-1 수산물의 이용배분 동향 (단위 : 톤)

| 구 분 | 87 | 89 | 91 | 93 | 95 | 97 |
|---|---|---|---|---|---|---|
| 총어획량 | 3,331,823 | 3,319,395 | 2,983,222 | 3,335,531 | 3,348,184 | 3,243,725 |
| 선어유통 | 545,237 | 676,875 | 300,787 | 586,300 | 591,866 | 630,000 |
| 가공원료 (가공율) | 2,786,588 (83.6) | 2,642,435 (79.6) | 2,682,435 (89.9) | 2,749,231 (82.4) | 2,756,318 (82.3) | 2,163,000 (80.5) |
| 제 품 량 (수율,%) | 1,510,125 (54.2) | 1,693,944 (64.1) | 1,620,776 (60.4) | 1,468,181 (54.0) | 1,691,810 (61.4) | 1,784,000 (64.0) |

표 1-2 수산물 수급 동향 (단위 : 천톤)

| 연 도 | 공 급 | | | 계 | 소 비 | | | kg/인 |
|---|---|---|---|---|---|---|---|---|
| | 생산 | 수입 | 재고 | | 국내소비 | 수 출 | 이 월 | |
| 88 | 3,209 | 542 | 177 | 3,838 | 2,336 | 1,303 | 199 | 33.6 |
| 89 | 3,319 | 404 | 199 | 3,922 | 2,526 | 1,120 | 276 | 36.0 |
| 90 | 3,275 | 380 | 276 | 3,931 | 2,583 | 1,058 | 290 | 36.2 |
| 91 | 2,983 | 554 | 290 | 3,827 | 2,235 | 1,284 | 308 | 35.9 |
| 92 | 3,289 | 410 | 308 | 4,007 | 2,237 | 1,300 | 380 | 40.0 |
| 93 | 3,336 | 488 | 380 | 4,024 | 2,842 | 1,002 | 360 | 42.2 |
| 94 | 3,477 | 792 | 360 | 4,629 | 3,104 | 1,065 | 460 | 44.9 |
| 95 | 3,348 | 948 | 460 | 4,691 | 3,150 | 1,170 | 371 | 46.0 |
| 96 | 3,244 | 1,205 | 371 | 4,820 | 3,202 | 1,191 | 427 | 44.3 |
| 97 | 3,244 | 1,189 | 427 | 4,860 | 3,187 | 1,193 | 480 | 44.1 |

1997년도 우리나라의 수산물의 총공급량은 수입량 및 재고까지 합하여 4백 86만 톤으로

그중 67%에 해당하는 3백 19만 톤은 국내소비용으로 약 25%에 해당하는 1백 19만 톤은 수출로 소비되었다.

한편 어업별로 보면 1997년의 경우 총생산량 3백 24만 톤 중 연근해에서 어획되는 양이 1백 37만 톤으로 전체의 42.1%, 양식어업이 1백 11만톤으로 약 31.3%, 원양어업이 83만톤으로 25.5% 그리고 내수면 어업이 0.1%로 나타나 아직까지 우리나라의 수산물은 연근해 자원의 생산에 많이 의존하고 있음을 알 수 있다.

1997년 전국의 수산물 가공처리 시설을 소규모 시설까지 합하여 총 2,729여 개소이고 생산능력은 일 생산량 30,720톤에 이르고 있다. 시설별 생산능력은 냉동, 냉장 시설이 1일 생산량 11,236톤으로 가장 많고 해조류, 건포류, 젙임류, 어육연제류, 통조림, 한천, 어유 등의 순위로 되어있다.

**표 1-3 어업별 생산추이** (단위 : 톤)

| 구 분 | 87 | 89 | 91 | 93 | 95 | 97 |
|---|---|---|---|---|---|---|
| 합 계 | 3,331,825 | 3,319,395 | 2,983,222 | 3,335,531 | 3,348,184 | 3,243,725 |
| 연근해 | 1,525,999 | 1,510,262 | 2,303,913 | 1,526,139 | 1,425,213 | 1,367,406 |
| 양 식 | 866,063 | 848,246 | 775,419 | 1,038,119 | 996,451 | 1,105,134 |
| 내수면 | 57,103 | 30,554 | 30,425 | 30,256 | 29,293 | 31,707 |
| 원 양 | 882,660 | 930,333 | 873,465 | 741,017 | 897,227 | 829,395 |

### (2) 수산제품의 생산 및 소비 현황

1997년도 수산물 가공제품의 총생산량은 173만 톤으로 매년 약간의 증가 추세를 보이고 있어 10년 전인 87년에 비해 약 14%정도 신장세를 보였다. 연근해제품은 91만톤으로 전년도 89만 8천 톤보다 1.3%증가하였고 원양제품은 78만 2천 톤으로 전년도의 81만 6천톤보다 4.2%가 감소하였다.

연근해 어업의 주요제품은 냉동품, 어유분, 조미가공품 및 염건품으로 이들 제품의 생산 증가로 호조를 보였으며 원양제품은 명태, 참치, 가자미류의 생산증가에 힘입어 크게 늘어났다.

제품의 형태별로는 연제품, 통조림, 조미가공품 등 고차(高次) 가공품이 전년보다 증가하였고 원형 동결, 염, 신장품 등 단순한 저차(低次) 가공품도 증가한 반면 원양제품은 감소하였다.

수산물의 이용현황을 보면 총어획량에서 수산제품의 가공에 이용되는 원료공급율은 82.3%로 전년보다 약간 증가한 현상으로 최근 몇 년 동안 국민들의 수산물 소비성향은 단순저차(低次) 가공품에서 고차(高次) 가공품으로 전환되고 있음을 알 수 있다. 그러나 수산물의 이용분배에 관여하는 7~8년 전과 비교해 볼 때 큰 차이는 없으나 수율 측면에서 약간의 증가현상을 보이고 있다.

**표 1-4 수산물가공품 품목별 생산 실적** (단위 : 천톤)

| 연 도 | 87 | 89 | 91 | 93 | 95 | 96 |
|---|---|---|---|---|---|---|
| 계 | 1,510,125 | 1,693,945 | 1,620,766 | 1,468,181 | 1,691,810 | 1,727,497 |
| 소건품 | 16,554 | 13,137 | 10,647 | 20,144 | 34,686 | 42,426 |
| 염건품 | 106 | 171 | 906 | 928 | 2,067 | 2,742 |
| 자건품 | 23,942 | 22,857 | 23,663 | 29,904 | 12,695 | 40,008 |
| 염장품 | 762 | 1,611 | 595 | 164904 | 214 | 775 |
| 염신품 | 20,887 | 23,857 | 20,854 | 12,404 | 16,613 | 20,349 |
| 통조림 | 37,817 | 49,373 | 61,445 | 48,561 | 63,117 | 61,902 |
| 냉동품 | 1,163,503 | 1,365,837 | 1,199,159 | 1,096,912 | 1,275,864 | 1,265,190 |
| 해조제품 | 53,114 | 57,785 | 106,557 | 108,701 | 94,435 | 88,657 |
| 한 천 | 562 | 792 | 681 | 272 | 403 | 563 |
| 연제품 | 81,011 | 85,499 | 106,236 | 99,090 | 107,677 | 115,808 |
| 조미가공품 | 22,591 | 20,714 | 18,222 | 10,275 | 14,161 | 12,285 |
| 여유분 | 79,569 | 42,498 | 64,633 | 51,568 | 59,318 | 50,718 |
| 기 타 | 9,707 | 9,835 | 7,168 | 7,258 | 10,560 | 26,096 |

**표 1-5 연도별 수산물 가공품의 생산 동향** (단위 : 톤)

| 구분 | '93 | '94 | '95 | '96 | '96/95 |
|---|---|---|---|---|---|
| 총 계 | 1,486,181 | 1,714,511 | 1,691,810 | 1,727,497 | 102% |
| ㅇ고차가공품 | 298,697 | 330,316 | 256,966 | 329,166 | 92 |
| -처리 동결 | 88,931 | 97,300 | 112,290 | 87,912 | 78 |
| -통조림 | 48,561 | 63,899 | 63,177 | 61,902 | 98 |
| -한천 | 272 | 393 | 403 | 563 | 140 |
| -연제품 | 99,090 | 108,717 | 107,677 | 115,808 | 108 |
| -조미가공품 | 10,275 | 12,278 | 14,161 | 12,265 | 87 |
| -어유분 | 51,568 | 47,729 | 59,318 | 50,716 | 85 |
| ㅇ단순저차가공품 | 1,187,484 | 1,384,195 | 1,334,844 | 1,398,331 | 105 |
| -원형동결 | 1,007,981 | 1,204,182 | 1,163,574 | 1,177,278 | 101 |
| -건제품 | 50,976 | 40,358 | 49,448 | 85,177 | 172 |
| -염신장품 | 12,568 | 10,689 | 16,827 | 21,124 | 126 |
| -해조제품 | 108,701 | 117,376 | 94,435 | 88,657 | 94 |
| -기타 | 7,258 | 11,590 | 10,560 | 26,095 | 247 |

세계 주요 어업국의 생산동향과 어종별 생산량을 보면 그림 1-1 및 1-2와 같다.

1990년대 이후 중국의 어획량이 월등히 두드러져 2,443만 톤으로 세계 제1위의 수산대국으로 자리를 잡고 그 다음이 페루, 칠레, 일본, 미국 등의 순이며 우리나라는 1995년도 세계 11위, 북한은 14위를 기록하고 있다.

한편 세계적으로 많이 어획되는 원료어는 멸치류가 868만 톤으로 가장 많고 그 다음이 전갱이, 명태, 하크젠, 청어의 순으로 나타났다.

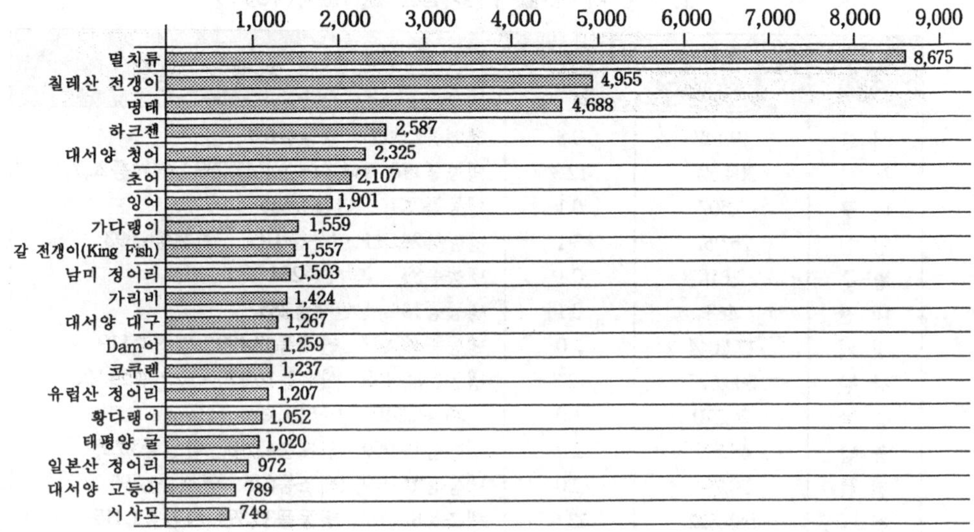


**그림 1-1 세계 어획량 순위 20어종(1995)**

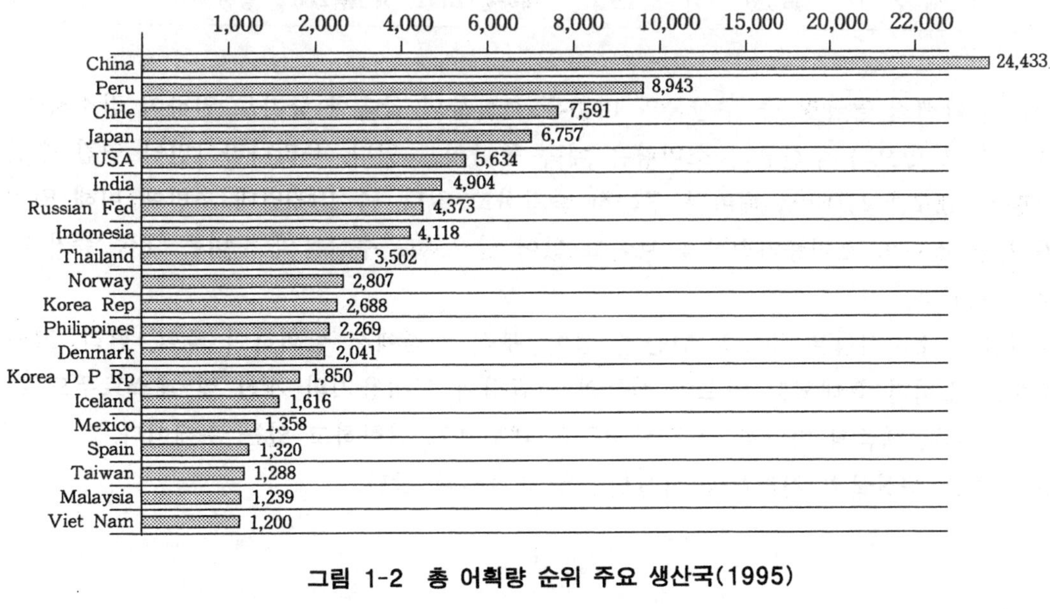


**그림 1-2 총 어획량 순위 주요 생산국(1995)**

### (3) 지역별 생산량 및 소비량

수산제품은 원료확보가 용이하고 인력 및 교통 등 가공생산에 적합한 지역을 중심으로 생산이 이루어지고 있는바 주요 지역별 생산액 기준의 점유율을 보면 부산 12.3%, 전남 23.6%, 경남 27.5%로 남해안 3개 지역에서 64.4%를 점유하고 있다.

표 1-6 시 · 도별 수산가공품 생산실적(1997)

| 시. 도별 | 생산량(백만원) | 점유율(%) | 주 요 품 종 생 산 량(톤) |
|---|---|---|---|
| 계 | 2,480,398 | 100 | |
| 서 울 | 19,147 | 0.8 | 연제품2, 655 냉동품636 |
| 부 산 | 304,678 | 12.3 | 냉동품190, 554 어유분17,939 연제품20,720 |
| 대 구 | 3,507 | 0.1 | 냉동품754 연제품685 |
| 인 천 | 75,957 | 3.1 | 냉동품24,511 어유분8,051 연제품4,093 |
| 광 주 | 2,810 | 0.1 | 냉동품85 연제품284 |
| 대 전 | 468 | 0.1 | 냉동품134 연제품285 |
| 경 기 | 174,044 | 7,0 | 냉동품48,497 연제품43,499 염신품119 |
| 강 원 | 305,577 | 12.3 | 냉동품88,485 어유분16,820 소건품25,330 |
| 충 북 | 24,270 | 1.0 | 연제품5,340 기 타5,337 |
| 충 남 | 48,597 | 2.0 | 냉동품11,959 연제품4,050 염신품3,725 |
| 전 북 | 50,794 | 2.0 | 냉동품21,079 해조품675 연제품1,895 |
| 전 남 | 585,822 | 23.6 | 해조품87,707 냉동품33,394 자건품1,415 |
| 경 북 | 150,075 | 6.1 | 냉동품27,919 통조림5,632 소건품8,742 |
| 경 남 | 682,500 | 27.5 | 냉동품43,851 통조림45,960 연제품20,735 |
| 제 주 | 46,420 | 1.9 | 냉동품12,142 해조품2,683 염전품67 |

동물성 단백질 공급량 중 수산물의 비중은 축산물의 급속한 증가로 인하여 감소하는 현상을 보이고 있으나 수산물의 소비량은 계속 증가되고 있다. 우리나라 1인당 연간 수산물 소비량은 1997년 44.0kg로 해마다 꾸준히 증가하고 있다. 즉 1990년대 초반에 비해 일인당 연간 10kg 정도의 소비증가현상을 보이고 있어 앞으로도 수산물의 소비는 계속 증가할 것으로 사료된다.

수산물의 소비성향은 종래의 단순한 선어, 부식 개념에서 탈피하여 즉석, 편리, 고차가공품으로 소비가 확대되고 있으며 식품의 고급화와 포장용기의 개선 및 패스트푸드의 체인 공급 확대, 제품의 다양화 등으로 서구식 패턴으로 변화하고 있는 추세이다.

한편 주요 수산물의 처리가공 시설현황은 표 1-7과 같다.

**표 1-7 수산물 가공업 허가 및 신고 현황** (단위 : 개소)

| 구 분 | | | 1993 | 1994 | 1995 | 1996 | | 1997 | |
|---|---|---|---|---|---|---|---|---|---|
| | | | | | | 업체수 | 능력(T/D) | 업체수 | 능력(T/D) |
| 합 계 | | | 3,224 | 3,413 | 2,089 | 2,815 | 23,731 | 2,729 | 30,720 |
| 해양수산부소관 | 계 | | 2,305 | 2,502 | 1,902 | 1.694 | 14,008 | 1,677 | 14,239 |
| | 허가업 | 소 계 | 786 | 782 | 772 | 776 | 13,993 | 766 | 14,239 |
| | | 냉동・냉장 (냉장:천M/T) | 553 | 588 | 597 | 618 | 11,075 (1.343) | 625 | 11,236 (1,355) |
| | | 어유(간유) | 7 | 9 | 6 | 8 | 72 | 8 | 72 |
| | | 한천 | 18 | 17 | 16 | 13 | 11 | 12 | 11 |
| | | 선상수산 (냉장:천M/T) | 208 | 168 | 153 | 137 | 2.835 (69) | 121 | 2,920 (67) |
| | 신고업 | 소계 | 1,249 | 1,270 | 1,130 | 918 | 15 | 911 | 287 |
| | | 수산피혁 | 5 | 6 | 6 | 6 | 5 | 6 | 4 |
| | | 해조류(천속) | 1.244 | 1,264 | 1,124 | 912 | 10(837) | 659 | 67(669) |
| | | 젓갈절임 | - | - | - | - | - | 77 | 37 |
| | | 건제품 | - | - | - | - | - | 169 | 179 |
| 보건복지부소관 | 계 | | 919 | 911 | 907 | 1,121 | 9,723 | 1,052 | 16,194 |
| | 허가업 | 소 계 | 919 | 911 | 42 | 882 | 8,272 | 887 | 4,733 |
| | | 통조림 | 52 | 44 | 42 | 38 | 500 | 40 | 526 |
| | | 어묵연제품 | 177 | 171 | 163 | 142 | 1,158 | 155 | 1,501 |
| | | 건포류 | 284 | 287 | 272 | 278 | 338 | 265 | 509 |
| | | 절임식품 | 406 | 409 | 430 | 424 | 6,276 | 412 | 2,134 |
| | | 건강보조식품 | - | - | - | - | - | 15 | 63 |
| | 신고업 | 기 타 | - | - | - | 239 | 1,451 | 165 | 11,461 |

1997년 전국의 수산물 가공처리 시설을 소규모 시설까지 합하여 총 2,729여 개소이고 생산능력은 일 생산량 30,720톤에 이르고 있다. 시설별 생산능력은 냉동, 냉장 시설이 1일 생산량 11,236톤으로 가장 많고 해조류, 건포류, 절임류, 어육연제류, 통조림, 한천, 어유 등의 순위로 되어있다.

## (4) 수산물 수출입 동향

수산물의 1997년도 수출은 1996년도에 비해 9.0% 감소한 14억92백만 달러이고 수입은 3.0% 감소한 10억45백만 달러로 무역수지는 447백만 달러의 흑자를 나타냈다. 참고로 1995년도 우리나라의 무역적자가 100억 달러에 이르는 상황을 볼 때 수산자원은 식량자원 중 유일한 수출품목으로 우리나라 경제에 중요한 일익을 담당하는 자원임을 알 수 있다. 수산물의 수출이 증가한 주요 원인은 대일수출의 주요 어종인 넙치, 개아지살, 게 등의 연근해 어패류의 생산호조로 수출이 증가하였으며 원양어류는 참치의 경우 일본의 엔저와 눈다랑어 등의 어획부진 및 가격 하락으로 수출이 감소하였으나 냉동 오징어류는 중국 시장개척으로 증가하였다.

수산물 수입은 국민의 소비 수요 증가, 수입개방 품목의 확대 등으로 수입이 증가하였다. 이는 단계별 수입자유화 품목이 용이해 지면서 순수 국내소비를 위한 내수용 수입증가에 기인한 것으로 연도별 수입자유화 품목 확대계획 이행으로 수산물 수입은 지속적으로 증가할 것으로 전망된다(표 1-8).

표 1-8 수산물 수출/입 동향 (단위 : 톤)

| 구 분 | 1995 | | 1996 | | 1997 | | '97/96'(%) | |
|---|---|---|---|---|---|---|---|---|
| | 수출 | 수입 | 수출 | 수입 | 수출 | 수입 | 수출 | 수입 |
| 총 계 | 44만 | 42만 | 45만 | 53만 | 51만 | 52만 | 112.7 | 99.2 |
| 활 선 어 | 4만7천 | 1만7천 | 4만 | 2만4천 | 4만5천 | 2만4천 | 111.6 | 102.6 |
| 냉 동 품 | 6만7천 | 29만7천 | 11만 | 37만9천 | 7만6천 | 36만2천 | 72.2 | 95.4 |
| 해조, 염신품 | 2만6천 | 1만4천 | 2만4천 | 1만8천 | 2만4천 | 2만6천 | 101.1 | 143.4 |
| 통 조 림 | 1만5천 | 2천 | 1만4천 | 3천 | 1만5천 | 4천5백 | 101.4 | 129.4 |
| 원양 어류 | 19만8천 | 1천 | 17만1천 | 227 | 24만8천 | 7천4백 | 144.9 | 3250.6 |
| 기 타 | 8만4천 | 8만5천 | 9.만7천 | 10만1천 | 10만 | 9만8천 | 103.7 | 96.6 |

수산물 수출품목 중 1997년도 수출금액별 상위 품목을 표 1-9에서 보면 원양어류인 다랑어류가 약 3억 달러로 전체 수출의 20%로 1위이고 생선묵(11.7%), 오징어(8.0%), 굴(5.4%), 피조개(5.1%) 순위였다. 수산물 수출의 주 내용을 표 1-9에서 보면 어류 2종 갑각류 및 연체류 5종, 해조류 2종 및 가공제품 1종이 차지하며, 수출 유망품목으로 갑각류 및 연체류의 중요성이 재인식되었다.

표 1-9 주요 수출품 상위 10개 품목 현황 (단위 : 천달러)

| 품 목 별 | 수출금액 | 점유율(%) |
|---|---|---|
| 합 계 | 1,492,588 | 100,0 |
| 1. 다랑어류 | 291,755 | 19.5 |
| 2.. 생선묵 | 174,630 | 11.7 |
| 3. 오징어 | 118,731 | 8.0 |
| 4. 굴 | 80,350 | 5.4 |
| 5. 피조개 | 75,460 | 5.1 |
| 6. 붕장어 | 65,025 | 4.4 |
| 7. 게 | 63,331 | 4.2 |
| 8. 미역 | 41,997 | 2.8 |
| 9. 톳 | 30,887 | 2.1 |
| 10. 성게 | 22,185 | 1.5 |
| 11. 기타 | 528,263 | 35.4 |

국가별로 수출물량은 표 1-10에서와 같이 일본이 전체의 68%를 차지하여 절대적 우위에 있고 다음이 중국 7.7%, 미국 4.7% 차지하였으며 최근 러시아가 새로운 수출 대상국으로 참여하게 되었다.

수입규모를 국가별로 표 1-11에서 보면 중국이 역시 전체 수입액의 26%로 1위를 차지하였으며 그외 러시아 16.8%, 미국 12.5%, 일본 6.9%, 태국, 멕시코, 아르헨티나, 인도네시아 순으로 수입금액이 많았다.

**표 1-10 주요 국가별 수출동향** (단위 : 천 달러)

| 국가별 | 1995 | 1996 | 1997 | '97/'96(%) |
|---|---|---|---|---|
| 합 계 | 1,721,747 | 1,635,113 | 1,492,588 | 91.3 |
| 일 본 | 1,280,984 | 1,217,476 | 1,017,530 | 83.6 |
| 미 국 | 93,305 | 81,625 | 70,048 | 85.8 |
| 중 국 | 64,225 | 68,060 | 114,393 | 178.6 |
| 스 페 인 | 56,142 | 44,384 | 44,963 | 101.3 |
| 싱 가 포 르 | 6m032 | 7,440 | 9,189 | 123.5 |
| 대 만 | 25,139 | 16,927 | 10,099 | 59.7 |
| 홍 콩 | 17,163 | 6,563 | 4,571 | 69.6 |
| 이 태 리 | 11,954 | 13,094 | 13,194 | 100.8 |
| 벨 기 에 | 11,430 | 9,841 | 6,643 | 67.5 |
| 프 랑 스 | 10,333 | 9,906 | 9,968 | 100.6 |
| 태 국 | 53,424 | 38,831 | 45,871 | 118.1 |
| 기 타 | 91,616 | 120,966 | 146,119 | 120.8 |

**표 1-11 수입순위 상위 10개국 현황(1997년)**

| 순위 | 국 별 | 수입금액(천달러) | 점유율(%) |
|---|---|---|---|
| 1 | 중 국 | 271,543 | 26.0 |
| 2 | 러 시 아 | 176,108 | 16.8 |
| 3 | 미 국 | 130,163 | 12.5 |
| 4 | 일 본 | 71,650 | 6.9 |
| 5 | 태 국 | 67,784 | 6.5 |
| 6 | 멕 시 코 | 39,550 | 3.8 |
| 7 | 아르헨티나 | 30,675 | 2.9 |
| 8 | 인도네시아 | 21,018 | 2.0 |
| 9 | 필 리 핀 | 20,255 | 1.9 |
| 10 | 뉴 질 랜 드 | 18,999 | 1,8 |

우리나라 수산물은 1989년 10월 GATT/BOP 합의에 따라 1차는 1992년부터 1994년까지 63개 품목을 수입자유화 품목으로 확정 고시하여 자유화하였고, 2차는 1995년부터 1997년까지 나머지 46개 품목을 예시하였다.

이에 따라 수산물 수입은 1995년 6개 품목, 1996년 19개 품목, 1997년 31개 품목 등 391개 품목이 수입 개방되었다(표 1-12).

1997년도 수산물 수입물량 52만톤 중 32만톤을 냉동품이 차지하였으며 표 1-13의 냉동수산물 내용을 보면 명태연육, 어란, 새우, 연육 등의 다소비 품목이 주종을 이루었다.

**표 1-12 1995년 이후 연도별 수입자유화 품목 현황**

| 연 도 | 품 목 |
|---|---|
| 1995. 7. 1(16) | 방어(신냉), 곱상어와 기타상어(냉동), 명태(냉동피레트), 새우와 보리새우(염장, 염수장), 생선묵(기타), 명태연육(냉동) |
| 1996. 7. 1(19) | 병어(신냉), 넙치(신냉), 기타넙치류(신냉), 꽁치(신냉), 가자미(냉동), 가다랭이(냉동), 고등어(냉동), 붕장어(냉동), 갈치(염장염수장), 갑오징어(냉동), 우렁쉥이(산것, 신냉), 김(냉장), 김(냉동), 꽁치(통조림), 쥐치(쥐치포), 고등어(통조림), 명태(냉동) |
| 1997. 7. 1(31) | 뱀장어(산 것), 방어(산 것), 넙치(산 것), 고등어(신냉), 명태(신냉), 갈치(신냉), 기타 어류(신냉), 갈치(냉동), 조기(냉동), 냉동먹장어(태평양, 대서양), 홍어(냉동), 밀크피쉬(냉동), 냉동민어, 기타 어류(냉동) 멸치(건조), 새우와 보리새우(냉동새우살), 새우와 보리새우(건조), 오징어(냉동), 갑오징어와 오징어(건조), 전복(산 것, 신냉), 기타 연체동물(산 것, 신냉), 바지락(냉동), 기타연체동물(냉동), 김(건조), 다랭이 통조림(기름담금), 다랭이 통조림(보일드), 다랭이 통조림(기타), 김(조제) |

**표 1-13 냉동 수산물의 수입동향** (단위: 천$)

| 품 목 별 | 1995 | 1996 | 1997 | '97/'96(%) |
|---|---|---|---|---|
| 총 계 | 583,381 | 727,170 | 693,964 | 95.4 |
| 명 태 연 육 | 54,287 | 62,585 | 72,954 | 11.6 |
| 어 란 | 111,139 | 121,320 | 78,232 | 64.5 |
| 오 징 어 | 31,965 | 28,078 | 20,500 | 73.0 |
| 대 구 | 29,732 | 43,787 | 21,841 | 49.9 |
| 명 태 | 12,419 | 36,860 | 24,615 | 66.8 |
| 기 타 연 육 | 38,613 | 36,670 | 49,575 | 135.2 |
| 임 연 수 어 | 9,218 | 19,315 | 9,987 | 51.7 |
| 볼 락 | 19,989 | 15,461 | 7,960 | 51.6 |
| 피 조 개 | 22,887 | 17,105 | 17,596 | 102.9 |
| 새 우 | 46,591 | 71,706 | 66,463 | 92.7 |
| 기 타 | 206,541 | 274,283 | 324,241 | 118.2 |

### (5) 수산제품의 종류

옛날부터 수산가공품은 용도별로 식용품, 공업용품, 의약용품, 기타로 크게 구분하였고 이들을 각각 세분하면 그 종류는 무수히 많다. 그리하여 이들 전체가 지속적으로 산업생산의 대상이 되어 왔으며 제품에 대한 사회적 수요, 생산 기술, 경제성, 제품 원료의 입수성(入手性)의 변천에 의해 생산 대상이 되는 제품 및 그의 생산량은 크게 변화되고있다.

식용품의 경우는 선어(鮮魚)로의 이용이 감소된 반면 냉동품, 연제품, 통조림 등의 가공제품의 생산이 증대되었고 더욱이 질적인 면에 고급화되고 또 한편 사료의 생산으로도 증가되어 왔고 이들은 어느 것도 식품에 대한 소비자의 기호변화에 원인이 되는 면이 많다. 또, retort 식품과 같이 새로운 기술 제품이 일반화 식품으로 되는 것도 특색이다. 한편 공업용품 분야도 갈조류를 원료로 하는 옥도 및 카리움염의 생산, 때로는 고기비늘박(魚粕)을 원료로 하는 pale essence의 제조 등은 오늘까지도 거의 영향이 없는데 이는 아직까지 어느 것도 동일제품이 다른 원료로부터 보다 경제적으로나 품질면으로도 보다 우수한 것도 생산이 되지 않기 때문이다.

여기서 대표적인 수산식품 가공품을 종류별로 열거하면 다음과 같다.

### 1) 식용품(食用品)

① 냉동품(冷凍品)

a. 원형동결품(round): 동태, 고등어, 삼치, 전갱이, 전어, 새우(whole), 게 등

b. 처리동결품(cutted)

1. 새미드레스(semi-dressed) : 참치, 붕장어, 임연수어, 복어 등
2. 드레스(dressed) : 대구, 연어, 갈치, 붉은 메기 등
3. 필렛(fillet) : 명태, 보리 멸, 아귀, 갑 오징어 등
4. 기타 : chunked, sliced, fish stick, loin, 연육 등의 가공품

② 마른 붙이(乾製品, dried products)

a. 날 마른치(素乾品, plain-dried products) : 오징어, 새우, 샥스핀, 김, 미역 등

b. 찐 마른치(煮乾品, boiled-dried oroducts) : 멸치, 해삼, 전복, 패주 등

c. 간 마른치(塩乾品, salted-dried products) : 굴비, 가자미, 민어, 대구 등

d. 훈제품(燻製品, smoked products) : 굴, 연어, 청어 등

e. 얼 마른치(凍乾品, frozen-dried products) : 북어, 한천 등

f. 군 마른치(燒乾品, roasted- dried products) : 고등어, 정어리 등

③ 간 붙이(塩藏品, salted products)

조기, 고등어 갈치, 오징어, 꽁치 등(젓갈류) 오징어, 새우, 멸치, 성게, 해삼창자 등의 젓은 가공 수단으로 소금을 첨가한다는 점에서는 염장품으로 분류되나 고춧가루, 마늘, 파, 생강 등의 양념류를 가미하여 제품화한다는 점에서는 조미 가공품으로 볼 수도 있음

④ 조미가공품(調味加工品, seasoned products)

a. 조미조림품(products seasoned with soy sauce) : 장조림, 자숙어패 조림
b. 조미건품(seasoned-dried products) : 맛오징어, 맛김, 꽃포
c. 조미절임품(pickled) : 초절임, 당절임, 쌀겨담금 등

⑤ 통조림(can products)
a. 물 통조림(canned boiled) : 고등어, 정어리, 꽁치, 삼치, 굴, 바지락 등
b. 조미 통조림(canned seasoned) : 꽁치, 골뱅이, 오징어, 조개류 등
c. 기름 담금 통조림(canned in oil) : 연어, 고등어, 필렛, 다랑어, 멸치 등
d. 훈제 기름 통조림(canned smoked in oil) : 굴, 바지락, 갯장어, 다랑어 등
e. 토마토 담금 통조림(canned in tomato sauce) : 꽁치, 정어리 등

⑥ 어묵붙이(煉製品, fish meat paste products)
a. 어묵류 : 판붙이(kamaboko), 부들어묵(chikuwa), 포장어묵(packed), 튀김어묵(fried), 어단(fish ball), 마어묵(hanpen), 복합어묵(fabricated food) 등
b. 어육 소시지(fish sausage) : 다랑어, 가다랑어, 고등어, 꽁치 등
c. 어육 햄(fish ham) : 다랑어, 연어, 송어 등
d. 어육 버거(fish burger) : 고등어 등
e. 복합 어묵류(fabricated food) : 게향맛살어묵, 새우살어묵
f. 핫도그(hot dog) : 참치, 고등어

⑦ 해조류가공품(海藻加工品, seaweed products)
실한천, 가루한천, 카라기난(carrageenan), 알긴산(alginic acid) 등

⑧ 레토르트파우치 식품(retort-pouch food): 다랑어, 조개류 등 내열성 필름 포장식품

⑨ 어육단백질농축물(魚肉蛋白質濃縮物, fish protein concentrate, FPC)

### 2) 공용품(工用品)

a. 어유(魚油) : 정어리, 상어, 고래, 오징어, 간 등
b. 피혁(皮革) : 상어, 고래, 곰장어 등
c. 어교(魚膠) : 상어, isinglass 등
d. 알긴산(alginic acid) : 미역, 감태 등의 갈조류 추출물
e. 카라기난(carrageenan) : 진두발, 돌가사리 등의 홍조류 추출물
f. 호료(糊料) : 돌가사리, 도박 등
g. 공예품(工藝品) : 산호, 인공진주, 패각, 고래수염 등

### 3) 농용품(農用品)

a. 어박(魚粕) : 정어리, 멸치 등
b. 어분(魚粉) : 백색어분(white fish meal), 갈색어분(drown fish meal) 등

c. 어비(魚肥) : 잡어, 새우 등
d. 어류의 농축물(fish soluble) : S. P. 사료
e. 해조분말(kelp meal) : 갈조류

4) 약용품(藥用品)

a. 간유(肝油) : 대구, 명태, 상어
b. 인슐린(insulin) : 어류의 췌장
c. 뇌유(腦油) : 향고래
d. 요오드(沃度) : 미역, 다시마 등 갈조류

## (6) 수산물의 처리 형태별 명칭

일반적으로 통용되고 있는 가공처리의 형태별 명칭은 영명(英名)이 많이 사용되고 있으며, 우리말의 명칭은 많지 않고 또 잘 불리워지지도 않는다.

예를 들면, round라는 가공처리 형태의 명칭은 원어(原語) 또는 무처리(無處理) 가공 등의 우리말로 번역되어 있지만 특별한 경우를 제외하고는 라운드라고 통용되고 있다. 수산물 처리 형태별 명칭과 내용을 숙지하는 기본적인 사항으로, 수산물의 가공처리 형태에 따라서 가공시설 및 설비, 소요 인원, 가공 비용, 생산 수율 등이 달라지기 때문이다.

위탁가공을 하거나 수출을 하기 위하여 가공계약을 할 때에도 가공의 분쟁을 야기시키는 요인이 된다.

수산동물의 일반적인 가공처리 형태별 명칭과 그 내용은 다음과 같다.

1) 어 류

a. round : 아무런 처리를 하지 아니한 통마리의 고기를 말한다.
b. semidressd(또는 eviscerated) : 날개상태의 어체에서 내장과 아가미를 제거한 어체이다. drawn 또는 gilled and gutted라고도 한다.
c. dressed : semidressed한 어체에서 다시 머리를 절단처리한 것
d. pan dressed : dress 처리한 어체에서 지느러미와 꼬리를 제거한 것을 말한다.
e. fillet : round 또는 dressed상태의 어체의 등뼈를 따라 좌우로 2매의 육편을 편뜨기하고, 한 장의 뼈판이 남도록 칼질한 것으로 세겹편뜨기라고도 한다.
f. chunk : dressed 또는 fillet 처리한 어체나 육편을 일정한 치수로 통채썰기(둥글썰기)를 한 것
g. steak : dressed 또는 fillet 처리한 어체나 육편을 2~3㎝ 두께로 자른 것
h. slice : steak 보다 더욱 엷게 썰은 것

i. dice : 육편을 2~3㎝ 각(角)으로 골패쪽 썰기(각뚝썰기)를 한 것
j. chopped : 채육기(採肉機)에 걸어서 발라낸 쇄육(碎肉)을 말한다.
k. ground : 육만기(肉挽機)에 걸어서 가늘게 간 어육을 말한다.
l. kneaded : 뢰궤기(擂潰機)에 걸어서 고기갈이한 미세한 어육을 말한다.
m. shredded : 아주 잘게 채썰기한 어육을 말한다.
n. breaded : 묽은 밀가루 반죽물에 적신후 빵가루를 묻힌 어육이다.
o. loin : 다랑어류에 있어서 dressed 처리한 어체를 수증기로 삶은 다음 혈합육과 껍질을 제거한 육편을 말한다. loin 상태의 어육을 통조림 관에 충전할 수 있는 크기로 절단한 것을 disc라 한다.
p. fish stick : 비가식(非可食) 부분을 제거한 어육편(魚肉片)을 냉동팬에 채워 contact freezer에 동결시킨 두터운 판상(板狀)의 동결된 상태의 어육 덩어리를 fish block이라고 한다. 이 fish block을 긴 각봉상(角棒狀)으로 절단한 것을 fish bar라 하며 이것을 일정한 두께로 작게 절단한 것이 fish stick이다.
q. bread stick : 어육편을 조미한 후 빵고물과 밀가루로 된 혼합물을 묻혀 동결, 냉장한 것을 말한다.
r. fried stick : bread stick을 190℃ 전후의 shortening 기름에 튀겨서 급냉한 다음 종이상자에 넣어 급속동결한 것을 말한다.
s. fish meat paste(연육)
  1. single fish block …… 같은 종류의 어육을 채취하여 고기갈이한 후 냉동팬에 충전한 후 block 형태로 동결시킨 것
  2. assorted fish block …… 다른 종류의 어육을 섞어서 전항과 같이 제품화한 것

### 2) 갑 각 류

a. whole(또는 head-on) : 새우류를 머리가 붙은 상태의 원형 그대로의 형태로 가공한 것.
b. headless(또는 shell-on) : whole 상태의 새우에서 머리를 잘라낸 것
c. shell-on and tail-off : 새우의 머리와 꼬리를 제거한 형태의 것으로 몸통부분만 남긴 것
d. peeled : 새우의 껍질을 벗긴 탈각형(脫殼型)
  1. tail-on …… 새우의 꼬리부분만 남기고 껍질을 벗긴 것. 새우를 tail-on 처리한 후 내장을 제거한 것을 peeled deveined tail-on(P.D.tail-on)이라 하고 내장을 제거하지 않은 것을 peeled regular tail-on (P.R.tail-on)이라 한다.
  2. tail-off…… 껍질을 벗기고 꼬리도 제거한 완전 탈각형(脫殼型)의 새우를 말한

다. 새우를 완전히 탈각한 후 내장을 제거한 것을 peeled deveined tail-off(P. D. tail-off)이라 하며 내장을 제거하지 않은 것 을 peeled regular tail-off (P. R. tail-off)이라 한다.

3) 패 류

a. form individual : 패류를 탈각처리한 후 개별동결(個別凍結) 시킨 것. 이 처리형태는 IQF라는 명칭과 혼용되고 있으며 IQF는 individual quick freezing의 약자로 패류뿐만 아니라 어류나 갑각류 등에서도 개별동결시킨 제품에 대하여 같이 쓰이고 있는 명칭이다.

b. form block : 패류를 탈각하여 냉동팬에 일정량씩 충전한 후 block의 형태로 동결시킨 것을 말한다. 이것은 BQF(block quick freezing)이라고 한다.

### (7) 가공조건과 신기술의 도입

식품에 대한 수요기호의 변화에 대응하여 종래 가공품의 제조조건은 온화(穩和)한 방향으로 변화되어 온 경우가 많다. 예를 들면 염장품은 낮은 소금 농도(低塩)의 제품으로 염건품은 낮은 염도(低塩)와 저건조(低乾燥)의 제품으로 생산되고 있으며 이것들을 소위 반가공품이라 한다. 이와 같이 이들 제품들은 신선한 상태와 유사한 식품으로 되어 원료 풍미가 살아 식미(食味)가 좋은 반면 본래의 제품보다 저장성은 떨어지게 된다. 그러므로 이들 제품의 저장에는 냉장보관이 필수조건이 된다. 이와 같이 최근의 가공기술은 기호성에 중점을 두는 한편 동시에 저장성을 높이는 방향으로 연구되어지고 있다. 또 가공처리에 대한 새로운 기술의 도입으로 새로운 제품의 개발도 최근 활발히 진척되고 있다. 예를 들면 가온 가열에 대한 고주파, 적외선의 이용, 살균에 대한 방사선의 조사법, 또는 고온순간법의 적용 등 재래방법이 아닌 새로운 기술의 활용이 시도되고, film 포장에 의한 건조식품 또는 retort pouch 식품도 convenience food에 대한 수요에 대응하여 증가되고 있다. 앞으로 수산물에 대한 이들의 기술적 적용 또는 제품화는 필연적으로 많아지게 될 것이고 이들은 새로운 가공기술의 특징적인 측면으로 주목시되고 있다. 더욱이 가공 생산의 방식이 관련기술의 진보와 아울러 대량 생산의 방식으로 나가는 것도 특징의 하나이다.

## 3. 수산가공기술의 과제

전술한 바와 같이 수산가공은 다른 식품가공에서와 마찬가지로 기술적으로 제품의 품질이 고급화되고 종류도 다양화되고 있는 경향을 나타내고 있으며 이러한 현상은 앞으로도 계속될 전망이다. 더욱이 새로운 기술방식을 도입시켜 제품을 개발하는 문제는 많은 이점을 가지고 있기 때문에 앞으로 더욱 더 추진해 나아가야 할 과제로 되어 있다.

한편 새로운 가공기술은 제품의 종래 개념에서 볼 때 예측하기 어려운 문제를 내포할 가능성도 있기 때문에 이 분야에서도 많은 연구과제가 남아 있다.

### (1) 제품의 안전성과 건전성

식품이 각각 고유의 영양가를 갖고 더욱 안전하여야 한다는 것은 식품의 기본요소로 되어 있다. 더욱이 새로운 가공, 유통 기술에서 생산소비 되는 제품은 이러한 점이 충분히 고려되지 않으면 안되므로 각각의 처리 제품에 대하여 재삼 고려할 필요가 있다. 전술한 바와 같이 종래부터 제조한 전통적 건조품·염장품·훈제품 등은 수요자의 기호 변화에 따라 모두 온화한 조건으로 처리되는 경향이 있다. 이러한 처리는 당연히 유해미생물에 대한 제품의 항균력을 떨어뜨려 부착 미생물군에 변화를 가져 오게 한다. 따라서 이들 제품은 저온 저장을 해야 하는데 그 저장 온도는 미생물의 발육을 억제시킬 정도가 되어야 한다. 또한 제품을 살균하는 데 있어서는 고온순간가열, 방사선 조사, 또는 고주파 가열 등에 따른 처리강도와 세균 사멸률과의 양적 관계를 명확하게 할 필요가 있으나 이것은 실제로 그리 쉬운 일은 아니다. 더욱이 방사선 조사법은 미생물에 대해서는 유효하다 할지라도 영양소 특히 비타민류를 파괴하는 한편 효소활성을 저하시키는 데는 효과가 적어 실용화하는 데 많은 문제점이 있다.

### (2) 원료의 자원가치

원료의 자원가치의 증대를 도모하는 것은 당연한 과제로 가공생산은 앞으로 이 방향으로 검토되어야 할 것이다. 예로 어묵원료로서 연육 제조시 물바램 처리는 일면 배수처리 또 한 면은 유용성분의 손실 등이 고려되어야 한다. 비단 가공공정뿐 아니라 선어(鮮魚) 소비시에 폐기되는 찌꺼기가 생산되는 데 그 양이 꽤 많다. 따라서 가공에 있어 폐기물이 적은 가공법을 개발하거나 또는 현재 폐기되는 부분을 인간의 식량에 이용하여 아직까지 이용되지는 않는 어종을 자원화하는 문제, 저가치어(低価値魚)를 고도로 이용하는 문제 등이 당면한 과제로 되어 있다.

### (3) 가공에 소요되는 energy

식품의 생산, 가공, 유통은 각각 많은 energy를 소비한다. 특히 최근에 그 소비량이 더욱 증대되고 있다. 이들 energy의 소비량은 간단히 소비자의 식품가격에 반영시켜 해결하고 있으나 이는 다른 면으로 식품 energy 그 자체를 비교할 때 중요한 의미를 갖는다. 한 예로 유통 말단의 소매점에서 어떤 식품을 얻기까지에 소요된 이론상의 energy에 비하여 실제는 그 수배의 석유원료가 소비된 것으로 추정할 수 있다. 이와 같이 자원으로서 energy의 입장에서 가공 유통의 기술에 대해서 보다 energy 소비가 적은 방법의 개발이 요구된다. 이것은 신규, 기존의 가공품 어느 쪽에 있어서도 국가적이 아닌 세계적인 관점에서 중요하다.

예컨대 유효한 탈수 처리법을 개발한다든지 제품으로서 중간 수분 식품을 만든다든지 하여 그 저장 수송에 필요한 energy 소비를 감소시켜야 한다. 또 그 제품을 적당한 저장 장비를 갖추어 모든 지역에서 이들 식품 이용률을 높일 수 있는 방안이 강구되어 energy 절약에 기여하여야 할 것이다.

### (4) 기 타

식품가공에 반드시 필요한 물의 이용효율을 높이는 것도 중요한 과제이다. 용수의 오염을 억제하는 방법, 소량의 물을 쓰는 방법, 또는 전혀 물을 사용하지 않는 방법 등으로 원료를 청정화(淸淨化)하는 방안, 또 일단 사용한 물을 재생 이용하는 방안 등도 중요한 연구대상이 된다. 식품의 밀봉 저장법은 그 저장성 증대에 유효한 기술로 이용성이 높은데, 이 분야에 있어서는 가열 살균이 가능한 것으로 유리, 철, 알루미늄보다 가볍고 경제적인 포장재의 개발이 역시 필요한 대상이 되고 있다.

## Ⅲ. 수산가공의 문제점과 대책

### (1) 문제점

우리나라 수산가공품은 전통적으로 식용해 왔던 식품으로 종류는 다양하나, 그에 못지 않은 문제점을 내포하고 있다. 이러한 원인은 수산가공식품의 경우 대부분 외국의 기술과 자본에 의존하여 개발된 이후 산업체 자체 내의 개발여력이 부족하였을 뿐만 아니라 정책 지원면에서도 소홀했던 면이 있어 식품관련기관 등에서 향후 이러한 문제점을 해결하기 위한 노력이 필요하다. 산업의 문제점은 여러 측면에서 검토될 수 있겠으나 품목별 생산에 따른 기술적인 문제점과 경영상의 문제점은 다음과 같이 요약될 수 있다(표 1-14, 15).

**표 1-14 국내수산 가공제품의 문제점**

| 가 공 품 | 문 제 점 |
|---|---|
| 훈제품(燻製品) | · 내수시장용 제품개발 노력 미흡 · 국내인 기호에 맞는 제품생산 미흡 |
| 건제품(乾製品) | · 가공 및 저장중 품질의 변화가 심하다. · 조직감이 지나치게 딱딱하여 기호성이 떨어진다. · 포장상태가 불량하고 비 위생적으로 유통된다. |
| 냉동식품(冷凍食品) | · 단순 전처리 냉동식품 위주의 상품화 · 포장방법 미흡 · 유통중 품질변화 심화 |

| 가 공 품 | 문 제 점 |
|---|---|
| 훈제품(燻製品) | ·내수시장용 제품개발 노력 미흡 ·국내인 기호에 맞는 제품생산 미흡 |
| 해조제품(海藻製品) | ·재래식 가공품의 개량, 편의식품화 수준(맛김, 미역 등)<br>·고부가가치 신제품 개발 미흡 ·다양한 물성과 기능도 갖는 소재재발 미흡 |
| 인스턴트 편의식품(便宜食品) | ·수산물을 이용한 고부가가치 인스턴트 가공식품 |
| 특수식품(特殊食品) | ·영양보조식품, 특수영양식품, 스낵제품, 패스트푸드, 전통식품의 레토르트 식품화, 초고압 무가열살균식품 등 연구 개발은 거의 전무한 실정임 |
| 액젓 및 젓갈류 | ·경험적 생산기술로 가공식품화 여건 미흡<br>·장기발효로 재산성 악화, 비위생성 및 제조방법의 비과학성<br>·고 품질의 저염젓갈 생산기술 미흡 |

**표 1-15 한국 수산가공산업의 경영상 문제점**

| 가 공 품 | 문 제 점 |
|---|---|
| 원료 생산 | ·다품종 소량생산 : 어종별 경제성 결여<br>·원료의 신선도 저위 |
| 원료의 이용 | ·원료이용 비중 과다 ·수출용 소비 과다 |
| 가공기술 | ·경험위주의 재래식 기술 의존 ·선진기술의 제한적 모방 단계 |
| 가공기계 | ·기존 저차 가공품의 생산기기 국산화 수준<br>·신제품개발을 위한 기계 개발능력 저위 |
| 포장기술 | ·외포장 위주의 포장 ·포장재료 및 기술의 저위 |
| 인 력 | ·전문 기능인력의 부족(창의력 활용여건 불비) ·인력개발 및 자질향상 미흡 |
| 판매. 유통 | ·대기업 위주의 판매 유통 전략(광고선전 중심) ·중소, 영세기업 제품의 판로 제한 |
| 부가가치 | ·대기업제품(소모품 대량생산)의 부가가치가 다품목 소량 생산의 영세기업 제품보다 높다. |
| 상품성 | ·기존제품, 가격위주의 제품생산 수준 ·신규 소비수요 창출을 위한 노력 미흡 |
| 자 본 | ·대기업과 영세기업의 자본 양극화 현상 ·중소, 영세 기업의 노동집약 산업화 전략 |

## (2) 개선 방안

지금까지 국민영양에 차지하는 수산물의 비중과 수산물의 소비가 우리 식생활에 큰 기여를 하였고 앞으로도 단백자원 외에 건강기능성이 우수한 수산식품의 소비는 꾸준히 증대될 것이며 이에 따라 생산·소비유통의 안정화 및 다획성 및 미이용성 어류 자원의 효율적 이용방법의 개발, 소비확대를 위한 식생활의 변화와 가공품 위주의 소비패턴을 유도해야 한다. 이러한 사항들을 수행하기 위한 구체적인 방법은 정부, 연구소, 업계, 생산자단체가 일체가 되어 상호 연계성을 가지면서 추진해야 한다.

즉 정부에서는 예산의 확보, 자금지원과 홍보활동 등을 강화하고 연구소에서는 업계에서나 생산어민이 수행하기 어려운 원천기술의 개발과 기초연구를 수행하고 업계에서는 상업화를 위한 경제성 검토와 상품성 증진방안에 대해서는 다음 사항들이 고려된다.

첫째 : 생산설비의 자동화와 위생적인 생산기술 개발이다. 국내의 수산가공업은 기술집약적인 생산으로 서서히 바뀌고 단순가공에 의한 제품은 점차 그 시장을 잃어가고 있다. 또한 경쟁력 강화를 위해서는 생산비의 절감, 위생적인 생산기술의 확보는 필연적이다.

둘째 : 원료의 안정적인 공급과 확보이다. 수산가공업의 생명은 양질의 원료를 확보하는데 있고 이것은 곧바로 경영의 안정성과 수익성이 결정적으로 영향을 받는다.

셋째 : 개발제품은 필연적으로 고유의 맛과 향이 살아있어야 한다. 기존 상품화된 제품과 비교해 차별화가 되지 못하면 제품의 생명력은 곧바로 상실될 것이고 국제화 시대에서는 단순모방제품이나 단순가공에 의한 제품은 경쟁력이 없다. 따라서 know-how가 가미된 고품질의 제품만이 살아남을 것으로 사료된다.

네째 : 전통적인 가공방법을 과학화하고 기존제품의 문제점을 보완하는 것이다.

다섯째 : 최근에 개발된 신기술을 수산물에 적용하여 적절히 활용해야 한다. 건조, 마쇄 및 유효성분의 분리 등에 관한 신기술이 많이 개발되고 있으나, 기계장치비의 부담이나 운용방법의 미숙으로 인해 신제품 개발에 아직 응용이 많이 되지 못하고 있으나 식품산업을 이끌어 가고 있는 신기술은 다음과 같다.

우선 식품제조에 이용될 수 있는 단위조작형태의 기술은 ① 건조(동결건조농축, 마이크로파 건조, 감압유탕) ② 가열(미크로파가열, 유전(誘電)가열, 원적외선 가열) ③ 분쇄(분쇄기, 냉동분쇄, 압력차법) ④ 살균, 정균, 제균 농축 등을 들 수가 있고 최근 주목을 받고 있는 기술로는 ① 막처리(정밀여과, 한외여과, diafiltration, 역삼투막, 무기막, 다이나믹막 (Dynamically formed memebrane) ② 바이오 리엑타 ③ 초임계가스추출 ④ 2축 압출성형기 ⑤ 고압가공 등을 들 수가 있다.

끝으로 위생적이고 안전한 수산물의 공급을 위한 유통구조와 유통기능의 개선이 필요하다. 현재의 다단계식 유통구조를 개선하고 위생적이고 안정한 유통기능을 개발하여 국민의 수산물에 대한 신뢰도를 더욱 높혀야 할 것이고 안정적인 원료의 확보, 품질, 가격, 기술 등이 종합적으로 검토되어야 할 것이다.

## Ⅳ. 수산가공업의 전망

세계의 무역은 보호무역주의에서 자유무역주의 시대로 변화하고 있어 수산가공식품 산업도 WTO 체제 출범에 따라 체질개선의 필요성이 절실해져 경쟁의 국제화로 수산가공업의 투자강화, 신기술개발, 유통구조의 개선 등이 이루어져야 하므로 수산업 발전의 기회로 삼을 수 있어 경쟁력이 있는 품목은 오히려 수출환경이 더욱 개선될 수 있을 것이다.

국내 수산물의 가공적성을 검토하여 외국수산물과 대응할 수 있는 기초적인 자료를 확보하고 영양적 우수성이나 기호적 특성도 동시에 연구되어야 할 뿐 아니라 생화학적 특성, 수산물의 가공과 유통과정에 있어서의 물리화학적 변화를 구명하여 수산물의 수요동향과 밀접한 이용기술 개발이 진행되어야 할 것이다.

또한 미생물, 효소의 이용, 신소재개발 및 기술의 응용을 통하여 국내자원을 활용한 고도이용을 추구해야 할 것이다. 한편 국내자원 중 미이용 자원이나 효율적으로 이용되지 못한 자원의 부가가치 증대기술을 개발하고 특히 가공부산물 및 폐기물의 활용도 제고는 식량자원의 효율적인 이용측면과 아울러 환경 오염방지에도 큰 역할을 해야 할 때가 왔다. 이러한 수산식품 관련 기술 개발도 수산식품산업의 발전과 고부가가치의 기술개발은 향후 수산식품의 소비전망은 매우 밝다고 볼 수 있다.

## Ⅴ. 수산물 품질인증제도

수산물 품질인증제도는 농수산물 가공산업 육성 및 품질관리에 관한 법률에 의거 국가가 그 제품의 품질을 보증하고 증표(證票)를 표시토록 하여 시장에 출하하게 함으로써 수산물가공식품의 품질향상·생산장려 및 소비자보호를 도모하기 위하여 93년부터 실시하여 온 제도로 수산전통식품 품질인증과 수산특산물 품질인증제도로 구분된다.

수산전통식품은 예로부터 전래되어 오는 우리 고유식품의 계승, 육성을 위해 품목을 지정하고 공장심사 및 품질시험 후 그 품질을 인증, 상품에 「물레방아」마크를 부착토록하여 출하하게 하는 제도로 96년 말 현재 젓갈류, 건포류, 건해조류 등 11개 품목이 (표 1-16) 지정되어 이 중 7개 업체에서 인증 받아 생산·출하하고 있으며 96년도에 총 776톤이 출하되었다.

**표 1-16 수산전통식품 품질인증 대상품목**

| 유 별 | 지 정 품 목 |
|---|---|
| 죽 류(1) | 죽류 |
| 어육제품(4) | 건포류, 건조갯살, 탕류, 농축액 |
| 해조류(2) | 건해조류, 조미김 |
| 절임식품(2) | 젓갈류, 조림류 |
| 두부류(1) | 묵류 |
| 기타 품류(1) | 부각류 |

수산특산물은 산지특산물을 대상으로 품질검사 후 그 품질을 인증, 상품에 「품(品)」자 마크를 표시하여 출하하는 제도로서 인증대상품목은 96년 말 현재 마른 오징어, 마른 멸치, 굴비, 마른 옥돔, 마른 한치, 마른 꽃새우, 덜마른 오징어, 간미역, 간다시마, 김, 등 18개 품목(표 1-17)으로 52개 업체가 인증을 받아 생산·출하하고 있으며 96년 말까지 총 1,291톤이 출하되었다.

앞으로도 안전하고 품질이 좋은 식품을 선호하는 소비자의 소비패턴 변화에 부응하고 외국산 수산물과의 차별화를 위해 인증품목을 확대하는 한편, 지속적인 홍보로 생산 출하가 증대될 것이다.

**표 1-17 수산특산물 품질인증 대상품목**

| 제 품 별 | 대상 품목 |
|---|---|
| 건 제 품(7) | 마른 오징어, 덜 마른 오징어, 마른 멸치, 굴비, 마른 옥돔, 마른 한치, 마른 꽃새우 |
| 염 장 품(2) | 간미역, 간다시마 |
| 조미가공품(2) | 조미 쥐포, 조미 개량조개 |
| 해 조 류(7) | 김, 돌김, 가닥미역, 마른 썰은 미역, 실미역, 마른 다시마, 마른 썰은 다시마 |

# 2장 수산가공 원료의 특성

수산식품가공의 원료가 되는 수산물은 주로 물 속에서 서식하고 있는 동식물이기 때문에 육지에서 자라고 있는 동식물과는 여러 가지 면에서 다른 특성을 가지고 있다. 여기서는 편의상 일반적인 특성, 조직상의 특성, 그리고 성분상의 특성으로 나누어 살펴 보기로 한다.

## Ⅰ. 일반적 특성

수산물은 농산물이나 축산물에 비해서 다음과 같은 특성을 가지고 있다.

첫째, **종류가 많다(多樣性**, 이용되는 수산물 종류 1700종 : 어류 900종, 갑각류 300종, 연체류 100종, 해조류 400종).

수산식품 원료는 그 종류가 대단히 많다. 절족(節足)동물, 연체(軟體)동물, 극피(棘皮)동물, 척추(脊椎)동물 등 분류학상 하등한 것에서부터 고등한 것에 이르기까지 각종 부문에 속하는 동물이나 조류(藻類)가 가공 대상이 되고 있다.

둘째, 계획생산이 어렵다(起伏性).

수산물의 경우 극히 일부분의 양식 생산물을 제외하면 대부분이 천연생산물이고, 자원량을 정확하게 파악하기 어려울 뿐만 아니라 어기(漁期), 어장(漁場) 및 어획량이 고르지 못하므로 계획 생산이 곤란하다.

셋째, 생산되는 장소와 시기가 국한되어 있다(局所時性).

지구 표면의 3/4이 해양이라도 어장으로 성립되는 수역(水域)은 한정되어 있다. 즉 수중 200m 이내의 대륙붕(大陸棚)을 그 대상 수역이라고 볼 때 전 해양의 8.4% 정도에 불과하다. 또한 이 대륙붕도 모두 언제나 어장으로 성립되는 것은 아니다. 즉 수산생물의 분포밀도가 균일하지 않고 일반적으로 경제적 가치가 있으며 산업의 대상이 될 수 있는 어족(魚族)은 무리(群)를 형성하여 회유(洄游)하는 것이 보통이다. 따라서 어업이 성립될 수 있는 수역은 자연히 국한되어 어느 특정 지역에서만 처리가 곤란할 정도로 어획물이 많이 생산되는 경우가 많다. 또한 생산되는 시기도 어군(魚群)의 회유에 따라 자연히 한정되며 인위적으로 변경할 수도 없다.

**넷째, 어체의 크기, 부위, 계절에 따른 성분의 차이가 많다(成分差性).**

일반적으로 동물은 같은 종류라도 나이, 비만도에 따라 근육 성분에 차이가 있고 같은 개체라도 부위에 따라 차이가 있는데, 어류는 이와 같은 경향이 더욱 심하다.

어류는 일년 중 가장 맛이 있는 시기가 있지만 축산물에 있어서는 이러한 뚜렷한 시기가 없다. 이러한 점으로 미루어 보면 어류에서는 체성분의 계절적 변화가 크다는 것을 짐작할 수 있다(복강육, 다수분, 산란전·중성 pH – 어육의 우수 식미 조건).

**다섯째, 부패, 변질하기 쉽다(變敗容易性).**

부패·변질하기 쉬운 것은 수산물의 큰 특징이 되고 있으며 축산물보다 더욱 심한 것은 수산물의 취급 방법에 의한 것과, 수산물 자체가 가진 본질적인 것 두 가지 원인에 의해서이다.

가축은 일반적으로 깨끗한 도살장에서 도살되어 바로 내장을 제거하고 지육(枝肉) 형태로 보관되지만 어류는 어획 직후 바로 해체 처리되는 것은 다랑어류 정도이고 대부분의 경우 부패하기 쉬운 내장과 아가미가 붙은 그대로 수송된다. 또한 어획할 때도 낚시 또는 그물에 걸려 달아나려고 하기 때문에 그때 어체에 외상을 입기 쉽고 또한 낮은 온도에서도 비교적 쉽게 단백질을 분해할 수 있는 수균(水菌)이 근육 속에 침입할 기회가 많다.

어류는 육상동물에 비하여 체조직이 연약하고 외피도 얇으며 비늘도 탈락하기 쉬워 외상을 받으면 그 곳으로 세균이 침입하기 쉽다. 거기에서 죽은 후의 변화에 관여하는 여러 가지 효소 활성이 축육보다 훨씬 커서 사후경직 지속시간도 짧고 자가소화가 빨리 일어나 육질이 변화하기 쉬워 가공 원료로 취급하기 어렵다. 어장이 멀어지게 되면 어획물을 처리하기 전에 선도가 떨어지기 쉽다.

한편 어패육(魚貝肉)이 축육(畜肉)보다 부패가 용이한 이유를 schönberg 등은 다음과 같이 들고 있다.

① 수분 함유량이 많고 포화지방함량이 적다.

② 어패유의 근육조직은 수조육(獸鳥肉)과 달리 단순하다.

③ 내장은 자가 소화가 신속하다.

④ 부패세균의 부착기회가 많다.

⑤ 부착세균은 발육이 신속하다.

⑥ 천연 면역소가 적다.

**여섯째, 특유한 냄새, 색깔, 맛을 가지고 있다(品質特異性).**

수산물은 그 종류에 다라 특유한 냄새와 색깔, 맛을 가지고 있어 다양하다. 일반적으로 선도(鮮度)가 좋은 것은 향취, 색깔, 맛 등이 우수할 뿐 아니라 가공원료로서의 적성도 높지만 선도가 떨어진 것은 모든 점에서 쓸모가 없어진다.

어패류는 신선할 때는 특징 있는 향취를 내는 것이 많은데 선도가 떨어지면 비린 냄새가 강하게 나며 그 정도는 담수어보다도 해수어의 경우가 더 심하다.

또 어패류는 근육, 껍질 등에 여러 가지 색소가 함유되어 있고 특히 이들 세포를 함유하는 세포의 수축, 확장 등에 따라 여러 가지 미묘한 색채의 변화를 나타내게 된다. 그러나 일단 선도가 떨어지면 이 영롱한 색채가 없어지고 변색하게 된다. 어패류는 축산물과 달라 특유한 감칠맛을 가지고 있으며 이러한 맛은 선도에 따라 급격히 변화된다는 점도 특이하다.

## Ⅱ. 조직상의 특징

어체(漁體)는 머리, 몸통 및 꼬리의 세 부분으로 되어 있고 몸의 모양은 보통 방추형(紡錐形)이나 그 외에 좌우 또는 상하로 편평한 것, 가늘고 긴 것 등이 있다.

어육(魚肉)의 조직은 축육(畜肉)의 조직과는 달리 물 속에서 헤엄치기에 편리한 구조를 가지고 있으며 다음과 같은 특성을 가지고 있다.

① 어육의 근섬유(筋纖維)는 짧고 굵다.

② 어종에 따라서는 체축(體軸)과 직각의 방향으로 된 섬유가 발달된 것이 있다.

③ 표피와 진피(眞皮) 사이에 색소세포가 있고 진피에는 비늘이 있어 복잡한 광채를 띤다.

④ 축육에 비해서 결체조직(結締組織)의 함량이 상당히 적어 연하다.

## 1. 근육의 조직

근육조직(muscle tissue)은 근섬유(muscle fiber)가 모여 이루어진 것으로 형태적으로 분류하면 평활근(smooth muscle)과 횡문근(striatcd muscle)으로 나누고 횡문근은 다시 골격근(skeletal muscle)과 심근(cardiac muscle)으로 나눈다. 또 기능적으로는 수의근(voluntary muscle)과 불수의근(involuntary muscle)으로 나눈다.

주로 식육(食肉)으로 사용되는 것은 골격근(骨格筋)이며 이는 의지(意志)에 의하여 자유로이 움직일 수 있는 수의근(隨意筋)이다.

골격근은 횡문(橫紋)을 가지는 다수의 근섬유(筋纖維)의 집합체이고 여기에 소량의 지질조직, 혈관, 신경조직, 임파선 등이 섞여 결체조직(connective tissue)에 의하여 묶여져 있다.

### (1) 근섬유

근섬유는 근을 구성하는 단위체로 그림 2-1에서 보는 바와 같이 밖은 근섬유소(筋鞘, sarclemma)에 의하여 싸여 있고 그 내부에는 명암무늬를 가지는 다수의 근원섬유가 규칙적으로 줄지어 들어 있으며 핵(nucleus)이 군데군데 존재하고 있다. 근원섬유 사이에는 근원질(sarcosome) 또는 근장(sarcoplasma)이라고 하는 교질용액으로 세워져 있다.

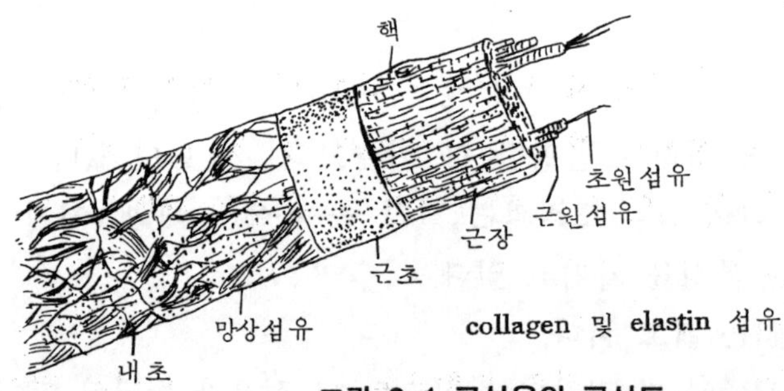


**그림 2-1 근섬유의 구성도**

근섬유의 크기는 동물의 종류에 따라 다르고 같은 동물에 있어서도 부위, 연령, 영양상태 등에 따라서 다르다.

어육에 있어서는 길이가 수 mm 내지 십수 mm로 축육의 그것에 비하여 몇 분의 일에 불과하고 반대로 지름은 50~100$\mu$으로 축육에 비하여 약간 굵다(표 2-1).

표 2-1 근섬유 및 근원 섬유의 지름 (단위 : μ)

| | 다 랭 이 | 긴수염고래 | 소 | 돼지 | 토끼 | 닭 |
|---|---|---|---|---|---|---|
| 근 섬 유 | 89±11.3 | 100±13 | 35.5±6.5 | 59.1±7.8 | 52.4±7.5 | 56.4±7.5 |
| 근원섬유 | 1.50±0.07 | 1.43±0.12 | 1.46±0.07 | 1.14±0.09 | 1.73±0.05 | 0.99±0.12 |

### (2) 결체조직

결체조직은 근섬유나 내부기관을 결속하는 조직으로 이에는 교원섬유(collagenous fiber), 탄성섬유(elastic fiber) 및 세망섬유(reticular fiber) 등이 있다. 교원섬유는 대표적인 결체조직성 섬유로 지름이 0.3~0.5μ의 가는 collagen 섬유가 다수 모여 지름이 1~12μ 정도의 섬유로 된 것이다. 골격근 근원섬유와 같이 횡문을 나타내며, 횡문의 주기는 약 640Å이다. 근육섬유와는 비교가 안 될 정도로 아주 강인한 섬유이다.

탄성섬유는 교원섬유와는 달리 분지하여 있는 elastin 섬유로 횡문도 없다. 늘어난 섬유가 원래의 길이로 되돌아 가는 것도 elastin 섬유의 특성의 하나인데, 이 탄성이 육의 질긴 맛의 원인이 된다고 할 수 있다.

세망섬유는 극히 분지된 섬유로 많은 기관의 지지역할을 하여, 결체조직과 타조직이 인접하는 곳에 많이 볼 수 있다. collagen 섬유와 같이 acid anilin에 의하여 염색되나 묽은 산으로 팽윤하여 분지하였던 섬유가 합처져 한 가닥으로 되는 점이 collagen 섬유와 다른 점이다. 어육에 있어서의 결체조직량은 일반적으로 축육에 비하여 상당히 적어서 어육이 축육에 비하여 연한 원인의 하나가 되고 있다.

### (3) 오징어의 근육조직

오징어의 근육조직(몸통부분)은 어육의 경우와는 많이 다르다. 즉 오징어육의 조직을 그림 2-2에서 보면 근섬유는 지름 5μ 정도의 극히 가는 평활근으로 체축에 직각방향으로 줄지어 있으며, 200~500μ의 간격으로 근막 비슷한 조직에 의하여 구분되어 있고, 다시 외측피와 내측피로 연결하는 방향으로 섬유가 줄지어 있다.

삶거나 건조한 오징어육이 체축의 직각방향으로 찢어지기 쉬운 것은 이러한 근육구조 때문이다. 체표피는 4층으로부터 되어 있고, 그 두께는 외측으로부터 각각 150μ, 200μ, 60μ, 40μ 정도이고, 색소세포는 제1층과 제2층 사이에 분포하고 있다. 또 동육조직(胴肉組織)의 내면에도 두께가 약 10μ의 껍질이 있다.

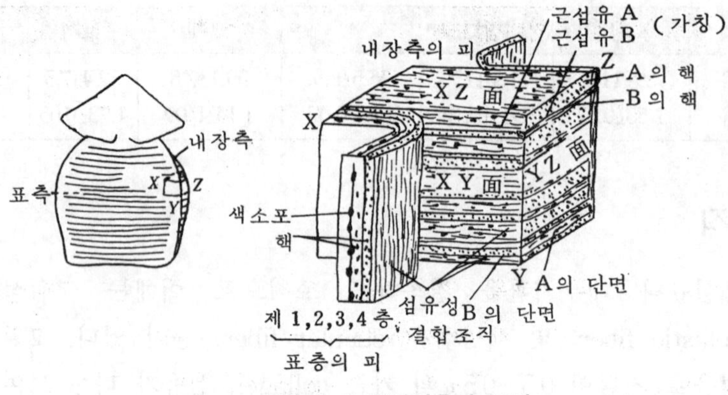


그림 2-2 오징어육의 조직

그림 2-3 어체의 표피부 단면

## 2. 어피(魚皮)의 조직

어피는 껍질(skin)로 덮여 있다. 껍질의 절단면을 현미경으로 보면 그림 2-3과 같이 여러 층의 표피세포로부터 된 표피(epidermis)와 여러 층의 실체조직으로부터 된 진피(dermis)의 2부로 이루어져 있다. 표피에는 점액을 분비하는 점액선(mucousgland)이 분포하여 있고, 진피에는 석회질이 침적하여 된 비늘(scale)이 생성되어 있다. 표피와 진피 사이에는 색소세포(pigment cell)가 병렬(並列)하여 있고 진피와 그 내부의 근육층 사이에는 색소과립세포(광채세포)가 존재하고 있다.

어류의 채색은 주로 이들 색소세포 중에 함유되는 색소과립과 비늘의 색소에 의하여 결정되며, 여기에 다시 표피 및 진피에 의한 빛의 굴절에 의해서 더욱 복잡한 광채를 띄게 된다.

# Ⅲ. 성분상의 특성

어패류가 가지는 성분상의 특성은 ① 어패류의 성분은 어종, 계절, 성별, 연령, 어장 및 영양상태 등에 따라 쉽게 변화된다는 점, ② 어패류의 성분 중에는 축육의 성분과 특이한 것들이 많다는 점 등의 두 가지 면에서 생각할 수 있다.

## 1. 일반 성분조성의 변화

어패류에 있어서 생체 총중량(總重量)에 대한 내부가식(可食) 중량의 비율이 어종에 따라서 다른 것은 물론이고, 같은 어종에 있어서도 계절, 성별, 연령, 어장 및 영양상태 등에 따라 다르며, 개략적으로 보면 어류에서는 50~60%, 조개류에서는 20~40% 정도이다. 일부 어패류의 개체중량에 대한 내부의 비율(가식율, 可食率)을 보면 표 2-2와 같다.

표 2-2 어패류 육량(肉量) (%)

| 어 종 | 육 량 | 어 종 | 육량 | 어종 | 육량 |
|---|---|---|---|---|---|
| 가다랭어 | 70 | 붕 장 어 | 46 | 숭 어 | 27 |
| 갯 장 어 | 68 | 임연수어 | 45 | 달 강 어 | 25 |
| 연 어 | 60 | 조 기 | 42 | 오 징 어 | 70 |
| 고 등 어 | 50 | 농 어 | 42 | 전 복 | 50 |
| 곰 치 | 50 | 성 대 | 40 | 보리새우 | 44 |
| 갈 치 | 50 | 명 태 | 40 | 백 합 | 25~40 |
| 청 어 | 48 | 대 구 | 31 | 굴 | 24 |
| 넙 치 | 47 | 도 미 | 30 | 소 라 | 20 |
| 가 재 미 | 46 | 게 르 치 | 30 | 바 지 락 | 13~20 |

어패육의 일반성분 조성을 표 2-3에서 보면 수분은 일반적으로 어린고기의 내부에 많은 경향이 있으며, 또 붉은살 어류보다는 흰살 어류 예를 들면 대구, 가재미 등과 같은 것에 많은 경향이 있다. 또한 수산 무척추동물에도 수분함량이 많다.

지질은 일반성분 중 가장 변동이 심하다. 일반적으로 회유어(回遊魚)는 저서어(底棲魚)에 비하여 계절적인 지질함량의 변동이 커서, 그 변화범위가 청어는 2~22%, 정어리는 2~12%, 연어는 0.4~14% 정도라고 한다. 한편 내부에 지질이 많이 축적되는 붉은살어류, 예를 들면 참다랭이, 꽁치, 고등어 등은 수분함량과 지질함량이 상반되는 관계에 있어 지질이 축적되는 계절에는 수분이 감소하고 수분이 증가하는 시기에는 지질은 감소하며 두 가지 성분 중 어느 한 쪽 성분량을 알면 다른 쪽 성분량을 개략적으로 추산할 수가 있다. 그러나 흰살 어류는 지질을 간장 및 기타 내장부에 축적하는 수가 많으므로 근육에는 지질이 그리 많지 않고 또한 계절적인 변동도 적은 것이 많다.

**표 2-3 어패육의 일반 성분조성** (%)

| 어종 | 수분 | 단백질 | 지질 | 탄수화물 | 회분 |
|---|---|---|---|---|---|
| 가다랭이 | 70.0 | 25.4 | 3.0 | 0.3 | 1.3 |
| 다랭이(붉은살) | 73.2 | 24.3 | 1.0 | 0.3 | 1.2 |
| 다랭이(기름살) | 52.6 | 21.4 | 25.0 | 0.1 | 0.9 |
| 방어 | 68.2 | 22.5 | 8.0 | 0.3 | 1.0 |
| 고등어 | 76.0 | 18.0 | 4.0 | 0.3 | 1.7 |
| 꽁치 | 70.0 | 20.0 | 8.4 | 0.3 | 1.3 |
| 정어리 | 75.0 | 17.5 | 6.0 | 0.3 | 1.2 |
| 전갱이 | 75.0 | 20.0 | 3.5 | 0.3 | 1.2 |
| 연어 | 72.2 | 20.0 | 6.0 | 0.3 | 1.5 |
| 도미 | 77.8 | 18.0 | 2.5 | 0.3 | 1.4 |
| 대구 | 81.0 | 16.6 | 0.6 | 0.1 | 1.7 |
| 넙치 | 75.7 | 22.0 | 1.2 | 0.3 | 0.8 |
| 곱상어 | 72.0 | 16.2 | 10.0 | 0.3 | 1.5 |
| 잉어 | 67.0 | 22.4 | 9.0 | 0.3 | 1.3 |
| 뱀장어 | 60.7 | 20.0 | 18.0 | 0.3 | 1.0 |
| 바지락 | 85.4 | 10.6 | 1.3 | 1.5 | 1.2 |
| 백합 | 84.8 | 10.0 | 1.2 | 2.5 | 1.5 |
| 굴 | 79.6 | 10.0 | 3.6 | 5.1 | 1.7 |
| 전복 | 73.4 | 23.4 | 0.4 | 0.8 | 2.0 |
| 오징어 | 80.3 | 17.0 | 1.0 | 0.5 | 1.2 |
| 문어 | 82.9 | 14..6 | 0.6 | 0.3 | 1.6 |
| 보리새우 | 80.0 | 16.0 | 1.1 | 1.5 | 1.4 |
| 왕게 | 76.0 | 20.0 | 0.5 | 1.5 | 2.0 |
| 해삼 | 91.0 | 2.5 | 0.1 | 1.5 | 4.3 |

단백질은 지질과 달라서 비교적 변동이 적으며, 수분을 제외한 근육의 주성분으로 20% 정도가 된다. 수분함량이 많은 것은 그만큼 단백함량이 줄어드는 경향이 있다.

탄수화물은 어육에서는 거의 1% 이하의 함량이다. 조개류에 있어서는 glycogen을 많이 함유하는 것이 있어 때로는 5% 정도나 될 때가 있다. 이것의 변화는 지질과 비슷하여 glycogen이 많은 시기에는 지질이 많고 수분은 적으며, glycogen이 적을 때에는 지질도 적고 수분은 많은 경향이 있다.

회분함량은 일반적으로 2% 이하이며 또한 그 변동도 적다. 수산 무척추동물은 어류보다 약간 회분이 많은 경향이 있다.

### (1) 생체 부위에 따른 변화

같은 개체에 있어서도 부위에 따라서 성분조성 차이가 있다. 표 2-4는 도미육의 분석예이다. 이 예에 있어서는 머리부분(頭肉)은 꼬리부분(尾肉)에 비하여 수분 및 단백질이 적고 지질이 많으며 꼬리부분(尾肉)은 그 반대이다.

표 2-4. 도미육의 부위에 따른 성분조성 (%)

| 부위 | 수분 | 단백질 | glycogen | 지질 | 회분 |
|---|---|---|---|---|---|
| 머리부분 | 71.9 | 18.1 | 0.011 | 7.9 | 1.2 |
| 등 부 분 | 74.0 | 20.5 | 0.011 | 4.1 | 1.4 |
| 배 부 분 | 73.1 | 19.7 | 0.019 | 6.0 | 1.2 |
| 꼬리부분 | 74.3 | 19.7 | 0.011 | 5.0 | 1.2 |

일반적으로 어체 부위에 따른 성분의 차이는 지질함량에 있어서 더욱 뚜렷하며 보통 배부분(腹肉), 목 부분(頸肉)에 많고 등 부분(背肉), 꼬리 부분(尾肉)에 적은 편이다. 다랭이에 있어서는 배부분(腹肉)은 수분이 적어 50% 이하일 때도 있는데 비하여 지질은 많아 35% 이상에 달할 때도 있다. 반대로 등부분(背肉)은 수분이 많아 70% 이상에 달하고 지질은 적어 1~3% 정도이다.(표2-5)

한편 어체를 둥글게 절단해서 표층육(表層肉)에 지질이 많고 내부육(內部肉)에는 적다. 또 근육을 결속하는 결체조직의 양도 어체부위에 따라 다르며 일반적으로 꼬리부분 근육(尾部筋肉)에 많아서 어체 중간부위의 근육은 약 2배 정도의 결체조직을 갖고 있다.

### (2) 연령, 어체 크기에 따른 차이

연령이나 어체의 크기에 따라 생식선 기타의 기능발달의 정도가 다르므로 성분 조성도 달라진다. 일반적으로 연령이 많은 것은 적은 것에 비하여, 대형의 것은 소형의 것에 비하여 지질이 많고 수분이 적은 경향이다. TMAO(trimethylamine oxide) 함량도 대형어에 많다고 한다. 한편 근육의 DNA(deoxyribonucleic acid) 함량은 몸 길이와 역비례(逆比例) 관계를 나타낸다는 보고가 있다. 또 성장과정에서 변태하는 동물은 그 사이에 식성도 변화하므로 성분조성도 자연히 달라지기 마련이다.

### (3) 계절에 따른 변화

일반적으로 어패류는 연중 가장 맛이 있는 시기가 축산물의 경우보다 뚜렷하다고 하는데, 이것은 그만큼 어패류의 체성분의 계절적 변화가 크다는 것을 의미하고 있다.

보통 어패류의 가장 맛이 있는 시기는 지질의 축적량이 많은 시기와 일치하는 경우가 많다. 일반적으로 지질함량은 산란기에 최저값을 나타내고, 산란 후에는 차차 증가하여 산란 수 개월 전에 최고값에 달한다.

표 2-5 가다랭이의 크기에 따른 근육의 수분 및 지질함량의 차이

| 몸길이 (㎝) | 몸무게 (kg) | 등쪽표층육 | | 등쪽내부육 | | 배쪽표층육 | | 배쪽내부육 | |
|---|---|---|---|---|---|---|---|---|---|
| | | 수분 (%) | 지질 (%) | 수분 (%) | 지질 (%) | 수분 (%) | 지질 (%) | 수분 (%) | 지질 (%) |
| 51.4 | 2.61 | 70.5 | 0.7 | 74.7 | 0.4 | 75.1 | 1.2 | 75.2 | 1.0 |
| 52.2 | 3.00 | 67.6 | 4.0 | 73.4 | 0.3 | 68.9 | 5.4 | 72.4 | 0.5 |
| 55.8 | 3.47 | 68.8 | 6.1 | 71.6 | 0.5 | 67.0 | 8.9 | 72.3 | 0.4 |

굴의 성분변화를 보면 특히 glycogen과 단백질의 변화가 심하고 또 양자는 상당히 상반적인 변화를 나타낸다. 즉 늦은 겨울에서 이른 봄에 걸쳐 glycogen이 증가하여 살이 오른 굴이 되나, 수온이 상승함에 따라 생식소(生殖素)가 발달하게 되고, 이와 동시에 glycogen은 감소하기 시작하여 산란기인 여름에는 최저가 된다. 반대로 단백질은 glycogen이 많은 시기에는 최저값을 나타내나 생식소(生殖素)의 발달과 더불어 급증하여 산란직전에 최고가 되고 산란 후에는 다시 감소한다. glycogen 함량이 많을 때와 단백질함량이 많을 때의 굴은 광택이나 맛이 다른데 glycogen 함량이 많을 때가 맛이 월등히 좋다. 단백질 함량이 많은 시기는 여름이어서 부패도 빠르고, 방란 후(放卵後)는 여위어 수분이 많고 맛이 없으므로 식용에 부적당하다.

또 연어류와 같이 산란기에 소하회유(溯河回遊)를 하는 것은 하구에서부터 먹이를 먹지 않으므로 체성분 특히 지질의 소모가 심하며, 그 함량이 감소하는 것은 물론이고, 지방산의 조성도 하구에서와 산란장에서는 달라진다고 한다. 소비되는 지질의 지방산은 포화지방산 및 불포화지방산 중에서 $C_{16}$, $C_{18}$, $C_{20}$ 등의 산이 주이고 고도불포화산은 별로 변화가 없다고 한다.

### (4) 어장에 따른 차이

생물은 환경요인에 따라 생리기능이 달라지고 나아가서 성분조성도 달라지게 된다. 어패류는 특히 수온변화에 민감하여 생체 내의 대사가 완만하여지든가 반대로 활발하여진다. 섭이행동(攝餌行動)도 많은 영향을 받는다. 수온이 다른 수조에 사육한 붕어 근육중의 인산화합물의 함량을 조사한 것을 보면, 적온에서 사육한 것은 그렇지 않는 것에 비하여 운동과 대사에 필요한 고에너지 인산화합물의 양이 많았다고 한다.

또 연어의 생육에 미치는 빛의 영향에 대하여 실험한 것을 보면 빛이 직접적으로 영향하는 것인지 또는 수온상승이나 식물 plankton의 번식에 관계하여 그것이 2차적으로 영향하는 것인지는 명백치 않으나, 빛을 받는 곳의 것은 그렇지 못한 것에 비하여 고형물, 무기물, 질소량 등이 많았다고 한다.

한편 수중에 구리나 니켈 등의 중금속이 많으면 어패류는 그것을 용이하게 체내에 축적

하는 경향이 있다. 굴은 구리를 잘 축적하는 성질이 있어, 구리를 함유하는 공장폐수에 의하여 굴이 청록색으로 변하여 문제화된 일도 있다.

먹이(飼料)의 양이나 그 질에 따라 어패류의 성분조성이 달라지는 것은 물론이다. 예로서 천연뱀장어와 양식뱀장어를 비교하여 보면 표 2-6과 같이 천연뱀장어는 먹이가 풍부하지 못하여 여위어서 지질이 적고 수분이 많은데 비하여, 양식뱀장어는 살이 올라 지질이 많고 수분이 적은 경향이 있다.

**표 2-6 천연뱀장어와 양식뱀장어의 일반조성 (%)**

| 성 분 | 천연 뱀장어 (체중 135~150g의 것 3마리) | 양식 뱀장어 (체중 130~200g의 것 14마리) |
|---|---|---|
| 수 분 | 69.4~72.0 | 56.3~64.2 |
| 건 물 | 28.0~30.8 | 35.8~43.7 |
| 회 분 | 1.6~2.5 | 1.4~2.0 |
| 지 질 | 9.9~13.8 | 18.7~27.0 |
| 총질소 | 2.2~2.6 | 2.3~2.6 |

## 2. 각 성분상의 특징

### (1) 수 분

어육의 70~80%(평균 75%)를 차지하는 수분은 영양적인 가치는 별로 없으나 그 함량이나 존재하는 상태는 어육의 가공성이나 저장성 또는 맛이나 색택 등에 큰 영향을 미친다.

어육의 수분은 결합수(結合水)의 함량이 표 2-7에서 보는 바와 같이 수분함량의 11~25% 정도가 된다.

**표 2-7 어육 중의 결합수량**

| 어 종 | 총수분량(%) | 자유수(%) | 결합수(%) | 건어물 1g당의 결합수(g) |
|---|---|---|---|---|
| 도 루 묵 | 80.5 | 68.9 | 11.6 | 0.59 |
| 화살꼴뚜기 | 78.4 | 60.2 | 18.2 | 0.85 |
| 고 등 어 | 73.4 | 50.2 | 23.2 | 0.87 |

결합수는 보통 자유수(自由水)와는 달리 성분과 결합되어 있으므로 0 ℃ 이하로 냉각하여도 얼지 않는 물이라고 풀이되고 있으며, 실제로 -20 ℃, -30 ℃에서도 얼지 않는다. 또한 결합수는 용매로서의 작용을 하지 않으며, 미생물의 번식이나 포자의 발아에도 이용될 수 없는 수분이기도 하다. 결합수는 결합력은 식품구성성분의 극성기(極性基)의 종류에 따라 달라지므로 그 속박도 (束縛度)의 강약에는 차이가 많다.

## (2) 단백질

보통 근육 단백질은 물에 녹아 나오는 근장단백질(筋漿蛋白質 ; myogen류와 globulin X), 염류용액에 녹아나오는 구조단백질(構造蛋白質 ; myosin과 actin), 불용성인 기질단백질(基質蛋白質 ; collagen과 elastin)로 구성되어 있다(표 2-8).

**표 2-8 근육 중의 단백질과 그 성상**

| 단백종류 | 대표 단백질 | 전 단백의 % | 입자형 | 성 질 |
|---|---|---|---|---|
| 근원섬유단백질 (근육구조단백) | Myosin, Actin, Acotomyosin | 65 | 사상 (糸狀) | 물에 불용, 중성염용액에 가용, 점성이 크다(염용성 단백). |
| 근장단백질 (근원단백질) | Myogen,Albumin globulinX | 30 | 구상 (球狀) | 물, 중성용액에 쉽게 용해, 효소계 단백, 색소단백 포함(수용성 단백) |
| 근기질단백질 (결합조직단백) | Collagen,Elastin, Reticulin | 3~5 | 사상 (糸狀) | 물, 염류, 약산, 알칼리에도 불용, 결체 조직 단백, 경단백(수용성 단백) |

어육의 이러한 단백질 구성의 비율은 표 2-9에서 보는 바와 같이 축육단백질에 비하여 구조단백질이 많고 기질단백질이 적은 것이 특징으로 되어 있다.

이러한 사실은 어육이 축육보다 연한 원인의 하나라고 할 수 있다.

**표 2-9 어육의 단백 구성** (%)

| 종 류 | 근장단백질 | 구조단백질 | 찌꺼기 중의 세포내 단백 | 지질단백질 |
|---|---|---|---|---|
| 방 어 | 32 | 60 | 5 | 3 |
| 고 등 어 | 30 | 67 | 1 | 2 |
| 창 꼬 치 | 31 | 65 | 2 | 3 |
| 별 상 어 | 21 | 64 | 7 | 9 |
| 오 징 어 | 12~20 | 77~85 | | 2~3 |
| 백 합(閉筋) | 41 | 57 | | 2 |
| 백 합(足筋) | 56 | 33 | | 11 |
| 토 끼 | 28 | 52 | | 19~21 |
| 쇠 고 기 | 17 | 68 | | 15 |

### 1) 구조 단백질

토기의 근육은 0.5~1.0M 염용액으로 단시간 추출하면 주로 myosin이, 장시간 추출하면 주로 actomyosin이 얻어진다는 점이 특이하다. 표 2-10에서 보는 바와 같이 일반적으로 myosin을 많이 함유하고 있는 어육은 어묵 형성능이 강하기 때문에 연제품(煉製品) 제조에 중요시되고 있다.

표 2-10 어육의 myosin 함량(건어물%)

| 어 종 | myosin 함량 | 어 종 | myosin 함량 | 어 종 | myosin 함량 |
|---|---|---|---|---|---|
| 백조기 | 51.9 | 참가재미 | 34.3 | 꽁 치 | 23.1 |
| 황조기 | 53.4 | 게르치 | 61.2 | 다랭어 | 38.2 |
| 갯장어 | 38.0 | 옥 돔 | 63.1 | 노랑가오리 | 12.3 |
| 갈 치 | 8.8 | 농성어 | 62.0 | 별상어 | 41.1 |
| 날 치 | 33.7 | 정어리 | 27.0 | 갑오징어 | 36.3 |

### 2) 근장 단백질

어육은 myogen 함량이 많은 편이어서 전 근육단백질의 20~30% 정도이며 이것은 근장단백질의 약 65%에 해당된다(표 2-11).

어류 및 양서류(兩棲類)의 근육에만 존재하는 근장단백질로 myoproteid가 있다. 식초산으로 강산성화하면 침전하는 성질이 있다.

표 2-11 어패육의 myogen 함량 (%)

| 종 류 | myogen 함량 | 종류 | myogen 함량 | 종류 | myogen 함량 |
|---|---|---|---|---|---|
| 대 구 | 30 | 백합(폐각근) | 41 | 굴(폐각근) | 14~20 |
| 가오리 | 26 | 백합(족 근) | 56 | 오징어 | 12~20 |

이 성질은 이용하여 분리할 수 있다. 잉어육의 myoproteid는 등전점이 pH 4.7이고 41℃에서 열응고한다. 기타 근육 단백으로는 색소단백인 myoglobin이 근원질에 함유되나 이것에 대하여는 색소란에서 기술하기로 한다.

### 3) 기질 단백질

기질단백질은 근초(筋鞘), 힘줄(腱), 모세혈관, 신경섬유 등을 포함한 결체조직을 구성하고 있는 경단백질(硬蛋白質)이다. 주요구성 단백질은 collagen과 elastin인데 어육의 결체조직의 경우는 양자의 비율이 약 4:1이라고 한다. collagen은 어피의 주성분이고 열수축온도는 축육의 collagen(60~70℃)에 비하면 비교적 낮은데(35~50℃) 이것은 사슬 사이의 수소결합에 관여할 수 있는 hydroxyproline의 함량이 축육에 비하여 적기 때문이라고 한다. 가열수축온도 이상의 열수 중에서 가열하면 gelatin으로 용해되어 소화가 쉽게 된다. 이 변화도 어육의 collagen이 축육의 collagen보다 쉽게 일어난다.

### 4) 어패육 단백질의 영양가

어패육 단백질의 아미노산 조성을 보면 표 2-12와 같이 어종에 따른 큰 차이는 찾아볼 수 없고, 보통육과 혈합육도 극히 비슷한 조성을 가지고 있는 것을 볼 수 있다.

**표 2-12 어패육단백질의 아미노산조성(단백질 100g 중의 아미노산 g수)**

| 아미노산 | 고등어 | | 방어 | | 전갱이 | 별상어 | 갯장어 | 참돔 |
|---|---|---|---|---|---|---|---|---|
| | 보통육 | 혈압육 | 보통육 | 혈합육 | | | | |
| glycine | 3.8 | 4.3 | 5.4 | 5.6 | 5.6 | 5.0 | 4.7 | 5.3 |
| alanine | 5.9 | 5.7 | 7.5 | 6.5 | 6.5 | 7.2 | 6.1 | 6.9 |
| valine | 7.8 | 7.6 | 8.4 | 7.8 | 7.8 | 7.1 | 6.1 | 6.9 |
| leucine | 7.4 | 8.2 | 8.5 | 9.2 | 9.2 | 9.1 | 8.3 | 9.1 |
| isoleucine | 7.4 | 7.4 | 7.4 | 7.4 | 7.4 | 6.1 | 7.7 | 6.4 |
| serine | 5.0 | 4.8 | 5.0 | 4.8 | 4.8 | 4.8 | 5.4 | 4.9 |
| threonine | 5.2 | 5.1 | 5.8 | 5.6 | 5.6 | 5.6 | 6.2 | 5.7 |
| methionine | 3.2 | 3.2 | 3.8 | 3.6 | 3.6 | 3.6 | 3.4 | 3.7 |
| cystine | - | - | - | - | - | - | - | - |
| aspartic acid | 11.5 | 9.5 | 11.8 | 11.0 | 10.8 | 6.2 | 6.6 | 10.8 |
| glutamic acid | 13.4 | 11.5 | 14.9 | 13.4 | 15,8 | 15.2 | 16.0 | 14.5 |
| tyrosine | 4.0 | 3.7 | 4.3 | 4.3 | 4.6 | 3.6 | 3.8 | 4.4 |
| phenylalanine | 4.4 | 4.7 | 3.5 | 3.6 | 4.9 | 4.4 | 4.6 | 5.0 |
| proline | 3.5 | 3.6 | 3.0 | 3.6 | 4.1 | 3.7 | 3.7 | 4.3 |
| tryptophan | 1.2 | 1.4 | 1.1 | 1.2 | 1.3 | 1.3 | 1.2 | 1.4 |
| arginine | 5.9 | 6.7 | 6.5 | 7.5 | 6.8 | 7.0 | 6.7 | 7.0 |
| lysine | 10.0 | 9.2 | 12.0 | 10.4 | 10.7 | 10.8 | 11.3 | 10.0 |
| histidine | 3.4 | 2.6 | 2.7 | 2.6 | 2.3 | 2.9 | 2.8 | 2.4 |

| 아미노산 | 돌가재미 | 명태 | 잉어 | 보리새우 | 꽃,게 | 백합 | 전복 | 오징어 |
|---|---|---|---|---|---|---|---|---|
| glycine | 4.1 | 5.0 | 3.7 | 4.7 | 4.7 | 4.3 | 6.2 | 4.5 |
| alanine | 6.3 | 5.9 | 6.9 | 6.0 | 5.7 | 6.2 | 6.6 | 5.5 |
| valine | 7.0 | 5.7 | 6.6 | 4.4 | 5.0 | 4.4 | 4.2 | 5.9 |
| leucine | 9.0 | 8.3 | 9.2 | 8.6 | 9.0 | 9.6 | 8.2 | 9.1 |
| isoleucine | 5.1 | 7.2 | 5.1 | 3.8 | 4.7 | 4.5 | 4.0 | 8.1 |
| serine | 5.4 | 5.3 | 5.0 | 4.2 | 4.9 | 4.9 | 5.2 | 5.6 |
| threonine | 5.6 | 5.8 | 5.9 | 4.1 | 5.2 | 5.0 | 4.7 | 5.4 |
| methionine | 3.1 | 3.6 | 3.3 | 2.8 | 3.0 | 4.7 | 2.5 | 3.6 |
| cystine | - | - | - | 1.1 | 1.7 | 1.3 | 1.3 | - |
| aspartic acid | 10.5 | 6.3 | 10.9 | 11.7 | 12.0 | 11.2 | 11.1 | 10.9 |
| glutamic acid | 15.8 | 15.9 | 16.6 | 17.5 | 16.2 | 17.1 | 15.8 | 14.9 |
| tyrosine | 4.2 | 3.9 | 3.8 | 4.1 | 4.7 | 4.6 | 3.7 | 4.5 |
| phenylalanine | 4.4 | 4.3 | 5.1 | 4.4 | 4.8 | 3.7 | 3.7 | 5.3 |
| proline | 3.6 | 3.8 | 3.1 | 3.7 | 4.5 | 3.4 | 4.6 | 3.8 |
| tryptophan | 1.2 | 1.2 | 1.1 | 1.0 | 1.6 | 1.5 | 0.7 | 1.2 |
| arginine | 6.2 | 7.0 | 6.0 | 9.0 | 6.3 | 7.8 | 8.6 | 7.0 |
| lysine | 10.3 | 11.0 | 11.6 | 9.4 | 8.9 | 8.1 | 6.8 | 11.4 |
| histidine | 2.5 | 2.4 | 2.2 | 1.9 | 2.4 | 1.5 | 1.5 | 2.3 |

어육의 필수아미노산은 모두 고르게 함유하였고 그 양도 충분하여 쇠고기단백과 비교하여도 이와 동등하거나, 그 이상의 영양가가 있는 단백질이라고 할 수 있다. 특히 어육단백질에는 성장에 필요한 lysine 함량이 높으므로 이것이 적은 곡류를 주식으로 하는 사람들에게는 영양적 가치가 높다고 할 수 있다.

## (3) 지질

어패류의 지질함량은 동일 어종이라도 여러 가지 조건에 따라 많이 변화하는데, 즉 꽁치, 고등어, 가다랭이 등과 같이 주로 근육 특히 피하조직에 지질을 축적하는 종류와 대구, 상어, 오징어 등과 같이 주로 간장(肝臟)에 축적하는 종류의 두 가지 형이 있다. 근육에 많이 축적하는 종류는 간장 중의 지질은 적고 반대로 간장 중에 축적하는 종류는 근육 중의 지질은 적은 편이다.

또한 근육조직에 있어서도 일반적으로 배부분(腹肉)은 등부분(背肉)보다, 목부분(頸肉)은 꼬리부분(尾肉)보다, 표층육(表層肉)은 내부육보다, 혈합육(血合肉)은 보통육보다 각각 지질함량이 높다(표 2-13).

**표 2-13 명태 각부의 지질함량**

| 부 위 | 지질함량(%) | |
|---|---|---|
| | 신선물 | 전체 지질에 대한비율 |
| 등 부 분 | 0.4 | 1.1 |
| 배 부 분 | 0.4 | 1.2 |
| 껍질부분 | 0.7 | 2.2 |
| 머리부분 | 1.3 | 3.8 |
| 간 장 | 31.0 | 91.8 |

일반적으로 지질의 옥소가(불포화도)는 그 생물이 생육하는 환경의 온도가 높을수록 낮고, 한냉한 환경에 생육하는 것일수록 높다. 따라서 어유(魚油)는 육상동물유(陸上動物油)보다 일반적으로 옥소가가 높으며, 어류 중에서도 냉수역(冷水域)에 서식하는 것이 온수역(溫水域)에 서식하는 것보다 높은 경향이 있다.

어류에 있어서는 포화지방산이 약 20%이고 불포화지방산이 약 80%인데 비하여, 육상동물의 경우는 30 : 70으로 어유가 불포화지방산의 비율이 높다. 이와 같이 어유는 불포화도가 높으므로 쉽게 산소와 결합하여 산화물을 만들고 그 결과 이미(異味), 이취(異臭) 등이 생기고 또 갈색으로 변화하여 이른바 기름변색을 일으키기가 쉽다.

### 1) glyceride

어유의 glyceride는 대부분이 triglyceride이고 mono 및 diglyceride는 미량에 지나지 않는다. 더욱이 glyceride를 구성하는 지방산이 2종 또는 3종의 서로 다른 불포화지방산 되어있는 3종의 서로 다른 불포화지방산으로 되어 있는 mixed triglyceride가 많다.

어유의 glyceride를 구성하는 지방산은 포화지방산으로는 palmitic acid($C_{16}$), 불포화지방산으로는 oleic acid($C_{18}$, 2중결합 1개)가 대부분을 차지하는 점은 일반 동식물유의 경우와

같으나 불포화지방산의 비율이 많고, 또 불포화결합이 많은 고도불포화지방산을 많이 갖는 점이 특이하다

**표 2-14 지질의 지방산조성** (%)

| 종 류 | 포화지방산 | 불포화지방산 | | | |
|---|---|---|---|---|---|
| | $C_{16}$ | $C_{16}$ | $C_{18}$ | $C_{20}$ | $C_{22}$ |
| 담 수 어 | 13~15 | 약 20 | 40~45 | 약 12 | 0~5 |
| 해 수 어 | 12~15 | 15~18 | 27~30 | 20~25 | 0~12 |
| 황 소(한우) | 27~30 | 2~3 | 40~40 | 0.2~0.5 | |

어유에 비교적 널리 분포하고 있는 고도불포화지방산으로는 arachidonic acid($C_{20}H_{32}O_2$, 2중결합 4개), clupadononic acid($C_{22}H_{34}O_2$, 2중결합 5개), nisinic acid($C_{24}H_{36}O_2$, 2중결합 6개), 등이 정어리기름, 청어기름, 어간유 등에 정상성분으로 비교적 다량 함유되어 있다. 이중 arachidonic acid는 linoleic acid, linolenic acid와 같이 영양상 필수지방산으로 매우 중요하다. 이 외에 일부 어지질(魚脂質)에 함유되고 있는 고도불포화산으로 펜두상어의 간유(肝油) 중의 scolidonic acid($C_{24}H_{38}O_2$), 다랭이기름 중의 sibinic acid($C_{26}H_{42}O_2$) 등이 알려져 있다. 또 Eicosapentaenoic acid(EPA, $C_{20}H_{30}O_2$), Docosahexaenoic acid(DHA, $C_{22}H_{32}O_2$)도 등푸른생선에 많아 혈액 속의 crolesterol 제거로 고혈압 예방에 효과가 크다.

### 2) 인지질

인지질은 뇌, 내장, 생식선 등에 많이 들어 있고, 혈압육에는 보통육보다 많이 존재한다. 연어, 청어 등의 어란조지질(魚卵粗脂質) 중에는 인지질이 40~50%에 달할 때도 있다. 일반적으로 인지질을 구성하는 지방산은 같은 생물로부터 얻어지는 glyceride의 그것보다 불포화도가 높아 산화되기 쉽다. 따라서 어육을 가공 저장할 때의 지질의 산화는 glyceride에 의하는 것보다 인지질에 의하는 것이 더 크다.

### 3) 납(蠟 : wax)

납은 지방산과 1가의 알코올의 에스테르인데 일반적으로 어육에 함유되는 양은 극히 미량이다. 향유고래, 돌고래 등의 뇌유(腦油)는 대부분의 밀납으로 알코올 cetyl alcohol, stearyl alcohol, oleyl alcohol 등이 주요한 것이다.

### 4) sterol

sterol은 cyclopentanoperhydrophenanthrene의 유도체로 어유 중의 불검화물의 주요성분을 이루고 있다. 보통 어류의 지질에는 1~2%의 불검화물이 있는데 그 대부분은 cholesterol이고 이외에 미량의 7-dehydro-cholesterol를 함유하고 있다.

### 5) 기타 성분

심해성 상어류는 불검화물 중에 탄화수소를 가지는 것이 있다. 포화탄화수소로는 pristane이 있는데 돌묵상어 간유에는 10% 정도나 함유된다고 한다. 불포화탄화수소로는 squalene($C_{30}H_{50}$)이 있는데 심해성 상어의 간유에는 70~90%나 함유된다. 또 지질의 불검화물에는 glycerine과 알코올이 에테르 결합을 한 glycerine ether가 있다. 주로 상어 간유에 함유되어 있으며, 알코올로서는 selachyl alcohol, batyl alcohol, chimyl alcohol 등이 있다. 이 외에 어유 중에는 비타민 A·D·E 등의 지용성 비타민이나 여러 가지 carotenoid 색소가 들어있다.

### 6) 어유의 영양가

어유의 영양적 가치는 열량원으로서의 가치도 중요할 뿐만 아니고 여기에 함유되는 특수성분의 효용으로도 중요하다. 즉 영양상 필수지방산이라고 하는 linoleic acid, linolenic acid 및 arachidonic acid에 대해서 보면 앞의 두 가지는 일부 어유에 극히 소량이 함유되는데 지나지 않으나 arachidonic acid는 어유의 상재성분(常在成分)으로 전지방산(全脂肪酸)의 5% 내외가 함유되고 있다.

한편 비타민 A·D의 공급원으로서의 가치는 종래부터 인정되고 있다. 이외의 혈액의 cholesterol 함량을 저하시키는 물질, 즉 hypocholesterolenic factor가 어(魚)지질에 많이 함유된다는 것이 밝혀지고 있다. 이 효과는 불포화도가 높은 지방산을 함유하는 것일수록 크다는 것이 인정되어 어유에 많이 함유되는 고도불포화산의 새로운 가치를 평가받아 현재 건강보조식품으로 상품화되고 있다.

## (4) 엑스분(Extractives)

잘게 썰은 근육을 물로 추출하면 여러 가지 성분이 용출되는데, 이 추출액에서 단백질, 지질, 색소, 기타 고분자화합물을 제거한 나머지 즉 유리아미노산, 유기산, 저분자질소화합물, 저분자탄수화물 등을 통틀어 엑스분이라 한다. 엑스분은 모든 근육세포의 대사에 관계하는 성분이므로 생화학 분야에서 중요할 뿐만 아니고 식품의 맛이나 변질 등에도 관련이 많으므로 식품학 분야에서도 중요한 성분이다.

엑스분의 양은 개략적으로 어류에서는 1~5%, 연체류에서는 4~8%, 갑각류 6~10% 정도이며, 이중 3/4~2/3가 유기성분이고, 나머지가 무기성분이다. 즉 일반적으로 척추동물이 무척추동물보다 엑스분이 적은 편이다.

### 1) 유리아미노산

일부 수산동물 중의 유리아미노산 함량은 표 2-15와 같다.

일반적인 경향으로 맛이 농후한 종류일수록 아미노산량이 많으며, 어류에서는 붉은살어류가 흰살어류보다 많고, 같은 붉은살어육에 있어서도 보통육이 혈합육보다 많다. 또 무척추동물육에 유리아미노산이 많다고 흔히 말하고 있으나 새우, 가리비와 같이 실제로 많은 것도 있고, 반면에 문어와 같이 그렇지 않은 것도 있다.

유리아미노산의 종류와 양은 동물의 생리에 관여하므로 계절적인 변동이 있는 것은 물론이다. 또 염분농도의 변화에 따라 taurine, glutamic acid, glycine, alanine 및 proline 등의 아미노산이 증감하여 삼투압조절에 중요한 역할을 한다.

표 2-15 수산 동물근육 중의 유리아미노산함량 (mg%)

| 아미노산 | 고등어 | | 전갱이 | 대구 | 잉어 | 문어 | 오징어 | 보리새우 | 굴 | 가리비 |
|---|---|---|---|---|---|---|---|---|---|---|
| | 보통육 | 혈압육 | | | | | | | | |
| glycine | 54 | 53 | 40 | 21 | 125 | 23 | 45 | 1250 | 340 | 1455 |
| alanine | 37 | 39 | 28 | 15 | 37.7 | 15 | 75 | 58 | 366 | 1233 |
| β-alanine | - | - | - | 1.2 | - | - | - | - | - | - |
| valine | 14 | 13 | 13 | 3.5 | 4.4 | 9.2 | 20 | 19 | 10.5 | 29.5 |
| leucine | 14 | 16 | 20 | 7.1 | 6.1 | 6.3 | 18 | 17 | 9.6 | 8.4 |
| isoleucine | 9.6 | 9.6 | 8.3 | - | 3.4 | 6.3 | 15 | 11 | 4.9 | 5.4 |
| serine | 6.9 | 9.2 | 7.1 | - | - | 15 | 16 | 108 | 3.0 | 6.4 |
| threoine | 9.6 | 9.0 | 8.8 | < 0.5 | 6 | 7.3 | 23 | 15 | 19.2 | 15.5 |
| methionine | 7.3 | 6.3 | 4.3 | - | 11.6 | 3.6 | 12 | 11 | 3.4 | 2.9 |
| asparatic acid | 9.8 | 6.3 | 12 | 1.9 | 3.2 | 22 | 흔적 | 흔적 | 38.5 | 0 |
| gultamic acid | 20 | 21 | 19 | 8 | 17.6 | 29 | 26 | 65 | 148 | 150.5 |
| tyrosine | 6.6 | 6.0 | 5,3 | - | - | 1.7 | 4 | 1 | 7.6 | 5.1 |
| phenylalanine | 9.2 | 9.6 | 13 | - | 1.8 | 4.3 | 6 | 7 | 6.0 | 3.2 |
| proline | 5.4 | 5.3 | 8.4 | 0.5 | 6.3 | 8.5 | 479 | 230 | 80 | 81.5 |
| tryptophan | 2.5 | 2.8 | 1.6 | - | - | 1.8 | 1.4 | 0.9 | 1.5 | 0.6 |
| arginine | 6.1 | 5.7 | 5.7 | 0 | 5.8 | 146 | 99 | 686 | 53.5 | 32 |
| lysine | 22 | 22 | 30 | 1.9 | 22.8 | 7.6 | 9 | 15 | 3.1 | 3.1 |
| histidine | 563 | 296 | 163 | 0 | 77 | 1.8 | 140 | 7 | 16.3 | 24.5 |
| 계 | 796 | 530 | 387.5 | 61.1 | 328.7 | 308.4 | 985.4 | 2501 | 1076 | 3017 |

### 2) Trimethylamine oxide(TMAO)

TAMO, $(CH_3)_3NO$는 해산동물조직에 널리 분포되나 담수산(淡水産) 동물조직에는 거의 함유되지 않으며, 해산어 중에도 상어, 가오리류와 같은 연골어에 특히 많다. 대구류에 있어서는 체장이 커지는데 따라 함량이 증가한다고 한다. 또 혈합육에 있어서는 보통육의 반량 정도에 지나지 않는다고 한다.

TAMO는 생체 내에서 암모니아의 해독물질로 또는 요소와 함께 삼투압조절물질로(특히 연골어에 있어서) 이용된다. TMAO는 감미있는 물질로 pH 4.5 부근에서 극히 강한 완충능력을 가지며 세균이나 glutathione에 의하여 용이하게 환원되어 trimethylamine (TMA), $(CH_3)_3N$으로 된다.

TMA는 동물이 살아 있을 때는 함량이 극히 적으나, 어획 후 선도가 떨어지는데 따라 증가하고, 어취 특히 바닷고기 냄새의 주요성분을 이루고 있다.

### 3) 요소(尿素)

생체 내에서 질소화합물의 최종대사 생성물의 하나로 생성되는 암모니아는 독성이 강하므로 곧 무독(無毒)화하든가 또는 직접 체외(体外)로 배출할 필요가 있다. 동물에 따라 이 배설의 형태가 달라서 해산경골어(海産硬骨漁), 수서무척추동물(水捿無脊椎動物) 및 담수어류 등은 직접 암모니아 형태로 배설하나 해산연골어(海産軟骨魚)에서는 요소(尿素)의 형태로 배설한다고 한다. 따라서 표 2-16의 예와 같이 경골어의 근육에는 요소가 극히 적으나, 연골어의 근육에는 다량 함유된다. 이것은 단순히 암모니아가 무독화되어 요소로 전환될 뿐만이 아니고, 연골어류에서는 이것을 체내에 축적하여 TMAO와 같이 삼투압조절 물로 이용하기 때문이다.

**표 2- 16 어류근육 중의 요소함량(mg%)**

| 어 종 | 요소함량 | 어 종 | 요소함량 | 어 종 | 요소함량 |
|---|---|---|---|---|---|
| 날개다랭이 | 2.3 | 오 징 어 | 1.1 | 환도 상어 | 1,711 |
| 강 성 돔 | 2.6 | 해 삼 | 1.9 | 노랑가오리 | 1,809 |
| 정 어 리 | 0.7 | 꽃 게 | 0 | 홍 어 | 2,032 |
| 참가재미 | 0.6 | 별 상 어 | 1,707 | 쥐가오리 | 1,830 |
| 백 합 | 5.8 | 괭이상어 | 1,833 | 흰가오리 | 1,995 |

한편 연골어류는 어획 후 선도가 떨어지기 시작하면 심한 암모니아 냄새를 내게 되는데 이것은 육중에 다량으로 함유되는 요소와 TMAO가 분해되어 각각 암모니아와 TMA를 생성하기 때문이다. 더욱이 선도가 저하되어 근육의 pH가 알칼리쪽으로 옮기면 이들이 풍겨 흩어지는 것을 돕게 되므로 더욱 냄새가 강해진다.

### 4) betaine

Betaine은 동식물계에 널리 분포하는 염기성 화합물로 methionine으로의 methyl기 보급원의 하나이다. 어류 근육에는 별로 많지 않아 0.1% 이하이나 무척추동물 특히 오징어, 문어, 새우 등의 근육에는 많아 엑스분의 5~11%를 차지한다. 상쾌한 감미를 가진 물질로 glycine과 더불어 근육의 감미 원인물질이 되고 있다. 최근 조개류의 폐각근(閉殼筋)에서 새로운 betaine인 atrinine이 발견되고 있다.

$(CH_3)_3N^+ CH_2 COO^-$ $(CH_3)N^+ CH(COO^-) CH_2 CH_2 OH$

bataine atrinine

## 5) nucleotide

Nucleotide는 해산의 구성성분으로서 뿐만 아니고 유리(遊離)상태로서도 근육 중에 존재한다. 생체에서 발견된 nucleotide의 종류는 아미노산이나 단당류의 종류보다 훨씬 많다.

생체내 nucleotide의 함량은 그 동물의 활동에 따라 많이 다르며, 운동이 심할수록 nucleotide 특히 ATP는 급속히 감소한다(표 2-17).

**표 2-17 대구육의 nucleotide (μ mol/g)**

| nucleotide | 휴 식 근 | 피로근 |
|---|---|---|
| 5′-ATP | 5.34 | 0.26 |
| 5′-ADP | 0.58 | 0.43 |
| 5′-AMP | 0.69 | 0.57 |
| 5′-IMP | 1.26 | 5.86 |

**표 2-18 무척추동물육의 nucleotide 함량(μ mol/g)**

| 종 류 | AMP | IMP | ADP | ATP |
|---|---|---|---|---|
| 갯가재(胴肉) | 0.94 | 0.50 | 1.24 | 3.84 |
| 철모새우(胴肉) | 0.94 | 0.00 | 2.09 | 6.61 |
| 철모새우(-5 ℃, 28일 저장,) | 1.31 | 1.61 | 0.17 | 0.18 |
| 털게(다리살) | 0.29 | 0.00 | 1.75 | 5.87 |
| 털게(-5 ℃이상, 28일 저장, 다리살) | 3.47 | 1.98 | 0.46 | 0.35 |
| 문어(몸통살) | 0.67 | 0.00 | 1.43 | 2.48 |
| 오징어(外투막) | 0.55 | 0.00 | 1.53 | 7.48 |
| 가리비(패주) | 1.56 | 0.00 | 1.18 | 3.48 |
| 피조개(다리근육) | 0.41 | 0.00 | 1.19 | 5.72 |
| 피조개(-5 ℃, 10일 저장, 발근육) | 5.74 | 0.00 | 0.66 | 0.51 |
| 전복(-5 ℃, 10일 저장, 발근육) | 0.20 | 0.00 | 0.59 | 3.48 |

표 2-18에서 보는 바와 같이 문어, 오징어, 조개 등의 연체류 근육에 있어서는 AMP는 IMP를 거치지 않고 바로 adenosine으로 이것이 inosine를 거쳐 ribose와 hypoxanthine 등으로 분해된다. 즉 어체류의 근육에는 IMP가 생성되지 않는 것이 특징이다.

Nucleotide의 분해산물인 adenine, guanine, hypoxanthine 및 xanthine 등은 모두 소량이지만 근육 내에 유리상태로 존재하나 이중 특히 흥미로운 것은 guanine으로 이것은 난용성인 까닭에 때때로 여러 조직 특히 어피에 많이 침착하여 그것에 홍채를 띄게 한다. 예를 들면 갈치비늘과 같이 흰 빛깔이 빛나는 것은 이 guanine과 또 같은 난용성의 물질인 요산(尿酸)이 함께 침착이 되어 광선을 반사하기 때문이다.

#### 6) 유기산 및 당류

해당(解糖)작용의 최종산물인 젖산(乳酸)은 근육중에 일반적으로 볼 수 있는 성분으로 보통 회유성이 강한 붉은살어류에는 함량이 높아 때로 1% 이상에 달할 때가 있는 반면, 저서성(底棲性)의 흰살어류에는 적다.

또한 동일 어체에 있어서도 보통육에 비하여 혈합육이 적다. 연체류 특히 조개류에는 glycogen을 다량 축적하나 젖산의 함량은 그리 많지 않다. 호박산은 어류, 연체류육에도 분포하나 특히 조개류육 중에 많이 함유되어 조개류의 맛과 깊은 관련성이 있다고 생각되고 있다. pyruvic acid, malic acid, citric acid, fumalic acid 등도 소량씩 함유되어 있다.

어패육에는 다당류로서 glycogen을 함유하는데 어육에는 비교적 함량이 적어 1% 이하이나 연체류 특히 조개류에는 많아 때로 5% 이상에 달할 때도 있다. 단당류로서는 glucose가 소량 함유되어 있고 일부 종류에 galactose가 미량 함유되어 있는 것으로 알려져 있다. 또 어육의 선도가 떨어지게 되면 핵산에서 유래되는 ribose가 증가하게 된다. 그 외 비타민 B군에 속하여 생리적으로 중요한 물질인 inositol도 어패육 중에 5~10mg% 정도 함유되어 있다.

### (5) 색 소

#### 1) 표피 세포

일반적으로 체표세포질 내에 있는 색소립(色素粒)이 흑색 또는 갈색인 것을 흑색소포(melanophore), 황색인 것을 황색소포(xanthophore), 적색인 것을 적색소포(erythrophore), 백색인 백색소포(leucophore) 또 희게 빛나는 경우는 이것을 구아닌색소포(guanophore)라고 부른다.

그리고 이들 색소포의 양적 배합에 따라 여러 가지 색상이 결정될 뿐만 아니고 빛의 흡수, 산란, 반사 등에 영향을 미치는 색소포의 배열상태, 크기와 모양, 그리고 색소포 자체의 수축 및 확장 등에 따라서 색채가 달라지게 된다. 주요한 색소로는 melanin, carotinoid, pterin, 담즙색소 등이 있고, 그외 guanine과 요산이 섞인 침착물이 광선을 반사하기 때문에 광채를 내는 경우도 있다.

#### 2) 근육색소

근육의 붉은 색소는 잉어, 송어류의 경우를 제외하고는 대부분이 myoglobin과

hemoglobin이며, 그 밖에 미량의 cytochrome이 들어 있다. 이 중에서도 주된 근육색소는 myoglobin으로 어류근육의 수용성색소의 약 80% 이상을 차지하고 있다. 흰살어류에 있어서는 이들 색소의 함량은 극히 미량이지만 붉은살어류에서는 표 2-19의 예와 같이 함량이 높다. 또한 보통육에 비하여 혈압육의 함량이 월등히 많다. 육색소의 화학변화는 그림 2-4와 같다.

**표 2-19 어육 중의 myoglobin 과 hemoglobin의 함량**

| 어 종 | 근육부위 | hemoglobin(%) (a) | myoglobin(%) (a) | $\frac{b}{a+b}\times 100$ |
|---|---|---|---|---|
| 다 랭 이 | 심부혈합육 | 0.25 | 3.51 | 93 |
| 〃 | 보통육 | 0.00 | 0.59 | 100 |
| 가다랭이 | 심부혈합육 | 0.09 | 1.61 | 95 |
| 〃 | 보통육 | 0.00 | 0.14 | 97 |
| 방 어 | 혈합육 | 0.02 | 0.54 | 96 |
| 〃 | 보통육 | 0.00 | 0.03 | 100 |
| 청 새 치 | 혈합육 | 0.17 | 1.39 | 89 |
| 〃 | 보통육 | 0.01 | 0.04 | 80 |

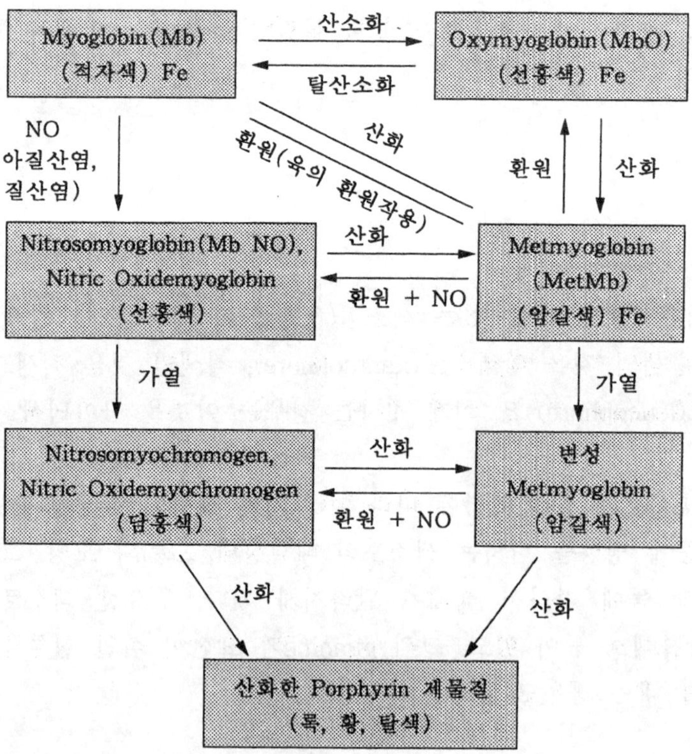


**그림 2-4 Myoglobin의 화학변화**

### 3) 혈액색소

거의 대부분의 어류는 혈구(血球)에 hemoglobin을 가지며 그 분자량은 일반적으로 67,000 정도이나 동물의 종류에 따라 상당한 차이가 있다. 이를 테면 먹장어에서는 34,000 피조개에서는 73,000과 같다. 일반적으로 무척추동물의 hemoglobin은 분자량도 크고, 존재하는 장소도 혈구내 뿐만 아니라 혈장 내에 있는 것도 있어 특이하므로 연체동물 및 환형동물(環形動物)의 그것을 특별히 erythrocruorin이라고도 한다.

Hemoglobin은 철(Fe)을 함유하는 호흡색소인데 비하여 일부 연체동물 및 갑각류 중에는 구리(Cu)를 함유한 hemocyanin, vanadium을 함유하는 hemovanadin 및 망간(Mn)을 함유하는 pinnaglobin 등의 호흡색소를 함유한다는 것이 알려져 있다.

### 4) 내장색소

간장(肝藏)은 일반적으로 지질을 함유하므로 각종 carotenoid를 용해하고 있다. 어류에서는 astacene과 xanthophyll이, 금붕어에서는 carotene이 분리되고 있으며 연체동물에서도 같은 astacene, astaxanthin 또는 xanthophyll이 분리되고 있다.

또 간장(肝藏)에서는 담즙을 생산하므로 황갈색의 bilirubin, 때로는 그것이 산화한 녹색의 biliverdin 등의 담즙색소도 함유된다. 이 외에 전복의 간장에는 chlorophyⅡ의 분해생성물인 pheophorbide와 닮은 담청색의 광감색소(光感色素)가 들어 있는 것이 알려져 있다.

한편 문어, 오징어와 같은 두족류(頭足類)는 묵즙선(墨汁腺 ; ink-gland)이라는 특유한 선(腺)조직을 가지는데 이것은 묵즙낭의 일부에 들어 있는 묵즙을 분비하는 선이다. 이 묵즙은 묵즙관을 통하여 항문 가까운 곳에서 외투강(外套腔)에서 나오는 물과 같이 밖으로 강하게 배설되며 주로 도주할 때 이용한다고 한다. 묵즙은 sepia라고도 하는데 그 주체는 melanin이고 무기염으로서 탄산칼슘 및 탄산마그네슘이 함유되며 또 carotenoid도 함유한다.

## (6) 맛(味) 성분

어패류의 맛성분으로서는 유리아미노산, nucleotide 계 물질, 유기산, glycogen, 지방 등이 알려져 있다.

### 1) 유리아미노산

정미(呈味) 아미노산 중에서 중요한 것은 glutamic acid이며 그 Na염, 즉 monosodium glutamate(MSG)는 화학조미료로 널리 이용되고 있다. 또 glycine, alanine 및 proline 등은 강한 감미를 가져 이것의 함량이 많은 새우, 오징어, 조개류 등의 맛에 큰 영향을 미치고 있다. methionine은 양이 많아지면 불쾌미를 나타내나 미량이면 맛을 짙게하여 뒷맛을 강하게 하여 주는 효과가 있다.

### 2) nucleotide계 물질

어패육이 nucleotides에 대하여는 생화학적인 면에서 뿐만 아니라 식품학적인 면, 즉 정미성분(呈味成分)으로서 선도판정의 지표물질로 또는 갈변현상의 관련물질로서도 중요하여 많은 연구가 이루어지고 있다. 특히 응용분야로서 핵산계조미료까지 개발되어 글루타민산소다와 더불어 화학조미료공업의 주류를 이루고 있다.

어류 및 해산무척추동물의 조직에는 20종류 이상의 nucleotides가 함유되고 있으며, 주로 근육에 많고 간장에는 적어 근육의 1/2~1/10 정도의 함량이다. 주성분은 adenine nucleotide(AMP, ADP, ATP 등)로 근육에서는 전(全) nucleotides의 90% 이상을 차지하고 있으며 간장에 있어서는 그 비율이 50~60% 정도로 적다.

어패류 조직 중에서 adenine nucleotides 변화를 보면, 어류에서는 ATP → ADP → AMP → IMP → inosine → hypoxanthine의 분해경로를 취하며 근육에서는 IMP가 축적되는 경향이 있다. 그러나 혈합육에서는 IMP의 축적시간이 짧고 더욱 간장에서는 거의 IMP의 축적을 볼 수 없이 속히 염기인 hypoxanthine, xanthine으로 분해된다.

한편 오징어, 문어 및 조개류 등에 있어서는 ATP의 분해성물로 IMP는 전혀 볼 수 없으므로 그 분해경로는 ATP → ADP → AMP → adenosine → inosine → hypoxanthine이라고 생각되고 있다. 그러나 같은 무척추동물 중에서도 갯가재, 게, 새우류에 있어서는 IMP의 생성을 볼 수 있다. nucleotides로 좋은 맛을 가지는 것의 화학구조를 보면 분자 중에 purine핵을 가지고, 그 핵의 ⑥의 위치에 -OH기를 가지며 또 ribose의 5'위치에 인산기가 결합되어 있다. 즉 정미성 nucleotide로서 갖추어야 할 화학구조 상의 요건은 이 두 가지라고 할 수 있다. 실제 이 두 요건을 갖춘 nucleotides, 즉 5'-GMP, 5'-IMP 및 5'-XMP 등은 정미력이 매우 강하다. 그 강도는 5'-GMP(버섯맛)가 가장 강하고 다음이 5'-IMP(쇠고기맛)인데 앞의 것은 뒤의 것에 비하여 2~3배의 정미력이 있다고 한다.

한편 IMP 또는 GMP와 glutamic acid 간에 상호증진작용(enhancement)이 있는 것이 밝혀져 정미성분의 해명에 큰 도움을 주었다.

문어, 오징어 및 패류 등은 IMP를 생성하지 않고 주로 AMP가 축적되는 데도 좋은 맛을 낸다. 또 멸치국물과 같은 것은 5'-IMP, 5'-GMP의 함량이 의외로 적은 데도 역시 맛이 좋다. 이것은 그 후의 연구에 의하여 ATP나 AMP는 단독으로는 정미성이 없으나, 역시 glutamic acid와의 상호증진작용이 있는 것이 밝혀져 해명되었다.

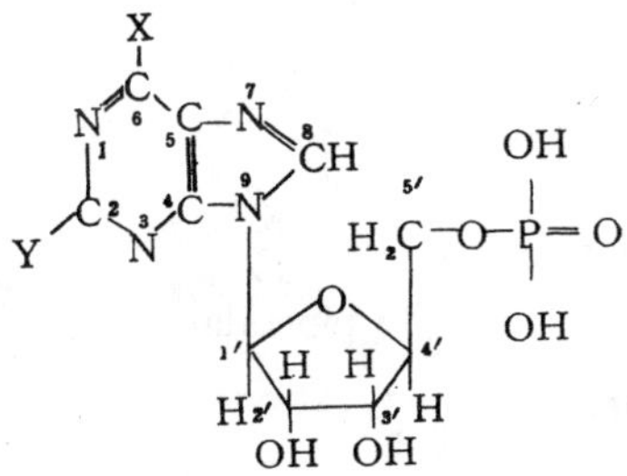

| nucleotides | X | Y |
|---|---|---|
| inosinic acid(IMP) | OH | H |
| guanylic acid(GMP) | OH | $NH_2$ |
| xanthylic acid(XMP) | OH | OH |
| adenylic acd(AMP) | $NH_2$ | H |

### 3) Betaine, TMAO 및 유기산

Betaine은 상쾌한 감미(甘味)를 가지는 물질인데 수산물에서는 특히 오징어, 문어, 새우 등의 무척추동물에 많이 함유된다. TMAO도 감미가 있는 물질인데, 종전에는 오징어나 바지락 등의 감미의 주요성분이라고 생각되고 있었으나, 이것을 특히 많이 함유하는 상어나 가오리육이 크게 맛이 없는 것으로 볼 때 그다지 큰 역할을 한다고는 볼 수 없다.

호박산(succinic acid)은 패류에 많이 들어 있어 조개맛과 깊은 관련이 있는 물질이며, 호박산소다는 식품첨가물로 이용되고 있다.

### 4) Glycogen, 지방

Glycogen은 굴, 새우, 성게 등의 하등동물에 많이 함유되는데 그 자체는 맛이 없으나 이것이 적당히 섞이면 맛을 진하게 하며 뒷맛이 있게 하는 역할, 이른바 body effect가 있다. 이러한 작용은 수프에 있어서의 gelatin, 아이스크림에 있어서의 carrageenan 등에서 볼 수 있는 것으로 친수성 콜로이드의 맛에 미치는 영향은 무시할 수 없다.

지방에 있어서도 glyceride 그 자체는 약한 감미를 지니는 데 지나지 않으나 식품조직의 물리적 성질에 크게 영향하여 texture를 달리하게 한다. 어패류에는 각기 맛이 있는 계절이 있으며 이 시기는 일반적으로 산란기 전인 경우가 많은데 육 중에 정미성분 함량의 증가도 있겠으나 지질이나 glycogen 함량의 증가도 맛에 크게 영향을 주기 때문이다.

## (7) 냄새 성분

### 1) 어류의 냄새

어취(fishy odor)라고 하여도 어종이나 또는 선도에 따라 많이 다르므로 일률적으로 말할 수 없다. 그러나 일반적으로 해수어의 냄새는 희박하고 담수어는 농후하며, 양자의 큰 차이점이라고 할 수 있는 것은 담수어에는 trimethylamine(TMA)취, 옥소취(沃素臭)가 없는 점이다. 민물고기 냄새의 주체는 piperidine계 화합물로 알려져 있으며 실제로 piperidine과 acetaldehyde를 서로 섞으면 신선한 민물고기 냄새를 낸다. 또 어체 표면의 점막에 함유되어 있는 $\delta$-aminovaleral, $\delta$-amino-valeric acid도 강한 비린내를 내는 물질이다.

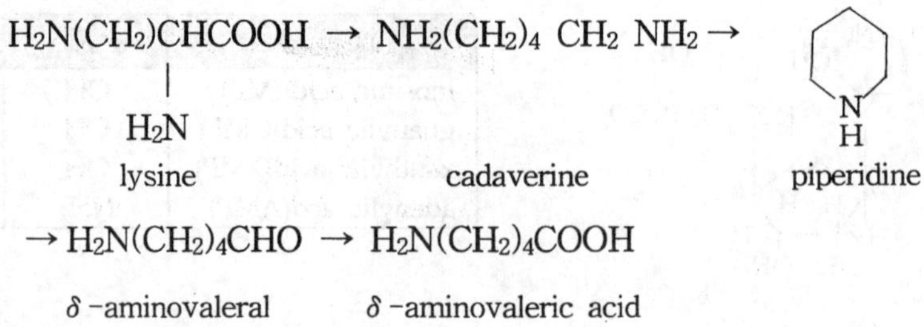


선도가 떨어지면 TMA, 암모니아, indole, skatole, methyl mercaptan 유화수소 등에 의하여 특유한 선도저하취를 내게 된다. 상어, 가오리류에 있어서는 선도가 크게 저하되지 않더라도 육 중에 다량 함유되어 있는 TMAO의 환원에 의하여 생기는 TMA와 또 요소의 분해에 의하여 생기는 암모니아에 의하여 강한 자극취를 내게 된다. 이것들은 염기성 물질이므로 초산 등을 첨가하여 산성으로 하면 냄새를 약하게 할 수 있다.

또 개미산, acrylic acid, propionic acid, 낙산(酪酸), crotonic acid, valerianic acid 등은 어유의 산화분해에 의하여 생성되는 것인데 선도저하의 일부를 이루는 성분이다.

### 2) 무척추동물의 냄새

해삼에는 오이의 풋내 비슷한 냄새, 즉 △2, 6-nonadienol, 또 멍게(우렁쉥이)의 특유한 냄새는 n-octanol, 7-decen-1-ol 및 2-trans-7-cis-decadien-1-ol에 의한 것이 밝혀졌는데 제일 마지막의 불포화 알코올은 cynthiaol이라고 명명된 멍게의 특취성분이다. 이들 멍게의 냄새성분인 지방족 알코올류는 극히 미량일 때는 사람에 따라서는 좋은 향취라고 하는 수도 있으나, 양이 많아지면 상당히 특징있는 냄새가 된다.

마른 오징어를 만들 때 날씨가 좋지 않아 비를 맞거나 하여 품질이 저하된 것은 악취를 내는데 이 악취의 주성분은 i-valerianic acid와 $C_6H_{12}O_3$라는 분자식을 가진 산이고, 그 외 초산, propionic acid, 낙산 및 caproic acid 등이 관여한다. 또 오징어를 구울 때 나는 냄새는 taurine에 유래되는데 taurine과 함질소화화합물을 혼합하여 오징어제품의 냄새를 합성한 것을 보면 표 2-20과 같다.

**표 2-20 오징어제품의 냄새의 합성**

| | |
|---|---|
| taurine + betaine | 날오징어 |
| taurine + casein | 구운오징어 |
| taurine + methionine | 간장을 발라서 구운 오징어 |

$CH_3CH_2CH=CH(CH_2)_2CH=CH-CH_2OH$　　$CH_3(CH_2)_6CH_2OH$

$\Delta^{2\,6}$-nonadienol　　n-octanol

$CH_3\ CH_2\ CH = CH(CH_2)_5\ CH_2\ OH$

7-decen-1-ol

$CH_3CH_2CH = CH(CH_2)_3\ CH=CH\ CH_2\ OH$

cynthiaol

### 3) 해조류의 냄새

해조류의 냄새를 향기(香氣)와 취기(臭氣)로 나눈다고 하면 향기성분으로는 benzaldehyde, n-valeraldehyde, 5-methylfurfural, furfural 등을 주체로 하는 carbony1구(區)와 furfuryl-acohol, 1,8-cineol, linalool, d-limonene, α-pinene, octenil-3 등을 함유하는 중성구분(中性區分) 및 dimethyl-sulfide 구분(區分)이다.

취기성분으로는 유화수소, methanthiol 등의 유황화합물, 개미산, 초산, propionic acid, 낙산, isovaleric acid 등의 저급지방산, acrylic acid, linolic acid 등의 불포화지방산, TMA를 주체로 하는 amine 구(區) 및 P-cresol을 주체로 하는 phenol 구(區)이다.

향기성분 중에 미량의 취기성분이 혼재(混在)함으로서 향기가 한층 강화된다고 한다. 이들 성분들의 해조류에 따른 분포적인 특징을 보면 일반적으로 dimethylsulfide, acrylic acid는 녹조와 홍조에 함유되고 갈조에는 적으며 유화수소, methanthiol는 갈조 및 홍조에 많고 홍조에는 적은 경향이 있다고 한다. 이러한 결과의 예로 들면 미역의 냄새와 파래의 냄새가 다른 것을 들 수 있다.

마른 김의 냄새성분으로는 개미산, 초산, butyric acid, valeric acid, palmitic acid, fu rfural, α-pinene, α-limonene, carvone, terpinolene, geraniol, $H_2S$, dimethylsulfide, acrylic acid, benzaldehyde 등이 알려져 있는데, 이중 dimethylsulfide는 김냄새의 주요성분인 동시에 김이 나타내는 신미의 원인물질이기도 하다. 이것은 methionine을 전구물질(前驅物質)로 하여 dimethy1-β-propiothetin을 거쳐 생성된다고 한다.

## (8) 유독 성분

수산동물이 가지는 유독(有毒)물질을 그 의의 면에서 보면 다음 세 가지로 나눌 수 있다. 첫째는 생물이 생존상 독물을 필요로 하여 체내에 생성하는 경우이고, 둘째는 외부로부터 유독물질을 들여와서 체내에 축적하는 경우이며, 셋째는 주로 세균에 의한 오염의 경우이다.

### 1) 어독(魚毒)

어독에서 첫째로는 옛부터 알려져 있는 복어독이다. tetrodotoxin이라고 불리우는 복어독은 분자식이 $C_{11}H_{17}O_8N_3$인 수용성, 내열성의 독이다. 일반적으로 육·혈액 및 정소(精巢)에는 거의 독이 없으나 일부 종류 즉 복섬, 흰점복 등은 이러한 부위에도 독을 가지고 있다. 또 어피에 독을 가지는 것도 있고 없는 것도 있는데 어피가 흑색 내지 청색인 것은 독성이 약하고 적갈색인 것은 강한 경향이 있다. 정소(精巢)에는 독이 거의 없는데 난소에는 맹독이 있다. 또한 간장(肝藏) 및 장(腸)에도 항상 맹독이 있으므로 언제나 장기부분은 위험하다고 보아 주의하지 않으면 안 된다.

다음에 Ciguatera형 독(Ciguatera type toxin)이라는 어독은 적도를 중심으로 하여 북위 30°, 남위 34°사이의 해역 특히 서인도 제도와 남태평양 일대에 많은 이른바 남방독어(南方毒魚) 예를 들면 창꼬치( Sphyraena · barracuda)등의 육에 있는 맹독이다. 그 성질은 물에는 녹지 않고 유기용제에는 녹으며, 투석되기 쉬운 비교적 적은 분자로 열에 안전한 일종의 신경마비독이다. 중증이면 호흡곤란이 되어 죽는다.

다음에 가오리 또는 쏠치 등 일부 어류의 지느러미나 아가미의 가시에 독물이 있어 이에 찔리면 동통을 느끼고 환부가 붉게 부풀어 오르는 수가 있다.

독물은 생리적 식염수에 의하여 추출되며 투석되지 않는 비교적 분자가 큰 물질인 것 같다. 근육의 수축을 일으키고 혈압강하작용을 나타낸다고 한다. 또 옛부터 뱀장어의 혈액에 독물이 있다고 하고 있는데, 뱀장어의 혈청은 보통 어류의 것과 달라서 청자색이며 혀에 닿으면 타 붙는 것과 같은 자극이 있다고 한다. 이 독물을 ichthyotoxin이라고 하는데 열에 약하여 가열하면 독성이 없어지므로 이에 대한 연구가 별로 없어 그 본능에 대하여는 불명이다.

### 2) 극피(棘皮)동물의 독

해삼은 우리가 즐겨 먹는 수산물의 하나인데 어떤 종류의 해삼에는 유독 성분이 들어있는 것이 있다. 해삼의 독성분을 holothurin이라고 하며, 이에는 A 및 B의 두 가지 종류가 있다고 한다. 이 독은 수용성이고 열에 약한 용혈성독물이며 백 만분의 1정도의 농도로 어류를 죽이는 효력이 있다고 한다. 계절적인 변동은 없는 것 같다.

한편 불가사리는 위(胃)에서 분비되는 독물을 조개의 흡수강을 통하여 조개 속에 주입하여 폐각근을 마비이완시켜, 조개를 잡아먹는다고 하는데 이 독물이 holothurin과 닮은 saponin이라고 한다.

### 3) 연체(軟体)동물의 독

문어는 후부타선(後部唾腺)에서 유독물질을 분비하여 갑각류 등을 습격하여 마비시켜 잡아먹는다고 한다. 이 문어독은 tyramine이라고 밝혀졌으나 그후 소량이지만 histamine을 가지는 것 또 acetylcholine, octopamine, 5-hydroxytryptamine(serotonin 또는 enteramine이라고도 함), noradrenaline 및 cephalotoxin 등이 존재한다는 것도 밝혀 졌다.

조개류의 유독물질로 확인된 것은 첫째, tetramine을 들 수 있다. 이것은 권패(卷貝) 관절매물 고동(Neptunea arthritica)의 타선(唾腺)에 존재한다고 하는데 이 밖에 소량의 histamine 및 choline이 존재한다고 한다.

그 밖에 담치류의 간췌장에 들어 있는 마비독인 mytilotoxin을 들 수 있다. 이것은 담치의 먹이인 독이 있는 편조류(Gonyaulax catenella)에서 오는 독으로 물에 녹기 쉽고 투석되는 염기성 물질이며 맹독을 가져 그 성질은 botulinus 균독과 비슷하다는 정도 밖에 알려져 있지 않다.

다음으로 바지락독 venerupin을 들 수 있는데 이것은 봄철에 많고 여름철에는 적다. 또한 이것에 중독되면 장기에 장해를 일으킨다는 점이 담치의 경우와는 다르다. 이 유독물질도 염기성 물질이며 지역적으로 발생하고 또한 시기적이라는 점은 담치와 공통적인 현상이다.

### 4) 기타 수산동물의 독

유독물질을 함유하는 공장폐수가 바다로 유입되어 그 해역에 서식하는 어패류에 유독물질이 축적된 결과 중독사건을 일으키는 예가 많아 졌다. 예를 들면 일본에서 발생한 미나마따병(水俣炳)이 그 대표적인 예이다.

또 어류에 따라서는 식중독을 일으키기 쉬운 것이 있고 그렇지 않은 것이 있다. 예를 들면 고등어 같은 것은 엑스분 중에 histidine을 많이 함유하며, 이것이 세균의 histidine 탈탄산효소에 의하여 histamine으로 되기 때문에 식중독을 일으키기 쉽고, 반대로 가재미류와 같이 histidine를 적게 가지는 것은 histamine 중독을 거의 일으키지 않는다.

## 3. 육색에 따른 어육의 종류

어류를 그 육색(肉色)에 따라 나누면 붉은살어류(dark-fleshed fish)와 흰살어류(white-fleshed fish)로 나눌 수 있다. 이를테면 가다랭이, 방어, 고등어, 꽁치 등은 붉은살어류에 속하고, 도미, 넙치, 가재미, 대구, 조기 등은 흰살어류에 속한다. 일반적으로 붉은살어류는 표층회유어(表層回遊魚)에 많고 흰살 어류는 정착성어류(定着性魚類)에 많다. 또 붉은살어류는 흰살어류에 비하여 지질함량이 많고 수분함량이 적은 편이다.

또한 이들 어류의 단면을 보면 보통 묽은 육색으로 된 근육부분과 이것과는 명백히 구별할 수 있는 암갈색의 진한 육색으로 된 근육부분이 섞여 있는 것을 볼 수 있다. 앞의 것을 보통육(ordinary meat, white meat), 뒤의 것을 혈합육(血合肉, dark meat, red meat)

이라고 한다. 혈합육은 어류에 특유하다고 할 수 있는 근육으로 보통육과는 성분면에서나 생리적인 면에서 많은 차이점을 가지고 있다.

몇 가지 어류의 혈합육의 분포를 어체단면을 보면 그림 2-5와 같다. 어육 중의 혈합육의 양이나 분포상태는 어종이나 어체부위에 따라 다르나 일반적으로 회유성 또는 운동이 활발한 붉은살어류에 많고, 저서성(底棲性) 또는 운동이 활발하지 못한 흰살어류에는 적은 경향이다. 예를 들면 표 2-21과 같이 혈합육의 비율이 30% 이상에 달하는 것이 있는 반면 1% 미만의 것도 있다.

혈합육은 표층부 뿐만 아니고 내부에도 분포하여 표면혈합육(surface red meat)과 심부혈합육(deep-seated red meat)으로 나눌 때도 있다. 또 동일어체에서는 꼬리(尾部)로 갈수록 증가하는 경향이 있다. 조직학적으로 보면 보통육은 근섬유가 밀집하여 양이 많고 핵이 근초(筋鞘)의 주변부근에 있는데 비하여, 혈합육은 근원질에 myoglobin을 함유하고 핵은 일부 중심으로 몰린 것이 있다고 한다.

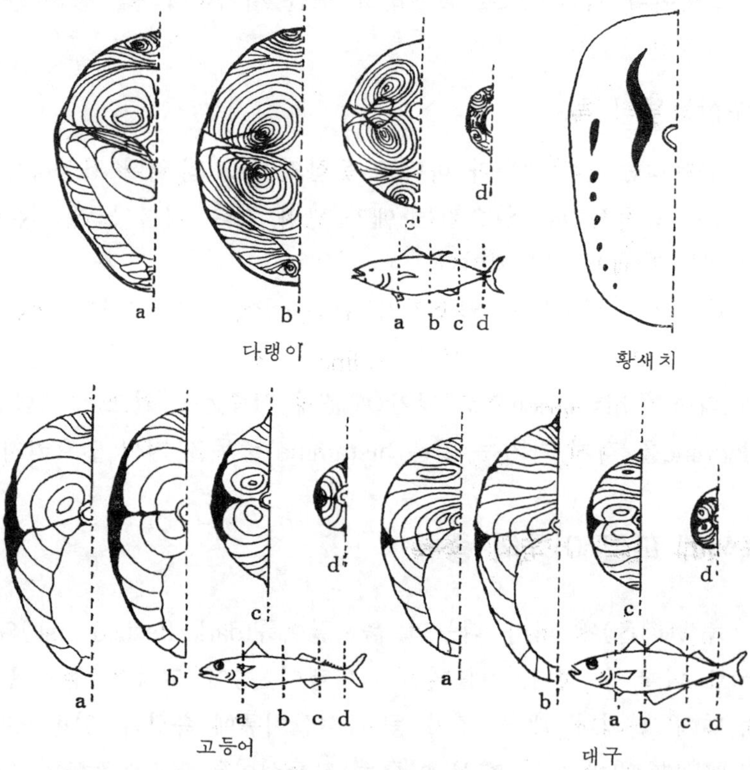


**그림 2-5 어육의 단면도**

표 2-21 보통육에 대한 혈합육의 비율 (%)

| 어종 | 정어리 | 꽁치 | 청어 | 고등어 | 방어 | 별상어 | 삼치 | 가물치 |
|---|---|---|---|---|---|---|---|---|
| 혈합육 | 31.1 | 23.3 | 19.5 | 18.1 | 16.4 | 6,9 | 4.5 | 0.5 |

표 2-22 보통육과 혈합육의 일반성분 (%)

| 어 종 | 육의종류 | 수분 | 총질소 | 단백질소 | 비단백질소 | 지질 | 회분 |
|---|---|---|---|---|---|---|---|
| 가다랭이 | 보통육 | 72.1 | 4.1 | 3.2 | 0.9 | 0.6 | 1.4 |
| | 혈합육 | 71.4 | 3.5 | 2.9 | 0.6 | 3.0 | 1.3 |
| 물치다래 | 보통육 | 73.1 | 4.6 | 3.0 | 1.0 | 0.7 | 1.2 |
| | 혈합육 | 72.3 | 3.6 | 3.0 | 0.7 | 2.0 | 1.2 |

혈합육의 일반성분조성은 표 2-22의 예와 같이 보통육에 비하여 수분이 약간 적고 총질소, 비단백질소도 적은 반면, 지질이 많은 것이 특징이다. 혈합육과 혈액단백은 서로 유사성이 있는 것 같이 생각되기 쉬우나 열응고성으로 보면 혈액단백은 오히려 보통육에 가깝다.

혈합육은 myoglobin, cytochrome과 같은 색소단백을 많이 함유하고 각종 효소군도 풍부하다. 또 혈합육의 아미노산 조성은 보통육의 그것과 본질적으로 큰 차이는 없다. 엑스성분(extractives)에 있어서는 혈합육이 적고, 내용적으로는 creatine, TMAO (trimethylamine oxide) 및 inosinic acid가 적은 반면, 요소, 요산, creatinine과 같은 요(尿) 성분과 gultamic acid가 많은 것이 특징이다. 또한 비타민에 있어서는 A, B, C 등이 모두 혈합육에 많이 함유되어 있다. 이러한 여러 가지 점으로 미루어 볼 때 혈합육에 있어서의 산화환원현상이 보통육에 있어서 보다 왕성하다는 것을 추정할 수 있다.

### 4) 수산가공원료의 선택조건과 이용구분

수산가공은 원료가 되는 수산동식물이 가지는 성질을 이용하여 처리, 가공을 하여야 하므로 모든 원료를 동일한 방법으로 처리, 가공할 수는 없다. 따라서 원료를 선택할 경우에는 그 특성을 고려하여야 한다.

원료의 성질에 있어서 모양은 가공품을 제조할 조건에 따라서 다르다. 즉 통조림, 냉동품에 있어서는 일반적으로 모양과 크기를 제한하기도 한다.

원료의 품질이란 육질, 맛 색깔, 냄새, 성분 등이 포함되며, 연제품, 염건품을 만들 경우에는 원료의 질이 고려되어야 한다. 원료의 맛도 어종에 따라서 성어(成魚)로 먹는 것이 좋은 것과 가공하여 맛이 좋아지는 것도 있다. 가령 도미는 생선회로 하여 먹으면 맛이 좋지만, 통조림으로 만들면 맛이 없다. 또 참다랑어는 선어로 먹는 것이 맛이 좋고, 날개다랑어는 통조림으로 만들어 먹으면 맛이 좋아진다.

그러므로 원료의 선택과 성분의 차이에 따라 제품의 종류가 다르고, 가공법이 다르므로 원료의 선택이 중요하다. 또 동일한 수산동식물의 개체라도 그 크기에 따라 각 부위의 이용이 다르다.

(가) 어체 그대로의 이용 : 냉동품, 건제품, 염장품, 통조림, 조미가공품, 어분 등

(나) 육질의 이용 : (가) 이외에 훈제품, 연제품 등

(다) 알집의 이용 : 염장품, 젓갈류 등

(라) 내장의 이용 : 염장품, 젓갈류, Insulin 등

(마) 간장의 이용 : 간유, Vitamin 유 등

(바) 껍질의 이용 : 고래기름(고래), 가죽(고래, 상어), 아교(상어, 고래) 등

(사) 지느러미의 이용 : 건제품(상어)

(아) 뼈의 이용 : 아교 등

(자) 비늘의 이용 : 아교, 인조진주정(갈치) 등

(차) 이빨의 이용 : 공예품(고래)

(카) 녹조류의 이용 : 식용품, 장조림

(타) 갈조류의 이용 : 식용품, Algin 산, 요오드, 호료, Kelp meal 등

(파) 홍조류의 이용 : 식용품, 호료, 한천, Carrageenan, 구충제(해인초) 등

# 3장 수산물의 생리활성 기능성분

종래 동물성 단백질 공급원의 구성비에 있어서 절대 우위를 차지해 오던 수산물의 비율이 근래에 와서 축육류의 공급량이 늘어나면서 상대적으로 감소되었다. 그러나 아직도 동물성 단백질의 공급원의 약 반 정도는 수산물이 차지하고 있어, 식품수급 면에서 수산물이 매우 중요한 역할을 담당하고 있다는 것을 알 수 있다.

일반적으로 어패류는 단백질이나 지질이 풍부할 뿐만 아니라, 무기질이나 비타민류의 좋은 공급원이 되고 있고, 또한 해조류도 각종 무기질의 공급원으로서 영양적으로 중요한 구실을 하고 있다.

이를 테면 수산물에 함유되는 지질은 열량원으로 중요할 뿐만 아니고 동맥경화, 심근경색, 뇌혈전 등의 순환기계 성인병을 예방하는 데 효과가 있다는 것이 알려져 있다. 즉 어패류 지질의 구성성분인 EPA나 DHA 등의 고도불포화지방산은 혈청 중의 triglyceride량이나 cholesterol량의 저하, 혈소판의 응집능 저하 등에 중요한 역할을 한다는 것이 밝혀져 많은 관심을 모으고 있다.

또 우리 국민은 해조류를 바다야채(sea vegetable)라고 할 정도로 많이 섭취하고 있는데, 해조류에는 각종 무기질을 풍부하게 함유하고 있을 뿐만 아니라, 특히 요드의 함량이 높기 때문에 요드 결핍으로 인한 갑상선 호르몬 분비의 이상질환은 우리 나라에는 극히 적은 편이다. 또한 미역, 다시마 등과 같은 갈조류에 많이 함유되는 알긴산(alginic acid)은 Cd, Sr 등의 중금속의 생체내 흡수를 억제하는 효과가 있는 것으로 알려져 주목을 끌고 있다.

해양생물이 생산하는 생리활성물질(biologically or physiologically active substance)이란 미량 내지 소량으로 생명현상에 영향을 미치게 하는 물질인데 이들 생리활성물질 중에는 그 활성이 불안정하고, 분리정제가 어려워 천연물화학적 및 약리학적인 면에서의 해명에 장애가 많았으나, 1960년대부터 이 분야의 연구가 활발해지면서 분리정제기술도 발전되어 많은 새로운 물질들이 밝혀지고 있다.

물론 종전에도 어류간유 중의 비타민 A·D, 어류내장 중의 insulin, 해조류의 구충성분, 갯지렁이의 살충성분 등이 의약품이나 건강보조식품 또는 농약품 등으로 이용되어 왔다. 그러나 앞으로 보다 광범위하게 이들 각종 생리활성물질이 개발, 이용될 것으로 기대되고 있다.

## I. EPA, DHA

소득수준의 증가와 더불어 우리의 식생활이 급속히 서구화되면서 혈액순환기 계통의 질병발생 및 이로 인한 사망률이 급증하고 있다. 그런데 최근 어유에 함유되어 있는 EPA와 DHA가 이들 질병에 효과가 있다고 밝혀지고 특히 DHA는 두뇌, 인지질이 구성성분으로 유아의 두뇌발달 및 노인의 치매에 효과적이라는 연구결과가 있어 이들이 건강식품 소재로 주목을 받고 있다.

EPA(5, 8, 11, 14, 17-eicosapentaenoic acid)란 어유를 구성하는 40여 가지의 지방산 중 탄소가 20개이고 이중결합수가 5인 지방산이며, DHA(4, 7, 10, 13, 16, 19-docosahexaenoic acid)란 역시 어유를 구성하는 지방산 중 탄소수가 22개이고 이중결합수가 6인 지방산이며 omega 3계열의 고도불포화 지방산이다. 이러한 EPA 및 DHA에 대해 세계적인 각광을 받게 된 것은 1970년대 생선을 주식으로 하는 에스키모인과 일본인에게 혈전성(血栓性)의 질병이 거의 나타나지 않는 원인을 추적하여 조사한 결과 어유에 함유된 EPA, DHA 등의 고도불포화 지방산의 역할이 크다는 사실이 밝혀진 이후 DHA의 기능성에 관하여 연구가 급속히 진행되었다.

덴마크령인 그린란드에 거주하는 에스키모에게는 심근경색, 혈전증 같은 성인병 발생율이 낮은 점에 의문을 품고 10년 가까이 에스키모와 덴마크인의 식사와 혈액성분과의 관계를 연구하였다. 그 결과 성인병은 유전적인 요인과 관계가 없고 식생활에 그 원인이 있으며 특히 에스키모인은 1일 약 100~400g의 생선을 섭취하는 특징이 있었다. 실제로 전세계에서 심장질환, 뇌혈관질환으로 인한 사망률이 가장 낮은 나라는 일본이며 이는 생선을 다량 섭취하는 일본인의 식습관과 관계가 있는 것으로 판단된다. 이후 분석학, 기초생리학, 임상연구 등을 통하여 생선이 위와 같은 효과를 나타내는 것은 어유를 구성하는 지방산 중 EPA, DHA에 기인하는 것으로 밝혀지게 되었다(표 3-1).

표 3-1 어종별 EPA 및 DHA 함량(g/100g)

| 어종별 | Fresh Meat(근육) | | Fish oil(어유) | |
|---|---|---|---|---|
| | EPA | DHA | EPA | DHA |
| Alaska pollack(명 태) | 0.19 | 0.30 | 10.0 | 16.3 |
| Anchovy(멸 치) | 0.66 | 0.67 | 15.6 | 16.0 |
| Hair tail(갈 치) | 0.57 | 1.68 | 3.9 | 11.5 |
| Halibut(넙 치) | 0.41 | 0.74 | 9.1 | 16.4 |
| Herring(청 어) | 0.76 | 0.68 | 8.5 | 7.6 |
| Mackerel(고등어) | 0.29 | 0.86 | 5.6 | 16.5 |
| Mackerel pike(꽁 치) | 0.20 | 0.70 | 8.6 | 29.2 |
| Sardine(정어리) | 1.55 | 0.95 | 16.0 | 9.8 |

# Ⅱ. Squalene

## 1. Squalene의 생리학적 성질

Squalene은 각종 동·식물성 식품에 함유되어 있지만, 심해 상어의 간장에 다량 존재한다. 1916년 squalene이라 명명되었고 squalene에 속하는 상어는 수심 150~1,000m에 서식하는데 체중의 약 1/4 정도 되는 거대한 간장은 약 90%가 간유이며, 간유 중 squalene은 어떤 경우 90% 이상일 때도 있다. 또 인간의 각종 기관, 장기에 존재하고 특히 표피지질 중에는 5~15wt% 존재하여 cholesterol 및 steroid hormone의 전구체로 인간의 생명유지에 중요한 역할을 한다.

Squalene(2, 6, 10, 15, 29, 23-hexamethyl-2, 6, 10, 14, 18, 22-tetracosahexene)은 6개의 비공역 이중결합을 갖는 isoprenoid계 탄화수소화합물로 분자식 $C_{30}H_{50}$ 분자량 410.7인 물질이다.

Squalene의 정제품은 냄새가 없고 약간 상쾌한 냄새를 갖는 무색 투명 유성 액체로 물에는 녹지 않으며, ether, benzen, chloroform 등에 쉽게 녹으며 알콜, 빙초산에는 조금밖에 녹지 않는다. 표 3-2에서 squalene의 이화학적 성질을 나타내었다.

Squalene은 고도 불포화화합물로서 화학적으로 불안정하여, 공기와 접촉하면 산화되어 과산화물을 만들기 쉽고 착색하기도 하며 점성을 띄기도 하고, 불쾌한 냄새를 내기도 한다. 산화지방지제로는 vitamin E, BHT 등이 유효하다.

정제된 squalene은 무색 투명, 무미, 무취의 유성액체로 산소, 공기에 안정하며 석유에테르, 가솔린, 벤젠, 콜로로포름에 쉽게 녹으며 물에는 불용성이지만 methanol, ethanol, 빙초산에는 조금 녹는다.

표 3-2 Squalene의 물리화학적 성질

| 항 목 | 특 성 |
|---|---|
| 외관 | 냄새가 없고 약간 상쾌한 냄새를 갖는 투명유성 액체 |
| 비중(20/20℃) | 0.805~0.895 |
| 비점(760mmHg)℃ | 약 335 |
| 융점℃ | ≤-75 |
| 굴절율(20℃) | 1.495~1.498 |
| 인화점(COC)℃ | 222 |
| 점도(25℃) cP | 12 |
| 산가 | ≤3 |
| 점화가 | ≤5 |
| 요오드가 | 360~380 |
| 과산화물가(meq/kg) | ≤7 |

## 2. Squalene의 기능

Squalene은 인간의 생체 내에서 활성초산을 출발물질로 하여, mevalonic acid, guranyl-pyruvate를 경유하여 생합성된다. squalene에서는 cholesterol이, cholesterol에서는 부신피질호르몬과 성호르몬이 생합성된다. 이처럼 squalene은 인간의 생명유지에 중요한 역할을 하고 있으며, steroid hormone의 전구체 역할을 한다. Squalene은 인체 내의 지방조직, 피층, 동맥벽, 골격근육, 적혈구, 내분비기관, 림파절, 심근층, 대장, 소장, 소뇌 등의 기관, 장기에 분포하고 있다. 이중에서도 지방조직, 특히 표피지질의 구성성분으로 다량 존재하고 있다. 표 3-3은 사람의 표피지질의 조성을 나타내었다.

표 3-3 사람의 표피지질 특성

| 성 분 | 비 율 (%) |
|---|---|
| 유리지방산 | 2.3~56.6 |
| Squalene | 1.3~17.3 |
| 기타 탄화수소류 | 0.5~10.0 |
| Sterol ester | 1.5~4.5 |
| 유리 sterol | 0.7~20.0 |
| 중성지질 | 5.5~37.5 |
| Mono, diglyceride | 3.0~13.5 |
| Wax | 12.3~25.0 |
| 미확인 물질 | 5.0~12.0 |

Squalene은 피질선에서 분비되고(ID 대략 125~45mg), 땀샘에서 분비물과 유화되어 피층 표면을 보습하고 미끈미끈한 성질을 유지한다.

Squalene의 효력 중 중요한 것을 예를 들면 고혈압, 위통, 십이지장궤양, 간질환, 류마티

스, 관절염, 구내염, 중이염, 치질, 각종피부염, 기관지병, 화상 등에 효과가 있다고 한다.

종래 건강식품으로 squalene은 gelatine의 soft capsule에 밀봉한 것이지만, 분말상의 식품 및 식품첨가물과 혼합한 분말상 squalene을 얻는 방법도 고안되어 식품, 기능성 식품, 동물사료, fast food에 응용이 가능하게 되었다.

### 3. Squalene의 공업적 이용

Squalene의 공업적 이용의 시도는 제2차 세계대전 중 일본군이 한랭지에서 전차, 전투기의 윤활유로 사용한 것이 최초이고 시계, shutter용 윤활유로 사용되었고, 현재 화장품 및 좌약, 의약품용 유성기질 중에 필수성분으로 이용되어 왔다. 화장품 이외의 이용은 좌약, cream 등의 의약품의 기질, 전자기기 관련제품의 특수 윤활제용 기질 및 gas chromatography의 고정상 액체로 이용되고 있는 것을 예로 들 수 있다.

한편 액체 그대로 이용하지 않고 β-cyclodextrin, 유당, sodium caseinate, arabic gum을 이용하여 squalene을 분말상으로 하는 제안도 있고, 유화형 입용제 및 각종 기초 화장품, makeup 화장품에의 응용도 기대된다.

## Ⅲ. Taurine

methionine이나 cysteine은 함유황 단백질의 구성 아미노산이고, methionine은 전이반응(轉移反應)에 있어 methyl기나 핵산의 구성성분이 되는 활성 개미산 등 탄소화합물의 공급원으로 이용되어 choline, betaine 등의 생체성분이나 spermine이나 spermidine 등의 polyamine류의 생성도 동반하고 있으며, cysteine에서 coenzyme A, glutathione, 황산, taurine 등이 생성된다.

Coenzyme A는 지방산의 생합성이나 분해, 당질의 대사 등에 중요한 역할을 하고 있고, 또한 glutathione은 과산화지질이나 산소독성의 해독, 약물해독의 mercaptol산 등에도 이용될 뿐만 아니라 생체내 다종다양한 생리작용에 관계하고 있다. 이러한 taurine은 현재 분유(유아식, 이유식) 및 음료(박카스) 제품에 이용되고 있다.

### 1. taurine 구조와 분포

taurine(β-aminoethane sulfonate)은 술폰기를 산성기로 하는 아미노산의 일종이다. 보통 아미노산은 아미노칼본산을 말하지만 taurine과 같은 아미노술폰산도 구조나 생체내 대사가 아미노칼본과 극히 유사하기 때문에 최근에는 taurine과 같은 아미노술폰도 아미노산이라 부르고 있다.

타우린의 생리작용은 해산동물에 있어서는 삼투압조절물로 환형동물에서는 근내수축의 에너지 물질로 또한 고등동물에서는 담즙산(膽汁酸)함량에 대한 관여 등이 알려져 있다.

taurine의 자연계에 있어서의 분포는 상당히 편중되어 식물계에는 극히 적고 대부분이 동물계 중에서 중추신경조직이나 심근, 망막 등의 구성 조직에 많이 함유되어 있다. 이런 사실로도 taurine이 생체조직의 기능에 중요한 구실을 하고 있음을 추정할 수 있다.

### 2. taurine의 생리활성

taurine이 막의 흥분성에 대한 영향이나 이온 특히 칼슘과 칼륨의 막이송(膜移送)의 수식(修飾)에 관계하고 있다. 내분비(內分泌) 조직 과립막의 안정에 관여하고 신경내분비계(神經內分泌系)에 있어서는 신경흥분 전달물질의 방출을 조절하는 역할을 하고 있는 것으로 추정되고 있다.

### 3. 노화와 taurine

taurine 생합성도 나이를 먹음에 따라 변화하고 cysteine dioxgenase와 시스테인슬핀산 효소가 태아기나 신생아기의 간장에는 결핍되어 있고 이유기를 지나면 급격히 이들 효소 활성이 증가한다는 것이 흰쥐 등에서 밝혀져 있다.

taurine은 상술한 바와 같이 생체막의 안정화에 중요한 구실을 하고 생체막의 기능 저하나 노화와 밀접한 관계를 가지고 있다는 것을 생각하면 노화현상과 taurine 대사관계는 앞으로 흥미있는 연구과제가 될 것이다.

## Ⅳ. Insulin

Insulin은 21개의 아미노산 잔기로부터 되는 A사슬과 30개의 아미노산 잔기로부터 되는 B사슬로 구성되는 peptide hormone이다. 생체 내에서 insulin의 작용부족이 생기면 당뇨병이 된다. 이 insulin은 동물의 췌장 중의 랑게르한스 섬(Langerhan's islet)에 함유되어 있어, 췌장과 랑게르한스 섬의 분리가 용이한 것(예를 들면 돼지, 소, 개 등)으로부터는 쉽게 채취할 수 있다. 어류 중에서 췌장과 랑게르한스 섬이 분리되어 있어 insulin 원료로 이용될 수 있는 것은 가다랑어, 참다랑어, 대구, 명태, 가자미 등인데, 다랑어류가 주로 이용된다.

어류로부터의 insulin의 채취법은 다음과 같다. 어류췌장의 insulin함량은 선도가 떨어짐에 따라 효소의 작용으로 분해되어 급격히 감소하기 때문에 선도좋은 원료를 사용한다. 그러나 한 번에 채취되는 원료는 소량이므로 상당량이 수집될 때까지 적당한 방법(냉동법, 아세톤침지법, picric acid 침지법)으로 보관하여야 한다.

즉 picric acid에 침지한 랑게르한스 섬 조직을 마쇄하여 아세톤으로 수회 추출한다. 이것을 35℃ 이하에서 감압 증류를 하여 아세톤을 증발시키고, 잔류물을 소량의 묽은산 알코올(에틸알코올 75%, 3N HCl 25%의 비율)에 녹인 후 원심분리하여 불용해물을 제거하고 상층액을 아세톤에 넣는다. Insulin은 염산염으로 침전하므로 냉장고에 방치 후 침전물을 모아 아세톤 및 에테르로 씻고 건조하여 분말로 한다.

# Ⅴ. chitin, chitosan

갑각류의 겉껍질에서 주로 얻어지는 키틴과 키토산(키틴 탈아세틸화물) 그리고 키틴/키토산 유도체들은 생물학, 생물공학, 의약학 및 산업분야에서 다양한 기능성이 이해되면서 고부가가치의 생물 신소재로 주목을 받고 있다.

키틴은 하등동물 껍질에 20~50%, 하등식물 세포벽에 45% 정도 존재하고 있으나 수산가공 폐기물인 게와 새우껍질이 주로 키틴 추출용 자원이 되고 있다.

키틴 및 키토산은 무독성, 무공해성 및 생분해성을 나타내고 제산(除酸)작용과 궤양 억제작용, 콜레스테롤과 triglyceride를 낮추는 약리작용, 장내 유용세균의 발육촉진, 면역부활작용 등이 있는 것으로 보고되고 있어 키틴은 산업폐기물의 경제적 활용이라는 측면에서도 중요한 대상이 되고 있다.

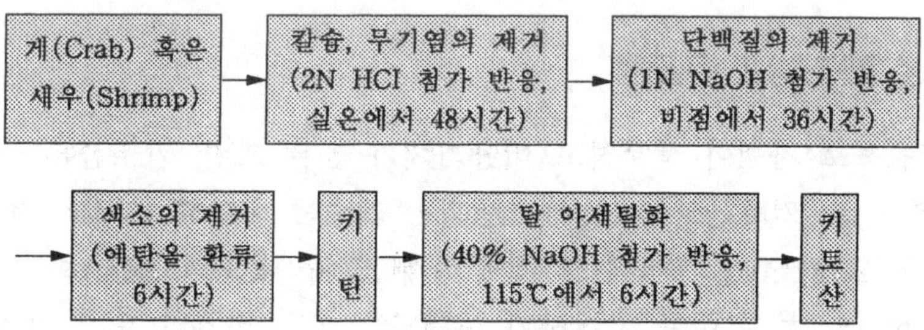


**그림 3-1 키틴, 키토산의 화학적인 제조방법**

키틴 및 키토산은 무독성, 무공해성 및 생분해성을 나타내고 제산작용과 궤양 억제작용, 콜레스테롤과 triglyceride를 낮추는 약리작용, 장내 유용세균의 발육촉진, 면역부활작용 등이 있는 것으로 보고되고 있고 소화성 외과용 봉합사, 화상에 이용되는 인공피부, 약물의 release control용, 항균제, 항종양제, 면역 부활제, 투석막 등에 이용되고 있다. 또한 키틴, 키토산 및 그 유도체류는 응집제, 흡착제, 이온교환 수지, 화장품 및 식물 세포의 활성화제 등 여러 분야에서 다양하게 활용되고 있다.

이상과 같이 키틴 및 유도체들은 많은 분야에 이용되고 있고 이용가능한 것으로 평가되고 있으며 재료의 출처나 추출방법, 탈아세틸화도, 화학수식 등의 차이에 따라 물리화학적 성질이 다양하게 나타나고 있어 향후 새로운 기능과 용도를 가지는 키틴유도체에 대한 기초 및 응용연구가 계속 될 것으로 전망되고 있다.

### 1. 키토산의 식품에의 이용

가. 키틴, 키토산의 무독성

키틴은 천연물로 안전하며 독성은 극히 적다.

나. 키토산의 소화성

닭의 사료에 10% 첨가한 키틴, 키토산의 겉보기 소화율은 89~98%이며 토끼의 경우 2~5% 키토산을 투여시 소화율은 40~44%였다.

다. 키토산의 식품보존제로의 이용

키토산의 초산 요액은 pH가 5.6 부근으로 pH가 6.0 이상이 되면 콜로이드상태가 되며 pH 상승에 따라 항균력이 저하된다.

라. 키토산의 식품공장에서 응집제로서의 이용

생물처리공정에서 잉여 오니(汚泥)와 3차 처리 오니가 발생하는데 이들 오니는 많은 음이온성 전하를 띄어 친수성을 나타내므로 이들을 응집 탈수시키는 데는 양이온성 고분자응집체로 75% 이상 deacetylation 된 키토산이 유효한 것으로 평가되고 있다.

### 2. 키토산 제조상의 문제점

셀룰로스 다음으로 자원이 풍부하고 이용가치가 높은 키틴, 키토산은 그 이용분야가 광범위하다. 한편 키틴, 키토산의 제조시 발생되는 폐수는 대단한 문제로 지적되고 있다. 즉, 건조게 1톤에서 200~500kg 생산되는 것에 비해 350kg BOD와 350kg의 염을 함유하는 폐수가 100톤 이상 발생하며 이를 처리하기 위해서는 많은 비용이 들어 이에 대한 개선책이 절실하다.

키틴, 키토산은 의료용, 농업용, 섬유, 종이 등에 이용이 진전되고 있고, 식품에서는 항균제 및 건강식품용으로 이용되고 있으나 아직은 충분치 못하다.

## Ⅵ. 해조류의 기능성 성분

해조는 예로부터 기호품, 임산부의 영양원, 무기질, 식이섬유의 공급원으로 애용되어 왔으며 최근에는 이들 해조성분이 가지는 생체유지 기능에 관해서 점차 관심이 고조되면서 다종의 해조 내에 존재하고 있는 각종 기능성 물질에 대한 연구가 다각도로 진행되고 있다.

지금까지 해조에서 발견된 주요기능성 물질은 지방산 관련화합물, 페놀류, terpenoid, 다당류, 아미노산류 등이며 이들은 항균성, 항 바이러스성, 항종양활성, 항혈액 응고물질, 혈압조절 등에 관여하는 것으로 알려지고 있다.

## 1. 해조의 화학성분

### 1) 광합성 색소

태양광 에너지를 흡수하여 분자의 에너지로 변환하는 주요 색소는 지용성 클로로필 a로 갈조, 홍조, 녹조류 모두에 분포하고 있다.

따라서 대형 해조의 갈조, 홍조, 녹조 3문은 조체 중에 함유되는 광합성 색소의 상위에 의해서 분류되고 있다.

① 엽록소(chlorophyll)

클로로필 a, b, c, d 는 Mg와 배위한 금속 porphyrin색소로 porphyrin의 propion산 측쇄와 고급 알코올인 phytol이 에스테르 결합을 하고 있다. 따라서 알코올류, diethyl ether, benzene, aceton 등 많은 유기용매에 녹는 성질을 나타낸다.

조체 중의 클로로필은 건물당(乾物當) 0.1~2.0% 함유되지만 생육시의 영양염류, 광량, 온도, 품종 및 엽령에 영향을 받기 쉽다.

② 카로티노이드

녹조류의 카로티노이드계 색소의 구성은 고등식물과 유사하며 베타 카로틴, 루테인(lutein), 비오라잔틴(violaxanthin), 제아잔틴(zeaxanthin), 네오키잔틴(neoxathin), 안세라키잔틴(antheraxanthin)이 상존성분(常存成分)이다.

또 미량의 $\beta$-카로틴, $\beta$-크립토키잔틴(cryptoxanthin), 루테인 에폭사이드(lutein-epoxide)의 존재도 알려져 있다.

갈조의 카로티노이드의 주요색소는 $\beta$ 카로틴, 비오라잔틴을 함유하고 루테인 대신 fucoxanthin이 다량 함유되는데 이는 $\beta$ 카로틴의 수배에 달한다.

홍조는 $\beta$ 카로틴의 광범위한 분포와 소량의 $\alpha$-카로틴을 함유하고, xantophyll인 다량의 루테인과 제아키잔틴과 함께 소량의 $\alpha$혹은 $\beta$를 크립토키잔틴이 검출되고 있다.

③ Phycobilin

홍조류는 강력한 광합성 보조색소로 수용성 phycobilin 색소를 가지며 흡수한 광의 70~90%를 클로로필 a에 전달한다. bilin색소의 기본구조는 동물의 담즙색소와 유사하지만 측쇄의 치환기가 다르다.

### 2) 단백질

식용해조 중의 조직단백질량은 녹조와 갈조, 홍조 모두 건물당 10~20%의 범위에 있으며 육상 야채와 유사하다. 다만 홍조 중에서 김(海苔)은 35~45%로 대두와 필적할 만한 정도이다.

해조구성 단백질 중 제한 아미노산은 라이신 및 트립토판이다. 또 기준 단백질의 필수 아미노산비로부터 단백가를 비교해 보면 계란 알부민을 100으로 할 경우 동물성 단백질에는 미치지 못하지만 야채 및 곡류보다 높고 영양적으로 식물성으로는 양질이라 할 수 있다.

해조는 일반적으로 소화성이 나쁘고 많이 먹어도 대부분은 그대로 체외에 배설된다고 지적되어 왔다. 최근 다시마의 소화율을 비교한 것에는 단백질, 회분, 탄수화물, 섬유 등도 잘 소화된다고 지적되고 있다.

### 3) 지질

해조는 야채보다 지질함량이 낮고 건조 조체(藻体)의 1~4%이며 다시마는 1.5~2.0%, 미역은 3.7%로 해조 중 최다(最多)이며 김은 2% 전후이다.

지질의 지방산 조성은 녹, 갈, 홍조류 모두 포화지방산중에서는 $C_{16:0}$의 팔미틴산이 10~40%, $C_{14:0}$의 미리스틴산이 0.5~10.0%, 불포화지방산은 녹조류에는 $C_{16:4}$ hexateraen산이 7~17%로 많은 특징외 탄소수가 18인 올레인산, 리놀산, 레놀레산이 10-30% 범위 함유되지만 탄소수 20이상의 불포화 지방산은 적다.

홍조류는 탄소수 20의 고도불포화지방산인 아리키돈산, EPA가 각각 6-20%, 26-56%, 갈조류는 소량의 hexateraen산 외 $C_{18:3}$ linolene 산, $C_{18:4}$ octadecateraen 산이 많고 녹조와 홍조 중간에 위치한다고 한다.

해조의 지질은 당, 유황 및 인과 결합한 아세톤 가용의 당지질, 황지질, 인지질이 존재한다. 녹조 및 갈조는 DGDG(digalactosyl diglyeerol), MGDG(monogalactosyl diglycerol)이 주요 지질이다.

### 4) 당질

해조는 삼투압을 조절하면서 엽록소에서 효과적으로 영양염류를 흡수하면서 생장할 수 있도록 해조체 전체가 치밀하게 구성되어 있다.

① 골격다당류

최외층에 있고 해수와 접하며, 조체의 골격을 구성하는 골격다당류는 주로 cellulose이다.

② 점질다당류

세포벽과 세포질 및 세포간격을 충진하는 점질다당은 녹조의 *Ulva spp*, 감해태(甘海苔) 속에서는 sulfated glucuronoxylorhamnan, *Codium fragile*, *Caulerpa spp*. 속의 sulfated xyloarabinogalactan 그리고 *Acetabularia ryukuensis* 속에서는 sulfated glucuronoxylorhamnogalactan과 같이 2종류 이상의 당에 황산이 에스터 결합을 한 다당으로 구성된다.

알긴산은 D-mannuronic acid 잔기(M)로 구성되는 M 블럭과 D-guluronic acid(G)잔기로 구성되는 G 블럭, 양잔기가 교대로 들어간 MMG, MGG 블럭에 의해서 구성되며 종, 부위, 계절 등에 따라 변동하고 건물 중에 10-30% 함유되고 있다.

홍조 *Gelidium spp*, *Ceramium kondoi*목에 분포하는 한천은 agarose라는 70%의 중성 갈락탄과 30%의 산성 galactan의 agaropectin으로 구성된다. agarose는 D-galactose와 3,6-anhydro-galactose로 구성되는 이당류의 agarobiose가 a-1,3결합으로 직쇄상으로 연결되어 있다.

Carageenan은 *Gymnogongrus flabelliformis*과 등에 널리 분포하고 있다. 구성당은 anhydro-L-galactose가 D형이란 점과 황산기가 20-30%로 높은 점이 한천과 다르다.

5) 엑기스 성분

해조의 엑기스 성분은 아미노산, oligo-peptide, amine, betaine, aminosulfonic acid, nucleotide 등의 저분자 질소화합물이다.

① 아미노산

주요 식용해조의 아미노산은 녹조류는 함량이 적고 갈조류의 *Laminaria japonica*는 글루타민산, 아스파라긴산, 알라닌, 프로린이 많고 미역은 알라닌, 글리신, 트레오닌, 글루타민산이 많다. 홍조류 *Porphyra yezoensis*에서는 알라닌, 글루타민산, 타우린이 특징적으로 많다. 단 아미노산 함량은 해조의 종류만이 아니고 여러 인자에 의하여 변동이 심하다.

② 기타 엑기스 성분

유리 nucleotide, 유기산, 당질의 해조 중의 분포에 관한 연구는 그리 많지 않다. *Bangia* 속의 nucleotide는 cytidil산, adenyl산, uridil산, guanyl산으로 nucleotide의 약 85%는 2,3-ribonucleotide이다. 유기산은 건물 100g 당 200~1,100mg을 함유하고 isofloridoside와 floridoside가 대부분을 점한다. 또 해조에는 mannitol, sorbitol, inositol 등의 6가 alcohol이 존재한다.

### 6) Vitamin

일반김의 비타민 A 효력은 16,000IU, 감해태의 13,000 IU이란 수치는 시금치의 18,000 IU에 손색이 없다. 갈조는 A 효력은 낮지만 fucoxanthin이 체내에서 Vitamin A 효력을 보인다고도 시사되므로 실제로 청해대, 감해태와 같은 효력이 인정되고 있다.

$B_1$, $B_2$, niacin이 비교적 다량으로 함유된 것은 감해태, 미역 등의 품종이다. 또 비타민 C도 해조 건물 중에 20-1,000mg/100g 함유되고 수확 직후에는 건조물보다 2-3배 이상 다량으로 함유되고 있기 때문에 특히 건조시 및 보존에 유의하면 점점 영양적인 가치가 높아지게 되는 것이다.

### 7) Minerals

인체의 혈액 및 임파액 등 체액의 염류조성은 해수의 조성과 유사하다고 지적된다. 체내 미네랄의 주요 역할은 골 및 치아의 형성, 유지에 필요한 칼슘, 인, 마그네슘을 시작으로 Na, K 같이 근육, 신경의 바란스를 조절, Fe는 헤모글로빈으로 산소 운반, 에너지대사에 역할, 세포의 삼투압조절에 작용, 수많은 효소를 활성화하여 건강을 유지한다. 즉 Ca, Mn, Cu, Co, Zn 등은 효소의 구성분이 되며 효소를 활성화하기도 하여 대사를 정상으로 유지한다. I 는 갑상선 기능을 지킨다. Cu, Co는 헤모글로빈의 합성과 골수의 조혈인자로 역할한다. 한편 Al, Fe, Mn의 농축률은 상당히 높다.

### 8) 항균 및 바이러스성 물질

해조로부터 항균성 물질은 지금까지 다수 분리되었으며 주로 지방산 관련화합물, 페놀, 탄닌, 할로겐화물, 황화물 및 terpene류 등이다.

① 지방산 관련화합물

지방산 중에서 그람 양성 및 음성균에 대해 항균성을 보이는 것은 acrylic산이 있으며 이는 녹조, 갈조 및 홍조에 널리 분포하고 있는 DMPT(dimethylpropiothetin)의 효소적 혹은 미생물에 의한 분해에 의해 생성되는 것으로 생각되고 있다.

② 페놀류

해조에는 *p*-cresol, *p*-hydroxybenzyl alcohol, phloroglucine 및 그 중합체 등 각종 페놀화합물이 포함되고 있다. 또한 그 대부분이 Br을 주로 하며 다른 염소 및 요드 등의 할로겐 등으로 치환되고 있는 것이 특징이다.

페놀 유도체 toluquinol에 mono-di-terpene이 결합한 구조를 가지는 항생물질로서 cymopol, zonarol, bifucarenone, 5-hydroxy-cystofuranoquinol 등이 다수 검출되고 있다.

③ 황화합물

각종 해조로부터 특이한 구조를 가지는 황화합물이 다수 발견되고 있다. 홍조 *Chondria californica*에서도 수 종의 함황화합물이 분리되고 있으며 4-dioxy-,1,2,4,6,-tetrathiepane 및 1, 2, 4, 6,-tetrathiepane 및 lethionene에 항균활성이 인식되고 있다.

④ Terpenoid

홍조로부터 발견된 다수의 할로겐화 monoterpene은 *Cladosporium cucumerium* 곰팡이에 그리고 홍조에서 발견된 sesquiterpene인 laurinterol, isolaurinterol과 갈조과에서 분리된 dolabellane, dictyol E, amijol, dictyodial 등이 그람 양성균에 대해서 항균성이 확인되었다.

⑤ 다당류

해조 다당류 특히 헤파린상의 황산화 다당류가 광범위한 항 바이러스 활성을 보이는 것으로 알려지고 있다.

39종의 해조류에서 다당이 추출되었고 HIV(human immunodeficiency virus)의 역전사효소 활성을 측정한 결과 대부분의 해조 추출물이 활성을 보이고 있었으며 그 중에서도 카라기난 및 한천 생성 해조류에서 강한 항 바이러스 활성이 존재한다고 보고되었다.

### 9) 해조의 항종양성 물질

해조에는 종양세포에 대해 강한 독성을 보이는 물질과 *in vivo*에서 현저한 항종양활성을 보이는 다수의 물질이 발견되고 있다. 해조의 항종양활성 스크리닝 시험 결과 녹조, 홍조 및 갈조의 일부가 쥐의 ehlich 복수(腹水) 종양증식 저지활성과 Meth-A선유육종저지(線維肉腫沮止) 활성이 있음이 확인되었다.

① 다당류

식용 해조의 종양활성에 관해서 수종의 다시마 및 모자반의 열수 추출물이 쥐 피하에 이식한 sarcoma-180 고형종양에 현저한 활성이 인식되었고 다시마에서 얻은 다당체 및 핵산으로 구성되는 획분이 L-1210 마우스(白血腫) Meth-A(線維肉腫), B-16(黑色腫) 등의 동일종 동일계통의 종양에 현저한 활성을 보인 바 있다.

유효성분은 주로 시료 중의 산성 다당류인 것으로 추측되고 있다.

(ⅰ) 알긴산

갈조류의 세포간 점질다당인 알긴산은 D-glucuronic acid와 D-manuronic acid로 구성되는 산성 다당이다. 정제한 알긴산을 Sarcoma 180 고형종양을 이식한 마우스의 복강내에 주사하면 이 세포육의 생육이 50% 이상 저지되는 것으로 보고되고 있다. 그러나 알긴산을 부분 가수분해하여 D-gulcuronic acid의 획분과 D-manuronic acid 획분으로 각각 투여시에는 효과가 나타나지 않아 항종양활성에는 알긴산의 분자량, D-gulcuronic acid와 D-manuronic acid의 배열과 비율이 매우 중요한 것으로 지적되고 있다.

(ii) 퓨코이단

Fucoidan은 갈조류에 존재하는 세포간 점질다당이고 fucose와 에스테르화 황산이 주체가 되고 있다. 여기에 갈락토스, 자이로스 및 glucouron산, manuron 산 등도 소량 함유되고 있는 복잡한 조성의 활성화 다당이다. fucoidan의 항종양활성에 관해서는 많은 연구가 행해지고 있다. 예로 갈조류의 일종인 sargassum horeri로부터 조제한 fucoidan을 sarcoma 180 고형종양을 이식한 쥐의 복강 내에 투여할 경우 약 60% 이상의 종양증식 억제율을 보였다고 한다.

fucodian의 항종양활성에 대한 기작은 이 다당이 종양세포의 표면 전하를 음이온화 함으로서 전이를 저지하고 숙주의존성 작용 즉 및 면역기능의 부활화 등에 의한 것으로 생각되고 있다.

② Terpenoid 류

홍조류에서 P388 임파성 백혈종세포에 대해서 *in vitro*에서 현저한 세포독성을 보이는 2종의 terpene화합물이 발견되고 있다. 그 하나는 aplysistatin이고 다른 하나는 폴리에테르계 tri-terpen thyrsiferyl 23-acetate이다. 또한 갈조에서 지방산의 일종인 turbinaric acid(4, 8, 13, 17, 21-pentamethyl-4, 8, 12, 20-docosapentaenoic acid)가 발견되고 있지만 이 화합물의 합성품을 사용한 실험에서 마우스의 악성 흑색종 세포 및 사람의 결장암 세포에 대해서 각각 26.6$\mu$g/ml 및 12.5$\mu$g/ml의 수준의 세포 독성을 나타내는 것으로 알려졌다.

### 10) 해조의 요드함량과 기능성

요드의 경우 해수 중의 농도는 0.008 ppm임에 대하여 해조에서는 신선물 중량당 4-5 ppm으로 해수의 500-60,000배에 이른다.

해조류 종에 따라 녹조는 130ppm, 홍조는 890ppm, 갈조류의 그것은 4,300ppm으로 현저하게 높다. 해조중의 요드 존재형태는 무기 요드가 주이다. 요드를 함유하는 유기화합물은 종래 tyrosine의 유도체인 3-iodotyrosine, 3, 5-deiodotyrosine, 3, 3-triiodtyrosine 등의 iodoamino산류에 관해서만 알려져 있으나 최근 홍조에서 식물성분으로는 희귀한 지방족 요드화합물이 발견되고 있다.

요드의 기능성은 사람의 경우 티록신의 갑상성 호르몬의 구성성분이 된다. 갑상선 호르몬의 생리작용은 세포 및 조직에서의 단백질, 지질 및 당대사의 촉진이지만 활성은 요드가 티록신보다 강하다. 식품 중에 요드가 부족하면 사람의 경우 갑상선 호르몬 분비의 저하를 유발하여 수종의 생리장애를 일으킨다. 발육기에 요드가 부족하면 왜소증, cretin 병에 걸리고 성인의 경우 점액수종 상태를 가져오며 골의 발육불량, 단구증, 지능저하의 증상이 나타난다.

### 11) 혈압조절작용 물질

순환기계의 질병은 고혈압과 혈전증에 의한 것이 많다. 여기서는 해조성분중 혈압저하작용과 혈압에 크게 영향을 미치는 혈액 점조성에 관여하는 콜레스테롤, 중성지질농도의 조절물질 및 혈전 형성방지와 관련된 항 혈액응고 활성물질 등에 관해 설명한다.

① 아미노산류

다시마에서 분리된 L-lysinemethyl 유도체인 라미닌이라는 특수한 아미노산은 그후 일과성으로 혈압을 낮추는 작용이 있음이 밝혀졌다. 또한 이 아미노산은 다시마 및 그 외의 다시마와 갈조에도 함유되고 있으며 홍조의 d-2-hydroxy-3aminopropane sulfonic acid에도 쥐의 혈압저하작용이 인식되고 있다.

② 알긴산

식염이 고혈압의 발병과 유지에 중요하다는 사실은 역학적 조사 및 실험을 통해 증명되고 있다. 식염의 과잉섭취는 체내에 나트륨 및 물의 축적을 촉진하고 세포 외액량의 증대, 혈관벽의 비후, 혈관수축 작용을 하는 angiotensin의 유리 등을 초래하여 혈관의 수축과 함께 근수축력을 강화하여 결과적으로 혈압이 상승한다고 생각되고 있다.

식염(1%)를 함유한 사료에 알긴산칼륨을 첨가해 고혈압 쥐에 투여하면 혈압상승이 억제된다는 결과가 있으며 이는 알긴산이 체내에서 나트륨과 결합하여 그대로 체외에 배설되기 때문에 혈압상승이 억제되고 있는 것으로 추측되고 있다.

### 12) 콜레스테롤 저하작용물질

콜레스테롤은 세포막의 구성성분이고 담즙산, 부산피질호르몬 등의 전구물질로 알려져 있다. 그러나 혈중 함량이 기준치를 초과하면 심장에 가까운 동맥 및 말단 세동맥(細動脈)의 경화(硬化)를 촉진하여 심근경색 등의 원인이 되고 있다.

① 알긴산

고 콜레스테롤 사료로 사육한 쥐에 녹조 porphyra tenera, 홍조 감해태 및 갈조 곤부의 건조분말을 5% 첨가하여 영향을 살펴본 결과 녹조 및 홍조의 경우 혈중 콜레스테롤치가 유의하게 저하하였다는 보고가 있으며 유효성분을 확인한 결과 해조의 베타인류임이 확인되었다. 이중 homobetaine($\beta$-alaninebetaine)이 콜레스테롤 저하작용이 가장 큰 것으로 밝혀졌고 녹조류에서 추출한 ulvalin도 미약하지만 콜레스테롤 저하효과가 있다는 것은 잘 알려져 있다.

### 13) 항 혈액응고 활성물질

해조의 황산다당류가 heparin과 같은 항 혈액응고 활성을 보이는데 갈조 *sargassum*에서 추출한 sargassan의 어떤 분획은 표준 헤파린의 72배 강하다고 하며 여러 해조로부터 추출한 산성 다당은 항 트롬빈 활성시험에서 어느 산성 다당이건 헤파린의 활성을 상회하는 것으로 나타난 바 있다. 특히 홍조 김류가 활성이 강하고 그 활성과 황산기 함량이 제일 많은 것이 트롬빈 활성의 저지력이 강하고 그것은 헤파린의 2배 수준이라고 한다.

### 14) 기타 생리 활성물질

① 유해중금속의 제거배설 작용

해조의 저장 다당류는 대부분 카르복실 및 황산기를 가지는 산성 다당류이며 중금속을 포함한 양이온과 결합하는 성질을 보인다. 예로 알긴산은 나트륨과 칼슘 외에 카드뮴 및 스트롬튬과 강하게 결합한다. 이 성질을 이용하여 방사성 스트론튬에 오염된 실험동물에 알긴산 특히 글루론산이 다량 함유된 것을 투여할 경우 스트론튬의 배설이 촉진된다는 사실을 알게 되었다.

② 효소활성화 인자

(i) 다당류

알긴산을 섭취시 장내의 amylase 및 protease 등의 효소활성이 높아진다고 한다. 가라기난의 부분 가수분해물은 펩신에 대해 활성저해 효과를 보이며 따라서 위 및 십이지장궤양의 치료제로 기대되지만 역으로 토끼, 쥐 등에 투여하면 장에 궤양이 발생한다는 보고가 있어 투여량과 기간에 의해 작용이 달라질 수 있다고 생각할 수 있다.

가라기난의 항 펩신활성 작용은 이것이 펩신에 직접 작용하는 것이 아니라 펩신의 기질이 되는 단백질과 결합하여 소화되기 어렵기 때문으로 생각되고 있다.

(ii) Terpene류

톳의 불검화물의 획분에서 돼지췌장의 리파제 활성을 촉진하는 인자가 존재하는 것을 알아내고 이를 분리한 결과 diterpene류의 phytol임을 알았으나 그후 기질의 chain 길이와 물리적 상태 등을 검토한 결과 톳의 phytol은 기질이 에멀젼상태의 장쇄지방인 경우는 효과가 없고 용액상태의 단쇄지방산에만 현저히 효과를 보인다는 점에서 리파제활성화라기보다 카르복시 에스테라제의 활성화 인자로 보고 있다.

(iii) Polyphenol

갈조 *Ecklonia kurome*에 함유되는 dibenzo-1, 4-dioxine 골격을 가지는 특이적인 eckol은

강력하고 특이적인 항 프라스민 저해활성을 가진다. 프라스민은 유로키나제와 스트렙토키나제에 의해 활성화되어 혈전용해작용을 발휘하지만 항 프라스민 물질에 의하여 불활성화 된다. Eckol은 프라스민의 움직임을 측면에서 보호하여 혈전증의 치료와 예방에 기대된다. 갈조 *Ascophyllum nodosum* 의 추출물이 아미라제, 트립신, 리파제를 저해하며 저해물질은 분자량이 3만에서 10만 정도이고 NMR 분석에서 이물질이 polyphenol임이 확인되고 있다.

(ⅳ) Sterol

해조 스테롤이 소의 경동맥 내피 배양세포에서 혈전 용해효소 프라스미노겐의 활성화 인자의 생성을 촉진하는 것으로 알려져 있다. 여기에 의하면 세포배양액에 해조 스테롤을 가하면 프라스미노겐 활성화인자의 양이 sitosterol에서 대조군의 약 3배, fucosterol에서는 약 7.2배로 증가하였다고 한다.

Fucosterol은 해조에 50-200mg% 함유되고 있어 혈전 생성방지 혹은 혈전용해 효과를 기대할 수 있다.

(ⅴ) 프로스타그란딘(Prostaglandin)

사람의 자궁수축, 혈압강하제로 발견된 프라스타그란딘은 여러 종류(PGE, PGF, PGD, PGA, PGC)가 발견되었고 생물활성이 다채롭고 국소 호르몬으로 기능하고 있다는 사실이 발견되었다.

조류의 PG 연구는 적지만 근년들어 홍조인 김류에서 PGE2가 0.05~0.07%, $PGE_{2\alpha}$가 0.07-0.1% 동물조직 중 간의 PG가 검출되고 있다.

PG 이외의 eicosapentanoid(탄소수 20의 지방산에서 유도되는 생리활성 물질) 홍조류에서 수종 발견되고 있다. 이중 12-hydroxy-eicosa-5,8,10,14,17-pentaenoic acid는 항균성을 보이는 것 외에도 혈소판 응집저해, 대신장(大腎臟)의 ATPase 저해 활성 등을 보인다.

(ⅵ) 응집소(lectin)

해조류 응집소는 사람 적혈구보다 소, 모르모토 등의 적혈구 및 림파구, 마우스 종양세포, 해양세균에 대한 응집활성이 강하다. 또한 당에 의한 저해반응에서는 육상식물과 달리 단당류에서 활성 저해를 받는 일은 거의 없고 당쇄인식법에서도 당단백질 중의 N-glycoside형 당쇄를 인식하고 있는 등 새로운 당쇄인식 기능을 가진 해조렉틴은 복합 당질당사슬(chain)들의 구조 해명 등에 유효한 수단이 될 것으로 기대된다.

# 4장 수산가공의 요건

수산가공은 처리기술이 진보됨에 따라 제품의 종류가 다양화되고 또한 고급화되고 있다. 수산가공의 기본요건은 다음과 같이 요약된다.

## Ⅰ. 원료의 선도

### 1. 원료의 선도와 제품과의 관계

원료어의 선도(鮮度)가 좋아야 한다는 점이 모든 수산가공에 있어 가장 필수적인 선결요건이다. 예로 동결저장에 있어 원료어의 품질은 그의 저장 해동 후의 품질을 결정하는 요인의 하나이다. 또한 수산통조림도 원료가 어느 한도 이상의 선도에서만 좋은 제품을 얻을 수 있다. 어묵 원료에서도 육질의 gel 형성능은 그 자체 어종에 따라 다르기는 하나 선도가 떨어지면 육질의 gel의 형성능도 감소된다. 한편 가공제품의 수율도 원료 선도가 떨어지면 역시 적어진다. 따라서 수산가공에는 생식으로 이용할 수 있는 원료를 포함하여 원료어의 선도를 보존 유지시키는 것이 가장 선결요건이다.

원료어는 각각 특유의 성상을 가지고 있으며 가공제품도 각각 특유의 품질 특성이 요구된다. 그러므로 원료어의 모두가 같은 모양으로 모든 가공원료에 적당한 것은 아니다. 어묵의 경우 제품의 색·탄력 등의 품질 특성을 갖는 원료로서 일반적인 흰살(白身) 어종이 적합하다. 그 중에서도 소조기 같은 것은 종래부터 우량 원료로 널리 사용되어 오고 있다.

간마른치의 경우는 그 제품에 독특한 판정을 갖는 원료로 전갱어(horse-mackerel) 꼬치고기(barracude) 등이 적당하여 흔히 사용된다.

한편 같은 종류의 원료라도 계절에 따라 성장에 차이가 있으며 보통 같은 가공품 원료라도 적당치 않은 경우가 있다. 예로 정어리는 찐마른치, 간마른치의 원료로 이용되나 고지방 원료인 때는 제품에 유소(油燒)가 생기므로 이 경우는 오히려 통조림 원료로 적당하다.

따라서 원료 어종의 특성에 따라 제품 가공을 하는 한편 제품의 특성에 따라서도 원료를 선택하여야 하기 때문에 원료처리에 대한 연구가 필요하다. 물론 원료로서의 조건으로는 육질의 특성 외에 산업적으로 그의 조달 가능량, 계속성 등도 중요한 관련요인이 된다.

## 2. 어패류의 선도 판정법

어패류의 선도 판정은 원료의 품질 판정, 가공 및 보존법의 적부 판정 또는 위생 검사상 필요한 것이다. 현재까지 여러 가지 방법이 보고되고 있지만 모두 장단점이 있다. 어패류 조직의 분해는 매우 복잡하기 때문에 하나의 지표 물질 또는 특성으로서 일률적으로 선도를 판정하기는 거의 불가능하다고 보아지며, 목적에 따라 두세 가지 방법을 조합하여 종합적으로 판정하는 수가 많다. 또한 선도 판정은 간편하고 신속하게 할 수 있어야 하는데, 지금까지 보고된 방법은 이러한 점에서 실용성이 적다.

선도 판정법에는 관능적 방법과 과학적 방법이 있으며, 과학적 방법은 세균학적 · 물리적 방법 및 화학적 방법으로 나눌 수 있다.

### (1) 관능적 방법

원료의 선도를 신속하게 판정할 수 있는 과학적 방법이 아직 확립되어 있지 않기 때문에 사후경직 상태, 피부 · 안구 · 아가미 · 육의 투명감 및 냄새 등을 관능적으로 검사하여 선도를 판정하는 방법이 유효하게 활용되고 있다.

이 방법은 5감(五感)에 의하여 판정하는 방법이므로 객관성은 적으나 방법이 신속하여 현장에서 많이 이용되는 방법이다. 조사항목의 주요한 것을 들면 다음과 같다.

#### 1) 근육의 경도

사후강직 중에 있는 것은 아주 신선한 것이다. 또 손가락으로 눌러 보아 사후강직 이후에 일어난 분해의 정도를 측정한다.

#### 2) 아가미

신선한 것은 담적색 또는 암적색이고, 조직은 단단하게 보인다. 악취가 없고 해수어는 해수 냄새가 난다. 선도가 떨어지는데 따라서 차차 적색에서 회색을 띄우게 되고, 결국에는 회녹색으로 된다. 변색은 처음 아가미의 주변부로부터 시작하여 나중에는 아가미 전체에 미치게 된다. 냄새도 서서히 자극성을 나타나게 되고, 마지막에는 완전한 부패취를 낸다. 또 용이하게 식별할 수 있으므로 좋은 판정의 기준이 되고 있다. 그러나 어류를 빙수에 담가 운반할 때에는 아가미가 탈색되어 비교적 신선한 것도 선도가 떨어진 것과 같이 보이는 경우도 있다.

3) 안구(眼球)

신선한 것은 맑고 아름다우며 정상위치에 있으나, 선도가 떨어지는 데 따라서 혼탁해지고 내부도 침하하게 되며, 종국에는 탈락하게 된다.

4) 어피(魚皮)

신선한 것은 광택이 있고 어종에 따른 특유의 색채를 가지고 있으나, 차차 변색 또는 갈색화된다. 비늘은 탈락하기 쉬운 어류와 그렇지 않은 종류가 있는데, 탈락하기 쉬운 종류로 비늘이 단단히 붙어 있는 것은 신선한 것이다. 어체표면의 점액은 처음에는 투명하나, 선도가 떨어지는데 따라서 진득진득하여지고 황갈색으로 변화한다.

5) 복부(腹部)

신선한 것은 내장이 단단하게 붙어 있어, 손가락으로 눌러 보아도 연약한 감이 없다. 선도저하와 더불어 연화, 팽창하여 항문으로부터 장의 내용물이 흘러나오게 된다. 또 내장은 자가소화되기 쉬우므로 오래되면 녹아내리게 된다.

6) 육(肉)

신선한 어육은 투명감이 있으나, 오래 되면 광택이 없어지고 혼탁하여져 불투명하게 된다. 또 육을 잘게 썰면 신선한 것은 껍질부분이 활 모양으로 말려든다. 근육내부의 모세혈관도 처음에는 선명하나, 시간의 경과와 더불어 불명료하게 되고, 혈액이 육질에 침윤하게 된다. 선도가 좋은 어육은 뼈에서 발라내기가 힘드나 오래된 것은 등뼈 주변의 육이 적갈색으로 변하고 분리가 쉽게 된다. 찌거나 삶은 고기에 있어서는 이와 반대이다.

7) 냄새(香臭)

신선한 것은 해수의 냄새 또는 담수의 냄새가 나지만 선도가 떨어지는 데 따라서 불쾌한 비린내가 나게 되며, 심하여지면 부패취를 내게 된다. 단, 어체의 부분에 따라 부패의 진행이 다르므로 아가미, 어피, 육부 등을 부분적으로 조사하는 것이 바람직하다.

### (2) 세균학적 방법(細菌學的 方法)

어패육에 부착한 세균수를 계수(計數)하여 선도를 판정하는 방법이다. 이 방법은 측정에 1~2일이 필요하고, 또 결과에 상당한 오차가 생기기 쉬워 실용성이 적다. 즉 어체에서 항상 동일량의 시료를 같은 부위에서 취한다는 것이 어렵고, 표면에 가까운 부분을 취하면 세균수가 많으며, 또 표면이 거칠은 경우와 그렇지 않은 경우는 시료양은 같더라도 세균수는 달라진다. 세균수가 같다고 하여 부패의 정도가 반드시 같다고 할 수는 없다.

Tarr(1944)에 의하면 어육 1g 중의 세균수가 $10^5$ 이하이면 신선하고 $10^5$~$10^6$이면 초기부패 $15\times10^6$ 이상이면 부패한 것이라고 구별하고 있다. 일반적으로 배양기 중에 있어서의 세균수는 $10^9$~$10^{10}$ 정도에서 최다수, 즉 평형에 달하여 그 이상은 증가하지 않는다.

### (3) 물리적 방법(物理的 方法)

이 방법은 신속히 판정결과를 얻을 수 있는 장점을 지니면서도 어종 또는 개체에 따른 차이가 많아 아직 일반화된 방법은 없다. 원리적으로는 어육의 경도를 측정하는 방법, 선도가 떨어지면 전기저항이 감소하므로 어체의 전기저항을 측정하는 방법, 안구수정체의 혼탁도를 탄산마그네슘을 함유하는 유리제 표준수정체와 비교하는 방법, 어육압착즙의 점도를 측정하는 방법, 또는 안방액(眼房液)을 원심분리하여 상등액의 굴절율을 측정하는 방법 등이 있다. 어종, 어법(漁法), 어획 후의 처리법 등이 일정한 경우에는 실용화할 수 있는 방법이다.

### (4) 화학적 방법(化學的 方法)

가장 많이 연구되어 여러 가지 방법이 제안되고 있다. 원리적으로 분류하면 ① 신선한 육에는 없던가 또는 적게 함유되어 있던 것이 자가소화 또는 부패에 의하여 생성되어 증가하는 물질을 지표로 하는 방법 ② 단백질의 변성을 지표로 하는 방법 ③ 효소의 활성을 지표로 하는 방법 ④ pH값에 의하는 방법 등으로 나눌 수 있다.

#### 1) 휘발성염기질소(揮發性鹽基窒素)

암모니아를 주로하여 TMA, DMA 등으로 된 휘발성 염기(volatile base)는 어획 직후의 근육 중에는 극히 적으나 선도의 저하와 더불어 증가하므로 이들 휘발성 염기질소량을 측정하여 선도를 측정하는 방법이 널리 이용되고 있다.

휘발성 염기질소량은 일반적으로 대단히 신선한 어육에서는 5~10mg%, 보통 선도의 어육에서는 15~20mg%, 초기부패의 어육에서는 30~40mg%, 부패한 어육에서는 50mg%

이라고 한다. 그러나 상어나 가오리와 같은 판새류(板鰓類)의 어육에서는 원래 다량의 요소를 함유하여 암모니아의 생성이 많으므로 이 판정기준을 그대로 적용할 수 없다.

VBN의 정량법에는 증류법, Conway의 미량확산법 등이 있다. 한편 어패육을 가공원료(특히 통조림의 원료)로 사용하는 경우는 일반적으로 VBN의 함량이 20mg% 이하의 것을 사용하지 않으면 좋은 제품을 얻을 수 없는데, 이 20mg%를 원료선도의 한계점이라고도 한다.

### 2) Trimethylamine(TMA)

TMA는 신선육에는 거의 존재하지 않으나, 사후 세균의 환원작용에 의하여 TMAO가 환원되어 생성되는 것이다. 그 증가율이 암모니아보다 커서 선도판정의 좋은 지표가 되고 있다.

일반적으로 TMA 함량이 3~4 mg%를 넘어서면 초기부패라고 보는데 이 초기부패의 한계치는 어종에 따라 차가 많다. 예를 들면 청어는 7mg%, 가다랭이는 1.5~2.0mg%라고 하며, 또 TMAO가 적은 담수어에는 이 방법을 적용할 수 없다. 상어에는 TMAO가 많은데도 TMA 생성이 느리며, 또 가열육에서는 가열에 의하여 TMAO가 환원되어 TMA를 생성하므로 판정시에 주의하여야 한다.

### 3) 휘발성 환원성 물질(揮發性 還元性 物質)

선도가 떨어지면 육 중에 환원성을 가지는 휘발성 물질이 생성되는데, 그 성분은 잘 밝혀져 있지 않으나, aldehydes가 주체이다. 이것은 어육의 수증기 증류액의 과망간산칼리 소비량으로부터 정량하는데 20mg 당량을 초과하면 초기부패라고 보고 있다. 그러나 이 한계치 역시 종류에 따른 차가 많으므로 주의를 요한다.

### 4) pH

어육은 사후 pH가 내려갔다가 선도의 저하와 더불어 다시 상승하는데 이 때 일반적으로 붉은살 어류에 있어서는 6.2~6.4, 흰살어류에 있어서는 6.7~6.8이 되었을 때를 초기부패점이라고 보고 있다. 이 측정치가 pH의 하강기의 것인지 또는 상승기의 것인지는 판단하기 어려우나, 일반적으로 선도판정의 대상이 되는 어체는 대개가 pH하강기는 지나고, 상승기에 있는 것이 보통이다.

새우류에 있어서는 pH 값이 7.7이하이면 선도가 좋고, 7.7~8.0이면 선도가 좋지는 않으나, 식용에는 관계없는 정도이고, 8.0 이상이면 식용으로 할 수 없다.

### 5) nucleotides의 분해생성물

(a) K값에 의하는 방법

ATP의 분해경로는 어육에 있어서는 ATP → ADP → AMP → IMP → inosine(HxR) →

hypoxanthine(Hx)이다. K값이라 하는 것은 전 ATP 분해 생물량에 대한 HxR+Hx량의 백분율을 가리킨다. 즉

$$K값(\%)=\frac{HxR+Hx}{ATP+ADP+AMP+IMP+HxR+Hx}\times 100$$

이 값이 적을수록 선도가 좋은 것을 나타내는데 일반적으로 회(膾)로 이용할 수 있는 어육의 K값은 20% 전후이고 35%가 넘어서면 선도는 양호하다고 할 수 없다. 앞서 말한 VBN과 TMA의 측정이 주로 초기부패의 판정수단이라고 한다면, 이 방법은 어육의 초기 변화의 정도를 조사하는 데 유효한 방법이라고 할 수 있다.

(b) hypoxanthine(Hx)의 정량에 의하는 방법

어육의 선도가 저하됨에 따라 ATP 분해생성물인 Hx의 양이 증가하므로 이것을 선도의 지표로 삼을 수 있다. 그러나 어종에 따라 HxR으로부터 Hx으로 분해되는 효소계의 활성차이 때문에 Hx의 생성성(生成性)에 상위가 있다. 즉 생성되는 HxR과 Hx의 비율로 볼 때 HxR이 축적되는 형과 반대로 Hx이 축적되는 형 및 그 중간형 등으로 나눌 수 있다. 각종 어패류를 빙장하였을 때의 HxR 및 Hx의 생성에 대하여 조사한 것을 보면 표 4-1과 같다.

**표 4-1 어육의 inosine(HxR) 및 hypoxanthine(Hx) 생성성**

| HxR 생성성 | | | Hx 생성성 | | | 중간형 | | |
|---|---|---|---|---|---|---|---|---|
| 어 종 | K값(%) | HxR:Hx (mole比) | 어 종 | K값(%) | HxR:Hx (mole比) | 어 종 | K값(%) | HxR:Hx (mole比) |
| 멸치 | 30 | 41:0 | 눈볼대 | 47 | 0:5 | 쥐노랭이 | 95 | 1:2 |
| 가다랭이 | 34 | 46:1 | 강도다리 | 57 | 0:61 | 붕장어 | 34 | 3:1 |
| 황다랭이 | 36 | 5:0 | 보구치 | 68 | 1:42 | 은어 | 38 | 2:1 |
| 명태 | 55 | 8:1 | 도루묵 | 63 | 1:36 | 참조기 | 77 | 2:1 |
| 청어 | 49 | 5:1 | 넙치 | 44 | 0:80 | 전어 | 52 | 2:1 |
| 방어 | 34 | 25:1 | 참가재미 | 35 | 0:62 | 밀복 | 32 | 2:1 |
| 전갱이 | 38 | 10:1 | 물가재미 | 62 | 0:5 | 놀어 | 44 | 1:1 |
| 참돔 | 33 | 19:1 | 게르치 | 42 | 1:8 | 갈치 | 45 | 1:2 |
| 대구 | 56 | 5:1 | 불낙 | 44 | 1:59 | 성대 | 39 | 1:2 |

HxR 생성성의 어종에 있어서는 Hx량의 변화가 극히 완만하므로 이것을 지표물질로 하는 선도판정은 불가능하든가 또는 정확도가 불량하다고 할 수 있다. 따라서 HxR, Hx의 생성성에 관계없이 양자의 합계량으로부터 산출하는 K값에 의하는 방법이 더 좋다고 할 수 있다.

### (6) 단백질의 승홍침전반응(昇汞沈澱反應)

육침출액 중의 수용성단백질을 염화제2수은(昇汞)으로 침전시켜 그 혼탁정도에 의하여 선도를 판정하는 방법이다. 육침출액과 승홍과의 침전물은 pH 6.2 전후를 경계로 하여 나타난다. 어육의 사후경직 때에 pH가 일단 내려갔다가, 선도가 저하되는데 따라서 다시 6.0 이상으로 상승하는데 이 때 수용성 단백질이 승홍과 반응하여 침전을 생성한다. 실제의 방법을 보면 다음과 같다.

어육 10g에 증류수 100ml를 가하여 침출시켜 여과한다. 각각 별개의 시험관에 A액(1% 승홍액) 3ml, B액(1% 승홍액에 대하여 0.05%의 비율이 되도록 빙초산 첨가한 것) 3ml씩을 넣은 것에 침출여액 0.1ml~0.5ml를 떨어뜨려서, 침전의 유무, 혼탁의 정도를 보아 표 4-2의 기준에 따라 판정한다.

**표4-2 선도판정기준**

| 용액 | 선도상태 | 반응상태 |
|---|---|---|
| A액 -<br>B액 - | 신선함 | - : 전연 반응이 나타나지 않는 경우<br>± : 반응이 미약하게 나타나 시험관을 흔들면 다시 투명하게 되는 정도<br>+ : 반응이 명백히 나타나며 시험관을 흔들면 액이 전반적으로 흐려지는 정도<br>++ : 반응이 뚜렷하여 처음의 한 방울로 침전이 시험관 바닥에 가라앉는 정도 |
| A액 ±<br>B액 - | 약간 신선하지 못함 | |
| A액 +<br>B액 ± | 초기부패 | |
| A액 +~++<br>B액 +~++ | 완전부패 | |

그러나 상어와 같이 신선한데도 육이 알칼리성으로 되어 있는 것이나, 또는 연체류(문어, 오징어), 갑각류(게, 새우)와 같이 신선할 때 벌써 pH 6.0 이상으로 되어 있는 것은 이 승홍반응에 있어서 A액이 ±로 되어 선도가 좋지 못하게 판정되는 수가 있다. 그러므로 이 방법은 신선할 때 pH가 5.8 정도까지 내려가는 어종에만 적용할 수 있다.

### (7) 기타

어육성분의 분해생성물, 예를 들면 DMA, 아미노태질소, tyrosine, histamine, indole, 휘발성산 등을 지표물질로 정량하는 방법도 있다. DMA는 TMA보다 생성이 빠르므로 관능적으로 검지할 수 없는 단기변화를 측정하는 데 알맞다고 한다. 아미노태질소나 tyrosine에 의하는 방법은 정확성이 있다고 할 수 없으며, histamine과 indole에 의하는 방법은 그 생성이 VBN의 증가보다 늦고 정량방법이 복잡하며, 또 어종에 따른 차이 때문에 적당한 방법이라고 할 수 없다. 그러나 indole은 부패의 확인에는 적합하며 일반적으로 이 양이 0.0015mg%를 넘어서면 초기부패라고 보고 있다.

선도 저하에 따라 생성되는 개미산(蟻酸), 식초산(醋酸), propionic acid, 낙산(酪酸) 등의 휘발성 산량을 측정하는 방법은 선도가 크게 저하한 어육에는 적용할 수 있으나, 초기단계의 선도판정법으로서는 적당하지 않다.

또 효소활성을 이용하는 방법도 있다. 예를 들면 어류의 아가미에 있는 catalase의 활성 저하를 측정하여 선도를 측정하려는 방법 또는 어육 중의 호박산탈수소효소의 활성, peroxidase의 활성 등을 측정하여 선도의 지표로 삼으려는 방법들이 있으나, 그 조작이 복잡하고 어종에 따른 차이가 있기 때문에 실용성이 적다.

한편 단백질이 변성되면 SH기가 유리되므로 SH기에 의한 환원력은 선도저하와 더불어 증가한다. 따라서 이것을 선도 판정의 지표로 하려는 제안도 있다. 일반적으로 SH기에 의한 환원력은 초기부패까지는 서서히, 그 다음 단계부터는 급속히 증가한다.

# Ⅱ. 어패육(魚貝肉)의 사후변화(死後變化)

생물은 생명이 있는 한 신진대사에 의하여 항상성(恒常性)을 유지하나, 생명을 잃음과 동시에 조화도 잃고, 차차 변화하여 최후에는 미생물에 의하여 간단한 물질로 분해되어 자연으로 되돌아간다.

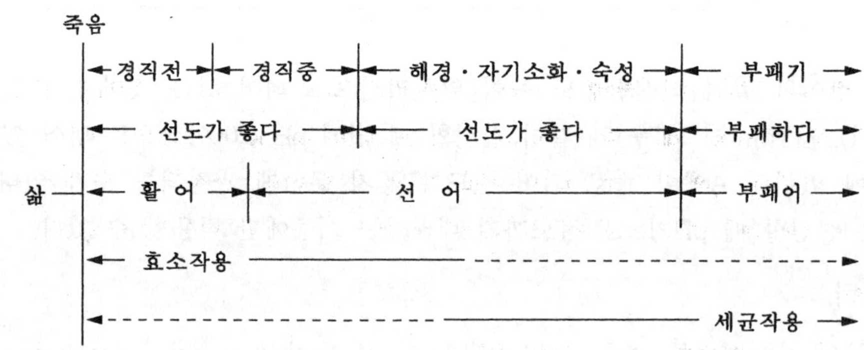


그림 4-1 어류의 사후변화

어패류의 어획 후에 일어나는 생체변화, 즉 사후변화(Postmortem changes)는 대단히 복잡하나 이것을 몇 과정으로 나누어 보면 (i) 먼저 효소계에 의한 해당작용(glycolysis)과 같은 생화학적 변화로부터 시작하여 (ii) 바로 근육의 사후경직(rigor mortis)이 일어나고, (iii) 해경(resolution of rigor)과 더불어 (iv) 근육조직 중의 자가분해효소에 의한 자기소화(autolysis)가 일어나서 육질이 연화 팽윤한다. (v) 이때 세균의 증식이 왕성해져서 선도가 저하되어 드디어 육조직 성분은 저급화합물로 분해하여 부패(Putrefaction)에 이르게 된다.

**표 4-3 식품변패의 원인**

| 구 분 | 변 패 의 예 |
|---|---|
| 1. 미생물에 의한 것 | 숙성, 부패, 변패, 독소 생성 |
| 2. 미소 동물에 의한 것 | 곤충 등에 의한 악변화 조성 |
| 3. 물리작용에 의한 것 | 조직의 구조 변화(동결, 건조)<br>Colloid계 변화(진탕, 온도변화)<br>함유물질의 석출(건조, 기타) |
| 4. 화학반응에 의한 것 | 유지의 변화, 변색 |
| 5. 효소작용에 의한 것 | 자기소화, 갈변 |

## 1. 사후경직(死後硬直)

동물이 죽으면 빠른 것은 몇 분, 늦은 것은 몇 십 시간이 지나면 근육이 강하게 경화하고 육의 투명도는 떨어져서 흐려지게 된다. 이러한 상태가 일정기간 지속되는데 이 현상을 사후경직(rigor mortis 또는 postmortem rigidity) 이라 한다. 경직기가 지나면 근육은 다시 연화하게 된다.

사후경직 이외에 이상경직 현상으로 ① 한냉단축(cold shortening) ② 해동강직(thaw rigor) ③ 돈육의 PSE육 등이 있다.

### (1) 사후경직의 기구(機構)

사후 육 중에 해당작용이나 creatine phosphate(Crp) 등의 분해로 젖산이나 인산이 생성되고 이 산이 육단백질의 보수성을 높여 단백섬유가 흡수(吸水)·팽화(膨化)하기 때문에 경화가 일어나며, 또 계속하여 산이 증가하게 되면 오히려 육단백의 보수성이 떨어져 수분을 분리하게 되므로 근육은 다시 연화하게 된다고 하였다.

경직 후 근육을 pH 6.0의 0.3M KCl과 0.15M $K_3PO_4$의 혼합물로서 추출하여 얻은 myosin A와 또 근육을 pH 9.0 부근에서 acetone으로 처리하여 건조 후 물에 침출하여 얻은 action을 묽은 용액으로 혼합해 두면 actin은 입상(粒狀)에서 섬유상으로 바뀌면서 급격히 점도가 큰 섬유상 actomyosin 복합물을 형성한다.

한편 휴지상태의 근육에서는 myosin A는 섬유상 actin과 결합하지 않고 K, Ca, Mg 및

ATP와 안정한 복합물을 형성하고 있으나 자극을 주게 되면 결합된 K 및 ATP가 이탈되어 그 대신 섬유상 actin이 myosin A와 결합하고 점도가 높은 섬유상의 actomyosin이 ATP 존재 하에서 수축하여 어체는 경화현상을 나타내게 된다.

### (2) 근육 내의 변화

사후 육 중에는 젖산이 축적되어 고기가 산성 쪽으로 기울어짐에 따라 myosin은 불용성으로 되어 추출성(抽出性)이 일단 떨어지게 된다. 즉 pH가 myosin의 등전점(pH 5.4)에 가까워짐에 따라 myosin은 불용화되어 보수력이 떨어지고 침전하게 되는 것이다.

어획 직후의 어체를 급속동결한 후 비교적 단기간 내에 해동하면 급격한 수축현상을 나타내는 수가 있다. 이 현상을 해동경직(thaw rigor)이라고 하는데 이것은 육 중에 다량으로 존재하는 ATP나 glycogen이 해동시에 급속히 분해되어 경직을 일으키기 때문이다. 이러한 해동경직이 일어나면 육조직이 흐틀어지고 다량의 drip이 유출되므로 주의를 요한다. 그러나 어체를 -15℃ 정도에서 2주간 정도 저장하면 해동경직이 일어나지 않게 되므로 미리 동결 전에 사후경직을 경과시킬 필요는 없다고 한다. 이 사실은 glycogen이나 ATP의 분해가 저온에서도 완전히 억제되지 않는 것을 의미하며, 실제 -30℃에서도 극히 완만하게 진행된다고 한다.

극히 신선한 어육의 육편에 냉수를 부으면 급격히 수축하는데 이러한 현상을 회(膾) 같은 어육조리에 이용하고 있다. 이 현상은 냉수를 부음으로서 ATP, ATP, CrP 등의 고에너지 인산화합물의 소실, glycogen의 감소, 근육의 경직 등 보통 사후에 서서히 일어나는 현상이 극히 단시간(수분 내지 수십분)에 진행되기 때문이다. 따라서 이러한 현상은 사후경직이 지난 근육에서는 볼 수 없다.

한편 사후 동물의 체온변화를 보면 일반적으로 초온에 비하여 1℃ 정도 상승하였다가 하강하는데 이 온도의 상승은 경직열(heat of rigor)의 발생 때문이다. 경직열은 근육 중의 glycogen이 젖산으로 변화할 때 발생하는 것이다.

육 중의 glycogen 함량을 0.5% 정도라고 하면 glycogen 1g이 젖산으로 변화할 때에 발열량은 240cal이므로 육 1g로부터의 발열량은 0.5×240/100 = 1.2(cal)이다. 근육의 비열을 0.85~0.88이라고 하면 온도의 상승은 1.2/0.85 = 1.40 또는 1.2/0.88 = 1.36이 되어 계산상으로는 약 1.4℃의 상승이 있는 셈이다. 고래의 경우 체온 39°~40℃이던 것이 사후에 경직열에 의하여 체온이 약간 상승한다고 한다. 그러므로 포살(捕殺) 후 될 수 있는 대로 빨리 방혈하여 냉각처리하는 것이 필요하다.

### (3) 사후경직 개시시간과 지속시간에 영향을 주는 요인

사후경직을 일으킬 때까지의 시간과 그 정도 및 지속기간 등은 여러 가지 조건, 즉 어종, 어체의 크기, 어획법 및 어체 처리조건 등에 따라 달라진다.

일반적으로 어류는 포유동물보다 사후경직의 지속기간이 짧아서 사후 1~7시간만에 경직이 시작되어 5~22시간 정도 지속되는 것이 보통이다. 어류 중에서도 고등어, 다랭이와 같은 활동성의 것은 가재미, 도미와 같은 비활동성의 것에 비하여 빠르고 장시간 피로(疲勞)시킨 것과 그렇지 않는 것에 따라 또 많은 차이가 있다. 즉 피로(疲勞)하여 죽은 어육에는 glycogen이나 ATP의 양이 적고 젖산의 양이 많아서, 사후경직이 빨리 일어나고 경직의 정도도 약하며 그 지속시간도 짧다.

실제로 trawl에 의하여 어획한 대구는 낚시로 낚은 대구보다 경직이 빨리 일어난다고 하며, 또한 낚시로 낚은 물치다랭이를 즉살시킨 것은 고기의 pH가 6.8인데 비하여 민사(悶死)시킨 것은 5.7의 낮은 값을 나타내었다는 보고도 있다. 또 어획 후의 저장온도가 높으면 경직이 빠르고 그 지속시간도 짧다.

예를 들면 즉살한 잉어를 9℃와 16℃에 두었을 때 최고경도에 달할 때까지의 시간은 9℃의 경우는 약 48시간, 16℃의 경우는 약 24시간이었다고 한다. 또 어획 후 어체처리법에 따라서도 다르며, 어획 직후 얼음으로 급히 냉각하고 두부 및 내장 등을 제거한 것은 그렇게 하지 않는 것에 비하여 경직시간이 길다고 한다. 또 물로 씻으면 경직이 빨리 일어나는데 경직과 근육의 수축과의 사이에는 상관관계가 있다고 한다.

일반적으로 사후경직이 끝난 후 변패가 일어난다고 보면, 될 수 있는 한 사후경직을 늦게 일어나게 하고 또한 경직시간이 연장되도록 처리를 하는 것이 선도유지상 필요하다. 따라서 어획시에 될 수 있는 한 피로(疲勞)시키지 않도록 하고 어획 후 즉살하여 저온에 저장하는 것이 바람직한 처리다.

### (4) 사후경직의 해제(해경)

사후경직 후 일정한 시간이 지나면 경직이 풀려서 근육은 다시 부드러운 상태로 되돌아간다. 이러한 해경(off rigors)현상은 늘 당면하는 사실이나 그 기구에 대하여는 아직 충분히 해명되어 있지 않다.

사후경직의 기구가 생화학적으로 생 근육의 수축기구와 같다고 하더라도 해경현상은 생근육에 있어서의 수축=이완과 같은 단순한 가역적인 반응기구로는 설명될 수 없다. 이것은 근육 내의 여러 가지 효소계의 기능이 이미 조화를 잃은 때문이며, ATP의 소실같은 것은 그 결정적인 이유의 하나가 된다고 할 수 있다.

수축상태의 근육을 이완하여 휴지상태로 되돌리기 위하여는 actomyosin의 ATPase의 활성을 억제하지 않으면 안 되는데, 이 ATP 분해를 억제 조절하는 물질이 이른바 이완인자(Marsh factor)이다.

이것은 일종의 globulin성 단백질로 근육의 granular 부분(수용성이며 고속원심에 의하여 침전되는 부분)이 존재하고 있다. 사후 육 중에 이 인자의 활성이 그대로 유지되고 있다고 하더라도 이미 ATP가 거의 소실된 상태에서는 그 작용을 발휘할 수는 없고, 따라서 해경의 직접적인 요인이 된다고는 할 수 없다.

근육의 조직학적인 면에서 보면 죽은 직후의 근섬유는 직선상이든가 또는 약간 너울져 있을 정도이다. 그러나 사후경직이 일어난 것은 수축한 부분과 늘어난 부분이 교대로 줄지어 마치 빨래판과 같은 모양을 나타낸다고 한다. 또 사후경직이 해제된 것은 이러한 너울이 없어지고 바르게 되나, 곳곳에 찢어진 것을 볼 수 있다고 한다. 그래서 해경에 의하여 근육이 연하게 되는 것은 근섬유소(筋纖維素)가 찢어지거나 또는 일정의 자가소화작용에 의한 변화라고 할 수 있다.

### (5) 사후경직과 어체처리

앞서 말한 바와 같이 어체의 온도, 즉 처리온도가 낮아질수록 경직을 일으키는 시간은 길어지고 지속시간도 길다. 보통 어획 후 즉시 죽이거나 주의 깊게 취급하거나 머리·내장을 제거했을 때에도 같은 양상을 나타낸다. 경직 중의 어류는 근육 중에 glycogen으로부터 젖산을 다량 생성하며 이 때문에 산성(酸性)이 증가되면 부패균의 발육이 저해되고 육의 보존상 유효하게 된다.

어육을 냉동하는 경우 경직기의 전후 어느 쪽에서 행하는 것이 가장 좋은 효과를 얻을 수 있는가 하는 문제가 있다. 즉 경직기 전에 냉동한 고기는 향미 면에서 좋지 않으나 경직기 중에 냉동하면 가장 좋은 향미를 보존할 수 있고 경직기가 지난 것은 자가 소화가 일어나 냉동시켜도 해동 후는 자가소화가 가일층 신속히 일어 난다. 따라서 냉동은 경직 전이나 경직중에 냉동시키는 것이 이상적이다. 어체를 조리할 때도 어획 후 속히 얼음으로 급냉각시켜서 이를 처리 장소까지 가능한 한 저온으로 운반하는 것이 바람직하다. 또 어체의 머리 및 내장을 제거하는 것도 경직 개시를 지연시킬 수 있고 또 지속시간을 길게 함과 동시에 다음에 일어나는 자가소화를 길게 연장시킬 수 있어 유효하다. 부패가 빨리 일어날 염려가 있으므로 어체를 주의깊게 처리하여 세균오염을 가능한한 피하면 부패작용을 지연시킬 수 있게 된다. 사후경직 현상으로 근육 pH 저하, 근육 신장성 소실 및 단축 등이 있다.

## 2. 자가소화(自家消化)

사후경직이 끝난 근육은 연화(軟化)되기 시작한다. 이것은 주로 근육 속에 들어 있는 분해효소의 작용에 의한 이화작용(catabolism)의 결과로 일어나는데, 살아있는 동물의 근육에서는 동화작용(anabolism)과 이화작용이 균형을 이루어 신진대사(metabolism)를 하고 있으나 일단 죽으면 동화작용은 중지되고 이화작용만이 진행되어 근육이 연화된다.

이러한 현상을 자가소화 또는 자가분해(autolysis), 자기분해(self digestion) 등으로 부르고 있는데 이 자가소화는 주로 효소의 작용에 의해서 일어나고 여기에 미생물의 작용이 부가되어 촉진된다.

### (1) 자가소화의 현상

자가소화가 일어날 때는 여러 가지 물리적, 화학적 변화가 일어난다. 즉 ① 육질이 연화되고 ② glycogen이 감소되는 대신 젖산이 증가되며 ③ 지방이 가수분해 되어 산가(酸價)가 증가되고 ④ 유기태 인산은 감소되고 무기태 인산은 증가되며 ⑤ 암모니아 아미노산 및 ⑥ 가용성 질소가 증가된다.

이중 지방분해에 관해서 알려진 바로는 극히 신선한 어체의 지방은 유리 지방산을 함유하고 있으나 자가소화가 진행되면 유리지방산이 증가한다. 예컨데 연어의 체지방산의 산가는 0.03~0.1인 것이 10~20℃에서 방치하면 10시간 후 산가가 0.4까지 증가된다.

또 자가소화가 일어난 어육의 침출액은 pH 표면장력 및 점도가 변한다. 대체로 자가소화가 진행되는 초기에 있어서 어육침출액은 pH는 최소가 되고 표면장력은 최대가 되며 12시간 후에는 점도가 최소가 된다.

그러나 자가소화 중 가장 중요한 현상은 단백질의 분해이다. 즉 자가소화에 의하여 단백질이 분해되어 albumose, pepton 및 polypepide 등을 거쳐 아미노산을 생성하기까지에 이른다. 그런데 자기소화에 의한 분해는 어느 한도에 달하면 그 이상단계의 분해는 진행하지 않게 된다. 이것은 효소가 분해되거나 또는 분해생성물에 의한 저해 작용 때문이라고 생각된다.

그러나 일반적인 사후변화에 있어서는 자가소화효소와 함께 미생물이 관여하는 것이 보통이므로 육의 분해는 정지되는 일이 없이 진행되는 것이다. 그러므로 육의 부패는 자가소화와 세균에 의한 분해가 병행하여 진행되는 것이라고 생각하는 것이 타당하다.

축육의 경우는 자가소화에 의하여 육질이 연화되고 풍미가 좋아져서 조리하기에 알맞은 상태가 되므로 이 현상을 특히 육의 숙성(ripening 또는 aging)이라고 하여 축육 가공에 많이 이용하고 있다. 그러나 어육에서는 원래 조직이 연약하여 자가소화는 일어나지 않도록 처리하고 있다. 단 젓갈류와 같이 가공수단으로서 자가소화를 이용하는 경우도 있다.

자가소화의 진행으로 육단백질이 분해되어 아미노산 등의 가용성 질소화합물이 증가되고 pH가 다시 상승하게 되면 세균의 증식에 알맞는 조건이 된다.

일반적으로 어육에 부착한 세균은 곧 고분자화합물인 단백질을 분해하는 것이 아니고 공존하는 소량의 아미노산이나, 저급의 질소화합물을 이용하여 어느 정도 증식한 후에 단백질에 작용하게 되므로 자가소화의 진행은 결과적으로 세균에 의한 부패를 조장하는 것이 된다.

### (2) 자가소화 효소

자가소화는 단백질 분해 효소 및 기타 각종 효소에 의해 일어난다 .이러한 자가소화 효소는 소화기관 중에 존재하는 소위 소화효소와 다르다는 설도 있으나 같다는 주장도 있다. 즉 그 성질상 양자가 상당히 유사한 점이 많고 본질적으로는 차이가 없으나 단지 그 소재가 전자는 근육조직 중에 있고 후자는 소화기관 중에 있어 섭취식물을 소화시키는 목적으로 하기 때문에 후자는 전자에 비해 그 작용도 강력하다.

동물의 사후, 조직으로의 산소공급이 끊기면 조직효소인 단백분해효소, 지방분해효소, 해당계효소, 핵산 및 그 관련화합물의 분해에 관여하는 효소, 기타 각종 근육 Ex분을 분해하는 효소 등이 분해반응을 촉매하게 된다.

그런데 동물의 체조직은 주로 단백질이므로 자가소화 과정에서 주역할을 하는 것은 단백분해효소이다. 자가소화에 관여하는 단백분해 효소는 근육뿐만 아니고 간장이나 신장 등의 내장에도 널이 존재하여 소화기관내의 효소와는 별종의 것으로 cathepsin이라고 총칭되고 있다. 즉 cathepsin은 단일효소가 아니고 단백질을 각종 단계로 분해하는 몇 가지 효소를 가리키는 것이다.

작용면으로 보아 polypeptide 사슬의 중간결합을 가수분해하는 endopeptidase 외에 polypeptide 사슬의 말단 아미노산을 가수분해하여 분리하는 exopeptidase도 들어 있다. 효소의 특이성으로 보면 pepsin과 비슷한 cathepsin Ⅰ, 알칼리쪽에 지적(至適) pH를 갖고 trypsin에 가까운 cathepsin Ⅱ, 일종의 aminopeptidase인 cathepsin Ⅲ, carboxypeptidase인 cathepsin Ⅳ 및 chymotrypsin에 닮은 cathepsin Ⅴ 등이 알려져 있다.

육종별로는 beef의 자가소화는 pepsin과 비슷한 작용을 하고 chicken은 pepsin과 trypsin 및 erypsin의 혼합에 의한 작용과 같다고 한다.

어류의 자가소화는 trypsin과 비슷한 작용을 하는 것이 주체를 이루고 여기에 pepsin과 erypsin과 같은 작용이 수반되는 형태를 이루고 있다. 따라서 어육의 자가소화시는 표 4-4에서 보는 바와 같이 비단백질소, 암모니아가 증가하는 외에 염기성 질소는 약간 증가되나 요소의 함량은 감소한다. 또 핵 단백질이 분해되기 때문에 purine염기도 증가하나

histidine, arginine 및 lysine 질소는 증가하지 않는다.

**표 4-4 Haddock의 근육을 실온 4주 방치시 비단백태 N 변화**

| 질 소 의 형 태 | 자가 소화 전 | | 자가 소화 후 | |
|---|---|---|---|---|
| | mg% | 비단백 N에 대한 반응 | mg% | 비단백 N에 대한 반응 |
| 비단백 N | 38.00 | 100.00 | 656.0 | 100.00 |
| $NH_3$-N · 휘발성염기-N | 8.00 | 2.10 | 28.1 | 4.28 |
| 요 소 | 14.50 | 3.82 | 10.0 | 1.53 |
| $NH_2$-N(Formal 적정) | 31.5 | 8.29 | 81.9 | 14.49 |
| 염기성 -N | 239.4 | 3.00 | 278.5 | 42.45 |
| Purine base -N | 15.4 | 4.05 | 29.7 | 4.53 |
| Histidine Arginine -N | 51.5 | 13.55 | 58.5 | 8.96 |
| Lysine -N | 145.0 | 38.15 | 169.0 | 25.76 |
| Monoamino acid -N | 114.0 | 30.00 | 292.5 | 44.60 |
| Humine body -N | 46.0 | 12.15 | 78.0 | 11.87 |

근육은 미생물의 작용이 없어도 그 자체가 함유하는 단백 효소에 의해 그의 단백질을 분해시키게 되고 탄수화물, 지방 기타 각종의 물질도 이들에 작용하는 효소에 의해 분해된다. 근육 중에 존재하는 다당류가 다당류 효소에 의해 분해되어 감소하는 것은 일반적으로 인정되고 있다. 근육 중의 glycogen은 glycogenase에 분해되어 glucose를 생성한다. Nuclease는 어류 등의 핵산을 분해시키는데 어류의 각종 기관에 존재하나 어육에는 흔적 정도 함유한다. inosine산을 분해하는 inosinase는 어류의 기관뿐만 아니라 근육에도 존재한다. inosinic acid는 다수의 어육이나 수육(獸肉) 중에 존재하며 근육의 자가소화로 감소된다. 따라서 inosinic acid는 histidine염과 같이 수산제품 맛의 주요성분이다.

흔히 육상 포유동물에 존재하는 guanase와 adenase 등은 수산물의 육단백질 중에도 존재하여 어육이 자가소화될 때 근육에서 ammonia가 생성되는 원인의 하나로 guanase를 드는 사람도 있다.

근육 중의 catalase 함량은 운동량과 관계가 있어 운동량이 많을수록 catalase 함량이 많고 운동 때나 휴식 때보다도 catalase 작용이 크다고 한다. 또 어육의 육장에 있어서 glycogen이나 glucose로부터 젖산, alcohol로부터 젖산, alcohol 및 탄산을 생성하는 효소도 발견되고, 이들로부터 다시 산화를 거쳐 식초산, 호박산, 후말산 등을 생성하는 기구도 밝혀져 있다. 근육중의 creatase, creatinine에 작용하는 creatinase 등도 보고되어 있다.

### (3) 자가소화에 따른 육성분의 변화

자가소화의 진행에 따라 단백질은 albumose, peptone 및 polypetide를 거쳐 아미노산까지 분해되므로 아미노질소 등의 비단백질소의 양이 증가한다. 그러므로 이러한 형태의 질소량의 증가를 측정하여 자가소화 진행의 척도로 삼을 수 있다. 또한 단백질 분해뿐만 아니고 육 중의 지방이나 당질도 각효소에 의하여 분해된다. 예를 들면 극히 신선한 어체의 지방은 소량의 유리지방산을 함유하는 데 지나지 않으나, 자가소화가 진행되면 유리지방산이 증가되고, glycogen도 glucose로 분해되는 것을 볼 수 있다.

사후 초기과정에서의 암모니아의 증가는 단백질이나 그 분해물의 탈아미노작용에 의한 것이 아니고 일부 Ex분의 효소적 분해에 의한 것이다. 예를 들면 어육 중의 AMP는 adenylic acid deaminase의 탈아미노작용에 의하여 IMP로 되는 동시에 암모니아를 유리하며, L-$\beta$-asparagine은 asparaginase에 의하여 aspartic acid와 암모니아로 가수분해된다. 또 요소를 분해하여 암모니아와 탄산가스로 만드는 urease가 경골어(硬骨魚)에는 미약하지만 들어있다고 한다.

어획 직후의 대구(cod)육을 0℃에 무균적으로 저장하였을 때(자가소화의 경우)와 일반적인 빙장을 하였을 때(부패의 경우)의 근육 Ex분 특히 함질소화합물의 변화를 보면 그림 4-2와 같다. 즉 같은 저장일수인데도 무균근육에서는 taurine, ceratine 및 TMAO가 감소하는 대신 TMA가 증가하는 것을 볼 수 있다.

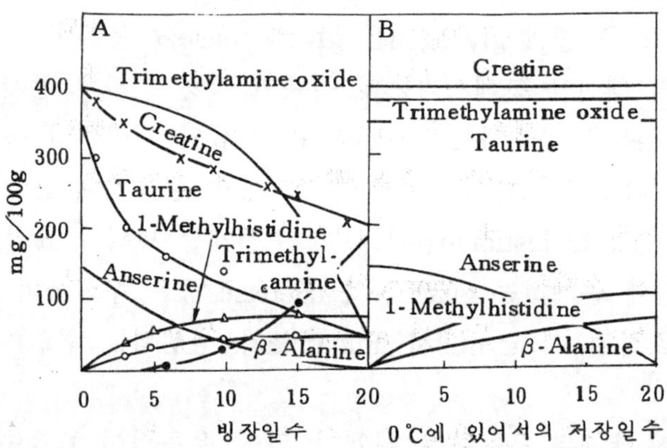


A : 보통 빙장　　B : 무균상태로 0℃에서 저장

**그림 4-2 저장 중의 대구근육 엑스분의 변화**

또 dipeptide의 일종인 anserine은 anserinase 작용으로 자가소화, 부패의 양조건 하에서 다같이 감소하여 그 분해산물 *l*-methylhistidine과 $\beta$-alanine이 증가하고 있다. 당질에서는 저장 5일 경에 glucose는 소실되고 ribose가 증가하는 것을 볼 수 있다.

한편 nucleotides의 변화를 보면 어육에 있어서는 ATP는 급속히 감소되고 IMP가 축적되는 것을 볼 수 있다.

표 4-5 대구육의 nucleotides의 변화(μ mole/g)

| 종 류 | 저장기일 | ATP | ADP | AMP | IMP |
|---|---|---|---|---|---|
| 정상어 | 0 | 5.34 | 0.58 | 0.69 | 1.25 |
| | 1 | 0.11 | 0.64 | 0.11 | 4.34 |
| | 6~8 | 0.04 | 0.22 | 0.04 | 0.59 |
| 피로어 | 0 | 0.26 | 0.43 | 0.06 | 5.86 |
| | 1 | 0.12 | 0.20 | 0.06 | 4.34 |
| | 2 | 0.10 | 0.20 | 0.13 | 4.30 |
| | 6 | 0.10 | 0.14 | 0.14 | 0.66 |

즉 trawl로 어획하여 피로시킨 대구와 피로시키지 않는 대구를 액체공기 중에서 급살시켜 각각 2℃에 저장하여 nucleotides의 변화를 조사한 것을 보면 표 4-5와 같다.

이와 같이 IMP가 다량으로 축적되는 것은 AMP를 탈아미노화하여 IMP로 만드는 adenylic acid deaminase의 활성이 큰데 비하여 IMP를 탈인산화하여 inosine으로 분해하는 inosinic acid phophatase의 작용이 상대적으로 미약하기 때문이다. 이와 같은 nucleotides의 변화는 저온일수록 완만하여지나 -20℃에서도 느리나마 진행된다. 어육에서는 ATP의 분해물로서 IMP가 다량 생성되는데 비하여 무척추동물에 있어서는 표 4-6과 같이 새우, 게, 갯가재 등의 일부를 제외하고는 IMP의 생성을 볼 수 없다.

표 4-6 해산무척추동물의 nucleotides의 변화(-5℃에 저장, 단위: μ mole/g)

| 종류 | 경과일수 | inosine과 hypo-xanthine | AMP | IMP | ADP | ATP | 합계 |
|---|---|---|---|---|---|---|---|
| 새우 | 0 | 0.00 | 0.94 | 0.00 | 2.09 | 6.61 | 9.64 |
| (복육) | 28 | 6.14 | 1.31 | 1.61 | 0.17 | 0.18 | 9.46 |
| 게 | 0 | 0.00 | 0.29 | 0.00 | 1.75 | 5.87 | 7.91 |
| (각육) | 35 | 1.14 | 3.47 | 1.98 | 0.46 | 0.35 | 7.40 |
| 문어 | 0 | 0.68 | 0.67 | 0.00 | 1.43 | 2.48 | 5.25 |
| (각육) | 20시간 | 2.31 | 0.89 | 0.00 | 2.89 | 0.83 | 9.77 |
| 오징어 | 0 | 0.01 | 0.55 | 0.00 | 1.53 | 7.48 | 9.40 |
| (외투막) | 20시간 | 1.35 | 4.70 | 0.00 | 2.89 | 0.83 | 9.77 |
| 가리비 | 0 | 0.00 | 1.56 | 0.00 | 1.18 | 3.48 | 6.22 |
| (폐각근) | 1 | 2.99 | 1.52 | 0.00 | 1.17 | 0.92 | 6.60 |
| 전복 | 0 | 0.00 | 0.20 | 0.00 | 0.59 | 3.48 | 4.27 |
| (족) | 45 | 0.00 | 3.64 | 0.00 | 0.92 | 0.30 | 4.26 |

즉 이들 종류에 있어서는 AMP의 탈아미노효소가 결여되어 있어 AMP의 분해경로가 어류와는 다르다는 것을 알 수 있다. 그림 4-3과 같이 수산동물에 있어서는 적어도 두 가지의 AMP 분해경로가 있다고 생각되고 있다.

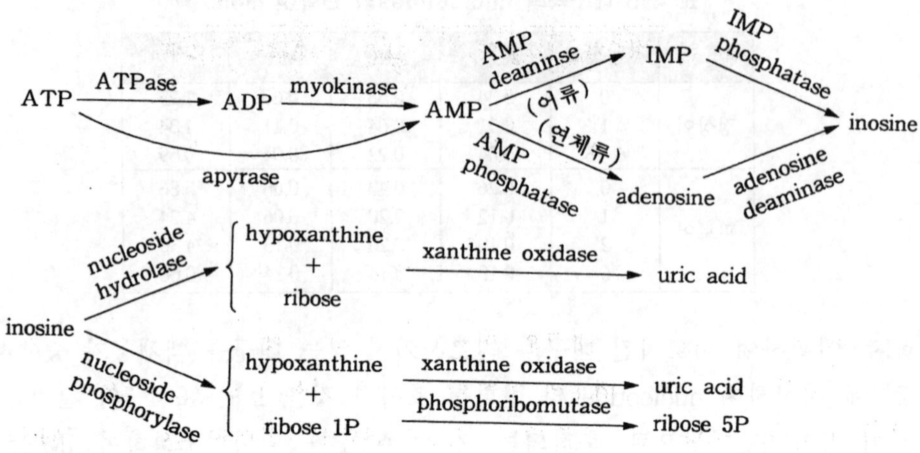


**그림 4-3 ATP의 분해경로**

따라서 이들 분해생성물의 양을 측정하여 선도판정의 지표로 삼을 수 있다. 또 이러한 nucleotides의 변화와 더불어 유리 ribose도 증가하게 된다. 즉 신선한 어육에서는 유리의 ribose는 거의 함유되지 않으나 시일의 경과와 더불어 증가하여 때로는 근육의 0.1%에 달할 때도 있다. 이 ribose는 어육의 갈변현상에 중요한 역할을 한다.

### 4) 자기소화 속도

효소의 반응 속도는 효소량, 반응물질의 활동량, 반응생산물의 흡착현상, 수소이온 농도 등 여러 요소에 의하여 변화하며 아직도 분명치 못한 점이 많다.

자가소화 속도를 구하는 방법으로는 자가소화에 있어서 반응속도 중 1분자 반응식의 항수는 전혀 일정하다고 하는 점에 근거하여 자가소화에 의해 생성된 가용성질소량 및 아미노질소량을 측정하고 일분자 반응식에 대입하고 그 속도를 각 온도별로 비교함으로서 온도계수 및 온도 항수를 구하는 방법이 나와 있다.

#### A. 자가소화 속도 항수를 구하는 방법

효소작용에 의한 기질의 분해는

$$\frac{dx}{dt} = k(a-x) \quad (1)$$과 같이

표시된다. 여기서 a는 기질의 농도, x는 t시간 후에 있어서의 기질의 분해량, k는 측정온도에 있어서의 속도항수이다. 즉 어육의 자가소화 속도항수 k는 amino-N 량의 측정치로

부터 구하고자 할 때에는 먼저 어육의 일정량 중의 단백질을 HCl로 가수분해하여 완전히 아미노산으로 분해시켰을 경우의 amino-N량을 a로 하고 또 어육을 일정온도 하에서 가수분해시켜 일정시간마다 측정한 amino-N량을 x로 한다.

우선 (1)식을 다음과 같이 적분한다.

$$\int \frac{dx}{a-x} - x = k \cdot dt \cdots\cdots(2)$$

$$-\text{In}(a-x) = kt + c \cdots\cdots(3)$$

여기서 c는 적분항수이며 이것을 정하기 위하여 t=0이 되는 시간 즉 반응 최초의 상태를 보면 x=0이므로

$$-\text{In}\sim a = c \cdots\cdots(4)$$

로 된다. 이것을 식 (3)에 대입하면

$$-\text{In}(a-x) = kt + (-\text{In}\ a) \cdots\cdots(5)$$

식 (5)를 정돈하면

$$k = \frac{1}{t}\ \text{In}\frac{a}{(a-x)} \cdots\cdots(6)$$

$$\text{즉}\ k = \frac{2.303}{t}\log\frac{a}{(a-x)} \cdots\cdots(7)$$

$$\text{따라서}\ K = k \times 0.4343 = \frac{1}{t}\log\frac{a}{(a-x)} \cdots\cdots(8)$$

보통식 (7)은 $\frac{kt}{2.303} = \log\frac{a}{(a-x)} = Kt$로 표시되므로 t를 X대로 하고 $\log\frac{a}{(a-x)}$를 Y대로 하여 그리면 직선관계가 얻어지며 K치가 큰 만큼 직선의 경사는 급격해진다(그림 4-4).

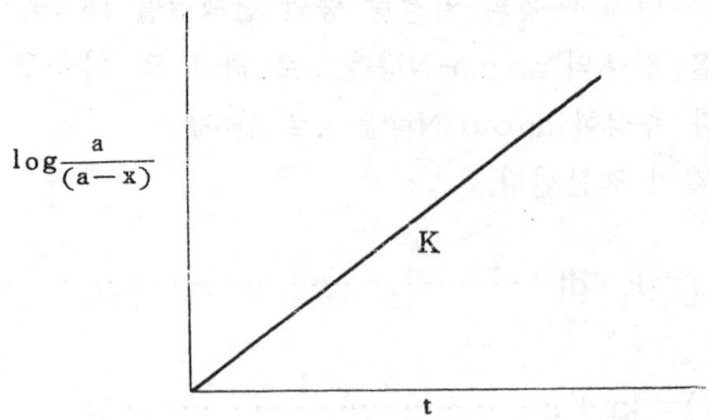


그림 4-4 t 와 $\log\frac{a}{(a-x)}$ 와의 관계

(실예) 검은색 도미 육 250g에 chloroform 15ml, toluol 100ml를 가하고 생리식염수를 가하여 전량은 1.5*l*로 한 것을 37℃에서 일정시간 방치한 후 그 중 50mℓ를 취하여 질소 측정방법에 기재한 바와 같은 방법으로 단백질을 제거하고 여과액을 100mℓ로 한 후 그 여액 2mℓ에 대하여 amino-N를 측정한 것을 표 4-7과 같이 표시하였다.

4-7 검은색 도미의 자가소화 속도항수의 시간적 변화

| 일수 | t(min) | amino-N(mg) | x | (a-x) | $\frac{1}{t}\log\frac{a}{(a-x)}$ | $k\times10^8\times0.4343$ |
|---|---|---|---|---|---|---|
| 0 | 0 | (a) 0.3477 | - | - | - | - |
| 1 | 1,440 | (b) 0.3986 | (c) 0.0509 | 4.0266 | 0.00000379 | 379($K_1$) |
| 2 | 2,880 | (d) 0.4197 | (e) 0.1220 | 3.9555 | 0.00000490 | 490($K_2$) |
| 3 | 4,320 | 0.5227 | 0.1750 | 3.9025 | 0.00000440 | 440($K_3$) |
| 5 | 7,200 | 0.5896 | 0.2419 | 3.8366 | 0.00000367 | 367(K4) |
| 6 | 8,640 | 0.5995 | 0.2518 | 3.8257 | 0.00000320 | 320 · |
| 12 | 17,280 | 0.6017 | 0.2540 | 3.8235 | 0.00000161 | 161 · |
| 26 | 37,440 | (f) 0.6192 | (g) 0.2715 | 3.8060 | 0.00000079 | 79 · |

(주) 1. 공시액 2ml 중의 단백질을 20% HCl로 분해했을 때의 amino-N는 4.4252 이었다.
2. 반응 최초의 분해생성 amino-N, 즉 기질의 농도는 4.4252-0.3477=4.0775mg이다.
3. x는 각 측정시에 있어서 amino-N의 증가량, 즉 (b)-(a)=(c), (d)-(a)=(e), (f)-(a)=(g) 등이다,

위 표로부터 속도함수는 그림으로 나타내면 그림 4-5와 같이 된다. 그림에서 보더라도 검은색 도미의 자가소화 속도는 처음 2일째에 최고에 달하며 그후 6일째 이후는 서서히 분해가 진행되는 것을 알 수 있다.

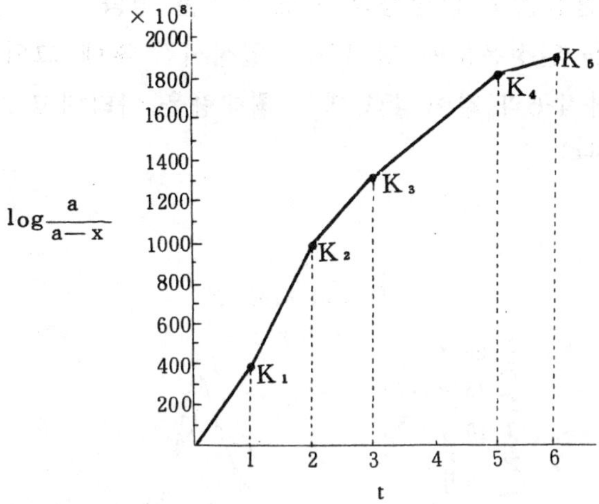


**그림 4-5 검은색 도미의 자가소화시에 있어서 시간(t)과 $\log \frac{a}{(a-x)}$ 와의 관계**

## (5) 온도계수 및 온도항수

화학반응은 일반적으로 온도상승과 더불어 증가한다. 즉 온도 10℃ 증가할 때마다 2~3배씩 증가한다. 예컨대 반응속도가 10℃에서 2를 나타내면 20℃에서는 4.30℃에서는 8이 된다. 이것을 곡선으로 표시하면 처음에는 서서히 증가하다가 나중에는 급격히 상승하고 그 이후에는 거의 수평에 가깝게 된다. 효소반응도 이 법칙에 따른다. 효소반응에 있어서 온도계수는 Arrhenius 식에 의해 구한다.

**표 4-8 고등어육의 자가소화에 있어서 소화속도에 의한 영향**
**(a = 10.28217 - 0.39741 = 9.88476)**

| 시간 | 온도 (℃) | amino-N (mg) | x | a-x | $\frac{1}{t}\log\frac{1}{1-x}$ | $k \times 10^8 \times 0.4343$ |
|---|---|---|---|---|---|---|
| a | - | 0.37741 | - | - | - | - |
| 4320 | 19.1 | 0.45988 | 0.06247 | 9.82229 | 0.000000638 | 64 |
| " " | 22.5 | 0.55168 | 0.15427 | 9.73049 | 0.000001582 | 158 |
| " | 28.4 | 0.84772 | 0.45031 | 9.43445 | 0.000004688 | 469 |
| " | 31.8 | 1.08750 | 0.69009 | 9.19467 | 0.000007278 | 728 |
| " | 36.6 | 1.32499 | 0.92758 | 0.95718 | 0.000009919 | 992 |
| " | 41.6 | 1.94377 | 1.54636 | 8.33840 | 0.000017110 | 1711 |
| " | 45.3 | 2.56103 | 2.16362 | 7.72114 | 0.000024890 | 2489 |
| " | 48.1 | 1.55442 | 1.15701 | 8.72775 | 0.000012505 | 1250 |
| " | 56.2 | 1.06164 | 0.66423 | 9.22053 | 0.000007012 | 701 |
| " | 61.0 | 0.82340 | 0.47599 | 9.45877 | 0.000004420 | 442 |

### A. amino-N 및 가용성질소 생성량의 온도에 의한 영향

고등어 육의 현탁액을 일정온도에 방치하고 일정시간 후에 그의 질소량을 측정한 경우 표 4-8, 표 4-9 및 그림 4-6과 같이 45℃에서 최대량을 나타내고 그 온도 이상 또는 이하에서는 생성량은 감소한다.

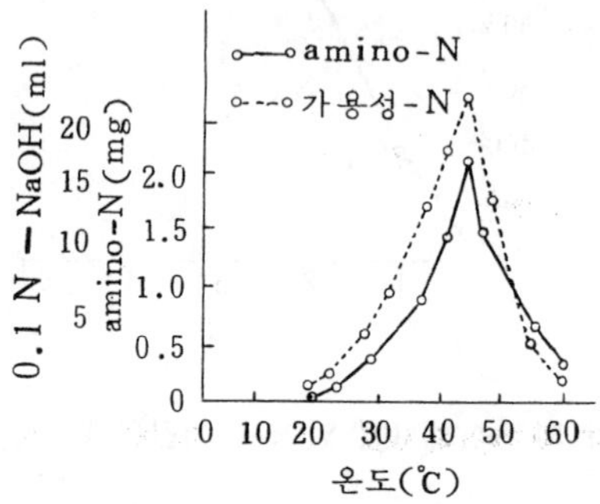


**그림 4-6 고등어육의 자가소화 생산물과 온도와의 관계**

**표 4-9 고등어육의 자가소화에 있어서 가용성 N의 증가**

| 시간 t | 온도 ℃ | amino-N mg | 증가되는 amino-N mg | 가용성 -N | | |
|---|---|---|---|---|---|---|
| | | | | 0.1N NaOH ml | 증가량 0.1N NaOH ml | 증가량 g |
| 0 | - | 0.31033 | - | 8.11 | - | - |
| 5760 | 18.2 | 0.32323 | 0.01290 | 8.43 | 0.32 | 0.000539 |
| " | 21.0 | 0.33339 | 0.02306 | 8.72 | 0.61 | 0.000945 |
| " | 28.5 | 0.40906 | 0.09873 | 9.63 | 1.52 | 0.002219 |
| " | 33.0 | 0.46007 | 0.14974 | 10.16 | 2.05 | 0.002961 |
| " | 41.0 | 0.55365 | 0.24332 | 11.61 | 3.50 | 0.004991 |
| " | 44.9 | 0.61875 | 0.30842 | 12.53 | 4.42 | 0.006237 |
| " | 47.6 | 0.59700 | 0.28667 | 12.46 | 4.35 | 0.006181 |
| " | 51.9 | 0.57594 | 0.26561 | 11.16 | 3.05 | 0.004270 |
| " | 56.4 | 0.37180 | 0.06147 | 9.48 | 1.37 | 0.002009 |
| " | 61.2 | 0.33415 | 0.02382 | 8.58 | 0,47 | 0.000749 |

### B. 온도계수

어육의 자가소화 속도에 관계되는 온도계수는 Arrhenius식에 의한다. 지금 온도차 $(T_2-T_1)$이 되는 때의 온도계수를 $\Omega(T_2-T_1)$이라고 하면

$$Q(T_2-T_1)=\frac{K_1}{K_2}=e\frac{A}{R}\left(\frac{1}{T_1}-\frac{1}{T_2}\right) \cdots\cdots(1)$$

이 된다. 여기서 $K_1$ 및 $K_2$는 절대온도 $T_1$ 및 $T_2$가 있어서 자가소화의 일정시간의 반응속

도 항수(k×0.4343)이고 R은 기체항수(1.985cal), A는 어종에 따른 항수로서 이것을 온도항수라 한다.

식 (1)을 변형시키면

$$K_2 e^{\frac{A}{R} \cdot \frac{1}{T_2}} = K_1 e^{\frac{A}{R} \cdot \frac{1}{T_1}} \cdots\cdots\cdots (2)$$

어느 일정한 때에는

$$K e^{\frac{A}{R} \cdot \frac{1}{T_2}} = \text{정수} \cdots\cdots\cdots (3)$$

$$\text{따라서 } \log K + \frac{A}{R} \log e \frac{1}{T} = \text{정수} \cdots\cdots\cdots (4)$$

즉 식(4)로부터 그림 4-7에 표시하는 바와 같이 반응속도 항수 K의 대수를 여기에 대응하는 절대온도의 역수를 X축에 취하여 이들 관계가 일직선 상에 분포되는 경우에는 식 (4), 즉 식 (3)으로 표시되기 때문에 직선의 경사로부터 A를 구할 수 있게 된다. 보통 식 (4)는 $\log K = -\frac{A}{R} \log e \frac{1}{T}$로 표시되며 이때 직선의 경사는 $-\frac{A}{R} \log e$ 이고 마이너스(-)의 기호는 $\frac{1}{T}$의 증가에 대하여 logK가 감소되는 것을 나타낸다.

즉 그림 4-7의 직선상의 임의의 두점 a, b를 취하고 한 점으로부터 X축에 수지선을, 다른 한 점으로부터 X축에 평행선을 그어 그 두 선의 만나는 점과 두 점과의 거리를 x, y로 하고 $\frac{X}{Y} = \alpha$로 한다.

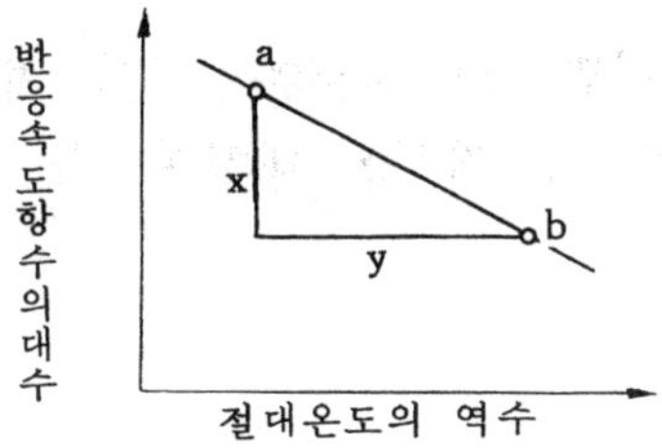


**그림 4-7 절대온도의 역수와 반응속도의 대수와의 관계**

이는 일정한 때에는 식 (4) 중의 $\frac{A}{R} \cdot \log e$는 a와 같으므로

$$A = \frac{a}{\log e} \cdot R = \frac{a}{0.4343} \times 1.985 \cdots\cdots\cdots (5)$$

즉 식 (5)로부터 A, 즉 온도항수를 구할 수가 있다. 온도계수 $Q_{10}$ (온도차 10℃마다 반응속도가 몇 배가 되는가 표시)는 식 (1)로부터 구한다.

$$\text{즉,}\quad Q_{10} = \frac{K_{t+10}}{K_t} = e^{\frac{A}{R}\left(\frac{1}{T} - \frac{1}{T+10}\right)}$$

단 $K_t$는 t℃(T° K) 있어서의 반응속도 항수, $K_{t+10}$은 온도(t+10)℃ 즉 (T+10)°K에 있어서 반응속도 항수이다.

$$\text{그러므로}\ \log Q_{10} = \frac{A}{R}\log e^{\left(\frac{1}{T} - \frac{1}{T+10}\right)} = \alpha\frac{10}{T(T+10)}$$

로부터 온도계수의 대수를 구한 후 $\frac{Kt+10}{Kt}$ 의 값을 산출한다.

표 4-8에 표시한 $k\times10^8\times0.4343$의 대수와 절대온도의 역수를 구하여 표시하면 표 4-10과 같이 된다.

**표 4-10 고등어육의 자가소화 속도항수의 대수와 절대온도의 역수와의 관계**

| 온 도 | 절대온도의 역수 | $k\times10^8\times0.4343$ | $\log(k\times10^8\times0.4343)$ |
|---|---|---|---|
| 19.1 | 0.003423 | 64 | 1.8062 |
| 22.5 | 0.003384 | 158 | 2.1987 |
| 28.4 | 0.003318 | 469 | 2.6712 |
| 31.8 | 0.003281 | 728 | 2.8621 |
| 36.6 | 0.003230 | 992 | 2.9965 |
| 41.6 | 0.003179 | 1711 | 3.2333 |
| 45.3 | 0.003156 | 2489 | 3.3960 |

표 4-10의 관계를 그림으로 그리면 그림 4-8에서 보는 바와 같이 M점을 경계로 하여 RM과 MS의 두 직선이 된다. 이들 두 직선에 대하여 각각 온도항수(A) 및 다음의 온도계수 $Q_{10} = \left(\frac{K_{t+10}}{K_t}\right)$를 구하면

RM에서는 A=19654, $Q_{10}$ = 2.8

MS에서는 A=35994, $Q_{10}$ = 7.8

즉 고등어육의 자가소화에 대한 온도항수 및 온도계수는 28.4℃(M점)을 경계로 하고 있서 28.4℃ 이상에서는 A=19654, $Q_{10}$=2.8이 되고 28.4℃ 이하에서는 A=19654, $Q_{10}$ = 7.8이 된다.

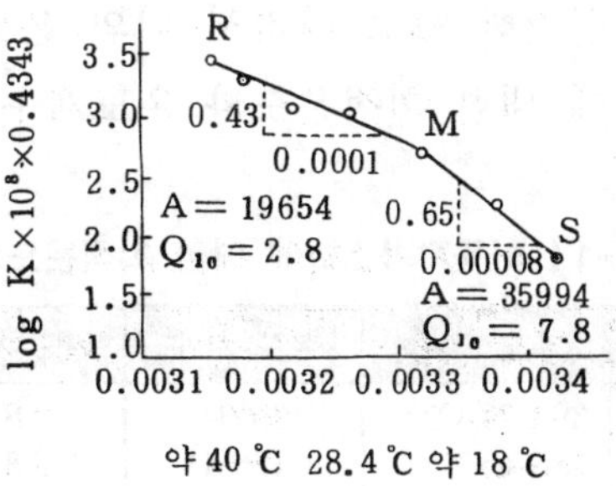


**그림 4-8 고등어육의 자가소화 작용과 온도와의 관계**

이것은 30℃ 이하에서는 온도차 10℃(예컨데 10℃와 20℃)에 있어서 반응속도는 7.8배, 즉 온도 20℃에서는 10℃에서 보다 7.8배 반응속도가 크게 되는 것을 나타내고 30℃ 이상(예컨데 35℃와 48℃)에서는 2.8배로 되는 것을 나타낸다.

이들 온도에 있어서 amino-N(또는 가용성 N)의 증가 곡선은 저온에서 고온으로 되면서 급격히 증가한 후 서서히 완만하게 되고 더욱이 효소작용은 저해되는 온도에서는 반대로 감소되어 이때 $Q_{10}$치는 1.0보다 작게 된다.

## (6) 자가소화에 영향하는 요소

A. pH

어육의 pH 농도에 따라 자가소화 속도가 다르다. 일반적으로 pH 4.5 부근이 가장 왕성하다. 이 때문에 산을 첨가하면 자가소화가 촉진되나 알칼리를 첨가하면 저해를 받는다. 일반적으로 고등동물에서 각종 세포의 평균 pH는 7.4이다.

이때 조직 단백질은 염기와 화합한 상태로 자가소화효소가 작용하기 곤란하다. 그러나 동물은 사후 젖산이 증가하여 미산성이 되면 단백질은 산성염이 되어 소위 $\beta$-protease 같은 효소작용으로 albumose나 peptone 같은 물질이 생긴다. 이에 다시 erypsin이나 trypsin적 효소작용이 일어나 아미노산으로 변화한다.

B. 온도

근육 중에 존재하는 단백효소의 작용에 대해서는 온도에 대한 특수성을 보이는데 고등어·넙치 같은 해수어는 40~45℃, 잉어·붕어 같은 담수어는 23~27℃가 자가소화작용의 최적 온도이며 이들이 작용하는 온도범위도 각각 다르다.

또 자가소화에 대한 온도계수 및 온도항수는 낮은 온도의 범위와 높은 온도의 범위 등 2개 범위로 구분한다. 고온도 범위에서 온도계수는 2에 근사하며 저온도 범위에서 온도계수는 고온도 범위에 비하여 현저히 크고 따라서 이의 온도계수는 온도가 낮게 되는 만큼 크게 되는 것 같다. 자가소화에 대한 최적온도와 온도계수는 표 4-11과 같다.

**표 4-11 어육자가소화에 대한 최적온도와 온도계수**

| 어종 | 온도 범위 | 온도 함수 | 온도 계수 | 최적 온도 |
|---|---|---|---|---|
| 고등어 | 19.1-28.4℃ | 35994 | 7.8 | 45℃ |
| | 28.9-45.3 | 19654 | 2.8 | |
| 넙 치 | 18.2-28.5 | 34230 | 8.4 | 45 |
| | 28.5-44.9 | 14360 | 3.0 | |
| 잉 어 | 9.7-14.5 | 44053 | 5.4 | 27 |
| | 14.5-26.1 | 13443 | 3.1 | |
| 붕 어 | 9.7-14.4 | 26120 | 7.0 | 23 |
| | 14.4-21.6 | 16620 | 4.2 | |
| 상 어 | 11.3-24.7 | 6717 | 1.6 | 40 |
| | 24.7-41.7 | 4353 | 1.3 | |

표 4-11에서 어육자가소화 작용에 대한 온도계수는 저온도에서 5 이상이다. 따라서 자가소화 작용을 저지하려면 저온도 유지가 필요하며 냉장 냉동법은 이 원리를 이용한 식품 저장법이다. 대구육의 경우 1℃에서 1개월 저장시 자가소화가 인정되었고 9개월 후에야 자가소화가 시작되어 분해가 일어난 것을 확인할 수 있었다.

동결어육의 자가소화는 거의 일어나지 않으나 lipase 작용은 완만하게 일어난다. 어종중 다지방성어류-예로 고등어를 9개월 냉동시킬 때 수침출액 중의 전질소 및 응고성 단백질소가 증가되고 육단백이 가용성으로 변화 되며 수침출액의 산도 및 지방의 산가가 다소 증가된다. 암모니아 및 아민의 증가는 일어나지 않는다.

어육을 냉동 후 융해하면 자가소화가 시작된다. 이의 진행 속도는 어육을 동결 융해 할 때의 조건에 따라 다르다. 급속동결할 때는 거의 차가 없다. 한 예로 고등어육을 -10~-13℃의 해수 중에 20시간 방치 후 33℃에서 자가소화 시켰을 때 그 분해속도는 동결치 않았을 때에 비하여 $NH_2$-N의 증가가 있었다. 냉동어육의 융해 후의 자가소화속도는 냉동시킬 때의 조건에 따라 다르며 역시 해동시의 조건에 의해서도 지배를 받는다.

어육은 85℃에 10분간 가열하면 자가소화 효소는 완전히 파괴되고 75℃에서 10분 가열시는 그 효소작용은 $\frac{1}{3}$로 감소되고 70℃에서는 자가소화 작용은 진행되지 않고 그 효소는 파괴되지 않는다. 즉 어육을 통조림 살균 정도로 가열하면 효소도 파괴된다. 어육의 저장법과 아울러 가공에 대하여 가열을 행하는 것은 부패 세균을 사멸함과 동시에 자가소화 효소를 파괴시키게 된다.

C. 어종

자가소화에서 어육의 분해 속도는 고기의 종류에 따라 다르며 다랑어 · 고등어 같은 적색육은 혹돔, 농어, 가자미 같은 백색어에 비하여 상당히 빠르다. 또 어육의 활동성에 따라서도 다르다. 이는 활동성 어류의 근육은 비활동성 어류보다 자가소화가 신속하다. 동일 동물이라도 활발한 근육이 불활발한 근육보다 자가소화를 받기가 쉽다. 예로 고등어같은 것이라도 근육 단백의 일부가 생식샘의 발육으로 이동되어 연료로서 소비된다. 즉 생식기에서 고등어가 절식 도하(渡河)할 때는 무서운 자가소화 작용이 일어나 근단백의 일부분은 한층 아미노산 등의 가용성 분해물질로 변화 이동되어 연소된다.

일반적으로 운동이 완만한 연체류의 근육은 자가소화가 약하고 pH 농도의 반응에 의한 변화도 크지 않다.

### (7) 자가소화의 수산 제조 가공에의 응용

이상과 같이 자가소화 효소는 세포의 생활 중에서도 작용하는 것으로 생물의 생리상 중요한 것들이며 사후는 한층 더 심하게 식품의 저장운반이나 정미(呈味)상 중요한 관계를 갖는다. 즉 참치육 같이 어획직후 근육이 굳어 씹어먹기 곤란한 것은 어느 정도의 자가소화에 의해 연화시키면 더욱 향미가 생성되어 좋은 것도 있으나 다른 많은 어종들은 자가소화의 정도가 초과되기 쉬워 그의 식품적 가치가 손상되는 일이 많다. 원료어류는 신속히 처리, 가공하지 않으면 안된다. 그리하여 어육 또는 내장(생식선 포함)을 부패되지 않게 처리하여 자가소화를 지연시켜 수산제품을 제조하여야 한다. 소위 수산발효식품(젓갈류)은 그 원리에 따라 제조된다. 예로서 염신품(鹽辛品)은 어육 또는 생식소(生殖巢)에 소금을 15~20% 혼합시켜 부패를 방지하고 서서히 자가소화를 진행시키는 것이다. 또 발효성 어된장도 어육에 소금을 첨가하여 자가소화를 진행시키며 된장 냄새를 내도록 하기 위한 쌀, 밀 기타 탄수화물의 Koji를 혼합시켜 이들 곡균의 효소에 의해서 어육의 발효를 촉진시켜 제조한다. 염어즙(鹽魚汁)도 역시 어육에 식염을 첨가시켜 자가소화로 연화액상으로 하여 그 상등액을 채취한다.

## 3. 부패작용

유기물이 미생물의 작용에 의하여 우리들의 생활에 부적당한 물질로 분해되는 것을 일반적으로 부패(putrefaction)라고 한다. 그러나 유기물이라고 하여도 단백질을 비롯하여 여러 가지 종류가 있으므로 이것을 구별하기 위하여 무질소화합물의 분해물질은 탄수화물의 경우는 발효(fermentation), 유지의 경우는 산화가 많으므로 산패(rancidity)라고도 한다.

동물 근육의 부패는 자가소화 및 대장균에 의한 분해작용의 공동작용에 의하여 일어난다. 일반적으로 세균은 단백질에 대하여 직접 작용하여 분해하는 것들이 적고 우선 자가소화에 의해 albumose, peptone과 같은 분해물이 생기게 된 후 세균은 이들 어육 Ex분을 이용하여 증식한다. 다시 주위의 온도 및 습도가 알맞으면 세균의 증식작용이 가속화되고 그 수가 상당 정도까지 증가되면 아직 자가소화가 완료되지 않은 근육조직까지도 분해하게 된다.

세균에 의한 육단백질의 분해과정을 보면 육 중의 TMAO가 TMA로 환원되는 시기에는 아미노질소는 거의 변화하지 않는다고 하므로 아미노산의 분해는 이 단계가 지나서부터 시작된다고 볼 수 있다. 아미노산의 분해는 여러 가지 조건에 따라 복잡하나 그 분해형식은 다음과 같은 유형으로 나눌 수 있다.

① 탈탄산작용 : 아미노산을 amine류와 동시에 탄산가스 또는 개미산으로 분해한다.

$$\underset{\text{아미노산}}{R \cdot CH \cdot NH_2COOH} \rightarrow \underset{\text{amine}}{\underline{R \cdot CH_2NH_2}} + CO_2$$

$$\underset{\text{아미노산}}{R \cdot CH \cdot NH_2COOH} + H_2 \rightarrow \underset{\text{amine}}{\underline{R \cdot CH_2 \cdot NH_2}} + \underset{\text{개미산}}{\underline{HCOOH}}$$

② 탈아미노작용 : 아미노산을 분해하여 암모니아와 함께 지방산, oxy-acid, keto-acid 등을 생성한다.

$$\underset{\text{아미노산}}{R \cdot CH \cdot NH_2 \cdot COOH} + 2H \rightarrow \underset{\text{지방산}}{\underline{R \cdot CH_2COOH}} + NH_3$$

$$\underset{\text{아미노산}}{R \cdot CH \cdot NH_2 \cdot COOH} + H_2O \rightarrow \underset{\text{oxy-acid}}{\underline{R \cdot CH \cdot (OH) \cdot COOH}} + NH_3$$

$$\underset{\text{아미노산}}{R \cdot CH \cdot NH_2 \cdot COOH} + O \rightarrow \underset{\text{keto-acid}}{\underline{R \cdot CO \cdot COOH}} + NH_3$$

③ 탈탄산 및 탈아미노병행작용 : 탄소수가 하나 적은 지방산과 암모니아를 생성한다.

$$\underset{\text{아미노산}}{R \cdot CH \cdot NH_2 \cdot COOH} + O_2 \rightarrow \underset{\text{지방산}}{\underline{R \cdot COOH}} + NH_3 + CO_2$$

④ 아미노산발효 : 알코올, 탄산가스 및 암모니아를 생성한다.

$$\underset{\text{아미노산}}{R \cdot CH \cdot NH_2 \cdot COOH} + H_2O \rightarrow \underset{\text{알코올}}{\underline{R \cdot CH_2OH}} + NH_3 + CO_2$$

### (1) 어육의 부패세균

어패육의 부패에 관여하는 세균은 축육의 경우와는 달라서 수중세균이 주가 되어 어패류의 생존시부터 부착하여 있던 *Flavobacterium*, *Pseudomonas*, *Achromobacter* 속에 속하는 것이 많다. 이중 *P. fluorescens*, *P. sckuylkilliensis*, *A. pellucidum*, *A. tabificum* 등과 그외 *Rhodococcus* 및 *Serratia marcescens* 등이 가장 강력한 부패작용을 나타내는 것으로 알려져 있다. 또한 *Escherichia coli*, *Proteus vulgaris*, *Bacillus subtilis* 등도 부패에 관여하나 이것들은 어획 후에 부착하여 번식하는 수가 많다. 이들 세균은 어류의 생존 중에서 이미 어체 표면의 점질물, 아가미, 소화관 등에 많이 존재하고 사후에 신속히 번식하여 근육을 부패시키는 원인이 된다. 물론 부패 작용이 상당히 진행된 후에 2차적으로 작용하는 세균은 다른 육지의 조수육 등의 경우와 동일한 세균류라고 생각된다.

갑각류의 부패는 어류와 큰 차이는 없으나 껍질의 구성분인 chitin질을 분해하는 *Micrococcus* 및 *Microbacteria* 등의 세균이 분리되고 있다. 또 조개류의 부패세균도 어류와 거의 같으나 토양세균이나 대장균이 혼재하는 수가 많다.

### (2) 부패세균에 의한 어육의 분해 생성물

어체 조직 중의 자가소화 효소에 의해 어육을 구성하는 단백질은 분해가 시작되고 다음에 어체에 부착된 부패균에 의한 분해가 다시 진행된다. 즉 처음 시작은 효소작용에 의해 albumose, peptone 및 polypeptide가 되고 다음에 제2차적인 분해로 각종 아미노산이 생기고 이때보다 세균의 분해 작용이 왕성해져 다시 간단한 화합물로 휘발성산, 아민, mercaptane, $H_2S$, $H_2$, $NH_4$, phenol, Indole, skatole 및 ptomaine 등이 생성하기에 이른다. 세균에 의해 단백질이 분해되어 생성되는 혼합물을 열거하면 다음과 같다.

① $NH_4$ 및 amine류(ethylamine, propylamine trimethylamine 등)
② 휘발성산(지방산 중 caproic acid까지 포함)
③ 방향산 및 oxy 산류(phenyl propionic acid, oxy-phenyl propionic acid 등)
④ phenol, Indole, skatole 및 pyrole 및 그 유도체(이중 어떤 것은 극미량 또는 전혀 생성하지 않는 것도 있음)
⑤ 유황유도체
⑥ 각종 amino acid(leucine, trypthophan 및 glycine, creatinine 등)
⑦ 각종 ptomaine(putrescine, cadaverine, guanidine류, choline, neurine, pyridine, hydrocholithin 등) 등이 있고 이중 기체물질을 제하면 방향족 및 지방족 화합물로 나눌 수 있다.

### (3) 부패에 관련된 식중독

식중독이라는 것은 유해, 유독한 미생물이나 성분을 함유한 식품을 섭취하여 일으키는 생리상의 장해를 말한다. 식중독을 대별하면 표 4-12와 같다.

표 4-12 식중독의 원인

| 식 중 독 | 형 태 | 원 인 |
|---|---|---|
| 세균성 식중독 | 감염형 | 식품에 번식한 세균의 감염에 의하는 것<br>(예) *Salmonella, Vibrio parahaemolyticus* |
| | 독소형 | 세균이 생산한 독소에 의하는 것<br>(예) *Clostridium botulinum , Staphylococus aureus* |
| 화학성 식중독 | | 유독한 화학물질에 의하는 것<br>(예) 수은, 비소, methanol |
| 자연독 식중독 | 동물성 | (예) 복어독, 패류독 |
| | 식물성 | (예) 독버섯, aflatoxin |

이중 세균성 식중독이 부패에 관련된 식중독이다.

### 1) 세균 감염에 의한 식중독

이 형의 식중독 대표적인 원인균은 *Salmonella* 속 세균이며, 그 중에서도 중요한 것은 *Salmonella enteritidis*와 *Salmonella aertrycke*이다. 독소의 저항력은 70~80℃에서 30~60분, 100℃에서 15분간의 가열로서는 파괴되지 않는다. *Salmonella*균은 Gram 음성의 무아포간균으로 그 발육적온은 37℃이다. 잠복기간은 대개 10~24시간이며 심한 위장염 증상이 그 특징이다. 즉 설사, 복통, 구토 및 급격한 발열이 있다. 일반적으로 1~2일로 증상은 끝나고 1주간 이내에 회복하나 중증의 경우는 사망하는 수가 있다.

또 장염 비브리오(*Vibrio parahaemolyticus*)는 우리 나라에 있어서 세균성 식중독의 중요한 원인균이 되고 있다. 장염 비브리오는 Gram 음성의 무아포간균으로 발육에는 2~3%의 소금을 필요로 하며, 그 발육적온은 30~37℃이고 10℃ 이하의 저온이나 45℃ 이상의 고온에서는 발육하지 않는다. 열저항성은 약하여 60℃에서는 10분 이내에 사멸한다. 발육속도는 다른 세균에 비하여 빨라서 분열시간은 다른 균의 약 반 정도이다. 잠복기간은 대체로 10~20시간이며 설사와 복통이 주된 증상이다. 이 외에 발열, 구토, 두통 등을 볼 수 있으며, 설사가 특히 심할 때는 탈수증상을 나타내어 중증일 때는 사망하는 수도 있다. 그러나 보통 1~3일 만에 회복한다.

이 외에 welchii균(*Clostridum* ), 병원성대장균, 장구균, arizona균 등이 원인이 되어 일어나는 식중독도 있다.

### 2) 세균의 독소에 의한 식중독

이 형의 식중독 원인균으로 대표적인 것은 botulinus균과 포도상구균이다.

*Clostridum botulinum*은 Gram 양성의 유아포편성 혐기성간균으로 이균이 생산하는 균

체외독소는 세균이 생산하는 독소 중에서 가장 강력한 것으로 치명율이 높은 무서운 독소이다. 이 균은 생산하는 독소의 모양에 의하여 A, B, C, D, E, F의 6형으로 분류되고 있으나, 식중독을 일으키는 것은 이 중 A, B, E의 3형이다.

발육적온은 30~37℃이나 비교적 저온에서도 발육할 수 있으며 E형균은 5℃에서도 발육하여 독소를 생산한다. 아포를 형성하므로 내열성이 강하며 특히 A, B형균의 아포는 100℃에서 6시간, 110℃에서 30분, 120℃에서 4분을 가열하지 않으면 사멸하지 않는다고 한다. 이에 비하여 E형균의 아포는 내열성이 약하여 80℃에서 30분 또는 100℃에서 5분의 가열로 사멸한다.

독소는 열에 대하여 약하여 80℃에서 15분 정도의 가열로도 파괴된다. 따라서 먹기 전에 가열하는 식품은 이 독소에 의한 중독의 걱정은 없다.

잠복기는 보통 12~36시간 정도이고, 증상은 다른 세균성중독과는 달리 위장증상은 거의 없고 신경계통의 착란을 일으켜 현기증, 두통 등이 나타나고, 이어 신경의 마비상태를 나타내며 중증일 때는 호흡곤란을 일으켜 죽게 된다. 치명율은 높아 30% 이상을 나타내고 있다. 이 세균은 보통 토양, 고초, 동물의 배설물 등에 존재하므로 이러한 것에 의한 식품의 오염을 막아야 한다.

포도상구균(*Staphylococcus aureus*)은 Gram 양성의 구균으로 발육적온은 35~37℃, 발육온도범위는 10~42℃, 최적 pH는 7.4이다. 무아포균으로서는 내열성이 강한 편으로 60℃에서 30~60분 이상 또는 75℃에서 10분 이상 가열하지 않으면 사멸하지 않는다.

독소는 내열성이 강하여 120℃에서 20분 가열하여도 거의 파괴되지 않는다. 따라서 일단 독소가 생산되면 가열하여도 균체는 사멸하나 독소는 그대로 남는 수가 많다.

잠복기는 짧아서 1~6시간 정도이며, 증상은 처음 타액 분비가 많아지고 이어 구토, 설사, 복통이 일어난다. 특히 구토가 심한 것이 특징이며 발열은 없다. 수시간 또는 1~2일 만에 회복하거나 사망하는 일은 거의 없다. 이 균은 자연계에 널리 분포하며 또한 사람이나 동물의 화농성 질환의 중요한 원인균이기도 한다.

### 3) 유독 부패생성물에 의한 식중독

식품의 부패생성물 중 유독한 염기성 질소화합물을 통틀어 ptomaine이라고 하는데 주로 단백질의 분해, 특히 아미노산의 탈탄산작용에 의하여 생성되는 amine류에 속하는 것들이다. 예를 들면 histidine으로부터 histamine, tyrosine으로부터 tyramine, arginine 및 ornithine으로부터 putrescine, lysine으로부터 cadaverine 또 인지질 특히 lecithine류의 분해에 의하여 생기는 choline, muscarine 및 neurine 등이 있다.

### 4) allergy성 식중독

중독증상은 식후 30~60분 경에 나타나며 안면, 상반신 등에 홍조, 발진, 두통, 한기, 때로는 구토, 설사가 일어나는 공통증상을 나타낸다.

그 공통증상과 또 항allergy제로서 치유되는 점으로 보아 allergy성 식중독이라고 할 수 있다. 그러나 진성의 allergy와는 달리 allergy 체질의 유무에 관계없이 발병하는 것이 특징이다. 이 식중독의 원인물질은 histamine 또는 이와 비슷한 물질에 기인된다고 하나 그 본체에 대하여는 아직 밝혀져 있지 않다.

### (4) 부패 속도

세균에 의한 어육의 부패 속도는 1분자 자기촉매 반응식에 의하여 설명할 수 있다. 어육 등의 유기물이 세균에 의해 분해될 때 그 본래 생성물의 양을 시간에 대하여 측정하고 시간과의 관계를 도표로 그리면 S형 곡선이 된다(그림 4-9).

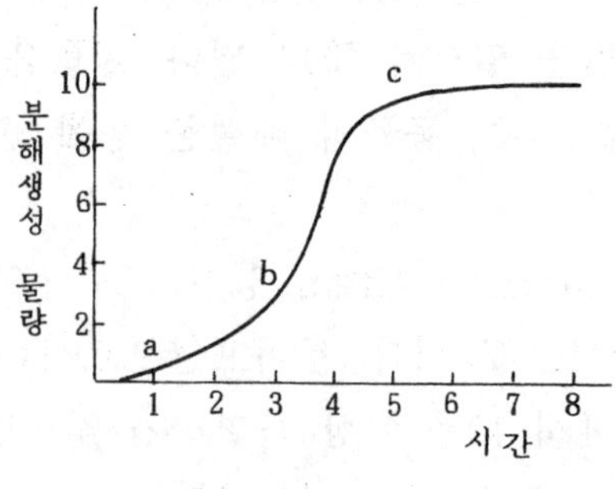


**그림 4-9 세균에 의한 분해과정**

지금 기질의 양을 a라 하고 t 시간 후에 생긴 분해 생성물의 양을 y, 비례상수를 $k_1$이라 하면 분해 생산물의 생성율은

$$\frac{dy}{dt} = k_1 y(a-y) \cdots\cdots (1)$$

로 표시한다.

여기서 반응을 제한하는 요소는 a가 아니고 반응이 가역적이라는 점이 바로 제한 요소가 되며 반응은 정반응과 역반응의 차에 의해서 결정되는 것이므로 다음과 같이 표시될 수 있다.

$$\frac{dy}{dt} = k_1 \cdot y(a-y) - k_2 y^2 \cdots\cdots (2)$$

단, 여기서 $K_2$는 역반응을 유도하는 비례상수이다.

다음에 $\frac{K_1 a}{(k_1+k_2)}$ =A라 하고 이것을 식(2)에 대입하면

$$-\frac{dy}{dt}=y\frac{k_1 a}{A}(A-y)\cdots\cdots\cdots\cdots(3)$$ 이 된다.

$\frac{k_1 a}{A}$ 는 $(k_1+k_2)$와 같으므로 식(1)과 같은 형태가 된다. A는 a의 일부분으로 분해생성물의 총량, y의 극한치이다.

이것은 기질농도, 즉 a에 의하는 것보다는 정반응과 역반응간의 평형에 의해 결정된다.

식 (3)을 적분하여 $\frac{k_1 a}{2.303A}=K$로 하면 $\log\frac{y}{A-y}=K_t+c$가 된다.

반응이 $\frac{1}{2}$ 완결되었을 때 즉 $y=\frac{A}{2}$까지 요하는 시간을 $t_1$이라 하면 $c=-k_t$이므로

$$\log\frac{y}{A-y}=K(t-t_1)$$ 이 된다.

이 곡선은 $y=\frac{A}{2}$, $t=t_1$에 있어서 대칭이다. 만약 y에 대하여 풀면

$$y=A\cdot\frac{10^{K(t-t_1)}}{1+10^{K(t-t_1)}}$$

또한 $\log\frac{y}{A-y}$ 와 시간 t와의 관계를 그림으로 그리면 직선이 된다.

**실예** 잘게 자른 정광어의 근육에 물을 가해 12배 용량으로 한 근육현탁액이 26~27℃서 *Pseudomonas fluorescens*에 의하여 분해될 때 생기는 휘발성 염기질소량은 그림 4-10에서 보는 바와 같이 S형 곡선이 된다. 여기서 $\log\frac{y}{A-y}$ 와 시간 t와의 관계는 그림 4-11과 같이 대략 직선이 된다.

따라서 각종 물질이 세균에 의해 분해되는 경우에 이들 세 상수 A(분해 생산물의 총량), k(분해 속도항수 또는 부패속도 항수) 및 $t_1$(분해가 1/2 완결할 때까지 요하는 시간)을 음미해 보면 분해과정을 밝힐 수 있다. A는 y의 극한치이므로 분해생산물의 양을 시간에 따라 측정하여 실험적으로 구할 수 있다.

K 및 $t_1$은 $\log\frac{y}{A-y}$ 와 시간 t와의 관계를 표시하면 그림에서 구할 수 있다.

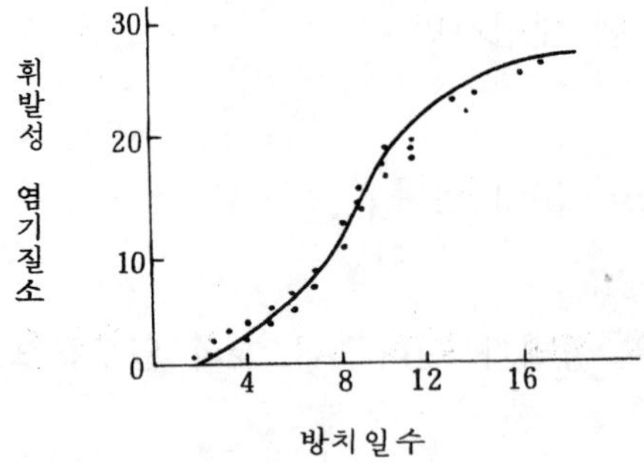


그림 4-10 정광어육의 *Pseudomonas fluorescens*에 의한 분해

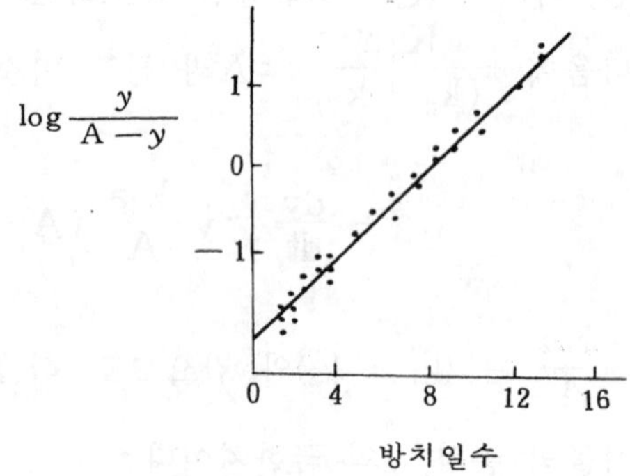


그림 4-11 정광어육의 *Pseudomonas fluorescens*에 의한 분해

세균에 의한 혹은 분해작용에 있어서 3상수를 비교하여 혹시 K만이 크고 기타는 그림 4-12의 Ⅰ과 같이 되고 처음 b까지는 분해는 거의 일어나지 않다가 b 이후에 급격히 분해하지만 K가 작을 때에는 그림 4-12의 Ⅱ와 같이 처음부터 계속적으로 분해가 일어나 서서히 왕성하게 되고 비교적 장시간 후에는 평형에 이른다.

또 $t_1$만이 다르고 다른 값은 같으면 그림 4-13과 같이 되어 처음부터 b까지의 기간이 긴가 짧은가 하는 차이만 있을 뿐 b에 달한 이후의 분해 작용은 똑같이 일어난다.

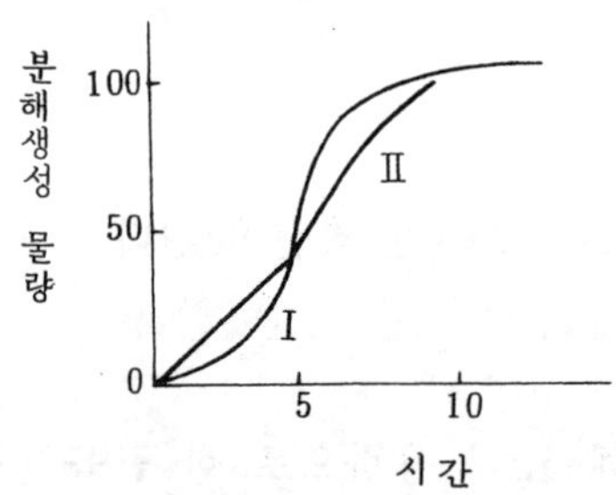


그림 4-12 세균에 의한 분해과정 (b가 같고 $k_n$이 다를 경우)

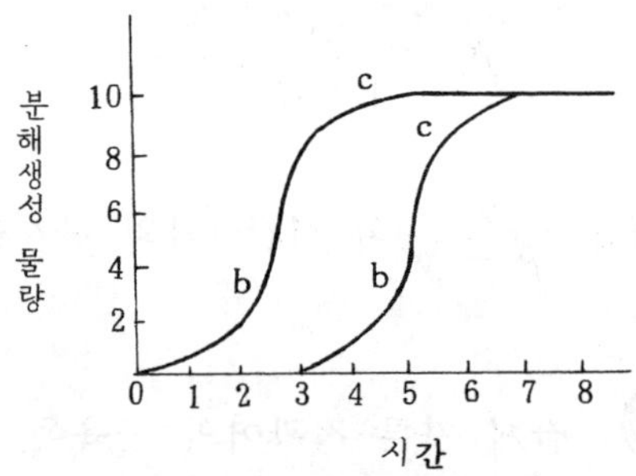


그림 4-13 세균에 의한 분해과정 (k가 같고 $k_1$이 다를 경우)

따라서 어육을 저장하는 경우에는 K를 되도록 작게, $t_1$을 되도록 크게 하는 방법이 강구되어야만 한다. 같은 종류의 물질이 같은 조건에 있어서 분해되는 경우에도 그 때 작용하는 세균의 종류가 다르면 이들 3상수도 당연히 다르지만 만약 작용하는 세균이 같은 종류이면 3상수는 각각 같은 수치를 나타내게 된다.

한편 어패류와 같은 수산동물 근육의 부패는 대략 같은 성질을 가진 *Pseudomonas* 속, *Achromobacter* 속, *Flavobacterium* 속 등에 속하는 수중세균에 의해서 일어나므로 *Pseu-*

*domonas fluorescens* 가 대단히 중요한 작용을 하는 것으로 여겨진다. 따라서 이 균에 의한 분해시의 3상수를 얻어 비교해도 큰 차이가 없으며 단 각종 어육의 분해 과정을 1분자 반응식과 1분자 자기촉매 반응식에 의해 검토한 결과 1분자 자기촉매 반응식을 적용하는 쪽이 좋다고 보고 있다.

여기 한 연구 결과의 예를 들어 부패 속도 항수를 구하는 방법의 실예는 다음과 같다.

**실예** 황어육(Chub mackerel)의 살 500g에 증류수 2ℓ를 가하고 가열한 후 여과하여 응고물질을 제거하고 그 여액을 3ℓ로 회석하여 이것을 육추출액으로 한다. 그 중 일정량씩을 미리 살균한 200ml flask에 취하고 표 4-13에 표시된 대로 시험액을 조제한다. 별도로 육즙 배양액에 세균(Serratia makcescens)을 접종하여 26~27℃에서 48시간 배양한 후 이 배양육즙을 살균수로 1000 회석한 것 0.1ml씩을 취하여 앞서 조제한 시험액에 가하여 26~27℃에서 배양한다.

일정시간마다 세균수, formol 적정법에 의한 amino-N 및 $NH_4$-N를 측정한 결과 표 4-14 및 표 4-15와 같은 성적을 얻었다. 표 4-14에서는 육침출액의 농도가 낮을수록 세균수가 적게 되어 있으나 세균의 성장속도는 각 농도를 통하여 일정하다. 또 표 4-15로부터 $\log \frac{y}{A-y}$ 와 시간 t와의 관계가 직선관계로 되는 것이 판명되었기 때문에 *Setrratia marcescens*가 어육을 분해하는 경우에는 1분자 자기촉매 반응의 법칙에따르는 것이 판명되었다. 반응 표 4-16은 각종 항수를 표시한 것인데 여기서 부패속도 항수 K, 반응이 ½ 완결되는 데 걸리는 시간 $t_1$을 구할 수 있다.

**표 4-13 시험액의 조제**

| 번 호 | I | II | III | IV | V | VI | VII |
|---|---|---|---|---|---|---|---|
| 육 침 출 액 | 100cc | 50 | 25 | 12.5 | 7.5 | 4 | 2 |
| 생리적 식염수 | 0cc | 50 | 75 | 87.5 | 92.5 | 96 | 98 |

**표 4-14 세균 *Setrratia marcescens* 수의 증가**

| 배양시간 | I | II | III | IV | V | VI | VII |
|---|---|---|---|---|---|---|---|
| 0시간 | 614 | 614 | 614 | 614 | 614 | 614 | 614 |
| 8시간 | $118\times10^4$ | $118\times10^4$ | $214\times10^4$ | $203\times10^4$ | $207\times10^4$ | $208\times10^4$ | $981\times10^5$ |
| 24시간 | $842\times10^6$ | $872\times10^6$ | $594\times10^4$ | $563\times10^6$ | $448\times10^6$ | $297\times10^6$ | $148\times10^6$ |
| 3일 | $224\times10^7$ | $239\times10^7$ | $182\times10^7$ | $123\times10^6$ | $484\times10^6$ | $281\times10^6$ | $243\times10^6$ |

**표 4-15 배양기간 중 amino 및 $NH_4$-N의 생성량**

| 배양일수(日) | I | | II | | III | | IV | | V | | VI | | VII | |
|---|---|---|---|---|---|---|---|---|---|---|---|---|---|---|
| | 실측치 | y증가량 | 실측치 | y증가량 | 실측치 | y증가량 | 실측치 | y증가량 | 실측치 | y증가량 | 실측치 | y증가량 | 실측치 | y증가량 |
| 0 | 2.135 | | 1.068 | | 0.525 | | 0.263 | | 0.158 | | 0.088 | | 0.035 | |
| 1 | 2.170 | 0.350 | 1.121 | 0.035 | 0.585 | 0.060 | 0.316 | 0.053 | 0.211 | 0.053 | 0.158 | 0.070 | 0.015 | 0.070 |
| 3 | 2.34 | 0.210 | 1.401 | 0.333 | 0.840 | 0.315 | 0.526 | 0.263 | 0.351 | 0.193 | 0.193 | 0.105 | 0.140 | 0.165 |
| 4 | 2.520 | 0.385 | 1.611 | 0.543 | 0.980 | 0.455 | 0.578 | 0.315 | 0.351 | 0.193 | 0.211 | 0.123 | 0.140 | 0.105 |
| 5 | 3.010 | 0.875 | 1.891 | 0.823 | 1.030 | 0.505 | 0.578 | 0.315 | 0.351 | 0.193 | 0.211 | 0.123 | - | - |
| 7 | 4.025 | 1.890 | 2.171 | 1.103 | 1.085 | 0.560 | 0.578 | 0.315 | - | - | - | - | - | - |
| 8 | 4.340 | 2.205 | 2.171 | 1.103 | - | - | - | - | - | - | - | - | - | - |
| 9 | 4.375 | 2.240 | - | - | - | - | - | - | - | - | - | - | - | - |

**표 4-16 각종 항수**

| 번 호 | 전질소(mg) | α(mg) | A(mg) | A/α |
|---|---|---|---|---|
| I | 13.900 | 11.765 | 2.240 | 0.190 |
| II | 6.951 | 5.883 | 1.113 | 0.188 |
| III | 3.475 | 2.950 | 0.560 | 0.190 |
| IV | 1.738 | 1.475 | 0.298 | 0.201 |
| V | 1.043 | 0.885 | 0.193 | 0.218 |
| VI | 0.557 | 0.469 | 0.123 | 0.262 |
| VII | 0.278 | 0.243 | 0.105 | 0.432 |

(해답) 우선 $\log\frac{y}{A-y}$ 와 시간 t와의 관계를 산출하면 표 4-17과 같이 되고 이것을 도표로 그리면 그림 4-14와 같이 된다. 단 Ⅳ, Ⅴ, Ⅵ, Ⅶ의 시료에 대해서는 분해개시와 분해 완료의 사이에 $\log\frac{y}{A-y}$ 가 2~3개 밖에 구해지지 않기 때문에 이 경우에는 $\log\frac{y}{A-y}$ 와 t와의 관계가 직선을 나타내는 것으로서 부패속도 항수 K를 구하는 것을 무리라고 생각되기 때문에 표 4-17 및 그림 4-13에서는 생략하였다. 그림 4-14에서 밝혀진 바와 같이 $\log\frac{y}{A-y}$ 와 t와의 관계는 대략 직선을 이루기 때문에 각시료에 대하여 1분자 자기 촉매 반응식 즉 $\log\frac{y}{A-y}=K_t+C$에 각각의 $\log\frac{y}{A-y}$ 와 t를 대입하여 K와 C를 구입한다. 예컨대 시료 I의 경우에는 $\log\frac{y}{A-y}=K_t+C$가 되기 위해서 다음의 4방정식이 얻어진다.

{ -1.7986=K+C　　　{ -0.9852=3K+C

{-0.7055=4K+C　　　{ -0.1038=5K+C

이를 각각 합하면

{-2.5041=5K+2C

{-1.0890=8K+2C

따라서 K=0.4717, C=-2.4313이 얻어진다.

다음에 C=kt₁으로부터 반응이 ½완료되는 시간 t를 구하면 -2.4343=-0.4717$t_1$에서 t=5.15가 된다. 이와 같이 시료 Ⅰ, Ⅱ, Ⅲ에 대하여 K, C, $t_1$을 정리하면 표 4-18과 같이 된다.

**표 4-17 각 시료의 $\log\frac{y}{A-y}$ 와 t와의 관계**

| 시료 Ⅰ | | | | | 시료 Ⅱ | | | | | 시료 Ⅲ | | | | |
|---|---|---|---|---|---|---|---|---|---|---|---|---|---|---|
| 배양일수 | y | A-y | $\frac{y}{A-y}$ | $\log\frac{y}{A-y}$ | 배양일수 | y | A-y | $\frac{y}{A-y}$ | $\log\frac{y}{A-y}$ | 배양일수 | y | A-y | $\frac{y}{A-y}$ | $\log\frac{y}{A-y}$ |
| 0 | 0 | 2.240 | - | - | 0 | 0 | 1.103 | 0.0505 | - | 0 | 0 | 0.560 | - | - |
| 1 | 0.035 | 2.205 | 0.00159 | -1.7986 | 1 | 0.053 | 1.050 | 0 | -1.2963 | 1 | 0.060 | 0.500 | 0.120 | -0.9208 |
| 2 | 0.210 | 2.030 | 0.135 | -0.9852 | 2 | 0.333 | 0.770 | 0.4525 | -0.3446 | 2 | 0.315 | 0.245 | 1.285 | +0.1089 |
| 3 | 0.385 | 1.955 | 0.197 | -0.7055 | 3 | 0.543 | 0.560 | 0.970 | -0.132 | 3 | 0.455 | 0.105 | 4.43 | 0.6375 |
| 4 | 0.875 | 0.365 | 0.64 | -0.1038 | 4 | 0.823 | 0.280 | 2.94 | +4.4673 | 4 | 0.505 | 0.055 | 9.175 | 0.9626 |
| 5 | 0.1890 | 0.365 | 5.4 | -0.7324 | 5 | 1.103 | - | - | - | 5 | 0.560 | - | - | - |
| 6 | 2.240 | 0 | - | - | 6 | 1.103 | - | - | - | 6 | - | - | + | - |
| 7 | | | | | 7 | | | | | 7 | | | | |

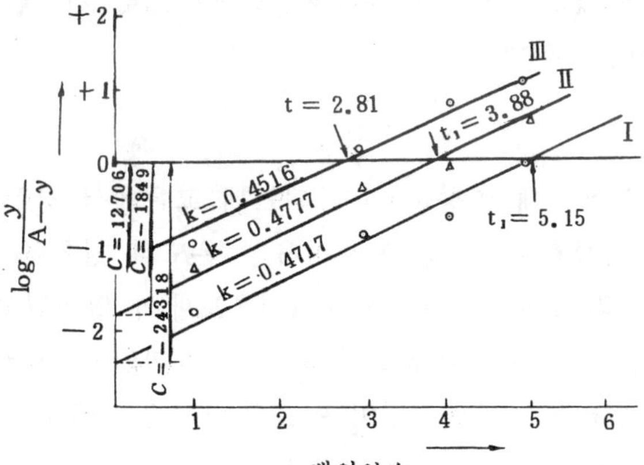


그림 4-14 황어육의 부패과정 중에 있어서 $\log\frac{y}{A-y}$ 와 t와의 관계

## (5) 어육부패에 영향을 미치는 요소

어육에 부착된 세균이나 어육의 성질, 환경조건에 따라 부패의 속도가 차이가 있다.

### 1) 어육 성질에 의한 차이

어육이 부패시 어육의 색을 서로 다르다. 일반적으로 돔이나 넙치같은 흰살어류보다도 고등어나 다랑어 같은 붉은살어류의 부패가 빠르다. 또 부패 개시까지 시간도 비슷한 경향이어서 붉은살어류가 흰살어류보다도 부패하기까지 시간이 짧다.

**표 4-18 각 시료의 K, C 및 $t_1$**

| | I | II | III |
|---|---|---|---|
| k | 0.4717 | 0.4777 | 0.4516 |
| c | -2.4313 | -1.849 | -1.2706 |
| $t_1$ | 5.15 | 3.88 | 2.81 |

### 2) 수분함량의 영향

동일 종류의 어육도 수분의 다소에 따라 부패의 속도가 다르다. 즉 수분이 적은 경우는 부패가 늦다. 극단의 예로 공기 중에 방치시킬 때보다도 수중에 침지할 때가 부패가 빨리 일어난다. 일반적으로 어떤 물질에 세균이 발육하게 되려면 그 물질의 수분함량은 약 40~50% 이상이 되어야 하고 이보다 수분이 적은 경우는 세균이 거의 발육할 수 없다. 어육은 일반으로 79~82%의 수분을 함유하고 있기 때문에 세균이 어육에 부착하면 번식하여 부패작용을 일으킨다. 어육을 부패시키지 않으려면 그 수분을 40~50% 이하로 탈수 건조시켜야 한다. 이 때문에 어육을 천연적 인공적으로 건조한다. 이 조작으로 제조되는 제품을 수산 건제품이라 한다.

### 3) 온도의 영향

부패작용은 외계의 온도에 영향을 받게 되는데 고온에서 왕성하고 저온에서 완만하다.

이것은 세균의 증식작용 및 각종 효소작용이 온도의 영향을 받게 되기 때문이다. 일반적으로 세균의 증식 및 효소작용은 그의 최적온도에서 멀어질수록 감소되고 특히 고온쪽에서는 급격히 감소된다. 온도가 높으면 효소는 파괴되고 세균은 사멸되어 그의 작용은 상실하게 된다. 이 원리를 이용한 것이 통조림(병조림) 제품이다. 따라서 어육을 저장할 때 온도는 낮을수록 좋지만 그 온도를 저하시키더라도 온도가 낮을 때일수록 그 효과는 크다. 즉 식품 기타 물질을 냉동 냉장으로 저장하는 것은 이와 같은 원리의 응용이다. 어육의 자가소화의 최적온도는 해수어는 40°C 이상, 담수어는 30°C 이하이지만 자가소화와 세균의 작용이 동시에 일어나는 경우는 세균작용이 완만한 0°C 부근 이하의 저온도인 경우에는 자가소화는 거의 중요하지 않고 세균의 작용만 고려된다. 자가소화의 최적온도의 여하에 상관없이 수중세균의 적온 25°C 부근의 온도에서 가장 신속히 부패가 되고 이에 의해 온도가 낮을수록 부패 개시까지 요하는 시간이 길게 됨과 동시에 부패 개시 후에 일어나는 부패의 속도도 감소된다. 이 감소 정도는 그 온도 이상의 경우에서 감소 정도보다 크며 전자의 경우는 온도 10°C 강화로 약 1/8 이하로 감소되고 후자의 경우는 약 1/2~1/3 감소된다.

### 4) 수소 이온 농도의 영향

어육의 자가소화는 산의 첨가로 촉진되고 어육이 pH 4.0~4.5 부근에서 가장 왕성하다. 일반 세균은 수소이온농도에 대한 저항력이 약해 pH 4.5 부근에서 발육이 정지된다. 특히 약한 것은 pH 4.0이 되면 전혀 발육이 안된다.

물론 이들의 수소 이온농도는 이때 배지의 화학적 조성 또는 물리적 성질의 차이에 따라 상당한 차가 있으며 동일 종류의 세균이라도 배지가 다르면 발육이 되는 수소 이온농도의 한계도 다소 차이가 있다.

산류의 살균작용은 주로 그의 수소이온에 의한 세포 단백질의 응고 결과로 일어나는 현상으로 다른 음이온 및 비해리분자의 것들은 거의 영향하지 않는다. 그렇기 때문에 산의 염류는 일반적으로 거의 살균작용이 없다. 따라서 유기산과 같은 약산 특히 고급지방산 등은 이러한 영향이 꽤 있는 경우도 있으나 이 경우도 동시에 존재하는 수소 이온과 함께 작용하여 살균력을 촉진하는 것으로 생각된다. 세균의 발육에 적당한 수소이온 농도는 pH 7.0, 즉 중성 부근이고 이보다 멀어지면 발육은 억제된다.

즉 어육은 산성이 되면 자가소화는 촉진되나 세균의 발육은 억제된다. 따라서 자가소화만 진행되고 어육은 분해되어 부패는 일어나지 않는다. 이 원리를 이용한 수산식품으로는 초절임제품이 있다. 보통 효모 및 곰팡이는 산성에서도 발육되는데 효모는 pH 2.5까지, 곰팡이는 pH 1.5까지 발육이 가능하며 특히 당분이 첨가될 때는 그 발육은 극히 양호하므로 주의가 필요하다.

### 5) 세균수의 영향

세균의 작용에 의해 어육 등이 분해될 때는 세균이 충분히 번식되어 거의 최다수에 도달할 때 급격한 분해가 시작되며 만약 세균이 최다수에 도달할 때까지 요하는 시간이 다르면 부패 초기에 도달하는 소요시간도 달라진다. 일반적으로 일정한 배양기 중에서는 최초로 존재하는 세균수의 여하에 구애되지 않고 어느 시간 후에는 증식이 일정한 항수에 도달한다. 이의 일정한 항수에 도달할 때까지 소요되는 시간은 발육조건이 알맞을 경우에는 최초에 존재하는 세균수의 여하에 상관없이 일정하다. 그리하여 최초에 존재하는 세균수의 다소는 어육부패에 전혀 어떠한 영향을 미치지 않는다.

그러나 세균의 발육이 부적당한 조건일 때 예로 저온이나 다량의 소금 첨가시는 세균의 번식율은 극히 완만하게 되어 존재하는 세균수의 다소가 상당히 영향을 미치게 된다.

그러므로 어육을 냉장 빙장하거나 또는 염장품을 제조할 때는 세균수를 가급적 적게 할 필요가 있다. 예로 어체 표면의 점액을 수세제거하고 아가미 내장을 근육과 접촉하지 않게 주의하여 제거하는 등의 수단을 쓰면 부착 세균수가 적게되므로 장시간 부패를 방지하게 된다. 어육을 그대로 세균의 발육적온에 방치한 경우에는 이들 수단을 강구해도 하등의 효과가 없다.

# Ⅲ. 어획물의 취급과 관리

수산 가공원료인 어획물은 축육에 비하여 부패, 변질하기 쉽고 또한 이의 억제에도 많은 어려움이 따른다.

한편 어패류는 일부 양식산을 제외하고는 대부분 예기치 못한 때와 장소에서 다량 어획되는 경우가 많기 때문에 소홀히 취급하기가 쉽다. 이에 따라 선도 저하가 급격히 진행되어 품질이 빠른 속도로 떨어지며, 때로는 식중독과 같은 중대한 문제를 일으키기까지 한다. 그러므로 식품위생상 안전하고, 선도가 좋은 어패류를 공급하기 위해서는 어획에서 소비까지의 어획물 취급·관리 및 선도유지에 기술적으로 대처하는 일이 무엇보다도 중요하며, 이에 앞서 선도유지 기법에 대한 깊은 이해가 있어야 할 것이다.

## 1. 선상에서의 취급 및 관리

### (1) 선상에서의 선도유지

어패류는 조직이 유연하고 체내에 보유하고 있는 소화효소가 사후(死後)에는 급격하게 작용하므로, 어획 후의 어패류는 선도저하를 억제시킬 수 있는 처리를 서둘러야 한다.

따라서 어획 후에 가능한 빠른 시간 내에 오염원을 제거하고, 효소나 미생물의 작용을 억제 또는 방지할 수 있는 낮은 온도에서 보존하는 것이 요구된다. 처리할 때 직사일광에 노출되지 않도록 하는 것도 잊어서는 안된다. 그리고 어류가 심한 상처를 입게 되면 미생물의 오염과 발육이 촉진되고, 또 그 유혈로 어육의 색택에도 영향을 미치므로 주의를 요한다.

### (2) 어획물의 선상처리

#### 1) 선 별

연승어업(延繩漁業)에 있어서는 고기가 난간에 올라오면서부터 선별이 시작되는데, 선별된 고기는 신속히 처리되어야 하며 갑판 위에 장시간 방치하여서는 안된다.

선별 및 세척작업 중 대부분의 고기는 산채로 있을 것이므로 상처를 입지 않도록 주의하여야 하며, 고기를 밟거나 함부로 던져서는 안된다. 또 쇠스랑이나 갈고리는 고기의 선별에 편리하지만 사용을 지양하거나 주의하여야 하고 갈고리의 사용이 불가피할 때는 반드시 두부(頭部)에 한정하여야 한다.

### 2) 처 리

a. 어획물의 즉살처리 : 즉살시킨 어류는 고민사시킨 어류보다 품질이 좋다는 것은 잘 알려진 사실이다. 일반적으로 작은 어류는 즉살처리를 하지 아니하나 상어, 광어, 민어, 돔, 방어, 삼치, 참치 등 대형이나 고급 어종은 즉살시켜 보다 좋은 선도를 유지할 수 있도록 하여야 한다.

b. 내장제거 : 고기가 죽은 후에는 장내(臟內) 세균과 효소의 작용에 의하여 복부는 다른 부위보다 빨리 부패되므로, 어획 직후 선상에서 내장을 제거하는 것이 어류의 선도유지에 있어서 매우 중요하다.

내장처리는 어류의 상품가치를 높이기 위하여 행하는 수단인 만큼 복부의 적당한 위치에 내장을 제거할 수 있을 정도의 크기로 절개(切開)하는 것이 좋으며 가능한 한 아가미도 같이 제거한 후 청수로 깨끗이 씻는다.

c. 세 척 : 어체 표면에는 수중에 살아 있을 때부터 많은 세균이 부착되어 있을 뿐만 아니라 선상에서 불결하게 취급하여 다시 부패세균이 증가하고 특히 내장을 제거하였을 때에도 복강 내에 혈액 및 장내 오물이 남아 있게 되므로 고기를 상자에 담기 전에 깨끗한 물로 충분히 세척하는 것이 선도유지를 위해 꼭 필요하다.

d. 상자 담기 : 어상자에 고기를 담을 때(入箱)는 같은 어종으로 크기가 같은 것끼리 어상자에 넣어 혼합입상을 피하여야 한다. 그러므로 상자담기할 때는 과량입상을 피하고, 어체를 깨끗이 잘 배열하여 어체에 손상이 생기지 않고 얼음 녹은 물이 쉽게 빠져 어체의 냉각이 잘 되도록 하여야 한다. 배열방법은 어종에 따라 등을 위로 오게 하는 배립형(背立形), 복부를 위로 오게 하는 복립형(腹立形), 옆으로 가지런히 배열하는 평편형(平編形), 잡어와 같이 아무렇게나 배열하는 산립형(撒立形) 등을 들 수 있으며 갈치, 장어와 같이 길이가 긴 어종은 환상형(還狀形)으로 입상하기도 한다. 이와 같은 배열방법은 어종, 용도(가공원료, 일반 시판용, 생식용, 고급 요리용 등), 예정 저장기간(10일 미만은 배립형, 10일 이상은 복립형) 등을 고려하여 적절한 방법을 선택하여야 한다.

## 2. 유통과정 중의 취급 및 관리

현재 널리 쓰이고 있는 어패류의 냉각수단은 주로 쇄빙에 의하고 있지만 쇄빙을 어류냉각에 쓸 때는 특히 알맞는 사용량에 주의를 기울여야 한다. 또 쇄빙에 의한 냉각효과를 높이기 위하여 소금 등과 같은 기한제를 병용하기도 한다.

최근에는 냉동시설이 증가하여 냉동 어패류의 유통도 성행하고 있는데, 냉동 어패류는 일단 해동시킨 다음에 식용하게 되므로 이 해동조건에 따라 어패류의 품질은 많은 영향을 받는다.

이와 같은 관점에서 어패류의 선도유지를 위한 기본원칙을 정리해 보면 다음과 같다.

① 철저한 청결상태를 유지하여야 한다.

모든 어획물의 표피와 아가미 등은 해수나 뻘 등에 상존하고 있는 세균으로 오염되어 있기 때문에 어획 후 반드시 충분한 양의 해수나 청수로 씻어주어야 한다. 특히 해저의 뻘과 접촉이 많은 저인망 어획물의 경우에 그러하다.

② 신속히 어체의 온도를 내려주어야 한다.

선도저하 및 부패의 원인이 되는 모든 세균과 분해효소의 작용은 온도가 낮을수록 그 활성이 급격히 저하되기 때문에 가급적 어획 직후 어체의 온도를 빨리 낮출 수 있는 방법을 강구하여야 한다.

③ 위생적인 처리를 하여야 한다.

어획물의 아가미, 내장은 각종 부패세균과 소화효소로 가득 차있는 부패원인 부위이다. 가급적 이들 기관을 제거하고 그 제거 처리부위를 처리잔재물의 흔적이 남지 않을 만큼 철저히 씻어야 한다. 이때 제거부분(내장의 조각 등)이 조금이라도 남게 되면 차라리 제거하지 않는 것보다 못한 경우가 있다.

그리고 어떠한 경우라도 신선한 어획물은 그것을 오염시킬 만한 오염원(예 : 불결한 얼음, 부패한 어획물, 어획물의 처리 부산물, 불결한 취급, 처리기구 등)으로부터 분리, 보관하도록 하여야 한다.

④ 취급에 주의하여야 한다.

어획물을 갈고리로 찍거나, 밟거나 던지는 등 함부로 취급하여 어체 표면에 상처가 생긴다든지 어체 근육이 물리적 손상을 받게 되면 상처부위부터 세균침입 및 각종 효소의 분해작용을 받게 되어 선도가 빨리 떨어지고, 결국은 다른 신선한 어획물까지 오염시키는 원인이 되기 때문에 모든 어획물은 특별히 조심스럽게 다루어야 한다.

# Ⅳ. 어패류의 선도 유지법

## 1. 광선 이용법

### (1) 자외선

자외선 살균은 미국에서 sterile lamp conditioning이라 부르며 광범위하게 실용화되고 있다. 자외선 살균등은 형광등과 동일한 원리로 저압수은등을 사용한다. 이 살균등은 석영유리로서 특수한 자외선을 잘 투과하는 유리제품이다. 형광등은 형광물질을 발라서 칠한 것이다. 석영유리에 의한 것은 오존을 발생하며 육류 기타의 퇴색을 일으키는 어느 정도 이상의 광의 밀도(0.1W/$cm^2$ 이상)을 생성하여 피부에 염증 기타 인체에 유해하기 때문에 작업원 또는 인간이 거처하는 table 위에서 2m 이상 거리를 띄고 설치 사용해야 된다. 이러한 살균등(殺菌燈)에 의한 살균효과는 자외선 자신은 15W 정도의 광원에서 1분 내외로 대장균은 살멸된다. 대장균을 한천 배지 표면에 바르거나 또는 생리적 식염수 중에 부유상으로 접종시켜 살균등의 거리를 50㎝로 시간을 달리하여 조사한 경우 대장균의 생존율을 조사결과 표 4-19 및 그림 4-15와 같다고 하였다.

즉 생존율은 어느 경우라도 조사시간에 대하여 대략 지수(指數)함수적으로 감소하였다. 또 대장균, 고초균, 국균을 99% 살멸하는데 필요한 조사시간은 표 4-19와 같다. 현재 이러한 살균등은 냉장고 내에 설치하여 고기의 숙성을 촉진시키고 장기보존에 적당하여 사용된다. 원래 이 살균등은 실내의 공기살균에 효과가 큰 것으로 어육저장에 대한 연구는 최근에 활발히 진행되어 앞으로 그의 효과가 더 증명된 것으로 생각된다.

**표 4-19 살균에 소요되는 시간**

| 균 종 | 배양기 상(上) | 식염수 중(中) |
|---|---|---|
| 대장균 | 1.3 | 1.7 |
| 고초균 | 2.5 | 7.3 |
| 국 균 | 2.8 | - |

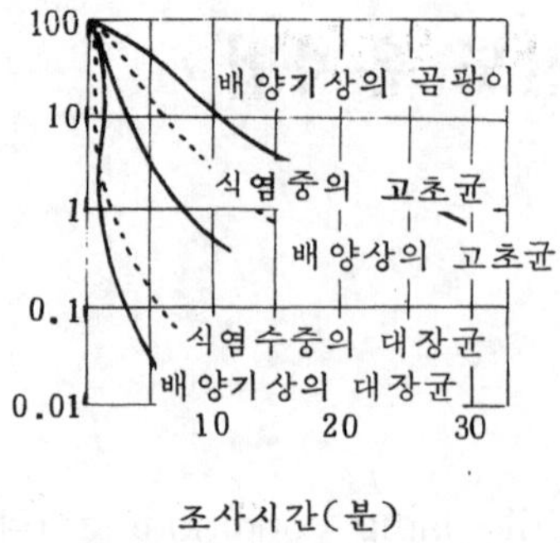


**그림 4-15 전기살균의 효과**

### (2) X - 선

최근 미국에서 300만 volt의 고전압의 X선 및 음극선이 세균을 살멸시키는 목적으로 연구되고 있으며 고등어육에 응용되어 세균을 거의 살멸시킬 수 있다. 효소를 파괴하려면 다시 10배의 출력이 필요하다.

## 2. 첨가물 이용법

### (1) 방부제

식품에 사용하는 방부제의 구비조건으로는 ① 광범위한 세균에 대해 항균성의 크기가 지속적인 효과를 가질 것 ② 인체에 무해하고 무미·무취인 것 ③ 약품이 화학적으로 안정할 것 ④ 물에 쉽게 녹고 더욱 침투력이 강할 것 ⑤ 가격이 저렴하고 상당량 생산 가능할 것 ⑥ 어체에 변화를 일으키지 않는 것 등이다. 이들 중 인체에 무해한 것이 제1조건으로 각국에서 이의 사용을 적극 제한하고 있다(표 4-20). 현재 사용이 허가되고 있는 식품방부제로는 다음과 같은 것들이 있다. ① sorbicacid 및 그 염은 경육, 어육 연제품 성게젓 등에 2g/kg 이하, 어패건제품 된장 등에 1g/kg으로 제한하고 타식품에 첨가를 금하고 있다. ② benzoic acid 및 그 염은 청량음료수, 간장에 국한하여 사용을 제한하고 있다. ③ P-oxy benzoic ethyl, isopropyl 또는 isobutyl 등은 간장, 식초, 청량음료수, 과일소스, 과일, 청주·과실주 약탁주에만 허용하는데 p-oxybenzoic acid는 제품 ℓ당 간장 0.25g 식초 0.1g, 기타 0.05g 이하로 제한하고 있다. 이 약제는 곰팡이 효모에는 효과가 크고 세균에는 효과가 적다. ④ de-hydroacetic acid은 치즈 마가린에 국한 사용되며 사용량은 dehydroacetic acid로 0.5g/kg 이하이다. ⑤ Na- 또는 Ca-propionate는 빵, 생과자에 propionic acid으로 2.5 g/kg 이하로 사용이 제한되어 있다.

표 4-20 식품 방부제와 그 관련 화합물

| 종 류 | 방 부 제 | 비 고 |
|---|---|---|
| 산성 방부제 | salicylic acid<br>benzoic acid<br>sorbic acid<br>dehydroacetic acid | |
| ester 류 | p-hydroxybenzoic acid의 alkyl ester<br>benzoic acid의 alkyl ester<br>salicylic acid의 alkyl ester<br>sorbic acid의 alkyl ester | 식품방부제로서의 사용이 인정되어 있지 않다.<br>〃<br>〃 |
| phenol 류 | phenol<br>cresol<br>thymol<br>p-, o-phenylphenol<br>guaiacol<br>eugenol<br>α-, β-naphthol | 〃<br>〃<br>〃<br>〃<br>〃<br>〃 |
| quinone 류 | p-benzoquinone<br>1, 4-naphthoquinone<br>2-methyl-1, 4-naphthoquinone | 식품방부제로서의 사용이 취소되었다. |
| nitrofuran 류 | nitrofurazone<br>nitrofurylacrylamide<br>2-(2-furyl)-3-(5-nitro-2-furyl)-acrylamide | |

## (2) 산화방지제

산화방지제(항산화제 : antioxidant)란 지방의 산화를 억제하는 기능을 가진 물질로 지방과 함께 동식물의 조직 중에 존재하는 것도 있고 또 합성적으로 얻어지는 것도 있다.

산화방지제는 지방의 산화과정에서 생기는 여러 가지 유리기와 반응하여 이것을 안정한 화합물로 변화시키므로 산화의 연쇄반응을 정지시키는 작용을 한다.

현재 식품에 사용되고 있는 산화방지제의 종류에는 다음과 같은 것들이 있다.

① BHA(butylated hydroxyanisole) : 몰식자산 계통의 산화방지제와 같이 금속이온과 반응하여 착색하는 일이 없고, 물에는 거의 녹지 않으나 알코올, 기름에는 잘 녹는다. 어패류의 건제품, 염장품에 대하여 1kg 중 0.2g 이하, 어패경육의 냉동품에 있어서는 침지액 1kg 중 1g 이하의 사용이 허가되고 있다.

② BHT(butylated hydroxytoluene) : BHA와 같은 효력을 가지며 약간 지효성이나 제품을 잘 변색시키지 않는다. 사용기준은 BHA와 같다.

③ PG(propyl gallate) : 유지, butter에 대하여 1kg 중 0.1g 이하의 사용이 허가되고 있다.

④ NDGA(nordihydroguaiaretic acid) : 유지, butter에 대하여 1kg 중 0.1g 이하의 사용

이 허가되고 있다.

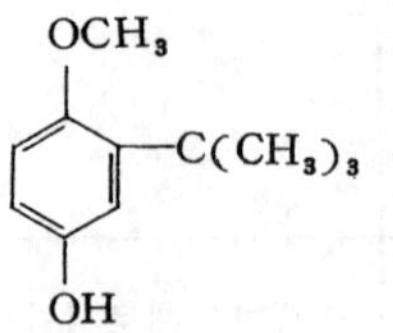

BHA

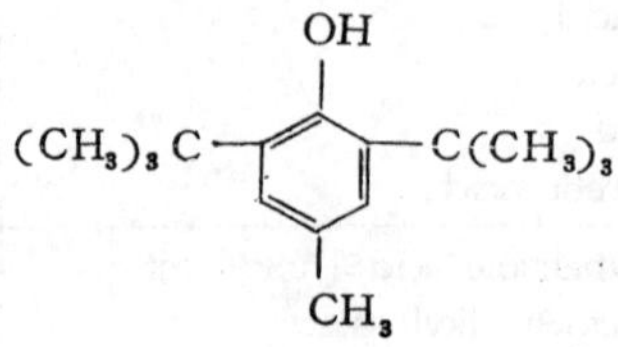

BHT

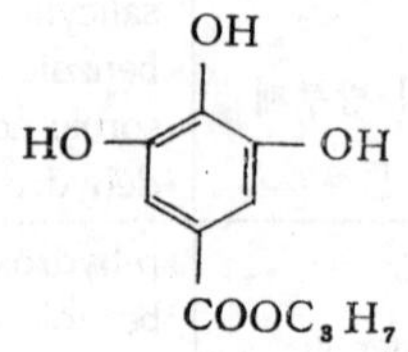

propyl gallate

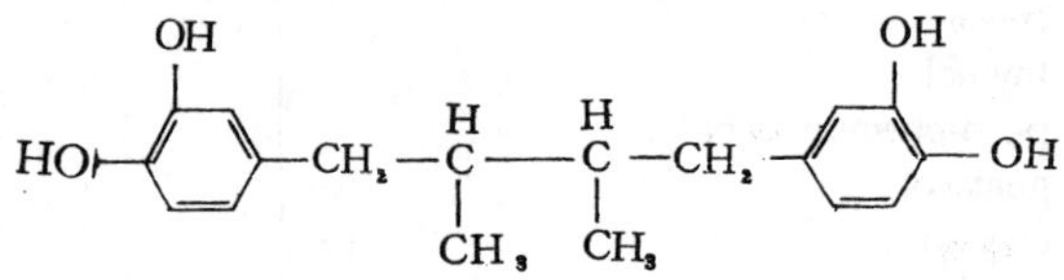

NDGA

⑤ gum guaiac : 유지, butter에 대하여 1kg 중 1g 이하의 사용이 허가되고 있다.

⑥ L-ascorbic acid, D-isoascorbic acid 및 그 Na 염

ℓ-ascorbic acid와 그 Na염은 비타민 C의 강화를 위해서 뿐만 아니고 산화 방지의 목적으로도 사용된다. 그 입체이성체인 D-isoascorbic acid(erythrobic acid)는 비타민 C로서의 영양효과는 적으나 산화방지제의 효력은 오히려 크다. 이들은 단독으로도 사용되나 다른 산화방지제의 synergist로서도 사용된다. 사용기준은 특별히 제한되어 있지 않으나, 육제품에 있어서는 1kg당 0.4~0.8g 정도를 소량의 물에 녹여 첨가하든가, 냉동어육에 있어서는 0.1~0.6% 용액에 2~10 분간 정치한 후 냉동한다. 그리고 isoamyl gallate와 ethyl protocatechuate는 식품첨가물에서 제외되었다.

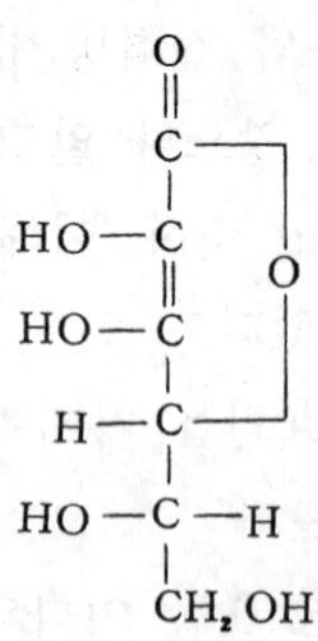

L-ascorbic acid

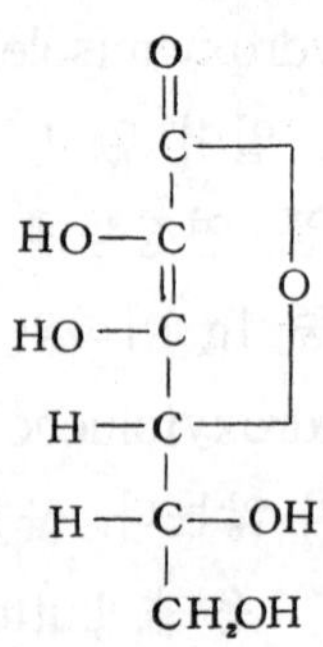

D-isoascorbic acid

## (3) Drip 방지제

축육 및 어육의 해동시 drip 방지제로는 당류, 식염, 축합인산염 등의 처리가 효과적인 것으로 알려지고 있다. 축합인산염은 주로 meta 및 poly 인산나트륨과 칼륨의 혼합제품이 사용효과가 크다. 냉동어는 해동시 보통 10% 전후의 drip loss가 생겨 단백질, 무기질, 기타 수용성 영양분의 손실이 일어난다. 냉동 전의 어류 fillet에 poly 인산염에 단시간 침지처리하면 동결 중 단백질 변성 및 빙결정의 성장을 억제시켜 해동시 drip을 감소(1% 전후)시키고 가열 조리로도 보수성을 유지함과 향미를 개선하게 된다.

인산염의 첨가는 0.5%, 침지는 1.25% 용액이 가장 효과적이다.

**표 4-21 주요 중합 인산염의 성상**

| 명칭 | 분자식 | $P_2O_5$함량(%) | pH(1%액) | 용해도(20℃) |
|---|---|---|---|---|
| 제3인산소다 | $Na_3PO_4$ | 45.3 | 11.5~21.1 | 14.1 |
| 피로인산소다 | $Na_4P_2O_7$ | 53.0 | 10.0~10.2 | 6.2 |
| 트리포리인산소다 | $Na_5P_3O_{10}$ | 57.0 | 9.5~9.8 | 13.0 |
| 헥사메타인산소다 | $(NaPO_3)_6$ | 68~69 | 6.4~6.6 | 17.0 |
| 산성 피로인산소다 | $Na_2H_2P_6O_7$ | 63.5 | 4.2~4.6 | 12.0 |

**표 4-22 중합 인산염의 작용**

| 구분 | 중합형태 | | pH (1% 용액) | 금속Ion 봉쇄작용 | pH 완충작용 | 계면활성 |
|---|---|---|---|---|---|---|
| | 형태 | $P_2O_5$ 결합수 | | | | |
| pyro(산성) | 쇄상 | 2~3 | 10.5(4.5) | 소 | 강 | 소 |
| poly | 쇄상 | 〉3 | 9.5 | 중 | 강 | 중 |
| meta | 장쇄 | 〉10 | 9.7 | 대 | 약 | 중 |
| | 망목환상 | ultra | 1.8(산성) | 대 | 강 | 대 |

## (4) 발색제

아질산나트륨, 질산나트륨, 질산칼륨, 황산제1철(건조, 결정) 등이 사용되며 식육제품, 경육제품, 어육 소시지, 어육햄에 0.05~0.07 g/kg으로 허용되고 있다. 질산염의 발색은 원료육 중의 육색소인 myoglobin, 혈색소인 hemoglobin과 결합하여 nitroso-myoglobin, nitroso-hemoglomogen으로 되어 육제품 색을 고정시키게 되는 것이다.

**표 4-23 각국의 질산염 사용규제 현황**

| 질산염 발색제 | 한국 | 일본 | 캐나다 | 덴마크 | 이스라엘 | 스페인 | 영국 | 미국 |
|---|---|---|---|---|---|---|---|---|
| $NO_3$(K,Na)ppm | - | - | 200 | 500 | 500 | 무규제 | 500 | 500 |
| $NO_2$(K,Na)ppm | 70 | 70 | - | 100 | 200 | 〃 | 200 | 200 |

* 허용기준 : $NO_2$로서 Kg당 0.05g (어육햄소시지), 0.07g (식육경육)이하

### (5) 기 타

탄력 보강제, 증량제 등이 사용된다.

## 3. 약제 얼음 이용법

선어의 저장과 수송에 가장 널리 이용되고 있는 빙장법에서 사용되는 얼음의 양을 제한하는 것은 해빙 후 물이 어육 내에 침투하여 세균의 좋은 배지가 되기 쉬운 결점이 되기 때문이다. 이러한 결점을 보완하기 위하여 종래부터 알려져 온 방부제를 함유시킨 소위 약제빙을 사용하여 빙장하는 방법이 연구되어 왔다. 이 방법은 저장 또는 수송 중에 얼음이 해동되어 물이 되어도 그 중에 함유된 각종 방부제의 효력에 의하여 비교적 장시간 선도를 보호할 수 있는 이점이 있다. 일본에서의 한 약제 얼음의 배합 방부제비율을 보면 표 4-24와 같다.

**표 4-24 약제 얼음의 방부제 비율(일본)**

| 약품명 | 사용량g (38Kg 물에 대한) |
|---|---|
| 안식향산(benzoic acid) | 22.5 |
| 사르칠산(salicyic acid) | 7.9 |
| p-oxy benzoic ester | 28.2 |
| 붕 산 | 37.5 |
| 표 백 분 | 57.5 |
| 초 석 | 37.5 |
| 염산 2% | 75.0 |
| 5% | 18.75 |

## 4. 부분(빙결점) 동결법

어류의 저온저장의 수단은 주로 장기간 보존 할 수 있는 냉동 저장법과 1~2 주간 활용할 수 있는 빙장법으로 구분된다. 그러나 냉동 저장법은 동결 저장 및 해동에 따른 조직의 파괴, 단백질의 변성, 녹은 물의 유출 등과 같은 문제가 있으며, 빙장법은 세균에 의한 부패의 진행으로 저장 기간이 짧은 것이 문제가 된다. 이러한 단점을 보완하기 위하여 -2~-5 °C 온도 범위에서 약 3주일 정도 저장할 수 있는 부분 동결법에 대하여 많은 연구가 진행되고 있으며 그 효과가 입증되고 있다. 부분 동결을 하면 단백질 변성은 -30°C 동결보다 적으며, 전자 현미경으로 관찰한 근원 섬유의 구조적 손상도 거의 관찰되지 않고, 선도 지표인 K 값의 변화도 빙장에 비교하면 현저히 억제되며, 녹은 물의 유출량도 빙장법과 큰 차이가 없다고 한다. 또 미생물의 발육도 억제되며 냉자극(cold shock)에 의한 손상균(損傷菌)이 증가하여 그 유효성이 크다.

# 5장 수산냉동품

식품을 저온 상태에서 저장하는 방법은 아득한 옛날, 인류가 주로 산과 들에서 나무열매를 채취하고 바다와 육지에서 각종 물고기와 육류를 수렵하여 먹고 살던 원시시대부터 시작되어 왔다.

처음에는 인류가 자연적으로 뚫린 동굴이나 지하굴에 은신하고 살면서 먹고 남은 먹이를 숨겨 두곤 하였으나, 차츰 이것이 반복되는 가운데 먹이를 뜨거운 지표면에 두는 것보다 서늘한 동굴이나 지하굴에 두는 것이 훨씬 오래 간다는 것을 깨닫게 되었고 이것이 바로 오늘날 저온고(低溫庫)의 기초가 되었다.

인류가 오랜 세월을 거치면서 더욱 지혜가 발달하여 식품에 얼음을 재워 저장하는 소위 빙장법(氷藏法)을 발견하게 되었고 이어서 눈(雪)이나 얼음에 염류(鹽類)를 섞어 온도를 훨씬 더 내리는 기한제(起寒劑)를 개발하게 되었다. 그러나 이처럼 오랜 역사를 가진 식품저온저장 방법이 본격적으로 산업화된 것은 그리 오래지 않았다. 역사적 기록에 의하면 기원 전 1000년 경 중국에서 천연빙(天然氷)을 저장에 이용하였고, 로마에서 눈으로 만든 집에 얼음을 저장하여 여름에 음료 냉각에 사용하였다. 1500년 경 이태리에서 얼음에 초석(硝石)을 가하여 온도를 낮추는 방법을 발견하여 이것이 최초의 기한제로 과즙이나 포도주 냉각에 이용하였고 이 방법이 프랑스에 전파되어 아이스크림 제조에 응용되었다. 1859년 프랑스의 훼레이난드 카레는 마르세이유의 맥주 공장에 냉동기를 설치하여 최초의 식품 가공에 이용하였다. 1861년 미국의 에녹 파이퍼(Enoch Piper)는 얼음과 소금으로 어류 동결 방법을 고안 미국 특허를 취득하였다.

1877년 샤루루 테리에는 양, 우육의 동결품을 최초로 해상 운반에 성공하였다. 1900년 미국의 쿠라렌스 버드스아이(Clarence Birdseye)는 계란, 과실 등의 동결법의 실용화에 성공하였다. 1924년 Birdseye는 어체의 가식부를 포장하여 급속 동결하는 방법을 고안하여 근대적 냉동식품으로 각광을 받게 되었고 그후 다단식 촉매 동결장치, air blast식 등의 급속 동결장치가 속속 개발되었다. 1930년 미국의 General Food사가 Birdseye의 특허품을 매입하여 냉동식품 판매회사를 설립하여 본격 보급 선전에 돌입하였다.

현재 우리 나라도 수산물 중 가장 생산량이 많은 품목은 냉동품으로 연근해와 원양산을 원료로 하는 냉동제품으로 크게 나눌 수 있으며 1997년도 총 생산량은 약 124만 톤이다.

연근해에서 생산되는 수산물을 원료로 한 가공품의 대종을 이루는 냉동품의 1997년도 총 생산량은 약 50만톤으로 1996년보다 약 14만톤이 감소되었고 특히 고등어, 정어리, 명태 등의 감소폭이 두드러졌다.

한편 원양산을 원료로 하는 냉동제품은 명태, 참치, 오징어 등 냉동품이 주종이며 1997년도 제품 생산은 74만 톤으로 전 년의 63만 톤보다 약 17% 정도 증가하였다.

원양산을 원료로 하는 냉동품 중 원형동결품은 전 냉동품의 95%인 74만 톤을 생산하였으며 처리동결품은 3만 톤으로 5%를 차지하였다(표 5-1).

**표 5-1 연도별 냉동품 생산실적** (단위 : 톤)

| 연도별 | 1995 | | 1996 | | 1997 | | 87/86(%) | |
|---|---|---|---|---|---|---|---|---|
| 구분 | 연안산 | 원양산 | 연안산 | 원양산 | 연안산 | 원양산 | 연안산 | 원양산 |
| 냉동품 | 504,540 | 771,324 | 631,717 | 633,473 | 496,223 | 741,912 | 78.6 | 117.1 |
| 원형품 | 430,279 | 733,284 | 576,925 | 600,353 | 432,919 | 708,709 | 75.0 | 118.0 |
| 처리품 | 74,261 | 38,040 | 54,792 | 33,120 | 63,304 | 33,203 | 115.5 | 100.2 |

냉동식품의 경우 수산가공식품과 마찬가지로 이 분야에서도 생산설비 이외의 순수기술 개발은 별로 이루어지지 않고 있다. 설비부분에서는 연속식 급속동결설비 이용의 보편화가 괄목할만한 변화이며 고주파 해동 설비의 이용, 진공해동 등 해동기술에 대한 부분적 연구 개발이 이루어졌으나 보편적 상업화 수준에는 미달한 실정이다.

냉동식품은 대부분 원료의 상태를 가식부위만을 분리하여 즉석에서 조리하여 쉽게 취식할 수 있는 상태로 가공한 것으로 나라에 따른 특징은 없다. 국내 유통되는 어묵제품은 기온이 낮은 동절기에는 유통상의 큰 문제점은 없으나 하절기에는 유통기한이 짧아 항상 위생적으로 문제시 되어온 대표적인 식품으로 유통기한에 구애를 받지 않고 장기보관이 가능한 제품의 개발이 절실히 요구되는 품목이다.

따라서 어묵제품을 냉동하여 유통하면서 소비자는 필요에 따른 전자렌지나 유탕기 등의 조리기구로 가정에서 손쉽게 조리해 먹을 수 있는 냉동어묵제품과 어육에 여러 가지 축육, 야채를 혼합한 조미제품을 급속 동결하여 보관 후 전자렌지로 데워서 식용이 가능한 반찬용, 간식용 및 레저용 냉동식품이 개발되어 있다.

**표 5-2 어종별 냉동품 생산실적**

**ㅇ 연안산 냉동품 생산**

| 구 분 | 1997 | 대비(%) |
|---|---|---|
| 합 계 | 496,223 | 100 |
| 원형동결 | 432,919 | (87.2) |
| 고등어 | 90,701 | 18.3 |
| 대구 | 7,481 | 1.5 |
| 조기 | 22,325 | 4.5 |
| 새우 | 8,614 | 1.7 |
| 꽁치 | 18,836 | 3.8 |
| 갈치 | 14,065 | 2.8 |
| 복어 | 1,456 | 0.3 |
| 골뱅이 | - | - |
| 명태 | 40,190 | 8.1 |
| 병어 | 1,279 | 0.3 |
| 가자미 | 3,000 | 0.6 |
| 정어리 | 6,784 | 1.4 |
| 기타 | 218,188 | 43.9 |
| 처리동결 | 63,304 | (12.8) |
| 갑오징어 | 217 | 0.04 |
| 새우 | 1,183 | 0.2 |
| 붕장어 | 5,823 | 1.2 |
| 명태 | 1,146 | 0.2 |
| 연육 | 17,515 | 3.5 |
| 새조개 | 1,055 | 0.2 |
| 개량조개 | - | - |
| 굴 | 10,704 | 2.2 |
| 바지락 | 154 | 0.03 |
| 홍합 | 230 | 0.04 |
| 기타 | 25,277 | 5.1 |

**ㅇ 원양산 냉동품 생산**

| 구 분 | 1997 | 대비(%) |
|---|---|---|
| 합 계 | 741,912 | 100 |
| 원형동결 | 708,709 | (95.5) |
| 명태 | 95,128 | 12.8 |
| 참치 | 224,540 | 30.4 |
| 오징어 | 227,016 | 30.6 |
| 대구 | - | - |
| 가자미 | - | - |
| 기타 | 162,025 | 21.7 |
| 처리동결 | 33,203 | (4.5) |
| 명태 | 11,373 | 1.5 |
| 명란 | 1,359 | 0.2 |
| 연육 | 20,471 | 2.8 |

어종별 제품생산 실적은 표 5-2에서와 같이 원형동결품(연안산 87.2%, 원양산 95.5%)이 대부분을 차지하고 처리동결품은 연안, 원양 모두 합쳐 17.3%에 그치고 있어 아직도 가공품 비율이 미미하다. 원형동결은 참치, 오징어, 고등어, 조기, 꽁치, 명태 등이고, 처리품은 명태연육, 굴, 새우 등이다.

# Ⅰ. 저온 처리의 효과

## 1. 저장 효과

식품을 -20°C 이하에서 저장하면 식품을 변패시키는 2대 요소인 부패세균의 발육과 자가소화효소의 작용에 적당한 온도보다 훨씬 낮은 온도의 환경에 놓이게 될 뿐만 아니라 수분의 80% 이상이 빙결하므로 자유수 양이 극도로 감소하게 되므로 이들 작용은 사실상 정지하게 된다.

일반적으로 화학반응은 온도가 10°C 내려가는데 따라서 반응속도는 1/2 정도로 떨어지므로 -20°C에 저장하면 저장중에 식품을 열화(劣化)시키는 산화속도는 30°C 때의 1/30 정도로 감소하게 된다. 이러한 점이 저온에 의한 식품저장의 원리가 된다. 그러나 효소 중에는 저온에서도 상당한 작용력을 나타내는 것도 있고, 또 산화 작용도 반응속도가 느려질 뿐이고 완전히 저지가 되는 것은 아니다. 더욱이 동결에 의하여 식품의 물리적 성상이나 조직적 성상이 많이 변화하므로 저온에 의한 식품의 저장도 완전한 보장법이라고는 할 수 없다.

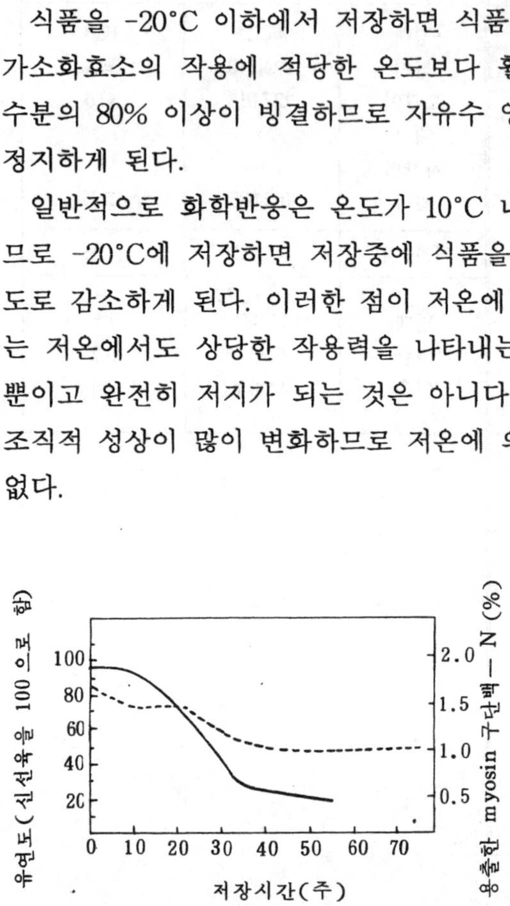


실선 : 육의 유연도
점선 : myosine 구단백질의 양

그림 5-1 냉동 rosefish의 저장기간에 따른 유연도와 myosin 구단백질의 변화(-12°C)

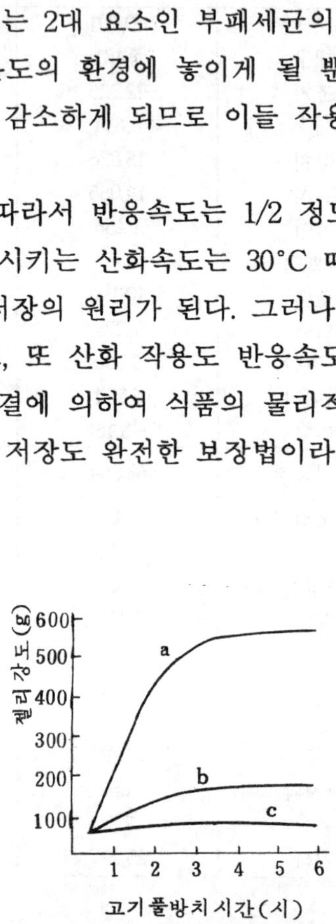


a : 신선육(myosine구단백질소/전단백질소 = 55.9%)
b : −10℃에서 7일간 냉동한 육(상동, 0.6%)
c : −10℃에서 30일간 냉동한 육(상동, 흔적)

그림 5-2 명태의 신선육 및 냉동육의 젤리 형성력

### 2. 가공 효과

냉동저장기간이 길어지면 육질이 경화하거나 또는 해동시에 유출하는 액즙(drip)이 증가하여 가공원료로서의 가치나 맛이 떨어지게 되는데 이것은 주로 단백질이 변성했기 때문이다.

그림 5-1은 어육을 냉동저장하였을 때의 육의 유연도와 단백질의 변성과의 관계를 나타낸 것인데 양자 간에 상관관계가 있는 것을 볼 수 있다. 또한 냉동에 의하여 myosin 구단백질의 변성이 진행된 어육으로부터는 탄력이 좋은 연제품을 만들 수는 없다. 그림 5-2는 명태육의 예를 나타낸 것으로 -10°C에서 30일간 저장한 명태육은 그 고기풀의 젤리 형성능력이 거의 소실되고 있다. 그러나 이러한 가공성의 변화는 어종에 따라 많이 다르고 한편 이처럼 냉동에 의해 일어나는 단백질의 변성이 오히려 식품의 texture를 개선해 주는 경우도 있기 때문에 명태등은 동건품(凍乾品)으로 가공되어 지기도 한다.

## Ⅱ. 수산 냉동품의 특성과 분류

### 1. 수산냉동품의 특성

냉동식품은 전처리를 하여 급속 동결을 하고 포장을 한 규격품이며 간단한 조리로 식탁에 제공할 수 있는 것으로서 소비자에게 인도할 때까지 상품이 show case 안에서 -18°C 이하로 보관된 것을 말한다. 즉 냉동식품의 일반적인 정의는 **"냉동식품이란 전처리를 실시하여 급속 동결을 행하여 -18°C 이하의 동결 상태를 유지시킨 포장식품"**으로 되어 처음에는 구워서 파는 sweet corn이나 식용유에 튀겨서 파는 croquette류 등은 냉동식품에 포함시키지 않았으나 현재는 조리 냉동 식품의 방향이 지금까지의 재래 방식으로 만들던 가공식품을 냉동식품화 하여 냉동식품에 포함되고 있다. 예로 새우후라이, croquette 류, 튀김류, hambuger 류, 중국 식품류(슈마이, 교자)가 이에 포함되고 있다. 이러한 냉동식품은 다음과 같은 특성을 가진다.

① 산지의 공장에서 신선한 원료를 가공처리 후 급속 동결하여 수송 저장된 것이므로 유통경로에 최고의 선도가 유지된다.

② 가식부만 동결하였기 때문에 버리는 것이 없고 전부 이용되어 경제적이다.

③ 조리하기 쉽게 가공처리 되어 시간과 일손이 절약된다.

④ 크기, 내용량, 품질 등 규격이 통일되어 있어 품질이 균일하여 안심하고 사용할 수

있다.

⑤ 신선한 원료를 위생적으로 처리포장하여 급속 동결하여 항상 -18℃ 이하에 보관됨으로 극히 위생적이다.

⑥ 대량 출하기에 대량 처리하여 냉동 보관하기 때문에 가격 변동이 없다.

## 2. 수산냉동식품의 분류

종전에는 어패류를 일정기간 냉장하여 해동시킨 후 선어패(鮮魚貝)로 이용하여 왔으나 최근에는 가공 조리하여 냉장 또는 냉동시켜 이용한다. 즉 어묵, 판어묵, 생건품(乾魚), 희염절임(염어) 등이 이에 속한다. 따라서 냉동식품은 그 처리 방법에 따라 ① 생선 어패냉동품, ② 가공냉동품, ③ 조리냉동품으로 구분한다.

### (1) 생선 어패냉동품

어패류의 머리부분을 절단하고 내장을 제거하는 단순한 처리를 한 후 곧바로 동결시킨다. 생선 어패 냉동품은 어체 처리형태에 따라 Round, Semidress, Dress, Pan dress, Fillet, Chunk, Steak, Stick 등으로 나누며 기타 어패육을 모아 일정의 형에 넣고 눌러 판으로 하여 동결한 제품을 block 또는 slab라 하고 이것을 절단하여 막대기 모양으로 한 것을 bar라 칭한다.

**표 5-3 조리 냉동식품의 분류(일본)**

| 대 분 류 | 소 분 류 | 제 품 명 |
|---|---|---|
| 1. 튀김류 | 1) 단일원료에 빵분 입힌 것. | 오징어, 새우, 게, 굴, 대구, 메루루자, 기타 어류의 튀김 |
| | 2) croquette | meat, croned beef, chicken, 새우게, cream, 감자, corn 등 |
| | 3) 꼬치 까즈류 | 소시지, 빵분, 연제품, 경육, 새우, 조재, 축육 등. |
| | 4) 연제품, 햄버거, 계란에 빵분 첨가류 | white fry(백색어육 사용) 함박가즈 minch 까즈, 계란 fry |
| | 5) 기타 | 굴(새우, 채소) 튀김, 용전(龍田) 튀김(청어, 은어, 메루루자) |
| 2. 연제품류 | 1) 수산 연제품<br>2) 축육 주체 연제품 | fish cake, 탕천(揚天).<br>meat ball, chicken ball 등 |
| 3. 과물완물 | 남비요리 | 다완무시, 요세과, 어 즈키오뎅 스끼야끼 등 |
| 4. 중화요리 | 만두류 | 만두, 슈마이, 초돈, 하루마끼(춘천) 육만 등 |
| 5. 양식 | 1) steak<br>2) pie<br>3) hamburger<br>4) lunch (TV, dinner 포함) | stew, cream boiled, 구라단, 데시구라즈, 카레스프, pie, 피로즈끼, 라피오리, 피자 등<br>hamburger, minch, omlet 등<br>피라구, spaggetti 등 적반 |
| 6. 기타 | seasoned food | 뱀장어구이, Sandwich, foil sealed(cream boiled), 은대구, 생강장유류 등 |

### (2) 가공냉동품(냉장품)

어묵이나 판어묵은 조미를 목적으로 제조한 것으로 이것을 오래 저장하려면 냉동 냉장고에 넣고 동결하거나 또는 냉장한다. 최근의 냉장품은 묽은 소금절임을 하기 때문에 이것도 장기저장하기 위해서는 냉동이나 냉장을 해야 한다.

**표 5-4 조리 냉동식품의 분류(미국)**

| | | | |
|---|---|---|---|
| ① 일품요리, dinner 요리 | ② bakery goods(빵, cake) | ③ 각국 특선요리 | |
| ④ 주요리(pouch 제품포함) | ⑤ 조리채소(혼합채소 포함) | ⑥ 식육 pie | |
| ⑦ fruit Pie | ⑧ 수산물 특선요리 | ⑨ 채소 cream | |
| ⑩ cream pie | ⑪ 빵분 입힌 식조요리 | ⑫ soup | ⑬ 기타 |

### (3) 조리냉동품

조리, 포장한 동결식품은 조리 냉동식품 또는 조리 동결식품(prepared frozen food)이라 하고 이것은 조리처리와 간단한 조미를 하여 동결시켜 그대로 먹거나 가열처리 후 먹을 수 있어 이같은 냉동식품을 반조리냉동식품(ready to cook frozen food)이라 하고 또한 자숙 동결시킨 어패육을 자숙 냉동식품(precooked frozen food)이라 한다 역시 이들 조리 냉동식품은 -18℃ 이하의 저온에서 냉동저장한다.

외국에서는 뱀장어포 구이, 새우, 전갱이, 굴, 대합, 경육 등의 튀김 등 표 5-3과, 5-4와 같이 많은 종류의 조리 냉동식품이 생산되고 있다.

# Ⅲ. 식품 냉동의 원리

## 1. 냉동사이클(refrigeration cycle)

저온을 발생시키는 데 사용되는 냉동기는 냉매의 가스를 응축, 액화하는 방식에 따라 압축식(compression system)과 흡수식(absorption system)으로 나눌 수 있다. 일반적으로 압축식이 널리 이용되고 있는데, 압축방식에는 piston의 왕복동식(reciprocating compression system)의 것이 가장 많고 그외 rotasco식, turbo식 등이 있다.

냉매로는 주로 암모니아와 freon이 많이 사용된다. 암모니아 압축식 냉동기(ammonia compression refrigerator)의 개요를 표시하면 그림 5-3과 같다. 압축기(compressor)에서는 암모니아 가스가 압축되어 고압고온의 가스로 된다. 압력은 기름이 섞여 있으므로 유분리기(oil separator) 중에서 기름이 제거되고 가스는 응축기(condenser)에 들어 가서 물 또는 공기로 냉각된다.

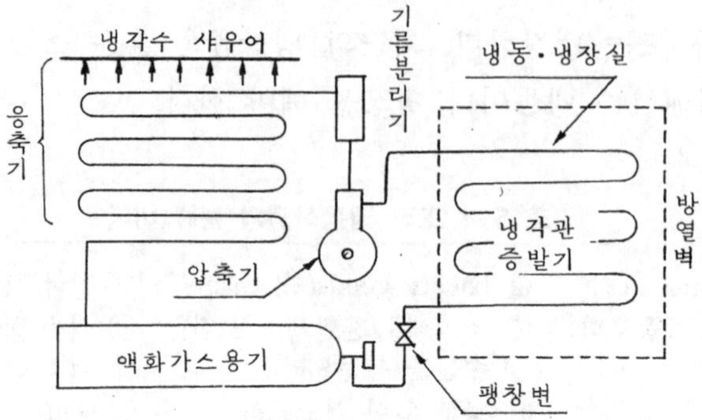


그림 5-3 암모니아 압축식 냉동기

냉각되어 액화한 암모니아는 수액기(liquid receiver, 액화가스용기)에 모이게 된다. 이 액화암모니아는 수액기로부터 팽창변(expansion valve)을 거쳐 증발기(evaporator)로 보내어 지는데 여기는 압력이 낮으므로 암모니아액이 증발하여 암모니아 가스로 변한다.

이때 증발잠열을 흡수하므로 증발기 주변의 온도가 내려가서 식품 등을 냉각하게 된다. 발생하는 저온의 정도는 팽창변의 조절에 의하여 가감할 수 있다. 발생한 암모니아 가스는 다시 압축기에 들어가서 냉동사이클을 순환하게 된다.

이 냉동사이클 중에서 증발기의 부분을 저압측(low pressure side)이라 하고, 그 외의 부분은 고압측(high pressure side)이라 한다. -30∼-40℃와 같이 극히 저온을 만들 필요가 있을 때에는 냉동기의 능률을 높이기 위하여 압축기를 1차, 2차로 나누어 2단 접촉방식을 취하는 수가 많은데 이것을 부스터압축기(Booster compressor)라 한다.

### (1) 냉매(refrigerant)

냉동사이클 중을 순환하면서 열을 저온부에서 고온부를 옮기는 역할을 하는 물질을 냉매라고 하는데 대표적인 것은 암모니아, freon(불화염화탄화수소 냉매, R이라는 기호로 표시함) 등이다.

한편 냉동사이클 중의 증발기를 냉장실이나 동결실에 장치하여 실내증기를 냉각하는 경우를 직접 팽창식(direct expansion system)이라 하고, 이와는 달리 먼저 액체를 냉각하여 이 냉각액체로 냉장실이나 동결실을 냉각하는 방식을 간접 팽창식(indirect expansion system)이라고 한다.

간접팽창식의 경우 냉각액체를 암모니아나 freon과는 구별하여 2차 냉매로는 보통 소금, $CaCl_2$, $MgCl_2$ 등의 수용액이 사용되며 이들 수용액을 brine이라고 한다 이 외에 알코올, propylene glycol, glycerine, 설탕, 전화당 등의 수용액도 사용된다.

일반적으로 식품냉동에 사용하는 주요 냉매의 특징은 표 5-5와 같다.

**표 5-5 일반 사용냉매 종류와 용법**

| 냉매 명칭 | 화학기호 | 사용 온도 범위 | 냉동기 종류 | 용도 |
|---|---|---|---|---|
| 암모니아<br>R-11<br>R-12<br>R-22<br>R-113<br>R-500<br>(공비혼합물) | $NH_3$<br>$CCl_3F$<br>$CCl_2F_2$<br>$CHClF_2$<br>$C_2Cl_2F_3$<br>$CCl_2F_2(73.8)$ +<br>$CH_3CHF_2(26.2)$ | 0~-60℃<br>10~0<br>10~-60<br>10~-60<br>10~0<br>10~-20 | 왕복식, 흡수식, 다보식,<br>다보식<br>왕복식, 다목적, 왕복식<br>다보식<br>왕복식 | 식품 냉동, 기타<br>냉방<br>식품냉동, 기타<br>식품냉동, 기타<br>냉방<br>식품냉동, 냉방 |

## (2) 냉동능력의 단위

냉동기의 능력을 표시하는 데는 냉동톤(ton of refrigeration)이라는 단위를 많이 사용한다. 1냉동톤은 0℃의 물 1톤을 24시간에 0℃의 얼음으로 만드는 냉동능력을 말한다.

0℃의 물을 0℃의 얼음으로 만들기 위하여는 얼음의 융해열과 같은 열을 0℃의 물로부터 제거하여야 한다.

1kg의 얼음의 융해열은 79.68kcal/kg이므로 1,000kg에 대하여는 79,680kcal의 열량을 제거하면 된다. 즉 1시간당으로 계산하면 79,680/24=3320kcal/hr의 비율로 열을 제거하면 된다.

미국에서는 1톤을 2,000파운드(1b)로 잡고, 또 1파운드의 얼음의 융해열을 114 B.T.U로 잡고 있으므로 1 냉동톤은 3,024kcal/hr가 되어 우리 나라의 1냉동톤과 같지 않다.

1. B.T.U(British thermal unit) = 1파운드의 물을 온도 1° F 상승시키는 데 요하는 열량, 1 B.T.U. = 0.252kcal = 3.79B.T.U. 2,000×144/24 = 12,000B.T.U./hr = 3,024kcal/hr

한편 실제의 제빙에 있어서는 1냉동톤의 능력으로 1일에 1톤의 얼음을 만들 수는 없다. 그 이유는 용수의 온도가 보통 0℃보다 높고 또 얼음의 온도도 0℃보다 낮은 얼음이 되기 때문이다. 일반적으로 1일 1톤의 제빙을 하는 데는 1.72냉동톤(1.92 미국냉톤)이 필요하다고 한다.

냉동에 사용되는 열량에 대한 크기를 비교하여 보면 표 5-6과 같다.

표 5-6에서 WE(wärme Einheit)는 1kcal이고 th(thermie)는 1,000kcal를 의미하며, fg (frigorie)는 1kcal를 뜻한다.

표 5-6 냉동에 사용하는 열량의 크기 비교

| 열량 단위 | 열량 |
|---|---|
| kcal | 3,966Btu |
| B.T.U | 0.252kcal |
| WE | 1kcal |
| th | 1,000kcal |
| fg | 1kcal |

## 2. 동결율과 냉동곡선

### (1) 동결율

식품 내 수분함량의 80% 정도가 빙결되면 관능적으로 동결상태가 된다. 동결점 하에서 초기의 수분함량에 대하여 빙결점으로 변한 비율을 빙결률(氷結率)또는 동결율(凍結率)이라 하며 동결점이 $\theta$℃인 식품의 온도가 $\theta_f$ ℃까지 내려간 경우 동결율 m의 근사값은 다음 식에 의해 계산될 수 있다.

$$\% m = (1 - \frac{\theta_f}{\theta}) \times 100$$

식품이 동결점 이하의 일정 온도까지 도달하는 데 걸리는 시간에는 관계없이 동결율은 같다. 식품의 동결점을 -1℃로 하고 -5℃까지 식품의 온도를 낮추었다면 이때의 동결율 m=80%가 된다. 몇 가지 식품의 각 온도에서의 빙결율을 소개하면 표 5-7과 같다.

표 5-7 동결율과 얼지않고 남아 있는 결합수

| 식 품 | 함수율 (%) | 동결율(%) | | | | | 고형물 중에 남아 있는 결합수(kg/kg) |
|---|---|---|---|---|---|---|---|
| | | -5℃ | -10℃ | -15℃ | -30℃ | -40℃ | |
| 쇠고기 | 74.0 | 73 | 78 | 82.5 | 88.5 | 85.5 | 0.35 |
| 대 구 | 80.5 | 77 | 84 | 89 | 90 | 90.5 | 0.39 |
| 난 황 | 50.0 | 80 | 84 | 88 | 90 | - | 0.40 |
| 난 백 | 86.5 | 87 | 91.5 | 93.5 | 94 | 94 | 0.40 |

### (2) 냉동곡선

식품을 동결하는 경우 식품 내의 임의의 한 점에서 경과에 따른 온도의 변화 상태를 냉동곡선(冷凍曲線, freezing curve)으로 표시하고 있다. 이점은 온도의 하강이 가장 높은 중심점을 취하는 것이 보통이다. 일반적인 식품의 냉동곡선은 그림 5-4와 같다. 곡선 중, a~b 부분은 식품의 초온에서 동결점(-℃로 간주)까지의 품온의 하강을 나타내며, b~c부분은 식품 중의 수분이 대부분 빙결되므로(동결율 = 80%)이 범위를 최대 빙결정생성대(最大氷結晶生成帶, zone of maximum ice formation)라고 한다. 이 지역을 통과하는 동안 냉각력의 대부분은 빙결 잠열을 제거하는데 쓰인다. 식품내의 물이 대부분 얼음으로 변하면 냉각력은 다시 품온을 하강시키는데 쓰인다. 따라서 곡선은 c~d와 같이 급경사를 이룬다. 냉동곡선 중 최대 빙결정 생성대를 통과하는 시간에 의해 냉동식품의 품질이 결정된다.

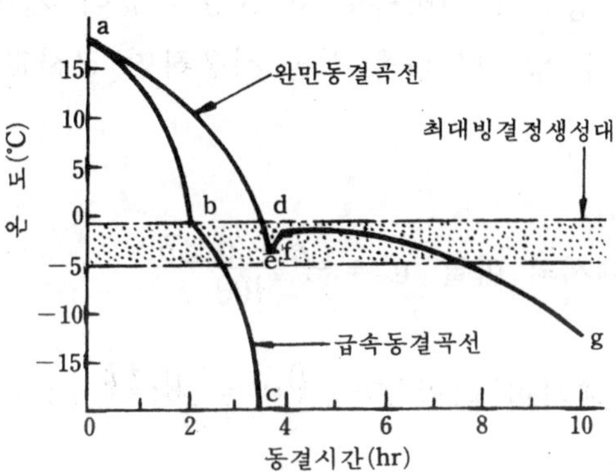


그림 5-4 동결곡선

표 5-8 어육 중의 빙결점의 성장

| 냉장기간(-10℃) | 빙결정의 성장율 | 빙결정의 분포수 |
|---|---|---|
| 0.5 개월 | 25% | 대단히 많다. |
| 1 개월 | 50% | 많다. |
| 2 개월 | 75% | 적다. |
| 3 개월 | 100% | 적다. |

즉 이 지역은 통과하는 속도에 따라 빙결정의 형태, 크기, 분포 등이 결정된다. 냉동시 먼저 세포의 체액 중에 빙결정의 핵이 발생하고 이것을 중심으로 빙결정이 형성된다. 동결이 급속한 경우는 빙결정핵이 성장할 여유가 없으나 완만한 경우는 조직 내 수분 또는 수증기가 이동 빙결정은 성장하게 된다. 이러한 현상은 냉장기간 동안에도 일어나며 어육 중의 빙결정의 성장을 보면 위 표 5-8과 같다.

해동시 얼음결정은 녹아서 세포 내로 되돌아가지 못하고 탈수현상을 일으키며 빙결팽창에 의해 조직은 기계적 손상(mechanical damage)을 입게 된다.

## (3) 식품 동결시 냉동부하

식품을 예냉 또는 동결시에 냉동기나 그 밖의 수단에 의해 1kg의 식품으로부터 제거하여야 하는 열량 kcal를 냉동부하(refrigeration load)라 한다. 여기에는 예냉이나 동결시 외부로부터 장치, 건물을 통해 전달되는 열뿐만 아니라 전등, 가열기, 작업원 및 문의 개폐에 따른 열 등도 가산된다.

### 1) 식품의 비열(specific heat)

식품의 비열은 함수율에 의해 결정적으로 지배된다. 그러나 식품의 성분과 조직은 균일하지 않고 더욱이 동일 종류의 것이라도 표 5-9와 같이 개체에 따라 다소 차이가 있어 그 비열은 실제 측정할 수 없으나 다음 식을 사용하면 근사값을 얻을 수 있다. 즉 비열을 C 라 하면

빙결점 이상에서의 비열 $C = \dfrac{a + 0.4b}{100}$

빙결점 이하에서의 비열 $C = \dfrac{0.5a + 0.4b}{100}$ 이다.

a : 식품의 함수율(%) b : 식품의 고형분율(%)

0.4는 식품의 고형분의 평균비열 0.5는 얼음의 비열

**표 5-9 식품의 비열**

| 식 품 명 | 함 수 율(%) | 비열(kcal/kg℃) | |
|---|---|---|---|
| | | 빙결 전 | 빙결 후 |
| 식육 다지방 | 50 | 0.60 | 0.35 |
| 식육 소지방 | 70~76 | 0.76 | 0.41 |
| 어육 다지방 | 60 | 0.68 | 0.38 |
| 어육 소지방 | 70~80 | 0.80 | 0.43 |
| 가금 다지방 | 60 | 0.68 | 0.38 |
| 가금 소지방 | 70 | 0.76 | 0.41 |
| 달 걀 | 70 | 0.76 | 0.41 |
| 버 터 | 10~16 | 0.64 | 0.30 |
| 우 유 | 87~88 | 0.94 | 0.60 |
| 크 림 | 75 | 0.85 | 0.50 |
| 채소, 과일 | 75~90 | 0.80~0.90 | 0.40~0.50 |

### 2) 동결시의 원료 냉동부하

냉동부하 중에서 식품에 의한 것을 원료 냉동부하(product load)라 한다. 이 냉동부하를 $Q$라 하면 그 값은 다음 식에 의해 계산될 수 있다.

$$Q=G[C(t_1-t_0)+(W\times 80)+C'(t_0-t_2)]$$

$Q$ : 원료의 냉동부하(kcal)
$G$ : 원료의 중량(kg)
$C$ : 원료의 비열(빙결점 이상, kcal/kg℃)
$C'$ : 원료의 비열(빙결점 이하, kcal/kg℃)
$W$ : 원료의 함수율(kg/kg)
$t_1$ : 원료의 평균초온(℃)
$t_2$ : 원료의 평균종온(℃)
$t_0$ : 원료의 빙결점(℃)
80 : 수분의 빙결잠열(kcal/kg)

이 식에서는 원료 중의 수분 모두가 원료의 빙결점에서 빙결하는 것으로 가정한 것이다. 그러나 실제 수분은 빙결점 이하의 넓은 온도 범위에서 빙결하므로 $Q$의 양은 근사값이다. 그 밖에 호흡을 하는 청과물이나 발효 중의 식품인 경우는 호흡열과 발효열이 발생하므로 그에 상당하는 양을 냉동부하에 가산하여야 한다.

## 3. 냉동식품의 T.T.T(time temperature tolerance)

우수한 냉동식품을 얻으려면 단순히 제조시의 예냉이나 동결온도에 주의하는 것뿐만 아니라 수송이나 저장 중의 온도에도 주의하지 않으면 품질이 저하된다. 이와 같이 냉동식품의 최종품질은 경과시간과 냉동식품의 온도에 지배된다. 이 삼자간의 관계를 수학적으로 산출한 것이 T.T.T.이다. 주로 미국 농무성에서 1948년부터 1958년까지 연구한 결과 식품의 종류, 수송이나 냉장 등의 소요시간과 여기에 필요한 품온을 밝히고 있다. 일부 식품의 T.T.T.를 보면 그림 5-5와 같은 선으로 나타나는데 이것을 품질유지특성곡선(品秩維持特性曲線)이라 부른다. 예를 들면 그림에서 1은 닭고기의 지육(枝肉)으로 -20℃에 저장하면 약 1,000일간 저장이 가능하나, -5℃로 하면 약 200일 밖에 되지 않는다. 이제 관능검사에서 처음으로 품질저하가 인식될 때의 변화량을 1로 하면, -20℃에서는 $\frac{1.0}{1000}$ = 0.001, -5℃에서는 $\frac{1.0}{200}$ = 0.005로서 이 값이 클수록 품질의 변화가 크게 되는 것이다. 이렇게 하여 냉동식품이 생산부터 해동될 때까지의 유통의 각 단계에서 온도와 시간에 대해서 이 값의 총계를 구하고 그 합계량이 1.0을 넘으면 관능검사로 품질의 저하가 인식되는 것이며 1.0 이하이면 품질이 우수하다고 보는 것이다. 한 예로 대구어육편의 T.T.T. 계산의 한 예를 보면 표 5-10과 같다.

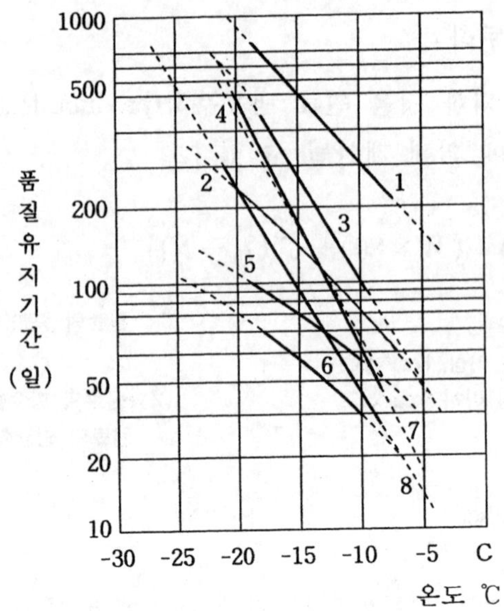


**그림 5-5 냉동식품의 품온과 품질 유지시간**

**표 5-10 T.T.T.의 계산 예**

| 번호 | 유통과정 | 온도(℃) | 시간(일) | 1일당 품질저하량 | (품질저하량×시간) |
|---|---|---|---|---|---|
| 1 | 생선자의 동결저장 | -30 | 95 | 0.00362 | 0.344 |
| 2 | 생산자에서의 도매상으로 동결 수송 | -18 | 2 | 0.011 | 0.622 |
| 3 | 도매상의 동결저장 | -22 | 60 | 0.0074 | 0.444 |
| 4 | 도매상에서 소매상으로 동결수송 | -14 | 3 | 0.016 | 0.048 |
| 5 | 소매상의 동결보관 | -20 | 10 | 0.008 | 0.080 |
| 6 | 소매상의 동결판매 | -12 | 21 | 0.018 | 0.378 |
| 7 | 소매상에서 소비자에게 동결수송 | -6 | 1 | 0.036 | 0.036 |
| 합계 | | | 192 | | 1.352 |

(계산예) 시간(저장기간)-온도(식품)-허용한도(품질 내성)의 삼각관계

예 : ① -29℃×90일(영업창고 보관), ② -18℃×2일(수송), ③ -12℃×7일(판매 stocker내) 일 때 냉동저장가능일수 (0.0028×90)+(0.0067×2)+(0.0167×7)=0.3823

$$\therefore \text{ stocker 내 저장가능일수(품질보증)} \quad \frac{(1-0.3823)}{0.06737} \fallingdotseq 37\text{일}$$

### (1) 저온유통체계

신선한 식품이나 가공식품이 생산자로부터 소비자에 이르는 동안 끊임없이 저온에서 취급되어 상온에서 보다 좋은 품질을 유지할 수 있도록 되어 있는 유통체계를 저온유통체계(cold chain system)라 한다. 특히 냉동식품의 경우는 T.T.T.의 개념에서 이것의 품질저하를 막을 필요가 있다. 그러기 위해서는 생산자에서 소비자에 이르는 과정의 냉장 수송, 판매점의 냉장이나 쇼케이스(show case) 등을 통하여 품질유지에 필요한 동결품온을 유지하지 않으면 안된다.

## 4. 식품 냉동품

식품의 저온저장에는 빙장법, 냉장법, 동결저장법 등이 있다.

### (1) 빙장법(icing)

식품과 가루얼음을 섞거나 또는 식품을 얼음물(水氷)에 담구어 저장하는 방법이다. 이 방법은 극히 간편하고 또 냉각이 빠르며, 어체 표면의 건조를 막을 수 있는 이점이 있다. 반면, 자가소화나 세균의 작용을 완전히 저지시킬 수 없으므로 수 일 내지 10일 정도의 보존 밖에 할 수 없고 얼음을 사용하기 때문에 얼음의 무게로 하층의 것이 압박되어 손상을 받는 수가 있다는 단점이 있다.

얼음은 보통 얼음 덩어리를 2~3cm 각형으로 부수어 사용하나, pack ice, rocket ice, flake ice, scale ice, tube ice, band ice 등의 특수한 모양의 얼음을 사용하는 수가 있다.

얼음의 사용량은 어종 및 크기, 빙장기간 등에 따라 다르나 일반적으로 여름에는 1일 정도의 저장에는 어체무게와 같은 양의 얼음을 사용하고, 2일 이내는 어체무게의 1.5배, 3일 이내는 약 2배 정도가 필요하다. 겨울에는 1일은 어체무게의 1/5, 2일 이내는 1/4, 3일 이내는 1/3 양이 필요하다.

얼음에 항생제, 주로 CTC(chloroteracycline)를 5ppm 정도 넣어 사용하는 수도 있다.

소금, $MgCl_2$, $CaCl_2$ 등의 수용액을 동결시킨 얼음을 염수빙(鹽水氷, brine ice 또는 minus ice)이라고 하며, 특히 포화식염수를 동결시킨 것을 공융빙(共融氷, eutectic ice)이라 하며 -21.2℃에서 녹는다. 그러므로 기한제(frezing mixture)대신에 0℃ 이하의 저온이 필요할 때 사용하는 수가 있다.

또 dry ice가 사용되기도 하는데 dry ice는 대기압 하에서 -78.5℃에서 기화되며, 이때 흡수하는 승화잠열(昇華潛熱, latent heat at sublimation)은 132kal/kg이다. 또 기화한 가스가 0℃까지 되는 데는 20kcal/kg의 열을 흡수하므로 결국 152kcal/kg의 열을 흡수하는 셈이 된다. 따라서 얼음의 융해잠열 80kcal에 비교하면 dry ice가 얼음보다 약 2배의 냉각력을 가진다.

또 dry ice가 좋은 점은 -80℃ 가까운 저온을 얻을 수 있는 점과, 녹으면 용액이 되지 않고 바로 기화하는 점이다. 또 기화한 $CO_2$ 가스가 세균에 대하여 억제적으로 작용하므로 식품의 보존성을 높일 수가 있다.

수빙법(水氷法)은 맑은 물, 바닷물, 식염수 등에 가루얼음을 넣어 온도를 0℃ 내외로 내려 그 속에 어패류를 담그어 냉각하는 방법이다. 수빙법은 간단하고 완전한 빙장법이지만 식품의 종류에 따라서는 흡수가 일어나고, 변색이나 표피조직의 손상이 있으므로 상피를 가진 어체나 과피를 가진 과실 등에 이용된다.

### (2) 냉장법(chilling, cold storage)

식품을 빙실 또는 이에 준하는 저온실에 넣어 저장하는 방법이다. 0℃ 내외의 온도에서 식품을 보장하는 방법으로, 어패류를 단기저장을 하는 경우 또는 청과류 등을 저장할 때에 이용되는 방법이다. 선어를 냉장할 때에는 먼저 빙장을 하여 빨리 어체온도를 내린 후 냉장을 하는 것이 필요하다.

가공품으로는 염장품, 건제품, 연제품, 조미 가공품 등을 냉장하는데 염장품의 경우는 -2~-4℃, 건제품의 경우는 2~4℃ 정도가 적당하며, 특히 어묵은 동결하면 제품의 탄력이 없어지고 조직이 변화하여 품질이 떨어지므로 냉장을 하는데, 동결하지 않는 온도에 보존하는 것이 좋다. 냉장실의 습도는 90~100%이고 때때로 실내의 공기를 교환하여 준다. 저장기간은 신선어의 경우에는 길어도 10일 정도이다.

### (3) 동결저장법(freezing storage)

식품 중의 수분의 대부분을 빙결시켜 저장하는 방법이다.

식품에 이용되는 동결저장법으로는 표 5-11과 같이 분류하며 다음과 같은 방법들이 있다.

#### 1) 공기 동결법( sharp freezing) 및 반송풍동결(semi-air blast freezing)

이 방법은 방열을 한 공기동결실에서 냉매가 흐르는 냉각관을 선반모양으로 조립하고, 공기의 온도를 -25~-30℃로 조절한 후 이 위에 식품을 얹어서 동결시킨다. 이 방법은 열용량이 적고 열전도가 나쁜 공기를 통하여 이루어지므로 동결속도가 늦어 완만한 동결(slow freezing)에 속한다.

**표 5-11 어패류 동결법의 분류**

어 류
1. 공기 동결법
   1) Sharp freezing 동결법
   2) Air blast freezing
2. Brine 이용 동결법
   A. 직접 접촉법
      1) Brine 직접침지법  a) Piqu'e식 동결법  b)Ottesen식  c) Bull식  d) Henderson식
      2) 적상(滴狀) brine 법 : Taylor 식
      3) 분무상 brine 법 : Zarotschenzeff 식
   B. 간접 접촉법
      1) Brine tank법  a) Cook단판식  b) Petterson식  c) Kolbe식
      2) 이매(2枚)판법 Birdseye 다판식
      3) Brine shower 식
      4) 상하 brine 유통식
      5) Belt법 - Birdseye Zarotoschenzeff 식
      6) 간이 이동식
      7) Gum bag 법

이러한 결점을 보완하기 위하여 공기 동결 실내에 송풍기를 장치하여 1.5~2m/sec 정도의 바람을 일으켜 공기를 교반하는 방법이 널리 이용되고 있다. 이 방법이 반송풍 동결법이다.

## 2) 송풍동결법(air blast freezing)

동결실은 보통 tunnel형이며, 식품을 tray rack나 conveyer 위에 얹어 tunnel 속에 넣고 식품표면에 -30~-40℃의 냉동을 3~5m/sec 속도로 불도록 하여 단시간에 동결하는 방법이다(그림 5-6).

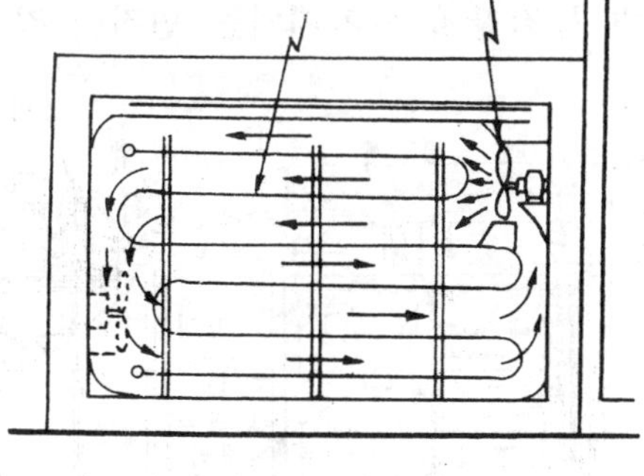


**그림 5-6 반송풍 동결장치에 있어서의 보조 송풍기**

동결의 속도는 공기의 온도가 낮을수록 빠르다. 유속은 어느 정도 이상이 되면 비례하

지 않게 된다. 어육편을 모아 무게 2.25kg와 6.75kg, 두께 5.6㎝의 크기로 하여 -28℃의 송풍동결장치 중에서 동결할 때 중심온도가 -15℃가 될 때까지 소요되는 시간은 2.25kg 경우 풍속 2.8m/sec에서 5.2시간, 19.6m/sec에서는 2.8시간이 소요되었고 6.75kg의 경우는 2.8m/sec는 7.2시간이 19.6m/sec 풍속에서는 4.9시간이 소요된다.

그림 5-7 송풍 동결장치

이 방법은 공기동결법보다 동결속도가 훨씬 빠르므로 급속동결(quick freezing)이라 할 수 있다. 송풍동결은 건조조건에 차가 있으나 -5℃ 강하하는데 고등어는 1.3~4.3시간, 오징어는 5.7시간이 소요된다.

### 3) 접촉식 동결법(contact freezing)

냉각한 금속판(flat tank) 사이에 식품을 넣고 상하로부터 밀착시켜 동결하는 방법이다. 금속판은 그 속에 직접 냉매를 흘리든가 또는 냉각한 brine과 같은 2차냉매를 흘려서 -30~-40℃로 냉각하고, 식품과 금속판 사이에는 0.1~0.2kg/cm$^2$ 정도의 접촉압이 걸리도록 가볍게 눌리면서 동결하게 한다(그림 5-8).

이 방법은 두께 3~4cm의 식품이면 1시간 반 정도에 급속동결되며, 제품의 모양이 같게 되고, 또 같은 동결능력이면 동결장치가 차지하는 면적이 작은 것들이 장점이다.

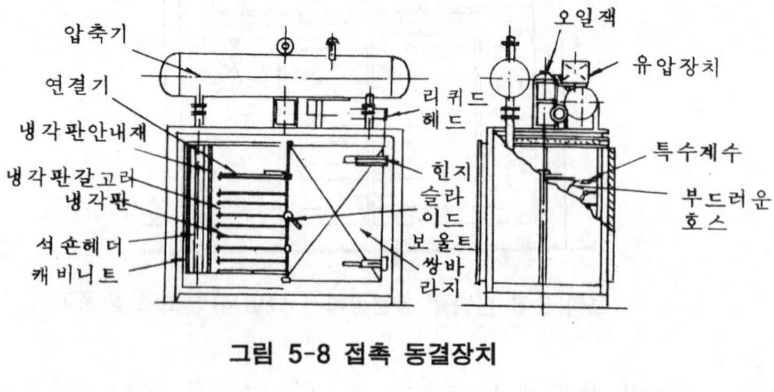


그림 5-8 접촉 동결장치

### 4) 침지식 동결법(immersion freezing)

식염수, $CaCl_2$, $MgCl_2$, $CH_3OH$, propylene glycol 등과 같은 brine은 공정(共晶)점이 낮아서 일종의 부동액이다. brine을 -16~-95℃로 냉각하여 그 중에 식품을 침지하여 급속히 동결하는 방법이다. 이 경우 brine이 식품 내로 침입하므로 미리 포장할 필요가 있다.

### 5) 액체질소 동결법(Liquld nitrogen spray freezing)

액체질소는 -195.8℃에서 기화하는데 이러한 액체질소를 식품표면에 직접 살포하면 종전의 급속동결법의 약 10배의 동결속도를 얻을 수 있다. 이러한 급속동결에 의하여 제품의 품질이 향상되는 것은 물론이고 필요에 따라 개체 한 개씩을 동결하여 이용할 수 있는 이른바 IQF식품(개체동결식품, individually quick forzen food)에 사용이 가능하다. 이 동결법은 현대 유전공학, 의학,농학분야 등에서 종자, 조직, 혈액 등의 동결보존에 사용된다.

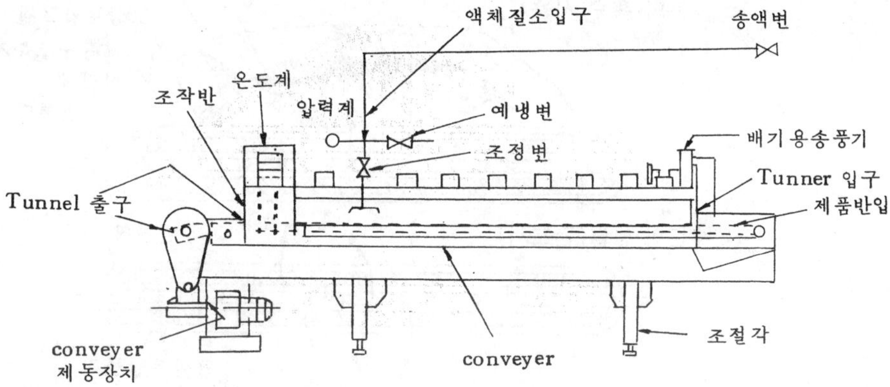


그림 5-9 액체질소 freezer

### 6) 부분동결법(partial freezing, super chilling or light freezing)

부분동결법은 피동결물을 -2~-10℃ 범위에서 저장하는 방법으로 이 방법에서는 어체 수분의 일부가 동결하기 때문에 부분동결 또는 초냉각이라 한다.

종래 수산물을 이 온도부근에 저장하는 것은 대형의 빙결정이 생성되어 조직의 기계적 손상, 단백질의 변성이 일어나 품질유지에 좋지 않은 것으로 여겨져 왔다. 그러나 어획물은 1~2주간 정도 보장하는 경우에는 -3℃의 동결상태에 보관하는 것이 -10℃ 또는 -15℃에서 동결하는 것보다도 해동시의 품질이 양호하여 그 유용성에 관한 인식이 높아져 가고 있다.

### 7) 저온삼투압 탈수동결법

식품냉동분야에서는 옛부터 탈수동결법이 과실에 대하여 사용되어 왔다. 즉, 과실을 고농도의 시럽에 침지하여 탈수시킨 후 동결하면 조직의 파괴를 어느 정도 막을 수 있었다. 그러나 최근에 탈수시트에 의해서 어류를 선어상태로 저온에서 탈수시켜 동결시키는 탈수동결법이 이용되고 있다.

이 방법은 어패류를 탈수 동결하여 거의 선어상태로 저장할 수 있는 효과가 있어, 그 보급이 확대되고 있다.

① 탈수시트의 구조와 기능

탈수시트의 구조는 그림 5-10과 같이 시트의 검은 부분은 고삼투압물질을 나타내며 그 중간에 고흡수고분자 화합물이 들어 있다. 이것을 반투막이 둘러싸고 있는 구조를 하고 있다.

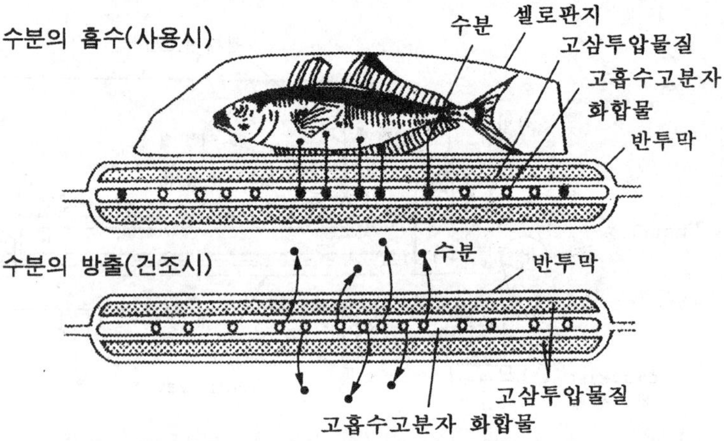


그림 5-10 탈수시트의 구조와 기능

탈수시트에 그림과 같이 어류를 접촉시키면 삼투압의 차이에 의하여 삼투압이 낮은 어류로부터 탈수시트편으로 수분이 이동한다. 그리하여 수분은 고흡수 고분자 화합물에 흡수되어 어류의 표면은 살아서 건조된 것 같은 상태가 된다. 이때 어류를 탈수시트에 직접 접촉시키면 달라붙기 때문에 물만을 통과시키는 내수성 반투막 셀로판지를 시트 위에 놓고 그 다음에 어류를 올려 놓는다. 이러한 기능의 탈수시트는 사용 후 건조하면 10~20회 재사용이 가능하다고 한다.

② 효 과

탈수시트의 구조와 기능에 의해서 자유수가 제거되므로 동결에 의한 단백질 변성이 억제되고 드립량이 감소되며 육색(肉色)의 개선효과가 있다. 또 탈수에 의하여 최대빙결정 생성대의 통과시간이 단축되며 그 후의 온도저하도 신속히 일어난다. 탈수율은 제품을 탈수시트에 방치하는 시간이 길고 온도가 높을수록 높아진다. 그러나 방치온도가 높으면 제품의 품질변화가 일어나므로 0~5℃ 정도의 냉장실에서 작업하는 것이 좋다.

# Ⅳ. 수산냉동품의 제조기술

## 1. 수산냉동품의 일반제조법

수산냉동품의 제조공정도는 그림 5-11과 같다.

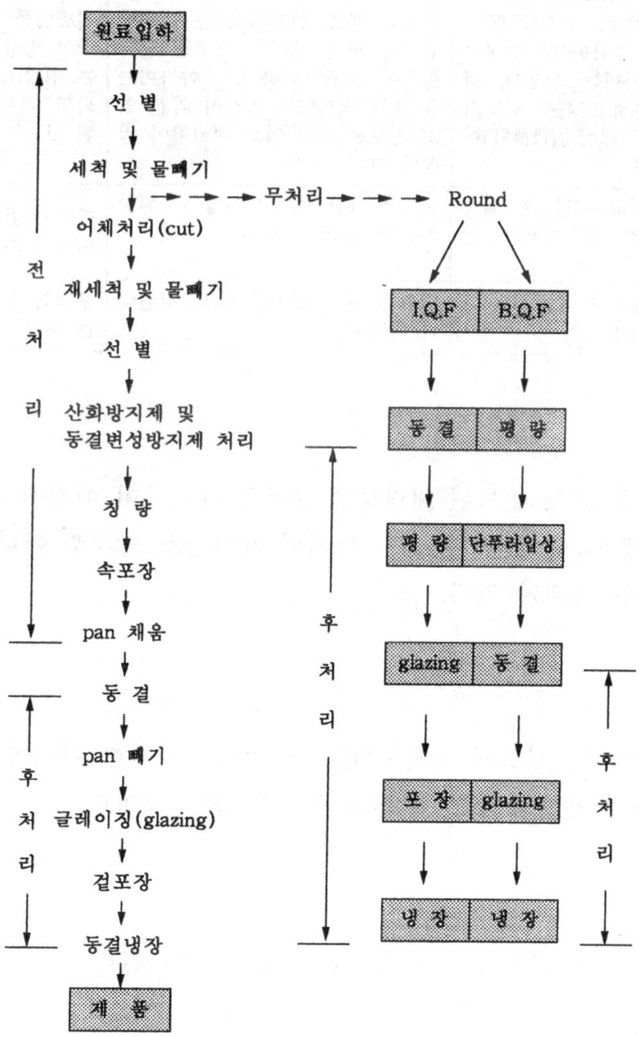


그림 5-11 수산물 냉동식품의 제조공정

### (1) 원료

원료어는 선도가 양호한 것을 사들여야 하며 원료의 취급은 어체 사후경직 시간을 좌우하므로 선도 양호한 어체에 대하여 다음 사항을 지켜야 한다.

① 원료어는 0~5℃의 온도에 보존함으로서 방치시간을 최소한으로 단축할 것이며 또한 직사광선을 피하고 ② 원료어의 세척용수 역시 5℃ 이하의 수온을 유지하도록 하여야 하며 ③ 원료어의 취급(반업, 적재, 이송, 세척 등)은 소중히 다루어야 한다.

제품을 만들기 위한 원료어의 선도식별방법은 표 5-12와 같다.

**표 5-12 원료어의 선도식별방법**

| 구분 | 선도 양호 | 선도 보통 | 선도 불량 |
|---|---|---|---|
| 외판 | 고유의 색조, 반문(斑紋)은 뚜렷하고 생생한 빛, 안구는 투명, 아가미는 선홍색, 점막은 투명하고 복부 경도가 충분하고 배설항(排泄肛)이 정상인 것 | 고유의 색조, 반문(斑紋)은 뚜렷한 편이나 빛이 약하고 안구는 혈액 침윤이 조금 나타나고 아가미는 홍 또는 적색이며 점성이 약간 있고 복부는 조금 연화 배설향이 정상인 것 | 색조반문이 회색불명하고 세균질 점막이 형성되고 부분적으로 건조안구는 침탁(浸濁), 아가미는 부분적으로 퇴색, 복부는 연화되고 내장이 유출된 것 |
| 조직 | 탄력이 있고 지압 후 원상복귀가 빠르고 어체가 잘 휘어지지 않는것 | 탄력은 약간 있으나 지압 후 원상복귀가 느리고 어체가 휘어지는 것. | 탄력이 없고 지압 후 흔적이 남으며 비늘이 거의 붙어있지 않은 것 |
| 냄새 | 신선한 해조취 또는 시원한 바다 냄새가 나는 것. | 냄새가 거의 없거나 약한 비린내가 나는것. | 부패취 또는 암모니아 냄새, 아가미는 이상 악취가 나는 것 |

### (2) 세척

원료어는 맑은 물 또는 소독된 바닷물로 충분히 세척하여 어체에 부착된 어물, 점액, 혈액 등을 깨끗이 제거하여야 한다. 이는 어체의 표면건조 방지뿐 아니라 세균번식 및 악취의 원인을 제거하는 효과가 있다.

### (3) 선별

선별은 대·중·소별 선도별 정파품별(正破品別)로 정확히 하여야 한다. 이는 상품가치를 높이고 거래를 용이하게 하는 데 크게 도움을 주는 것이다.

### (4) 처리

동결처리 형태 및 처리방법, 적용 어류명은 표 5-13과 같다.

표 5-13 냉동어의 처리방법별 분류

| 명 칭 | 처리 방법 | 적용 어류명 |
|---|---|---|
| Whole round | 원형 그대로인 것 | 삼치, 방어, 고등어, 꽁치, 가자미, 조기, 병어, 준치, 졸복, 오징어 등 |
| Semi-dress | 내장, 아가미 제거한 것 | 북어류, 광어, 가자미 등 |
| Dress | 머리, 내장(비늘)제거한 것 | 연어, 송어, 대구, 상어, 아귀 등 |
| Pan dress | dress에서 지느러미 제거한 것 | 아귀 등 |
| Fillet | dress를 배골(背骨)을 따라 두텁고 평평하게 제거하여 육편으로 처리한 것 | 명태, 보리면, 쥐치, 학꽁치, 붕장어 아귀, 고등어, 상어, 도루묵 |
| Chunk | 육괴(肉塊)를 "dice" 형으로 네모지게 절단한 것 | 참치, 경육 |
| Steak | dress한 것을 수직으로 윤절(輪切)한 것 | 참치, 연어, 송어, 삼치 |
| Stick | fillet block을 세절하여 각봉형(角棒型)으로 한 것 | 명태 |

## (5) 세척

절단 손질하여 처리된 어체는 세척하여 피, 내장 등 잡물질을 깨끗이 제거하여야 하며 충분히 물기를 빼서 다음 공정인 평량에 지장이 없도록 한다.

## (6) 평량

처리를 마친 것은 일정량씩 평량하여 금속제의 냉동팬(freezing pan)에 담아(이것을 panning이라고 함) 동결하게 된다. 원료에 따라서는 냉동팬에 담기 전에 plastic film으로 포장하여, 동결 후의 glazing을 생략하고 carton box 등에 담는 수가 있는데 이것을 raw pack라고 한다. 동결에 있어서 일반적으로 대형의 식품은 개체별로 하나 하나 개체동결(individually freezing 또는 single freezing)을 하나 소형식품은 여러 개를 모아 집괴동결(集塊凍結, block freezing 또는 cake freezing)을 한다. 또 해동시의 drip을 고려하여 적당한 여량을 넣는다.

## (7) Panning(Pan 살재임)

Pan 살재임은 품종별 특성을 살려 외관상의 상품가치를 돋보일 수 있도록 하여야 하며 살재임시 각단(各段)마다 poly ethylene sheet를 깐다(fillet block 살재임시).

## (8) 동 결

동결은 contact freezer나 air blast 동결실을 사용하여 -35～-40℃ 이하에서 급속동결을 하여야 하며 동결이 완료된 후 어체 중심온도가 -20℃ 이하인 것을 확인 후 출고하여야 한다.

## (9) Depanning(脫 pan)

전처리를 마친 어패류를 냉동팬에 담아 일정한 형상으로 동결한 것을 보통 cake라고 하며, cake를 팬으로부터 이탈시키는 작업을 depanning(탈팬)이라 한다. 표면에 호스로 물을 뿌리든가 또는 탱크 중의 흐르는 물에 30~60초 동안 담갔다가 건져 올려 거꾸로 하여 가볍게 충격을 주면 빠진다. 용수는 맑은 물 또는 바닷물을 사용하며, 용수온도는 10~20℃, 실내온도는 5~10℃가 적당하다.

### (10) Glazing(氷衣)

동결화된 제품은 0~2℃ 정도의 상수도물에 담갔다가 꺼내(약 5초) 전체에 완전히 빙의를 입힌 후 2차 glazing을 실시한다. 동결식품을 냉수 중에 수초동안 담갔다가 건져 올리면 부착한 수분은 곧 얼어 붙어 표면에 얼음의 박막이 생기는데 이것을 glaze(빙의)라고 하며, 이 빙의를 입히는 작업이 glazing이다. glazing은 동결식품을 공기와 차단하여 건조나 산화를 막기 위한 보호처리이다.

glazing을 하는 실내온도는 -5~-10℃, 용수의 온도는 1~3℃, 동결식품의 온도는 -15℃ 이하인 것이 적당하다. glazing의 회수는 한 번만으로는 부족하며, 용수 중에 3~6초 동안 담그는 처리를 2~3회 반복하여 무게로 3~5%, 두께로 2~7mm 이상의 glaze가 붙도록 하여야 한다.

동결식품에 부착한 빙의는 무색 투명하고 고르게 또 단단하게 붙어 있어야 한다. 작업을 간편하게 하기 위하여 같은 탱크의 물에 1회의 침지로 depanning과 glazing을 동시에 겸하는 수가 있으나 이렇게 하면 depanning은 되어도 빙의는 잘 되지 않으므로 각각 별도로 하도록 하여야 한다. 용수는 맑은 물이 원칙이나 바닷물도 사용할 수 있다. 단, 바닷물은 맑은 물에 비하여 같은 조건에서 부착량이 70~80%로 떨어지고 약간 불투명하여지며 또 동결식품에서 벗겨지기 쉬운 결점이 있다. 그러나 바닷물의 동결점은 약 -2℃이므로 0~-1℃ 정도로 온도를 내리면 부착량도 거의 같게 된다. 또 바닷물 빙의를 무색 투명하게 하기 위하여 propylene glycol을 5~7% 정도 섞으면 효과가 있다. 한편 바닷물 빙의는 균열과 보관중에 증발이 적은 장점이 있다. 빙의를 동결식품에 두텁게 단단하게 부착시키기 위하여 용수에 호료(糊料)를 녹여 사용하는 수가 있는데 이것을 호료 glazing이라 한다. 즉 gelatin, 전분, CMC(sodium carboxymethylcellulose), 알긴산 등의 약 1% 용액을 사용한다. 이 호료 glazing을 하면 같은 조건에서 하는 맑은물이나 바닷물 glazing보다 2~3배 많은 양의 glaze가 부착한다.

또 면실유와 같은 식용유를 동결식품의 표면에 도포하는 oil glazing도 있고, 산화방지제를 용액으로 첨가하는 경우도 있다.

빙의는 냉동보관 중에 증발하든가 또는 균열이 생기므로 적당한 시기에 재(再) glazing(reglazing)을 하여야 한다. 일반적으로 3% 정도의 glaze를 붙여 -15℃에 보관하고 있는 동결식품이면 3개월만에 한번 정도 재(再)빙의 하는 것이 좋다.

### (11) 포장

Glazing이 끝난 후 0.03m/m~0.05m/m poly ethylene bag에 넣어 sealing 후 carton bag에 넣어 포장한다. 내포장 및 외포장시는 규격표시를 하여야 한다.

### (12) 냉장

완전포장된 제품은 -18℃ 이하(최고온도 차이 ±2℃)에 냉장보관하여야 한다.

일반적으로 동결어류의 어종과 저장기간에 따른 냉장보관의 온도기준을 표시하면 표 5-14와 같다.

**표 5-14 냉장보관의 기간과 온도**

| 냉장기간 | 냉장 온도 | |
|---|---|---|
| | 지방이 많은 어류 | 지방이 적은 어류 |
| 3개월 이내 | -10℃ 이하 | -5℃ 이하 |
| 3~6개월 | -10 ~ -15℃ | -5 ~ -10℃ |
| 6~9개월 | -15 ~ -20℃ | -10 ~ -15℃ |
| 9~12개월 | -20 ~ -25℃ | -15 ~. -10℃ |
| 12개월 이상 | -25℃ 이하 | - 20℃ 이하 |

또 국제냉동협회(1959)에서 권장하고 있는 동결식품의 냉장온도의 기간을 보면 갑각류의 경우는 다음과 같다.

닭새우, 게는 -18℃에서 2개월, 새우는 -18℃에서 6개월, 굴은 -18℃에서 2~4개월, 가리비패육, 바지락은 -18℃에서 3~4개월이다. 장기보관에 있어서는 온도를 될 수 있는 한 낮게 하여야 하는 것은 물론이고, 온도의 상하변동이 적도록 하여야 한다. 온도의 상하변동은 -18℃에 있어서는 1℃가 허용한도라고 보면 좋다.

냉장실은 보통 6~7%의 통로를 제외하고는 동결식품을 퇴적할 수가 있는데, 수용량을 보면 일반적으로 동결어의 경우는 0.4톤/m, 동결경육에서는 0.7톤/m, 얼음의 경우는 0.75톤/m 정도이다.

## 2. 수산냉동품의 규격

대표적인 수산냉동품의 규격을 소개하면 표 5-15에서 보는 바와 같다.

**표 5-15 수산냉동품규격 일람표**

| 품 명 | 크 기 (Count) | | 가공처리방법 | 포 장 |
|---|---|---|---|---|
| ① 꽁치(식용)<br>Round | EL<br>L<br>M<br>S | 41-45/7.5kg<br>46-50<br>51-55<br>56-60 | ① C/T box 또는 단푸라 에이스에 입상하여 B/L동결<br>② 동결단위 7.5kg B/L으로 함 | 7.5kg C/T box 또는 단푸라에이스 입상 동결 후 pad를 덮음 |
| 꽁치(사료용)<br>Round | L<br>M<br>S | 101-100/10kg<br>111-120<br>121-130 | ① C/T box 또는 단푸라 에이스에 입상하여 B/L동결<br>② 10kg B/L으로 동결 | 10kg C/T box 또는 단푸라에이스 입상 동결 후 pad를 덮음 |
| ② 학꽁치<br>Round | L<br>M<br>S | 10 이하/kg<br>11/15-16/20<br>21/25-26/30 | ① 1kg B/L으로 동결 | 1kg B/L poly bag 내포장<br>20kg G/T box 외포장 |
| 학꽁치<br>Fillet | L<br>M<br>S | 31-45/kg<br>46-60<br>61-75 | ① Fillet 할 경우 배를 절개하고<br>② panning할 경우 각단마다 P.E. shect를 깐다.<br>③ 1kg B/L으로 동결 | 위와 같음 |
| ③ 졸 복<br>Round | L<br>M<br>S<br>SS | 10-20/10kg<br>21-30<br>31-40<br>41-50 | L.M size는 I.Q.F<br>S.SS size는<br>B.Q.F 10kg B/L으로 동결 | L.M size는 미별 P.B개체포장후 20kg C/T box외포장 S.SS. size는10kg P.B. 내포장 후 20kgC/T box 포장 |
| ④ 삼 치<br>Round | L<br>M<br>S | 1.6-2kg/미<br>1.0-1.5<br>0.8-1.0 | 미별 개체동결하고 동결시 외피손상에 주의 | 개체별 P.B 내포장<br>20kg C/T box 외 포장 |
| ⑤ 갑오징어<br>Fillet | L<br>M<br>S<br>SS | 10이하/kg<br>11/15-16/20<br>21/25-26/30<br>31-40 | ① count 1-20까지는 개체동결<br>count 21-40까지는 B/L 동결 | 1kg 단위 P.B 내포장<br>20kg C/T box 외포장 |
| ⑥ 붕장어<br>Fillet | L<br>M<br>S | 1/5-6/10<br>11/15-16/20<br>21/25-26/30 | ① fillet할시 배 또는 복 절개<br>② panning시 각 단마다 P.E. sheet을 깐다. 3.1kg block으로 동결 | 위와 같음 |

| 품 명 | 크 기 (Count) | 가공처리방법 | 포 장 |
|---|---|---|---|
| ⑦ 보리멸<br>Fillet | L 31-40/kg<br>M 41-50<br>S 51-60<br>SS 61/70-71/80 | ① Fillet할시 배을 절개<br>② panning 각 단마다 P.E. sheet을 깐다.<br>③ 1kg B/L으로 동결 | 1kg 단위 P.B 내포장<br>20kg C/T box 외포장 |
| ⑧ 중 하<br>P.D.T<br>off | L 100 이하/LB<br>M 101/150-151/200<br>S 201/250-251/300 | 1kg B/L으로 동결 | 위와 같음 |
| ⑨ 독새우<br>P.D.T off | L 100 이하/LB<br>M 101/150-151/200<br>S 201/250-251/300 | 1kg B/L으로 동결 | 위와 같음 |
| ⑩ 대 하<br>Shellon | EL 8 이하/LB<br>L 8-12<br>M 13-15<br>S 16-20<br>SS 21/25-26/30 | 2kg block으로 동결 | 2kg 단위 P.B 내포장<br>20kg C/T box 외포장 |
| ⑪ 보리새우<br>Round | 4-6<br>ELL<br>6-8<br>M<br>8-12<br>S<br>13-15<br>SS<br>16-20 | 1kg B/L으로 동결 | 1kg 단위 P.B 내포장<br>20kg C/T box 외포장 |
| Shellon | 6-8<br>ELL<br>8-12<br>M<br>13-15<br>S<br>16-20<br>SS<br>21/25-26/30 | 1kg B/L으로 동결 | 위와 같음 |
| ⑫ 병 어<br>Round | L 0.5-0.6kg/미<br>M 0.4-0.5<br>0.3-0.4 | 미별 개체동결 | 개체별 P.B 포장<br>20kg C/T box 외포장 |
| ⑬ 준 치<br>Round | L 0.5-0.7kg<br>M 0.4-0.5<br>S 0.3-0.4 | 미별 개체동결 | 위와 같음 |
| ⑭ 골뱅어<br>Fillet | L 31-45/kg<br>M 46-80<br>S 81-120 | ① 개체 동결 | 1kg 단위 P.B 내포장<br>20kg C/T box 외포장 |
| ⑮ 패 주<br>Fillet | L 21-30/kg<br>M 31-50<br>S 51-70<br>SS 71 이상 | ① 개체 동결<br>② 처리과정중 장기간 bleaching 하면 해동후 균열이 생김 | 20kg C/T box 외포장 |
| ⑯ 새조개<br>Fillet | L 100 이하/kg<br>M 101-100<br>S 151-200<br>SS 201-300 | ① 자숙하여 1kg B/L으로 동결 | 위와 같음 |

| 품 명 | 크 기 (Count) | 가공처리방법 | 포 장 |
|---|---|---|---|
| ⑰ 개량조개<br>Fillet | EL 100-150/kg<br>L 151-200<br>M 201-250<br>S 251-300<br>SS 301-400 | 위와 같음 | 위와 같음 |
| ⑱ 반지락<br>Fillet | L 200-300/kg<br>M 301-400<br>S 401-600<br>SS 601-900 | ① 자숙 또는 RAW로 1kg B/L으로 동결<br>② 토사시킨 것(식용)과 토사시키지 않는 것(비식용)의 2가지가 있음 | 위와 같음 |
| ⑲ 검자지복<br>Semidress | L 1kg이상/미<br>M 0.8-1<br>S 0.6-0.8 | ① 미별개체동결<br>② 알 및 내장에 극독성분 함유 폐기시 요주의 | 미별개체 P.B 내포장<br>20kg C/T 외포장 |
| ⑳오징어(식용)<br>Round | L 18-20/7.5kg<br>M 21-22<br>S 23-25<br>SS 26-30 | ① C/T box 또는 단부라에이스에 입상하여 B/L으로 동결<br>② 7.5kg B/L으로 함 | 7.5kg C/T box 또는 단부라에이스에 입상동결후 pad를 덮음 |
| ㉑ 도루묵 | L 41-50/kg<br>M 51-60<br>S 61-70 | ① fillet시 배를 절개하고<br>② panning 할시 각단마다 P.E sheet를 깐다.<br>③ 1kg B/L으로 동결함 | 1kg 단위 P.B 내포장<br>20kg C/T box 외포장 |
| ㉒ 분홍새우<br>P&Tail<br>on off | L 101-180/kg<br>M 181-280 | ① 개체동결 또는 B/L으로 동결 | 위와 같음 |
| ㉓ 쥐 치<br>Fillet | L 21/30-31/40<br>M 41/50-51/60<br>S 61/70-71/80 | ① 가운데 뼈를 중심으로 양쪽으로 포를 뜬다.<br>② panning할시 각단마다 P.E sheet를 깐다.<br>③ 1kg B/L으로 동결 | 1kg 단위 P.B 내포장<br>20kg C/T box 외포장 |
| ㉔ 갈가자미<br>(Yanakimushkarei) Round or Semidress | L 230-gr 이상/<br>M 150-230<br>S 80-150<br>80 이하 | ① 10kg B/L으로 동결<br>② 포란한 것과 무란의 것을 구별하여 제품한다. | 10kg 단위 P.B 내포장<br>20kg C/T box 외포장 |
| ㉕ 꽃 게<br>Round | L 400gr 이상/<br>M 351-400<br>S 301-350<br>SS 250-300 | 미별개체동결 | 1kg poly bag 내포장하여 10kg내 C/T box 외포장 |
| ㉖ 용서대<br>Semidress | LL 1200-1500/미<br>L 1000-1200<br>M 700<br>500 | 미별개체동결 | 미별 poly bag 내포장 후 20kg 내 C/T box 외포장 |
| ㉗ 소라고동<br>Fillet | S 10 이하/kg<br>LL 11-20<br>L 21-30<br>M 31-50<br>S 51-70 | LL.L.M은 개체동결<br>S.SS는 B/L 동결 | 10kg 단위 P.B 내포장<br>20kg C/T box 외포장 |

| 품 명 | 크 기 (Count) | 가공처리방법 | 포 장 |
|---|---|---|---|
| ㉘ 홍 합<br>Fillet | L 50 이하/kg<br>M 51-75<br>S 76-100<br>SS 100 이상 | 1kg B/L 동결 | 위와 같음 |
| ㉙ 아 귀<br>Fillet | LL 1kg-1.5kg/미<br>L 700-1000<br>M 500-700<br>S 300-500<br>SS 150-300 | I.Q.F 동결 | I.Q.F 미별 P.B 내포장하여<br>20kg 들이 C/T box 외포장 |

* P.B=Polyethylene Bag. ο PDT=Piece dress Tail 066 Piece

## 3. 각종 수산냉동품의 제조

### (1) 냉동새우

냉동새우(大正새우 및 보리새우)는 무두제품(無頭製品)과 유두제품(有頭製品)으로 나누어 만드는데 무두제품의 경우는 머리와 껍질을 제거하는 공정이 있는 것이 유두제품의 경우와 다르고 그 나머지 제조공정은 모두 수산냉동품의 일반 제조공정을 따른다.

#### 1) 제조 방법

① 원료

제품의 원료는 선도가 좋은 것을 사용하여야 하며 선도의 식별 방법은 표 5-16과 같다.

**표 5-16 새우의 선도 식별**

| 구분 | 선 도 양 호 | 선 도 보 통 | 선 도 불 량 |
|---|---|---|---|
| 외관 | 고유의 색조, 반문(斑紋)이 뚜렷하고 빛이 생생한 것 | 색조반문은 뚜렷하나 빛이 약하고 두 흉부의 변질이 약간 빠진 것 | 두 흉부는 황갈색으로 변하고 다리, 관절, 꼬리부분이 흑변한 것 |
| 조직 | 탄력이 있고 동체(胴體)가 잘 휘어지지 않는 것 | 탄력은 약간 있으나 동체(胴體) 가 휘어지는 것 | 탄력이 없는 것 |
| 냄새 | 신선한 해조취가 나는 것. | 냄새가 거의 없거나 약한 비린내가 나는 것 | 암모니아 또는 부패취가 나는 것 |

새우류는 빙장중이나 동결 냉장중 두흉부, 다리관절, 꼬리부분에 흑변이 일어날 때가 있다. 빙장중의 흑변을 방지하려면 세균의 발육을 억제해야 하는데 저온보관과 산소의 접촉을 피하여 0℃의 빙수 중에 깊게 담그고 자외선의 영향을 적게 하기 위해서는 직접 햇빛

을 받지 않게 하여 산화효소의 작용을 억제토록 하여야 한다. 이것은 원료의 선도 유지를 위한 중요한 방법이다.

② 세척

세척 조작은 동결후의 품질에 큰 영향을 미치므로 강제용기(鋼製容器)에 새우를 넣어 tank 중에서 흐르는 맑은 물로 교반하면서 수회 세척한다. 이것은 흑변방지의 효과가 있으며 다리부분의 모래나 뻘, 기타 이물질이 완전히 제거되어야 한다.

③ 머리 가슴 제거

머리 가슴부를 제거하는 제품(headless, shellon)을 처리할 때 새우는 머리 가슴부에 있는 피 및 내장 효소에 의해 선도가 급격히 떨어지므로 머리부분은 신속히 제거하여야 한다. 머리 가슴부를 제거할 때는 앞다리 부분의 육의 손실이 없도록 엄지와 검지로 새우의 목을 잡아 조이는 것 같이하며 머리 가슴부를 제거하여야 하며 비틀거나 잡아당기는 것은 안된다.

이 공정은 수율에 영향을 미치므로 신속하고도 정확히 해야 한다.

또 봄철의 대하새우는 알(卵)을 가지므로 이를 제거(devein)하여야 하는데 핀셋으로 동체(胴體) 앞 부분에 보이는 알이 든 부분 내장을 뽑고 3번째 관절 속으로 핀셋을 넣어 나머지 내장을 제거한다.

④ 세척

머리 가슴부를 제거한 새우는 동체(胴體)에 남은 피를 물에서 수회 교반하면서 깨끗이 제거해야 한다. 피가 제거되지 않으면 세균에 의해 분해 생성된 수용성 색원물질(色原物質)이 피 속의 산화효소에 의해 산화되어 흑색색소 melanin이 생성된다. 이것이 흑변 현상이다.

⑤ 선별

단위당 중량(kg 또는 lb)에 따른 크기를 구별한다(표 5-17). size의 선별에 있어서는 동급에서 개개의 새우의 크기에 심한 차이가 있어서는 안된다.

**표 5-17 크기 및 규격**

| 국제규격 (1b당) | 6 / 8 | 8 / 12 | 13 / 15 | 16 / 20 | 21 / 25 | 26 / 30 | 31 / 40 |
|---|---|---|---|---|---|---|---|
| 2kg당 마리수환산 | 이하 / 35 | 36 / 53 | 54 / 66 | 67 / 88 | 89 / 110 | 111 / 132 | 133 / 176 |
| 실제작업시 | 이하 / 35 | 46 / 48 | 56 / 60 | 76 / 80 | 94 / 100 | 114 / 120 | 136 / 144 |

선별이 끝난 새우는 ascorbic acid 0.5% 수용액 중에서 5~10분 침지 후 수절(水切)하여

평량한다. 이것은 산화효소의 활성화로 인한 흑변방지를 위함이다.

⑥ 평량(秤量)

평량만을 위한 전담원을 두어 저울을 수시 조정, 점검, 평량하고 직원이 이를 감독 확인하여야 한다. 세우는 충분히 수절(水切)하여 평량시 물에 의한 중량 차이가 있어서는 안된다.

1kg 또는 2kg씩 평량할 때는 해동시(解凍時)의 drip을 고려하여 약 3%의 여량(余量)을 넣는다(여량은 선도에 따라 조정한다).

⑦ Panning(pan 살재임)

평량된 새우는 pan의 상단과 하단에는 꼬리를 안쪽으로 하여 두 줄로 나란히 놓고 중단은 평평하게 정열하여 놓는다.

상단과 하단, 중단에 나란히 두 줄로 놓을 경우에는 꼬리가 되도록 보이지 않게 몸으로 가리운다.

⑧ 동결

Contact freezer을 사용하여 신속히 동결토록 하고 완전 동결후 출고 하여야 한다(어체 중심온도 -20℃ 이하).

⑨ 주수(注水)

이 공정은 처리형태에 따라 생략될 수도 있다. Wet Pack이라고도 한다. 동결된 새우를 출고하여 냉각수를 동결 pan에 주입한다.

⑩ 동결(8번과 동일)

⑪ 포장

동결 출고된 새우는 0~2℃ 정도의 glazing 용수에 1차 glazing을 하고 완전히 빙의가 입혀진 후 2차 glazing을 한다. 이때 Glazing 용수를 0.5% ascorbic 수용액으로 하여 사용한다.

그레이징이 끝난 후 0.03~0.05m/m poly ethylene bag에 넣어 sealing 후 inner carton에 넣고 다시 master carton(20kg 들이)에 넣어 포장한다. 내포장과 외포장에는 반드시 규격 표시를 하여야 한다.

⑫ 냉장

완전 포장된 제품은 -25℃ 이하(최고 온도차이 ±2℃)에 냉장보관하여야 한다.

2) 냉동새우의 품질표준

제조된 냉동새우는 표 5-18와 같은 품질을 가지고 있어야 한다.

**표 5-18 새우류 냉동품 품질표준**

| 항목 | 표 준 |
|---|---|
| 형태 | ① Round 제품은 고유의 형태를 가지고 손상과 변형이 없을 것<br>② Shellon P&D 제품은 절단, 제거 손질이 잘 되어 있을 것 |
| 색택 | ① 고유의 색택을 가지고 있을 것<br>② 건조에 의한 회백색을 띄지 않을 것<br>③ 황변이나 흑변이 없을 것 |
| 선도 | ① 유화수소취($H_2S$) 암모니아취 기타 이취가 없을 것<br>② 휘발성 염기질소가 시료 100gr 당 20mg을 초과하지 아니할 것 |
| 선별 | ① 크기가 대체로 균일하고 표시 count에 부합될 것<br>② 다른 종류가 혼입되어 있지 아니할 것 |
| 잡물 | ① 모래, 혈액기타 잡물이 부착되어 있지 안니할 것 |
| Glazing | ① 투명하고 건조를 방지할 수 있을 정도로 충분히 glazing 할 것 (두께 2m/m) |
| 온도 | ① 제품의 중심온도가 -20℃ 이하될 것 |
| 생균수 | ① 시료 1gr당 $10^5$ 이하일 것 |
| 위해물 | ① 인체에 해로로운 물질을 함유하지 아니할 것 |

## (2) 조리냉동식품

반조리 또는 완전 조리한 식품을 동결한 것으로 구미재국에서는 그 종류가 수 백 종류 이상에 달하여 식품 냉동분야에서 큰 비중을 차지하고 있다. fish stick, meatpie, croquette, fish burger 등이 대표적이다.

1) Fish stick

① fish stick

불가식부분을 제거한 어육편을 냉동팬에 채워 contack freezer에 넣어 밀착동결시킨 두터운 판상의 동결육괴를 fish block이라 한다. 이 fish block을 절단하여 큰 각봉상(角捧狀)으로 한 것은 fish bar라 하고, fish bar를 일정한 두께로 작게 절단한 것을 fish stick 이라 한다. fish stick은 그대로 glazing을 하여 냉동식품으로 포장하는 외에 다음과 같은 조리식품의 원료로도 사용한다.

② breaded stick(빵가루 묻힌 스틱)

Fish stick을 밀가루 등을 물에 풀은 반죽, 즉 battering mix에 담가 밀가루반죽을 무치는 것을 battering이라 한다. Battering 한 것은 곧 조제빵가루(breading mix)을 무치는데 이것을 breading이라 한다.

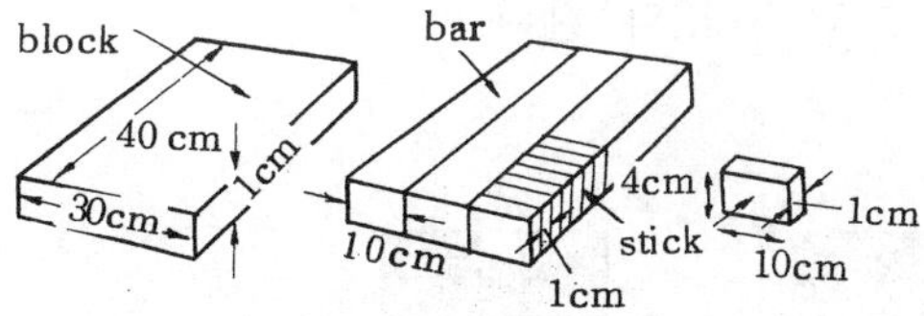


그림 5-12 fish block, bar, stick

Battering 한 것이 얼면 조제빵가루의 부착이 잘 안되므로 breading은 속히 하여야 한다. 미국에서 사용되고 있는 battering mix와 breading mix의 예를 들면 표 5-19 및 표 5-20과 같다.

Stick은 battering 및 breading에 의하여 무게가 약 35~50% 정도 늘어난다. 이 증량하는 비율은 mix의 배합비율이나 가루입자의 크기에 따라 달라지므로 이러한 조건을 일정하게 하는 것이 필요하다. breading을 마친 것은 일정한 개수를 지함(紙函)에 넣어 -20℃에 냉장한다.

표 5-19 battering mix

| 재 료 | 배합율(%) |
|---|---|
| 밀 가 루 | 72.30 |
| 소 금 | 1.00 |
| baking powder | 1.70 |
| 건조계란 | 8.15 |
| 탈지분유 | 6.00 |
| shortening 유 | 9.00 |
| sodium glutamate | 1.85 |

*배터링 믹스 : 물 = 1 : 1.5

표 5-20 breading mix

| 재 료 | 배합율(%) |
|---|---|
| 밀 가 루 | 40.00 |
| 건조계란 | 10.00 |
| 탈지분유 | 2.50 |
| 소금 | 1.00 |
| cracker 가루 | 45.85 |
| sodium glutamate | 0.65 |

③ fried stick

Braded stick을 기름튀김을 하여 냉풍으로 냉각한 다음 freezing tunnel에서 동결하여 포장하든가, 또는 포장하여 contact freezer로 급속동결한 것이다.

튀김용의 기름은 주로 shortening유가 사용되며, 190℃에서 2분간 정도 튀김을 한다. 튀김 전후의 무게 변화는 원료 및 mix의 종류에 따라 다른데, 예를 들면 튀김 중에 수분이 8~9% 감소하는 대신, 기름이 8% 정도 흡수되며, 튀김 후의 냉각 중에 기름이 2% 정도 소실되고 수분도 1~2% 증발한다.

## 2) Croquette 류

코롯케 종류는 사용하는 주원료에 따라 감자, 옥수수, 어육(게·새우·어류), 카레분, meat(우육·돈육·계육) cheese, 기타 등으로 명칭규격도 상당히 다양하다. 일반적인

croquette 제조공정도는 그림 5-13와 같다.

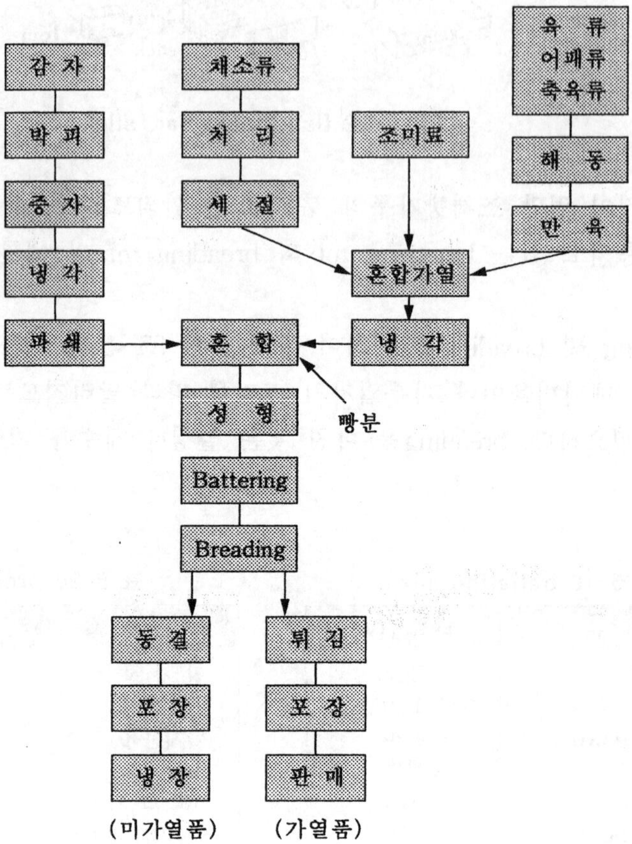


그림 5-13 croquette 제조공정도

① 제조방법

(가) 원료처리

●감자

박피기에 1회에 5kg 정도의 감자를 넣고 맑은 물을 주입하면서 2~3분간 박피한다. 박피의 난이도는 감자의 품종 또는 상태에 따라 다르므로 새로운 원료를 쓰게 될 때 처음 몇 회는 주의 깊게 관찰 조절한다. 박피 후의 감자는 상해부, 배아부, 녹색부 등 불가식부는 칼로 제거한다. 기타 이물 등의 혼입이 없도록 세척상태를 주의깊게 관찰하고 너무 큰 감자는 평균크기와 비슷하게 절단한다.

박피 선별이 완료된 것은 순서대로 증자용 pan(20kg)에 일정량씩 계량하여 증자책(蒸煮柵)에 넣고 retort 1회처리량이 되면 retort에 투입 밀폐한 다음 수증기를 넣어 처음에 충분히 배기한 후 정온(107~108℃)에 도달한 후부터 40분 정도(중심부 열침투) 찐다.

완전히 쪄지면 retort로부터 증자책을 꺼내어 내부까지 완전히 쪄졌는가를 확인한 다음 송풍기로 감자온도가 10~15℃가 될 때까지 신속히 냉각시킨 후 5℃의 저온실에 하루밤 보관 setting 시킨 후 다음날 작업용으로 사용한다. 찌고 냉각시키는 동안 중량을 계량하여 감량 정도를 점검해야 한다. 냉각된 찐 감자는 plate 망목직경((網目直徑) 1 cm$\phi$ 정도의 chopper로 파쇄한다.

● 육류(축육 · 어육)

입하시의 선도, 포장상태 및 세균오염 등에 대하여 검사하고 불결시는 맑은 물로 수세하되 이때 첨가된 수분은 충분히 제거하여 사용해야 한다. 사용육류는 가급적 지방량이 적은 것이 좋다. 육류는 plate 망목(網目) 3m/m$\phi$의 chopper로 처리하는데 이때 세절 상태가 균일하여야 한다.

● 채소류

양파 : 탈피가 용이하도록 상하단을 칼로 절단하여 탈피기에 넣어 1분 정도 처리한 후 tank에 넣어 맑은 물로 잔여 껍질을 완전히 분리하고 정선탈수 후 계량하여 수율을 점검한다.

당근 : 당근은 줄기 부착부위와 외피를 제거하여 부위에 있는 토사(土砂) 등을 brush로 닦고 수세한다.

세절 : 전처리한 양파 당근을 함께 세절기로 2~3m/m 두께로 균일하게 세절한다.

(나) 부재료 혼합 및 볶음처리

배합비율표에 의거 2중솥에 육류를 먼저 넣고 교반하면서 익힌 다음 채소류 조미료 등을 식용유와 함께 넣고 골고루 교반하면서 충분히 볶음 처리하는데, 양파의 형태가 줄어지지 않을 정도로 하고 열응고된 만육(晩肉)의 육괴는 풀어야 한다.

볶음처리는 타지 않도록 충분히 휘저어가면서 15~20분 정도한다.

(다) 냉각

볶음처리한 것은 우선 냉풍기로 10℃ 정도로 냉각시켜 5℃의 냉장실에 보관 다음날 사용한다. 이때 이물혼입, 미생물의 오염을 최대한 방지하여야 한다.

(라) 혼합

배합비율표에 의거 전처리한 주부원료(主副原料)를 mixer에 투입 혼합하는데 흡습재료를 가하여 수분함량이 65~67% 정도를 유지시켜야 한다. 수분상태는 손으로 판단할 수 있도록 숙달하는 것이 좋다.

(마) 성형

성형조절된 성형기로 개체중량이 균일하도록 성형한다.

(바) Battering(밀가루물 묻히기)

Batter mix recipe에 맞추어 만든 원액을 battering machine에 투입하여 battering 등을 실시한다. 사용 소맥분은 중력분이 좋고 당일 만들어 써야 한다.

(사) Breading(빵분 묻히기)

빵분은 입자가 10mesh 정도의 착색이 균일하고 수분이 15% 이하인 soft 빵분을 breading machine에 투입하여 battering된 제품을 통과시켜 실시한다.

(아) 동결

미가열품은 동결 Pan에 배열하여 동결실에서 -35℃로 급속동결시킨다.

(자) 튀김

가열품은 breading machine을 통과 후 바로 conveyer로 fryer에 옮겨 190℃의 식용유중을 2분 통과시킨 후 탈유(脫油)하여 규격 용기에 포장하여 보온차로 신속히 소비처에 공급한다.

(차) 동결품의 포장

동결한 미가열품은 포장규격기준에 따라 위생적으로 포장한다.

(카) 냉장

포장된 냉동품은 바로 출고하거나 또는 -18℃의 냉장실에 보관한다.

(타) Croquette 제조 및 위생관리실의 Check Point & Fish Bone Diagramme으로 보면 그림 5-14와 같다.

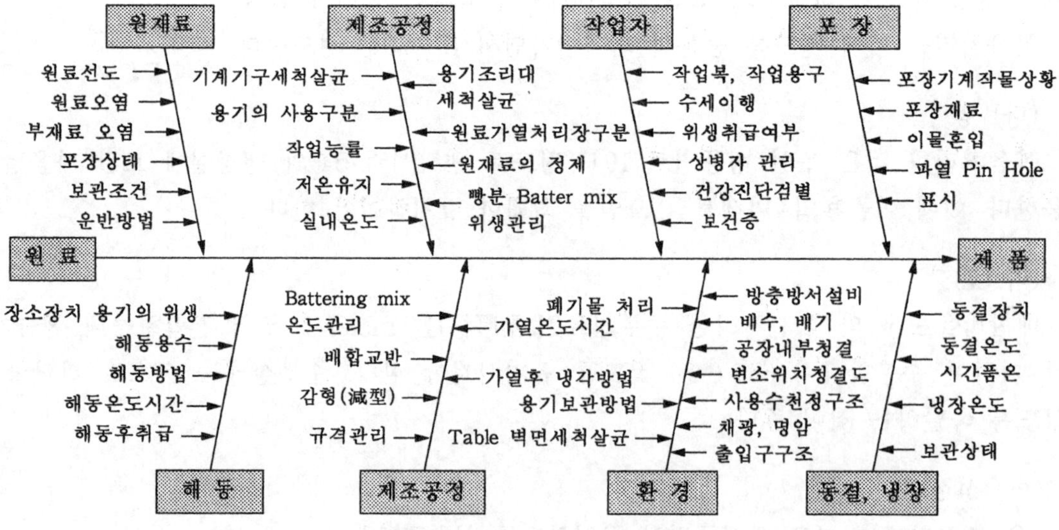


그림 5-14 Croquette 제조 및 위생관리의 Check Point

② Croquette의 품질관리

croquette의 자가품질규격기준은 표 5-21와 같다.

**표 5-21 croquette류 자가품질규격기준(H사)**

| 구분＼항목 | 성상 | 수분(%) | 회분(%) | 조단백질(%) | 조지방질(%) | 산가 | 과산화물 |
|---|---|---|---|---|---|---|---|
| 미가열품 | 담황색타원형 고체로 이미 이취가 없을 것. | 70.0 이하 | 2.0 이하 | 5.0 이하 | 1.5 이하 | - | - |
| 가열품 | 황갈색 튀김의 타원형 고체로 이미 이취가 없을 것. | 65.0 이하 | 2.0 이하 | 5.0 이하 | 10.0 이하 | 3.0이하 | 60.0 이하 |

| 구분＼항목 | 타알색소 | 보존료 | 비소 ppm | 중금속 ppm | 이물 | 대장균 | 일반 세균수 |
|---|---|---|---|---|---|---|---|
| 미가열품 | 검출되면 안된다. | 검출되면 안된다. | 1.5 이하 | 10.0 이하 | 검출되면 안된다. | 음성이어야 한다 | 300만/g 이하 |
| 가열품 | 검출되면 안된다. | 검출되면 안된다. | 1.5 이하 | 10.0 이하 | 검출되면 안된다. | 음성이어야 한다. | 10만/g 이하 |

미가열 croquette와 같이 미가열 냉동품이나 어패류, 축육류, 채소류 등의 반제냉동품들은 살균공정이 없어 미생물의 오염이 큰 문제가 될 수 있다. 그러므로 냉동식품 자체는 제조상 어려운 기술은 아니라고 할 수 있으나 문제는 bacteria 대책으로 근본적인 원인과 오염 경로를 파악하여 이를 차단시키는 방안이 모색되어야 할 것이다.

### 3) Fish(Meat) ball

(가) 원료처리

냉동어류(축육)는 mincing 공정의 silent cutter 중에서 해동되는 정도로 자연반해동시킨다.

(나) Mincing

어육(축육) 조미향신료 기타 재료를 silent cutter에 넣고 가는데 형태 유지가 필요한 재료들은 최종공정에 투입시키고 작업은 저온을 유지하면서 실시해야 된다.

(다) Ball 성형

Ball 성형기로 성형하는데 개체중이나 형태가 균일하여야 한다.

(라) 삶기

성형품을 95℃ 열탕 중에 투입하여 약 5분 삶는다.

(마) 냉각

유수로 충분히 냉각시키는데 냉각수온은 15℃ 이하가 좋다.

(바) 동결
(사) 포장
(아) 냉장 보관

### 4) 기타

일반적으로 가정에서 만들어 먹던 자가 식품류를 기계화한 것으로 튀김류 구이류로 밀가루반죽을 어류, 채소, 육류 등 원재료에 입혀 빵분을 묻혀 튀기는 튀김류, soup류, croqutte류, 피자파이, 다완(茶宛) 무시, 새우나 장어구이, miniburger, pork 슈마이, 만두, 쟈스면, 채소 gravy sauce 첨부 hamburger 등의 다양한 제품을 동결품화한 것이다. 어패류 주체제품으로 만드는 fry류, finger류, portion류의 제조공정은 그림 5-15와 같다.

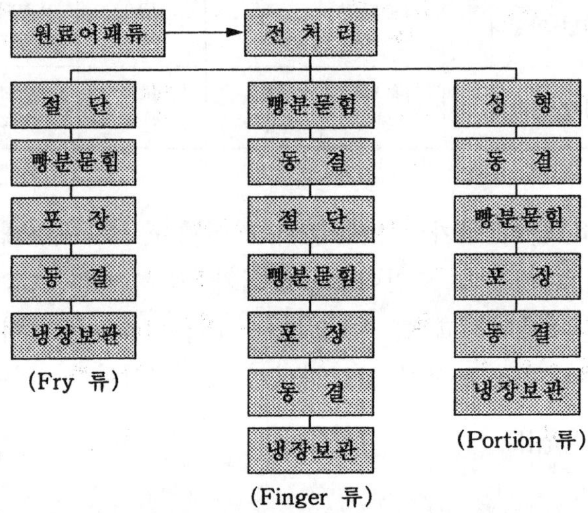


**그림 5-15 어류 붙임 냉동품의 제조공정도**

### 5) 피쉬버거(fish burger)

피쉬버거는 피쉬 햄버거라 불리는 수산냉동조리 식품이다. 육가공 제품인 햄버거와 공정이 매우 유사하나 주원료로 어육을 사용하는 점이 다르다. 피쉬버거는 어육을 주로 냉동고기풀을 많이 사용하고 이외에 새우, 게살 등 다양한 수산물이 이용되고 있다.

① 피쉬버거의 제조 공정

피쉬버거의 제조공정은 원료의 종류, 제품의 특성, 보유설비 및 생산량에 따라 공정이 다소 차이는 있으나 일반적인 제조공정은 다음 그림 5-16과 같다.

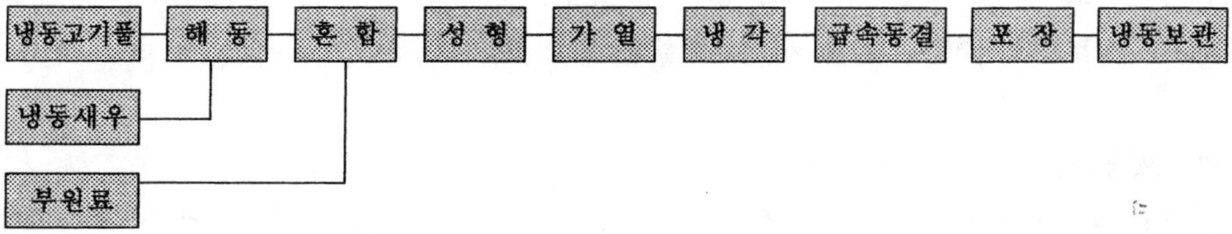


**그림 5-16 피쉬버거의 제조 공정도**

국내에서는 피쉬버거 제품에 대한 정의는 아직 없으나 외국의 경우를 살펴보면 즉 조리냉동 식품 중 어육을 세절하여 갈아 으깬 것 또는 이것에 식육을 저며 첨가한 것, 단 첨가량은 어육량보다 적어야 한다. 또는 축육 이외에 이종(異種)단백질(곡류, 우유, 계란단백)을 첨가한 것에 양파 등의 야채를 잘게 썰은 것, 부원료, 조미료, 향신료, 결착보강제 등을 첨가하거나 섞어 타원상으로 성형한 것을 배소, 증자 또는 기름에 튀긴 것을 말한다. 한편 첨가기준을 보면 어육은 전체의 40% 이상을 함유해야 하고 식육 및 부원료의 함량은 각각 10% 및 15% 이하여야 한다.

② 제조방법

가) 원료처리

냉동고기풀 및 냉동새우를 반해동하여(−7∼-10℃) 사이런트 카터로 절단한 후 전분, 정제수, 조미료를 함께 배합한다.

양배추, 당근, 양파 등의 야채를 수세한 후 고명으로 쓸 수 있도록 일정한 크기로 세절하며 야채는 데치기를 하여 사용한다.

나) 혼합

혼합기에 고기풀, 냉동새우, 야채 및 기타 부재료를 넣고 5℃ 이하에서 3∼5분간 충분히 혼합한 다음 이송기를 통하여 성형기의 호퍼로 이송한다.

다) 성형

일정한 모양의 성형틀에 의해 성형이 되며 성형의 중량은 배소 후 또는 가열후 중량의 감소를 고려하여 3∼5% 정도의 증량을 하여 성형한다. 피쉬버거의 가장 중요한 오염원이 바로 성형기이므로 항상 위생적인 처리를 해야한다.

라) 가열

성형된 제품은 130℃ 이내의 연속식 배소기로 옮겨져 약 10분간 가열한다. 이때 제품의 품온이 65℃ 이상이어야 한다. 배소가 끝난 제품은 컨베이어로 이동하면서 냉각하고 동결장치로 이송한다.

라) 동결

컨베이어로 이송된 제품은 나선형 동결장치를 통과시켜 연속 동결시키는데 동결온도는 -35℃ 이하로 유지하고 동결 시간 조절을 위해서는 컨베이어의 속도를 조절하여 제어한다.

마) 포장

동결된 피쉬버거는 기체 투과성이 적은 플라스틱 적층 필름으로 포장한 후 -18℃ 이하로 냉동 저장한다.

# Ⅴ. 냉동어류의 품질관리

## 1. 냉동어류의 품질표준

각종 냉동어류의 항목별 품질표준은 다음과 같다.

### (1) Round

① 형태 : 고유의 형태를 가지고 손상과 변형이 없을 것
② 색택 : 고유의 색택을 가지고 있을 것, 북부에 유소(油燒)로 황갈색 줄이 생기지 않은 것, 건조에 의한 회백색을 띄지 않을 것
③ 선도 : 유화수소취($H_2S$), 암모니아취($NH_3$) 기타의 이취가 없을 것
휘발성 염기질소가 사료 100g당 30mg을 초과하지 아니할 것(상어, 홍어류 제외)
④ 선별 : 크기가 대체로 균일할 것. 다른 종류가 혼입되어 있지 아니할 것
⑤ 잡물 : 혈액 기타 잡물이 부착되어 있지 아니할 것
⑥ Glazing : 투명하고 건조 및 유소를 방지할 수 있을 정도로 충분히 glazing 할 것(두께 2m/m)
⑦ 온도 : 제품의 중심온도가 -20℃ 이하일 것
⑧ 생균수 : 시료 1g 중 $10^5$ 이하일 것
⑨ 위해물 : 인체에 해로운 물질을 함유하지 아니할 것

### (2) Semi Dress, DRESS

① 형태 : 고유의 형태를 가지고 손상과 변형이 없을 것

② 색택 : (1) 고유의 색택을 가지고 있을 것
(2) 북부에 유소로 황갈색 줄이 생기지 아니한 것
(3) 건조에 의한 회백색을 띄지 않을 것

③ 선도 : (1) 유화수소취($H_2S$), 암모니아취($NH_3$) 기타의 이취가 없을 것
(2) 휘발성 염기질소가 사료 100g 당 30mg을 초과하지 아니할 것(상어, 홍어류 제외)

④ 선별 : (1) 크기가 대체로 균일할 것
(2) 다른 종류가 혼입되어 있지 아니할 것

⑤ 잡물 : 혈액 기타 잡물이 부착되어 있지 아니할 것

⑥ Glazing : 투명하고 건조 및 유소를 방지할 수 있을 정도로 충분히 glazing 할 것(두께 2m/m)

⑦ 온도 : 제품의 중심온도가 -20℃ 이하일 것

⑧ 생균수 : 시료 1g 중 $10^5$ 이하일 것

⑨ 위해물 : 인체에 해로운 물질을 함유하지 아니할 것

### (3) Fillet, Chunk, Stick, Steak

① 형태 : (1) 절단 제거 손질이 잘되고 육 내에 뼈가 없을 것
(2) Fillet는 어체의 정열이 잘되어 있을 것

② 색택 : (1) 고유의 색택을 가지고 있을 것
(2) 북부에 유소로 황갈색 줄이 생기지 아니한 것
(3) 건조에 의한 회백색을 띄지 않을 것

③ 선도 : (1) 유화수소취($H_2S$), 암모니아취($NH_3$) 기타의 이취가 없을 것
(2) 휘발성 염기질소가 시료 100g당 30mg을 초과하지 아니할 것(상어, 홍어류 제외)

④ 선별 : (1) 크기 대체로 균일할 것, fillet는 표시 count에 부합할 것

⑤ 잡물 : 혈액 기타 잡물이 부착되어 있지 아니할 것

⑥ Glazing : 투명하고 건조 및 유소(油燒)를 방지할 수 있을 정도로 충분히 glazing 할 것(두께 2m/m)

⑦ 온도 : 제품의 중심온도가 -20℃ 이하일 것

⑧ 생균수 : 시료 1g 중 $10^5$ 이하일 것

⑨ 위해물 : 인체에 해로운 물질을 함유하지 아니할 것

## 2. 냉장(cooling) 중의 변화와 관리

### (1) 어체 내의 수분 증발

어류나 수육 주위의 공기습도는 99.2~99.4%가 되며 냉장실 내의 공기 습도가 이것보다 적으면 육에서의 수분증발은 계속된다. 따라서 이 경우 냉장실 내의 습도가 낮고 온도가 높아지면 수분의 증발은 많아진다. 또 냉장실 내의 공기 유통속도가 크면 육류의 수분증발이 크고 지방함량이 적은 어류가 수분증발이 크며 동일 어종이라도 소형이 대형보다 크다. 포장유무, 보관방법 등도 건조에 영향을 미친다.

신선어의 냉장 중 중량감소를 방지하기 위하여 습도를 높게 유지할 필요가 있다. 보통 습도를 90~95%로 유지하고 온도 0~-4℃에서 냉장한다.

### (2) 어체의 변색

냉장 중의 어체 변색은 새균학적 원인과 화학적 원인으로 된다. 세균학적 변색은 어체에 부착된 색소형성 세균의 발육에 의해 일어나고 이들 세균은 수중세균에 속하며 변색은 주로 황색, 홍색 및 적색 등이다.

이의 방지법은 염소소득, 염수, 빙의 등의 처리로 줄일 수 있다. 화학적 변색은 어류근육 색소의 변화로 참치육의 적색이 저장중 담황색으로 되거나 적색피부의 돔류가 퇴색(astasin의 변화), 유소(油燒)에 의한 황변 등이 있으며, 이의 방지는 공기 접촉방지(gas 치환) 방법 등이 있다.

### (3) 방향물질의 휘발

냉장 중에 어류의 맛과 향이 수분증발과 같이 소실되어 특유의 향기를 읽게 된다. 영양가는 영향이 적으나 역시 상품적 가치가 저하된다. 예방법은 glaze 하거나 포장하는 방법이 있다.

### (4) N 화합물의 변화

냉장온도 0~4℃에서는 어체 내의 효소류는 서서히 자가소화작용을 일으킨다. 저장 중의 N화합물은 변화되어 가용성 N가 증가되고 아미노산 및 염기성 N화합물도 저장기간이 길어질수록 증가된다. 단백질의 변성도 -1~-5℃에 저장시 가장 크다. 또한 0℃ 부근에서 부착 저온세균이 발육되어 어육을 분해시켜 선어의 장기 냉장은 어육 단백질을 아미노산을 거쳐 암모니아로 변화시켜 초래하게 된다.

### (5) 유지의 변화

어육 중의 유지는 냉장 중에 산화되어 유소(油燒)가 생긴다. 유지의 냉장 중 변화는 0℃ 부근 온도에서 유지분해효소와 더불어 세균의 작용이 동시에 일어나기 때문이다.

## 3. 냉동(freezing)중의 물리적 변화와 관리

### (1) 빙결정의 성장

동결식품은 일반적으로 저장중에 조직 중의 미세한 빙결정의 수가 줄어 들고 대신 대형의 빙결정이 생기게 된다. 이 현상을 빙결정의 성장(growth of ice crystal)이라고 한다. 빙결정의 성장의 예를 들면 표 5-22와 같다.

**표 5-22 넙치육의 냉장중의 빙결정의 변화(-3℃)**

| 저장일수 | 빙결정의 평균길이(μ) | 빙결정의 길이에 대한 폭의 비 | $1cm^2$의 빙결정수 |
|---|---|---|---|
| 2 | 331 | 1.4 | 360 |
| 6 | 312 | 1.9 | 260 |
| 10 | 389 | 1.6 | 300 |
| 17 | 485 | 1.6 | 140 |
| 22 | 644 | 1.7 | 120 |

이와 같이 저장중에 빙결정이 성장하는 것은 식품의 품질상 좋지 않는 현상이다. 빙결정의 성장을 막기 위하여는 급속동결을 하여 빙결정의 크기를 될 수 있는 대로 같도록 할 것과 동결종온(凍結終溫)을 낮추어 빙결율을 높이므로 잔존하는 액상이 적도록 하여야 한다. 또 저장온도를 낮게 하므로 증기압을 낮게 유지하고, 또한 저장중의 온도의 변동이 없도록 관리하는 것이 필요하다.

### (2) 식품조직의 손상

빙결정이 육질 내에 생성되면 빙결팽창에 의하여 육질을 구성하고 있는 근섬유나 또는 그 배열이 기계적으로 손상을 받게 된다. 그러므로 해동을 하여도 수분은 다시 흡수되지 못하고 유출하게 되는데, 이것은 곧 drip이다. drip이 유출되고 난 자리는 구멍이 생겨 육조직은 다공질로 된다. 동결에 의한 육조직의 열화(劣化)는 빙결정생성에 의한 기계적인 손상에 의하는 것뿐만 아니고, 육중에 용존하고 있던 가스의 영향도 받게 된다. 예를 들면 명태나 대구 등은 동결하면 육조직이 sponge화하기 쉬운데 동결한 대구육조직을 현미경으로 보면 빙결정은 근섬유 내보다 근섬유 외에 많이 존재하고, 또 그 빙결정 중에는 다량의 가스가 함유되어 있다고 한다.

저서어류(底棲魚類)의 육중에는 원래 다량의 가스를 용해하고 있으며 표 5-23와 같다. 수분이 빙결할 때 이 가스의 일부가 근섬유 밖으로 방출되는데 이때 미동결수분도 함께 근섬유 밖으로 밀려나가서, 가스를 함유하는 빙결정을 생성하게 된다고 한다. 특히 대형의 빙결정이 근섬유 밖에 생성되면 근섬유 상호간의 결합이 이간되어 육조직의 손상이 더욱 심하여지는 것이다.

**표 5-23 어육 중의 가스량과 빙결정의 반사율**

| 어 종 | 수분량(%) | 가스량(ml/육 10g) | 반사율(%) |
|---|---|---|---|
| 고 등 어 | 75.7 | 0.007 | 1.0 |
| 전 갱 이 | 73.8 | 0.006 | 1.7 |
| 돌 가 재 미 | 78.5 | 0.005 | 1.6 |
| 대 구 | 81.3 | 0.020 | 6.0 |
| 명 태 | 82.5 | 0.022 | 6.5 |

### (3) 식품 품질의 변화

#### 1) Jelly meat

주로 어육에서 발견되는 변질육이다. 이 현상은 육중에 세립상의 구멍이 생겨 침식되어 커지는 것이나 육의 일부가 말랑말랑하며 두부같은 상태나 껍질을 제거할 때 육이 흩어지는 현상 등 여러 가지이다. 이것은 독립된 원인은 아니다. Jelly육은 정상육보다 지방이 적고 수분이 많으므로 유리아미노질소도 많고 VBN 20mg%이다. pH도 6.0 이상으로 부패육에 가깝다.

#### 2) drips

동결식품을 해동하면 내부의 빙결정이 녹아 물이 생겨 물이 분리되는 것이다. drip 발생율은 품질 측정 요소의 하나가 된다. 또한 drip 중에는 수용성 성분이 함유되어 단백, 고형분, 염류, 비타민류 등의 성분이 유실되어 식품의 풍미, 식미, 영양분의 손실을 가져오고 아울러 중량은 drip량만큼 감소되어 식품의 영양가치와 중량 면에서 손실이 크다. drip의 발생율은 식품의 신선도, 종류, 형태, 크기, 전처리와 동결방법 냉장의 온도와 기간, 해동방법 등에 따라 다르다. drip은 free drip과 압출(壓出) drip이 있는데 일반적으로 free drip을 의미한다. 어종별 drip량은 고등어 25.7%, 볼락 13.8%, 도미 17.9%, 고래 40%, 포라 21.0% 등이다. Drip의 방지는 급속동결이나 glazing 및 Drip 방지제로 당류, 식염, 축합인산염 등을 사용하는 방법이 있다.

기타 변화로 ATP 소실, 숙성, 성분 변화, 건조, 냉동소(冷凍燒) 등이 있다.

## 4. 냉동중의 생물, 화학적 변화와 관리

### (1) 단백질의 냉동 변성

어육을 냉동하여 오래 저장하면 단백질이 변성하여 불용성으로 된다. 이때 불용성으로 되는 것은 일반적으로 mysion 구의 구조단백질이고, 비 mysion 구 단백질은 비교적 쉽게 불용화하지를 않는다.

냉동 중에 일어나는 단백 변성은 비선광도나 활성 SH기 양의 변화를 수반하지 않는 점으로 보아 단백분자의 2·3차 구조인 conformation의 변화에 의한 것이라고는 볼 수 없고, 분자 상호간의 응집때문이라고 생각된다. 어육의 냉동변성은 동결 및 저장조건, 원료어의 성상 등에 따라 많이 달라진다.

#### 1) 냉동 변성의 원인

고기를 동결하면 결합력이 약한 수분부터 빙결정으로 석출되므로 액상부분이 농축되어 염류농도가 증가하게 되어 단백질이 염석(salting out)된다.

동결육의 저장온도가 변동하면 빙결정은 더욱 성장하게 되고 따라서 무기성분의 농축이 조장되어 단백질 변성이 촉진된다고 한다.

단백질의 냉동변성은 완만냉동을 하는 경우 심하게 일어나며 저장온도가 낮을수록 단백질 변성은 감소된다. 또 선도가 떨어진 원료어는 선도가 좋은 것보다 냉동저장 중에 속히 단백질이 변성한다.

한편 어종에 따라서도 냉동저장중의 단백 변성의 정도가 다르다. 사후경직 후의 여러가지 어육을 -29℃에 18개월간 저장한 후 단백질의 용출량을 비교한 것을 보면 표 5-24와 같다.

냉동 변성을 방지하는 방법으로는 냉동변성의 원인이 염석에 있다고 보아 원료육을 충분히 수세하여 무기물을 제거한 후 동결하는 방법이 있다. 명태육의 경우를 예로 들면 표 5-25는 수세횟수와 육성분의 변화를 표 5-26은 수세한 것을 30일 및 60일간 냉동저장하였을 때의 양의 변화를 나타낸 것이다.

표 5-24 어종에 따른 냉동변성의 차이(전단백질소에 대한 5%식염수 기용단백태질소의 비, %)

| 어 종 | | 경직 전(A) | 경직 후(B) | A-B |
|---|---|---|---|---|
| Gadus aeglefinus L. | (대구 종류) | 71.9 | 67.8 | 4.1 |
| Gadus merlangius L. | (대구 종류) | 61.9 | 46.9 | 15.0 |
| Anarhichas lupus L. | (메기 종류) | 69.5 | 81.9 | -12.4 |
| Hippoglossus hippoglossus L. | (북양가재미) | 89.9 | 82.8 | 7.1 |
| Scomber scombrus L. | (고등어) | 77.4 | 61.3 | 16.1 |
| Squalus acanthia L. | (곱상어) | 40.9 | 56.9 | -16.0 |
| Clupea harengus L. | (청어) | 80.7 | 83.2 | -2.5 |
| Trigla gurnardus L. | (성대) | 76.1 | 85.9 | -9.8 |
| Raja batis L. | (홍어) | 43.2 | 40.5 | 2.7 |

표 5-25 수세에 의한 명태육의 성분변화

| 수세횟수 | 수분(%) | 총질소(%) | 염용성 질소(%) | actomyosin 질소(%) | 수용성 질소(%) | 회분 (%) |
|---|---|---|---|---|---|---|
| 0 | 81.26 | 2.62 | 2.01 | 1,240 | 0.76 | 1.00 |
| 1 | 81.57 | 2.45 | 1.71 | 1,100 | 0.60 | 0.82 |
| 3 | 82.03 | 2.42 | 1.48 | 1,080 | 0.35 | 0.53 |
| 6 | 82.13 | 2.40 | 1.48 | 890 | 0.26 | 0.30 |
| 8 | 83.46 | 2.38 | 1.01 | 840 | 0.17 | 0.26 |

표 5-26 수세와 동결저장 중의 Actomyosion의 변화

| 수세 횟수 | 30일 | | 60일 | |
|---|---|---|---|---|
| | Actomysin 질소(mg%) | Actomysin 변성율(%) | Actomysin 질소(mg%) | Actomysin 변성율(%) |
| 0 | 250 | 79.84 | 0 | 100 |
| 1 | 290 | 73.64 | 0 | 100 |
| 3 | 460 | 57.41 | 80 | 92.90 |
| 6 | 820 | 7.87 | 320 | 64.05 |
| 8 | 830 | 1.20 | 470 | 44.05 |

즉 세척횟수가 많아지는데 따라서 육중의 무기물이 감소하고 냉동저장 중의 actomyosin 변성율도 감소되고 있다. 또 어육에 중합인산염이나 당질 또는 염류 등을 첨가하여 냉동하면 단백변성 방지에 효과가 있어 해동시의 drip 양이 감소하고, 또는 연제품으로 가공하였을 때 제품의 탄력이 좋다고 한다.

한편 어육 중에 지방의 산화생성물이 많으면 냉동변성을 촉진하므로 산화방지제를 첨가하여 냉동하는 것도 유효하다.

### (2) 냉동중의 어체지방의 변화

어패류의 지방은 냉장중에서도 변화하는데 그 원인은 효소작용과 공기 중의 산소에 의

한 산화작용의 두 가지이다. 어패류의 조직 중에 존재하여 지방을 변화시키는 효소에는 lipase와 lipoxidase가 있다.

Lipase는 glyceride를 기수분해하여 유리지방산을 생성하므로 지방의 산가(acid value)가 높아진다. lipoxidase는 지방의 불포화지방산의 산화를 촉매하여 과산화물을 생성하여 산패의 원인이 된다.

Lipases는 주로 내장에 많이 함유되며, 그 최적 pH는 7.9~8.6이다. 근육에 있어서는 보통육보다 혈합육에 많고, 작용력으로 비교하면 혈합육 쪽이 보통육에 비하여 10배 이상이나 강하다고 한다.

고등어의 내장에서 얻은 lipase는 -13℃에 있어서도 피마자 lipase의 35℃에 있어서의 작용력과 맞먹을 정도라고 한다. 연어의 경우에 있어서도 일반적인 냉장온도인 -15℃ 정도로서는 lipase의 작용을 억제하기는 불충분하여, 6~12개월의 저장으로 지방의 산가는 6~14배로 증가하였다고 한다. 청어의 경우 0℃시의 산화속도는 -10℃시의 2~3배, -20℃에서 6.8배라고 하였다. 그리고 냉동품 지방의 산화는 glazing에 의하여 어느 정도 방지할 수 있다.

### (3) 냉동어육의 변색

냉동에 의한 변색이 아니고 상온에서 일어나는 변색이 완만하게 진행된다. 그 변화는 물리적·화학적·미생물적으로 구분된다. 또 색은 거의 변화가 없고 단지 광택이 불량하게 된다. 물리적 변색은 어느 경우 수분, 증발로 색소가 농후해지거나 동시에 소실되는 현상으로 청과물, 계란, 육류의 빙결점 이상의 냉장에서 볼 수 있다.

동결한 식품은 얼음이 승화되어 표면이 표백되어 흰색으로 보인다. 이때 물을 가하면 다시 복원되는 경우가 많다. 미생물에 의한 변색은 곰팡이, 효모, 세균의 번식으로 발생된다. 특히 유명한 예로 Halibut의 황록변색으로 이것은 *Pseudomonnas fluorescens*(형광균)가 저온에서 번식하여 일어나는 현상이다. 곰팡이는 포자를 가지며 그것들이 황·녹·회·청색 등을 나타내어 냉장 중의 식품에 번식하여 변색을 일으킨다. 화학적 변색은 browning(갈변)이 있는데 이는 비타민이나 아미노산 등의 영양가를 감소시키고 외관을 불량하게 한다. 이러한 갈변은 효소 존재로도 일어난다. gas에 의한 청과물의 각종 변색, 어류지방의 황갈색 내지 적갈색으로 변화가 된다.

#### 1) 냉동 다랭이육의 갈변

다랭이육을 동결저장하면 갈변하여 회(膾)감으로 부적당하게 되는데 이 원인은 myoglobin이 met화 하기 때문이다. 이 met화는 heme의 철이 $Fe^{++}$에서 $Fe^{+++}$로 산화될 뿐만 아니라 globin 부분에도 변성이 일어나 myoglobin의 불용화가 뒤따르게 된다.

이러한 변화는 일반적으로 어육이 축육에 비하여 2~4배 정도나 빠르게 일어난다고 하며, 또 pH값이 낮을수록 빨리 진행된다고 한다. 또한 met화는 표층일수록 일어나기 쉬우며(표 5-27), 0℃와 -5℃에 저장하였을 때를 비교하면 -5℃의 경우가 빠르다고 한다.

표 5-27 다랭이 육중의 metmyoglobin(met-Mb)의 분포
(0℃에서 7일간 저장, 육편 9×9×9cm)

| 표면으로부터의 깊이(cm) | met-Mb의 함량(mg%) | met-Mb/전 Mb(%) |
|---|---|---|
| 0~0.5 | 332 | 31.3 |
| 0.5~1.0 | 387 | 30.0 |
| 1.0~1.5 | 378 | 21.8 |
| 1.5~2.0 | 373 | 19.4 |
| 2.0~3.0 | 385 | 18.4 |
| 3.0~4.5 | 369 | 15.7 |

이러한 냉동 다랭이육의 갈변을 방지하는 효과적인 방법은 아직 알려져 있지 않으나, -40℃ 또는 그 이하의 저온으로 저장하고 또는 어획 후 다인산염, 구연산소다, $NaHCO_3$의 복합제로 처리하면 효과가 있다고 한다.

2) 냉동 황새치육의 녹변

황새치육은 원래 백색에 가까운 담홍색을 하고 있으나 동결저장 중에 녹색으로 변색하여 변색부분이 점점 확대하는 수가 있다. 이 녹변육은 피하에 가까운 부분에 나타나기 쉽고, 약간 어취를 낸다.

녹변육은 유화수소함량이 극히 높고, 녹색색소의 흡수 specturm이 hemoglobin의 그것과 일치하는 점으로 보아 녹변의 원인은 세균에 의하여 생산된 유화수소와 Mb 또는 Hb가 결합하여 녹색색소를 생성하는 때문이라고 하고 있다.

## 5. 냉동어류의 저장 및 해동 관리

### (1) 냉동어류의 저장

냉동어의 냉장온도는 낮을수록 좋고 적어도 -20℃ 이하로 하는 것이 품질 보존상 필요하다. 냉장중의 증발과 감량의 관계에 있어서 공기의 습도는 저온이 되게 조절한다. 동일 실내라도 공기를 냉각하는 냉매의 증발온도, 공기온도, 동결어의 온도 사이에는 온도차가 있기 때문에 습도도 변화된다. 그러므로 냉장중의 증발과 감량을 방지하기 위해서는 다음 사항에 주의해야 한다.

① 공기온도를 비교적 낮게 한다. ② 공기의 온도가 균일하도록 잘 순환시킨다. ③ 증

기장치의 표면적을 넓게 하여 같은 공기온도를 유지하더라도 냉매의 증발온도를 높여 공기와의 온도차를 적게 한다. ④ 냉장실의 방열재를 완전하게 사용한다. ⑤ 수용하는 동결어의 양을 많게 한다. ⑥ 동일 중량의 동결어라도 그 표면적을 적게 포장한다. ⑦ 냉장중의 온도 변화를 피한다.

**표 5-28 냉동어류의 저장온도**

| | |
|---|---|
| ① Fishmeal 등 비식용 | -10℃ 이하 |
| ② 통조림과 자숙가공용 | -20℃ 이하 |
| ③ 일반 소채용(오징어 포함) | -25℃~30℃ |
| ④ 게, 도미, 대구 | -35℃ 이하 |
| ⑤ 가다랭이(자신용) | -35℃~40℃ |
| ⑥ 참다랭이 | -45℃ 이하 |

이상과 같은 주위는 어류뿐 아니라 일반식품의 동결냉장에서도 동일하다. 완전히 공기를 차단하여 기밀포장할 때는 포장이 불완전한 것에 비하여 공기 조건이 동결어의 내부적 변화를 촉진시켜 품질을 저하시키게 된다. 이렇게 내부적 변화로는 빙결정의 성장과 효소의 작용을 일으키게 된다. 동결어의 냉장온도로 표 5-28과 같이 지방이 많은 것은 어류보다도 낮은 온도에서 냉장하여야 하고 냉장 기간이 길어질수록 더욱 저온보관이 필요하다. 그리하여 청어, 송어, 연어, 고등어같은 다지방 동결어는 -10℃에서 6개월 냉장시 가장 큰 변화는 지방성분이다(표 5-29). 이것은 유소(油燒)와 변색으로는 냉동소(冷凍燒, freezer burn) 등이 생성하여 상품가치를 잃게 된다. 이의 방지를 위해 빙의(氷衣, glazing) 처리한다.

**표 5-29 동결식품의 냉장기간**

| 냉장온도℃ | 냉장기간(월) |
|---|---|
| -9.4 | 3 |
| -12.2 | 6 |
| -15.0 | 9 |
| -17.8 | 12 |
| -23.3 | 24 |
| -28.8 | 36 |

**표 5-30 어류의 냉장온도와 기간**

| 냉장기간(월) | 냉장온도(℃) | |
|---|---|---|
| | 다지방어 | 소지방어 |
| 3개월까지 | -10 이하 | -5 이하 |
| 3~6개월 | -10~-15 | -5~-10 |
| 6~9개월 | -15~-20 | -10~-15 |
| 9~12개월 | -20~-25 | -15~-20 |
| 12개월 이상 | -25 이하 | -20 이하 |

역시 효소의 작용이나 빙결정의 성장 등도 온도가 낮게 되면 저지된다. -10℃에서도 효소의 작용이 어떤 것은 지속된다. 따라서 3개월 냉장의 경우 다지방어는 -12℃, 소지방어

는 -8℃에서 냉장이 가능하나 -20℃에서 하면 품질은 우수하다. glaze는 승화에 의해 소실되거나 쇼크에 의해 파열됨으로 냉장 중에 주의하여야 하고 glaze가 완전 소실되는 경우는 reglaze 하여야 한다.

### (2) 냉동어류의 해동(解凍)

#### 1) 해동 방법

냉동식품을 다루는 데 있어서 특히 동결어를 원료로 하는 가공에 있어서는 해동(thawing, defrosting)은 동결이나 냉장에 못지 않는 중요한 공정의 하나이다.

해동은 동결의 역현상이므로 동결 때 제거되었던 것과 같은 양의 열을 흡수하게 되면 식품 중의 빙결정은 녹아서 품온이 원상태로 돌아간다. 그러나 같은 온도변화 범위에 있어서는 동결이 소요되는 시간보다 해동에 소요되는 기간이 더 길다. 그 이유는 동결어육의 열전도율이 동결하지 않는 어육의 그것보다 높기 때문이다. 즉 동결에 있어서는 표층부터 얼어서 열전도도가 높아지기 때문에 식품 내·외부의 열교환이 잘 이루어지는데 비해 해동의 경우는 반대로 표층부터 녹아서 열전도도가 떨어지기 때문에 열전달이 잘 되지 않는 까닭이다.

동결 식품의 해동에는 다음과 같은 방법이 있다.

① 자연해동(공기중 해동) ② 침수해동 ③ 송풍해동 ④ 수증기해동
⑤ 진공해동 ⑥ 접촉해동 ⑦ 전기해동

자연해동(自然解凍)은 큰 설비가 필요없어 널리 이용되고 있으며, 해동시간이 길고 표면 건조나 변질이 일어나기 쉽다.

침수(浸水)해동은 유수 중에 담그거나, 또는 살수(撒水)를 하여 해동시간을 단축하는 방법으로 연속처리방식이 실용화되고 있다.

송풍(送風)해동(air blast thawing)은 약 20℃의 다습공기를 4~5m/sec 정도로 순환시켜 단시간에 해동하는 방법으로 batch식과 연속식이 있다.

수증기(水蒸氣)해동은 다습공기 대신 수증기를 사용하는 점이 다른데 두 방법 모두 미생물의 오염을 막기 힘드는 결점이 있다.

진공(眞空)해동은 감압 하에 수증기를 도입하여 일정온도를 유지시키면서 해동하는 방법으로 해동속도가 빠르고 변질이 적으며 균일하게 해동되고 미생물의 오염방지가 용이한 장점이 있다.

접촉(接觸)해동(contact thawing)은 contact freezer와 같은 장치를 사용하는데 열원으로 냉동시설의 응축기의 냉각수를 이용하는 수가 있다.

전기(電氣)해동법 중 실용화된 것은 고주파(高周波)해동(10~100M cycle)이다. 다른 해동법은 모두 외부가열로 동결식품이 외층에서 내층으로 해동이 진행되는데 비하여, 이 방법은 내부가열로 내층부터 해동이 진행되므로 표층과열현상이 일어나기 쉽다. 이것은 식품의 유전도(誘電度)가 동결된 상태와 해동된 상태에 따라 다르기 때문이다.

### 2) 해동곡선

해동 중의 식품의 품온변화를 나타낸 것이 해동곡선(defrosting curve)인데 그림 5-17과 같이 꼭 냉동곡선의 반대모양을 하고 있다.

즉 빙결정 최대 생성권 부근의 온도범위에서는 곡선 중에 평탄부가 나타나는데, 식품의 내부로 갈수록 평탄부가 길어진다. 이것은 가해진 열의 대부분이 얼음을 녹이는 잠열이 이용되므로 품온의 상승이 늦어지는 것을 나타낸다. 그러므로 이 온도 범위를 유효 해동온도대(effective defrost temperature zone)라고 한다.

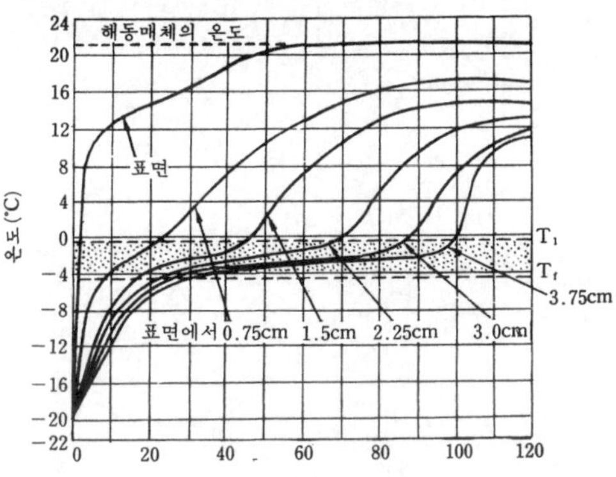


**그림 5-17 해동곡선**

그림 5-17에서 식품의 심부(深部)(온도중심점)의 온도 $t_i$ (식품의 빙결점)에 도달했을 때가 빙결율이 0이 되는 점이 완전해동의 상태다. 해동시에 품온이 $t_f$ (유효 해동온도대의 하한온도)와 $t_i$ 사이에 있는 것을 반해동의 상태라고 한다. 이 상태에서는 빙결율이 적어져서, 식품은 칼질을 하기에 알맞은 정도이며, 조리하는 동안에 완전 해동이 된다. 그러므로 동결원료를 해동하여 가공하는 경우에 반해동시켜 냉동육절단기(frozen meat cutter)로 처리하여 사용하고 있다.

### 3) 해동속도와 품질

해동속도가 품질에 미치는 영향에 대하여는 여러 가지 설이 있으나, 일반적으로 두께가 얇아 동결속도가 균일한 식품은 해동속도에 의한 품질의 영향이 적은 것 같다. 따라서 이런 식품은 급속해동을 하는 것이 해동시간이 단축될 뿐만 아니고, 미생물이나 효소의 작용 또는 산화를 받는 시간이 짧아서 품질의 손상이 적다고 할 수 있다.

한편 완만해동을 하면 빙결정이 녹아서 생긴 물이 다시 육질에 흡수되는 시간이 길어지므로 drip 발생량이 줄어들어 육질이 원래의 상태에 가깝게 회복된다는 의견이 있다. 그러나 동결변성을 한 단백질의 보수성이 회복한다는 점에 대하여는 의문점이 있다.

단, 축육의 경우는 해동시간이 길어질수록 그 사이에 숙성(aging)이 진행되어 품질이 향상되는 수가 있다. 그러나 숙성을 필요로 하지 않는 어육의 경우는 오히려 미생물의 작용이나 산화, 건조 등이 일어나 품질이 손상되기 쉽다.

# 6장 수산건제품

수산건제품은 어류, 조개류 및 해조류 등을 태양열 또는 인공열에 의하여 건조시켜 수분함량을 적게 하여 세균의 발육을 억제시킨 제품이며, 건조방법이 간편하고 복잡한 시설이 요구되지 않으며 제품은 저장기간이 길기 때문에 아주 오래 전부터 만들어 온 하나의 저장품이다.

## Ⅰ. 식품의 수분함량과 저장성

### 1. 식품의 수분함량과 미생물 발육

일반적으로 세균의 발육에 수분이 필요한 것은 이미 잘 알려진 사실이다. 식품 중에 함유되어 있는 수분의 양과 세균과의 관계에 대한 연구 결과 50% 수분을 함유하는 경우에는 세균이 왕성하게 발육하고 이보다 수분이 감소됨에 따라 세균의 발육도 감소되어 평균 40%가 되면 발육은 억제된다.

그러나 보통 배지의 표면에는 내부보다도 다량의 수분이 모이게 되므로 실제에 있어서 40% 이상의 수분이 있어도 세균의 발육은 억제된다.

여기서 물론 세균의 발육 함수량의 한도는 배지의 성질, 세균의 종류, 주위 온도, 습도에 따라서 달라진다. 일반적으로 단백질을 함유하는 배지에서는 저항력이 강하다. 세균은 건조에 의하여 곧 사멸되는 것이 아니고 건조가 오랫동안 계속되므로 비로소 사멸된다.

한편 아포는 건조에 대하여 거의 무한의 저항력을 가져 예를 들면 탄저균의 아포는 건조상태에서 10년 이상 경과하여도 발육하는 능력을 가졌다고 한다. 공기 중의 습도도 미생물의 발육에 큰 영향을 끼친다. 예컨대 *Alternaria etri*의 포자는 상대습도 91% 이하에서는 발아하나 87% 이하에서는 발육하지 않는다. 이처럼 미생물의 발육에 주위의 상대습도가 영향을 주게 되는 것은 단순한 식품의 수분함량이 아니라 수분활성이 관계되는 것으로 보인다.

## 2. 수분 활성

공기 중의 습도가 낮으면 식품으로부터 수분은 증발하게 되고, 반대로 습도가 높으면 식품은 흡습하게 되어, 평형에 달할 때까지 건조나 흡습(吸濕)이 계속 된다. 이와 같이 식품 중의 수분을 정적(靜的)인 것으로 보지 않고 동적(動的)인 것으로 보아 식품의 함수량을 %로 표시하는 대신 수분활성(available water activity, Aw)으로 표시한다.

수분활성은 식품이 나타내는 수증기압 $P$와 그 온도에 있어서 최대 수증기압 $P_0$와의 비를 말한다.

$$Aw = \frac{P}{P_0}$$

어패류와 같은 수분함량이 많은 것은 Aw가 0.98~0.99 정도이고 곡물과 같이 수분이 적은 건조식품은 0.60~0.64 정도이다.

이러한 미생물의 발육과 수분량과의 관계를 수분활성(水分活性)으로 표시하여 보면 곰팡이는 Aw 0.90 이하에서도 잘 발육하며 어떤 것은 0.7 이하에서도 발육하는 것이 있다. 효모는 대부분이 Aw 0.88~0.91까지는 발육할 수 있으며, 세균은 대부분 Aw 0.94 이하에서는 발육할 수 없다.

**표 6-1 부패미생물의 증식 가능 최저 Aw값**

| 미 생 물 | 최저 Aw값 |
|---|---|
| 세 균 | 9.91 |
| 효 모 | 0.88 |
| 곰 팡 이 | 0.80 |
| 호 염 세 균 | 0.75 |
| 고삼투압성 효모 | 0.60 |

# Ⅱ. 건조의 원리 및 방법

## (1) 물의 상태와 등온흡습곡선

순수한 물이 평형상태(平衡狀態)에서 고체상태, 기체상태, 액체상태 중 어느 상태로 존재하는가는 온도와 압력에 따라서 결정되며 이 관계를 나타낸 것이 그림 6-1의 상태도(狀態圖)이다.

물이 액체상태에서 기체상태로 되는 것이 증발(蒸發)이고, 고체상태에서 기체상태로 되는 것이 승화(昇華)이다.

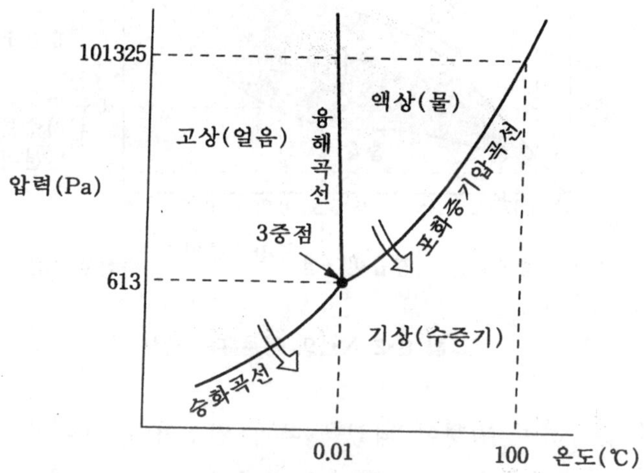


Pa : 파스칼, $kgm^{-1}s^{-2}$
101325 Pa=1기압=760mmHg

**그림 6-1 물의 상태도**

그런데 이들 두 상태의 경계선인 포화증기압곡선 및 승화곡선 위에서는 얼음 또는 물, 물 또는 증기가 공존하며, 포화증기압곡선과 승화곡선이 이어지는 점에서는 물, 얼음, 수증기가 공존하는데 이 점을 3중점(三重點, triple point)이라 한다. 수분함량이 많은 식품을 3중점에서 기체상태의 조건 하에 두면 물은 모두 기화(氣化)하고, 최종적으로는 액체상태와 고체상태의 물은 남지 않아야 할 것이다. 그러나 식품 중의 결합수나 모관응축수는 기화하기 어렵고, 어느 함수율(평형 함수율)에서는 건조가 정지된다.

평형 함수율은 온도와 공기중의 수증기 분압의 영향을 받을 뿐만 아니라 식품의 종류에 따라서도 현저하게 다르다. 일정 온도 하에서 식품의 평균 수분함량을 횡축에 취하고, 이때의 관계습도 또는 식품의 수분활성도(Aw)를 종축에 취하여 그린 곡선을 등온흡습곡선

(water absorption isotherm)이라 한다.

이 곡선은 수분함량과 수분활성과의 관계를 나타내는 곡선으로 그림 6-2와 같은 형태로 나타난다.

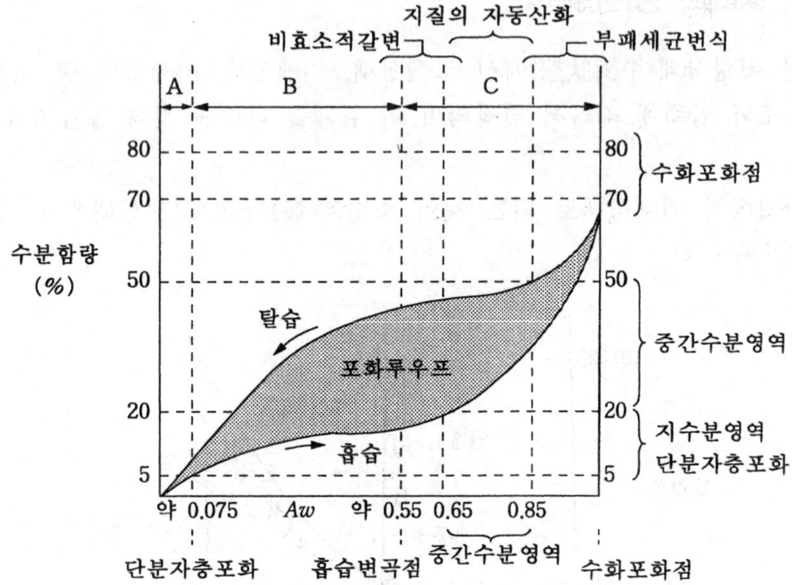


그림 6-2 식품의 등온흡습곡선

이 곡선은 식품이 흡습하여 평형이 되었을 때와 건조하여 평형이 되었을 때의 상태에 따라 각각 흡습곡선(absorption isotherm) 및 탈습곡선(desorption isotherm)이라고 구별하는데, 같은 식품에 있어서는 흡습곡선이나 탈습곡선이 동일하여야 하지만 실제에 있어서는 반드시 일치하는 것은 아니다. 이는 식품 조직의 변화나 성분의 변성 때문이며, 이와 같은 현상을 이력현상(hysteresis)이라 한다.

등온흡습곡선은 보통 늘어뜨린 역 S자형을 하고 있는데 이 곡선의 모양은 식품 중의 수분의 상태를 잘 나타내고 있다.

곡선의 처음부분(A), 즉 극히 저습도의 굴곡점까지의 수분은 식품의 구성성분과 단단히 결합하여 단분자층을 형성, 흡착되어 있는 것을 나타낸다. 그 다음의 고습도의 굴곡점까지의 곡선부분(B)은 같은 친수성기 위에 형성된 이른바 다분자층 흡착을 하고 있어 차차 액화하고 있는 상태를 나타낸다. 마지막 고습도의 굴곡점 이상 부분(C)은 수분이 식품조직의 미세한 공극(空隙)에서 모관응축하여 존재하는 결합도가 약한 물로 수증기 상태 이외에 자유로이 이동, 변화할 수 있는 상태의 물을 나타낸다.

이 등온흡습곡선은 안전하게 저장할 수 있는 최대의 수분함량을 결정할 때나 식품의 건조장치를 설계하는 데 있어서 최대 허용압력(진공 건조의 경우) 또는 최대 허용온도(열풍 조건의 경우)를 결정할 때, 그리고 식품포장에 있어서 필요한 투과력의 포장재료를 선정할 때에 유효하게 이용할 수 있다.

### (2) 단분자층의 수분

건조식품을 안전하게 보장하려면 수분함량을 적게 유지하여야 하나 과도하게 저수분으로 하면 오히려 산화나 지방의 산패 등이 일어나 변태색(變褪色)이나 성분의 열화(劣化)가 일어난다.

식품의 안전보장과 수분함량과의 관계에서 식품을 단분자층으로 둘러쌀 수 있는 양에 상당하는 수분함량이 악변(惡變)을 일으키지 않고 보장할 수 있는 최소의 필요량이고 최대의 허용량이라고 하고 있다.

단분자층의 수분(monomolecular layer of water)은 식품을 film 포장을 하듯이 둘러싸는 것이 아니고 단백질이나 탄수화물 등의 활성기에 물분자가 결합하고 있는 말하자면 불연속적인 것이라고 할 수 있다.

그러나 단분자층의 물은 활성기에 산소가 흡착하는 것을 저지하고 촉매적으로 작용하는 미량금속을 봉쇄하여 그 작용을 악화시키며, 또 극단적으로 낮은 수분으로 하였을 때 생성되는 유리기를 봉쇄하는 역할을 한다. 또한 이 단분자층의 물은 인접하여 있는 단백질 분자나 당질의 극성기 사이의 상호작용도 저해하여 식품의 흡수성이나 복원성을 떨어뜨리지 않도록하여 준다. 따라서 식품의 경도나 촉감의 악화를 막는 효과도 있다.

단분자층의 물의 양을 구하는 데는 Brunauer 등의 BET식을 변형한 다음 식을 이용한다.

$$\frac{R}{a(100-R)}=I+SR$$

$R$ : 관계습도

$a$ : 관계습도 $R$일 때 건조물의 100g에 흡착하는 물의 g수

$S, I$ : 정수(定數)

$R$를 횡축에 $R/a(100-R)$를 종축에 취하여 작도(作圖)하여 직선을 그으면 종축에 대한 절편 $I$ 및 경사 $S$를 얻을 수 있다. 이로부터 단분자층 수분 $a_1$은 다음 식에 의하여 구하여진다.

$$a_1 = \frac{I}{I + 100S}$$

종전부터 인정되고 있는 이 BET식에 의하여 계산된 몇 가지 식품의 단분자층의 물의 양과, 건조식품의 안전 보장을 위한 수분의 규격량을 표시하면 표 6-2와 같다.

**표 6-2 BET 식으로 계산한 식품의 단분자층의 수분량과 규격수분량과 비교**

| 식품의 종류 | 수 분(%) | | |
|---|---|---|---|
| | BET 단분자층의 수분량 | 분 석 치 | 규격 수분함량 |
| 분말 양파 | 3.58 | 4.10 | 4 |
| 건조탈지유 | 2.98 | 3.42 | 3.5 |
| 새 우 (小) | 5.56 | 3.69 | 2.5 |

### (3) 유리기와 분자형 산소

식품을 극단적으로 낮은 수분으로 유리기가 생성되어 오히려 지방이나 carotene 등의 산화 또는 비효소적 갈변 등의 악변이 일어나기 쉽다. 이 유리기의 생성은 저장조건에 의하여 많은 영향을 받는다.

즉 식품을 질소가스 중에 저장하는 것보다는 공기 중에 두는 것이, 공기 중에 두는 것보다는 산소 중에 두는 것이 유리기의 증가가 빠르다. 또 온도의 영향도 커서 고온에서 유리기의 증가속도가 크다. 또한 복수(復水)시키면 급격히 감소한다. 특히 동결건조식품의 경우는 원형대로 건조되어 별로 수축하지 않으므로 극히 다공질이 되어 산화가 유발되는 것이다.

# Ⅲ. 어육 중의 수분

## 1. 수분의 존재 상태

어패류나 해조류 등의 수산물은 60~90%에 달하는 많은 수분을 함유하고 있다. 양적으로 가장 많은 성분인 수분은 이들 식품을 가공저장하는 데 있어서 그 저장성, 맛, 형태, 성분의 변화 및 가공의 적성 등을 좌우하는 요인이 되고 있다.

식품 중의 수분은 식품의 화학적 조성, 물리적 구조에 따라 그 존재하는 양이나 상태가 달라지고 따라서 그 역할도 달라지게 된다. 일반적으로 식품 중의 수분은 그 존재상태로부터 크게 두 가지로 나눌 수 있다. 그 하나는 열역학적인 운동이 자유로운 수분이고, 다른 하나는 식품성분인 단백질이나 당질과 같은 것에 결합하여 묶여 있는 수분이다. 앞의 것을 **자유수**(free water), 뒤의 것을 **결합수**(bound water)라고 부르며 결합수는 보통 액체의 물과 달리 단단히 결합되어 있으므로 0℃ 이하로 냉각하여도 얼지 않는 물이라고 정의할 정도여서 -20℃, -30℃가 되어도 얼지 않는다고 보고 있다. 그리고 결합수는 용매로의 작용도 없고, 또한 미생물의 포자의 발아나 번식에도 이용될 수 없는 수분이다. 일반적으로 식품으로부터 자유수나 속박도가 약한 결합수를 제거하고 속박도가 강한 결합수 만으로 하여 두면 미생물의 번식을 막아서 안전하게 저장할 수 있다.

결합수는 물리적인 면에서 흡착수로 흡착이론의 기초가 되나, 분자적인 면에서 보면 식품의 화학적 구성성분과 수소결합(hydrogen bound)을 하고 있는 수분인데, 식품 중의 친수성기로는 예를 들면 단백질의 측쇄의 극성기인 carboxyl기, 아미노기, 수산기 또는 peptide 결합이 해리되어 있지 않은 carbonyl기 또는 imide기 등이 있다. 물분자는 ㊀전하의 산소와 ㊉전하의 수소를 가진 쌍극자인 이른바 분자자석이므로 이들 여러 가지 극성기에 끌려 결합하는 것이다.

## 2. 어육의 결합수

어육의 결합수량은 어종에 따라 다르며, 동일 어종에 있어서도 개체, 어획시기 등에 따라 다르다. 염화코발트 법으로 어육중의 결합수량을 측정한 결과를 보면 표 6-3과 같다.

여기에서 결합수 최대량은 colloid적 결합수이고, 최소량은 분자론적 결합수에 상당한다고 한다.

한 연구는 신선한 어육 중 colloid 화학적 결합수로 10~25%, 분자론적 결합수로서는 4~6%가 존재한다.

**표 6-3 신선어육 중의 결합수량**

| 어 종 | 결합수 최소량(%) | 결합수 최대량(%) | 어 종 | 결합수 최소량(%) | 결합수 최대량(%) |
|---|---|---|---|---|---|
| 오 징 어 | 17.5 | 55.7 | 넙 치 | 21.5 | - |
| 꼴 뚜 기 | 47.7 | 81.1 | 참가재미 | - | 54.0 |
| 멸 치 | 21.7 | 60.6 | 임연수어 | 37.1 | - |
| 도 루 묵 | 35.6 | 68.8 | 고 등 어 | - | 55.7 |
| 돌가재미 | 21.1 | - | 전 갱 이 | - | 64.8 |
| 참가재미 | 15.4 | - | 자 지 복 | - | 64.6 |
| 기름가재미 | 9.0 | - | 평 균 | 25.2 | 63.2 |

그림 6-3에서 보는 바와 같이 자유수량은 전 수분량의 감소와 더불어 처음부터 감소하나, 결합수량은 전 수분량이 50% 이하로 되면서부터 감소한다. 또한 어육의 천일건조에 있어서 건조 초기에는 자유수가 감소하여 외견상 결합수는 상대적으로 증가하여, 전수분량이 40~50% 정도로 되었을 때 결합수의 비율은 최고가 되고 그 이후는 감소하게 된다.

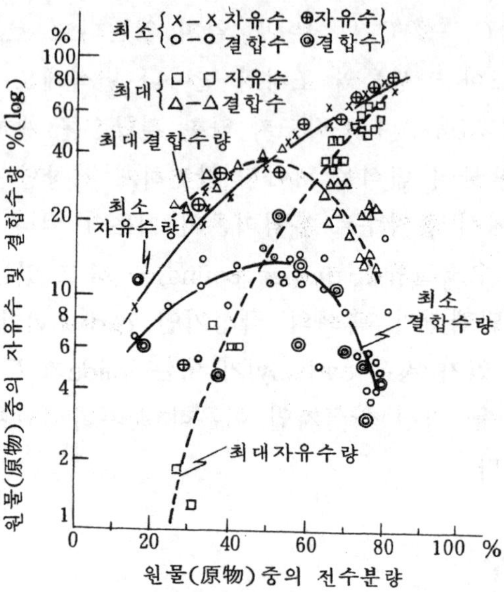


그림 6-3 어육 건조중에 따른 자유수량과 결합수량의 변화

그러나 건물당(乾物當) 결합수의 절대량은 처음부터 감소하며, 전 수분량의 40% 이하에 있어서 결합수 절대량의 감소는 내용적으로 colloid적 결합수에서 분자론적 결합수로 옮겨가는 과정중이라 보며 따라서 어육중의 잔존수분은 그 결합력이 차차 증대되어 간다고 할 수 있다.

어육의 염장에 있어서도 소금에 의한 탈수작용은 건조의 경우와 같이 초기에는 전 수분중의 자유수량이 감소하여 외견상으로 결합수 비율이 증가하여 하나의 극대점을 나타낸 후 감소한다.

## 3. 어육의 보수성

보수성(保水性)이라 함은 압착, 가열, 세절 등의 처리를 받는 동안 원래 육이 가지고 있던 수분이나 또는 첨가된 수분을 그대로 유지하는 능력을 말한다. 육의 보수성은 육의 처리공정, 예를 들면 동결 및 해동, 세절, 염지, 가열, 건조 등의 영향을 받고 또한 육제품의 texture, 연도, 색조 등에도 큰 영향을 미친다.

### (1) pH와 수화(水和)

근육의 전 수분 중 자유수는 단백질의 성상에 따라 많은 영향을 받는다. ⊕나 ⊖의 같은 전하를 가지는 단백질 분자간에는 밀어내는 힘(斥力)이 작용하여 peptide 사슬 간의 틈이 넓어져 그 사이에 물이 침투할 수 있으므로 육의 수화를 좋게 한다. 반대로 peptide 사슬간의 정전결합이나 수소결합이 증가하면 단백질의 망상구조를 치밀하게 하여 수화를 감소시킨다.

육의 가공처리에 있어서는 보통 pH의 변화가 따르기 마련인데, 육의 보수성은 그 등전점에 있어서 최소가 되고, 산이나 알칼리의 첨가에 의하여 peptide 사슬간의 밀어내는 힘이 커져서 수화성이 좋아지는 것이다(그림 6-4).

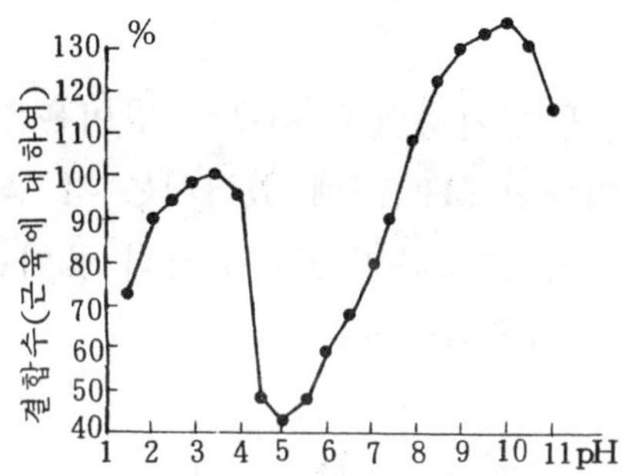


그림 6-4 우육 homogenate의 수화에 대한 pH의 영향

### (2) 어육 중의 금속성분과 보수성

육 중에 있는 다가금속(多價金屬)으로는 Ca, Mg, Zn, Fe 등이 많은데 이들 다가금속 이온은 교차결합을 형성하여 peptide결합을 서로 접근시키므로 단백질의 구조가 강고(强固)하게 되어 수화성이 감소된다. 양이온 교환수지를 이용하여 pH 7에서 근육에 결합하고 있는 Ca 및 Zn을 부분적으로 Na 또는 K와 치환시켰을 때 우육의 보수성은 증가하였다고 한다.

근육 중의 Mg는 대부분이 유리상태이든가 또는 극히 약한 결합상태로 존재하여 이온 교환처리 1시간만에 약 70%가 유리하여 나온다. Mg는 함량이 많아 중요한 존재이나 약 70%가 제거되어도 육의 보수성에는 별로 영향을 주지 않는다고 한다. 또 일반적으로 육 중에 Zn 함량이 많으면 보수성이 좋아진다고 한다. Zn은 효소의 성분 또는 그 활성제로 육의 pH를 변화시킬 효소반응에 관여하여 육의 보수성을 높인다고 보고 있다.

이와 반대로 Ca와 Mg는 육의 보수성을 떨어뜨리며, 또한 단백질함량과는 정상관계가 있다고 한다. Fe는 극히 견고히 결합되어 있으므로 육의 보수성에 큰 영향을 미치지 못한다고 한다.

1가의 금속에 있어서는 K함량이 많으면 육의 보수성이 저하되고, 반대로 Na 함량이 많아지면 보수성은 좋아진다고 한다. K 및 Na의 육중의 함량은 2가의 금속보다 많고 육단백질의 용해성이나 추출성에는 관계가 있으나 수화성에 대한 영향은 2가의 금속보다 작은 것 같다. 이것은 알칼리 금속이 근육단백질에 오히려 약하게 결합되어 있기 때문일 것이다.

### (3) 염류의 보수 효과

육가공에 있어서 소금을 비롯한 여러 가지 염류가 첨가되는데 이들 염류는 육제품의 보수성, 결착성, 조직, 보존성 등에 큰 영향을 미친다. 육의 보수성에 대한 중성염류의 영향을 보면 다음과 같다.

먼저 각종 강산의 Na염을 육에 첨가하였을 경우는 양이온은 공통이므로 음이온의 보수효과를 비교할 수 있다. 이에 의하면 pH 5.5에 있어서는 각 음이온은 육의 보수성을 증대시키는 작용이 있으며, pH를 6.4로 조정하면 보수효과의 음이온 간의 차이는 더욱 명백하여진다. 각각 이온의 보수효과는 다음과 같다.

pH 6.4일 때 $F^- < Cl^- < Br^- < CNS^- < I^-$

pH 5.5일 때 $F^- < Cl^- < Br^- < CNS^- < I^-$

그러나 염산으로 pH를 등전점 이하로 하면 염류는 모두 탈수적으로 작용하여 보수성을 감소시킨다. 탈수작용이 적은 것일수록 보수성이 좋다고 보아 그 순서를 적어 보면

pH 3.5일 때 $I^- < CNS^- < Cl^-, Br^- < F^-$와 같이 된다.

이와 같이 등전점이 알칼리 쪽과 산성 쪽에 따라 그 순서가 반대로 된다. 이러한 방법으로 각종 금속의 염화물을 육에 첨가하여 양이온의 보수효과를 비교한 것을 보면

pH 6.4일 때 $Zn^{++} < Ca^{++} < Ba^{++} < Mg^{++} < K^+ < Na^+ < Li^+$

pH 5.5일 때 $K^+ < Na^+, Mg^{++} < Ca^{++} < Li^+ < Ba^{++}$

pH 3.5일 때 $Li^+ < Na^+, K^+ < Mg^{++} < Ca^{++} < Ba^{++}$로 된다.

음이온의 경우와 같이 근육단백질의 등전점의 알칼리쪽인 pH 6.4때와 산성쪽인 pH 3.5때와는 순서가 반대로 되어 있다. pH 5.5에 있어서는 알칼리금속의 K, Na, Li 등은 pH 6.4 때와 같은 순서이나 알칼리토류 금속의 Mg, Ca, Ba 등은 반대의 순서로 되어 있다.

이 순서는 Hofmeister의 계열과 잘 일치하고 있다.

육의 pH가 육단백질의 등전점보다 산성쪽에 있을 때는 육에 대한 음이온의 결합이 강할수록 육의 보수성은 감소하고, 양이온의 결합이 강할수록 보수성은 증대한다. 반대로 육의 pH가 육단질의 등전점보다 알칼리쪽에 있을 때는 육에 대한 음이온의 결합이 강할수록 육의 보수성은 커지고, 양이온의 결합이 강할수록 보수성은 감소한다. 이러한 현상은 다음과 같이 생각할 수 있다.

먼저 육단백질의 등전점의 산성쪽에 있어서는 양성전해질인 단백질은 ⊕로 하전한 염기성에 의하여 쌍극성의 물분자와 결합하여 보수작용을 나타낸다. 여기에 염류를 첨가하면 염류에서 생긴 음이온이 ⊕전하를 가진 단백질의 염기성기와 결합하기 때문에 ⊕전하를 가진 단백질의 극성기가 감소하여 보수성이 저하하게 된다. 따라서 양이온이 같으면 음이온의 결합이 강할수록 육의 보수성은 감소하게 된다. 이 때의 양이온의 영향은 다음과 같다.

pH가 저하하여 산성이 강해지면 육단백질 중의 carboxyl기의 해리는 점점 억제되나 단백질을 구성하는 아미노산 중의 aspartic acid나 glutamic acid 등의 산성 아미노산의 잔기는 pH가 등전점보다 훨씬 산성쪽에 있어서도 아직 해리할 ⊖전하의 산성기를 가지고 있다. 따라서 첨가한 염류의 양이온은 이 잔존하는 ⊖전하의 산성기에 결합하게 된다.

한편 육의 pH가 육단백질의 등전점의 알칼리성쪽에 있을 때는 해리한 ⊖전하의 산성기가 우세하게 되어 육단백질은 주로 이 산성기에 물을 결합시켜 보수성을 나타낸다. 여기에 염류를 첨가하면 해리하여 생기는 양이온이 ⊖전하의 산성기와 결합하게 되어 육의 보수성을 저하시킨다. 따라서 이 경우 음이온이 같으면 양이온의 결합이 강할수록 그 염류의 보수작용이 약하게 되는 것이다.

이 때의 음이온의 영향은 다음과 같다. 등전점의 알칼리쪽에서는 해리한 ⊖전하의 산성기가 우세하나 육단백질을 구성하는 염기성 아미노산, 이를 테면 histidine, arginine, lysine 등의 잔기는 등전점보다 훨씬 알칼리쪽에서도 해리한 염기성기의 ⊕전하를 가지고 있다. 따라서 첨가염류로부터 생긴 음이온이 잔존하는 ⊕전하의 염기성기에 결합하게 된다. 이와 같이 되면 ⊖전하의 산성기의 극성이 강하게 나타나게 되어 육의 보수성이 증대된다. 따라서 양이온이 같으면 음이온의 결합이 강할수록 그 염류의 보수효과는 커지는 것이다.

종합하여 보면 육에 대한 중성염의 보수효과는 해리하여 생긴 이온 중 어느 것이 육단백질에 더 강하게 결합되느냐에 따라 결정된다. 보통의 경우는 중성염류를 육에 첨가하면 육의 pH가 육단백질의 등전점보다 알칼리쪽에 있을 때는 육의 보수성을 증대시키고, 산성쪽에 있을 때는 반대로 저하시킨다. 이것으로 보아 보통의 경우 음이온의 결합의 영향이 더 크다고 할 수 있다.

그러나 육의 보수성에 대한 염류의 작용은 육단백질의 극성기와 물분자간의 정전결합만으로는 충분히 설명할 수 없고 정전적척력(靜電的斥力)이나 인력에 의한 단백질분자구조의 개열(開裂)이나 근접 등에 의한 영향도 생각하여야 한다.

보통 가공용 육의 pH는 육단백질의 등전점 알칼리쪽에 있으며, 여기에 소금을 첨가하면 그 보수성이 극히 좋아진다. Na나 K 등의 알칼리금속이온은 육단백질에 대한 결합력이 약하여 Cl이온의 육단백과의 결합이 우세하여 지므로 보수성이 좋아진다고 할 수 있다.

일반적으로 보수성이 최대로 되는 소금농도는 이온강도 0.8~1.0이라고 한다.

이것은 첨가하는 수분이 없는 육에서는 약 5%의 소금농도이고 60% 첨가수의 육에서는 약 8%의 농도이다. 첨가소금에 의한 이온농도가 0.8~1.0의 육에서는 가열 후도 최대의 수화성을 가지고 있다. 고농도의 소금은 침투압차로 인한 탈수작용이 있어 염장처리에서는 많은 수분의 손실이 있다.

### (4) 인산염의 보수효과

식품가공에 있어서 여러 가지 목적을 위하여 인산염이 첨가되고 있다. 어육가공에 있어서는 연제품이나 냉동고기풀 또는 냉동 fillet 등의 제조에 있어서 그 보수성이나 결착성을 높이기 위하여 첨가되고 있다.

일반적으로 널리 쓰이는 인산염의 종류로는 제3인산소다(sodium tertiary phosphate) $Na_3PO_4$, sodium pyrophosphate $Na_4P_2O_7$, sodium tripolyphosphate $Na_5P_3O_{10}$, sodium hexametaphosphate$(NaPO_3)_6$ 등이 있다.

육에 첨가한 인산염의 효과로는 다음과 같은 것을 들 수 있다.

① 인산염은 금속이온의 봉쇄작용이 있다. 즉 육단백질이 결합하고 있는 알칼리토금속인 Ca나 Mg 등과 작용하여 물에 가용성인 착염을 만들어 제거하므로 육단백질의 친수성의 극성기량을 증가시켜 결과적으로 보수성이 좋아지게 한다.

② 인산염은 pH 완충작용이 있다. 이것은 인산염의 말단의 OH에 의하는 것으로 pH의 급격한 변화를 막아 보수성을 유지시킨다.

③ 중합인산염은 계면활성작용을 나타낸다. 즉 육단백질의 actomyosin을 actin과 myosin으로 분할하는 작용이 있다. 분할되어 수가 많아진 단백질의 분산입자는 그 계면작용에 의하여 육중의 지방에 대하여 유화제로 작용하여 지방의 분산을 돕는다.

④ 인산염은 소금 등에 비하여 이온강도가 크므로 비교적 소량 첨가하여도 이온강도가 높아져서 육의 보수성이 좋아진다. 일반적으로 육의 보수성을 높이는 인산염은 알칼리성반응을 나타내므로 이것을 첨가하면 pH가 높아져 보수성이 좋아지는 것이다. 소금과 중합인산염을 병용하면 그 상승작용으로 육의 보수성을 한층 높일 수 있는데 이 작용은 0~20℃의 범위에서는 온도의 상승과 더불어 증대된다.

# Ⅳ. 건조의 기구(機構)와 방법

## 1. 건조 기구

식품에 열을 가하면 먼저 표면에서 증발이 일어나, 고체 내부와 표면에 있어서 수분의 밀도차가 생긴다. 이때 수분은 밀도가 높은 내부로부터 밀도가 낮은 외부로 이동 확산하여 이것을 보충한다.

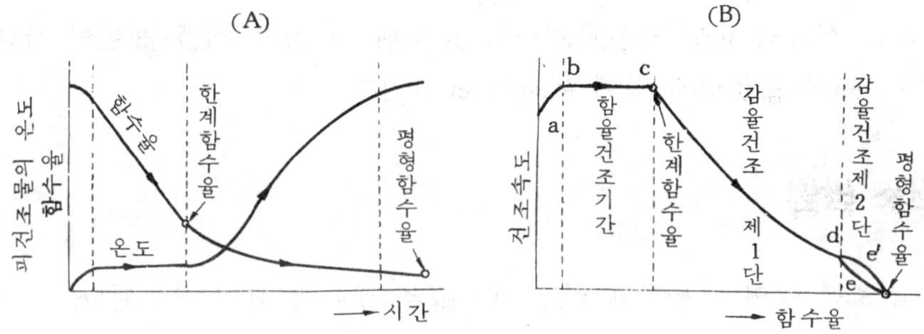


그림 6-5 건조경과(A)와 건조특성 곡선(B)

그림 6-5에서 보는 바와 같이 수분함량이 어느 정도까지 감소할 때까지(b → c)는 표면증발량과 내부 확산량이 같아 식품의 온도도 거의 일정하고 단위시간당의 건조량도 거의 일정하므로 항률건조단계(恒率乾燥段階)라고 하며 이 기간의 건조속도는 크다. 그 이후는 표면증발량이 증가되는 대신 내부확산은 감소되어 식품의 온도가 상승되고 증발속도는 감소하게 된다. 이 기간을 감율 제1건조단계(減率第一乾操段階)라 하고 이러한 감율현상이 더 계속되어 표면이 딱딱하게 굳어지고 이것이 장벽이 되어 표면으로부터의 열의 침투와 내부로부터의 수분의 이동이 장해를 받는 현상이 일어나게 되는데 이 단계를 감율 제2건조단계(減率第二乾操段階)라 한다. 감율단계가 되면 건조속도는 급격히 떨어지고 식품의 품질에는 여러 가지 악변(惡變)이 일어나게 된다. 그러므로 표면이 딱딱하게 굳어지는 현상 중 경화(case hardening)가 일어나지 않도록 초기에 가열온도를 서서히 높이거나 때로는 가열도중에 중지하여 내부확산이 진행되기를 기다렸다가 다시 가열하는 등의 방법을 써서 건조효과를 높인다.

건조속도에 영향을 미치는 요인으로는 공기의 온도(氣溫) 및 습도, 기압, 식품의 표면적 두께 및 성분조성 등이 있는데 그 중 건조속도를 좌우하는 가장 큰 외부요인은 포차(飽差)이다. 포차(飽差)라는 것은 증발 표면에 있어서의 수증기압력 $F$와 공기중의 수증기압력 $f$와의 차, 즉 $F-f$를 말한다. 그러므로 식품표면으로부터의 수분증발량은 대체적으로 다음 식이 적용된다.

$$E = \alpha s(W_s - W_e)(F - f)$$

즉, 식품 표면으로부터의 단위시간당의 증발량 $E$(kg/hr)는 식품 표면의 수증기압력 $F$(mmHg)와 공기의 수증기압력 $f$(mmHg)와의 차($F-f$), 즉 포차에 비례하고, 또 표면적 $s$($m^2$)에도 비례된다. 또한 식품 표면의 수분 함유밀도 $W_s$($kg/m^3$)와 식품의 평형수분함유밀도 $W_e$($kg/m^3$)와의 차($W_s - W_e$), 즉 증발할 수 있는 수분의 밀도에도 비례한다. 여기서 평형 수분함유 밀도라는 것은 건조에 사용된 공기 중에 충분히 오래 두어 그 온도, 습도하에서 그 이상 증발이 일어나지 않게 되었을 때의 수분함유밀도이다.

비례정수 $\alpha$는 식품의 표면 증발율이라고 하는데 그 값은 식품 표면의 상태 또는 공기의 식품 표면에 대한 유동상태 등에 따라서 달라진다.

## 2. 건조 방법

현재 식품 건조에 많이 이용되고 있는 건조법은 다음과 같이 분류된다.

- 천일건조 : 양건, 음건 … 건포도, 곶감, 건어물
- 인공건조
  - 가압 : 가열 → 가압 → 분출 … 옥수수 튀김
  - 상압
    - 자연환기 … 곶감, 말린 사과
    - 열풍 : 송풍, 통풍 … [터널, 로터리식, 투기 / 기류, 선반식, 벨트식] 각종식품
    - 분무 : 가압노즐 또는 원심분무 … 분말커피, 분유, 분말향료
    - 피막 : 드럼, 벨트 … $\alpha$화전분, 약용 효모
    - 포연 : 크레이터법, 스퍼게티법 … 페이스트상 식품
    - 건조제 : [고체 또는 액체 건조제에 의한 / 저습공기에 의해] … 각종식품
    - 고주파 : [10~20 MC 분자운동 / 마찰열에 의해] … 비교적 수분이 적은 식품
    - 적외선 : 복사열에 의해
    - 진공 (각종식품)
      - 동결 … 얼음의 승화
      - 피막 … 드럼방식, 벨트방식
      - 분주
      - 교반

### (1) 천일 건조법(Sun drying)

태양열과 풍력에 의하여 건조하는 방법으로 어패류나 해조류의 건조에 많이 이용되고 있다. 특별한 설비가 필요없고 방법이 간편하며, 대량처리가 가능하고 경비가 들지 않는 장점이 있다. 그러나 일기가 나쁘면 처리할 수 없고 건조 중에 착색, 퇴색, 산화 등의 화학적 변화와 효소에 의한 분해 등을 받기 쉽다.

그늘말림은 직사광선을 피하여 바람이 잘 통하는 그늘에서 말리는 방법으로 겉마르기와 같은 현상을 막고 균일하게 건조하며, 또 화학적 변화나 변형을 적게 하기 위한 방법이다.

### (2) 열풍 건조법(Hot-air drying)

식품을 선반이나 tray에 얹어서 건조실에 넣어 열풍으로 건조하는 방법이다. 식품의 종류나 상태에 따라서 열풍의 온도, 풍속, 풍향 등을 알맞게 조절하여야 한다.

열풍건조기에는 상자형식, tunnel식, belt식, 회전식 및 투기식(열풍을 식품의 위로부터 밑으로 불게 하는 방식) 등의 여러 가지 형식이 있다. 이 중에서 널리 실용화되고 있는 것은 상자형식과 tunnel식이다.

건조 조작을 원활히 하기 위해서는 연속적으로 통풍을 시켜야 하는데 그 방법에는 강제통풍법, 흡인통풍법, 자연통풍법 등이 있다. 강제통풍법은 건조기 앞에 송풍기를 설치하여 바람을 불어 놓는 방법이며, 흡인통풍법은 건조기의 뒤에 송풍기를 설치하여 공기를 빨아내는 방법이다. 자연통풍법은 공기 비중의 차이를 이용하여 연속적으로 통풍시키는 방법이다. 일반적으로 인공건조법은 강제통풍법이 많으며 특히 재료의 양, 건조의 상태 등에 따라 송풍량을 변경시키지 않으면 안되는 때에는 송풍기에 의한 강제송풍법이 좋다.

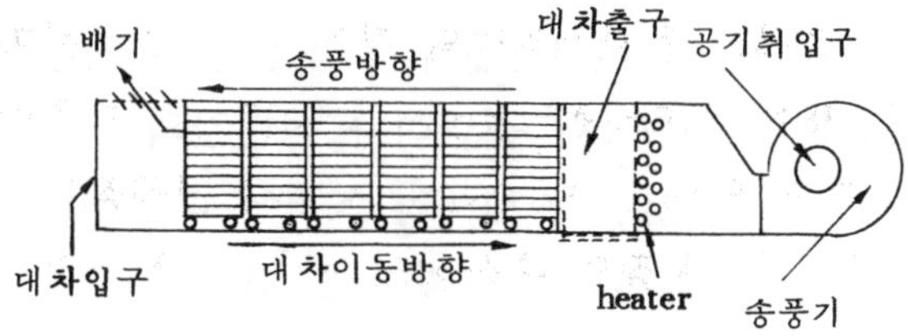


**그림 6-6 터널식 건조기**

### (3) 진공 건조법(Vacuum drying)

저온건조를 목적으로 한 방법의 하나이다. 건조실내의 압력을 수 mm 내지 수십 mm Hg 정도로 유지하게 하여 건조실 내의 공기의 수증기압을 낮게 한다. 한편 가열기에 의하여 품질이 허용하는 한도 내에서 식품의 온도를 높여서 표면 수증기압을 높여 포차를 크게 하여 증발이 왕성하도록 한다.

건조가 진행되어 증발속도가 떨어지면 가열의 정도를 가감(加減)하여야 한다. 식품의 성분변화가 적어 품질이 좋은 제품을 얻을 수 있는데 반하여 연속작업이 안되고 생산비가 높은 것이 단점이다.

### (4) 배건법(Roast drying)

식품을 배건선반에 얹어 배건로(焙乾爐) 위에 쌓아 올리고 화상(火床)에 목재를 태워 그때의 복사열과 상승기류에 의하여 수분을 증발시키는 방법이다. 본질적으로는 훈제품을 만들 때의 훈건법과 같으나, 제품에 따라서는 목재를 태우지 않고 숯불, 적외선 등을 열원으로 하는 수도 있다.

배건법에서는 제품 겉마르기를 일으켜 내부의 수분이 표면으로 확산하기 어렵게 되는 수가 있다. 그래서 배건을 몇 번으로 나누어서, 배건과 배건 사이에 배건 선반을 가마니 등으로 덮어 두어 수분의 내부 확산을 돕는 수가 많다. 가다랭이류의 배건품은 이 방법에 의한 제품의 하나이다.

### (5) 동결 건조법(Freeze drying)

식품을 동결시킨 다음 고도의 진공 하에서 식품 중의 빙결점을 직접 승화시켜 건제품을 만드는 방법으로 현대 건조기술의 꽃이라 할 수 있다. 식품 중의 수분은 대기압 하에서는 100℃에서 끓지만 압력을 내리면 물은 100℃ 이하에서도 비등 증발하는데 4.58mmHg로 감압하면 0℃에서 비등하게 된다. 즉 물의 포화증기압은 0℃에서 4.58mmHg이고, -10℃는 1.95mmHg, -20℃는 0.77mmHg로 감소한다(그림 6-1 참조).

이처럼 동결한 채로 건조하는 동결건조법의 장점은 ① 위축변형이 거의 없으므로 외관이 양호하고, ② 효소적 또는 비효소적 갈변이나 성분간의 화학반응이 없으므로 향, 맛, 색 및 영양가의 변화가 거의 없으며 ③ 제품의 조직이 다공질이고 변성이 적으므로 물에 담그었을 때 복원성이 좋고 ④ 품질의 손상없이 2~3% 정도의 극히 저수분으로 건조할 수 있다.

반대로 단점으로는 ① 다공질이므로 표면적이 커서 흡습하기 쉽고, 또 지방이나 색소가 산화되기 쉽고 ② 저수분, 다공질이어서 부스러지기 쉽고, 포장이나 수송이 곤란한 점 등을 들 수 있다.

### (6) 냉풍 건조법(Cold-air drying)

제습(除濕)하여 수증기압을 적게 한 냉풍을 식품에 접촉시켜 수분의 증발을 촉진하는 방법이다. 공기의 제습(除濕)에는 냉동기를 사용하므로 열풍건조법에 비교하면 설비비나 운전경비가 많이 든다. 그러나 식품의 온도를 높이지 않고 건조하므로 갈변이나 지방의 산화를 억제할 수 있다.

### (7) 자연 동건법(Natural dehydration)

식품을 겨울의 자연저온을 이용하여 수분을 빙결시킨 다음 10℃ 정도의 온도에서 융해시켜 수분을 증발 또는 유출시킨다. 이 처리를 반복하여 수분을 제거하고 건조하는 방법이다. 한천이나 명태 등은 이 방법에 의하여 제조된 대표적인 제품이다. 얼음이 녹아서 액즙으로 유출(drip)할 때 수용성 물질이 함께 용출되어 영양물질의 손실이 일어나고 제품이 스펀지화 하기 쉽다.

# V. 수산건제품의 제조기술

## 1. 일반적 제조원리

수산건제품은 수분을 제거하여 세균이 발육하지 못하게 만든 제품인데 그 처리법에 따라 나누면 다음과 같다

① 날마른치(素乾品, plain dried products) : 어패조류의 날 것을 말린 것
② 찐마른치(煮乾品, boiled and dried products) : 어패류를 그대로 또는 염지한 것을 삶은 후 말린 것
③ 군마른치(焙乾品, roasted and dried products) : 어패류를 불에 쬐어 말린 것
④ 간마른치(塩乾品, salted and dried products) : 어패조류를 염지한 후 말린 것
⑤ 얼마른치(凍乾品, frozen and dried products) : 어패류를 얼렸다가 녹였다가 말린 것
⑥ 쩌군마른치(節類, boiled and roasted products) : 어패류를 일단 찐 후에 불에 쬐어 말린 것
⑦ 맛붙이마른치(調味乾品, seasoned and dried products) : 어패조류를 조리하여 맛을 붙여 말린 것
⑧ 훈제품(燻製品, smoked products) : 어패류를 염지한 후 연기에 쐬인 것

여기서 날마른치는 단순히 수분을 제거하는 것이 목적이지만 찐마른치 및 군마른치는 우선 가열에 의해 어패류 중의 자가소화효소를 파괴시켜 자가소화에 의한 어패육의 분해

를 막고 이어서 건조시켜 수분을 제거하고 어패육에 부착되어 있는 세균의 발육을 방지하는 것이다. 찐마른치 및 군마른치는 자가소화가 빨리 일어나는 원료에 행하여진다.

간마른치는 소금에 절여 제품의 맛을 붙임과 동시에 세포 내의 수분을 제거하고 이어서 건조시켜 어패육에 부착되어 있는 세균의 발육을 방지하는 것이다.

얼마른치는 원료를 동결시켜 세포 내의 수분을 빙결정이 되게 하고 이것을 융해시켜 세포 밖으로 흘러 나오게 하여 증발 건조시킨 것이다. 이것은 보통 1회로는 불충분하므로 몇 회 동결과 융해를 반복시켜 수분을 제거하여 세균의 발육을 제지시키는 것이다. 수산물을 저장하는 경우, 충분히 건조시키지 않으면 안된다. 한편 수산물의 맛은 건조도가 적은 쪽이 좋으므로 기온에 따른 보존상 필요한 건조도를 파악하여 보존성도 좋고 맛도 좋은 건조품을 얻을 수 있도록 하여야 한다. 식미 위주의 중간수분제품이 제조되고 있는데 냉장으로 보존성을 보강한다.

## 2. 날마른치(素乾品)

날마른치는 생것을 그대로 말린 것으로, 마른 오징어, 마른 명태, 마른 복어, 마른 상어 지느러미, 마른 미역, 마른 김 등이 이에 속한다. 날마른치는 원료처리에 있어 극히 신선한 것을 선택하여 처음에 바닷물 또는 묽은 식염수로, 다음에는 담수로 씻어 염분을 잘 제거한 후 건조시킨다. 이때 작은 것은 그대로, 큰 것은 쪼개거나 적당히 잘라 건조시킨다. 건조는 대부분 천일건조시키지만 처음에는 되도록 서서히 시키는 것이 요구된다. 만일 이것을 급격히 강렬한 태양 아래서 실시하면 재료의 표면만이 빨리 건조되고 단백질이 응고되어 피막을 형성하며 내부의 수분의 증발을 방해하게 되어 건조가 늦고 불량제품이 된다. 따라서 우선 음건(陰乾) 시킨 후 본 건조를 행한다.

건제품은 오징어, 명태, 등 소건품이, 조기 등의 염건품, 멸치, 굴, 홍합 등 자건품이 주종을 이루고 있으며 표 6-4에서 1997년도 총 생산실적을 보면 7만 1천 톤으로 1995년도에 비해 2만 2천 톤이 증가하였다. 품목별로는 소건품과 자건품의 증가가 주요 원인이다. 특히 소건품 중 오징어의 생산량과 자건품의 경우는 멸치의 생산량이 크게 증가하였기 때문이다. 반면 염건품의 경우는 매년 약간의 감소 추세를 보이고 있다. 이러한 건제품들은 대부분 단순가공으로 이루어져 품질이 열악하며 위생적인 문제를 초래할 수도 있다. 이러한 품질의 한계성으로 인하여 소비 확대가 증가하기 어려운 문제점을 안고 있다.

일부 특수 고가식품의 건조에 부분적으로 응용되고 있는 기술을 소개하면 원적외선 건조(해태, 건멸치 등), 진공동결건조(북어, 맛살, 전통국 등), 냉풍건조(건포류, 진미제품 등), 팽화건조(각종 스낵류, 편의식 등)등이 있어 제품의 특징에 맞는 건조방법을 도입한다면 현재보다 훨씬 고품질의 건조제품 생산이 가능할 것으로 생각된다.

표 6-4 수산건제품의 생산동향 (단위 : 톤)

| 품 목 | 1994년 | 1995년 | 1996년 | 1997년 |
|---|---|---|---|---|
| 소 건 품<br>(오징어) | 14,694<br>(9,232) | 34,686<br>(18,767) | 42,426<br>(14,652) | 29,439<br>(14,446) |
| 염 건 품<br>(조 기) | 1,191<br>(994) | 2,067<br>(1,275) | 2,742<br>(2,654) | 494<br>(275) |
| 자 건 품<br>(멸 치) | 24,473<br>(21,643) | 12,695<br>(11,743) | 40,008<br>(38,440) | 41,438<br>(39,098) |
| 총 계 | 40,318 | 49,448 | 85,176 | 71,371 |

### (1) 마른 오징어(dried squid)

마른오징어의 생산량은 1995년 이후 정체상태에 있고 조미오징어제품의 경우에도 소비가 감소되는 추세에 있다. 이러한 원인은 딱딱한 조직감과 단순한 맛 그리고 다양한 제품 개발이 이루어지지 못하고 있기 때문이다.

마른오징어의 제법을 보면 다음과 같다. 원료 오징어(피둥어 꼴뚜기)의 분수공에 칼끝을 넣어 동체의 중앙선을 따라 귀의 전단까지 직선으로 배를 따서 먹즙을 터지지 않도록 하여 내장을 제거한다. 다음 두부의 중앙을 절개하고 양쪽 눈 사이를 끊어 넓혀 눈알과 입부리를 제거한다.

표 6-5 오징어의 성분 함량 (단위 : %)

| 성 분 \ 구 분 | 물오징어 | 마른오징어 |
|---|---|---|
| 수분 | 78.9 | 21.1 |
| 단백질 | 19.1 | 69.5 |
| 지질 | 0.6 | 3.2 |
| 회분 | 1.4 | 6.2 |

처리를 마친 것은 맑은 바닷물이나 2~3%의 소금물로 잘 씻은 후 담수로 헹구어 염분을 씻어낸다. 염분을 씻어내지 않으면 건조속도가 늦어질 뿐더러, 건조 후 저장중에 흡습하여 품질을 손상케 한다.

세척을 마친 것은 일반적으로 건조장에 내어 천일건조를 하는데 2일 정도 건조하여 어느 정도 수분이 제거되면 건조장에서 거두어 주름살을 펴고 정형을 하여 쟁인 후(암증) 다시 건조장에 널어 건조를 완료시킨다. 일기가 순조로우면 3일 정도로 건조가 완료되어 수분함량이 20% 내외가 된다. 건조가 끝난 것은 크기, 색택, 육질 등을 보아 선별하여 결속한다. 생오징어와 마른 오징어의 성분함량은 표 6-5와 같다.

오징어육은 물에 녹기 쉬운 단백질이 많으므로 비를 맞게 하면 단백질이 용출하여 육이

엷어지고, 또 세균이 번식하면 표피에 있는 색소세포로부터 색소가 용출하여 육이 적갈색으로 착색한다(그림 6-7). 따라서 우천으로 건조가 늦어지면 살이 얇고, 적갈색을 띠며, 악취가 나는 물오징어(비오징어)가 된다.

이와 같은 악변을 막기 위하여는 우천시에는 덮개를 얹고, 또 원료오징어를 초산이나 방부제 등에 침지처리하는 것이 필요하다. 한편 품질이 좋은 제품은 특유의 향미가 있고 황갈색 내지 황백색이며 다리나 흡반(吸盤)의 탈락이 적고, 표면이 적당한 양의 백분(白粉)으로 덮혀 있는 것이 보통이다.

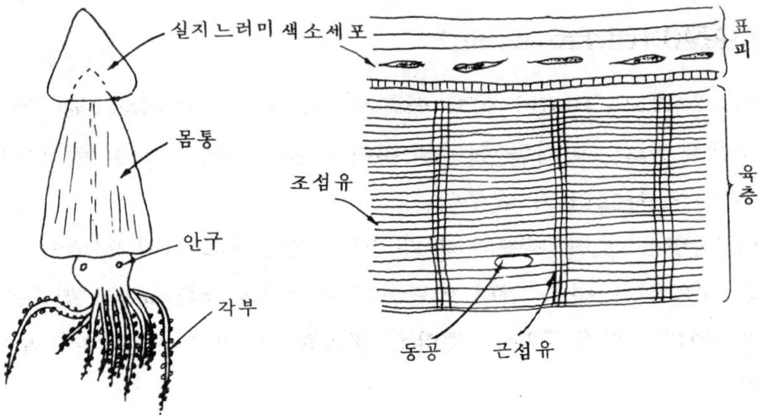


**그림 6-7 오징어 근육조직**

마른오징어의 표면에 피는 백색의 분말은 betaine, taurine, aspartic acid 등의 육 엑스분(extractives) 중의 아미노산이 스며 나와 건조된 것이다.

### (2) 마른 명태(dried alaska pollack)

마른 명태는 우리가 즐겨 먹는 건조어의 대표적인 제품의 하나이다. 종전에는 주로 얼말림에 의하여 제조하여 왔으나, 국토의 분단으로 어장이 제한되는 한편 북양어장의 개척으로 북양명태가 대량으로 반입됨에 따라 일반 천일건조나 열풍건조 등에 의한 제품이 많이 제조되고 있다. 얼말림에 의한 마른명태의 제법은 다음과 같다. 겨울철에 선도가 좋은 어체의 복부를 항문까지 절개하여 내장을 제거하고 잘 씻은 다음 2~6마리씩 꿰어 건조대(덕)에 건다. 밤 사이에 충분히 언 어체는 낮동안에 녹아 일부의 수분은 증발 또는 유출이 되고, 밤이 되면 다시 얼게 된다.

이러한 과정을 반복하여 건조가 진행되는데, 얼말림 초기에 낮의 기온이 너무 급격히 올라갈 때에는 어체를 한데 모아서 가마니나 거적 등 덮개로 덮어 표면과 내부가 고르게 해동이 되도록 한다.

건조가 진행되어 건조도가 80% 정도가 되면, 어체를 모아 1m 정도의 높이로 쌓아 가마니나 거적 등으로 덮어 3~4일간 두었다가, 날씨가 좋을 때 씌웠던 덮개를 펴 그 위에 명태를 널어 말린다. 이처럼 얼려 말리는데 소요되는 기간은 대개 40~70일 정도 걸린다.

### (3) 마른 상어지느러미(dried shark fin)

마른 상어지느러미(샥스핀)은 상어의 가슴지느러미·등지느러미·꼬리지느러미를 건조한 것이다. 마른 상어지느러미는 흰 상어지느러미(白翅), 검은 상어지느러미(黑翅)의 두 종류가 있는데, 흰상어지느러미는 귀상어·흉상어 등을 원료로 하고, 검은 상어지느러미는 청상아리, 팽이상어, 악상어, 환도상어 등을 원료로 한다. 흰 상어지느러미는 검은 상어지느러미보다 고급품이다. 지느러미 중심부에 있는 collagen 유사물질로 되어 있는 근사(筋絲)는 중국요리의 재료로 귀하게 쓰인다. 상어 한 마리에서 등지느러미 하나, 가슴지느러미 둘, 꼬리지느러미 하나로 합계 4개의 지느러미를 떼어낼 수 있는데, 그 중에서 등지느러미가 가장 고급품이고, 다음이 꼬리지느러미, 그 다음이 가슴지느러미의 차례로 된다.

어체로부터 지느러미를 끊을 때 살을 많이 붙여 끊으면 건조가 늦어지고 부패할 우려가 있으며, 너무 얕게 끊으면 건조 중 또는 그후 처리 중에 근사가 흐트러지는 수가 있다.

끊어낸 지느러미는 해수 또는 묽은 소금물로 잘 씻은 다음 담수로 헹구고, 끈에 꿰어 매달아서 천일건조 한다. 보통 2~3주간으로 건조가 완료된다. 제품은 고유한 색택을 가지며 악취가 없고, 수분은 13% 이하를 기준으로 하고 있다.

### (4) 마른 대구(dried cod)

마른 대구는 건대구 또는 대구포라고도 한다. 신선한 대구를 등에서 배쪽으로 칼을 넣어 아래 턱부를 붙여 둔 채 머리부터 꼬리까지 완전히 가르고, 등뼈의 일부를 떼어내어 흑막을 제거한 다음 깨끗이 씻어서 안쪽이 햇볕을 받도록 널어서 말린다. 적당히 건조되면 쟁이어 다시 말린다. 쟁임과 건조를 여러 번 반복하여 제품으로 한다. 추운 겨울철에는 1개월 가량 걸려 건조한다.

### (5) 마른 미역(dried dulse, dried sea mustard)

식용 해조류 중 가장 생산고가 많다. 특히 양식업의 발전과 더불어 생산량이 급격히 증가하여 1971년까지는 자연산의 비율이 압도적으로 많았던 것이, 점차 양식산이 많아지게 되어 1980년에 이미 양식산이 총 생산량의 96%를 차지하게 되었다.

미역생산량은 1996년 건미역이 1만 3천톤, 염장미역 2만 3천톤이었고, 1997년은 건미역 5천톤, 염장미역 1만톤으로 전년보다 절반량을 수확하였다.

양식 미역은 70% 이상이 생미역으로, 자연산은 대부분이 마른 미역으로 이용되고 있다. 수출 미역의 90%는 간미역이 차지하고 있다.

제품은 가공 방법에 따라 소건 미역, 염장 생 미역, 회건 미역, 염장 데친 미역, 실 미역 등으로 나눌 수 있으나 최근 국내 생산 미역의 대부분은 저장성이 우수한 염장 미역과 편의성 및 기호성이 우수한 마른 썰은 미역으로 제조되어 수출되고 있다. 염장 미역은 끓는 물로 데쳐 효소를 불활성화하고 색상을 개선한 후 소금으로 염장하여 저장성을 부여한 제품이다. 염장 미역은 일시에 대량 생산되는 미역을 효과적으로 저장할 수 있을 뿐 아니라 2차 미역 가공제품의 원료로 사용된다. 마른 썰은 미역은 줄기를 제거한 염장 미역을 원료로 하여 일정한 크기로 절단하여 건조한 제품이다.

● 마른 썰은 염장미역의 제조 공정

마른 썰은 미역을 원료로 하여 제조된다.

염장 미역 및 마른 썰은 미역의 제조 공정도는 다음과 같다.

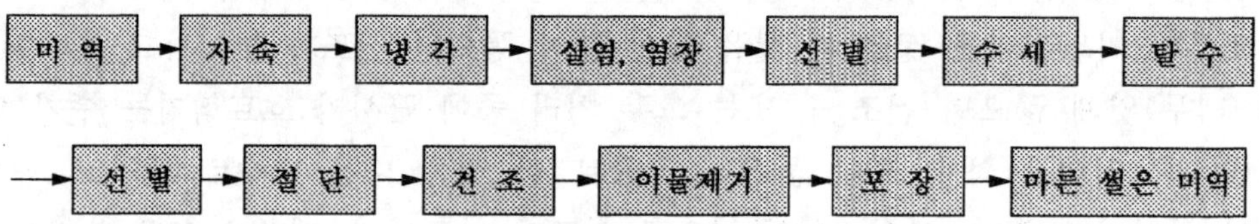


**그림 6-8 마른 썰은 염장미역의 제조공정도**

● 제조방법

① 데치기

염장미역 및 건 미역을 제조하기 위해서는 먼저 데치기를 실시하여 색소의 유지 및 부패를 방지한다. 미리 자숙기에 해수를 채워 80~100℃ 정도로 가열하여 연속적으로 컨베이어를 이용하여 미역을 투입한다. 미역이 균일하게 데쳐지도록 자숙기의 교반장치를 이용하며 자숙이 끝난 미역은 즉시 흐르는 15℃ 이하의 해수에 투입하여 1분 이내에 실온으로 냉각한다.

② 소금 혼합 및 염장

냉각된 미역을 가압 탈수기로 압착, 탈수한다. 수분이 제거된 미역에 연속적으로 미역 중량의 35~40%의 소금을 식염 혼합기로 혼합하여 염이 충분히 미역에 침투되도록 염장 탱크에 하룻밤 염장한다.

염장중 염출액의 염도를 측정하여 염도 보메가 22~23°가 되는지 측정하고 소금의 양이 부족하면 추가로 염을 첨가한다.

③ 탈수, 선별 및 저장

염장이 끝나 미역을 깔판 위에 놓고 그 위에 차례로 적재하여 24~48시간 적재 압력으로 탈수한다. 이때 적재 높이가 너무 높으면 미역의 조체가 변질될 수 있으므로 적재 높이가 1.5m 이하로 유지한다. 탈수된 염장미역은 선별대에서 칼로 미역을 절개하여 엽체를 선별한 후 선별한 염장미역은 다시 적재하여 엽체에 과량 묻어 있는 소금을 균일하게 혼합하고 또한 이물질도 제거한다. 선별이 끝난 제품은 -8~-12℃로 냉동 저장한다.

④ 수세

줄기가 제거된 염장 미역을 회전식 탈염기를 이용하여 염 및 이물질을 제거하고 또한 엉켜진 미역을 풀고 탈염한 염장 미역을 컨베이어로 연속적으로 염수 수세 탱크로 이송하여 공기를 불어 넣어 30분 세척한다.

염수 세척한 미역은 다시 담수로 짧은 시간 동안 세척하여 색택 개선 및 염을 제거한다.

⑤ 유압 탈수

세척된 미역을 유압 탈수기로 수분량이 75% 정도 되도록 110~150㎏의 압력으로 20~30분간 압착하여 탈수한다. 탈수된 미역은 다시 회전식 이물 제거기를 이용하여 뭉친 미역을 풀고 또한 작은 이물을 제거한다.

⑥ 절단

균일하게 절단하기 위해 유압 탈수한 미역을 절단기 컨베이어에 가지런히 이송한다.

요구조건에 따라 절단기의 칼날을 교체하여 절단한다. 일반적인 칼의 크기는 20mm×20mm, 24mm×20mm, 28mm×30mm, 50mm×80mm이다.

⑦ 건조

절단된 미역을 열풍건조기로 수분함량이 30% 되게 골고루 건조되도록 수시로 뒤집기를 하면서 1차 건조한다. 업체에 따라서는 1차 건조하지 않는 곳도 있다.

1차 건조된 미역은 회전 원통 건조기로 이송하여 회전 원통 건조기의 초기 온도는 50~60℃로 유지하고 건조가 끝나는 시점에서는 온도를 100℃로 올려 건조한다.

⑧ 크기 선별

크기 선별기에 망을 설치한 후 건조된 미역을 컨베이어로 크기 선별기로 이송한다.

크기는 선별기 내에 설치되어 있는 망의 구멍 크기에 따라 L(8mm~15mm), M(5mm), S(3mm), SS(3mm 이하)로 분류한다.

⑨ 이물질 제거

크기를 선별한 미역을 풍력 선별기로 먼지, 미세한 이물질 및 돌 등을 제거하여야 한다. 미세한 이물질은 바람에 날리어 제거되고 돌 등의 무거운 이물질은 곧바로 떨어져 분리된다.

풍력으로 선별한 미역은 연속적으로 정전기 선별기로 풍력 선별기로 제거하지 못한 미세한 머리카락, 이물질 등을 정전기력으로 롤러에 부착한 후 흡입 펌프로 제거한다.

정전기 제거기를 통과한 미역은 연속적으로 컨베이어 위로 옮겨져 형광등 밑에서 육안으로 이물질을 제거한다.

이물질 제거의 마지막 단계로 앞의 단계에서 제거되지 않은 철분 등을 철분 제거기로 제거한다. 철분 제거기에는 자석이 부착되어 있어 가공 기계의 녹 등과 같은 혼입된 철분을 제거한다.

⑩ 포장

선별이 끝난 마른 썰은 미역을 중량별로 각각 포장하여 저장한다.

### (6) 마른 김(dried lavers)

마른김은 주로 양식되는 참김(*Porphyra tenera* Kjellm)과 방사무늬돌김(*Porphyra yezoensis* Ueda)을 초제 건조한 것이다. 김의 채취기는 1, 2월이 최성기이고 3, 4월을 넘어서면 맛과 품질이 떨어진다. 채취한 김은 파래 및 기타 협잡물을 제거하고 바닷물로 잘 씻고 물을 밴 다음 적당히 세절한다.

세절한 것은 담수에 풀어 잘 교반한 다음 발장 위에 얹은 초제(抄製) 틀 속에 일정량을 떠부어 초제한다. 다음 틀을 들어내고 발장 위에 부착한 김을 건조장에 내어 건조시키는데, 처음은 김이 붙어 있지 않는 발장의 뒷면부터 햇볕에 쬐어 충분히 건조한 후 표면을 햇볕에 쬔다. 보통 뒷면 3시간, 표면 30~60분 정도로 건조가 완료된다.

최근에는 자동초제기, 원심탈수기 등을 사용하고, 또 일기가 불순할 때에는 건조실에서 중유 burner로 열풍건조를 하는 수도 있다.

마른김은 흡습하면 chlorophy11이 속히 분해되고 phycobilin색소가 많이 잔존하게 되므로 흑자색이었던 색택이 적갈색으로 변화하고 향미도 악변한다. 따라서 건조가 끝난 마른 김은 전열이나 탄열로 50~80℃ 정도로 가열한 건조실에 5일 정도 두어서 잘 건조시킨 다음 냉각되기 전에 양철통 등에 넣어 밀봉하여 보존한다.

김은 다른 해조류와 달리 바다에서 채취 즉시 마른 김으로 가공한 후 2차 가공업자 및 소비자에게 판매된다.

마른 김은 원조에 혼입되어 있는 진흙, 모래, 잡태 등의 불순물을 제거하는 세척 공정, 원조를 잘게 자르는 절단 공정, 염분을 씻어내는 밀물 세척 및 탈수 공정, 김과 물의 비율을 조절하는 배합 공정, 잘게 자른 김을 발장에 고루 펴 붙이는 초제 공정, 열풍으로 수분을 제거하는 건조 공정이 연속적으로 진행되어 일정한 무게 및 수분을 함유한 제품으로 생산된다.

● 마른 김의 제조 공정

마른 김의 제조 공정은 원조(原藻)의 종류, 제품의 특성, 보유 설비 및 생산량 등의 요인에 따라 공정의 채택 여부가 달라진다.

최근 기계화되고 있는 마른 김의 일반적인 연속 제조 공정은 다음과 같다.

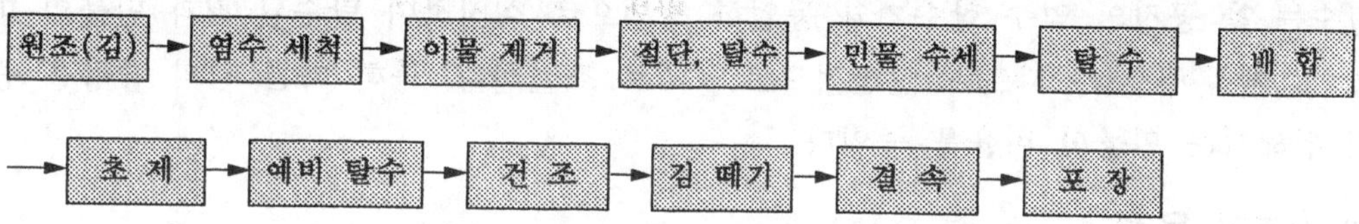


그림 6-9 마른 김의 제조 공정도

● 제조 방법

① 염수 세척

미리 세척한 탱크에 깨끗한 해수를 채우고 채취한 원조를 세척 탱크에 넣어 교반기를 서서히 회전시켜 탱크 내의 김을 교반하면서 이물질을 제거하기 위하여 세척하고 세척된 김을 이송 펌프를 이용하여 이물제거기로 이송한다.

② 이물 제거

이물제거기에 초퍼 플레이트(plate)와 칼날을 끼운 후 가느다란 틈새가 있는 회전통을 조립하고 뚜껑을 닫아 회전하면서 이물질을 제거한다.

③ 염수 탈수 및 세절

이물질이 제거된 원초를 탈수기로 탈수한다. 세절기는 원조의 상태 및 제품의 특성에 따라 초퍼 플레이트 구멍 크기와 칼날의 날개수를 선정한다.

특히 초사리는 조체가 부드러우므로 구멍이 큰 플레이트와 칼날 날개수가 적은 것을 사용하고 늦사리는 조체가 단단하므로 초퍼 구멍이 적은 플레이트와 칼날 날개가 많은 것을 선정한다.

한편 돌김은 일반 김에 비하여 구멍이 큰 플레이트와 칼날 날개 수가 적은 것을 사용하여 절단정도를 조절한다.

양식산 김 중 잎이 넓은 원조는 플레이트 구멍이 적고 칼날 날개가 많은 것을 사용하고, 잎이 좁은 품종은 플레이트 구멍이 큰 것과 칼날 날개가 적은 것을 선정한다.

④ 숙성

숙성탱크에 차가운 냉수를 채우고 세절된 원조의 공급 밸브를 열어 탱크에 김을 채우고 교반기를 서서히 회전시키면서 수세한다. 수세 시간이 길거나 수온이 증가되면 품질이 급격히 저하되므로 냉수를 연속적으로 공급하고 또한 수세 시간을 1시간 이내로 조절한다.

⑤ 탈수 및 배합

탈수는 앞 공정의 염수 탈수기와 동일한 방법으로 실시하며 탈수된 김과 민물의 비율은 원조 및 제품에 따라 다르나 일반적으로 3:7로 조절한다. 특히 마른 김의 중량을 증가시키기 위해서는 민물의 비율을 줄인다.

⑥ 건조기 운전

발장을 건조기에 부착하여 미리 물에 침지하여 부착하거나 발장을 건조기에 부착 후 기계를 3회 정도 공회전 하면서 세척, 건조한다.

발장이 2/3정도 들어가면 뒷 버너를 30℃ 정도로 조절하고 발장이 뒤를 돌아갈 때 버너 온도를 40℃ 정도로 올리고 앞 버너도 45℃ 정도로 올린다.

건조기의 운전방법은 다음 순서와 같이 실시한다.

㉠ 실내 온도는 45℃, 습도는 60~70%로 유지하고 습도가 낮을 때는 버너의 온도를 37~40℃로 유지한다. 앞 버너와 뒷 버너의 온도차가 5~7℃ 되게 조절한다. 건조된 김의 수분을 13% 정도로 조절한다.

㉡ 김의 중량은 한 속당 230g~300g 되게 조절한다. 일반 마른 김은 230g~260g 정도이며, 돌김, 정부 비축김, 수출 김은 300g 정도로 조절한다.

㉢ 김 중량은 배합기에서 김과 물의 비율을 조절하거나 또는 초제기의 헤드에 있는 조절나사를 조절하여 조절한다.

⑦ 포장

건조된 김은 김 떼기부를 지나 컨베이어 벨트를 타고 건조된 김이 10장씩 나오면 100장을 결속하여 방습지를 깐 포장 상자에 넣는다. 단기 저장시는 저온저장을 하며 장기저장시는 수분이 5%가 되게 재건조하여 방습 포장하여 보관하거나 냉동저장한다.

## 3. 찐 마른치(煮乾品)

찐마른치는 원료를 가열처리한 후 다시 건조시킨 것으로 마른 멸치, 마른 정어리, 마른 해삼, 마른 전복, 마른 새우, 마른 굴 등이 있다. 여기에 속한 찐마른치의 제조에 있어서 원료 어패류를 미리 삶는 것은 자가소화효소를 파괴하고, 부착하여 있는 미생물을 살멸하며, 또 육단백질을 열응고시켜 수분과 지방의 일부를 제거하는 동시에 건조를 용이하게 하기 위해서이다.

찐마른치의 생산량을 보면 표 6-6과 같이 마른멸치가 전체의 92~96%를 차지하며 굴, 해삼, 전복, 새우 등이 약간씩 제조되고 있는데 불과하다

**표 6-6 찐마른치의 생산량** (단위 : 톤)

| 제품 \ 연도 | 1995 | 1996 | 1997 | 97/96(%) |
|---|---|---|---|---|
| 합 계 | 12,695 | 40,008 | 41,438 | 103.6 |
| 멸 치 | 11,747(92.5%) | 38,440(96%) | 39,098(94%) | 101.7 |
| 홍 합 | 163 | 209 | 144 | 68.9 |
| 새 우 | 50 | 6 | - | - |
| 굴 | 651 | 953 | 2,176 | 228.3 |
| 기 타 | 88 | 400 | 20 | 5.0 |

### (1) 마른 멸치(boiled-dried anchovy)

멸치는 우리나라 전 연안 특히 남해안에서 많이 어획되며, 진해만 일대가 주산지이고 그 중에서도 통영 멸치가 유명하다. 멸치는 성어가 되면 전장이 약 13㎝ 정도가 되는데, 어체의 크기에 따라 대멸(7.7㎝ 이상의 것), 중멸(7.6㎝~4.6㎝), 소멸(4.5~3.1㎝), 자멸(3.0~1.6㎝), 세멸(1.5㎝ 이하)로 나누고 있다.

멸치는 주로 마른멸치와 멸치젓갈로 가공되는데, 마른멸치의 제조는 일부 날마른멸치 또는 간마른멸치도 있으나 대부분은 찐마른멸치로 제조된다. 찐마른멸치의 제법은 다음과 같다.

선도가 좋은 멸치를 수세한 다음 끓는 소금물(5~10%)에 넣어 소금물이 다시 끓기 시작하여 멸치가 부상할 때까지 삶는다. 이 동안의 시간은 대개 10~15분 정도 소요된다. 이 때 제품의 기름변색(rusting)을 방지하기 위하여 산화방지제를 흔히 첨가하는데 BHA (butyl hydroxy anisole) 또는 BHT(butyl hydroxy toluene)를 사용할 때에는 삶는 물에 대하여 0.01~0.05% 정도의 농도가 되도록 첨가한다.

소금물에 삶는 것은 제품의 색택을 좋게 하기 위해서이고 담수에 삶으면 광택이 나지 않는다. 끓이는 물의 표면에 뜬 유분을 제거하고 멸치를 건져 올려 천일건조를 하는데, 하루에 한 번씩 뒤집어주면 건조가 빠르다.

일기가 순조로우면 2~3일로 건조가 완료되며, 수분함량은 20~22% 이하가 되도록 하는 것이 좋다. 남해안에서는 어획 직후 선도가 좋은 원료를 써서 품질이 좋은 제품을 얻기 위하여 선상(船上) 처리를 많이 하고 있다.

### (2) 마른 굴(boiled-dried oyster)

1970년 중반 이후 굴 양식업의 발전으로 생산량이 해마다 증가하였으나 최근에는 그 증가 추세가 둔화되었다. 굴은 생굴로도 식용되나 통조림, 마른굴, 굴젓 등으로 많이 가공된다. 마른굴은 중국에서는 호건(蠔乾) 또는 호고(蠔鼓)라고 하여 애호된다.

원료굴은 껍질이 붙은 채로 삶이 육을 분리하는 수도 있고, 생굴을 한 개씩 직접 살바르기하는 수도 있다. 생굴을 살바르기 하였을 때에는 묽은 소금물로 잘 씻고 염지한다.

마른굴의 제조공정도를 보면 그림 6-10과 같다.

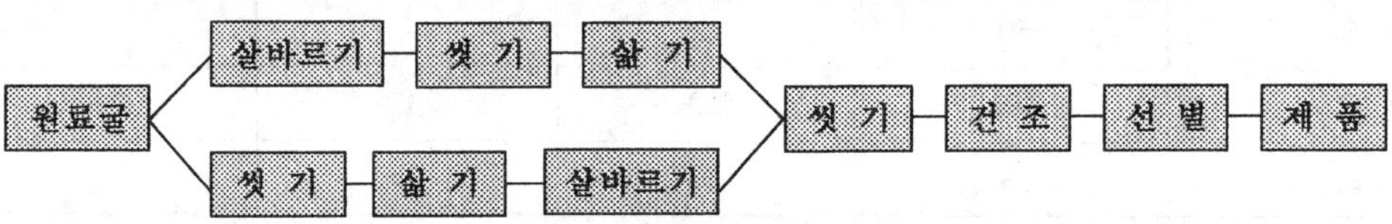


**그림 6-10 마른 굴의 제조공정도**

#### 1) 세척

양식장에서 채취한 굴은 껍질에 붙은 뻘이나 오염물을 깨끗한 물로 잘 세척한다. 세척할 때 유의할 점은 채취현장에서 하지 말고 지정된 장소나 가공공장으로 운반하여 세척하여 양식장의 오염과 노화를 방지해야 한다.

#### 2) 삶기

세척이 잘된 굴은 철제 광주리에 담아 솥에 넣어 증기로 삶는다. 이때 온도와 시간은 제품의 질과 밀접한 관계가 있다. 너무 고온에서 삶으면 육질이 파열되기 쉽고 저온에서 삶으면 굴껍질에 부착된 패주(貝柱)가 잘 떨어지지 않는다. 그러므로 저온에서 삶은 것은 살바르기 도중 육질에 손상이 많으며 시간도 더 걸리게 되는 결점이 있다. 적당한 온도와 시간은 굴의 크기에 따라 차이가 있으나 대체로 각장 10㎝ 정도면 습도(증숙솥) 110℃(압력 6파운드)에서 10분, 그리고 106.8℃(압력 4파운드)에서는 15분 정도가 적당한 것으로 되어 있다.

### 3) 살바르기(剝身)

생굴의 껍질을 까지 않고 먼저 삶아 살바르기를 하는 것과 우선 살바르기를 한 다음 알굴을 솥에 넣어 삶는 것, 두 가지 방법이 있다. 살바르기 작업은 굴껍질이 완전히 식기 전에 해야 되며 너무 삶으면 굴알이 굳어 살바르기 할 때 부스러지기 쉽게 된다. 살바르기 된 굴은 장시간 방치해 두지 말고 다음 작업과정으로 옮겨서 처리해야 된다. 만일 살바르기한 알굴을 오랫동안 방치해 두면 색택이 검게 변하는 등 품질이 좋지 못하게 된다.

### 4) 세척

알굴의 세척은 철제 광주리에 담아서 물 속에 넣어 상하로 가볍게 흔들어 준다. 이때 손으로 문질러서는 안된다. 세척시간이 너무 길면 정미성분의 손실, 육질의 경화, 탄력 등이 감퇴되고 수율도 저하된다. 세척기를 사용할 때는 3~5분이 적당하다. 세척용수는 위생적이어야 하고 담수 또는 바닷물을 사용하되 소금물을 쓰면 더욱 좋다. 담수로 세척하면 굴의 색택은 좋으나 정미성분 등의 손실이 많고 탄력이 감퇴된다. 소금물이나 깨끗한 바닷물을 사용하면 육질의 탄력이 좋고 불순물이 잘 떨어지는 이점이 있다.

### 5) 건조

굴은 천연건조와 기계건조의 2가지 방법에 의해 건조시킨다. 마른 굴가공의 시기는 보통 2~5월경이며 일기가 좋은 때는 2일 정도면 건조가 완료된다. 기계건조시는 건조기 종류에 따라 시간이 다르다. 특히 온도와 습도를 잘 조절해야 한다. 일반적인 건조조건으로는 온도 60~70℃, 습도 30%, 풍속은 3m/sec 정도가 적당한 것으로 되어 있으며 마른 굴의 수분함량은 17% 이하로 해야 한다.

### 6) 선별

건조가 완료된 굴은 상품의 가치를 높이기 위하여 ① 제품의 크기별 ② 형태별 ③ 색택의 정도 ④ 불순물의 부착 여부 등을 감안 선별한다. 마른 굴을 잘 선별해 놓으면 제품검사를 받을 때 매우 편리하다.

### 7) 포장

마른 굴은 보관중 변패되거나 곰팡이 또는 해충 등이 발생하는 수가 있다. 이런 것을 방지하기 위해 양질의 방수지로 포장하며 단위포장은 밀봉하여 10℃ 이하에서 냉장한다.

### (3) 마른 전복(boiled-dried abalone)

마른전복에는 명포(明鮑)와 회포(灰鮑)의 두 가지가 있다. 명포는 보통 대형으로 선황색을 한 고급품이며, 회포는 소형이고 표면에서 백분이 생겨 회백색을 하고 있으나 육색 자체는 홍색이 섞인 흑색이다. 명포 중에서도 불량품은 적갈색을 나타내는 것도 있다.

명포의 원료로는 말전복이 가장 좋고 다음이 둥근 전복이다. 건전복과 전복은 색이 검고 삶은 후 정형하기가 힘들므로 명포의 제조에는 사용하지 않고 회포의 제조에 이용된다.

명포를 제조할 때는 우선 탈각하여 내장을 완전히 제거한다. 다음 염지를 하여 육질을 단단하게 하는 동시에 육에 부착한 오물을 제거하기 쉽도록 한다. 염지는 대형의 것은 육중량의 10% 정도, 소형의 것은 6% 정도 소금을 첨가한다. 1~2일 후에 수세하는데 솔같은 것으로 표면을 잘 문질러 오물이나 점액을 제거한다.

물기를 뺀 후 60℃ 전후의 열수에 넣어 차차 온도를 높여 95℃ 정도에서 1~3시간 삶는다. 일반적으로 대형의 것은 저온에서 장시간 소형의 것은 고온에서 단시간 삶는다.

다음 약 1시간 정도 음건(陰乾)을 하루, 건조로에 얹어 70℃ 정도에서 배건을 한다. 다음날 재차 끓는 물에 넣어 물이 다시 끓기 시작할 때까지 끓인 후 건져 올려 음건한 후 배건한다. 5~6일간 하루에 한번 정도 배건과 천일 건조를 반복한 후 대형의 것은 약 1개월, 소형의 것은 약 2주일간 천일건조로 건조를 완료시킨다.

회포의 제법은 명포의 경우와 거의 같으나 염지할 때에 소금사용량을 약간 많이 하고 삶는 것은 한번만 한다. 건조도가 70~80%가 되었을 때 용기에 넣어 1주일 정도 두어 표면에 백분(白粉)이 나붙도록 한 후 3~4일간 천일 건조시켜 포장한다.

### (4) 마른 해삼(boiled-dried cucumber)

해삼은 날것으로 많이 식용하나 일부 찐마른치로 제조되어 수출도 된다. 해삼은 모양에 따라서 유자삼(有刺參)과 무자삼(無刺參)으로 나누어 지는데 다같이 찐마른치의 원료로 쓰인다. 살고 있는 해삼을 담수에 넣어 충분히 사니(沙泥)를 토해 내게 한 후 탈장기를 항문으로부터 넣어 내장을 제거하고 복강 내를 적은 솔 같은 것으로 잘 씻어낸다. 이것을 약 95℃의 묽은 소금물(약 3%)에 넣어 1~1.5시간 정도 끓인다. 끓이는 도중에는 교반하여 주고 팽대하는 것이 있으면 삼각추(錐)로 구멍을 내어 공기를 뽑아준다.

끓인 후에는 건져 올려 천일건조한 다음 다시 끓는 물에 단시간 담그었다가 건져내어 천일 건조시킨다. 4~5일 후에 통이나 가마니에 넣어 2~3일 두었다가 내어 다시 2~3일간 천일건조한다. 이어 인공색소로 착색을 한 후 다시 건조를 완료시켜 포장한다. 수율은 5% 정도이다.

### (5) 기타

마른 새우(boiled-dried shrimp), 명골(明骨 : boiled-dried cartilage, 상어, 개복치, 가오리 등의 연골에서 근육, 석회질을 제거하여 만든 찐마른치), 퇴시(堆翅:boiled-dried shark fin-rays, 상어지느러미를 열탕으로 끓인 후 표피와 연골을 제거하고 근사만을 다시 열탕에 담그어 표면의 gelatin을 제거하여 천일건조한 것), 찐마른가다랭이(boiled-dried bonito sticks, katsuo-bushi, 가다랭이육을 삶아 배건, 천일건조 및 숙성을 시킨 건제품으로 일본에서 많이 제조됨) 등이 있다.

## 4. 간마른치(鹽乾品)

원료를 소금에 절임한 다음 건조한 것으로 간마른전갱이, 간마른정어리, 간마른꽁치, 간마른고등어와 같이 알맞게 짠맛을 붙여 맛을 향상시키는 것을 목적으로 하는 것과 간마른 대구처럼 염장하여 수분의 일부를 제거함과 동시에 소금의 방부력에 의하여 세균의 발육을 억제하는 것을 목적으로 하는 것이 있다.

간마른치의 생산량을 표 6-7에서 보면 97년의 경우 4,940톤으로 95년과 96년에 비해 다소 증가하였고 간마른치 중 굴비의 비중이 아직도 매우 크다.

표 6-7 간마른치의 생사량(단위 : 톤)

| 연 도 / 품 목 | 1995 | 1996 | 1997 | 97/96(%) |
|---|---|---|---|---|
| 합계 | 2,087 | 2,742 | 4,940 | 18.0 |
| 조기류 | 1,275(61%) | 2,654(97%) | 2,759(56%) | 10.4 |
| 기타 | 792 | 88 | 219 | 248.9 |

### (1) 굴비(간마른조기, salted-dried corvenia)

선도가 좋은 조기를 그대로 물간이나 마른 간을 한 다음 건조시킨다. 물간을 하는 경우는 포화식염수에 7~10일간 염지하고 마른 간을 해야 하는 경우에는 어체 무게의 15~30% 정도의 소금을 뿌려 약 1주일간 용기에 담아 염장한다.

또 다음과 같은 개량 염지법에 의하여 염장하는 수도 있다. 즉 마른 간의 경우와 같이 어체에 소금을 고루 뿌려서 물이 새어 나지 않는 용기에 차례로 재우고 덮개에 누름돌을 얹어두면 2~3일 만에 어체에서 스며 나온 수분으로 소금물이 형성되어 물간을 한 것 같게 된다. 염지기간은 어체가 크면 1주일 이상, 적으면 1주일 이내로 하며, 소금은 제재염을 사용하는 것이 좋은 제품을 얻을 수 있다.

소금에 절인 조기는 건조대에 걸어 말린다. 10마리씩 엮은 것을 매어 달아 건조시키는 수도 있고, 또 철사고리에 꿰어 줄에 걸어서 말리는 수도 있다. 이렇게 하면 마르기 힘드는 아가미나 복부도 잘 마르게 되어 3~5일 간이면 육질이 단단한 좋은 제품을 얻을 수 있다.

### (2) 간대구포(염건대구, salted-dried cod)

대구 어체를 절개하여 아가미, 내장, 복강의 흑막 등을 제거하고 벌려서 염건한 것이다. 어체를 절개하는 방법(등따기 또는 배따기), 머리의 유무, 척골의 제거 등은 생산지역에 따라 다르다. 미국에서는 배따기와 무두무골(無頭無骨)이 많고, 일본에서는 등따기와 유두무골(有頭無骨)을 많이 제조한다.

어체 절개를 마친 것은 충분히 세척하여 피를 제거하고 염지를 한다. 염지법은 보통 마른 간을 많이 하며 소금 사용량은 어체 무게의 40~50% 정도이나, 얼간을 할 때는 10~20% 정도로 하여 5~6 일간 염지한다. 염지를 마친 것은 묽은 소금물에 씻은 다음 물기를 빼고 천일건조 한다. 물간을 하는 경우는 약 18%의 소금물에 2일간 절인 후 새로운 소금물에 옮겨 누름돌을 얹어 1일간 정도 둔다. 이렇게 하여 육질이 어느 정도 단단해 지면 시멘트 바닥에 차례로 재어 누름돌을 얹어 3~4일 두었다가 천일건조 한다.

### (3) 기타

간마른 명태는 명태의 척추를 제거하고 포를 떠서 껍질을 벗긴 것으로 물간한 다음 천일건조한 것이다.

간마른 전쟁이는 몸길이 14~15cm 이하 되는 소형 전갱이를 통째로 마른 간 또는 물간한 다음 건조한다. 몸길이 15cm 이상인 것은 등갈이 또는 배갈이 하여 내장, 아가미를 제거하고 물로 잘 씻는다. 이와 같이 처리한 어체 중량의 7% 정도의 소금으로 마른간을 한 다음, 가볍게 물로 씻고 육면이 위쪽으로 오도록 발에 널어 하루 정도 건조한 제품도 생산되고 있는데 이와 같은 제품은 상온에서 저장성이 없기 때문에 냉장고 속에 보관하여야 한다.

## 5. 얼마른치(凍乾品)

식품 조직 중의 수분을 동결시킨 다음 융해시키는 작업을 몇 번 되풀이하여 탈수시킨 후 건조시켜 만든 제품이며 대표적인 제품으로는 얼마른 명태(북어), 한천 등이 있다.

명태의 배를 갈라 내장을 제거한 다음 2~3℃ 담수로 씻어 약 2주야 물에 담근다. 이 조작으로 피빼기와 표백을 하는 동시에 흡수시킨다. 물은 하루 4~5회 갈아 준다. 이렇게 처리한 원료는 머리를 꿰어 덕장에 걸어서 겨울철의 천연 냉기 중에 내놓아 동결시킨다. 동결된 것은 그대로 자연히 융해시킨 후 약 40~50일간 걸쳐 건조시킨다. 80% 정도 건조되면 3~4일간 쟁이어 두었다가 다시 동결한다, 한편 동결장치의 건조장치를 이용하여 얼마른 명태를 가공할 수 있다.

## 6. 찌군마른치(節類)

절(節)은 가다랑어와 같은 붉은살 어류를 찐 후 배건, 천일건조, 곰팡이 붙이기 공정을 거쳐 건조한 것이고 가다랑어(일본에서는 가쓰오부시라 하여 중요한 조미소재로 사용됨) 외에 고등어, 정어리, 다랑어 등을 원료로 한 제품도 있다. 일반적으로 절에는 이노신산(inosinic acid)이 많이 함유되어 있고 특유한 향기 때문에 스프(soup) 원료 및 조미료로서 찐마른치보다 더욱 중요시 되고 있다. 가다랑어 절에는 구절(龜節, 가메부시)과 본절(本節, 혼부시)이 있다.

구절은 3kg 이하의 소형어를 필렛(fillet)으로 만들어 양쪽 육부를 그대로 절류로 만든 것이다. 본절은 대형어를 필렛으로 한 다음, 이 필렛을 다시 각각 측선을 중심으로 등쪽육과 배쪽 육으로 나누어 네 조각으로 하여 절로 만든 것으로 등쪽 육으로 만든 것 (雄節, 오부시)과 배쪽 육으로 만든 것(雌節, 메부시)이 있다(그림 6-11). 또 1차 배건만 끝내고 제품으로 만들어 수분함량이 많은 나절(裸節, 나마리부시), 배건을 3~4회 끝낸 신절(新節, 아라부시), 배건을 모두 끝내고 곰팡이 붙이기 하기 직전의 귀절(鬼節, 오니부시) 등도 있다.

원료로는 지방 함량이 적은 가다랑어가 적합하다. 지방량이 많으면 색깔이 흑갈색이고, 향미도 떨어진다. 또한 원료의 선도가 제품의 모양에 미치는 영향이 크다. 즉 경직 중의 원료는 찌는 중에 육편이 갈라지기 쉽고 선도가 떨어진 것은 늘어진 길쭉한 모양이 되기 쉬우므로 사후경직이 약간 지난 원료가 가장 적합하다.

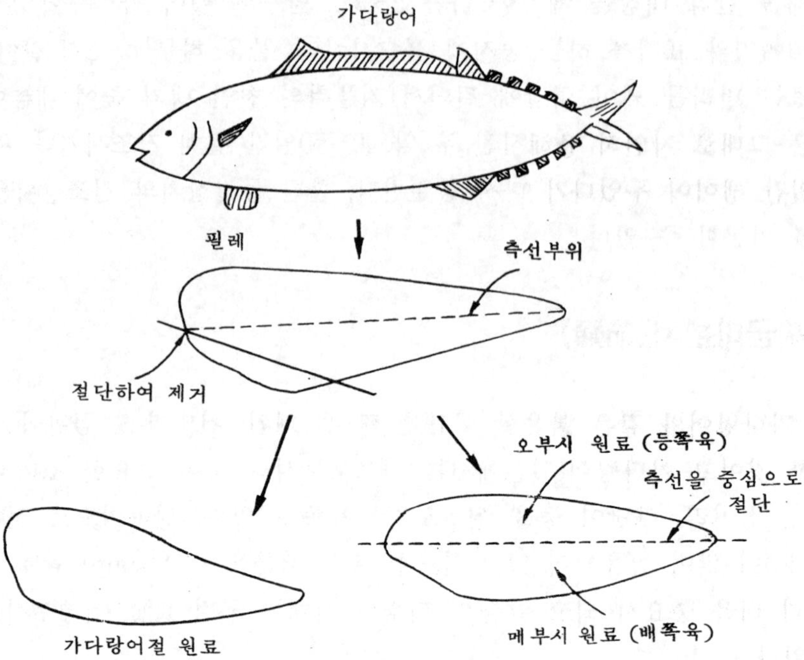


그림 6-11 가다랑어 절의 원료 처리

가다랑어절(가쓰오부시) 가공 공정도는 그림 6-12와 같다.

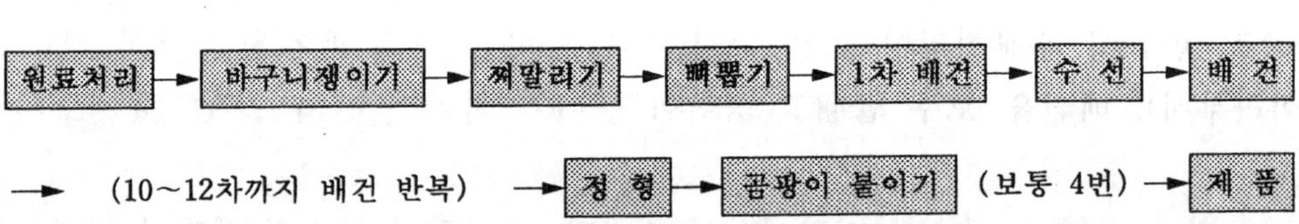


그림 6-12 가다랑어 절의 제조공정도

원료육을 찐 후 뼈를 뽑고, 표면이 황갈색이 될 때까지 배건한다(1차배건). 1차배건이 끝난 것은 부식품으로 판매되지만 수분이 많기 때문에 저장성이 없다. 1차배건이 끝난 다음날, 2차배건 하기 전에 수선을 한다. 즉 찐고기와 생고기를 약 2 : 1의 비율로 고기갈이를 잘하여 혼합한 것으로 뼈뽑기까지의 작업 중에 육면에 생긴 상처나 균열이 생긴 곳에 충전하여 외형을 보수한다. 수선이 끝난 것은 1차배건 때와 같은 정도로 다시 배건한다(2차배건). 이처럼 배건을 반복하여 표면이 tar 질로 덮여 흑갈색이 되도록 10~12차 배건을 한다.

배건이 끝난 것은 수분이 약 30%까지 떨어진다. 다음에 외형을 고르게 하고 곰팡이가 붙기 좋게 하기 위하여 표면의 tar 분을 제거하고, 동시에 배건 중에 표층으로 스며 나온 지방분을 제거하기 위하여 정형용 칼로 정형한다. 정형이 끝난 것은 표면이 적갈색이다. 다음에 곰팡이 붙이기용 도가니 나무상자에 충전하여 뚜껑을 덮어 저장한다.

여름철이면 15~17일만에 절의 표면이 *Penicillium* 속의 푸른 곰팡이로 덮이게 된다. 이것을 1번 곰팡이라고 한다. 이 1번 곰팡이를 솔로 쓸어 버리고 방랭한 다음 다시 용기 속에 채워두면 12~14일만에 2번 곰팡이가 자라게 되는데 이와 같은 조작을 보통 네 번 되풀이하여 곰팡이 붙이기를 끝낸다. 2번 이후 횟수가 진행됨에 따라 곰팡이가 붙는 일수도 길어지지만, 곰팡이 종류도 *Penicilliun* 속에서 점차로 *Aspergillus* 속으로 바뀐다고 한다.

일반적으로 *Aspergillus glauces, Asp. rubr, Asp.repens* 의 곰팡이는 우량곰팡이라고 알려지고 있다. 우량곰팡이가 붙은 절의 표면은 담록회색을 띠고 있다. 4번 곰팡이 붙이기까지 한 것은 수분이 약 18% 정도로 감소한다. 곰팡이 붙이기에 의하여 수분이 천천히 제거되어 조직이 치밀하게 되고, 지방이 분해하여 가다랑어 절의 독특한 향기가 발생한다.

# Ⅵ. 수산건제품의 품질 관리

## 1. 건조에 의한 물리적 변화

어육을 보통 방법으로 건조하면 근섬유가 가늘어지고, 서로 밀착하여 각질상으로 되므로 부피가 줄어 들게 된다. 그러나 동결건조법에 의하면 수분이 빙결정으로 된 후에 승화되므로 다공질이 되어 부피의 감소나 위축변형이 되는 일이 적다.

식품이 건조하는 데 따라서 내부의 수분이 표면으로 이동하게 되는데 이에 따라 용존하고 있던 수용성 물질도 이동하여, 수분이 증발하고 나면 결정으로 석출하든가 또는 피막을 만들든지 한다. 또 표면에서는 염류농도가 점점 농후하게 되므로 colloid를 형성하고 있던 단백질이 침전하든가 변성하여 반불가역적인 피막을 형성한다. 이와 같은 현상을 겉마르기(hard casening 또는 skin effect)라고 한다. 이렇게 된 제품은 장기 보존성이 떨어진다.

건조식품의 복원성(reconstitution)에는 식품조직과 성분의 변성에 크게 영향을 미친다.

동결건조한 도미, 전갱이의 조직에 대하여 연구한 것을 보면 복수를 시키는 경우에는 건조판의 온도가 복원성에 뚜렷한 영향을 미치는 것을 볼 수 있었다고 한다. 즉 25℃에서 건조한 것은 타원형의 공극이 근섬유 간에 다소 잔존하기는 하나 근섬유는 상당히 복원되어 횡문도 뚜렷하고 배열도 비교적 생육에 가까웠다고 한다. 그러나 45℃ 및 60℃에서 건조한 것은 육조직에 공극이 많고, 근섬유는 어떤 때에는 끊어지고 또는 가늘어지고 하여 복원이 불량하였으며, 70℃ 이상에서 건조한 것의 공극은 더욱 커지고 일부의 공극에는 근 섬유의 파괴에 의한 sarcolplasma(근장)의 용출을 볼 수 있으며, 개개의 근섬유도 극히 가늘어져서 복원이 대단히 불량하였다고 한다. 그래서 가열판 온도의 허용온도는 35℃ 정도라고 하고 있다.

Connell(1957)은 동결건조한 대구육의 복원성이나 식감은 미세한 다공질과 peptide의 교차결합의 영향을 많이 받는데 탈수 어육에는 수소결합이나 SS결합에 의한 교차결합이 생성되는 것을 명백히 하고 있다.

일반적으로 열풍건조품은 복수시키는 데 극히 장시간을 요하나 서서히 흡수량이 증가하는 것은 위축하였던 섬유, 세포막 등이 흡수 팽윤하여 늘어나는데 그 신장력이 조직 내에 복수하는 것을 돕는다고 볼 수 있다. 한편 위축변형 없이 건조된 동결건조품은 주변은 용이하게 흡수하나 내부는 조직 내에 공기가 들어 있어 이것과 물의 치환이 느리기 때문에 내부로 흡수가 늦어진다고 볼 수 있다.

## 2. 건조에 의한 화학적 변화

### (1) 단백질의 변성

#### 1) 탈수 변성

어패육을 보통 방법으로 건조하면 외관, 수분량, 강도, 맛 등이 달라지고, 물에 담그어 복수(rehydration) 시켜도 다시 건조 전의 생육의 상태로 되돌아가지 않는다. 이렇게 되는 것은 주로 단백질이 변성되기 때문이다.

어육을 건조하면 탈수도에 비례하여 육단백질의 불용화가 진행되는데 이때 불용성으로 되는 곳은 대부분이 myosin구단백질이다. 또 추출되는 myosin구단백질도 점도가 저하되므로 탈수에 의한 myosin구단백질의 변성도 냉동의 경우와 같이 단백질과 상호간의 분자간 결합이 강화되어 응집하기 때문이라 볼 수 있다.

#### 2) 동결 건조육의 변성

진공 동결건조에 의하여 만들어진 제품은 다시 수분을 흡수시켜 보수(rehydration) 시켰을 때, 원래의 식품으로 되돌아가는 복원(reconstitution)이 잘 되는 것이 특징이다. 어육의 동결건조에 있어서 건조조건이 적당하면 myosin구단백질의 용해성은 거의 변하지 않는다.

그러나 동결건조한 육을 고온에 저장하면 단백질의 변성이 진행되어 actomyosin의 응집이 일어나며 동결건조 직후의 육이라도 이것으로부터 만든 연제품은 그 보수성이 신선육으로부터 만든 것에 비하여 떨어진다.

### (2) 지방의 산화

#### 1) 산패(rancidity)

지방이나 지방함량이 많은 식품을 저장하여 두면 공기 중의 산소, 빛, 효소 등의 작용에 의하여 불쾌한 자극성의 냄새와 떫은 맛을 띠게 되는데 이와 같은 지방의 변패를 산패라고 한다. 산패한 유지가 불쾌한 자극취를 내는 것은 주로 aldehyde 및 저급지방산에 의하는 것이고 떫은 맛은 주로 $C_{10}$ 이하의 저급지방산에 의한다.

결국 지방의 산패를 특정지을 수 있는 것은 carbonyl 화합물과 저급지방산이며, 그 생성량은 과산화물의 생성량에 의하여 지배된다.

#### 2) 기름 변색(rusting, reddening, yellowing)

지방을 많이 함유하는 어육을 공기 중에 오래두면 육질이 직접, 간접으로 지방성분의 영향을 받아 마치 불에 탄 것과 같이 오렌지색이나 적갈색으로 변하는 수가 많다. 이렇게 변한 어육으로부터 기름을 추출하여 보면 기름도 변색되어 있다. 이러한 산패, 중합, 변색 등의 여러 가지 현상을 포함한 기름의 종합적 변패 현상을 기름 변색이라고 한다.

기름 변색을 일으킨 어육을 불에 구어보면 산패 특유의 자극취를 내고, 표면에는 진하게 착색된 기름이 스며 나와 먹어보면 입 속에서 진득진득하고 떫은 맛을 낸다.

어유를 직사광선에 쪼이든가 공기를 불어 넣어서 산화시키면 속히 산패되나 그것 만으로는 변색은 일어나지 않을 뿐만 아니라, 오히려 carotenoid 색소가 산화 분해되어 기름의 색깔은 처음보다 묽게 되는 것이 보통이다. 그러나 이와 같이 산화한 기름에 암모니아를 불어 넣으면 갑자기 변색이 되고 그 정도는 산화도에 비례하게 된다.

첫째는 기름이 어느 정도 산화되어 있어야 하고 다음에는 이와 같이 산화한 기름에 변색을 일으킬 가능성을 가진 물질이 작용하여야 한다는 것이다. 변색에 관하여 기름 중의 성분으로는 자동산화에 의하여 생성된 carbonyl 화합물이며, 산화한 기름 중의 carbonyl 화합물과 작용하여 변색을 일으킬 가능성을 가지는 물질로는 암모니아, TMA 등의 휘발성 염기화합물, heme화합물, 알칼리, 질산염, 아질산염, 산성아황산소다, 염기성 금속산화물, 제2철염, 요소, 아미노산 등 그 종류는 대단히 많다.

수산식품의 가공상 특히 중요한 것은 휘발성 염기질소화합물과 heme 화합물이며 신선한 원료를 사용하고 피를 잘 뽑은 후 가공하는 것은 기름 변색의 방지 면에서도 필요한 일이다.

기름의 자동산화에 의하여 생성된 carbonyl 화화물은 기름이 변색하는 원인 물질이 될 뿐만 아니고, 육단백질이나 엑스질소화합물과 작용하여 Maillard 반응을 일으켜 육질도 직접 변색시킨다.

### (3) 성분의 석출(析出)

쪄마른 전복이나 마른 오징어의 표면에 다량의 백분이 생기는 것을 볼 수 있는데, 쪄마른 전복의 흰 반점은 주로 taurine이고, 마른오징어의 경우는 taurine 외에 betaine, glutamic acid, histidine 등이 함유되어 있다.

북어의 조미건제품이나 방어의 훈제 유지조림에 생성되는 흰 반점은 주로 tyrosine이라고 한다. 또 마른 미역이나 다시마에 볼 수 있는 백분의 주성분은 mannite이고 여기에 아미노산이나 염화칼리 등이 소량 섞여 있다.

## 3. 수산건제품의 포장과 저장

수산건제품을 포장하는 이유는 취급하기 편리하고 수송, 운반 또는 저장하는 동안 손상되거나 변패되는 것을 방지하기 위해서이다. 건제품의 포장에서 가장 중요한 것은 방습이 잘 되고 통풍이 잘 되도록 하는 것인데, 실제로 포장하는 방법은 지역에 따라 또 어종에 따라 여러 가지이다.

흔히 사용되는 포장요령은 다음과 같다.

수산건제품은 약 50kg 묶음씩으로 자루에 넣어 포장한다. 건조된 어류는 또한 100ℓ 이하의 바렐통이나 상자 또는 종이상자 등에 넣어 포장하며 대형어는 내장을 제거하고 건조시킨 후 250ℓ 들이 바렐통에 포장한다. 더욱 완전하게 하기 위해서 나무용기에 공기구멍을 내어 두는 수도 있는데 보통 상자 양끝이나 바렐통 바닥에 둘레 3cm의 구멍을 두 세 개 뚫어 두기도 한다. 싸리통을 사용할 때는 뚜껑을 덮고 무명천이나 캔바스(canvas)천으로 두른 후 실로 꿰매고 왕골속으로 된 통을 쓸 때에는 무명천으로 싸맨다. 소형의 염건조어류(smelt 등)는 1kg 들이 종이 또는 나무상자에 넣고 다시 20kg 들이 상자에 넣어 포장한다.

휘시밀(fish meal), 그래뉼(granules), 플레이크(fakes) 등은 1kg 이상의 종이자루에 넣고, 이것들은 12kg 상자에 그리고 다시 100ℓ 이상의 바렐통에 넣어 포장한다. 일단 이처럼 포장이 끝나면 제조회사명, 제조일자, 내용물 표시, 재료의 크기, 처리형태, 가공방법, 어류의 형태와 무게 등을 표시할 라벨(label)을 붙여 출하한다. 건조어류를 저장할 때에는 건조하고 서늘하며 환기가 잘되는 곳에 저장해야 하다. 가장 알맞은 저장 조건은 온도 10℃, 습도 65~70%이며 이러한 조건 하에서는 3개월 이상 저장이 가능하고 열처리 건조어류는 6개월 이상 저장할 수 있다. 고온 저습한 곳에 저장하면 건제품은 탈수되어 과다한 손실을 입게 되면 습도가 높은 곳에서는 건제품은 축축해져 곰팡이가 생기게 된다. 또 건제품을 너무 오래 저장하면 지방이 산화되어 품질이 떨어지게 된다.

## 4. 품질 규격

일단 제품이 도착되면 총 중량과 내용물 중량을 달고 품질검사로 들어간다. 품질검사는 포장을 뜯고 몇 군데서 제품을 꺼내 실시하는데 냄새는 어체의 몇 군데를 칼로 찔러 맡아보며 맛과 색깔은 가장 굵은 쪽의 어체를 잘라 검사한다.

건조 어류는 품질에 따라 두 가지 등급으로 나누어진다. 1등급은 어육이 굳고 단단한 강도를 가지며 복부가 단단하고 표면이 깨끗하며 소금결정이 형성되지 않고 산패취가 없는 것들을 포함한다. 그러나 어떤 지역에서는 약간 황색으로 퇴색되었거나 복부가 연화되고 소금결정이 어류 머리쪽에 생긴 것, 약간 틀리게 조제(dressing) 된 것들도 그대로 포함시킨다.

2등급은 산란한 도미류(bream), 육질이 약한 강도를 가진 어류, 복부가 약간 황색으로 퇴색된 것, 표면에 소금 껍질이 생긴 것, 잘못 조제(dressing)된 것 등을 포함한다. 어떤 지역에서는 약간 곰팡이 냄새가 나는 것, 복부강에 옅은 산패취가 나는 것, 어체의 잘린 부분에 약간의 진흙냄새가 나는 것 등을 포함한다. 붕어류(roach), 황어류(dace), 작은 백어(whitefish) 등의 경우 복부의 목 끝에 따라 고정되어 있으며 소금의 함량은 2등급의 경우 약간 높게 허용되고 있다.

보통 품질규격에서 소금함량은 2%, 수분함량은 5%정도 융통성이 있다. 간마른치는 수분함량이 40% 이하이어야 하며 소금함량에는 제한이 없다. 열건제품의 수분함량이 38% 이하이어야 하며 짠맛에는 제한이 없다. 농축어 제품 즉 meal, granules, flakes 등은 수분함량 10% 이하, 소금함량 4% 이하, 지방 15% 이하이어야 한다(표 6-8).

**표 6-8 건조 어류의 수분과 소금함량의 표준**

| 표 준 | 1등급 | 2등급 |
|---|---|---|
| 최대 수분함량(%) | | |
| 붕어 . 황어류 등 | 38 | 38 |
| 숭어 . 도미류 등 | 45 | 45 |
| 기 타 | 40 | 40 |
| 최대 소금함량(%) | | |
| 숭어 . 잉어류 등 | 11 | 13 |
| 도미 . 붕어 등 | 12 | 14 |
| 소형 붕어류 등 | 13 | >13 |
| 기 타 | 14 | >14 |

# 7장 수산훈제품

훈제품은 어패류나 축육 등을 목재를 불완전 연소시켜 발생하는 연기에 쐬어 어느정도 건조시켜 독특한 풍미와 보존성을 갖도록 한 제품이다. 식품보장의 면에서 보면 훈제품은 훈연중의 건조에 의한 수분의 감소, 첨가하는 소금 및 연기중의 방부성물질 등에 의하여 보존성이 주어진다고 할 수 있다.

최근에는 보존성보다 풍미에 주목적을 둔 제품이 많이 만들어지고 있으며 이러한 경우 부족한 보존성을 냉장이나 통조림 등의 방법으로 보충하고 있다.

훈제품은 국내인의 기호도는 아직까지 일반화되어 있지는 않으나 최근들어 훈제굴, 연어 등의 소비가 급증하면서 생산은 꾸준히 증가할 전망이다. 그러나 소비량은 극히 제한되어 있어 통계상의 수치는 찾아보기 어렵다. 훈제어류 제품은 선어나 냉동어류를 원료로 하여 나무연기를 이용, 훈제가공한 것으로 어류특유의 비린내를 제거, 식미 기호성을 높인 어류가공 제품이다.

원료로는 고등어, 청어, 붕장어 등 대중성 해산어이나 연어, 송어, 뱀장어 고급 담수어 등도 다양한 원료로 할 수 있다.

제품의 종류는 원료어를 어종의 육질 및 가열특성에 따라 냉훈법과 온훈법, 열훈법이 있다. 냉훈법은 저장성을 위주로 하는 서구형제품과는 달리 장시간 훈제 후 냉장 또는 냉동하여 유통할 수 있으므로 어육의 향미와 가열육의 조직특성을 가지므로 소비자의 기호에 맞추어 다양한 훈제의 맛을 부여할 수 있다. 또 훈제 어류는 진공포장 후 냉동, 냉장되어 유통되므로 소비자가 간단한 가온 처리로 식품을 대할 수 있고 특별한 조미료나 향신료 없이 곧바로 식용이 가능한 고급 술안주나 간식용 또는 반찬용으로 향후 소비량이 많을 것으로 기대되는 제품이다.

# Ⅰ. 훈연(Smoking)

## (1) 원리

연기는 불완전연소에 의하여 생기는 물질의 혼합물이며, 수증기, 기체, 미세한 고체입자 등으로 이루어져 있는데 이 중에는 200종류 이상의 화합물이 존재한다는 것이 알려져 있다. 즉 개미산, 아세톤, 메틸알코올, formaldehyde, acetaldehyde, phenol, o-, m-, p-cresol, guaiacol, 기타 물질이 미세하게 분산한 상태로 함유되어 있어, 이들 성분이 제품에 흡착되어 독특한 풍미를 주고 또는 보존성에 영향을 미치게 된다.

훈연 자체가 살균력을 가지고 있다는 점에 대해서는 오래 전부터 알려져 왔다. 연기의 살균성은 함유되어 있는 phenol, 기타 방향화합물의 효력이라기보다는 지방족 aldehyde의 살균효력과 연기중의 formaldehyde가 살균력을 가지고 있다는 것을 포도상구균, *Proteus vulgaris*, *Bac.* subtilis 등을 써서 증명하였다. 또한 formaldehyde는 양이 적고 따라서 살균력도 적으나 creosol이 유효하다고 하였다.

이들 사실로부터 연기 중의 formaldehyde, phenol, creosol 등이 고기 속에 침투되어 살균작용을 하는 것만은 틀림없다. 그러나 훈연의 살균성은 이들 연기성분의 살균력에만 의존되는 것이 아니고 원료육의 성상, 훈연전의 처리, 훈연시의 조건 등에 따라 달라진다는 것을 잊어서는 안된다.

훈연의 정도가 과도하지 않고 풍미, 색택 등을 손상시키지 않을 정도의 훈연으로는 연기 중의 phenol이나 aldehyde류와 같은 살균력을 가진 물질의 흡착량은 미량이어서 식품의 표면은 어느 정도 살균되나, 그 후의 세균 발육을 저지할 수 있을 정도의 보존효과는 거의 없다. 따라서 훈제품의 보존성은 연기성분의 살균효과에 의하는 것은 그다지 큰 것은 아니고, 건조 및 소금의 작용에 의한다고 할 수 있다.

훈연에 의한 이들 성분의 흡착력을 보면 훈연소시지의 경우(냉훈처리를 함) phenol은 9~24mg% 정도, aldehyde류는 formaldehyde로 환산하여 9~20mg% 정도가 흡착된다고 한다. pnhenol는 지방에 잘 녹으므로 근육조직보다 지방조직 중에 잘 흡착된다.

## (2) 훈연 효과

### 1) 저장성

훈제품의 저장성에 관여하는 인자로는 가열, 건조, 식염첨가, 훈연성분 첨가, 표층피막 형성 등이 있다.

① 가열

공기온도 120~140℃의 비교적 고온에서 훈연함으로써 훈제품의 품온이 40℃ 이상 되는 열훈법에서는 가열에 의하여 단백질이 응고하고, 살균효과가 어느 정도 나타나지만, 냉훈법에서는 거의 효과가 없다.

② 건조

건조는 훈제품의 저장성에 중요한 역할을 하는 하나의 인자이다. 또한, 건조(훈건)공정의 적합여부는 제품의 양부를 좌우한다.

훈제품은 훈건에 의하여 수분함량이 대체로 35% 정도까지 감소되므로 미생물에 의한 변패가 어느 정도 억제되어 저장성을 갖게된다.

③ 식염 첨가

염지공정에서 첨가되는 식염에 의해서도 어느 정도 미생물의 생육이 저지된다. 또한 일반 미생물의 식염 내성은 pH가 저하함에 따라 감소하는데 훈제품에서는 연기 중의 포름산, 아세트산 등이 표면에 부착하여 pH가 저하함으로 미생물의 생육을 억제시키는 효과가 있다. 그러나 보통 훈제품 중의 식염농도 미생물의 생육을 완전히 저지할 만큼 높은 것은 아니다.

④ 훈연성분의 첨가

훈연 중에 함유되어 있는 포름알데히드, 페놀류, 기타 유기산류의 성분은 살균성을 가지고 있다. 또한 훈연 중의 페놀류를 중심으로 한 항산화성 물질이 고도 불포화 지방산을 많이 함유한 어류훈제품의 유지의 악변을 방지하는 효과가 있다. 한편, 당이나 아미노산 또는 훈연 중의 알데히드류 등이 아미노-카르보닐(amino-carbonyl) 반응을 일으키는데, 이 반응물질도 항산화성이 있는 것으로 알려져 있다.

### 2) 기호성

훈연성분 중에는 신맛, 쓴맛 등 맛을 내는 성분이 많기 때문에 훈연처리는 훈제품의 맛에 큰 영향을 미친다. 또한 훈연성분 및 성분간 상호반응으로 제품표면에 특유한 광택을 부여하여 기호성에 영향을 주기도 한다.

### 3) 안전성

보통 발암성(發癌性) 3, 4-benzopyrene과 같은 다환방향족(多環芳香族) 화합물이 생성되어, 제품의 안전성에 대한 문제를 제기하기도 한다. 훈제품의 안전성을 확보하기 위해서는 훈연 및 훈제품에 대한 성분분석을 더욱 엄격히 실시하고, 아울러 동물실험도 병행할 필요가 있다

# Ⅱ. 훈연의 방법

훈연법에는 표 7-1과 같이 처리온도에 따라 구분한다.

**표 7-1 온도에 따른 훈연 종류와 조건 비교**

| 훈 연 법 | 온 도(℃) | 기 간 | 보 존 성 | 수 분 (%) |
|---|---|---|---|---|
| 냉훈법 | 10 ~ 30 | 1 ~ 3주 | 장기간 | 35 ~ 45 |
| 온훈법 | 30 ~ 50 | 3일 | 중간 | 50 |
| 열훈법 | 50 ~ 80 | 단시간(2시간) | 짧다. | - |
| 소훈법 | 90 ~ 140 | 단시간 | 짧다. | - |
| 속훈법 | 전훈법, 액훈법 | 단시간 | 짧다. | - |

## 1. 냉훈법(cold smoking)

10~30℃ 정도의 온도에서 장시간(1~ 3주일간) 훈연한다. 공정이 늦어지는 반면 제품의 건조도가 높아져(수분함량 35~45 % 이하) 저장성이 있는 제품을 얻을 수 있다. 그러나 풍미는 온훈품보다 못하다. 축육에 있어서는 regular ham, bacon, dry sausage 등의 고급품을 만들 때 쓰이는 방법이다.

## 2. 온훈법(hot smoking) · 열훈법

30~80℃ 정도의 온도에서 3일에서부터 단시간(2~12시간) 훈연한다. 건조도는 낮아(수분함량 약 50% 이상) 보존성이 적으나, 제품에 독특한 풍미를 붙이는 것을 주목적으로 한 방법이다.

## 3. 전훈법(electirc smoking)

훈연을 전장 내에서 연기성분이 제품에 흡착되는 것을 촉진시키는 방법이다. 몇가지 방법이 있는데 그 중 한가지를 예를 들면 그림 7-1과 같다.

즉 원료육을 약 5cm 간격으로 매어달고 이 자체를 서로 교차되게 ⊖⊕ 전극으로 하여 연기를 쐬면서 15~30KV 전압을 걸어 corona 방전을 시킨다.

이 corona방전에 의하여 연기입자는 하전(荷電)을 하여 반대의 극이 된 원료육에 속히 흡착된다. 이 방법에 의하면 훈연시간을 일반법의 약 1/20 정도로 단축할 수 있다고 한다. 즉 속훈법의 하나이다. 그러나 설비비가 많이 들고 또 제품의 보존성이 약하여 별로 실용화되어 있지 않다.

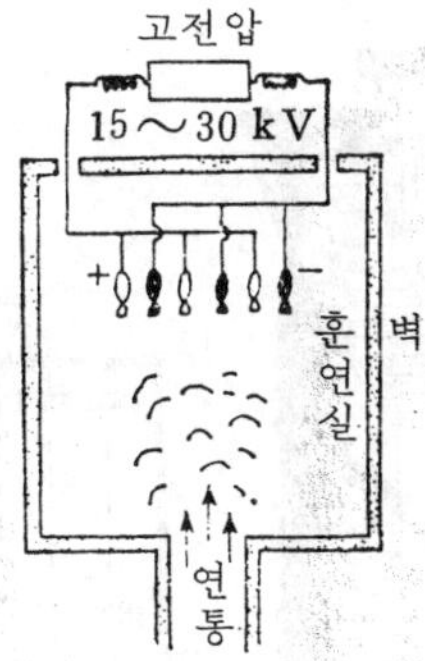


그림 7-1 전훈법

### 4. 액훈법(liquid smoking)

훈제를 사용하는 대신 목재를 건류할 때 얻어지는 목초액 (pyroligenous liquid, wood vineger) 이나 또는 숯을 만들 때 나는 연기를 포집 농축하여 발연원으로 이용하는 방법이다. 사용법은 두 가지가 있는데 그 하나는 훈액을 가열하여 그 성분을 재휘발시켜 식품을 훈연하는 방법이고 또 한 가지는 식품을 훈액에 그대로 침지하여 처리하는 방법이다.

목제 건류공업의 부산물인 목초액은 연기를 공냉하여 응축시킨 것으로 수분을 주로 하여 각종 연기성분을 함유하고 있다. 원목의 종류에 따라 그 성분조성이 달라지므로 훈액의 농도나 침지시간을 결정하기가 어려운 것이 이 방법의 가장 큰 결점이다.

일반적으로 목초액을 2~3배로 묽게 하여 10~20 시간 침지한 후 건조하든가 또는 훈건한다. 목초액은 5~20%의 산도를 나타내므로 그대로 사용하는 것은 맛뿐만 아니고, 상당히 강한 단백응고력 때문에 감촉이 좋지 못한 제품이 되므로 묽게 하여 산도를 낮추어야 한다.

## Ⅲ. 훈제품의 제조기술

### 1. 훈연실

훈연실의 양식은 훈연되는 원료 여하에 의해 결정된다. 훈연실을 그 형식에 따라 크게 나누면 훈연실 안에서 훈연재에 불을 붙이는 것과 연통을 훈연실에 삽입시킨 것이 있다 (그림 7-2).

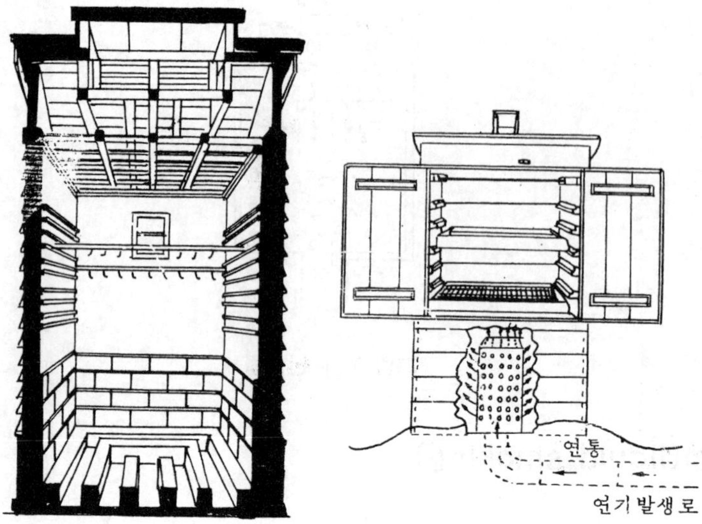


(실내연소식) (연통삽입식)

**그림 7-2 훈연실**

훈연실에서 훈연재에 불을 붙이는 경우는 불과 고기 밑부분과의 거리는 적어도 1m 이상 되도록 설계한다. 연통을 삽입시키는 경우는 최근 연기의 발생량을 자동적으로 조절하는 장치까지 설치(smoking generator) 이용하는 예도 있다.

## 2. 훈연재

훈연재로 쓰이는 나무는 수지(樹脂)를 다량 함유하는 나무는 연기에 불쾌한 맛을 주기 때문에 연기의 발생에는 단단한 나무가 쓰인다. 훈연재를 선택할 때에는 서서히 연소하여 다량의 연기를 발생하는 나무를 선택하는 것이 좋다. 실제로 많이 사용되고 있는 나무는 보통 참나무, 떡갈나무, 자작나무, 개암나무, 너도밤나무, 졸참나무, 상수리나무 등이 쓰인다.

흔히 물에 담근 목재를 쓰기도 하는데 이 경우는 거의 모든 종류의 나무가 쓰인다. 미국의 Maine주에서는 훈연재 자작나무를 쓰고 Boston시에서는 떡갈나무의 부서러기 및 톱밥의 혼합물이 주로 사용된다. 화란에서는 떡갈나무, 자작나무, 토네리코 및 포플러 등이 쓰이며 덴마크에서는 습한 개암나무와 함께 일부 떡갈나무의 톱밥을 섞어서 화염을 올리고 있다. 냉훈의 경우는 원료를 비교적 저온에서 서서히 훈연시키기 위하여 훈연재를 서서히 연소시키며 그러기 위해서는 훈연실의 공기의 공급을 적당히 가감한다.

## 3. 훈제품의 종류와 제법

훈연품의 범위는 표 7-2와 같다. 훈연 원료는 신선한 것을 쓰며 되도록 빨리 염지한다. 또한 최근에는 냉동한 것을 원료로 쓰는 수도 있다. 염장어를 훈연시키는 경우도 있는데 이 때에는 일단 소금기를 빼낸 후 사용한다. 훈연제품 원료로는 청어, 대구, 방어, 연어, 오징어, 고등어, 꽁치, 정어리 등이 쓰인다.

**표 7-2 훈연품의 범위**

- 훈제품
  - 수산물
    - ·어류
      - 청어: bloater herring, kippered herring, red herring
      - 대구: smokie, finnan hadie, kippered cod,
      - 대넙치
      - 가자미
      - 고등어, 꽁치, 정어리, 정갱이
      - 장어
    - ·조개류 – 조개의패주
    - ·고래고기
  - 축산물
    - 축육
    - 햄
    - 베이컨
    - 소시지
  - 유제품 – 치즈
  - 계란제품 – 계란 – 훈제란
  - 조미제품
    - 오징어
    - 문어
    - 어묵
  - 통조림식품
    - 훈제굴, 기름담금 통조림
    - 훈제참치
    - 소시지, 햄

### (1) 청어 훈제품

청어는 상당히 대규모로 훈제된 최초의 것이며 현재도 훈연 청어는 세계적으로 중요한 훈제품이다. 청어 훈제품은 bloater herring, kippered herring 및 red herring의 3종류가 있다.

Bloater herring은 고기를 통째로 수 시간 내지 1일간 dry salting 한 후 물로 씻고 물기를 뺀 후 8시간~하룻밤 정도 온훈한다. 미국에서는 온훈한 대형 청어만을 bloater로 치지만 유럽에서는 크기에는 상관없이 통째로 온훈한 것을 모두 bloater로 친다.

kippered herring은 원료를 쪼개어 내장을 제거하고 묽은 소금물로 씻은 후 포화소금물 또는 10도 Be′의 소금물에 30분~1시간 담근 후 건져서 처음 1시간 정도는 약 30℃, 다음

1시간 정도는 50℃, 그 이후는 35℃로 하여 대략 4~5시간 온훈한다.

이 제품은 대단히 애호되는 좋은 제품이기 때문에 통조림하여 저장하기도 한다. Red herring은 통째로 냉훈한 것이며 저장을 주목적으로 한 것이다. 미국에서는 포화소금물을 채운 통에 담가 염지하지만 유럽에서는 간단히 어체에 2~3할의 소금을 뿌려 염지한다. 염지시간은 소형의 청어는 24~36시간, 대형의 청어는 약 48시간 실시하며 염지가 끝나면 물에 담가 소금기를 빼고 적당한 맛을 내게 한 후 물기를 뺀다. 물기를 뺀 것은 25~30마리씩 herring horse라 불리는 나무에 매달아 약간 풍건시킨 후 2~3주간 냉훈하는데 풍건 도중에 1주야씩 훈연을 중지하여 연기성분이 육질 속으로 침투되게 한 후 다시 훈연하는 방법을 되풀이 한다.

제품은 크기에 따라 대형의 것을 “Lengthwise” 중형인 것을 ”Medium scaled“, 소형인 것을 “No.1”이라고 부른다. Red herrignfg 가운데 머리, 꼬리를 자르고 배를 쪼개고 겹질을 벗겨 뼈를 빼낸 것을 “Boneless herring”이라고 하여 통조림용으로 애용되고 있다.

### (2) 대구 훈제품

대구 훈제품은 Smokie, Finnan haddie, Kippered cod의 3종류가 있다. Smokie는 원료의 머리와 내장을 제거한 후 그대로 가볍게 염지하여 황금색이 될 때까지 냉훈한다. Finnan haddie는 머리를 잘라내고 쪼개어 내장을 제거한 다음에 등쪽에 두꺼운 살을 가공하기 쉽도록 칼질을 한다. 이어서 물로 씻고 포화소금물에 약 1시간 30분 염지한다. 염지가 끝나면 나무에 매달아 5~6시간 온훈한다. Kippered-cod는 주로 냉동대구가 사용되는데 냉동대구를 하룻밤 흐르는 물에 담가 해동하고 다음날 아침 등뼈를 중심으로 둘로 쪼개고 각 측면은 적당한 크기의 장방형으로 잘라 포화소금물에 30분~2시간 염지한다. 보통 오렌지색으로 착색되면 약간 건조시켜 즉시 8~12시간 온훈한다.

### (3) 연어 훈제품

연어 훈제품에는 round, headless, 러시아식 훈제, 미국식 훈제, kippered 등이 있다. round는 비늘을 제거하고 가슴으로부터 항문까지 쪼개어 내장을 제거하는데 특히 콩팥을 제거한다. 이어서 포화소금물에 염지하여 적당한 짠맛을 드린 후 냉훈한다. 주로 백연어를 원료로 한다. headless(무연식 훈제)는 머리를 자르고 배를 갈라 내장을 제거한 후 Round와 같은 방식으로 제조한다. 러시아식 훈제는 홍(紅) 연어를 원료로 하며 그림 7-3과 같이 머리를 자르고 옆으로 잘라 배 부분을 제거한 후 염지하고 냉훈한다.

최근 냉동연어를 사용하여 해동 후 똑같은 방식으로 처리한 것을 조미액(설탕 100, MSG 10, 월계수 잎 10, 가루후추 100, 15°Be′ 염수 소량으로 만듬)에 4~5일간 침지한 후 냉훈한다.

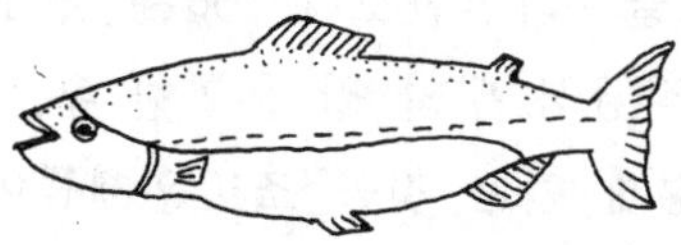

그림 7-3 러시아식 훈제의 어체 처리법

미국식 훈제는 king salmon을 원료로 하여 mild cure로 냉장한 것을 쓴다. 원료를 물로 씻은 후 나무 또는 철망에 얹어 50℃에서 17시간, 80℃에서 2~3시간 온훈한 후 30~50℃에서 2~3일간 연속적으로 냉훈한다. 때로는 조미액에 담근 후 온훈하는 것도 있다. kippered는 육색이 희어 수요가 적은 백색육의 냉동된 것을 원료로 한다. 원료는 냉동하기에 앞서 머리를 자르고 내장을 제거하여 2~3배로 한 후 냉동하고 훈연할 때는 해동한 후 한 번 더 옆으로 자른다. 절단한 고기는 가로 7.5 cm, 길이 15cm의 장방형으로 한 것을 수 시간 포화소금물에 담가 맛을 붙인 후 오렌지색으로 착색되면 1cm 정도의 구멍을 가진 철망에 얹어 50~60℃에서 16~18시간 연속적으로 온훈한다. 훈연 후 실내온도를 120~130℃로 가열하여 25~30시간 그슬린다.

### (4) 넙치 훈제품

생것 또는 염제품을 쓴다. 미국에서는 주로 냉동식품을 쓰며 적당히 잘라 껍질이 붙어 있는 체로 가볍게 염지하고 이어 물로 씻은 후 공기 중에서 약간 건조시켜 하룻밤~5일간 훈연한다. 한랭한 계절에도 온도가 높은 실내에서 훈연하며 훈연시간은 온난한 계절보다 짧게 한다. 넙치 훈제품은 육편의 두께에 따라 heavy chunks, medium chunks, strips 등의 3등급으로 나누어 판매한다.

### (5) 오징어 훈제품

머리, 내장, 발 등을 제거하고 몸통만으로 하여 잘 세척한 다음 50~55℃의 온수에 넣어, 서로 문질러 표피를 없앤다. 선도가 좋은 것은 30분간, 불량한 것은 10분 정도 소요된다. 이어 충분히 수세하고 80℃의 열탕에서 2~3분간 데친 후 대나무발 같은 것에 널어 풍건한다. 다음에 소금 540~660g, 설탕 2~2.5kg, 글루타민산소다 100g를 혼합한 것을 데친 고기 10kg에 고루 뿌려 용기에 담아 가볍게 가압하여 하룻밤을 둔다. 이어 훈제를 하는데 처음의 1~2 시간은 20~25℃로 한 후, 서서히 온도를 높여 마지막 2~3시간은 60~

70℃로 하여 합계 7~9시간 훈건한다. 또 훈건의 후반을 70℃에서 3~4시간, 다시 100℃에서 30~60분하는 수도 있다. 훈연이 끝난 것은 1~2mm의 두께로 찢어 마무리 조미를 한다. 설탕 1kg, 소금 270~300g, 글루타민산소다 10g를 물 1ℓ에 녹인 것을 농축하여 syrup 모양으로 한 것을 훈건육편에 적당히 뿌려 잘 혼합한 후, 용기에 담아 재운다. 마지막으로 가열건조를 하여 포장한다. 이렇게 만든 것을 조미훈제품이라고 하며, 수율은 원료 오징어에 대하여 10% 정도이다

# Ⅳ. 훈제품의 품질관리

## 1. 훈연이 어육성분에 미치는 영향

훈연 처리에 의해서 어육품질은 여러 가지 변화를 받는다. 또한 그 정도는 훈연시간, 방법, 또는 훈연전의 처리 등에 따라서 달라진다.

연어육의 훈연에 의한 단백질 변성에 대하여 연구한 바 다음과 같은 결과를 얻었다. ① 훈연에 있어서 어체즙액 중의 무기성분 및 지방은 육조직 내에 이행하여 변성육 중에는 이들 성분이 보통 증가한다. ② 식염 가용성 단백질 즉 myosin 및 myogen은 현저히 증가한다. ③ 훈제육으로부터 분리한 근육섬유는 그의 회분 및 인 함량이 감소하고 중성용액에 있어서 산(酸)생성 등은 증가하는 경향이 있다. 또 아미노산 함량을 보면 암모니아가 감소하고 mono amino태 질소가 증가하며 diamino산이 감소하는데, 특히 arginine, histidine의 감소가 가장 현저하다. 또한 유리 아미노태 질소도 증가한다. ④ 훈제육에서 분리한 myosin, myogen은 그의 알칼리용액에서 산 적정할 때 표면장력 및 현탁도가 최고도에 달하는 때에 보통 다량의 산이 요구되며 등전점이 현저히 변화된다. 따라서 알칼리액의 비선광도는 언제나 현저히 아미노산 중의 mono-amino태 질소가 증가하고 diamino태 질소가 감소한다. 또한 histidine은 감소하지만 arginine은 증가하고 유리 amino태 질소도 증가한다.

훈제어의 표면에 있어 투명한 광택은 훈연 전에 소금물에 담글 때 근육 중에 globulin이 소금용액에 의해 소위 해교(解膠, peptisation)을 일으켜 그것이 훈연에 의해 건조하여 광택을 내게 되는 것이라고 하였다. 훈연이 유지의 산화를 저지하는 능력이 증명된 후 훈연이 어유의 산화를 방지하는데 그것은 연기성분 중 creosote, guaiacol과 같은 phenol류의 작용에 의한 것이라고 하였다. 즉 청어를 냉훈하여 그 어육에 대하여 실험한 결과 표 7-4에서 보는 바와 같이 훈연 건조일수의 증가에 따라 비중, 굴절률이 약간 증가하고 산

가도 증가하고 있는데 이것은 훈연 중의 유기산의 이행에 유래된 것으로 고찰되었으며 마찬가지로 유리지방산 함량도 증가를 나타내고 있다.

**7-4 청어유의 훈연건조 중에 있어서의 변화**

| | 생 청어육 | 훈 연 건 조 | | | 시판품 |
|---|---|---|---|---|---|
| | | 10일간 | 20일간 | 30일간 | (약 1년경과분) |
| 색 상 | 담화색 | 담갈색 | 농적갈색 | 농적갈색 | 농적갈색 |
| 비 중 ($D^{20}_{10}$) | 0.914 | 0.915 | 0.915 | 0.916 | 0.917 |
| 굴 절 율 | 1.4638 | 1.4643 | 1.4645 | 1.4650 | 1.4647 |
| 산 가 | 1.03 | 7.80 | 13.37 | 16.27 | 59.74 |
| 검 화 가 | 192.76 | 191.39 | 191.09 | 190.16 | 193.49 |
| Reichert meissl 수 | 0.38 | 0.30 | 0.28 | 0.31 | 0.69 |
| Polenske 수 | 1.64 | 2.01 | 2.07 | 1.58 | 1.09 |
| 옥 소 가 | 105.24 | 109.52 | 110.32 | 111.53 | 116.21 |
| 불 검 화 물 (%) | 0.71 | 1.10 | 0.91 | 0.90 | - |
| 유 리 지 방 산 | 0.37 | 13.95 | 7.16 | 12.53 | 20.26 |

여기에 반해서 옥소가는 저하되지 않고 훈연건조 일수에 비례해서 증가하고 있다. 이러한 변화는 지방의 산화에 의한 것이라기보다는 어떤 가수분해에 의한 것이라고 생각되고 있는데 여기에 대해서 다시 산화 정도를 알기 위하여 날(生)청어의 기름을 40℃ 항온에 방치하고 직접 공기에 접촉시켜 그의 중량변화, 과산화물량 및 kreis 시험에 의한 변화 등을 본 결과 어떤 시험에서도 훈제유지는 생유지에 비하여 현저히 항산화성이 있는 것을 확인하였다. 따라서 이 항산화성 물질은 연기 중의 phenol류에 기인되는 것이라고 하였다. 또한 정어리유에 대해 비슷한 결과를 얻고 훈연 중의 tar성 물질에 의해 유지의 산화가 방지되는 것을 증명하였다.

즉 이들 연구결과를 보더라도 훈연에 의하여 어체유는 산화되지 않고 제품을 양호한 상태로 보존시킬 수 있는 것을 알 수 있다.

## 2. 훈연품의 저장

훈제품은 저장중 곰팡이가 슬거나 균열이 생길 염려가 있으므로 저온에서 건조한 상태로 저장해야 한다. 경우에 따라서는 표면에 백착유(白搾油)를 발라두는 수도 있다.

# 8장 수산 염신장품

소금이 방부력을 갖고 있는 것으로 믿어져 식품저장법으로 이용되기 시작한 것은 꽤 옛날부터이다. 현재 소금의 방부력에 대해서는 여러 가지로 설명되고 있다. 즉 염장은 주로 식품의 탈수를 일으켜 세균이 필요한 수분을 감소시키고 부착세균 자신은 소금의 고삼투압으로 원형질 분리를 일으켜 발육이 저해되며 또한 소금의 해리에 의해 생성하는 염소이온의 작용으로 방부 되는 것으로 설명된다. 그러나 소금 단독으로 완전한 방부성을 식품에 주려면 고농도(15% 이상)가 되어야 한다. 전에는 저장성에 중점을 두어 소금량이 많은 제품이 많았지만 최근의 식생활 경향은 소금량이 적은 제품을 좋아하는 편이어서 소금량이 적은 염장품이 제조되어 이를 냉장고에 저장하는 방법이 채용되고 있다.

염, 신장품은 청어알, 명란, 고등어, 조기 등 염장품과 새우, 멸치, 명란 등 염신품이 주종을 이루고 있으며 1997년도 생산실적은 2만 4천 톤으로 전년 대비 약 3천 톤이 증가하였다.

**표 8-1 염 · 신장품의 생산 동향** (단위 : M/T)

| 품 목 | 1994년 | 1995년 | 1996년 | 1997년 |
|---|---|---|---|---|
| 염장어류 | 95 | 214 | 775 | 290 |
| 멸 치 젓 | 424 | 1,502 | 6,145 | 8,751 |
| 새 우 젓 | 3,733 | 4,598 | 6,158 | 6,078 |
| 오징어젓 | 1,217 | 1,731 | 813 | 1,112 |
| 명 란 젓 | 1,242 | 3,502 | 2,578 | 4,097 |
| 조 개 젓 | 203 | 102 | 536 | 659 |
| 기 타 | 3,775 | 5,178 | 4,119 | 2,855 |
| 총 계 | 10,689 | 16,827 | 21,124 | 24,344 |

이는 염장품이 크게 감소한 반편 전통적인 젓갈류인 염신품의 생산량이 증가한 때문이다. 즉 멸치젓, 새우젓 및 명란젓 등 일반인이 즐겨먹는 젓갈류가 전반적으로 크게 증가하였기 때문이다. 한편 최근에는 염도를 낮추어 제조하는 저염의 조미젓갈이 개발되어 시중에 많이 유통되기 때문에 소비량의 증가를 가져왔다고 보아진다.

염신품의 대표적인 젓갈류의 소비촉진 및 상품성 증진을 위한 연구개발은 80년대 후반부터 시작되었고 주요 기술개발 내용은 ① 저염화 기술 ② 속성발효 액젓의 생산기술(효소이용, 미생물이용, 고온숙성, 코지의 활용 등)이고 최근에는 젓갈 조직감의 개선, 유통중 색의 안정화 및 저염화를 위한 노력을 기울이고 있으며 쌀을 주식으로 하는데 적합한 부식이므로 고품질의 제품생산으로 기호도를 개선하면 생산량의 증가가 기대되는 품목이다.

# Ⅰ. 소금의 성질과 방부작용

## 1. 소금의 물리화학적 성질

소금의 용도 분류는 그림 8-1과 같다.

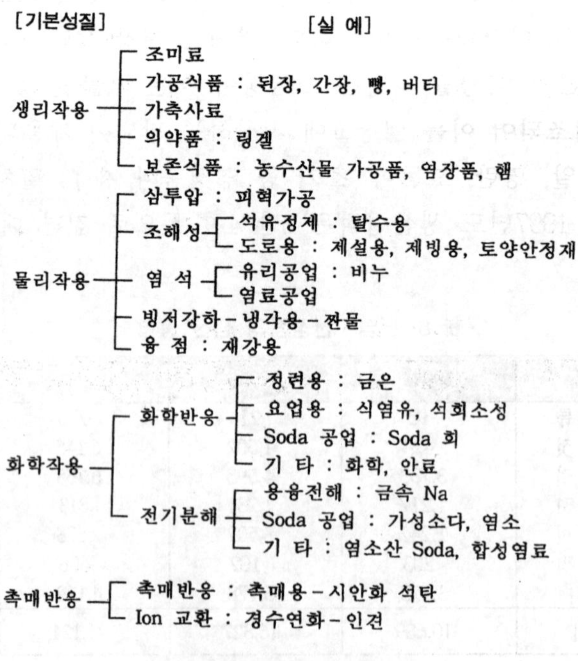


그림 8-1 소금의 용도

소금의 주성분은 NaCl이나, 소금원료 바닷물 중에는 NaCl이 2.7%, $MgCl_2$ 0.3%, $MgSO_4$ 0.2%, $CaSO_4$ 0.1% 등의 화합물이 함유되어 있다. 소금의 제조는 바닷물 중의 NaCl을 채취하는데 고대부터 사용해오는 염전법(鹽田法)이 있고 현재는 ion 교환 정제법이 주로 이용된다. 또 직류 전류로 Na(음극)과 Cl(양극)을 분리 포집해서 소금을 만드는 방법도 채용되고 있다.

소금은 용도에 따라 ① 식탁염 ② 정제염 ③ 염장염 ④ 각염 등으로 구분된다.

(1) 맛(味) : 순수한 소금은 단순한 염신미를 가지며 불순물로 Mg을 많이 함유하며 쓴 맛을 낸다. 염신미를 느끼는 최소농도는 상온에서 0.05%, 0℃에서 0.25%이다. 따라서 상온에서 0℃까지 냉각될 때의 맛은 1/5로 감소된다. 또 설탕에 소량의 염을 가하면 감미가 증가되어 소위 맛의 대비현상이 나타난다. 반대로 간장 등과 같이 높은 농도의 염신미는 설탕, 조미료 등을 소량 첨가하면 염신미가 감소되는 소위 맛의 상쇄현상을 갖는다.

(2) 용해성 : 수용성이며 그 용해도는 0℃에서 35.6이고 100℃에서 39.1이다. 온도에 의한 용해도 차는 적지 않으며 재결정법에 의한 염의 정제는 곤란하다.

(3) 침투압 : 염수용액은 농도가 높으면 침투압이 높고 동시에 미생물에 대한 방부력이 증가한다. 이 성질은 채소절임, 어류의 염장 등 식품 저장에 이용한다. 염농도가 20% 이상이 되면 세균의 발육은 저지되나 살균력은 없다. 더욱이 호염성 세균은 이 농도에서도 번식이 되므로 주의해야 한다.

(4) 한제(寒劑) : 소금과 얼음을 1:3비율로 혼합하여 한제를 얻으며 -21℃까지 온도가 강하될 수 있다. 즉석 냉각용에 이용한다.

(5) 기타 : 빵, 면류를 만들 때 소금을 첨가하면 짠맛을 주고 gluten의 탄력성을 증가시켜 제품의 품질을 향상시키는 효과가 있다.

## 2. 소금의 농도와 세균의 발육

암염(岩塩)과 바닷물의 성분구성은 표 8-2, 8-3과 같다.

세균의 발육을 억제 할 수 있는 소금농도는 균종, 세균의 경력, 균주, PH, 아포형성 유무 등에 따라 다르다. 일반적으로 소금에 대한 저항성은 병원균보다는 부패균이 강하고, 간균보다는 구균이, 번식체보다는 아포가 강하다. 보통 일반세균은 15% 정도의 소금농도이면 일단 그 발육이 억제된다고 할 수 있다.

표 8-2 암염(岩鹽)의 조성 (%)

| 성분 \ 시료 | Rets of New York | Detroit, Michigan |
|---|---|---|
| 수 분 | 0,015 | 0,114 |
| (수불 용해분) | 0,962 | 0,756 |
| $CaSO_4$ | 0,743 | 0,872 |
| $CaCl_2$ | 0,006 | 0,053 |
| $MgCl_2$ | 0,002 | 0,024 |
| $MgSO_4$ | - | - |
| $Na_2SO_4$ | - | - |
| KCl | - | - |
| NaCl | 98,262 | 98,181 |

표 8-3 바닷물(海水)의 성분조성 (g/kg)

| | | | |
|---|---|---|---|
| NaCl | 27.213 | $Na^+$ | 10.7 |
| $MgCl_2$ | 3.807 | $K^+$ | 0.38 |
| $MgSO_4$ | 1.658 | $Mg^{++}$ | 1.21 |
| $CaSO_4$ | 1.260 | $Ca^{++}$ | 0.42 |
| $K_2SO_4$ | 0.863 | $Cl^-$ | 19.42 |
| $CaCO_3$ | 0.123 | Br- | 0.06 |
| $MgBr_2$ | 0.076 | $SO_4^{--}$ | 2.78 |
| - | - | $CO_3^-$ | 0.07 |
| 계 | 35.000 | 계 | 35.00 |

그러나 세균 중에는 상당히 고농도의 소금배지, 때로는 포화소금 용액에서도 잘 발육하는 종류가 있다. 이러한 세균을 통틀어 식염세균이라고 한다. 식염세균을 더욱 세분하면 일반적으로 농후한 소금농도에서만 발육하고, 소금함량이 낮은 배지에서는 발육하지 않는 세균을 호염세균(halophilic bacteria) 또는 편성식염세균이라 하고, 소금농도가 높은 배지에서나 낮은 배지에서나 다같이 발육할 수 있는 세균을 내염세균(halophobic bacteria) 또는 통성(通性)식염세균이라고 한다.

그러나 이러한 구별은 분류학적으로 절대적인 것이 아니고 편의적인 명칭에 불과하다. 즉 일반적으로 세균은 소금농도의 변화에 서서히 순치(馴致)되어, 저농도의 소금배지에서 차차 고농도의 배지에서도 발육할 수 있게 된다. 또 처음의 세균 수가 많으면 고농도의 소금배지에서도 발육하기가 쉬운 경향이 있다.

일반적으로 소금농도가 15% 정도가 되면 보통세균의 발육은 억제된다고 하여도, 식염세균은 보통세균이 발육할 수 없는 고농도의 배지에서도 발육할 수 있고, 심지어 고체소금에도 상당한 수가 함유되고 있으므로 염장품도 결국에는 부패하게 된다.

그러나 일반적으로 식염세균은 발육이 극히 완만하고, 또 이들 세균의 단백분해 작용이 비교적 약하기 때문에 염장품의 급격한 부패는 일어나지 않고 어느 정도의 기간은 보장이 가능한 것이다. 세계각지의 해수조성은 표 8-4와 같고 천일염의 성분은 표 8-5와 같다.

**표 8-4 세계 각지의 해수조성** (단위 : g/Kg)

| 지역 | 전료 | NaCl | KCl | $MgCl_2$ | $CaSO_4$ | $MgSO_4$ |
|---|---|---|---|---|---|---|
| 황 해 | 32.02 | 24.82(77.51) | 0.70(2.19) | 3.65(9.59) | 1.41(4.40) | 2.02(6.21) |
| 동지나해 | 30.20 | 23.49(77.78) | 0.69(2.28) | 2.62(8.68) | 1.27(4.21) | 2.13(7.05) |
| 홍 해 | 38.46 | 30.01(78.03) | 0.72(1.87) | 3.70(9.67) | 1.63(4.24) | 2.38(6.19) |
| 지 중 해 | 37.88 | 29.61(78.17) | 0.65(1.72) | 3.65(9.64) | 1.58(4.17) | 2.39(6.31) |
| 영, 프해협 | 34.97 | 27.30(78.06) | 0.71(2.03) | 3.23(9.24) | 1.44(4.12) | 2.29(6.55) |

**표 8-5 각국 천일염의 조성** (단위 : %)

| 생산지 | 등급 | 불용해분 | $MgSO_4$ | $MgCl_2$ | $CaSO_4$ | KCl | NaCl | 수분 | 계 |
|---|---|---|---|---|---|---|---|---|---|
| 한국목포 | 1등 | 2.234 | 2.092 | 3.079 | 0.557 | 0.442 | 80.715 | 7.205 | 96.324 |
| 〃 | 2등 | 2.752 | 2.153 | 2.958 | 0.315 | 0.530 | 77.724 | 12.492 | 78.924 |
| 한국서산 | 1등 | 2.071 | 2.912 | 2.016 | 0.305 | 0.601 | 76.840 | 14.700 | 99.415 |
| 〃 | 2등 | 3.001 | 2.551 | 1.919 | 0.269 | 0.515 | 76.840 | 14.610 | 99.669 |
| 중국대만 | 상등 | 0.228 | 0.266 | 0.304 | 0.367 | 0.122 | 95.135 | 3.001 | 99.427 |
| 중국청도 | 보통 | 0.602 | 0.632 | 1.192 | 0.612 | 0.164 | 88.414 | 7.814 | 99.167 |
| 인 도 | | 0.19 | 0.19 | 0.35 | 0.41 | 0.13 | 94.17 | 4.11 | 99.55 |
| 미 국 | | 0.03 | 0.04 | 0.16 | 0.31 | 0.09 | 96.56 | 2.75 | 99.93 |
| 스 페 인 | | 0.03 | 0.09 | 0.20 | 0.17 | 0.10 | 96.96 | 2.32 | 99.87 |
| 이 집 트 | | 0.12 | 0.23 | 0.31 | 0.71 | 0.13 | 94.55 | 3.56 | 99.61 |

## 3. 소금의 방부작용

소금은 그것이 나타내는 방부효과, 위생적인 안정성, 제품의 풍미, 사용상의 간편성 또는 가격 등으로 볼 때 다른 식품방부제와는 비교할 수 없을 정도의 많은 장점을 지니고 있다.

일반적으로 소금의 방부력은 소금용액이 가지는 높은 삼투압에 의한 세균세포로부터의 탈수작용으로 설명되고 있다. 즉 이 탈수작용으로 세균세포는 정상적인 발육이 억제되는 것이다. 더욱이 이 작용이 급격히 일어나게 되면 세균세포는 원형질 분리(plasmolysis)를 일으켜 사멸하게 된다.

그러나 소금의 방부효과는 이 탈수작용만으로는 충분히 설명될 수는 없다. 그것은 소금보다 탈수력이 더 강한 황산염의 방부효과가 소금보다 못한 것을 보아도 알 수 있다. 고농도의 소금용액은 미생물이 분배하는 단백분해효소의 작용을 저해한다는 것이 알려져 있다. 즉 단백질이 가수분해되기 위해서는 효소가 단백질분자의 peptide 결합위치에 결합하지 않으면 안 되는데, 소금의 구성원소가 먼저 peptide 결합위치에 결합하여 버리므로 효소가 결합하는 것을 봉쇄하게 되기 때문이라고 한다. 이와 같이 육류를 염장하면 peptide 결합의 곳이 소금으로 봉쇄되어 미생물이 분비하는 단백분해효소의 작용이 약화되는 것이다.

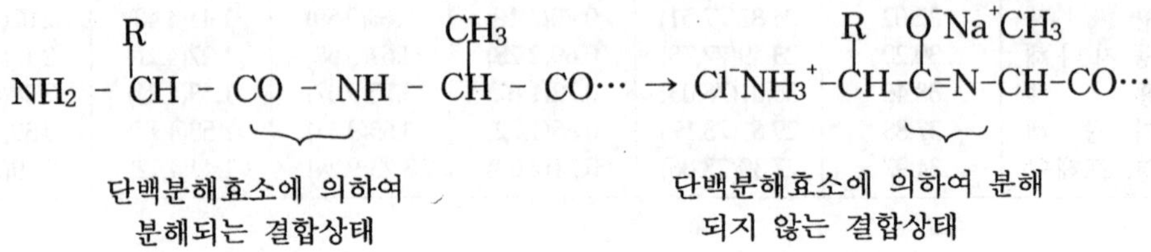


한편 이외에도 소금이 나타내는 방부효과의 요인으로 들 수 있는 것은 소금용액에 대한 산소의 용해도 감소를 들 수 있다. 즉 소금용액의 농도가 높아질수록, 산소의 용해도는 감소하므로 이에 따라 호기성세균의 발육도 영향을 받는다고 볼 수 있다. 또 소금의 해리에 의하여 생성되는 Cl 이온의 세균세포에 대한 직접적인 작용이 있다고 하나, 이것에 대하여는 별로 알려진 것이 없다.

전갱이육을 18~19℃에서 여러 가지 소금농도로 염장하여 저장일수에 따른 휘발성 염기질 소량의 변화를 조사한 것을 보면 그림 8-2과 같다.

휘발성 염기질소량이 30mg%일 때를 부패점이라고 본다면, 어육 내 수분에 대한 소금농도가 20% 이하에서는 결국은 부패하게 된다. 즉 소금농도에 따라 부패에 달할 때까지의 기간이 연장되기는 하나 어느 기간을 경과하면 휘발성 염기 질소량이 급격히 증가하는 것을 볼 수 있다. 다만 포화점 부근(24.46) 과포화(28.97%) 의 경우만 1개월 이상의 저장이 가능하다는 것을 알 수 있다. 이 결과로부터 소금함량과 저장일수와의 관계를 나타낸 것이 그림 8-3이다.

## Ⅱ. 염장의 원리

어류를 염장하면 소금에 의하여 어육 중의 수분을 용출 제거하며 육중의 함수량을 감소시킨다. 염장의 방부원리는 주로 소금의 탈수작용을 이용하는 것이며, 소금자체의 방부효과도 이용한다. 보통 10% 전후의 소금을 사용하여 염장하며 이 농도는 세균의 종류, 균주 등에 따라 다르다.

염장에 의한 세균의 번식은 상당히 억제할 수 있지만, 육중의 자가효소 작용은 저지할 수 없기 때문에 염장 중 육질은 점차 연화한다. 이 효소 작용을 이용하여 육의 맛을 더욱 좋게 만든 염장품이 젓갈이다.

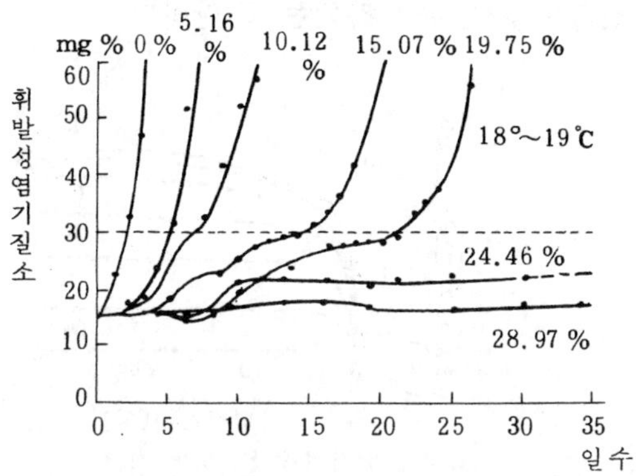


그림 8-2 염장 전갱이 육의 부패와 소금농도

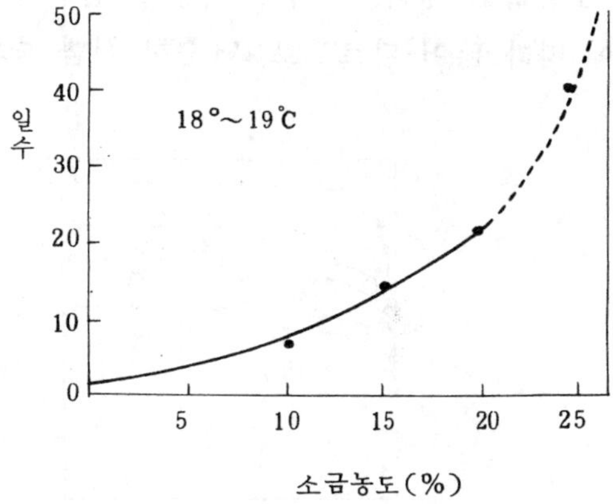


그림 8-3 소금농도와 부패일수와의 관계

염장은 식품 내외의 삼투압차에 의하여 일어나는 삼투와 확산의 두 작용에 의하여 이루어지며 소금의 삼투속도와 삼투량은 소금농도, 온도, 염장방법, 소금의 순도, 식품의 성상 등에 따라 달라진다(그림 8-2, 8-3).

## 1. 소금농도 및 염장온도와 삼투

용액의 삼투압은 농도와 온도에 비례하므로, 염장에 있어서 소금의 삼투속도도 소금농도와 온도가 높을수록 크다. 이에 대한 예를 들면 표 8-6 및 그림 8-4와 같다. 물간을 하는 경우 충분한 양의 소금물을 사용하여 장시간 염장을 하여도 식품 중의 소금농도는 사용한 소금물 농도에 미달하는데, 이것은 식품 중의 수분의 일부가 결합수로 존재하여 용매로 작용하지 않기 때문이다.

**표 8-6 소조기의 물간에 있어서 염장농도와 온도에 따른 소금의 침투량**

| 염 장 농 도(%) | 5 | | 9 | | 13 | | 17 | |
|---|---|---|---|---|---|---|---|---|
| 염장온도(℃) | 15~24 | 30~35 | 15~24 | 30~35 | 15~24 | 30~35 | 15~24 | 30~35 |
| 염장육 중의 소금(%) | 2.5 | 2.9 | 5.4 | 6.4 | 6.5 | 8.0 | 8.9 | 10.3 |

## 2. 염장방법과 삼투

세편뜨기를 한 청어육편을 0℃에서 마른간과 물간을 하여 소금의 침투상태를 조사한 것을 보면 그림 8-5와 같다.

물간을 하면 마른간을 했을 때보다 소금의 침투속도도 크고 평형상태가 되었을 때의 침투 소금량도 많다. 그러나 식품을 염장하면 수분량이 변화하고 그 변화의 정도가 염장조건에 따라 많이 다르므로, 단순히 식품 중의 소금농도로 단정하기는 곤란하다.

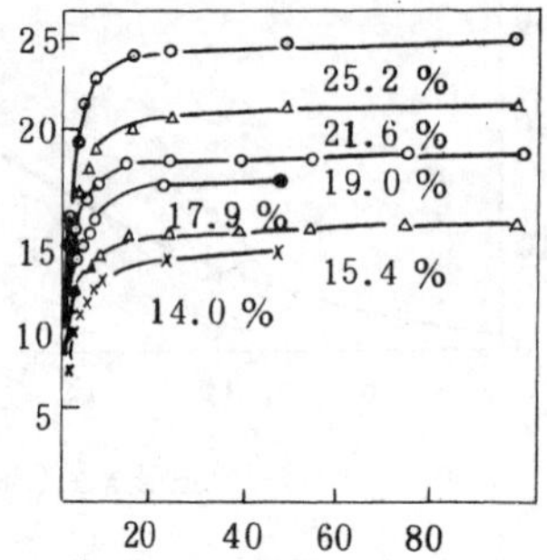


그림 8-4 물간에 있어서 다랭이육의 소금량의 증가

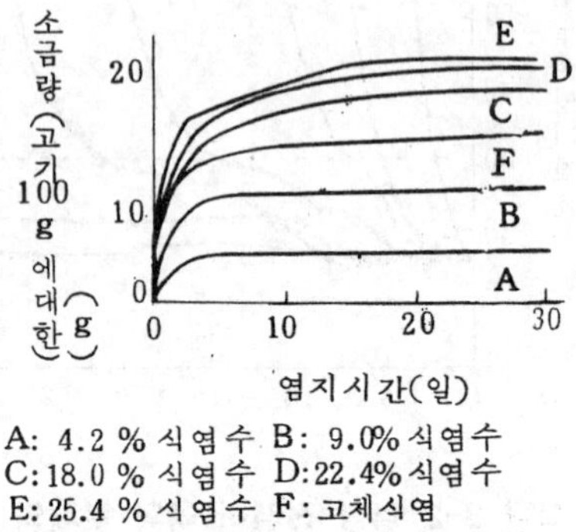


그림 8-5 염장청어육의 소금량의 변화

## 3. 소금순도와 삼투

소금 중에 Ca염이나 Mg염이 소량이라도 섞여 있으면 소금의 침투가 저해된다. weak fish(대서양산 민어과의 어류)를 염장하여 소금침투에 미치는 영향을 조사한 것을 보면 표 8-7과 같다.

염장에 있어서 소금중의 불순물의 영향은 이러한 소금침투의 방해 뿐만 아니고 제품의 맛에도 영향을 주므로 소금은 순도가 높은 것을 사용하여야 한다. 한편 KCl, $KNO_3$ 등은 오히려 소금의 침투를 촉진시키고 육질을 단단하게 한다는 말도 있으나 확실하지 않다.

표 8-7 소금의 침투에 미치는 불순염의 영향(건조물 중의 Cl 함량 %)

| 사용염의 순도 | 육부위 | 1일 후 | 4일 후 | 7일 후 | 10일 후 |
|---|---|---|---|---|---|
| 100% NaCl | 표층육 | 9.8 | 16.2 | 19.6 | 19.5 |
| | 내부육 | 2.6 | 11.0 | 16.0 | 18.7 |
| 99% NaCl + 1% $CaCl_2$ | 표층육 | 8.7 | 10.8 | 15.2 | 16.6 |
| | 내부육 | 2.5 | 7.9 | 14.1 | 14.4 |
| 100% NaCl | 표층육 | 14.6 | 19.0 | 22.7 | 22.7 |
| | 내부육 | 9.8 | 16.0 | 19.7 | 22.4 |
| 99% NaCl+1%$MgCl_2$ | 내부육 | 6.5 | 15.7 | 18.7 | 19.0 |
| 95.3% NaCl+4.7% $MgCl_2$ | 표층육 | 10.1 | 17.1 | 17.8 | 18.1 |
| | 내부육 | 5.9 | 12.7 | 17.1 | 18.1 |
| 99% NaCl+1% $Na_2SO_4$ | 내부육 | 7.1 | 10.5 | 15.3 | 17.1 |

단, 표층육 : 표피하 0.5cm, 내부육 : 표피하 0.5~1.0cm

## 4. 식품 성상과 삼투

일반적으로 어체의 지방함량이 많은 것은 피하지방층이 두터워 어체를 그대로 염장하는 경우에는 소금의 침투가 어려운 경향이 있다. 어피의 유무는 염장기간이 길면 별 영향이 없으나, 염장초기에는 상당한 영향을 미친다. 표 8-8는 대서양 민어(weak fish)에 대한 실험 예이다. 원료어 선도의 영향에 대하여는 선도가 좋은 것이 소금의 침투가 빠르다는 의견도 있으나 확실치 않다.

**표 8-8 소금 침투에 미치는 어피의 영향**

| 시 료 | 염장육중의 소금량(건조물중의 %) | | | |
|---|---|---|---|---|
| | 1 일 | 4 일 | 7 일 | 13 일 |
| 어피가 있는 것 | 1.7 | 11.9 | 18.9 | 20.3 |
| 어피를 벗긴 것 | 9.7 | 19.8 | 20.2 | 20.3 |

# Ⅲ. 염장 방법

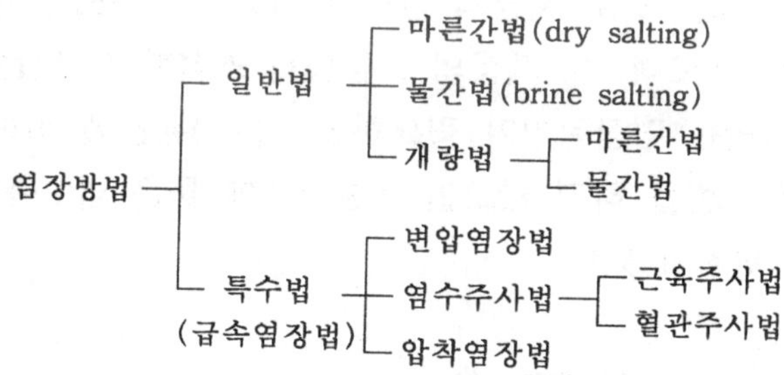


**그림 8-6 염장법의 종류**

## 1. 마른간법(撒鹽漬法, dry salting)

식품에 직접 소금을 뿌려 염장하는 방법이다. 뿌린 소금은 식품표면의 수분이나 또는 내부에서 삼출한 수분에 녹아 포화식염수를 만들므로 식품 표면은 항상 포화식염수로 둘러싸여 있는 형태가 된다. 그러므로 식품 내외의 삼투압차가 커서 소금이 식품대로 삼투하는 것과 식품내의 수분이 밖으로 탈수되는 것이 일방적으로 진행된다.

소금의 사용량은 제품의 종류, 기후 등에 따라 다르나 보통 식품무게의 20~35%의 소금을 사용한다. 어체를 마른간을 할 때, 소금을 고루 비벼 뿌리고 어층 사이 사이에는 사잇소금(inter layer salt)을 뿌려준다.

이 마른간법의 장단점을 들어보면 먼저 ① 염장에 특별한 설비가 필요없으며, ② 소금 사용량에 비하여 탈수량이 많고 소금의 삼투가 빠르므로 염장초기의 부패가 적으며, ③ 염장이 잘못 되었을 때 그 피해를 부분적으로 그치게 할 수 있는 이점이 있다.

반면 ① 소금의 삼투가 불균일하게 되기 쉬워, 제품의 품질이 고르지 못하고, ② 강하게 탈수되어 제품의 외관이 좋지 못하고, 수율도 낮으며, ③ 염장 중 공기와 접촉되므로 지방이 산화되어 기름변색(rusting)을 일으키기 쉬운 점 등의 결점이 있다.

## 2. 물간법(液鹽漬法, brine salting)

적당한 농도의 소금물에 식품을 담가 염장하는 방법이다. 식품에 소금이 삼투됨에 따라 염수의 농도가 묽어지므로 수시로 소금을 첨가하든가 또는 미리 여분의 소금을 넣어두어서 염수농도를 일정하게 유지하여야 한다.

또 소금의 삼투와 동시에 탈수가 일어나서 식품 주위에 묽은 염수층이 생겨 소금의 삼투와 탈수를 방해하므로 수시로 교반하여 묽은 염수층을 없애야 한다.

이 방법의 장단점을 들어보면 ① 소금의 삼투가 균일하여 제품의 품질이 고르며, ② 염장 중 공기와 접촉하지 않으므로 지방의 산화가 적고, ③ 과도한 탈수가 일어나지 않으므로 외관, 풍미, 수율이 좋으며, ④ 제품의 소금맛을 조절할 수 있는 등의 이점이 있다.

반면 ① 물이 새지 않는 염장용기가 필요하고, ② 마른간에 비하여 소금사용량이 많이 들며, ③ 염장중 자주 교반을 하지 않으면 식품주위에 묽은 염수층이 생겨 염장초기에 부패하기 쉬운 점 등의 단점이 있다.

## 3. 개량 물간법(改良液鹽漬法)

염장용기 또는 탱크에 식품을 1단씩 마른간을 하여 재우고 어층을 쌓아 올린 후 내림뚜껑을 하고 누름돌을 얹어 적당히 가압한다. 이와 같이 하면 식품으로부터 삼출한 수분에 의하여 포화식염수가 형성되어 결과적으로 물간을 한 것과 같게 된다.

이 방법은 마른간과 물간의 단점을 서로 보완한 것이므로, ① 염장 초기에 부패를 일으킬 염려가 적고, ② 소금의 삼투가 균일하며, ③ 외관이나 수율이 좋고, ④ 기름 변색을 막을 수 있는 등의 장점이 있다. 이 방법과 같이 염장이 두 단계로 이루어질 때 처음 염장을 가염지(假塩漬) 또는 가지(假漬, presalting)라고 하고, 그 다음 염장을 본염지 또는 본지(本漬)라고 한다.

축육의 경우는 방혈을 목적으로 가염지(假塩漬)를 하는 수가 많다. 어패류의 경우는 가염지에 의하여 대부분의 수분을 제거하여 염장초기의 변질을 억제하고 본염지의 염장효과를 높이는데 목적이 있다. 물간을 하는 경우 염수를 가는 것도 처음 것은 가염지라고 할 수 있다.

## 4. 개량 마른간법(改良撒鹽漬法)

처음 물간으로 가염지를 하여 식품에 부착한 세균 및 식품표면의 점질물 등을 제거한 후 마른간으로 본염지를 하여 염장 효과를 높이는 방법이다. 기온이 높은 계절 또는 선도가 불량한 것을 염장할 때, 그 변패를 막는 데 효과적인 방법이다.

## 5. 특수 염장법(特殊鹽藏法)

염장속도를 빠르게 하기 위하여 또는 제품의 풍미를 좋게 하기 위한 목적으로 하는 염장법이다.

### (1) 변압염장법(變壓鹽藏法)

기밀(氣密)히 밀폐할 수 있는 용기에 식품을 넣고 용기 내를 감압하여 식품조직 내에 흡장(吸藏)되어 있는 기체(氣體)를 배재한 다음, 염수를 주입하여 물간을 하고 이번에는 용기 내를 가압하여 염장기간을 단축하는 급속 염장법의 하나이다.

용기 제작이나 처리공정에 많은 경비가 들어 어패류의 염장에는 거의 이용되지 않는다. Ham을 제조하는 경우 이 방법에 의하면 염장일수를 1/3 이하로 단축할 수 있다고 한다.

### (2) 염수주사법(鹽水注射法)

대형 염수주사기(brine injector)로 축육이나 대형어육에 염수를 주사한 후 일반 염장법으로 염장하는 방법이다. 이렇게 하면 육 내부에까지 속히 소금을 삼투시킬 수 있어서, 염장기간을 1/3 이내로 단축할 수 있다. Ham이나 bacon의 제조에는 일찍부터 이용되어 왔는데 실시에 있어서는 근육주사법(stich 법)과 맥관주사법(morgan 법)이 있다.

### (3) 압착염장법(壓搾鹽藏法)

먼저 마른간을 한 다음 물간으로 하여 소금의 삼투를 완료시키고 소금물에서 건져 내어, 적당히 가압하여 과잉의 소금기를 수분과 함께 압출시킨다. 이렇게 하면 소금맛이 적은 맛이 좋은 제품을 얻을 수 있다. 대량 생산에는 부적당하지만 풍미에 중점을 둔 일부 제품에는 이용되는 방법이다.

## Ⅳ. 염장품의 제조기술

### 1. 염장 어류

염장품의 원료로는 연어·송어·고등어·전갱이·대구·청어·임연수어·조기·고래 등이 주로 쓰인다. 염장 연어 및 염장 송어는 아가미·내장·신장을 제거한 다음 아가미·복부에 마른 간을 하고, 어체와 어체 사이에도 소금을 뿌리면서 쌓아서 염장한다. 소금 사용량은 원료의 약 40%이다.

염장 고등어는 등갈이한 다음 염장하는 경우가 많다. 염장 대구는 보통 머리를 제거하고, 어체를 쪼개지 않고 내장을 뽑아내어 염장한다. 염장 청어는 유럽에서는 많이 생산되지만 우리 나라에서는 만들어지지 않고 있다. 대부분 도가니 중에서 마른간을 한다.

#### (1) 염장 고등어(간 고등어, salted mackerel)

고등어는 신선어, 냉동품, 통조림 및 염장품 등의 형태로 이용되고 있다.

원료어체의 배를 따서 아가미, 내장을 제거하고 묽은 염수로 잘 세척한다. 이어 물기를 뺀 후 아가미 및 복부의 내부에 고르게 소금을 뿌리고 사잇소금을 넣으면서 어체를 재어 염장한다. 소금 사용량은 원료어의 40% 정도이고, 필요하면 2~3일 후에 다른 용기에 사잇소금을 넣으면서 갈아 재운다.

#### (2) 염장 멸치(salted anchovy)

멸치를 장기간 염장한 것을 구미에서는 anchovy라고 하여 애용되고 있다. 즉 염장멸치육을 그대로 식용으로 할 뿐만 아니라 숙성한 염장멸치육에 버터(butter), 우유, 식빵 등을 섞어 갈고 후추, 월계수 등의 향신료를 쳐서 빵에 발라 먹는데 이것을 anchovy paste라고 한다. 또 숙성한 염장멸치의 뼈를 추려내고 두 편의 fillet으로 한 것을 올리브유나 면실유 등에 절여서 통조림으로도 많이 제조되고 있다.

염장멸치의 제법은 다음과 같다. 원료멸치는 보통 체장 10cm 이상의 선도가 좋은 것을 사용한다. 머리와 내장을 제거하고 원료 중량의 약 25%의 정제염을 써서 마른간을 하고 내림 뚜껑을 하여 누름돌을 얹어 둔다. 4~5일 후 용기상부에 고인 액즙을 떠서 버리고 포화식염수를 부어 어체가 공기 중에 노출되지 않도록 한다. 이렇게 약 2개월간 가염지를 하여 탈수와 소금을 침투를 시킨 다음 멸치를 들어 내어, 10~15%에 상당하는 소금을 써서 다른 용기에 본염지를 한다. 이렇게 하는 것은 가염지 동안에 어체에서 스며 나온 수분으로 낮아진 염분을 보충하여 어체가 삭는 것을 막기 위해서이다. 이 때도 어체를 용기에 쟁인 후 포화식염수를 통 밑에 뚫어 놓은 구멍으로부터 주입하여 내부의 공기를 제거하고 구멍을 막은 후 내림 뚜껑을 하여 누름돌을 얹고 숙성시킨다. 숙성기간은 6 개월 내지 1년이 소요된다.

## 2. 염장해조류(鹽藏海藻類)

최근 우리나라에서 염장 미역이 많이 생산되고 있다. 원료 미역을 건조에 의하지 않고 생미역 상태의 선도와 품질을 장기간 보존할 수 있는 미역가공법으로 가장 경제적인 생미역 보존 처리법으로 각광을 받고 있다.

실제의 제조는 2가지 방법이 있는데, 원료산지에 따라 제조 방법이 다르다(수산 건제품의 건미역 참조).

### ● 염장미역(간 미역, salted dulse, salted sea mustard)

일반적인 염장미역의 제조법은 다음과 같다. 원료 미역을 바닷물로 잘 씻고 물기를 뺀 다음 염장 탱크에 소금을 고루 뿌리면서 염장한다. 1시간 정도 후에 이를 마대에 넣어 누름돌을 얹어 하룻밤 탈수시킨다. 소금사용량은 미역 중량의 50%의 이상을 사용한다. 다음 조체(藻體)를 갈라서 줄기를 제거하고 다시 10~20%의 소금을 가하여 탈수시킨 후 선별 포장한다. 이 방법은 주로 북방계 또는 중간계의 미역을 원료로 할 때 사용한다.

또 한가지 방법은 원료 미역을 바닷물에 잘 씻어 85~90℃ 정도로 가열한 바닷물에 5초 정도 담그었다가 건져내어 차가운 바닷물에 넣어 급냉한다. 줄기를 제거하고 미역 중량의 40~50%의 소금을 뿌린 다음 누름돌을 얹어서 탈수한 후 선별 포장한다. 주로 남방계 미역을 원료로 할 때 사용되는 방법이다.

제품의 수분함량은 50% 이하가 되도록 하여야 하며, 소금은 재제염을 쓰는 것이 좋고, 미역의 표면에 소금이 포화 석출되어 있는 것이 보통이다.

## 3. 젓 갈

젓갈은 어패류의 근육 또는 내장 기관에 소금을 첨가하여 자가소화시킨 것인데, 원료어육에 비해 peptone · peptide · 유기염기 · 젓산 · 아미노산 등이 증가되어 있다. 젓갈에 첨가한 소금량만으로는 부패가 완전히 방지되지 않기 때문에 숙성 중에 부패하지 않도록 온도에 주의할 필요가 있다.

젓갈의 종류나 제조방법 등은 지방에 따라 특색 있는 것이 많다. 젓갈이 다른 염장품과의 차이점은 염장품은 육질의 형태 보존한 저장 수단인데 반하여 젓갈은 염장을 하여 단백질 · 당질 · 지방 · 유기산 및 기타 성분을 적당히 분해하는 독특한 풍미를 갖게 하는 발효 겸용 식품이다.

### (1) 젓갈의 제조원리

어패류의 살, 내장, 생식소 등을 염장하여 자기소화 및 미생물의 작용에 의하여 적당히 분해시켜 숙성시킨 제품이 젓갈(salted fermented foods)이다. 소금에 의하여 부패를 막고 저장성을 갖게 하는 점에 있어서는 일반 염장품과 같으나 일반 염장품은 염장중 될 수 있는 대로 육질의 분해를 억제하여야 좋은 제품을 얻을 수 있는데 비하여, 젓갈은 원료를 적당히 분해시켜 독특한 풍미를 갖게 하는 점이 다른 점이다.

젓갈은 단백질뿐만 아니고 당질, 지방, 유기산, 기타 성분들이 적당히 분해하고 어울려 진한 감칠맛을 나타내므로 직접 식용으로 할 뿐만 아니고, 김치의 부원료나 조미료로도 많이 이용된다. 제품의 외관은 나쁘나 맛이 좋을 뿐만 아니라 아미노산이나 무기성분이 풍부하게 함유되어 있고 소화흡수가 양호하므로 영양적으로도 가치있는 식품이다.

원료의 종류나 제조방법 등이 지방적으로 특색있는 것이 많아 제품의 종류도 대단히 다양하다. 비교적 많이 제조되는 종류를 들면 멸치젓, 새우젓, 굴젓, 조개젓, 명란젓, 오징어젓, 갈치내장젓, 대구순대젓, 성게젓, 해삼창자젓 등을 들 수 있다.

젓갈은 소금의 첨가로 미생물의 번식을 최대한으로 억제하여 유해분해를 방지한다고는 하나 젓갈의 숙성은 단순히 자가소화작용만으로 이루어지는 것은 아니고, 미생물의 작용도 관여하는 것이다. 특히 숙성 후기에는 상당한 작용을 받는다고 볼 수 있다. 다만 그것이 유해 분해냐 아니냐가 젓갈의 품질을 가늠하는 기준이 된다. 예를 들면 가다랭이 내장에 15%의 소금을 첨가하여 ① 그대로 ② toluene으로 방부하여 ③ 쪄서 ④ 찌고 방부하여 숙성시킬 때 숙성 중의 성분변화를 조사한 것을 보면 그림 8-7 및 그림 8-8과 같다.

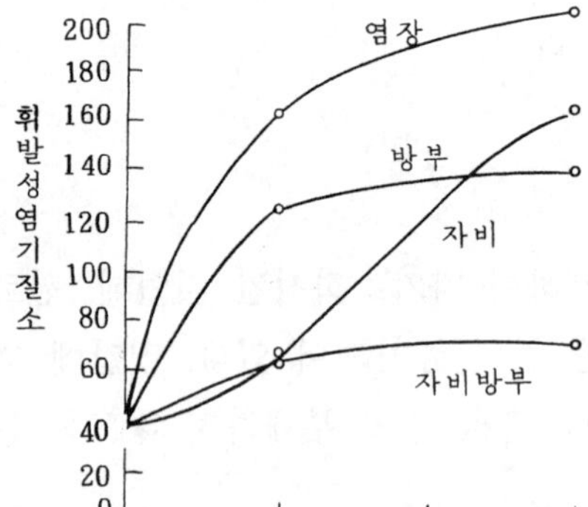


**그림 8-7 가다랭이 내장젓의 숙성중(자가소화 및 세균에 의하여)에 일어나는 변화 (1) 휘발성 염기질소의 변화**

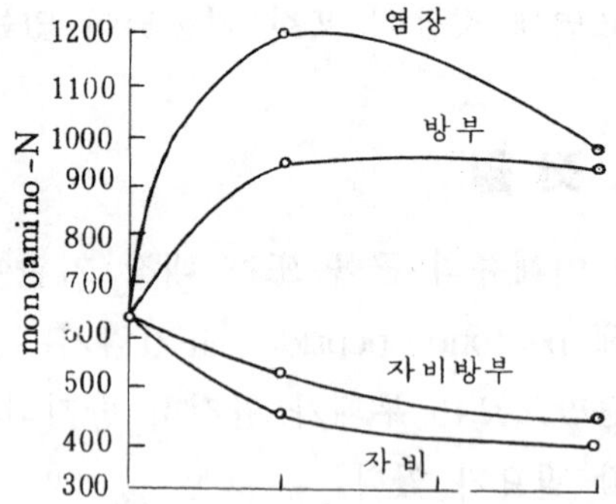


**그림 8-8 가다랭이 내장젓의 숙성중(자가소화 및 세균에 의하여)에 일어나는 변화 (2) monoamino-N의 변화**

즉 그대로 숙성시킨 것과 방부하여 숙성시킨 것은 monoamino-N가 다같이 증가하고 있으나 양자간에는 양적인 차가 있어 자가소화작용만이 젓갈 숙성에 관여하는 것이 아니라는 것은 알 수 있다.

### (2) 멸치젓(salted-fermened anchovy)

멸치젓은 새우젓과 더불어 우리 나라 2대 젓갈의 하나로, 그 생산량은 표 8-1에 나타난 바와 같으며 특히 남해안지방에서 많이 담고 그 맛도 좋다. 봄에 담는 것을 춘젓, 가을에 담는 것을 추젓이라고 하는데 춘젓이 맛이 있다. 또 같은 춘젓이라고 하여도 이른 봄의 초물은 아직 살이 오르지 않아 진한 맛이 적고, 담아서 오래 두면 살이 풀어지기 쉽다. 반대로 파물은 기름기가 너무 많아 끈적거리고, 멸치 비린내가 가시지를 않는다. 따라서 어기(漁期)로 보면 중물을 취하는 것이 좋다.

선도가 좋은 멸치를 물로 씻고 물기를 뺀 후, 용기에 소금과 멸치를 번갈아 넣어 절인다. 소금량은 20~25% 정도로 하는 것이 표준이다.

소금은 양질의 재제염을 써야 한다. 담근 후 수일간은 하루 한 번 정도 휘저어 주고 소금이 고르게 침투되도록 한 후 밀봉을 하여 그늘의 시원한 곳에 둔다. 숙성기간은 기온과 소금량에 따라 다르며 대체로 2~3 개월 정도이다. 즉 보통 3월에 담그면 8~9월에 생젓국을 뜨게 된다. 즉 멸치가 삭으면 말간 웃물이 고이는데 이것을 생젓국이라 하여 떠놓고 조미료로 쓴다. 이때 비린내가 남아 있으면 아직 숙성이 불충분한 것이다. 또 표면에 낀 기름기는 걷어내야 한다. 이것은 기름이 산화되어 쓴맛, 떫은맛의 원인물질이 되고 뒷맛을 나쁘게 한다.

쓴맛, 떫은맛 또는 냄새가 심할 때에는 구연산이나 주석산을 조금 넣어주면 좋아진다. 생젓국을 뜨고 나머지는 솥에 붓고 소금, 물 등을 적당히 가하여 달인 후 베보에 걸러서 멸장(멸치젓국)을 만들어 조미료로 쓴다.

#### 1) 제조 공정

멸치젓의 제조 방법은 제조 시기와 지역, 제품의 용도에 따라 다소 차이가 나지만 신선한 원료와 소금만을 사용하는 점은 공통이다. 마른간법과 물간법에 따른 멸치젓의 제조 공정은 그림 8-9와 같다.

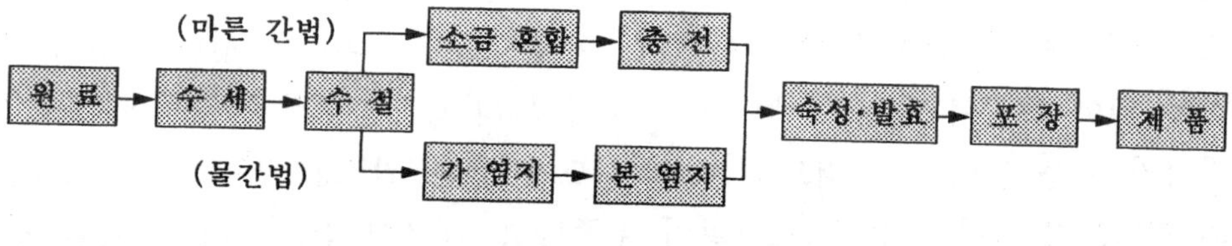


그림 8-9 멸치젓의 제조 공정도

### 2) 멸치 젓갈의 제조 방법

① 원료 처리

선도 상태를 점검하여 신선한 원료임을 확인하고 어육이 충실한 봄 멸치(음력 3~5월)를 사용하며 배가 터지지 않은 원료를 사용한다.

② 수세

물탱크 속에 원료 중량의 3~5배의 정도의 물을 받아 놓고 온도 10℃ 이하로 하고 물 중량의 3% 정도의 소금을 넣고 녹인다.

신선한 멸치를 소금물 속에 넣고 단시간에 수세하여 이물질과 혈액을 제거하고 곧바로 수세한 멸치를 다공성의 플라스틱이나 나무 상자에 옮겨 방치하여 물빼기를 한다. 물빼기의 정도는 어체 표면에 물이 흘러 내리지 않을 정도면 된다.

③ 소금 혼합

숙성 탱크(콘크리트 탱크, 플라스틱 탱크, 비닐을 내장한 드럼 통)의 바닥에 소금을 한 층 깔고 원료를 얇게 펴서 그 위에 올리고 다시 원료 위에 소금을 뿌려 소금/멸치/소금과 같이 층이 되도록 한다.

사용하는 소금의 양은 원료 중량의 25% 정도이며 맨 위에는 멸치가 보이지 않을 정도의 소금을 뿌리고 볏집이나 비닐을 덮어 추춧돌을 올려 놓는다.

④ 숙성・발효

시원하고 그늘진 곳에서 6개월간 숙성시킨다.

⑤ 포장

숙성이 끝난 제품은 원형의 철제용기(5・10・20kg)나 철제 드럼통에 넣어 유통시킨다.

### (3) 새우젓(salted-fermented small shrimp)

새우젓은 주로 서해안에서 어획되는 젓새우를 원료로 한다. 새우젓은 젓갈 중 두 번째로 생산량이 많아 우리 나라 젓갈 총 생산량의 25%를 차지하고 있다.

젓을 담는 시기에 따라 동백젓, 오젓, 육젓, 추젓 등의 명칭으로 구분되며 5~6월에 잡아서 담는 것을 육젓이라고 하며, 맛도 있고 젓국도 좋다. 즉 육젓은 새우가 가장 살이 오른 철에 담은 것으로, 10월경이 되면 젓이 익어서 김장에 쓸 수 있다.

새우젓을 담을 때 주의하여야 할 것은 다른 어패류보다 부패하기 쉽다는 점이다. 즉 새우는 껍질이 있어 소금이 육질로 배어드는 것이 느리고, 또 내장에 강력한 효소가 들어 있어 변질되기 쉬운 것이다. 그러므로 첫째 선도가 좋은 원료를 써야 하고 소금을 쓰는 양이 다른 젓갈보다 많아야 한다. 소금량이 부족하고, 새우의 선도가 좋지 못한 경우에는 색깔이 검게 되고, 단맛이 없으며, 육질이 녹아서 액즙이 혼탁하여지고 악취를 풍기게 된다.

소금 사용량은 원료의 선도, 계절에 따라 다르다. 일반적으로 여름철에는 35~40%, 가을철에는 30% 정도의 재제염을 쓰는 것이 좋다. 젓이 잘 익어서 품질이 좋은 것은 육질이 토실토실하며, 짠맛이 알맞고, 단맛이 있으며, 액즙이 유백색으로 맑으며 악취가 없다.

### 1) 새우젓의 명칭

새우젓의 제조 방법은 원료인 새우와 소금만 있으면 제조할 수 있으나 원료 새우의 어획 시기에 따라 표 8-9와 같이 여러 가지 명칭으로 불리운다.

**표 8-9 원료 새우의 어획 시기에 따른 새우젓의 명칭 및 특성**

| 어획 시기(음력) | 명칭 | 품질 특성 |
|---|---|---|
| 1~2월 | 동백하젓 | 희고 깨끗하며 겨울철에 생산됨 |
| 3~4월 | 봄젓 | 어체가 작고 크기가 고르지 못하며 약간 붉은색을 띰 |
| 5월 | 오젓 | 어체가 고르지 못하고 붉은색을 띈다. |
| 6월 | 육젓 | 어체가 비대하고 흰색 바탕에 붉은색이 섞여 있다. |
| 7~8월 | 자젓 | 어체가 작고 색깔이 희다. |
| 9~10월 | 추젓 | 어체가 작고 색깔이 희다. |

### 2) 새우 젓갈의 제조

① 원료 처리

신선하고 색이 투명한 원료를 사용한다.

② 선별

변질품, 협잡물 등 각종 오물을 제거한다. 선도가 불량하거나 이 물질이 혼입되면 제품의 향미에 나쁜 영향을 주며 색이 불량하여 양질의 제품을 만들 수가 없다.

③ 수세(水洗) 및 물빼기

선별이 끝난 새우는 맑은 해수나 3%의 소금물로 조심스럽게 씻어 다공질의 플라스틱 바구니나 대나무 상자에 담아 자연 방치시켜 물빼기를 한다.

물빼기 정도는 어체 표면에 물이 흐르지 않을 정도로 한다.

④ 염지(소금 뿌리기)

혼합기 통에 새우를 넣고 소금과 함께 골고루 혼합한다.

소금의 첨가량은 대개 원료 중량의 35% 이상 사용한다. 새우젓의 제조 시기에 따른 상업적인 소금의 첨가 비율은 표 8-10과 같다.

표 8-10 새우젓의 제조 시기에 따른 상업적인 염장 비율

| 제조 시기(음력) | 명칭 | 소금의 첨가 비율 | | | 평균 중량 (kg) |
|---|---|---|---|---|---|
| | | 생새우(kg) | 소금(kg) | 계(kg) | |
| 1~2월 | 동백하젓 | 120-150 | 80-120 | 200-270 | 250 |
| 3~4월 | 봄젓 | 120 | 80-120 | 200-220 | 250 |
| 5~6월 | 오젓, 육젓 | 130-150 | 100-120 | 230-270 | 250 |
| 7~10월 | 자젓, 추젓 | 120 | 60-80 | 180-200 | 200 |

⑤ 용기에 충전

철제 드럼이나 플라스틱 용기를 이용하여 내부에 폴리에틸렌 포장지를 깔고 소금이 혼합된 제품을 차곡차곡 넣는다. 맨 윗부분에는 소금을 1~2cm의 두께로 뿌리고 공기가 들어가지 않도록 밀봉하고 겉덮개를 한다.

⑥ 숙성・발효

용기에 담겨진 제품은 12~20℃의 지하 저장고, 저온 숙성실 및 토굴 등의 숙성실에서 4~5개월 정도 숙성시킨다.

⑦ 계량・포장

숙성이 끝난 제품은 200kg들이 숙성 용기채로 도매 시장에 출하되기도 하고 200g, 500g, 2kg, 5kg, 10,kg 등 다양하게 계량, 단위 포장하여 유통된다.

### (4) 오징어젓(Salted fermented squid)

오징어 젓갈은 주로 피둥어 꼴두기의 몸통육(胴肉)과 다리육을 세절하여, 10마리 육에 대하여 3마리분의 간장 내용물을 싸서 넣는다. 소금은 20~30%를 가하고 교반하여 찬 곳에 방치하여 숙성시킨다. 소금량이 적으면 숙성기간은 짧지만, 장기 저장이 되지 않는다. 출하 직전에 20~30%의 쌀누룩을 탕에 녹여 첨가하여 2~3일간 저장하면, 육질이 연화되어 풍미가 증가한다. 원료의 껍질을 탈피하여 사용하기도 하고, 탈피하지 않고 그대로 하기도 하고 또는 먹물주머니를 넣어서 담그기도 한다.

### (5) 성게젓(salted-fermented sea-urchin)

성게, 보라성게 등의 생식소를 원료로 한 것이다. 성게를 원료로 한 것이 제품의 색도 황홍색으로 좋아 고급품으로 치며, 보라성게를 원료로 한 것은 색조도 붉어 하급품으로 친다. 성게젓은 국내 소비는 적고 대부분이 수출된다. 원료성게는 동해안의 강원도지방과 남해안의 경남지방에서 많이 생산되는데 원료 성게는 적도(중간부분)를 따라 가시가 들어가지 않도록 들어 내어, 바구니에 담아 3% 정도의 소금물 중에 담그어 협잡물을 제거하

면서 씻는다. 이어 건져내어 그늘의 시원한 곳에서 충분히 물기를 뺀다. 물기를 뺄 때는 발에 널어 소금을 적당량 뿌려 삼투작용으로 탈수를 촉진시키거나 가제 등으로 싸서 물기를 빨아내는 수도 있다. 또는 묽은 알코올 용액으로 씻는 수도 있다.

다음 소금을 뿌려 놓은 돗자리 위에 고르게 널고 그 위에 다시 소금을 뿌려 흔들면서 잘 섞는다. 이것을 다른 돗자리에 옮겨 경사를 지워 유출되는 액즙을 분리시킨다. 소금사용량은 물기를 뺀 원료의 20~30%이며, 탈수시간은 10~40시간 정도이다. 이렇게 한 것을 용기에 재어서 익힌다.

성게젓 제품에는 염장하여 그대로 익힌 날성게젓(pulpy fermented seaurchin, doro-uni)과 이것을 짓이겨서 반죽모양으로 한 이긴성게젓(pasty fermented seaurchin, neri-uni)이 있다. 이긴 성게젓은 원료를 염장 후 1주일 후에 들어 내어 방부제, 알코올 또는 소주 등을 적당량 첨가하여 이긴 다음 포장용기에 담는다. 이길 때 조미료나 착색료를 첨가하는 수가 많다.

### (6) 해삼창자젓(salted-fermented sea-cucunmber viscere, konowata)

원료가 되는 해삼창자는 한 가닥으로 길게 연속되어 있는 것이 좋으므로 해삼에서 뽑아낼 때 도중에서 끊어지지 않도록 주의하여야 한다. 뽑아낸 창자는 3% 정도의 소금물 중에서 세척하면서 창자내의 모래나 흙을 잘 제거한다.

다음 바구니에 담아서 물기를 뺀 후, 20~30%의 소금을 뿌려 용기에 담는다. 겨울철에는 약 1주일이면 숙성이 된다. 이 이상이 되면 창자의 모양이 붕괴되고 암흙색으로 되나 보존에는 지장이 없다. 그외 가다랑어 내장젓은 위·장·유문수(幽門垂) 등을 적당한 크기로 잘라 20~30% 소금을 가하며 잘 교반한 다음 정치하여 2개월 정도 되면 숙성된다.

### (7) 명란젓(salted alaska pollack roe)

명란젓은 명태의 알을 원료로 하여 만든 제품으로 이는 고급 기호식품으로 취급되고 있다. 근래에 와서는 일본에서도 인기가 높아 우리나라산 명란젓의 상당량이 일본으로 수출되고 있다. 명란젓의 제조과정은 대체로 단조로운 편이나 그 담그는 기술에 따라 풍미가 달라지게 되며, 그 제조과정은 ① 원료란의 채취 ② 세척 ③ 염지 ④ 포장 등으로 구분할 수 있다.

#### 1) 채란

명태는 연승, 자망, 기선저인망 등에 의하여 어획되고 있으며 어획방법에 따라 양육시 선도에 많은 차이가 있다. 일반적으로 망어구류에서 어획된 것보다는 낚시어구(연승)에서 어획된 명태가 그 선도가 양호하며, 따라서 가공원료로 사용되는 명란도 신선한 것을 얻을 수 있다.

선도가 저하된 명태는 좋은 알을 채취할 수 없으며 또한 채란수율도 좋지 않다. 초어기산 명태나 만기산의 명태알은 채란수율이 좋지 못하며, 적기에 어획된 명태가 가장 수율도 좋고 원료로서의 가치가 크다.

명란의 질은 난막이 얇고 광택이 있고 투명하며 또한 형태도 정정한 것이 좋으며, 선도가 저하되었거나, 초기산이나 만기산의 원료는 광택이 없고 난막의 강력이 없으며 불투명한 것이 많다.

정상 명태의 채란수율은 보통 어체 중량의 10~16% 정도가 되고 있다. 채란시 할복작업 때 난의 막이 터진다든가 손상이 가지 않도록 주의해야 한다. 파열이나 손상품은 제품을 만들 때 난립의 유출이나 세균침입의 우려가 있어 좋지 못하다. 채란작업이 완료되면 성숙정도, 난의 크기, 파열여부 등을 구분 선별하여 세척한다.

### 2) 세척

채란된 원료는 바구니 등에 담아 점질물, 혈액, 기생충, 기름기, 내장의 오물 등을 잘 씻어내야 한다. 세척용수는 위생적이어야 하며 깨끗한 바닷물 또는 수돗물을 사용해야 한다. 세척이 불충분하면 저장시 악변하는 원인이 되며 염지중 첨가물의 삼투나 탈수 등을 저해하게 되며 균일한 양질의 제품이 되기 어렵다. 세척시 주의할 것은 난막이 손상되지 않도록 하고 불순물을 잘 제거하는 일이다. 잘 세척된 얄은 발에다 정성드려 배열하여 통풍이 잘되고 서늘한 곳에 적당히 옮겨 놓고 탈수를 시킨다. 이때 직사일광은 피해야만 하며 또한 파리 등 곤충의 침입을 막아주어야 한다. 탈수가 완전히 되면 염지한다. 이때 탈수가 불충분하면 불량품이 발생하게 됨을 주의해야 한다.

### 3) 염지

염지용 소금은 제품의 질을 좌우하는 요소가 되므로 양질의 것을 사용해야 한다. 불량소금을 쓰게되면 제품의 맛과 색택이 나빠진다. 염지는 가급적 단시간 내에 염분이 명란내부로 고르게 침투되도록 하는 것이 좋으며 침투가 균일하지 못하거나 침투속도가 너무 완만하면 변질될 우려가 있다. 또 용기로는 대형 목통, 플라스틱 용기 등을 사용하는 것이 좋으며 철제용기는 산화되기 쉬우므로 사용치 않는 것이 좋다.

염지할 때에는 직사일광은 피해야 한다. 염지방법은 원료란에 소금을 가하여 여기서 스며 나온 수분에 의하여 소금이 녹아 포화식염수를 만들고 소금은 란막의 내부로 삼투작용에 의하여 스며들어 염장 효과를 나타내게 하는 소위 마른간법(dry salting)을 쓰고 있다.

이 방법은 소금의 사용량에 비하여 탈수효과가 좋고 단시간 내에 많은 양의 소금이 난막 내부로 침투하게 되는 장점이 있다. 소금의 사용량은 원료의 상태(성숙도, 선도 등)에 따라 다소 다르나 대체로 원료중량이 10~25% 정도가 된다. 성숙이 잘된 것은 12~15%, 미숙란, 과숙란 또는 선도 저하품은 그 양을 증가시켜 15~25%로 하는 것이 보통이다(원료 20kg에 대하여 2.5~3.0ℓ 또는 3.0~5.0ℓ 사용). 착색제는 식용색소를 반드시 사용해야 되며 소금 3ℓ에 대해 1.5g 정도로 하는 색깔은 복숭아색 등 자연에 가까운 연한 것을 선택하도록 하는 것이 제품의 품위를 높이는 효과가 있다. 염지후 7~8일이 지난 다음 이를 건져서 깨끗이 세척하여 형태가 손상되지 않도록 다시 발에 널어 충분히 탈수시킨 다음 포장한다.

### 4) 포장

염적했던 명란을 건져서 세척 탈수한 다음 적당한 용기에 넣어 포장한다. 포장시는 용기와 포장재는 미리 소정의 규격에 맞는 것을 선택해야 하며 장기 보존을 위해 저온보관하는 것이 좋다.

## (8) 저염조미 젓갈

전통적인 젓갈은 생선에 다량의 소금을 첨가하여 장기 발효·숙성시켜 독특한 맛을 가지게 한 제품이다. 국내에서 생산되는 젓갈류는 어패류에 소금을 첨가하여 염장하여 부패균의 증식을 억제하고 생선 자체 속에 존재하는 자가소화 효소 또는 미생물에 의해 생선의 육질을 분해시킨 우리 나라 전통의 발효 식품이다.

젓갈은 제조 공정이 단순하고 독특한 감칠맛을 가지고 있어 옛부터 오늘날에 이르기까지 밥반찬이나 김치의 조미 소재로 많이 이용되어 왔다. 최근에는 염도가 지나치게 높아 전통적인 젓갈류보다 여러 가지 조미료와 혼합한 저염의 조미 젓갈제품이 많이 생산되고 있다.

### 1) 조미 젓갈의 제조 공정

조미 젓갈의 제조 공정은 다음의 그림 8-10과 같다.

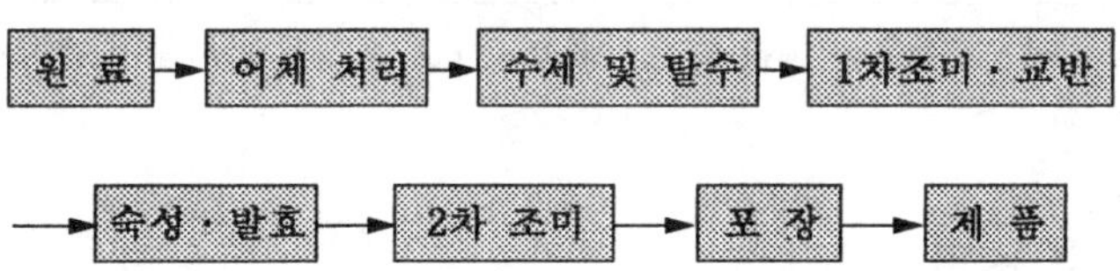


그림 8-10 조미 젓갈의 제조 공정도

### 2) 조미 젓갈의 원부재료 배합비

국내에서 주로 생산되는 조미 젓갈은 명란젓, 오징어젓 및 창란젓이 비교적 많다. 이러한 조미 젓갈류의 원부재료 배합비는 다음의 표 8-11, 8-12 및 8-13과 같다.

**표 8-11 명란 조미젓 제품의 원부재료 배합비**

| 1차 조미 배합비 | 2차 조미 배합비 |
|---|---|
| 명란 100<br>소금 9~10<br>글루탐산 나트륨 1.0 | 조미 명란 반제품 100<br>고추분3.0<br>마늘2.0~3.0<br>솔비톨1.5~2.0<br>설탕 1.0<br>글루탐산 나트륨 1.0<br>기타 0.3 |

**표 8-12 오징어 조미젓 제품의 원부재료 배합비**

| 1차 조미 배합비 | 2차 조미 배합비 |
|---|---|
| 오징어 100<br>소금 9~10<br>글루탐산 나트륨 1.0<br>솔비톨 2.5 | 숙성 반제품 100<br>고추분 4.5<br>마늘 3.5<br>솔비톨 2.5<br>설탕 2.0<br>글루탐산 나트륨 1.5<br>기타 |

**표 8-13 창란 조미젓 제품의 원부재료 배합비**

| 1차 조미 배합비 | 2차 조미 배합비 |
|---|---|
| 창란 100<br>소금 10<br>글루탐산 나트륨 1.5 | 숙성 창란 100<br>고추분 5.0<br>마늘 2.0<br>솔비톨 3.0<br>글루탐산 나트륨 1.5<br>기타 1.5 |

주 : 표 8-11~13의 배합비율은 제품 종류와 품질에 따라 차이가 있음.

### 3) 조미 젓갈의 제조 방법

#### ① 명란 젓갈

㉠ 해동

명태의 알을 수집하기 위해 냉동된 원료를 상온에서 14~15시간 해동시킨다. 해동된 원료를 크기별로 선별하여 채란(알을 채취하는 것)을 용이하게 한다.

### ㉡ 채란

원료를 채란기의 컨베이어 벨트 위에 올려 놓는다. 즉 이동식 컨베이어가 작동되면 머리 제거기(head cutter)에 투입된다. 제거된 머리부분은 기기 밖으로 분리되어 나가고 드럼형의 압착기에 의해 명란과 내장이 밀려나온다.

명란과 내장을 수작업으로 분리하여 명란만을 분리하여 채취한다.

### ㉢ 수세 및 탈수

명란을 3%의 소금물에 가볍게 수세하여 난막에 붙어있는 이물질 및 혈액을 깨끗이 제거한다. 수세 후 다공성의 플라스틱 상자에 담아 자연 탈수시킨다.

### ㉣ 1차 조미 및 교반

수세 및 탈수한 명란은 무게를 재어 계량하고 식염, 솔비톨, 조미료를 넣고 난막이 터지지 않도록 조심스럽게 교반한다.

### ㉤ 숙성

1차 조미가 끝난 제품은 숙성 탱크에 조심스럽게 담은 후 -2~0℃의 숙성실에서 약 7일간 숙성한다.

### ㉥ 세척 및 정형

숙성 후 명란에 부착된 이물질과 과량의 식염을 제거하기 위해 다시 한 번 가볍게 세척한다. 세척 후 수분을 제거하고 탈수가 끝난 명란은 흑막, 혈관 등 기타의 이물질을 손으로 제거한다.

### ㉦ 2차 조미

고춧가루, 조미료 등을 미리 평량하여 놓고 정형이 끝나면 고춧가루, 조미료 등을 넣어 2차 조미료를 실시한다. 이때 난막이 터지지 않도록 조심스럽게 작업을 실시한다. 조미 배합을 할 때는 소량으로(약 1~2kg 정도) 실시한다.

### ㉧ 포장

사각형의 소형 스티로폴 상자 또는 나무 상자에 미리 비닐을 깔아 놓고 조미가 끝난 제품을 조심스럽게 스티로폴 상자 또는 나무상자에 좌우로 대칭되게 가지런히 정리하여 놓는다. 일정량이 되면 비닐 포장지로 위 부분을 덮고 뚜껑을 닫아 밀봉한다.

### ㉨ 저장 및 유통

포장이 종료된 제품은 5℃ 이하의 냉장고에 보관한다. 특히 조미 명란젓 염도가 낮아

유통중의 품질 변화가 쉽게 일어나므로 유통중의 온도도 반드시 5℃ 이하로 유지하는 것이 좋다.

② 오징어 젓갈

㉠ 원료의 해동

냉동된 오징어를 상온에서 약 10시간 정도 해동한다.

㉡ 외피 및 연골 제거

해동된 오징어의 복부를 절개하고 다리와 내장 등 불가식부분을 제외한다. 껍질에 붙어있는 색소층을 탈피키로 제거한다. 복부 중앙에 있는 연골을 손으로 제거한다.

㉢ 세척

오징어 외부에 묻어있는 이물질을 세척기로 깨끗이 세척한다.

㉣ 세절

세척된 오징어는 세절기로 크기 5~10mm 크기로 절단한다. 이때에 다시 한번 오징어 외부에 있는 점질물, 외피 등 이물질을 철저히 제거한다.

㉤ 가염 및 탈수

일정한 양의 소금과 세절된 오징어육을 교반기로 혼합한다. 소금의 첨가에 의해 과잉의 수분이 제거되고 맛을 부여하는 효과가 있다. 분리된 수분 및 소금에 녹아 나오는 유백색의 염용성 단백질을 제거한다.

㉥ 1차 조미

조미료(M.S.G)를 첨가하여 혼합기로 혼합한다. 혼합 후 플라스틱통 등의 발효탱크에 담아 숙성실로 옮긴다.

㉦ 숙성

-2~0℃에서 30일간 자가 효소에 의한 발효를 실시하여 숙성시키면서 숙성중 아랫부분에서 가스가 발생하기 때문에 숙성 초기에 교반하여 가스를 제거한다.

㉧ 2차 조미

숙성이 끝난 제품은 고춧가루, 마늘 등 관계 자료 표 8-12에 나타난 배합비에 따라 골고루 혼합되게 조미한다.

㉨ 충전 및 포장

조미가 끝난 오징어는 자동충전기로 충전한다. 오징어 조미 젓갈 제품의 포장 용기는 주로 병으로 포장하며 포장 후에는 5℃ 이하의 냉장고에 보관한다.

### ③ 창란 젓갈

#### ㉠ 원료 처리

명태의 복부를 절개하여 내장을 끄집어 내어 소금물에 가볍게 수세한다. 수세 후 동결하거나 원료 중량의 15~25%의 식염과 혼합하여 가공 공장으로 운반한다.

#### ㉡ 선별

운반된 원료를 작업대 위에 펼쳐 놓고 창자 내의 이물질, 기생충 및 불가식부위를 제거한다.

#### ㉢ 수세

선별된 내장과 내장 속의 점질물을 3%의 소금물로 깨끗이 씻는다.

#### ㉣ 절단

수세된 내장을 절단기에 넣고 2cm 내외의 크기로 절단하고 과잉의 수분을 가압하여 제거한다.

#### ㉤ 1차 조미

혼합기에 절단된 내장을 넣은 후 1차 조미배합 사양에 의해 소금 등을 첨가하여 혼합한 다음 숙성통에 담는다.

#### ㉥ 발효·숙성

숙성실로 옮겨 -2~0℃에서 15일간 숙성한다.

#### ㉦ 2차 조미

숙성이 끝나면 고춧가루와 기타 첨가물을 넣고 혼합기에서 균일하게 혼합한다.

#### ㉧ 포장 및 저장

2차 조미가 끝난 제품은 단위 중량별로 자동 충전기로 계량하여 포장하고 5℃에서 저장하면서 유통시킨다.

## 4. 액젓 / 어간장(fermented fish sauce/soy)

소형의 어패류나 또는 내장을 염장하여 숙성시켜 만든 간장이나 우리 나라, 일본을 비롯한 동양제국에서는 여러 가지 어패류로부터 독특한 어간장이 만들어지고 있다. 라오스, 캄보디아, 베트남 등지에서 만들어지는 nouc-man, 필리핀의 patis, 구미의 anchovy sauce 등은 유명하다.

우리 나라에서는 어간장을 별도로 제조하는 곳도 일부 있으나, 보통 가정적으로는 젓을 담아 숙성시킨 다음 젓국을 떠서 어간장으로 이용하는 수가 많다. 멸치간장(멸장)의 예를 들면 젓을 담아 6~7개월간 숙성시키면, 멸치가 삭아 말간 국물이 고이는데 이것이 생젓국이다. 이 생젓국을 뜨고 나머지는 솥에 붓고 소금, 간장 찌꺼기, 물 등을 적당량 가하여 달인 다음 베보에 걸러서 맑게 한다. 이러한 멸치간장은 맛이 진하여 남해안지방에서는 으뜸가는 조미료로 쓰인다. 액젓이란 일반적으로 어패류에 소금을 첨가하여 발효시킨 후 분리한 액상의 조미료이다. 쌀을 주식으로 하는 우리 나라, 중국, 일본을 비롯한 동남 아시아에서 여러 가지의 어패류로부터 독특한 액젓이 만들어지고 있다. 액젓의 제법은 일반 젓갈류의 제조 공정과 동일하나 젓갈의 경우 숙성기간이 6개월 내외인 반면, 액젓의 경우는 젓갈의 숙성 기간 보다 훨씬 더 길다. 한편 식염수가 첨가되어 가공되기도 한다. 최근에는 액젓을 기업적인 규모로 생산하는 곳이 많아지면서 소비량이 급증하고 있고, 김치를 제조할 때 뿐만 아니라 조리 식품의 조미 소재로 사용되는 등 그 용도도 다양화되고 있다.

### (1) 액젓의 일반 제조공정

#### 1) 멸치 및 까나리 액젓의 제조공정

멸치 및 까나리 액젓의 일반적인 제조 공정은 그림 8-11과 같다.

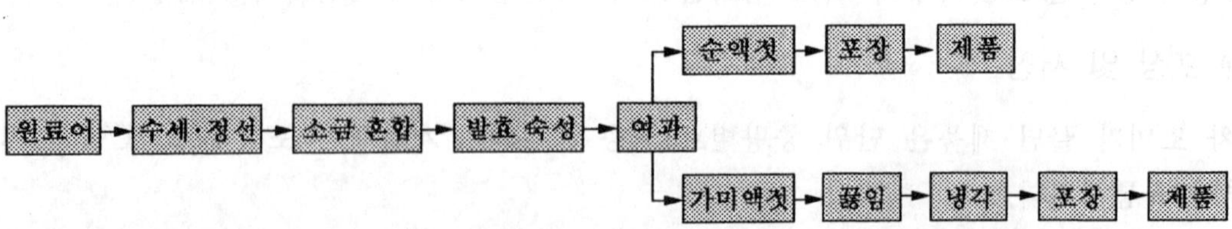


그림 8-11 멸치 및 까나리 액젓의 제조 공정도

### 2) 새우 액젓의 제조

새우 액젓의 제조 공정은 그림 8-12와 같다.

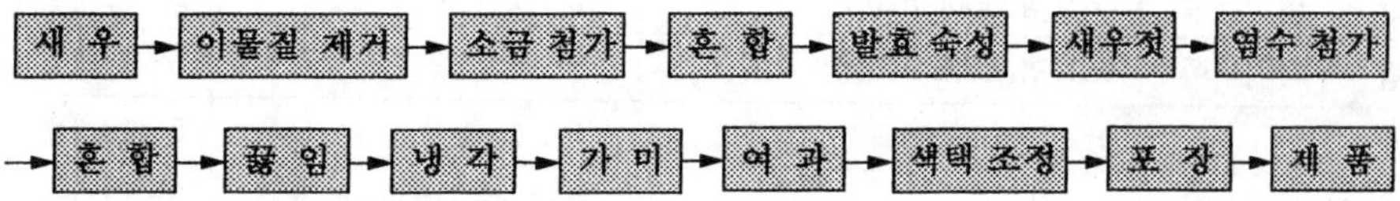


**그림 8-12 새우 액젓의 제조 공정도**

## (2) 액젓의 품질의 규격 기준

액젓의 품질 규격 기준은 표 8-14와 같다.

**표 8-14 멸치 및 새우 액젓의 품질 규격 기준**

| 제품명 | 항목 | 합격 기준 |
|---|---|---|
| 멸치 액젓 | 색택 | 고유의 갈색을 띠고 청등한 것 |
| | 향미 | 고유의 향미를 가지고 다른 맛, 다른 냄새가 없을 것 |
| | 협잡물 | 없을 것 |
| | 염분 | 원액은 23% 이하인 것 |
| | 수분 | 원액은 68% 이하인 것 |
| | 총질소 | 원액은 1% 이상인 것 |
| | 첨가물 | 식품 위생법에 규정된 기준과 규격에 적합한 것 |
| 새우 액젓 | 품질 규격 기준은 멸치 액젓과 동일하나, 염분이 27% 이하인 것 | |

## (3) 세계적으로 만들어지는 액젓의 종류

표 8-15는 우리 나라를 비롯한 세계 각국의 액젓의 종류별 제품명과 원료와 소금의 비율 및 숙성 조건을 나타낸 것이다.

표 8-15 세계 각국의 액젓의 종류별 제품과 숙성조건

| 국 명 | 제 품 명 | 원료:소금 비율 | 숙성 기간 |
|---|---|---|---|
| 일 본 | 숏쯔루(shottsuru) | 5 : 1 | 3~6개월 |
| 크 메 르 | 노욕맘(nouc-mam) | 3 : 1~ 3 : 2 | 3~12개월 |
| 캄 푸 치 아 | 노욕맘(nouc-mam) | 5 : 1 | 5~12개월 |
| 태 국 | 남프라(nam-pla) | 5 : 1~1 : 1 | 5~12개월 |
| 말 레 이 시 아 | 부두(budu) | 5:1~3:1(sugar 첨가) | 3~12개월 |
| 버 마 | 나가피(ngapi) | 5:1 | 3~5개월 |
| 필 리 핀 | 패티스(patis) | 3:1 | 3~12개월 |
| 인 도 네 시 아 | 케챱이간(ketjap-ikan) | 6:1 | 6개월 |
| 인도, 파키스탄 | 콜롬보큐어(colombo-cure) | 6 : 1 | 12개월 |
| 그 리 스 | 가로스(garos) | 9 : 1 | 8일 |
| 프 랑 스 | 피살라(pissala) | 4 : 1 | 2~8주 |
| 칠 레 | 안쵸비소스(anchovy sauce) | 2 : 1 | 6~7개월 |

주 : 우리 나라는 원료와 소금비율이 약 4:1 정도이며 숙성 기간은 6개월에서 1년 정도 소요됨

## (4) 가공 방법

### 1) 멸치 및 까나리 액젓

#### ① 원료어

액젓의 원료는 선도가 좋고 살이 충실한 것이라야 한다.

#### ② 수세 및 이물질 제거

원료어의 3~5배 정도의 3%의 소금물을 통에 담아 원료어를 가볍게 수세한다. 수세 후 상자에 담아 물기를 뺀다. 어체 표면에 있는 물기가 흐르지 않을 정도로 탈수한다.

#### ③ 소금 혼합

탈수된 원료육의 중량의 20~25%의 양질의 재제염을 준비한다. 혼합기에 원료어와 소금을 넣고 골고루 혼합하고 혼합 후 윗부분에 소금을 다시 뿌려 원료어가 바깥 공기에 노출되지 않도록 한다.

#### ④ 발효 · 숙성

소금 혼합 후 밀봉하여 그늘지고 시원한 곳에서 숙성시킨다. 숙성 기간은 기온과 소금량에 따라 다르나 대개 1년 정도 소용되며 숙성 온도는 15℃ 내외의 음지에서 한다. 단

숙성이 불충분하면 비린내가 난다.

숙성 5~6개월 후면 생젓국이 뜬다. 즉 멸치나 까나리가 삭으면 웃물이 고인다. 이것을 생젓국 즉 액젓이라고 한다. 웃물에는 표면에 기름이 산화되어 쓴맛, 떫은맛의 원인 물질이 되고 뒷맛을 나쁘게 한다. 숙성된 것은 여과포로 여과하여 저장한다.

⑤ 여과

숙성 후 생선된 젓국물을 이송 펌프로 저장 탱크에 옮겨 맑은 액젓만을 분리하기 위하여 여과한다. 여과 후 남은 잔사는 다시 숙성 탱크에 넣거나 끓여서 가미 액젓을 만든다.

⑥ 충전

여과된 순수 액젓을 병 또는 PET병에 자동 충전기를 이용하여 충전한다. 충전된 것은 곧바로 뚜껑을 자동으로 연속적으로 밀봉한다.

⑦ 이물질 혼입 조사

PET병에 충전 제품 속에 이물질이 있는지를 검축기 장치를 이용하여 검색하고 투명하지 못한 것은 제외시킨다.

⑧ 포장

이물질 혼입이 끝나면 PET병 외부에 필름 포장한다.

2) 새우 액젓의 제조

① 원료어

신선한 원료를 크기별로 분류하고 선도가 좋고 살이 충실해야 한다. 어획되어 액젓을 담그는 시기에 따라 동백하젓, 오젓, 육젓, 추젓 등으로 분류한다.

② 이물질 제거

어패류보다 부패가 용이하므로 선도가 불량하거나 이물질이 혼합된 것은 제거한다.

③ 소금 혼합

원료 중량에 30~40% 양질의 재제염을 준비한다. 소금량이 부족하고 새우의 선도가 좋지 못할 경우 검게 변하는 원인이 된다.

혼합기에 새우와 소금을 넣고 골고루 혼합한다. 새우젓을 담글 때 일반 젓갈보다 소금의 양이 많이 소요된다. 이는 어류보다 부패하기 쉽고, 껍질이 있어 소금이 육질로 배어드는 것이 느리고 내장에는 강력한 효소가 있어 변질이 되기 쉽기 때문이다.

④ 발효 · 숙성

소금을 혼합한 후 숙성통에 담는다. 숙성통은 주로 비닐로 내포장된 철제 드럼통을 사용한다. 숙성통에 담은 후 윗부분에 소금을 뿌려 원료가 바깥 공기에 노출되지 않도록 한다. 두껑을 밀봉하고 숙성실에서 숙성한다. 숙성 조건은 멸치 액젓과 비슷하며 숙성이 되면 유백색의 액즙이 생긴다.

⑤ 염수 첨가

액젓의 원료가 되는 새우젓을 숙성통에서 꺼내어 새우젓과 염수를 1 : 1로 골고루 섞어 가열통에 담는다.

⑥ 끓임

새우젓과 염수 혼합물을 가열한다. 가열 온도는 100℃, 가열 시간은 90분 정도 끓인다.

⑦ 냉각 및 가미

끓인 후 30℃ 정도로 냉각시키고 글루탐산나트륨(M.S.G)를 소량 넣어 가미한다.

⑧ 여과

여과 장치를 통해 맑은 액즙을 분리하고 잔사는 버린다.

⑨ 포장

여과된 액즙을 저장 탱크에 옮기고 자동 충전기에서 병 또는 PET병에 담아 포장한다.

## V. 염장품의 품질 관리

### 1. 염장중의 물리적 변화

#### (1) 염지육의 수분함량의 변화

식품을 염장하면 식품 중의 소금농도는 일방적으로 증가하나 식품 중의 수분함량은 반드시 일방적으로 감소하는 것은 아니고 염장조건에 따라 감소도 하고 증가도 한다. 그 원인은 육단백질과 소금 사이에 일어나는 여러 가지 반응 때문이다.

마른간의 경우는 식품 중의 수분은 일방적으로 감소하여 소금사용량이 많을수록 탈수량도 많다. 소금을 충분히 사용하여 장기간 마른간을 하면 자유수의 대부분이 탈수되어 수분함량이 30~40% 정도의 제품을 얻을 수 있다.

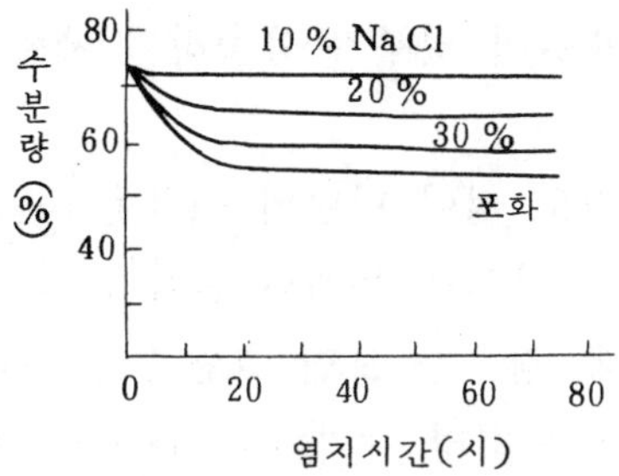


그림 8-13 물간에 있어서 정어리육의 수분량의 변화(염장육 기준)

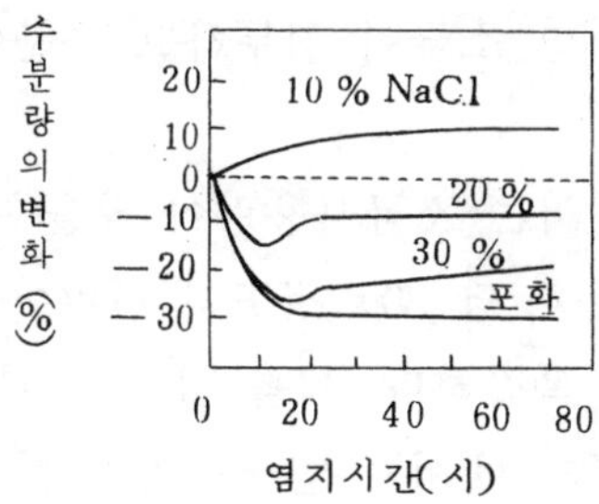


그림 8-14 물간에 있어서 정어리육의 수분량의 변화(원료육 기준)

그러나 일반적인 마른간에 있어서는 제품의 수분함량은 보통 55~60% 정도이다. 물간에 있어서는 소금물의 농도, 온도에 따라 수분함량의 변화가 달라진다. 정어리를 20℃에서 여러 가지 농도의 소금물에 염장하여, 염장육의 수분량을 측정한 결과는 그림 8-13과 같다. 즉 10% 이상의 소금물에 있어서는 농도가 높을수록 탈수도 빠르고 탈수량도 많다.

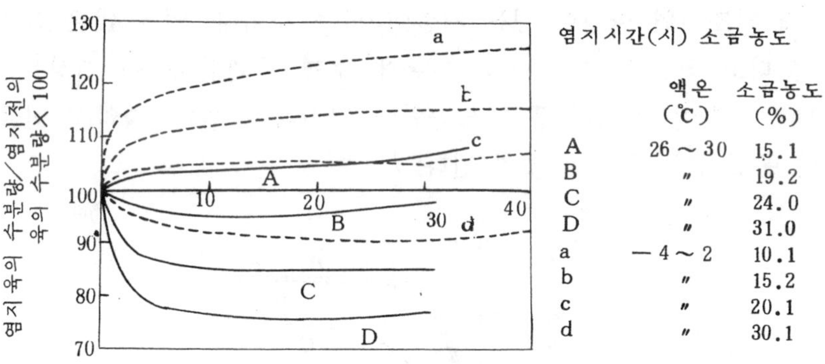


그림 8-15 물간에 있어서 황새치육의 수분량의 변화

그러나 이 결과를 소금을 함유하지 않는 원료육에 대한 수분량으로 환산하여 표시하면 그림 8-14와 같다. 즉 10% 농도의 소금물에 있어서는 수분량은 오히려 시간이 경과하는데 따라서 증가하고 있다. 20%, 30% 농도의 경우는 염장 초기에는 수분이 급격히 감소하였다가 그후 약간 증가하여 평형에 도달하며, 포화식염수에 있어서는 처음부터 일방적으로 감소한 후 평형에 도달한다.

한편 염장온도의 영향을 보면 온도가 낮을수록 탈수량은 감소한다. -3℃ 정도의 저온에 있어서는 20% 정도의 소금물에 염장을 하더라도 염장전보다 오히려 수분량이 많아지는 수가 있다. 예를 들면 황새치육을 염장한 결과를 보면 그림 8-15와 같다.

### (2) 염장육의 무게의 변화

식품을 염장하면 소금이 침투하고 수분이 증감하며, 육질의 일부가 용출하여 제품의 무게가 변화한다.

마른간에 있어서는 소금사용량이 많을수록 무게의 감소도 많아 다량의 소금을 사용하는 경우는 원료육 100g당 30g 정도의 감량이 있다. 물간에 있어서는 무게의 변화가 염장조건에 따라 상당히 복잡하다. 예를 들어 청어를 물간을 했을 경우를 보면 그림 8-16과 같다. 즉 9% 이하의 농도에서는 염장육의 무게는 염장 전보다 오히려 증가하고, 18~25%에 있어서는 염장 초기에는 급격히 감소하였다가 그 후 다시 증가하는 경향을 보이고 있다. 이러한 무게의 변화모양은 앞에서 말한 수분함량의 변화모양과 비슷하다.

### (3) 염장육의 탄성의 변화

염건품을 만들면 그 육조직이 단단해지고 탄성이 있는 제품이 되는 수가 많다. 예를 들면 우리가 즐겨먹는 굴비의 독특한 풍미는 단순히 그 맛에만 있는 것이 아니고, 단단하고 탄성이 있는 육질의 촉감에도 영향을 받는 것이다.

어육을 염장하면 침투한 소금에 단백질에 용해하여 sol을 만들고 이것이 엉겨 앉게 되고 엉겨 앉은채 건조되면 탄성이 있는 제품이 되는 것이다. 엉겨 앉은 육의 조직은 망상구조를 하고 있다고 하는데, 이 구조는 고온에 두면 붕괴한다. 이 현상을 되풀림(returning)이라고 한다. 고등어, 정어리 등은 되풀림이 일어나기 쉽다. 따라서 이들 염건품을 여름철에 만들면 품질이 좋지 못한 것이 된다.

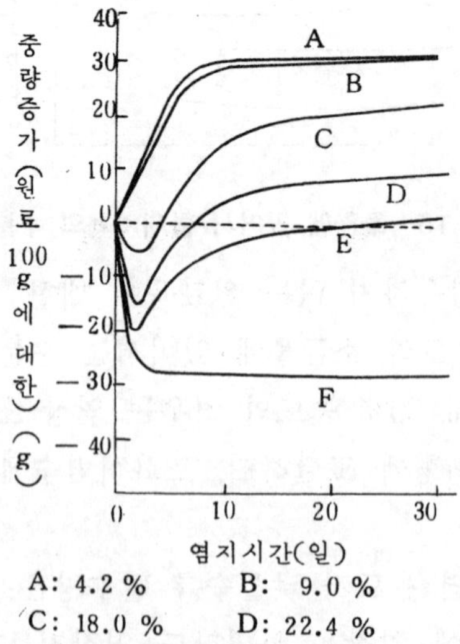


그림 8-16 청어를 물간했을 때의 무게의 변화

## 2. 염장중의 생물, 화학적 변화

### (1) 염장어의 적변(赤變)

여름철에 염장어는 종종 적변하는 수가 있다. 이것은 염장어에 부착한 미생물이 생산하는 적색색소 때문이다. 이들 미생물은 대개가 고농도의 식염배지에서도 잘 발육하는 식염세균으로 간균상의 것이 많으나 구균상의 것도 있다.

변색의 방지에는 정균제(예를 들면 sorbic acid, CTC 등)를 첨가한 소금을 사용하면 유효하다고 한다. 또 어선의 선창, 원료의 운반용기, 공장의 처리기구 등을 충분히 소독할 필요가 있으며, 식염세균은 담수에 대한 저항력이 약하므로 담수로 충분히 세척하는 것만으로도 상당한 효과가 있다.

### (2) 단백질의 변성

어육을 염장하면 단백질이 변성되어, 염장한 것을 물에 넣어 탈염(脫鹽)을 하여도 원래의 육과 같이 되지 않을 때가 많다. 염장에 의한 단백질의 변성도 냉동에 있어서와 같이 주로 myosin 구단백질이 변성하여 불용화하고, 비 myosin 구단백질은 변성하지 않는다.

대구육을 염장하였을 때의 단백질의 변성을 조사한 것을 보면 그림 8-17과 같다. 즉 actomysin의 변성을 육중의 수분이 감소하고 소금농도가 증가하면서부터 일어나기 시작한다.

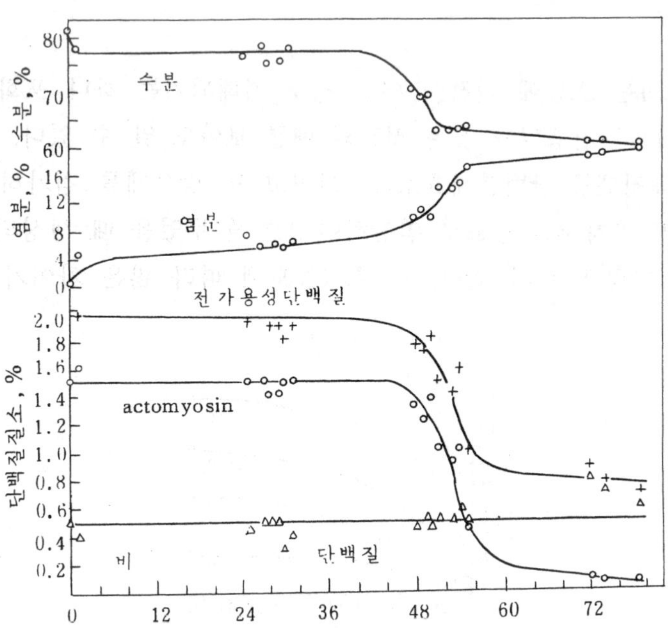


그림 8-17 대구육 염장중의 단백질의 변성

염장에 의한 변성은 actomyosin이 고농도의 무기염에 의하여 염석(鹽析, salting-out)됨으로 일어난다고 한다. Actomysin은 0.8~1.5M 정도의 소금농도에서 actin과 myosin 으로 해리하고, myosin이 다시 응집(凝集) 또는 unfolding에 의하여 변성하므로 소금농도에 따라 변성기구가 상당히 복잡해 진다.

청어육을 0℃에서 여러 가지 소금농도로 염장하여 조사한 것에 의하면 5% 농도의 경우도 3일간에 myosin 구단백질의 약 70%가 불용성으로 되었으며, 소금물의 농도에 따른 불용화의 정도에는 별로 차이를 볼 수 없었다고 한다.

**표 8-16 식염 농도와 근육단백질의 용해성**

| 단백질종류 | 용해성 | | 침전성 | |
|---|---|---|---|---|
| | 물 | 10% NaCl 용액 | 포화 NaCl 용액 | 결정 NaCl |
| actomyosin | - | + | 일부 침전함 | 포화로 침전함 |
| myogen | + | + | 침전않음 | 포화로 일부침전함 |
| globulinX | - | + | 일부 침전함 | 포화로 침전함 |
| myoalbumin | + | + | 침전않음 | 침전않음 |

+ ; 가용, - ; 불용

이와 같이 실험결과에 따라 상당한 차이가 있는 것은 염장방법, 원료육의 종류 및 형태 등이 다르기 때문인 것이다.

### (3) 자가소화

염장육의 자가소화는 소금에 의하여 어느 정도 저해되기는 하나 포화에 가까운 소금농도에서도 완만하게나마 진행되는 것은 젓갈의 예를 보아도 알 수 있다.

청어육에 청어 내장액즙(단백분해효소)을 가하고 또 방부제를 첨가하여 미생물의 작용을 배제하면서 여러 가지 소금농도로 염장하여 30℃에 두었을 때 생성되는 가용성 질소량을 측정한 결과는 그림 8-18과 같다. 즉 소금농도에 따라 많은 차이가 있는 것을 알 수 있다.

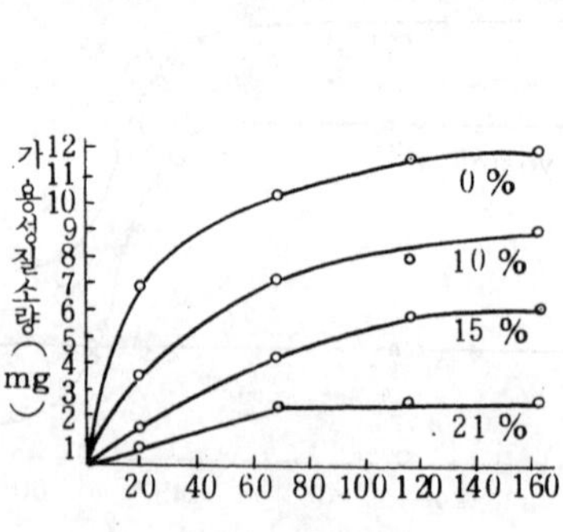


**그림 8-18 소금농도와 청어의 자기소화와의 관계**

## 3. 염장품의 저장

염장품은 실온에서도 꽤 오래 저장할 수 있지만 일정기간이 지나면 차츰 품질이 저하되고 미생물이 번식하기 시작하여 각종 변패가 일어난다.

이러한 변패를 억제하고 좀더 안정하게 저장하기 위해서는 냉장하는 것이 좋다. 특히 염장품 저장중의 적변(赤變)을 방지하기 위해서는 그 원인이 되는 적변균을 살균해야 한다. 우선 사용되는 용기를 염소(chlorine) 기타 살균제로 충분히 살균하는 것이 필요하나 실제에 있어서는 용기를 깨끗한 물로 충분히 씻고 뜨거운 물로 소독한 후 2~3일간 건조시켜 사용한다. 또 바닷물에서 묻어온 적변균을 제거하기 위해서는 소금에 절이기에 앞서 어체를 맑은 물로 씻어야 한다. 적변균의 색소는 다량의 물이 존재하는 곳에서는 잘 보이지 않으므로 일단 물로 씻은 고기는 하룻밤 방치하여 물기를 뺀 후 소금을 섞어 저장한다. 저장할 때는 습도는 75% 이하로 하고 온도는 적변균의 발육적온이 37℃이므로 그 이하에서 되도록 저온에서 저장하는 것이 좋다. 또 젓갈류는 여름철 더운 때에는 이상발효(異常醱酵)를 일으켜 육질이 연화되고 향미가 악변되며 병조림의 경우는 흔히 밖으로 분출되어 나오는 수도 있다. 이러한 이상 발효를 예방하는 방법으로 종래 알코올 첨가 및 냉장법이 행해지고 있는데 소금 30% 또는 알코올 12.5%를 첨가하거나 60℃에서 5분간 가열하여 발효를 억제시키는 방법 등이 사용되고 있다.

# 9장 수산 연제품

어육을 소금과 함께 잘 갈아서 조미료와 보강(補强)재료를 넣고 증자, 배소, 그 외의 방법으로 어육을 가열, 응고시킨 것을 연제품(煉製品, Fish meat paste products)이라 한다.

연제품은 맛이 좋고 영양가 높으며 또 원료 어종 및 크기에 관계하지 않을 뿐만 아니라 다소 선도가 떨어진 것도 적당히 배합하여 재생, 이용할 수 있는 것이다. 이 제품은 일본에서 창안된 일본의 독특한 가공식품으로 1500년부터 제조한 것으로, 1496년에 발간된 절용집(節用集)에 기록이 있다는 것을 보면 옛날부터 만들어져 왔다는 것을 짐작할 수 있다. 제법의 요점은 예나 지금이나 변함이 없다. 옛날에는 어육에 소금을 첨가하고, 고기갈이하여 만든 고기풀을 대나무 막대에 붙여 구워서 만들었지만, 그후 가공 방법을 개량하여 오늘날과 같은 여러 종류의 연제품을 만들게 되었다.

연제품의 특징은 식미(食味)·외관 등으로 보아 신선어로 이용 가치가 적은 것 또는 다른 가공식품의 원료로 이용할 수 없는 것을 연제품 원료로 이용할 수 있다는 것과 조미료, 비타민, 무기질 등을 자유롭게 혼합하여 품질을 개량할 수 있다는 것 등이다.

한편 연제품은 저장을 주목적으로 만든 것이 아니기 때문에 저장성이 좋지 못한 것이 결점이지만, 최근에는 차차 개선되어지고 있다. 그리고 냉동고기풀(frozen fish meat paste)의 가공 기술이 개발되어 연제품의 원료로 이용됨으로써 외국에서는 연제품 가공업이 더욱 활기를 띠게 되었다. 어육연제품은 선상연육의 이용으로 전반적으로 품질이 고급화되고 있으며 소비자의 기호에 맞추어 다양한 제품이 개발되어 국민의 식생활개선에 기여하고 있으며 1997년도 13만 5천 톤을 생산하였다. 이러한 생산량은 1991년도 이후에 10만 톤 이상의 생산량을 보인 이후에 꾸준히 생산량이 유지되어 고차가공품 중에서 생산량이 가장 많은 품목이다.

표 9-1 어육 연제품 생산동향 (단위 : 톤)

| 구 분 | 1995 | 1996 | 1997 | '97/'96(%) |
|---|---|---|---|---|
| 합 계 | 107,677 | 115,808 | 135,294 | 116.8 |
| 생선묵 | 70,719 | 26,049 | 81,153 | 311.5 |
| 어육 소시지 | 20,178 | 14,571 | 16,025 | 110.0 |
| 기 타 | 16,780 | 75,188 | 38,116 | 50.7 |

현재까지 개발된 주요 기술들은 연육소재(어육커드), 레토르트 어묵 제조기술, 식물성 및 동물성 단백질원을 이용한 냉동 연육소재 대체, 식물성유지를 이용한 연육첨가소재(유화물), 전자렌지용 냉동연제품, 연제품에 대한 지용성 생리활성물질 첨가기술, 식이성다당류를 주원료로 한 연육 첨가소재 개발 등이 있다.

연제품분야에 대한 일본의 기술개발 동향은 다음과 같다.

첫째는 "연육원료의 다변화" 이다.

1970년대부터 기존의 명태자원 외에 새로 개발한 연육원료용 신어종으로는 메루루사, 호키, 임연수어, 대구, 파이팅 등 백색육 어종 및 도미 등 저서어족 자원들이다.

둘째는 "적색 다지방 어육의 연육 원료화 기술개발" 이다.

어획량은 풍부하나 연육 특성이 극히 불량한 정어리 등 적색다지방 어육의 연육 소재화를 위해 알칼리 수세, 수중 채육공정, 진공 수세공정 등이 개발되었으나 아직까지 경제성은 높지 않은 것으로 알려지고 있다.

셋째는 "연육의 기능성 개량분야" 로 연유의 특성개량(겔화특성의 항상)을 의해 개발한 기술로 TGase(Transglutaminase)의 정제활용 기술이 있다.

넷째는 "성(省)에너지 공정개발"이다. 연제품 제조공정의 성에너지화 연구들로 Extrusion에 의한 연제품 가공, Joule 가공방식 및 초고압에 의한 겔(gel)화 공정개발 등이 대표적이며 이러한 개발기술들은 부분적으로 상업화되고 있다.

# I. 수산연제품의 제조원리

## 1. 고기풀의 gel 형성 기구

연제품(fish meat paste product)은 어육을 소량의 소금과 같이 갈아서 된 고기풀을 가열하여 gel화한 제품이다. 한편 gelatin 등의 탄력있는 gel은 그것을 구성하는 쇄상고분자(鎖狀高分子)가 서로 엉기고, 또 가교결합을 형성하여 망상구조를 만들어 그 속에 수분을 포함하고 있다. 연제품도 마찬가지로 육단백분자가 망상구조를 형성하는 때문이라고 보고 있다.

그러나 한천, gelatin 등은 그 수용액을 가열하면 sol이 되고, 냉각하면 gel화하는 열가역성(熱可逆性)인데 비하여, 어육연제품의 경우는 가열하면 gel화하고 일단 gel화하면 냉각하여도 원상태로 되돌아가지 않는 열불가역성이다.

일반 어육을 가열하면 단순히 육으로부터 수분을 분리하고 경화할 뿐으로 탄력있는 gel로는 되지 않는다. 즉 어육을 미리 소금과 같이 갈아서 고기풀로 만든 다음, 가열하여야 비로소 탄력있는 gel로 된다. 이와 같이 연제품이 되기 위해서는 소금의 첨가가 필요하고 또 가열하여야 gel화하는 점이 한천이나 gelatin의 경우와 다른 점이다.

어육에 2~3%의 소금을 가하여 갈면 sol 형태의 아주 점조한 고기풀(肉糊)이 된다. 이렇게 되는 것은 소금의 첨가로 육중에 형성된 소금물에 actomyosin이 녹아서 점성이 높아지기 때문이다. 즉 actomyosin은 0.5~1 M 소금용액에 완전히 용해하는데, 어육에 3% 정도의 소금을 첨가하면 어육의 수분함량을 75%로 보아 소금농도는 0.7M 정도가 되어 actomyosin을 용출시키는데 충분한 농도가 되는 것이다. 그러므로 고기풀을 만들 때 소금을 첨가하여 고기갈이를 하는 것의 첫째 목적은 어육으로부터 actomyosin을 용출시키는데 있다. 보통 myosin 1분자 중에는 1,200개의 ⊕ 하전점과 1,400개의 ⊖ 하전점이 있다고 한다.

따라서 분자 전체로서는 ⊖ 하전점이 많아져, 소금용액에 녹은 actomyosin 분자는 엉기어 둥근 모양으로 되려는 것보다, 정전기적인 반발력에 의하여 길게 뻗고 분산하게 된다. 이 때문에 고기풀의 점성은 높아지는 것이다.

그러나 고기풀을 가열하든가 또는 상온에서 오래 두면 접착성이 없어지고 탄성이 있는 gel로 변화한다. 가열하여 gel화한 것이 어묵이고, 상온에 그대로 두었을 때 탄력있는 gel로 변화하는 현상을 특별히 엉겨앉음(setting, suwari)이라고 한다. 그러나 가열에 의한 gel화나 상온에서의 엉겨앉음은 본질적으로는 모두 같은 현상이다.

즉 actomyosin 분자가 서로 엉키고, 또 분자표면에 나타난 반응기에 의하여 가교결합(cross linkage)이 형성되어, 전체로 망상구조를 취하는 때문에 일어나는 현상이다. 그리고 이때 소금에 의하여 단백질의 보수성이 높아져서 물분자는 단백질에 강하게 수화(水和)된 채 망상구조 속에 포함된다고 생각되고 있다. 그러나 고기풀을 낮은 온도에서 천천히 가열하든가 또는 선도가 떨어진 어육으로 만든 고기풀은 가열하여도 탄력이 있는 gel로 되지 않고 두부와 같이 부스러지기 쉬운 약한 gel이 된다. 이와 같이 교상침전(膠狀沈澱)현상을 특별히 되풀림(returning modori)라고 한다.

되풀림이 되는 것은 단백분자가 망상구조를 취하지 않고 집단적으로 응집하여, 개개의 집단은 서로 연결되지 않고 마치 물에 부유하고 있는 상태가 되므로 눌리면 붕괴하기 쉽게 되는 것이다.

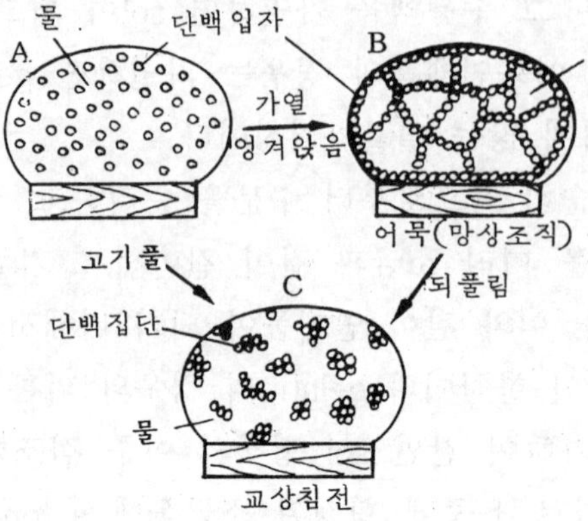


그림 9-1 고기풀의 엉겨앉음과 되풀림

## 2. 어종에 따른 어묵 형성능

연제품의 제조에는 약 100종류에 달하는 어류가 원료로 사용되고 있으나 가격(魚價), 육색, 탄력 등을 고려할 때 한 종류의 원료어로부터 만족할 만한 제품을 얻을 수 있는 것은 적다. 따라서 몇 가지 어육을 배합하여 각 원료의 장단점을 보완하는 수도 있다. 연제품에 사용되는 주원료어를 정리하여 보면 표 9-2와 같다.

매퉁이, 조기, 녹새치 등은 탄력이 강한 어묵을 만드는 대표적인 어종이고, 반대로 정어리, 고등어, 방어 등은 탄력이 약한 어묵을 만드는 대표적인 어종이다. 어종에 따라서 이와 같은 차이가 있다고는 하나, 어종에 따른 단백 조성에 큰 차이가 있는 것은 아니고, 원칙적으로는 어떠한 어종이라도 죽은 직후이면 탄력있는 연제품을 만들 수 있다.

표 9-2 수산연제품의 주요원료

| 제품 종류 | 가장 널리 사용되고 있는 것 | 비교적 널리 사용되고 있는 것 | 사용지역이 좁은 것 |
|---|---|---|---|
| 판붙이 어묵 (kamaboko) | 참조기, 보구치, 갯장어, 메퉁이 | 동갈민어, 흙조기, 게르치, 명태, 볼낙, 달강어, 창꼬치, 전갱이, 상어류 | 날치, 갈치, 대구, 물가재미, 돌가재미, 임연수어, 얼룩통구멍, 벤지리, 기름가재미, 황조어 |
| 부들어묵 (chikuwa) | 조기, 매퉁이, 달강어 | 갯장어, 전갱이, 게르치, 가재미, 칼치, 상어, 대구 | 얼룩통구멍, 정어리, 동갈민어, 임연수어, 명태, 기름가재미 |
| 튀김어묵 (fried) | 갈치, 전갱이, 조기, 달강어 | 메퉁이,상어류, 가오리류, 정어리, 명태, 가재미, 갯장어, 대구 | 게르치, 문절망둑,얼룩통구멍, 꽁치, 고등어, 임연수어 |
| 마 어 묵 (hanpen) | 청새리상어, 귀상어, 환도상어, 청상아리, 별상어, 조기, 기름가재미, 임연수어, 전갱이, 녹새치 | | |
| 어육 소시지 (fish sausage) | 다랭이류, 청새치류, 조기, 고래, 명태, 상어류, 전갱이, 임연수어 | | |

※ 최근 연근해 어종의 감소화 명태냉동고기풀의 대량 생산으로 인하여 이상의 어종을 사용치 않음

일반적으로 도미, 넙치, 농어와 같은 흰살어류는 경직 전부터 경직을 거쳐 해경이 되는 동안에 actomysin 섬유의 물리적 성질이 서서히 변화하고, 선도의 저하에 따른 어묵형성능의 저하가 완만한데 비하여 방어, 고등어, 꽁치 등의 붉은살어류는 그 변화속도가 빠르고 또 급속히 그 능력을 상실하는 경향이 있다.

즉 고등어, 꽁치 등은 죽은 직후이면 탄력이 강한 gel를 만드나 사후경직이 시작되면 벌써 gel의 강도가 크게 떨어질 정도로 어묵형성능의 저하가 빠르다. 육색이 중간 정도인 전갱이는 사후경직기가 지나면 어묵형성능이 상실된다.

한편 흰살어류는 사후 상당히 장시간 어묵형성능을 유지한다. 우리나라 서해에서 많이 어획되는 조기는 장시간 빙장 또는 냉동을 한 것도 어묵형성능을 가지고 있으므로 어항에서 먼 곳에서도 연제품 원료로 사용되고 있다.

그러나 같은 흰살어류라도 매퉁이, 명태와 같이 어획 후 1~2일 만에 어묵형성능을 잃는 것도 있다. 따라서 매퉁이는 탄력이 강한 원료이기는 하나, 양육지 이외의 먼 곳에서는 탄력이 약한 원료로 취급된다. 또 탄력이 약한 원료로 알려진 명태도 사후경직 전후의 극히 선도가 좋을 때에는 조기에 맞먹을 정도의 강한 탄력을 낸다.

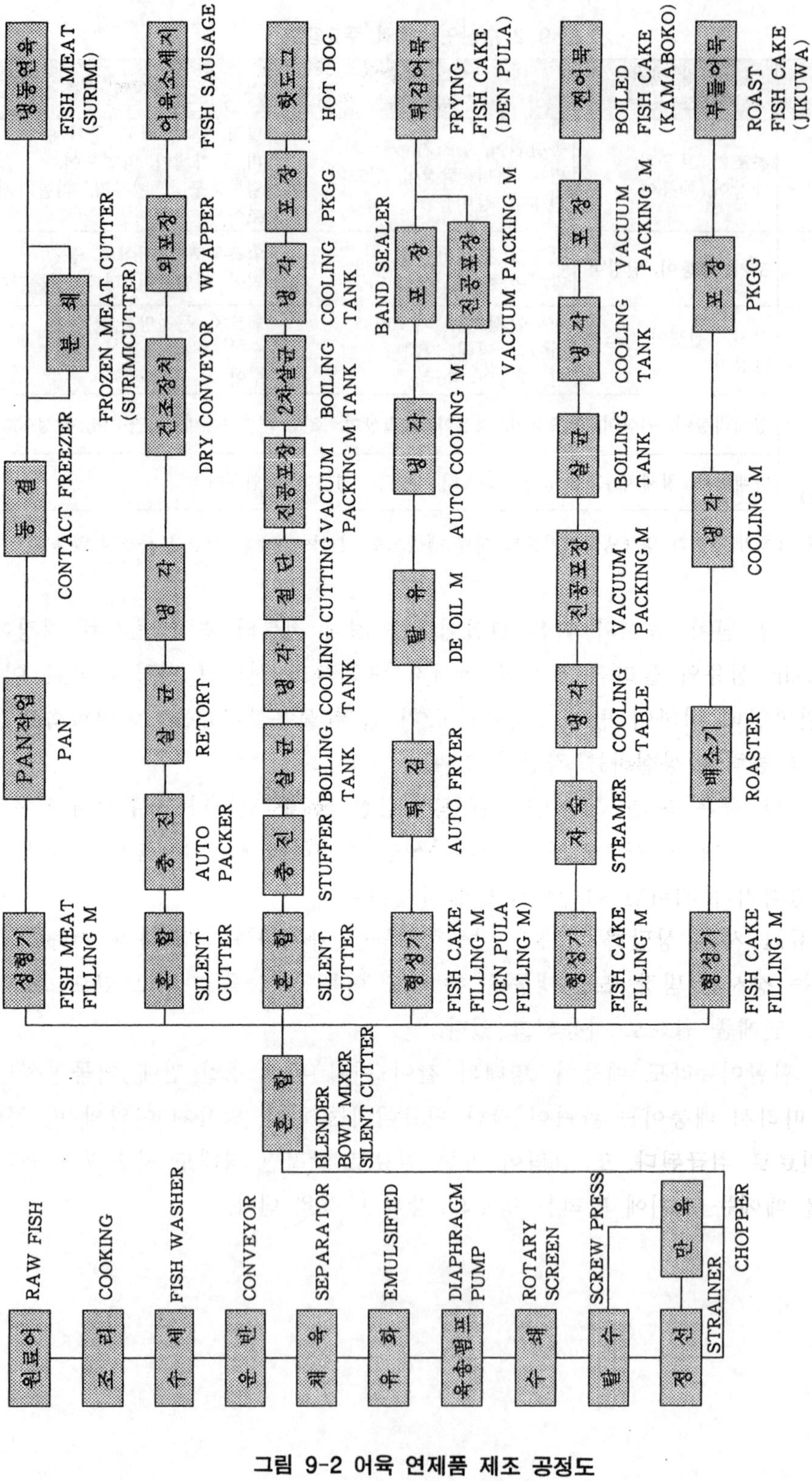


그림 9-2 어육 연제품 제조 공정도

오징어는 껍질이 붙은 것을 그대로 사용하면 표피 중의 색소에 의하여 제품이 착색되고, 또 표피는 잘 마쇄되지 않고 가열에 의한 수축율이 커서, 제품의 모양이 굽어지는 수가 있다. 45~60℃의 따뜻한 물에 오징어를 담그면 껍질은 벗겨지기가 쉬우나, 한편 육단백질이 변성되기 쉽다. 또 원료 중의 오징어의 배합비율이 많아지면 오징어 특유의 냄새가 붙는다. 이러한 이유 때문에 오징어는 데친 후 소량 고기풀에 섞어서 쓸 정도이다.

연제품 원료로 맛이 좋은 어종은 갯장어, 녹새치, 날치, 창꼬치, 전갱이, 눈퉁멸, 게르치, 매퉁이 등이다. 이러한 원료를 탄력이 강한 원료에 배합하여 만든 제품은 품질이 좋은 것을 얻을 수 있다(표 9-3)

**표 9-3 어종에 따른 탄력의 강도 및 엉겨 앉음(setting)의 정도**

| 탄력의 강도 | 엉겨앉기 쉬운 어종 | 엉겨앉음이 보통인 어종 | 엉겨앉기 어려운 어종 |
|---|---|---|---|
| 탄력이 강한 어종 | 매퉁이, 날치 | 조기, 넙치 | 녹색치, 상어류 |
| 탄력이 보통인 어종 | 전갱이, 갈치, 창꼬치, 명태 | 복어, 샛멸, 갯장어 | 줄가재미 |
| 탄력이 약한 어종 | 정어리, 눈퉁멸 | 꽁치 | 다랭이류 |

# Ⅱ. 수산연제품의 제조기술

## 1. 냉동고기풀(frozen fish meat paste)

연제품의 원료난을 해결하고 원료어 처리의 분업화를 목적으로 종전에는 이용되지 않던 명태나 임연수어 등으로 냉동고기풀을 만들어 이용하는 방법이다.

원래 명태의 육질은 연약하고 선도가 저하하기 쉬우며, 장시간 냉동하면 actomyosin이 거의 불용화하여 소금과 같이 갈아도 점착성이 있는 고기풀이 되지 않아 연제품 원료로의 적성이 적다. 그러나 명태육을 충분히 물로 씻고 바래어, 육중에 존재하는 단백변성의 촉진인자인 염류 등을 제거하고, 아울러 육단백질의 냉동변성을 억제하는 적당한 부원료를 첨가하여 가볍게 갈아서 냉동하면, 연제품 원료로 쓸 수 있는 냉동고기풀이 된다.

첨가하는 부원료의 종류에 따라 무염고기풀(無鹽練肉)과 가염고기풀(加鹽練肉)의 두 가지로 나누어진다(표 9-4). 무염고기풀은 5% 정도의 당류(sorbitol, glucose, 설탕 등)와 0.2% 정도의 중합인산염을 첨가하는 것이 보통이다. 한편 가염고기풀은 당류 10%정도, 소금 2~3%를 첨가하고 중합인산염은 첨가하지 않는다. 즉 가염고기풀은 무염고기풀에 비하여 약 2배량의 당류를 첨가한다.

이것은 가염고기풀에서는 냉동 중 actomyosin의 gel화(엉겨 앉음)가 진행되기 때문에 이것을 방지하기 위해서이다. 엉겨 앉는 것을 방지하는 작용이 강한 구연산소오다. 1~3%를 병용하면 설탕량을 반감할 수 있고 또 저장성도 높일수 있다.

**표 9-4 냉동고기풀의 조성비** (단위 : %)

| 제 품 | 어 육 | 소 금 | 중합인산염 | 설탕 sorbitol 포도당 |
|---|---|---|---|---|
| 무 염 고 기 풀 | 100 | 0 | 0.2~0.3 | 5~3 |
| 가 염 고 기 풀 | 100 | 2~3 | 0 | 10 |

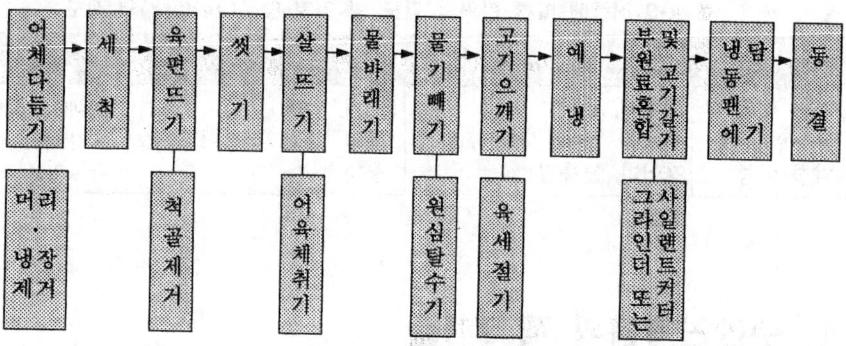


**그림 9-3 냉동고기풀의 제조공정**

냉동고기풀의 제조공정의 개요는 그림 9-3과 같다. 원료어로는 명태 외에 임연수어, 전갱이, 갈치, 조기 등의 10여 종의 어류가 이용되고 있다. 이러한 냉동고기풀의 형태로 제조하면서 변성하기 쉬운 명태를 6개월 이상 저장하여도 어묵형성능을 상실하지 않는다. 그리고 해동하면 바로 고기갈이 공정에 사용할 수 있는 이점이 있다.

## 가. 제조 방법

### (1) 원료처리

연제품의 원료가 되는 냉동고기풀의 원료어는 사후 강직이 끝난 신선한 원료를 사용한다. 즉 사후강직 중인 원료어는 근육의 경도가 높아 육을 분리하는 채육 공정에서 수율이 떨어지고 어체 처리기의 부하를 증가시킨다.

원료처리 공정은 신선한 원료어의 불가식 부위(머리, 내장)를 제거하는 공정으로 어체 처리기에 원료가 투입된기 전 이물질을 철저히 제거한다. 따라서 사용하는 원료어의 크기에 따라 어체 처리기의 기계를 미리 잘 조정하고 대량 투입전 소량의 원료를 사용하여 기계의 조작 조건을 다시 한번 점검한다.

사후강직이 끝난 원료는 비늘 제거기(scaling machine)를 통과하면 비늘이 제거된다. 비늘이 제거된 원료는 선별기(selection machine)로 이송된다. 소형 원료를 선별기를 통하여 분리시켜 머리 제거기(head cutter)에서 일정한 크기로 머리가 제거된다. 선별이 완료된 원료를 등이 칼날 쪽으로 향하도록 하여 카세트에 넣어 머리 제거기(head cutter)에 의해 머리만 제거되게 한다. 머리가 제거된 원료는 필렛 기기(fillet machine)로 자동 연결된다.

복부 절개기에 의해 배의 윗부분에서 꼬리까지 일자로 절개된 원료는 11자형의 칼날(제1커터)에 의해 내장이 제거된다. 내장벽에 있는 흑막과 혈액은 Π형의 제2커터에 의해 제거된다. 내장이 제거된 원료는 척추의 중골 부분을 절개하여 필렛형으로 제조하고 필렛이 종료된 원료는 컨베이어를 통하여 채육기로 이송된다.

#### (2) 채육

원료의 크기에 따라 미리 채육기의 고무 벨트 장력을 조절한다. 이때 고무 벨트 장력이 약하면 분리되는 육의 양이 적어 수율이 떨어지고 반대로 장력이 너무 강하면 표피와 잔뼈의 혼입이 많아 제품의 품질이 떨어진다.

채육기에 머리, 내장이 절단된 원료육을 투입한다. 이때, 반드시 원료육의 절단된 면이 채육망 쪽으로 향하게 투입해야 하며 꼬리부분부터 들어가도록 한다. 고무 벨트의 압력에 의해 순수한 육은 채육 망 안으로 들어가게 되고 망의 외부로는 뼈, 껍질 및 비늘 등이 나오며 동시에 채육기의 채육 망 안으로 분리된 육은 빨리 수세탱크로 옮긴다.

#### (3) 수세

수세 탱크에 미리 물을 받아 놓고 온도를 10℃ 이하로 유지한다. 탱크 안에 있는 회전날개의 회전으로 육 속의 혈액과 지방을 분리하며 이때, 탱크에서 2차 수세를 2~3분 가볍게 실시한다. 연속식이 아닌 경우 수세 후 10분간 정치시켜 위에 떠 오른 지방과 혈액을 제거하는 이상의 처리를 3~4회 반복한다. 연속식의 경우는 원심식 회전망이 있어 탱크에서 수세 후 곧바로 원심식 회전망에 옮겨 혈액과 지방을 제거한다.

#### (4) 탈수

연속적인 내동고기풀의 생산을 위하여 최근에는 원심식 회전망이 있는 탈수기를 사용한다. 즉 예비탈수된 육은 스크루 프레스(screw press) 상방 호퍼(hopper)에 투입한다. 회전망(rotary shieve)를 통하여 1차 탈수된 육은 육 저장탱크(meat receive tank)로 이송되며, 다시 펌프를 통해 육교반기(meat agitator)로 이송된다.

육교반기에서는 원심 분리 및 탈수를 용이하게 하기 위해 미세 분쇄하여 연결된 여과기(refiner)로 이송하여 미세 분쇄된 육을 원심 분리하여 양질의 육을 구분한다. 분리된 육은 하부에 설치된 저장탱크(receive)에 저장한다. 육은 다시 회전식 탈수기(screw press)로 이송한다. 그리고 회전과 압착에 의해 탈수된다.

### (5) 여과

탈수된 육에는 아직 잔뼈 등이 있어 이를 제거하기 위해 여과기(strainer) 투입구에 넣어 분리되는 순수 정육이 나오는 육 배출구에 여과망을 부착한다. 이때 여과기의 외부에 냉각 펌프를 작동시켜 여과 중 온도의 상승을 억제한다. 탈수된 순수 정육은 여과망으로 나오며 잔뼈, 비늘 등 불가식 부위는 배출구로 나온다.

### (6) 고기갈이

세절기(silent cutter)에 의해 여과된 정육은 잘게 세절된다. 이때 사전에 준비된 설탕, 솔비톨, 인산염을 투여하고 뚜껑을 닫고 세절기를 돌려 혼합 작업 4~5분간 고기갈이를 실시한다(그림 9-4).

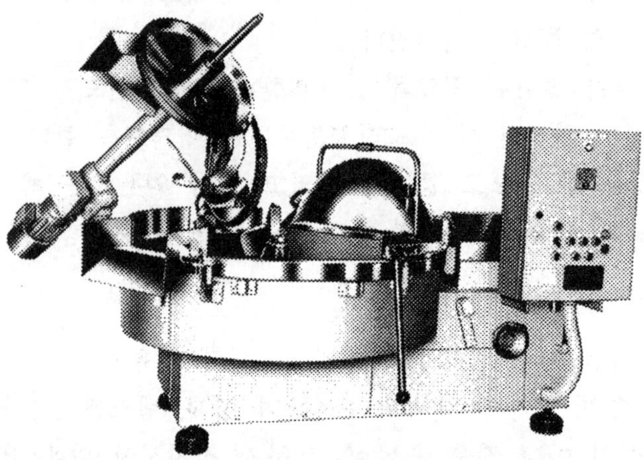

그림 9-4 어육세절기 (silent cutter)

### (7) 포장

어육과 첨가물이 잘 섞이면 충전기(stuffer)를 통하여 비닐 봉지(poly bag)에 10kg 단위로 개별 포장하여 60×32×5.3cm 크기의 스테인리스 강(stainless steel) 냉동팬에 블록 형상으로 성형한다. 이때 비닐 봉지에 고기풀이 노출되지 않도록 잘 감싸고 등급 표시를 한 후 급냉실로 이송한다.

### (8) 동결 및 저장

냉동팬에 담긴 고기풀을 -35℃ 이하의 급속 동결기에 넣고 2~3시간 동결시킨다. 동결 후 등급과 제조 일자를 표시하여 골판지 상자에 2 블록(20kg) 단위로 넣고 밴딩포장기로 결속한다. 포장이 완료된 제품은 금속성 이물질의 혼입 여부를 금속 검출기(metal detector)로 조사하고 -18℃ 이하의 냉동고에서 저장한다. 저장하면서 필요에 따라 등급별 품질 수준을 분석한다. 분석 항목은 수분, 젤리 강도, 백도, 흡잡물의 흡입 등이다.

### 나. 냉동 고기풀의 등급별 기준

냉동 고기풀의 구체적이 등급은 수분 함량, 젤리강도, 백도 및 흑피 협잡물의 함량에 따라 다음과 같이 여러 가지 등급으로 분류할 수 있다.

**표 9-5 냉동 고기풀의 등급별 기준**

| 등급 | 수분 (%) | 젤리 강도 (g×cm) | 하중 (g) | 심도 (cm) | 백도 (%) | 흑피 협잡물 (g당) |
|---|---|---|---|---|---|---|
| UA | 75.0~75.5 | 1400 이상 | 1000 이상 | 1.4 이상 | 30 이상 | 2개 이하 |
| SA | 75.0~75.5 | 1200~1400 | 800~1000 | 1.3 이상 | 30 이상 | 4개 이하 |
| FA | 75.5~76.0 | 1100~1400 | 700~1000 | 1.3 이상 | 30 이상 | 4개 이하 |
| A | 75.5~76.5 | 900~1100 | 650~800 | 1.2 이상 | 25~30 | 7개 이하 |
| RA | 76.5~77.5 | 600~900 | 500~700 | 1.1 이상 | 25~30 | 11개 이하 |
| M | 76.5~77.5 | 500~750 | 400~600 | 1.0 이상 | 22 이상 | 15개 이하 |
| B | 78.0 이하 | 300 이상 | 300~500 | 0.9 이상 | 22 이상 | 19개 이하 |

※ 등급 및 그 기준은 각국에 따라 다소 차이가 있음.

## 2. 어묵의 제조

### (1) 일반 제조공정

어묵의 일반제조 공정도는 그림 9-5와 같다.

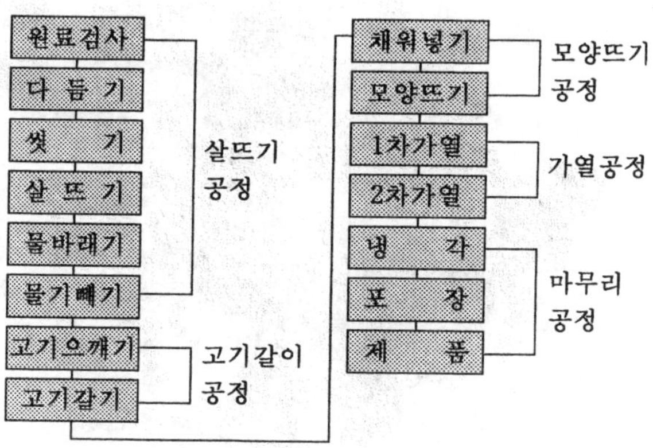


**그림 9-5 어묵제조 공정도**

### 1) 원료검사(原料檢査 : checking)

원료고기는 흰색 어육으로 탄력이 좋은 어종으로 선도가 좋은 것을 사용한다. 원료 검사는 일반 검사요령에 준하여 실시한다.

### 2) 다듬기(處理 : dressing)

원료고기는 머리, 내장, 지느러미 등을 제거하며 어종에 따라서는 복막을 제거하며 살뜨기를 할 때 불순물이 들어가지 않도록 하기 위하여 충분히 다듬는다. 대형어의 경우는 fillet 또는 기타 방법으로 살뜨기 작업이 쉽도록 한다.

### 3) 씻기(水洗 : washing)

다듬은 어육은 혈액 기타 부착된 오물을 제거하기 위하여 10℃ 이하의 수돗물로 깨끗이 씻는다. 씻은 고기는 살뜨기 작업에 넣기 좋도록 별도 용기에 담아 준다.

### 4) 살뜨기(採肉 : fleshing)

원료고기에서 살을 발라내는 작업은 그림 9-6과 같은 채육기(採肉機)를 사용하여 살만 발라내고 뼈, 껍질, 비늘 등은 별도로 분리하여 제거한다. 이때 채육기의 압력을 적당히 조절하여 수율(收率)을 높이고 불순물의 혼입 등에 유의해야 한다. 어육채취기에는 roll식과 stamp식 및 이 두 가지를 겸한 2중 압축식이 있다.

그림 9-6 Roll식 어육 채취기

Roll식은 지름이 3.5~4.0mm 정도의 작은 구멍이 많다. 뚫려있는 금속판 roll과 고무벨트가 밀착하여 서로 반대방향으로 회전하도록 되어 있다. 이 사이에 원료어를 넣으면 압착되어 연한 육부분만 작은 구멍을 통하여 채육된다. 보통 한번 처리로는 완전히 살을 발라낼 수 없으므로 찌꺼기를 한 번 더 채육한다. 단 2중 압축식을 사용하는 경우는 한 번 처리로 충분히 채육할 수 있다.

Roll식이나 stamp식에 의한 첫 번째 채육처리로는 주로 보통육만 채육되고 혈합육이나 지방조직의 혼입이 적으므로, 이와 같은 정육부는 질이 좋은 판붙이어묵을 만드는데 사용되고, 두 번째의 처리에 의하여 얻어진 혈합육이나 껍질 등의 혼입이 많은 육부는 부들어묵 등을 만드는데 사용한다. 일단 채육한 어육은 예냉 tank에 모은다. 수돗물은 어육온도가 올라가지 않도록 10℃ 이하를 유지해야 한다.

#### 5) 물바래기(水晒 · washing and bleaching in water)

살뜨기를 하여 얻은 어육을 물에 담가 교반하면서 계속 씻으면서 바래도록 하는 작업을 물바래기 또는 수쇄(水晒)라고 한다. 물바래기 작업에 의하여 어육 중에 혼입한 오물, 혈액, 색소, 지방, 껍질, 엑스분, 수용성 단백질 등을 제거하여 제품의 색을 희게 하고, 탄력을 강하게 하며, 보존성을 높이게 된다. 그러나 엑스분 등의 정미성분의 유실도 또한 크다. 그러므로 선도가 극히 좋고 농후한 맛을 가지는 어육은 물바래기의 정도를 가볍게 하던가 하지 않아도 좋다. 물바래기에 의하여 gel 형성능이 좋아지는 것은 근원섬유단백질이 농축되고 한편 탄력형성 저해물질이 제거되는 데 있다고 할 수 있다. 그러므로 제품의 탄력이 강해지는 것을 고려하면 물바래기 처리는 필수 공정이라 할 수 있다.

일반적으로 망상구조의 형성에 관여하지 않는 myogen류 단백질을 물바래기에 의하여 유출시키면, 탄력이 강해지는 것이다. 그러므로 탄력이 생기기 힘드는 기름가재미 등의 육도 여러 번 물바래기를 하면 탄력이 생기게 된다. 지방분의 제거는 탄력에 크게 관계가 없고 선도만 좋으면 탄력을 떨어뜨리지 않고 지방을 첨가할 수가 있다.

물바래기를 반복하면 육이 잘 침전되지 않아, 육과 물의 분리가 잘 안되게 된다. 이것은 물바래기에 의하여 육중의 무기성분이 유실되어 육의 수화도가 증가하기 때문이다. 마지막 물바래기를 할 때 약 0.2% 농도가 되도록 소금을 첨가하면 육이 잘 침전하게 된다. 제조공장에서 경수가 좋다고 하는 이유는 이 때문이다.

그러나 물바래기를 할 때 사용하는 물은 철분을 함유하여서는 안된다. 철분이 많으면 제품의 색택이 나빠지고, 탄력도 떨어진다. 그리고 소금을 과도하게 참가하면 오히려 흡수율이 높아지고, actomysin이 용해하게 되므로 주의를 하여야 한다.

#### 6) 물기 빼기(脫水 · centrifuging)

물바래기가 끝나면 어육이 완전히 침천된 후 서서히 물을 빼내고 물기빼기 작업으로 들어간다. 물기빼기(脫水)작업은, 소규모일 때는 마대에 넣어서 짜고 대규모일 때는 압착기나 원심탈수기를 사용하는데 보통 1000rpm에서 5~10분간 탈수한다. 물기빼기를 용이하게 하기 위하여 물바래기를 할 때 물의 pH를 단백질의 등전점 부근(pH 5.5~6.0)으로 조정하면 효과가 있다. 그러나 이렇게 하면 단백질의 변성이 빠르고, 또 소금과 같이 고기갈이를 하여도 단백질의 용해도가 낮아 제품의 탄력이 생기기가 힘들므로 고기갈이 공정에서 다시 pH를 조정하여야 한다.

또 탈수의 정도는 수분이 80%의 전후 되게 하는데 탄력이 강한 어육은 보수성(保水性)과 팽윤성이 커서 탈수가 잘 안 된다. 또 물바래기 시간을 너무 길게 하면 어육이 팽윤되어 육과 수분의 분리가 곤란하게 되므로 이때에는 중성염류 용액(NaCl, $CaCl_2$)을 가하여 myosin계 단백질의 수화성(水和性)을 저하시킨 후 탈수하면 효과적이다.

### 7) 고기 으깨기(碎肉 · chopping)

물기를 뺀 어육은 육의 섬유가 길고 뼈 등 이물이 혼재하므로 chopper로 잘게 끊어주거나 strainer를 사용, 어육만을 정선, 뼈, 비늘 등 이물을 제거한다. chopper는 screw의 회전으로 육을 밀어내면서 knife와 작은 구멍이 많이 뚫린 plate에 의하여 세절하므로 knife와 plate의 마찰에 의한 발열로 육단백질이 변성되기 쉽다. 그러므로 어육과 세절기를 충분히 냉각하여 처리하는 것이 좋다.

Plate의 구멍크기는 1.2~5.2mm 정도의 여러 가지가 있으나 구멍이 너무 크면 발열은 적으나 세절효과가 적고, 구멍이 너무 작으면 육질에 무리를 주게 된다. 그러므로 처음 구멍이 큰 plate로 처리한 다음 구멍이 작은 plate에 통과시키는 것이 좋다. 이러한 점으로 보아 구멍의 크기가 다른 plate를 2~3개 겹친 다단식육세절기가 효과적이다.

### 8) 고기갈이(擂潰 : grinding)

Chopper 또는 strainer에 의해 잘게 짜른 육을 grinder에 넣어 약 15분간 고기갈이한 후 소금 2.5~3%를 넣고 염용성 단백질을 충분히 용출시킨 후 각종 향신료 등 첨가물을 혼합하고 전분을 최종적으로 넣어 다시 혼합 고기갈이를 한다.

고기갈이는 연제품의 제조에 있어서 가장 중요한 공정의 하나이다. 즉 고기갈이는 육조직을 파괴하여 첨가한 소금에 육단백을 용해시켜 충분히 수화시키고, 또 조미료 등의 부원료를 고루 혼화(混和)시키는 것이 목적이다.

Stone grinder(擂潰機)는 돌로 된 절구내면을 공이가 고루고루 밀착 회전하도록 되어 있으며, 절구는 고정되고 공이만 회전하는 것이 있고, 또 절구와 공이가 서로 반대방향으로 회전하도록 한 것도 있다. 회전이 빠를수록, 또 공이가 많을수록 능률은 좋으나 발열하여 단백질을 변성시키기 쉽다.

**그림 9-7 뇌괴기**

Silent cutter는 수평으로 회전하는데 대형접시와 그 접시 내면에 수직방향으로 고속회전하는 knife로 되어 있어, 접시에 넣은 어육이 세절되도록 되어 있다.

육조직을 세절하는 점에서는 silent cutter가 우수하여 5~7분의 단 시간으로 처리를 끝낼 수 있어 능률적이다. 그러나 부원료 등의 혼화효과는 grinder가 우수하다. 어육조직은 축육에 비하여 연약하고, 또 곱게 갈아서 탄력이 강한 제품을 만들어야 하므로 일반연제품 제조에는 주로 grinder가 많이 사용되고, 어육소시지의 제조에는 silent cutter를 많이 사용한다. 그러나 냉동고기풀을 원료로 사용하는 경우에는 연제품 제조에서도 silent cutter를 사용하는 수가 많다.

고기갈이 작업에 있어서 부원료의 첨가는 하급품이나 부들어묵, 튀김어묵을 만들 때에는 처음부터 첨가하여 가는 것이 보통이다. 고급품의 제조에 있어서는 먼저 어육만 갈고, 다음에 소금을 가하여 갈고, 마지막에 다른 부원료를 첨가하여 가는 것이 보통이다. 마찰열에 의한 육단백의 변성을 막기 위하여 냉각식 grinder를 사용하든가, 저온실에서 작업한다든가 또는 얼음덩이를 넣어 가는 수도 있다.

고기갈이를 하는 정도는 기계의 종류, 육량, 어육종류 등에 따라 다르다. 예를 들면 먼저 10~15분간 어육만 초벌갈이를 하고, 다음 소금을 가하여 20~30분간 두벌갈이를 하고, 마지막으로 다른 부원료를 넣어 10~15분간 세벌갈이를 한다. 명태와 같은 어육은 고기갈이를 하는 동안에 공기가 많이 섞여 들어가, 다음의 가열공정에서 팽창하여 제품의 조직이나 탄력을 떨어뜨리는 수가 있다. 이것을 막기 위하여 감압 하에서(250mmHg 정도) 고기갈이를 하는 진공 grinder도 있다.

첨가하는 부원료로는 조미료, 탄력보강제, 광택제, 증량제 기타 첨가물(표 9-6)등이 있다. 조미료로는 소금, 설탕, 물엿, 이노신산나트륨, 글루타민산소다 등이 사용되는데, 소금은 짠맛을 붙이는 역할도 있으나, 육단백을 용해시킨 탄력있는 gel를 만드는 데 큰 역할을 한다. 소금의 사용량은 어떤 제품이라도 원료육에 대하여 2~3% 정도이다.

**표 9-6 어육연제품에 사용하는 식품첨가물**

| 분류 | 명칭 | 사용 목적 | 사용 비율, 사용 기준 |
|---|---|---|---|
| 가공보조제 | 탄산수소 나트륨 | 물바램 보조제 | 세척수에 대해 0.1 ~ 0.5% |
| 품질개량제 | 중합인산염<br>D-sorbitol<br>취소산카리움 | 조직개량<br>냉동변성 방지<br>탄력성 증강 | 0.2 ~ 0.3%<br>5.0%<br>0.27/kg 이하(취소산으로) |
| 조미료 | MSG<br>이노신산나트륨 | 지미 조정<br>지미 조정 | 0.3 ~ 1.0%<br>MSG의 2 ~ 10% |
| 감미료 | 사카린나트륨 | 감미 조정 | 0.02 ~ 0.03% |
| 착색료 | Tar계 색소 | 색상 조정 | 어육소시지에 한함 |
| 발색제 | 아초산나트륨 | 육색 보존 | 어육햄 소시지에 대해<br>0.05g/kg 이하($NO_2$으로) |
| 보존료 | Sorbic acid 그 염(K) | 방부 | 2g / kg 이하 |
| 기타 | $H_2O_2$<br>아스코르빈산 | 색택 향상 | 어묵 0.1g / kg 이하<br>기타 0.03g / kg 이하 |

탄력보강제로는 주로 전분이 사용되며, 원료육의 몇 %~15%의 전분을 약 2배량의 물과 같이 첨가한다. 또한 전분은 탄력 보강제인 동시에 증량제이기도 하다. 난백은 제품의 탄력을 보강하는 효과도 가지나 주로 제품에 광택을 붙이기 위하여 첨가하는 수가 많다.

지방은 식미(食味)의 개선이나 증량의 목적으로 특히 어육소시지에 많이 첨가한다. 중합인산염은 단백질의 보수성을 높여 제품의 탄력을 강하게 하는 효과가 있다. 그러나 고기풀의 유동성이 증가하여 판붙이 어묵의 성형이 곤란한 경우가 있다.

**표 9-7 어묵의 일반성분** (단위 : %)

| 수분 | 단백질 | 소금 | glucose | 설탕 | 전분 | 지방 | 질소 |
|---|---|---|---|---|---|---|---|
| 67.50 | 10.69 | 2.64 | 5.95 | 9.76 | 1.04 | - | 1.71 |
| 75.29 | 10.44 | 2.19 | 3.38 | 3.60 | 3.93 | - | 1.63 |
| 81.52 | 15.06 | 2.18 | 0.0 | 0.0 | 0.0 | 0.10 | 2.41 |
| 76.71 | 16.75 | 1.61 | 0.0 | 0.0 | 2.1 | - | 2.68 |

### 9) 채워 넣기(stuffing)

고기갈이를 마친 고기풀은 제품에 따라 일정한 모양으로 성형(成型), 즉 깨끗이 청소, 소독된 stuffer에 고기갈이 혼합한 육을 기포가 없도록 잘 다져 넣은 다음 stuffer를 밀폐하고 압축기로 stuffer에 압력을 조절한 후 머리 한쪽을 밀봉한 PVDC(Nylon film, 크레하론수지)에 충전한다. 이때 기포가 생기지 않도록 안쪽부터 혼합육을 서서히 충전한다. 다른 한쪽에 잡아 비틀어 stuffing을 완료한다.

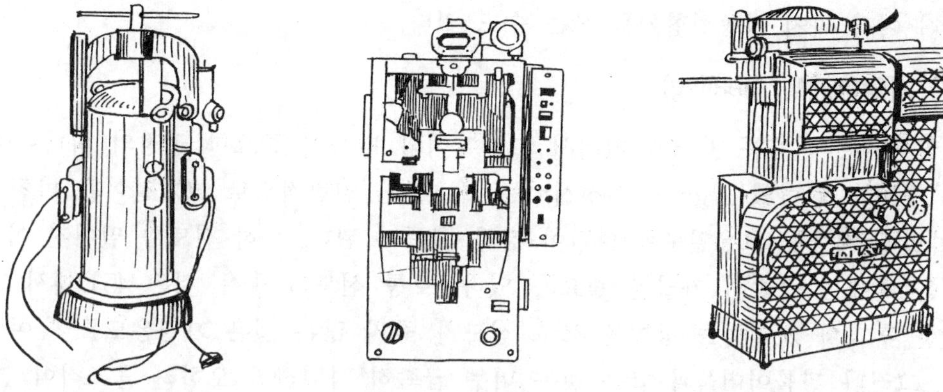

공기압식 충전기　　전자동 충전 결찰기(KAP)　　유압식 충전기

**그림 9-8 충전기**

### 10) 모양뜨기(成型 : shaping)

충진한 것을 성형하기 쉽도록 혼합육을 고른 다음 성형용 retainer(그림 9-9)에 넣는다. 어묵의 모양은 제품에 따라 각각 다르며 성형법 제품에 따라 달라 판붙이 어묵은 판에 올리고 부들어묵은 꼬치에 붙이고 어육소시지는 casing에 채운다. 성형할 때에는 기포가 들어가지 않도록 하여야 하고, 또 고기풀이 엉겨 앉음(setting)을 일으키기 전에 신속히 하여야 한다. 기포가 들어 있으면 가열시에 팽창하여 파열하거나, 제품의 조직을 손상시키며 또 내부로부터 변패하는 원인이 되는 수도 있다.

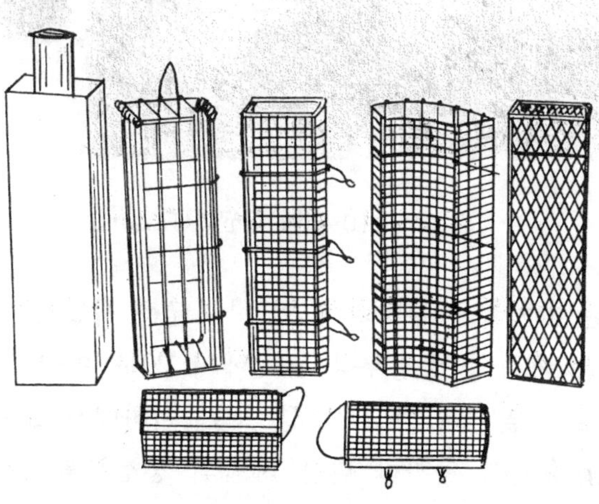

**그림 9-9 Retainer**

엉겨 앉은 고기풀은 유동성이 없으므로 성형하기가 어렵고, 한번 엉겨 앉은 고기풀은 다시 갈아도 점착성이 있는 고기풀로는 되지 않는다. 또 이것은 무리하게 성형을 하여도 탄력있는 제품이 되지 않는다. 엉겨 앉음은 온도가 높을수록 빨리 일어나므로 고기풀은 될 수 있는 대로 저온에 두도록 하고 또 빨리 처리하여야 한다. 성형은 손으로 하는 수도 많으나 여러 가지 자동성형기를 쓰는 수도 있다.

### 11) 가열(加熱 : heating)

가열처리는 연제품 제조에 있어서 고기갈이와 더불어 중요한 공정의 하나이다. 가열목적의 첫째는 탄력있는 gel를 형성시키는 데 있다. 일반적으로 고기갈이를 마친 고기풀을 곧 가열할 때에는 고온일수록 탄력이 강한 제품이 된다. 특히 선도가 떨어진 어육을 사용하였을 때에는 급속히 가열할 필요가 있다. 보통 선도가 좋은 것은 45℃에서 30분 내외 가열한 후 2차 가열하는 방법을 쓰고 선도가 좋지 않은 것은 가열온도를 높여주는 것이 좋다. 그러나 판붙이어묵과 같은 것은 너무 급속히 가열하면 오히려 육조직이 연약하여져 탄력이 떨어지게 된다. 일반적으로 고기풀을 성형하여 엉겨 앉은 다음에 가열하면 탄력이 강한 제품을 얻을 수 있다. 단 엉겨 앉음을 일으키는 동안 세균의 번식이 뒤따르므로 방치하는 시간은 될 수 있는대로 짧게 하는 것이 좋다. 이를 테면 명태의 경우는 30℃에서는 2~3시간, 10℃에서는 하룻밤 정도의 방치시간이면 좋다.

그림 9-10 열탕 살균기(Retort)

가열목적의 두 번째는 고기풀에 부착하여 있는 세균을 사멸시키는 데 있다.

현재 특수포장 어묵은 제품의 중심부를 80℃에서 20분 이상, 일반 어육 연제품에서는 중심부를 75℃ 이상으로 가열 살균하고, 또한 10℃ 이하에서 보존하도록 규정하고 있다. 단 기밀성이 있는 포장 용기에 충진한 다음 제품의 중심부를 120℃에서 4분간 가열하는 방법에 의하여 살균한 제품 및 pH가 6.0 이하이고, 수분활성도가 0.94 이하인 제품은 상온 유통이 인정되고 있다.

가열방법으로는 표 9-8과 같은 방법들이 있는데, 일반적으로 연제품의 경우는 중심온도가 75℃ 이상, 어육소시지, 햄 등은 80℃ 이상이 되도록 가열하지 않으면 안 된다. 실제에 있어서는 보통 95℃에서 40분간 가열하여 중심부분까지 살균되도록 한다.

**표 9-8 연제품의 종류와 가열방법**

| 가 열 방 법 | 가열매체 | 가 열 온 도 | 제 품 종 류 |
|---|---|---|---|
| 찌 는 것 (蒸煮) | 수증기 | 80~100℃ | 판붙이어묵 |
| 삶 는 것 (湯煮) | 물 | 80~ 95℃ | 마어묵, 어육소시지 |
| 굽 는 것 (焙燒) | 공기 | 100~180℃ | 부들어묵 |
| 튀기는 것(油燒) | 식용유 | 170~200℃ | 튀김어묵 |

### 12) 냉각(冷却 : cooling)

가열이 끝난 것은 될 수 있는대로 빨리 냉각하여 호열성 세균의 번식을 억제한다. 어육소시지와 같은 포장제품은 냉수에 담가 급냉한다. 그러나 일반 연제품에서는 송풍냉각을 하는 수가 많다. 최근에는 저온실에 넣거나 냉풍을 송풍하는 급냉방식이 많아지고, 또 filter 처리를 한 청정공기를 송풍하는 수도 있다. 냉각이 끝난 제품은 동결하지 않을 정도의 저온(2~5℃)에서 보관한다.

### 13) 포장(包裝 : packing)

표면의 수분을 제거한 후 포장지로 포장하고 소정량을 C/T box로 외포장하여 출하한다.

## (2) 각종 어묵의 제조

### 1) 판붙이 어묵(kamaboko)

작은 판자(길이 12~17㎝, 폭 4.5~6.6㎝ 정도)에 고기풀을 반원통형으로 붙여 가열하여 만든 제품이다. 고기풀을 판자에 붙이는 성형작업은 소규모일 때는 칼을 사용하여 손으로 하나, 대량생산의 경우는 판붙이 어묵성형기를 사용한다.

가열방법으로는 찌는법과 굽는법이 있다. 수증기로 찌는 제품이 일반적인 것으로 이것이 찐어묵이다. 또 찐 후 표면에 glucose를 발라서 흑갈색으로 구운 것도 있고, 또 처음부터 별로 온도가 높지 않는 전열로나 가스로에서 구워서 만든 구운 어묵도 있다.

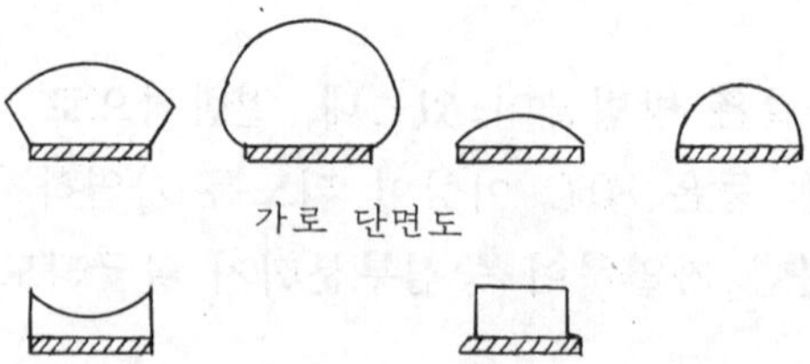


그림 9-11 판붙이 어묵의 여러 가지 모양

일반적으로 가열온도는 전분을 함유하지 않는 어묵은 낮아서 80~90℃ 어묵의 중심온도가 70℃ 이하일 때도 있을 정도이다. 전분을 함유하는 제품에서는 90~98℃, 중심온도도 80~90℃로 상당히 높다. 한편 구운 어묵의 가열온도는 130~170℃ 정도로 높기는 하나, 공기의 열전도가 나쁜 때문에 제품의 중심온도는 비교적 낮다.

증자가 끝나서 냉수 중에서 냉각을 하면 수분의 증발이 억제되어 표면이 매끄러운 제품이 되고 냉각실에 그대로 두어 냉각하면 표층부가 건조하여 표면에 주름이 진 제품이 된다. 이러한 제품의 선택은 소비자의 기호에 따라 달라진다.

또 판붙이 어묵에는 표면에 착색을 하거가 또는 절단면에 무늬가 나오도록 처리한 것도 있다.

### 2) 부들어묵(chikuwa)

꼬챙이에 고기풀을 발라 붙여 구운 것인데, 그 모양이 부들의 과수(果穗)와 비슷하다고 하여 부들어묵이라 한다. 일반적으로 어묵보다 값이 싸므로 원료어도 값이 싼 것을 사용하는 수가 많다. 주로 곱장어, 명태, 임연수어, 매퉁이, 조기, 가재미 등이 이용된다.

제법은 어묵과 큰 차가 없으나 일반적으로 조잡하다고 할 수 있다. 즉 어체를 두겹 또는 세겹편뜨기를 하여 그대로 세척을 하고 고기갈이도 초벌, 두벌 등으로 나누어 하지 않고 처음부터 조미료, 전분을 가하여 가는 수가 많다. 전분의 사용량도 어육에 대하여 15~20%로 상당히 많이 첨가한다. 성형은 부들어묵 자동성형기로 하고, 이 성형기에 연결된 배소로(焙燒爐)에서 가열한다.

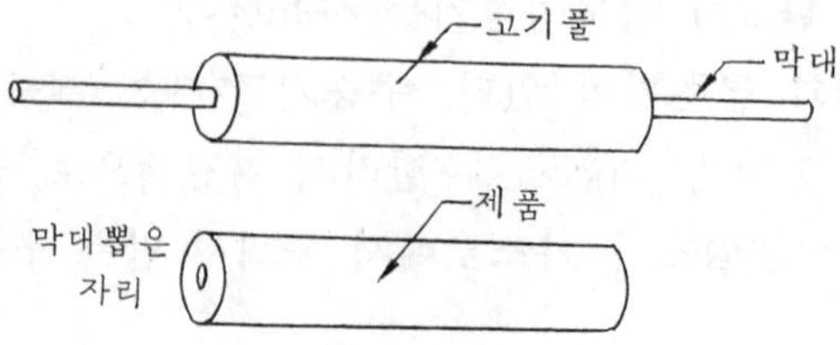


(a) 부들어묵

(b) 구은어묵 성형기 (c) 배소로 (d) 구은 어묵 탈봉기

그림 9-12 구은어묵, 부들어묵의 제조 기계

그림 9-12에서처럼 부들 모양으로 고기풀을 성형한 철제막대를 컨베이어 또는 기어컨베이어(gear conveyer)로 화로 위로 회전 이동시켜, 보통 4~5분만에 구워지도록 하고 있다. 가열이 끝난 것은 자동으로 막대를 빼는 기계로 막대를 빼고, 냉풍실에 방치하여 충분히 냉각한 후 포장하여 출하한다.

### 3) 튀김어묵(fired fish meat paste)

고기풀을 기름에 튀긴 것으로 급속한 가열을 받아 탄력이 강하고 또 기름에 튀겼기 때문에 맛이 있어 그 수요량이 늘어나고 있다. 판붙이어묵과 달라 색이 희어야 할 필요가 없으므로 하등 원료도 사용할 수 있다. 또 초벌 살발라내기를 하여 판붙이어묵의 원료로 쓰고, 다음 두벌 살발라내기를 한 것은 튀김어묵의 원료로 쓰는 수도 있다. 튀김어묵에는 당근, 우엉, 양파, 다시마 등을 세절하여 첨가하는 수도 있으며, 또 참깨, 고추, 생강 등의 향신료를 첨가하는 수도 있다. 또 일반적으로 탄력이 약한 원료를 사용하므로 전분의 사용량이 많아 보통 원료육의 15% 정도를 첨가한다.

성형은 손으로 또는 자동성형기를 사용하며, 가열온도가 높으므로 열전도가 잘 되어 표면이 타지 않도록 막대기 모양으로 하거나 또는 얇은 판자 모양으로 한다.

튀김용 기름으로는 주로 대두유, 채종유 등이 사용되며, 170~180℃ 정도로 가열한 후 성형한 고기풀을 넣는다. 설탕이나 포도당을 첨가하면 제품의 튀김색이 황갈색으로 된다. 튀김에 의하여 수분이 증발하여 약 10%의 증발감소가 있다.

그림 9-13 튀김어묵 장치

#### 4) 마어묵(hanpen)

원료어로는 주로 상어류 특히 청새리상어 또는 녹색치가 사용되며, 원료육의 약 10% 정도의 마를 첨가하여 고기갈이를 한다. 마를 첨가하여 갈면 고기풀에 기포가 많이 함유되어 그 부피가 약 2배 가까이 불어난다. 성형한 후 80~85℃의 열탕에 넣어 7~10분간 가열한다. 이렇게 하면 다공질의 스폰지와 같은 촉감을 가진 독특한 풍미의 제품이 된다.

## 3. 맛살류의 제조

맛살류는 냉동 고기풀을 원료로 보통 어묵류의 제품을 응용하여 게살 또는 새우살의 풍미와 조직감을 갖도록 만든 제품이다. 맛살류는 가능한  게와 새우의 천연맛과 향, 색 및 조직감을 가져야 하므로 원료육의 색은 백색이 좋고 어취는 적은 것이 좋다. 각종 첨가물의 선택 및 배합율에 유의해야 한다.

### (1) 맛살류 제품의 제조 공정

맛살 제품의 제조 공정은 그림 9-14와 같다.

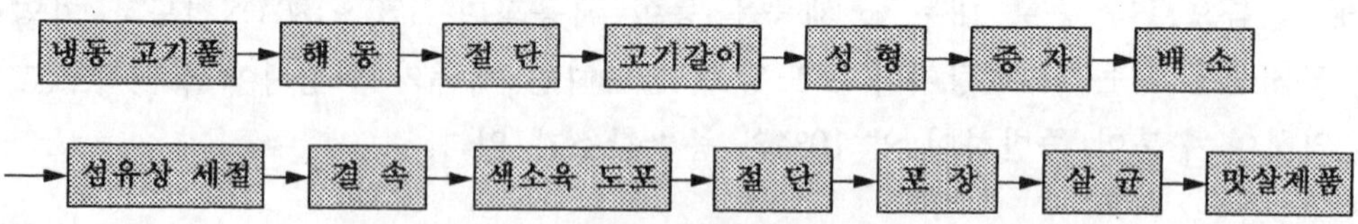


그림 9-14 맛살 제품의 제조 공정도

### (2) 맛살류 제조시 사용되는 첨가물의 종류 및 기능

맛살류 제조시에 사용되는 각종 첨가물 및 그 기능은 표 9-9와 같다.

**표 9-9 맛살류 제조시 사용되는 첨가물의 종류 및 기능**

| 첨 가 물 | 기 능 |
|---|---|
| 식염 | 조미의 효과와 어육 단백질을 용출하여 탄력성을 증대 |
| 미림 | 주정 성분으로 풍미 향상, 비린내 제거 |
| 난백 | 제품의 광택을 내게 하고 탄력성 증대, 증량 효과 |
| 전분 | 제품의 증량 효과 및 탄력성 강화 |
| 설탕 | 어육 단백질 변성 억제 및 금속의 킬레이트(chilate) 효과, 단맛 부여 |
| 솔비톨 | 어육 단백질 변성 억제 및 식용 색소의 퇴색 방지 효과, 습윤 유지 |
| 탄산칼슘 | 제품의 결착력 증대, 영양 성분(칼슘) 강화 |
| 글루탐산 나트륨 | 제품의 맛성분(정미성분) 강화 |
| 글라이신 | 제품의 감칠맛 부여, 보존성 증진 |
| 게 추출물 | 맛살류 제품의 게맛을 내게 함 |
| 색소 | 제품의 색을 게다리살과 유사하게 나타냄 |

## (3) 맛살류 제조시 사용되는 첨가물의 규격 및 함량

표 9-10는 맛살류 제품 제조시 사용하는 첨가물의 규격 및 함량을 나타낸 것이다.

**표 9-10 맛살류 제조시 사용되는 첨가물의 규격 및 함량**

| 원부재료 | 규 격 | 함량(%) |
|---|---|---|
| 냉동 고기풀 | A 또는 FA급 이상(명태) | 100.0 |
| 소금 | 정제염 | 2.8 |
| 미림 | 식품 첨가물용 | 1.0 |
| 난백 | 냉동 난백 | 4.0 |
| 전분 | 옥수수 전분, 소맥 전분 | 10.0 |
| 설탕 | 정백당 | 0.2 |
| 솔비톨 | 식품 첨가물용 | 0.8 |
| 탄산칼슘 | 식품 첨가물용 | 0.2 |
| 글루탐산 나트륨 | 식품 첨가물용 | 0.4 |
| 카라기난 | 식품 첨가물용 | 0.5 |
| 글라이신(Glycine) | 아미노산 | 0.2 |
| 게 분말(crab powder) | 천연 게 분말 | 0.2 |
| 게 추출물(crab extract) | 액상 게 농축물 | 0.5 |
| 게 향료(crab flavor) | 합성 향료 | 0.7 |
| 색소 | 식품 첨가물용 적색 색소 | 0.01 |

**주 : 원부재료의 배합비는 제품의 종류와 품질에 따라 다소 차이가 있다.**

### (4) 가공방법

#### 1) 원료 검사

냉동 고기풀은 -18℃ 이하에서 저장된 것을 사용하며 원료 출고시 금속 검출기로 원료를 검사한다.

#### 2) 냉동 고기풀의 해동

냉동 고기풀은 반해동하여 원료로 사용한다. 해동실에 냉동 고기풀을 넣어 접촉식 해동기의 상, 하판에 닿도록 압착시킨다. 이 해동기는 20~25℃의 온수를 판 내부로 20분간 순환시켜 고기풀을 해동시킨다. 냉동 고기풀의 품온이 -2~-5℃가 되도록 해동한다.

#### 3) 절단

해동된 고기풀은 블록 커터(block cutter)로 6~8토막으로 자른다. 해동하지 않은 원료도 곧 바로 블록 커터를 사용하여 절단하기도 한다.

#### 4) 고기갈이

고기갈이 공정은 찐어묵, 구운 어묵 및 튀긴 어묵의 고기 갈이 공정과 거의 동일하며 사용하는 기기도 동일하다. 이 부분에 대해 자세히 설명하면 다음과 같다.

세절기(silent cutter)에 해동 및 절단된 고기풀과 얼음을 넣고 회전시키면서 고기갈이를 한다. 10분간 공 갈이 후 소금을 2~3회 나누어 투입하여 다시 10분 동안 소금갈이를 한다. 10℃ 이하로 온도를 유지하기 위해서 얼음과 냉동 난백을 공정 중간에 첨가한다. 미리 만들어 놓은 전분 용액을 넣고 10분간 갈이를 실시하고 고기갈이 공정 마무리를 할 때 게 향료를 투입한다.

세절 및 혼합이 완료되면 배출막(unroader)를 회전시키면서 가장자리 공간에 얼음을 채운 호퍼로 옮겨 성형 공정으로 이송한다.

#### 5) 성형

고기갈이가 끝난 제품은 이송 펌프와 배관을 이용하여 성형기에 옮긴다.

세절된 육은 스테인리스 강 벨트(stainless steel belt) 또는 캐터필러(caterpillar)에 두께 1.5㎜, 폭 120㎜의 엷은 띠(sheet) 형태로 분사 성형한다. 제품의 사양에 따라 두께, 폭 및 육량을 조정한다.

#### 6) 증자 및 배소

엷은 띠 형태로 성형된 육은 90℃의 증기를 공급하여 증자하며 증자된 육은 수분 조절 및 배소작용을 위하여 가스를 열원으로 하여 배소한다. 배소 후 송풍기를 이용하여 성형된 면대(sheet)를 냉각시킨다.

#### 7) 섬유상으로 세절

응고된 면대상(sheet상)을 섬유상 세절기(thin cutter)에 넣는다. 이때 완전 절단이 아닌 1~1.5㎜ 폭의 맞물린 요철형의 세절 롤러로 누른다. 이는 살균 후 섬유상의 결이 생겨 쉽게 찢어지는 독특한 조직을 갖게 된다.

#### 8) 결속

세절된 면대상의 육을 막대(stick) 모양으로 감으면서 결속한다. 육의 지름을 10~15㎜로 게다리 형태가 된다.

#### 9) 색소육 도포

미리 소량의 원료육과 색소를 혼합하여 색소통에 넣어 놓는다. 이때 색소의 첨가량은 원료의 1~2%가 적당하다. 색소육은 내포장지에 도부한다.

색소육이 도포된 포장지에 결속된 제품을 감싼다. 색소육은 장시간 사용하면 고기풀의 특성상 응고되므로 필요한 경우 얼음을 채운 보냉상자에 담아 보관한다.

#### 10) 절단 및 포장

색소육 도포가 된 제품은 사양에 따라 자동 절단기로 절단한다. 낱포장이 완료된 제품은 진공 포장기로 포장한다.

#### 11) 살균 냉각

포장된 것을 수온 88~92℃ 되는 열탕 살균기에 넣는다. 연속 살균기에서 40~50분간 살균한다. 이때 제품의 중심 온도는 85~90℃가 되어야 한다. 살균이 끝나면 곧바로 수온이 5~10℃ 되는 연속 냉각기에 넣는다. 냉각 후 포장지 표면의 물기를 닦고 냉장 또는 동결 후 저장한다.

## 4. 어육햄, 소시지의 제조

### (1) 일반 제조공정

제조원리는 일반 연제품과 같으나, ① 원료어로 흰살어류 대신에 붉은살어류를 사용하는 것, ② 지방이나 향신료를 사용하여 축육소시지와 같은 풍미를 가지도록 조미하는 것, ③ 통기성이 없는 열수축성의 포장 재료에 채워 충분히 가열하여 저장성을 가지도록 한 것이 특징이다. 일반 제조공정의 개요는 그림 9-15와 같다.

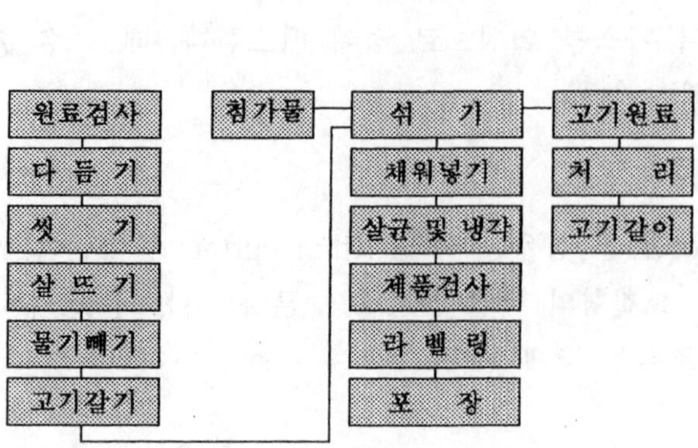


**그림 9-15 어육 햄 소시지 제조공정**

### 1) 원료 검사

원료 도착 즉시 작업을 신속히 실시하여야 하며 먼저 중량을 정확히 달고 이를 검수부(檢收簿)에 기록한다. 작업이 지연될 경우에는 0~4℃의 냉장고에 입고한다. 선도판정 및 원료검수는 원료검수요령에 준한다.

어육햄, 소시지 제조에 쓰이는 원료어는 다랭이, 새치류와 같은 대형의 유색어 및 상어류, 고래 등이다. 또 일부에서는 전갱이나 저인망(底引網)에서 잡히는 흰살어류도 이용된다. 붉은살어류로부터는 탄력이 강한 제품을 얻기가 힘드나 어육햄, 소시지는 어묵과 같은 강한 탄력을 필요로 하지 않으므로 문제가 되지 않는다. 다랭이류에서는 황다랭이, 눈다랭이 등이 많이 사용되는데, 일반적으로 다랭이류의 고기풀은 접착성이 적고 가열육의 탄력은 약하다.

새치류에서는 녹새치나 백새치 등이 사용되는데, 다랭이류에 비하여 고기풀의 점착성이 강하고, 또한 가열육의 탄력도 강하므로 어육햄의 결착육으로 많이 쓰인다.

고래육은 주로 장수고래와 같은 종류가 사용되는데, 육색이 짙고 탄력이 약하며, 특유한 냄새를 가지고 있으므로 너무 많이 배합하지 않는 것이 좋다.

상어류는 맛이 적고 선도저하에 따라 암모니아나 TMA를 발생하기 쉬우므로 많이 배합하면 제품에 암모니아 냄새를 주기 쉽다. 또 가열시에 가스가 발생하여 casings을 팽창시켜 살균효과를 떨어뜨리는 수가 있다. 흰살어류에는 탄력이 강하여 결착용으로 쓸 수 있는 것이 많은데, 최근에 명태의 냉동고기풀이나 오징어의 동육(胴肉)도 어육소시지 원료로 사용된다.

### 2) 다듬기

원료의 품질검사가 끝나면 원료어를 작업대 위에 쏟아 놓고 작업을 실시한다. 왼손으로 원료어의 체부위를 눌러 쥐고 바른 손으로 칼을 사용하여 아가미를 따라 등고기(背肉)를 베지 않도록 사각(斜角)으로 머리를 짜른다. 이어서 등(背)을 가르고 내장 및 혈액 등을 칼날로 밀어낸 다음 지느러미를 제거한다. 육은 플라스틱 용기에 담고 내장, 머리, 지느러미 등 부신물은 어상자에 담아 일정장소에 모으며 용기에 담긴 어육은 처리과정에서 가루얼음을 섞어 저온(-4~-5℃)을 유지해야 한다. 원료량이 많을 때는 원료의 선도유지를 위해 냉장실에 보관하고 적당량씩 꺼내어 해동하여 처리한다. 원료어를 냉동할 경우 급속동결을 실시하여 육의 변성을 막도록 해야 한다.

한편 소형어와 흰살어류는 어육채취기로 채육하여 세척한 후 어육햄의 결착육으로 사용한다. 혈합육은 색소단백의 양이 많으므로 별도로 모아 세척을 하고, 또 색소의 고정도 별도로 처리한다.

냉동 고래고기는 흐르는 물에 담가 해동과 탈혈(脫血)을 하고 힘줄을 제거한 다음 햄 원료용, 소시지 원료용으로 나누어 처리한다.

고래고기나 붉은살어육은 보통 염지를 하여 육의 발색이나 보수성을 좋게 한다. 염지는 보통 소금(2~3%), 아질산소다(50~100ppm), 질산칼리(0.05~0.1%), sodium asc-orb-ate(200~500ppm), nicotinamide(300~500ppm), 중합인산염(0.2~0.3%) 등을 그대로 육에 혼합하여 0~5℃에서 2~3일간 염지한다. 염지를 마친 붉은살어육이나 고래고기에 제품의 맛, 색, 탄력 등을 고려하여 몇 가지 어육을 배합한다. 그 예를 들면 표 9-11과 같다.

**표 9-11 어육소시지용 원료육의 배합 예** (단위 : %)

| 황다랭이 눈다랭이 | 녹새치 | 고래고기 | 흉상어 청상아리 | 명태냉동 고기풀 | 기타 |
|---|---|---|---|---|---|
| 40 | 5 | 40 | 5 | 10 | - |
| 30 | 10 | 20 | 10 | 30 | - |
| 50 | - | 10 | 20 | - | 오징어 15 , 전갱이 5 |
| 40 | - | 50 | 10 | - | - |
| 50 | 20 | 30 | - | - | - |
| 20 | 20 | 40 | - | - | 저인망어획물 20 |
| 50 | 5 | 40 | 5 | | - |

녹새치, 상어류, 저인망어획물 등을 너무 많이 배합하면 어묵과 같은 탄력을 갖게 된다.

### 3) 씻기

전처리(내장, 머리, 지느러미 제거)가 끝난 원료어는 즉시 어육 세척기에 넣어 세척한다. 세척수는 10℃ 이하의 냉각수로 원료세척에 충분한 양을 공급할 수 있어야 한다. 세척기 회전수는 36rpm이 적당하다. 세척기에 투입한 원료는 그 양을 조절하여 충분히 세척되도록 하고 적당량 투입하여 채육기에 과중한 투입으로 인한 채육손실이 없도록 한다.

#### 4) 살뜨기

세척이 끝난 원료어는 콘베아로 채육기에 투입한다. 채육기에 넣은 원료량은 일정하게 하고 각 개체가 분리되어 투입되도록 운전해야 한다.

#### 5) 물바래기

채육기에서 분리된 육은 water chute를 통해서 세척탱크로 옮겨 작업량의 육이 충분히 운집되면 교반기(16 rpm)를 작동시켜 수세한 후 일시 정치한다. 세척 tank에 육이 침전되면 진공펌프를 이용하여 어육세척장치(fish meat washing apparatus)로 각각 육량(肉量) 100㎏ 정도씩 옮긴다. 옮긴 육에 10℃ 이하 예냉수(豫冷水)를 agitator가 걸린 선까지 채우고 작동시켜 약 5분간 교반 후 정치하여 육이 침전되면 윗물을 파이프로 제거한다. 이 세척공정은 연육의 세척도에 따라 3~4회 반복한다.

#### 6) 물기 빼기

세척장치에서 세척된 육은 파이프를 통하여 적당량(15~20kg)을 뽑아 원심탈수기로 탈수시킨다. 탈수시간은 1회에 약 10분 정도 실시하여 수분을 80% 내외가 되도록 한다. 탈수가 끝난 육은 plastic 용기에 육을 일정량씩 옮겨 담아 곧 chopping 할 수 있도록 한다.

#### 7) 고기갈이

작업자는 작업시작 전에 chopper의 각 부분을 점검하여 이상 여부를 확인하고 세척한 다음 사용한다. Chopper는 knife와 plate 사이에 원료를 무리하게 넣어 과도한 힘을 가하지 않도록 하며 육온상승(肉溫上昇)을 막아야 한다. Plate의 screen은 1~5 m/m의 것을 여러 개 구비하여 적당한 것을 사용한다. 처리된 육을 chopper에 넣을 때는 투입량을 조절하여 지방분리가 안되도록 주의해야 한다. 육을 chopper에 투입시 나무주걱 또는 plastic 용기에 일정량씩 받아 중량을 알 수 있도록 한다. Chopper는 작업이 끝난 후 분해하여 손질하고 깨끗이 씻어 면실유 등을 칠해 둔다.

#### 8) 섞기

연육(어육)은 혼화(混和)하기 전에 일단 stone grinder를 이용해서 약 30~40분간 grinding 한다. Grinding시 소금사용량을 원료육의 약 2%로 조절한다. 주, 부원료와 첨가물은 silent cutter에 첨가시 혼란을 빚지 않도록 잘 정돈해 놓고 사용한다. Silent cutter의 운전 전에 knife의 고정여부, 청소상태 등을 점검하고 작업을 시작한다. Grinding한 어육(연육)과 chopping 된 돈육, 기타 원료를 넣고 혼화(混和)를 시작하고 이때 육온상승을 방지하기 위해 가루얼음을 첨가하되 수분량이 너무 많아지지 않도록 첨가량을 조절하여 사용한다. 조미료, 향신료, 결착제(전분) 등은 처음부터 첨가하여 갈고, 지방은 비교적 뒤에 넣는다. 분말이 비산(飛散)될 우려가 있을 때는 육, 첨가물, 빙수, 색소의 순서로 넣으면 효과적으로 작업할 수 있다. 첨가하는 부원료의 양은 일반적으로 전분(3~8%), 설탕(2~3%), 소금(약 3%), 글루타민산소오다(0.2~0.5%), 향신료(0.4~0.8%), 중합인산염(0.1~0.3%), 지방(7~10%), 방부제(적당량) 등과 같다.

이 외에 훈액(燻液)을 원료육 1kg에 대하여 2~3mℓ의 비율로 첨가하여 훈연취를 내도록 하는 경우도 있으며, 또 아질산염에 의한 육색의 고정을 생략하고 식용색소로 착색하는 수도 있다. 향신료로는 천연물, 합성향신료 등을 사용하는데 어육소시지용의 향신료 배합 예를 들면 표 9-12와 같고, 수산가공에 쓰이는 향신료는 표 9-13과 같다.

**표 9-12 어육소시지용 향신료의 배합 (단위 : %)**

| 향 신 료 | 방향이 약간 강한 배합 | 신미가 약간 강한 배합 |
|---|---|---|
| white pepper | 40 | 50 |
| allspice | 10 | 10 |
| onion | 20 | 18 |
| ginger | 6 | 5 |
| nutmeg | 6 | 3 |
| sage | 6 | 5 |
| coriander | 4 | 2 |
| mace | 3 | 3 |
| cardamon | 3 | 2 |
| chili | 2 | 2 |

중합인산염으로는 sodium pyrophosphate, sodium hexametaphosphate, sodium tripolyphosphate 등이 사용되는데 각각 특징이 있으므로 목적에 따라 단독으로 또는 혼합하여 사용한다. 지방으로는 돈지육, lard, shortening 등이 사용된다.

얼음은 빙 crusher에 넣어 분쇄한 빙설을 사용하는데 빙괴가 너무 크지 않도록 한다. 얼음의 첨가는 knife의 고속회전으로 인한 마찰열 방지와 제품의 유화작용을 촉진시키기 위하여 배합과정에서 연육의 수분량, 품온, 점성의 정도를 감안하여 혼합 후 수분을 62±3% 내외로 조절한다.

식물성 단백, 전분 등의 첨가는 점착력이 강화된 후에 넣고 잘 혼화시켜 균일한 상태가 되도록 한다. 지방의 첨가는 cutting 종료 1~2분 전에 넣고 지방분리가 되지 않도록 한다. Cutting 시간은 육괴의 크기, 육량, 육질, knife 및 batch 회전속도 등 조건이 관계되며 보통 8~13분 이내에 끝내야 한다. 작업 종료 후엔 silent cutter의 손질 및 점검을 하여 다음 사용시에 대비해야 한다.

**표 9-13 육제품용 향신료 일람표**

| 종류 | 영어명 | 식물의 부위 | 주산지 | 주성분 |
|---|---|---|---|---|
| ● 신미성 향신료 | | | | |
| 흰후추 | white peper | 과실 | 인도네시아 | Chavicine(piperine이성체) |
| 검은 후추 | black peper | 과실(미숙) | 인도네시아 | capsaicine |
| 고추 | chillie(red peper) | 과실 | 한국, 일본 | sanshool |
| 산초 | | 과실 | 한국, 일본 | sinigrin |
| 계자 | mustard | 과실 | 일본, 인도, 유럽 | allylmustard |
| 산마늘 | | 근경(根莖) | 일본 | propylallyl, disulphide |
| 양파 | onion | 인경(鱗莖) | 세계각국 | allylsulphide(신미), glucominal(향) |
| 마늘 | garlic | 〃 | 〃 | shogaol(신미), zingeran, |
| 생강 | ginger | 근경 | 〃 | zingiberol(향) |
| 울금 | turmeric | 〃 | 인도, 열대지방 | turmerol(향), curcumine |
| 계피 | cassia | 수피(樹皮) | 남지(南支) | cinamic aldehyde |
| 육계 | cinnamon | 수피, 근피 | 일본 | 〃 |
| 피멘트 | pimemto | | | |
| 올스파이스 | allspice | 과실(미숙) | 중남지 | eugenol |
| ● 방향성 향신료 | | | | |
| 소두구 | cardamon | 과실 | 열대지방 | terpineol |
| 정향 | clove | 꽃잎 | 〃 | eugenol |
| 다임 | thyme | 엽(葉) | 프랑스, 이태리, 일본 | thymol, cavacrol |
| 박하 | peppermint | 박하뇌 | 일본, 한국 | menthol |
| 자소 | - | 엽, 종실 | 중국, 일본 | perillaldehyde |
| 세이지 | sage | 엽 | 유럽 | salven, thujone |
| 육두구 | nutmeg | 종자 | 남미, 말레이시아 | terpen류 |
| 월계엽 | laurel | 엽 | 지중해연안 | cineol |
| 진피 | - | 과피 | 일본 | limonene |
| 회향 | fennel | 과실 | 중동, 지중해연안 | anetol |
| 고리안델 | coriander | 〃 | 러시아, 중동 | linalol |
| 이논드 | dill | 〃 | 유럽 | carvune |
| 파세리 | parsley | 어린잎 | 세계 각국 | apiin, apiol |
| 세로리 | celery | 엽, 종자경 | 〃 | limomene, selinen |
| 큐민 | cumin | 과실 | 인도, 이태리 | cuminol |
| 바니라 | vanilla | 과실(미숙) | 중미, 인도, 인도네시아 | vanilline |
| 사프란 | safran | 암술 | 유럽, 남아시아 | pikrocrocine, carotine |
| 두송자 | tuniper | 과실 | 유럽 | pipen, cadimen |

### 9) 채워넣기

충진기(stuffer)는 사용 전에 청결여부를 점검하고 이상이 없을 경우 세절 및 혼화된 육을 운반용기로 옮겨 충진기에 넣는다. 충진기에 육을 넣을 때는 소량씩 다져 넣어 공기가 들어가지 않도록 한다. Casing에 정량 충진을 위해서 작업시작 전에 최소한 5회 이상 portioner(attachment)를 작동하여 정량 충진을 확인하고 작업중 매 30분마다 정량 충진 여부를 확인해야 한다.

어육햄, 소시지의 casing으로는 거의 plastic film이 사용되고 있다. 즉 내수성, 내열성,

내유성, 기체투과 방지성이 있고, 열수축성이 있는 것이 사용되는데, 주로 vinylidene chloride와 vinyl chloride의 중합물(상품명 Kureharon, Saran 등), polyvinylidenechloride (PVDC) 등이 사용된다.

결속(結束)에는 S.Y Ringer를 이용하여 aluminium 선으로 단단하고 깨끗하게 해야하며 결속속도는 1분간 60개 정도가 적당하다. 결속이 헐거우면 세균이 침입하여 부패의 원인이 되므로 주의하여야 한다. 보통 결속부는 5~10 lb/m$^2$의 내압에 견딜 정도이면 된다. 결속을 마치면 충진할 때 casing 외부에 부착한 고기풀을 씻어 낸다. 충진기는 작업시작전후 반드시 세척하여야 하고 특히 작업 후엔 세척한 후 식물성유를 cylinder 내부에 발라 두어야 한다.

### 10) 살균 및 냉각

충진 및 결속이 끝난 것을 냉각수에 담가 육온의 상승을 막아야 하며 일정량(1회 살균량)이 되면 곧 retainer를 retort 내에 일정량씩 넣고 기계를 작동, 살균을 시작한다. 살균조건은 각 제품의 규격에 따라 살균온도 및 시간을 조절하되 살균시간은 가능한 단축시킨다. 소규모일 때는 목제 또는 철제탱크가 사용되나, 대규모일 때는 제품을 conveyer 식의 retainer에 넣어 긴 열탕탱크 중을 50~60분 걸려서 통과하도록 한다.

어육소시지에서는 열탕의 온도는 85~95℃ 정도이고 돈지육을 많이 넣은 어육햄에 있어서는 지방의 융해를 막기 위하여 75~85℃ 정도로 낮게 하여 가열시간을 길게 한다. 가열시간은 제품의 크기에 따라 다르며 예를 들면 절경(折徑) 49~50㎜의 casing에 채운 어육소시지는 약 60분, 절경(折徑)이 70~75㎜의 casings에 채운 경우는 약 60~80분의 가열이 필요하다. 어육햄의 경우는 절경 140㎜ 정도의 것은 150~180 분을 요한다.

또 급격히 가열하면 제품의 모양이 굽어지기 쉬우므로, 처음에는 70℃ 정도의 낮은 온도에서 단시간 가열한 후 고온으로 옮기는 수가 많다. 살균된 제품은 곧 이어 냉수 탱크에 넣거나 냉각장치를 작용시켜 되도록 속히 냉각시킨다. 냉각시간은 살균시간에 따라 조절되며 그의 예를 들면 표 9-14와 같다.

표 9-14 고압열수살균기(120℃)에서 제품규격에 따른 살균시간 및 냉각시간

| 제품명 | 규격 | 살균시간 | 냉각시간 |
|---|---|---|---|
| 어육소시지 | 45 g | 10 분 | 5 분 |
| | 80 g | 15 분 | 8 분 |
| | 110 g | 20 분 | 10 분 |
| | 200 g | 25 분 | 10 분 |
| | 300 g | 30 분 | 15 분 |
| | 400 g | 30 분 | 15 분 |
| 쇠고기 소시지 | 70 g | 15 분 | 8 분 |
| | 150 g | 25 분 | 10 분 |
| | 250 g | 25 분 | 10 분 |
| 군납핫도그 Sausage | 500 g | 40 분 | 20 분 |

가열중의 제품은 casing의 표면이 매끄러우나, 냉각하면 가열중에 팽창한 육이 수축하여 casing에 주름이 지게 된다. 이 주름을 펴기 위하여 제품을 약 95℃의 열탕에 30초 정도 담갔다가 꺼낸다. 이 처리에 의하여 열수축성 casing는 재수축하여 주름이 없어지고 매끄러운 표면으로 된다.

주름(Creases)을 펴는 가열시간이 길면 육이 가열팽창하여 주름이 다시 생기므로 주의하여야 한다. 냉각이 끝난 제품은 retort 운전을 중지하고 retort 문을 열어 곧 건조기에 넣어 건조시킨다.

### 11) 라벨첨부 및 포장

살균이 끝난 제품은 물기를 완전히 제거하고 작업테이블에 옮겨 외포장을 준비한다. 제품을 라벨(Label) 및 기타 표시사항이 인쇄된 적색계통의 필림으로 말아 싸고 밀착포장하여 양끝을 비틀어 봉한다. 외포장이 끝나면 제품규격별로 포장상자에 가지런히 넣고 접착테이프를 붙인 후 PP band로 결박하여 적재한다. 포장공정은 세균의 2차 오염이 되기 쉬우므로 외기가 직접 포장 실내에 들어오지 않도록 해야 하며 저울, 작업대, 작업원의 손 및 의복을 깨끗하게 하여 2차 오염을 방지해야 한다. 포장된 제품은 3~5℃ 냉장실에 넣어 저장한다.

## Ⅲ. 연제품의 탄력에 영향하는 요인

연제품의 품질은 외관, 향미 및 탄력에 의하여 결정된다. 향미는 조미료의 사용으로 조절할 수 있으므로, 탄력이 강한 제품을 만드는 것이 품질을 결정하는 가장 중요한 요건이 된다. 탄력의 강도에 영향하는 요인으로는 다음과 같은 것을 들 수가 있다.

(1) 원료어육의 성상 : 원료어의 종류, 원료어의 상태(선도, 동결 등)
(2) 고기풀의 제조 조건 : 첨가염류의 종류, 농도, pH
(3) 망상구조의 형성조건 : 엉겨 앉음(setting), 가열 조건

## 1. 고기풀의 제조 조건

품질이 좋은 연제품을 만들기 위하여는 고기갈이를 할 때 첨가한 소금에 근원섬유단백질이 될 수 있는 대로 잘 녹아 나오도록 알맞는 조건을 만들어 주어야 한다. 근원섬유단백질의 용해성은 염류의 종류, 농도, pH 등에 의하여 크게 영향되며, 이것은 곧 제품의 탄력과 밀접한 관련이 있다.

### (1) 소금의 첨가량

여러 가지 농도의 소금물을 사용하여 어육을 추출하면 1% 이하의 묽은 소금물에는 전단백질의 20~30%가 용해하나 myosin은 녹지 않는다. 소금농도가 1~2% 이상이 되면 단백추출량은 급격히 증가하고 3~10%에서 최고에 달한다. 소금농도가 더욱 높아져서 15% 이상이 되면 염석(salting out)에 의하여 단백질은 불용성이 되므로 용출량은 급격히 감소한다(그림 9-16).

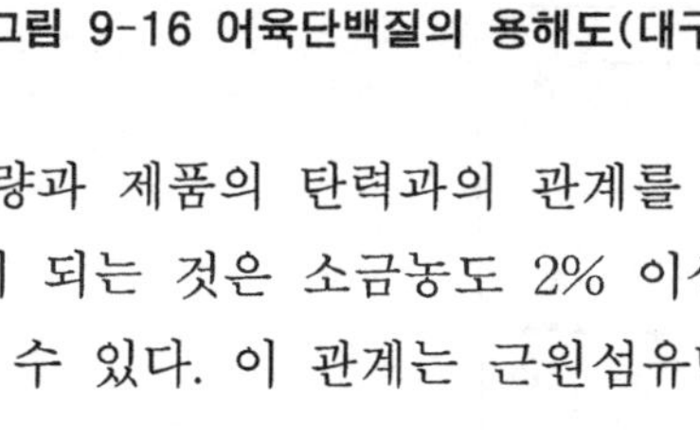


그림 9-16 어육단백질의 용해도(대구)

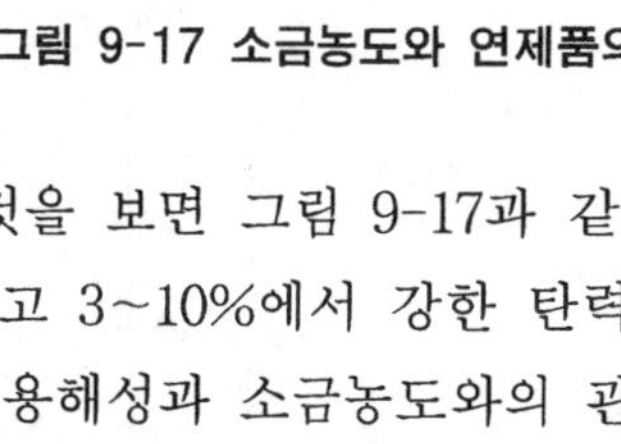


그림 9-17 소금농도와 연제품의 탄력

소금첨가량과 제품의 탄력과의 관계를 조사한 것을 보면 그림 9-17과 같다. 즉 탄력이 있는 제품이 되는 것은 소금농도 2% 이상일 때이고 3~10%에서 강한 탄력의 제품이 되는 것을 알 수 있다. 이 관계는 근원섬유단백질의 용해성과 소금농도와의 관계와 잘 일치하고 있다.

따라서 5% 이하의 농도에서는 소금농도가 높을수록 제품의 탄력은 강해지나, 소금첨가량이 많아지면 염미가 강하여 맛이 떨어지므로 2.5~3.5% 정도의 소금을 첨가하는 것이 제품의 탄력이나 맛으로 보아 적당하다고 할 수 있다.

### (2) pH

연제품의 탄력의 강도는 고기풀의 pH에 의하여 큰 영향을 받는다. 산, 알칼리를 첨가하여 고기풀의 pH를 조절한 후, 가열하여 연제품으로 했을 때의 탄력의 강도와 고기풀의 pH와의 관계를 보면 그림 9-18과 같다.

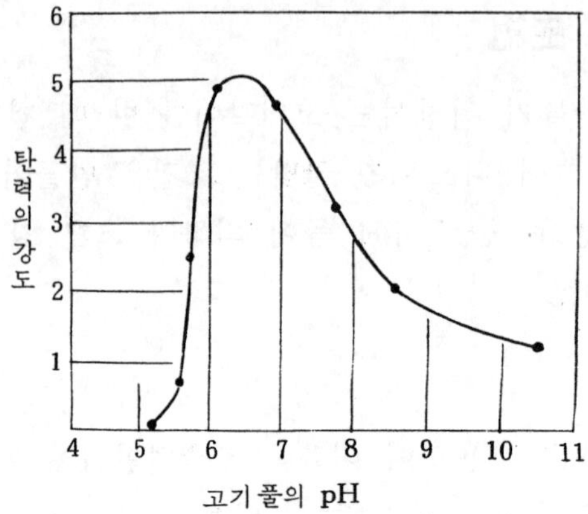


**그림 9-18 연제품의 탄력과 pH**

pH 6.0 이하에서는 고기풀은 점조성을 잃고, 가열하여도 탄력은 없으며, 다량의 수분을 분리한다. 그러나 pH가 높아짐에 따라 탄력있는 gel이 형성되며, pH 6.5 ~ 7.0에서 탄력이 가장 강해진다.

이러한 고기풀의 pH와 연제품의 탄력과의 관계는 근원섬유단백질의 용출성과 pH와의 관계가 비슷하다. 어육의 등전점은 pH 5.0~5.5로 육단백질의 용해성, 팽윤성이 최저가 되는 점이다. 그러나 pH가 5.0 ~ 5.5보다 알칼리쪽으로 기울어지고 또 어느 정도의 염류가 존재하면 근원섬유담백질의 용해성은 급격히 증가한다(그림 9-19).

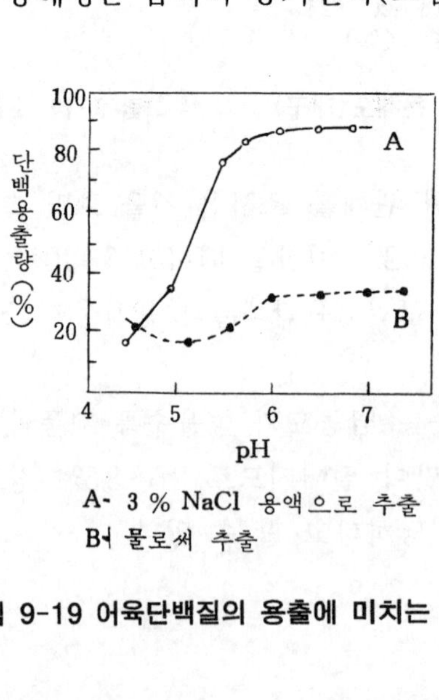


**그림 9-19 어육단백질의 용출에 미치는 pH의 영향**

따라서 고기갈이를 할 때 어육의 pH를 6.5~7.0이 되도록 조절하는 것은 근원섬유단백질의 용해를 증가시켜 연제품의 탄력을 증가하는 데 유효하다.

특히 고등어, 다랭이와 같이 pH가 5.6~6.2로 낮은 붉은살어류의 경우는 pH의 조절이 필요하다. pH의 조절에는 NaOH보다 $Na_3PO_4$나 $Na_2CO_3$ 등을 쓰는 것이 편리하다. 단 이때 pH를 너무 높게 하면 오히려 제품의 탄력이 떨어지므로 주의하여야 한다.

### (3) 중합 인산염(polyphosphate)

연제품의 강력증강제로 중합인산염이 상당히 많이 쓰이고 있다. 중합 인산염이 연제품의 탄력증강의 효과를 나타내는 것은 소금 등과 공존하게 되면 단백질의 용해성을 크게 높이는 효과가 있기 때문이다. 즉 중합인산염은 다염기성산염이므로 소량이라도 이온강도를 높이는 효과가 크고, 또 가수분해하여 알칼리성이 되므로 pH를 높이는 효과도 커서 단백질의 용해를 증가시킨다. 또한 단백질의 수화를 방해하는 Ca, Mg 이온을 chelate 작용에 의하여 제거하는 것도 용해성을 높이는 작용의 하나이다.

한편 중합인산염을 첨가하면 고기풀의 유동성이 증가되어 성형하기가 어려워지거나 일단 성형하여도 가열 중에 변형하는 등의 결점이 있다. 이와 같은 유동성의 증대도 어종에 따라 명태 같은 것은 영향이 적으나, 조기 같은 것은 아주 유동성으로 되기 쉽다. 단, 어육소시지의 경우는 유동성의 증대는 문제가 안될 뿐만 아니고, 오히려 충진하는데 편리한 점도 있다.

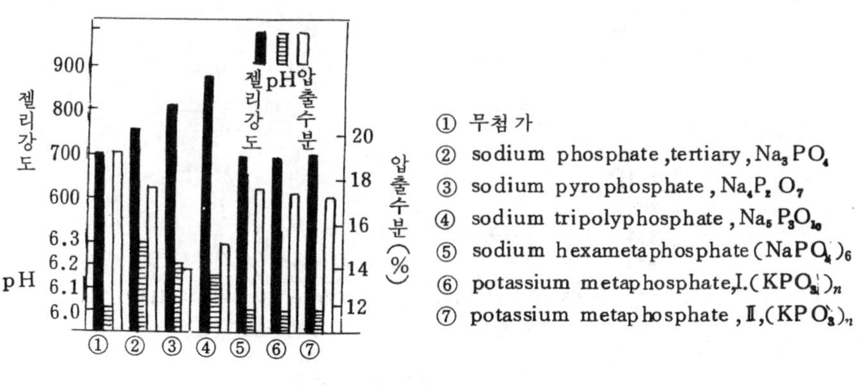


**그림 9-20 연제품의 탄력증강에 미치는 중합인산염의 효과**

중합인산염은 0.5% 이상 첨가하면 제품에 이미(異味)를 느끼게 되고, 또한 단백질의 용해성 증진효과도 커지지 않으므로 어육에 대하여 0.2~0.3%가 적당한 첨가량이라고 할 수 있다. 또 중합인산염과 0.1% 정도의 염화칼슘을 섞어 사용하면 고기풀의 유동성도 방지하고 제품의 탄력도 증강시킬 수 있다고 한다.

## 2. 망상구조의 형성조건

고기풀을 그대로 장시간 방치하거나 가열하면 점착성을 잃고 탄력이 있는 gel로 된다. 이와 같은 gel화, 즉 엉겨 앉음이 일어나는 것은 섬유상의 근원 섬유단백질이 망상구조를 형성하는 때문이다. 따라서 이 망상구조를 강화하여 연제품의 탄력을 강하게 하기 위하여는 원료어육의 성질에 따라 망상구조 형성에 알맞는 제조조건으로 처리하여야 한다.

### (1) 가열 조건

가열조건에 따라 연제품의 탄력은 많이 달라진다. 일반적으로 가열온도가 높고, 또 가열속도가 빠를수록 탄력은 강해지고, 저온에서 장시간 가열하면 탄력이 약한 제품을 얻는다. 그러나 원료어의 종류나 그 선도 등에 따라 이 관계는 많은 차이가 있다. 몇 가지 어종에 대하여 가열온도와 탄력과의 관계를 조사한 것을 보면 그림 9-21과 같다.

즉 이에 의하면 탄력형성에 알맞는 가열온도는 녹새치(60~80℃), 보구치(45~50℃ 및 75~85℃), 매퉁이(45~55℃ 및 85℃ 이상), 명태(45℃ 이상)으로 되어 있다. 또 일반적으로 60℃에 장시간 두면 두부(豆腐)와 같은 탄력이 약한 제품이 되는 수가 많다.

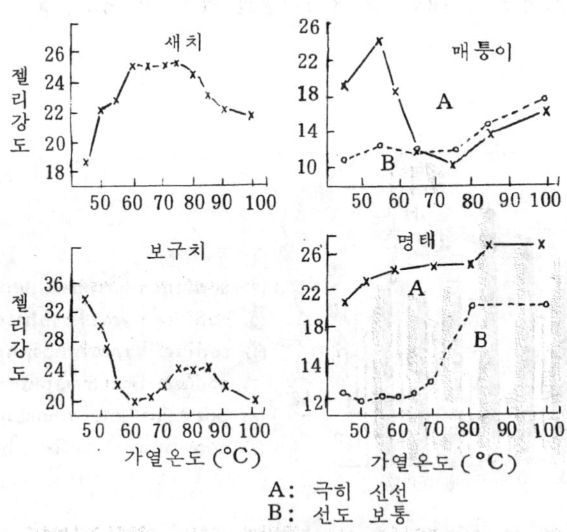


**그림 9-21 가열온도와 탄력의 강도**

즉 이른바 되풀림(returning) 현상이 일어나는데 이것은 일단 형성된 망상구조가 60℃ 부근에서 붕괴된다고 볼 수 있다. 가열속도가 빠르면 탄력이 강한 제품이 되는 것은 60℃

부근을 통과하는 시간이 짧기 때문이다. 그러나 조기나 신선한 매퉁이 등이 45~50℃와 같은 낮은 온도에서도 탄력이 강한 gel을 형성하는 것은 흥미있는 일이다.

### (2) 엉겨앉음(setting)의 응용

고기풀을 성형하여 그대로 두면 gel화 한다. 이렇게 gel화, 즉 엉겨앉음을 일으키게 한 후 가열하면, 성형한 후 곧 가열한 것에 비하여 제품의 탄력이 훨씬 강해진다.

예를 들면 정어리는 탄력이 약한 원료의 대표적인 어종인데, 신선한 것은 대단히 엉겨앉기가 쉽다. 이 정어리의 고기풀을 엉겨앉게 한 다음 가열하면 탄력이 강한 제품을 얻을 수 있다. 즉 탄력이 약한 원료도 엉겨앉음을 이용하면 연제품원료로 사용할 수 있다.

**표 9-15 엉겨앉음(setting)을 이용한 탄력의 증강**

| 어종 | 방치 및 가열조건 | 가열 전의 엉겨앉음의 정도 | 제품의 성상 | | |
|---|---|---|---|---|---|
| | | | 젤리강도 | 압출수분 | 탄력강도 |
| 전갱이 | 곧 가열한 것<br>5℃, 2시간 방치후 가열한 것 | 1<br>4 | 410<br>575 | 26.0(%)<br>23.0(%) | 6점<br>9점 |
| 정어리 | 곧 가열한 것.<br>20℃, 12시간 방치후 가열한 것.<br>20℃, 24시간 방치후 가열한 것 | 1<br>3<br>4 | 420<br>600<br>800 | | 1점<br>5점<br>7점 |
| 보구치 | 곧 가열한 것.<br>5℃, 24시간 방치후 가열한 것 | 1<br>2 | 375<br>530 | 16.5(%)<br>13.5(%) | 7점<br>9점 |
| 녹새치 | 곧 가열한 것<br>5℃, 18시간 방치후 가열한 것 | 1<br>1 | 650<br>850 | 35.3(5)<br>30.0(%) | 7점<br>9점 |

☆ 1 : 점조, 2 : 엉겨앉기 시작한 것, 3 : 엉겨앉은 것, 4 : 강하게 엉겨앉은 것

또 녹새치의 고기풀은 5℃에서 하룻밤을 두어도 점조한 고기풀 그대로이고 엉겨앉지를 않는다. 그러나 이와 같이 엉겨앉기 어려운 고기풀이라도 일단 방치하였다가 가열하면, 곧 가열한 것에 비하여 탄력이 강해지므로, 가열 전에 일단 방치하는 것은 유효한 방법이다.

엉겨앉기가 쉬운 어류와 어려운 것을 분류하면 다음과 같다.

① 엉겨앉기 쉬운 어류 : 정어리, 눈퉁멸, 매퉁이, 날치, 창꼬치, 갈치, 전갱이, 고등어, 갈고등어

② 엉겨앉기 보통인 어류 : 농어, 조기, 보구치, 밀복, 홍살치, 넙치, 돌가재미, 대구, 눈다랭이, 가다랭이, 방어

③ 엉겨앉기 어려운 어류 : 샛멸, 갯장어, 잉어, 꽁치, 동갈민어, 황다랭이, 녹새치, 만새기, 흉상어, 곱상어, 오징어, 문어

엉겨앉음은 방치온도가 높을수록 빨리 일어나므로(그림 9-22) 저온에서 하룻밤 두는 대신에 30~40℃에서 수십분 방치하는 방법이 요사이 많이 이용되고 있다. 그러나 고온에서 엉겨앉게 하면 어종, 선도 등에 따라서는 제품의 탄력이 오히려 떨어지거나 또는 변질하는 수가 있으므로 주의를 요한다.

또 소량의 $CaCl_2$를 첨가하면 엉겨앉음을 촉진하므로 고등어 등의 붉은살어류를 원료로 할 때에 이용하는 수가 있다. 즉 gel 형성능이 약한 붉은살어류라고 하더라도 선도가 좋은 육을 충분히 수쇄하여 $Na_3PO_4$ 등으로 pH 7 부근으로 조절하고 소금 약 3%, $CaCl_2$ 0.1~0.2% 정도 첨가하여 고기갈이를 한다. 이어 곧 성형하여 하룻밤 방치하여 엉겨앉게 한 후 가열하면 탄력이 있는 제품을 얻을 수 있다.

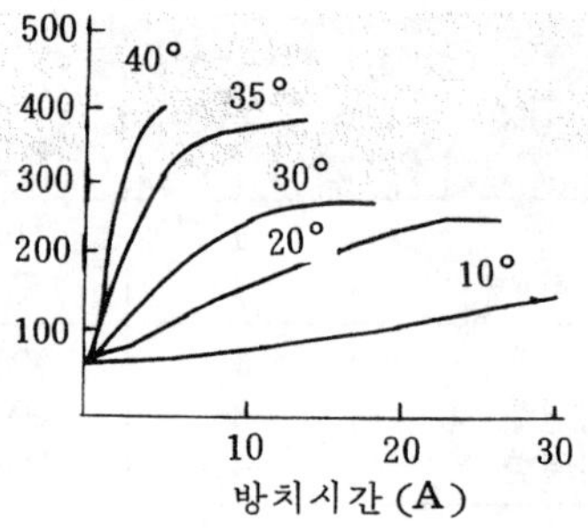


그림 9-22 엉겨앉음의 속도와 방치온도

### (3) 2단가열의 응용

어종에 따라 근원섬유단백질의 열응고 온도보다 약간 낮은 온도인 45~50℃에서 고기풀을 가열하면 탄력이 극히 강한 gel을 형성하는 종류가 있다. 선도가 좋은 조기나 매퉁이 같은 것은 이의 좋은 예이다.

그러나 이 저온 가열만으로는 육중의 세균을 완전히 사멸시킬 수가 없어 곧 부패하게 된다. 세균을 사멸시켜 저장성을 주기 위하여 75~90℃에서 수 십분 정도 재가열할 필요가 있다. 따라서 45~50℃에서 수십 분간 초벌가열을 하여 튼튼한 망상구조를 형성시킨 다음, 살균 목적으로 75℃ 이상에서 두벌가열을 하는 2단가열법은 연제품의 탄력증강법으로 유효한 방법이다.

실제로 조기, 날치, 매퉁이, 전갱이 등에 대하여 2단가열법을 검토한 결과 처음부터 2단가열의 최종 온도에서 가열하는 보통 가열법에 비하여 상당히 탄력이 강한 제품을 얻을 수 있었다고 한다. 보구치의 예를 들면 표 9-16과 같다.

표 9-16 2단가열법에 있어서의 가열온도의 영향

| 가열방법 | 가열온도 | | 가열 gel의 성상 | |
|---|---|---|---|---|
| | 초벌가열 | 두벌가열 | 젤리강도 | 탄력강도 |
| 1단가열 | 75℃ | | 480 | 8점 |
| 2단가열 | 45℃ | 75℃ | 780 | 10점 |
| 3단가열 | 60℃ | 75℃ | 350 | 5점 |

2단가열을 할 때 주의하여야 할 점은 첫째 초벌가열의 온도조절을 정확히 하여야 한다는 것이다. 온도조절을 잘못하여 60℃ 정도가 되면 망상구조가 풀리어 오히려 탄력을 떨어뜨리게 된다. 초벌가열은 될 수 있는대로 50℃ 이하의 저온에서 하는 것이 안전하고 효과도 크다.

두 번째 주의하여야 할 점은 초벌가열의 저온으로는 망상구조가 형성되지 않는 원료는 2단가열을 해서는 안 된다는 것이다. 예를 들면 명태, 매퉁이 등은 선도가 약간 떨어지게 되면, 70℃ 이하에서는 전혀 탄력이 있는 gel을 만들지 않는다. 따라서 이러한 것은 2단가열을 하여도 탄력이 있는 제품을 얻을 수 없다. 오히려 85℃ 이상에서 1단가열을 하는 것이 탄력있는 제품을 얻을 수 있다. 따라서 가열조건은 어종, 선도 등을 고려하여 신중히 결정하여야 한다.

## 3. 탄력보강제 및 증량제

### (1) 전분

연제품의 탄력보강 및 증량제로 가장 많이 사용되는 것이 전분이다. 일부 고급품을 제외하고는 보통 어육에 대하여 5~20%의 전분이 혼화(混和)된다. 전분을 가하면 그것의 2~3배의 물을 첨가하여야 하므로 증량효과도 크다. 전분의 탄력을 보강하는 것은 호화하여 된 수화상태의 전분립이 가지는 기계적 강도에 의한 것이다. 사용하는 전분은 주로 옥수수, 밀가루, 감자전분이고 고구마전분도 일부 사용한다.

감자전분은 호화온도(58.7~62.5℃)가 낮아 가열온도가 낮은 제품에 많이 사용되고 밀가루는 호화온도(65~67.5℃)가 높아 가열온도가 높은 제품에 많이 이용된다. 고구마 전분은 보강효과가 적기 때문에 많이 이용되지 않는다. 또 밀가루를 사용할 때에는 첨가하는 물의 양이 너무 많으면 보강효과가 급격히 떨어진다. 이것은 감자전분에 비하여 밀가루전분립의 흡수능력이 낮기 때문이다.

### (2) 산화제

어육연제품의 탄력보강제로 브롬산칼리가 사용되고 있다. 사용량은 0.35g/kg 이하이다.

KBrO3는 산화제로 단백질의 SH기를 산화하여 ·S-S· 결합으로 바꾸어 망상구조를 강화한다고 생각되고 있다.

$$\text{-[SH HS]-} + KBrO_3 \rightarrow \text{-[S - S]-}$$

이와 같은 반응에 의하여 탄력의 증강효과를 나타내는 것으로는 이외에도 ascorbic acid, 과산화수소가 있다. $KBrO_3$의 산화반응은 급격히 일어나므로 고기갈이 초기에 첨가하면 단백질의 용출을 방해하거나, 엉겨앉음을 촉진하여 탄력을 오히려 떨어뜨리는 수가 있다. 그러므로 $KBrO_3$는 고기갈이 말기에 넣어야 하고, 또 고기갈이를 마치면 곧 성형하여야 한다.

또 연제품을 가열 직후에 과산화수소용액에 담그면 표백효과가 있고 또 탄력이 강해진다는 것이 알려져 있다. 이것은 침투한 과산화수소의 산화작용에 의하여 -S-S- 결합이 형성되는 때문이다. 그러나 잔존하는 과산화수소량이 100ppm 이상이 되어서는 안 되고, 또 첨가한 글루타민산소다를 파괴하는 등의 결점이 있으므로 과도한 사용은 피하여야 한다.

### (3) 아미노산

Lysine, arginine, ornithine 등의 염기성아미노산을 고기풀에 0.2~0.5% 정도 첨가하면 탄력이 증강되는 것이 알려져 있다. 이것은 아미노산의 alkylenediamine 구조와 관계가 있어, 단백질분자의 부전하(負電荷)와 반응하여 염결합을 만들어 망상구조를 강화한다고 생각되고 있다. 그러나 염기성 아미노산은 가열에 의하여 glucose나 미림(味淋) 중의 환원당과 Maillard 반응을 일으켜 제품을 갈변시키는 수가 있다.

### (4) 염화칼슘

엉겨앉음을 촉진하는 염화칼슘도 단백질의 부전하 기간에 가교결합을 형성하여 망상구조를 강화한다고 생각되고 있다.

$$\text{-[COO}^- \cdots Ca^{++} \cdots {}^-\text{OOC]-}$$

염화칼슘은 엉겨앉음을 촉진하는 효과가 있으므로 고기갈이 말기에 넣어야 하며, 첨가량은 0.1~0.3%가 적당하다(그림 9-23).

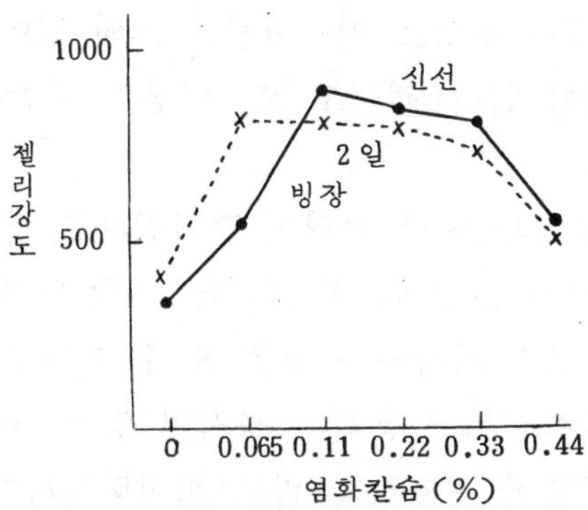


**그림 9-23 고등어 어육제품의 $CaCl_2$ 첨가 효과**

### (5) 식물성 단백질

콩, 밀 등으로부터 얻어지는 식물성 단백질을 연제품의 증량 또는 탄력보강의 목적으로 첨가하는 수가 있다. 영양적으로도 동식물성 단백질을 배합하는 것이므로 바람직한 일이다. 현재 사용되고 있는 식물성단백질은 탄력보강, 증량 효과면에서 전분보다 못하고, 또 첨가량이 많아지면 맛이 떨어지는 결점이 있다.

대두단백으로는 현재 탈지 대두분말을 그대로, 또는 물과 같이 가열하여 curd 상으로 응고시킨 것을 육에 혼화하고 있다. 그러나 탈지대두분말은 증량제로는 사용할 수 있으나 탄력보강제로는 별 효과를 기대할 수 없다.

밀가루의 단백질인 gluten은 밀가루를 물과 같이 개서 전분을 씻어내면 얻을 수 있는 것인데, 연제품에는 이 생 gluten을 그대로 사용하든지 또는 동결한 것도 사용된다. 생 gluten은 극히 차지므로 미리 어육과 같이 육세절기에 걸고 또 고기갈이 초기에 혼화할 필요가 있다.

Gluten을 첨가하였을 때의 제품의 탄력은 gluten 중의 수분량에 따라 다르다. 즉 수분량 60~65%의 최대 흡수상태에 있는 gluten은 어육과 같은 강도의 탄력을 가진 gel을 만드나 이 이상의 수분량인 때는 gluten이 전수분을 보수할 수 없어 과잉의 수분에 의하여 어육의 단백농도가 묽어지기 때문에 탄력이 떨어지는 것이다. 수분량이 많을 때에는 전분을 첨가하여 과잉의 수분을 흡수시키면 탄력의 보강효과는 회복한다. 또 gluten의 보강효과는 그 gel화 온도인 80~85℃ 이상에서 볼 수 있으므로 육단백질과 식물성단백질의 상호작용에 의하여 망상구조가 형성된다고 하기보다는 각각 별개로 망상구조를 만든다고 보아야 할 것이다.

### (6) 유 지

어육소시지를 제외하고 연제품의 제조에 있어서 유지를 첨가하는 일은 거의 없다. 더욱이 어묵의 제조에 있어서 세척을 하므로 지방함량은 거의 없어진다. 어육소시지의 경우는 맛과 지방함량이 밀접한 관련이 있어, 적어도 5% 이상의 지방을 함유하는 것이 필요하다고 한다.

일반적으로 연제품에 유지를 첨가하면 탄력이 떨어진다고 생각하여 왔으나 gel 형성 등이 높은 어육을 사용하면, 대두유를 20% 첨가하여도 제품의 탄력에는 거의 영향이 없으며, 20% 이상이 되었을 때 비로소 저하하는 것을 볼 수 있다고 한다.

지방을 첨가할 때에는 육단백질을 충분히 용출시켜 강한 유화작용을 이용하여야 한다. 고기갈이를 하는 동안에 고기풀이 점조성을 잃고 버석버석하여져, 지방을 분리하는 수가 있다. 이럴 경우에 물을 첨가하면 지방이 분리되지 않고 차진 고기풀이 되는 수가 많다. 물을 첨가함으로써 단백질, 지방, 물의 3성분계의 유화가 안정화되는 때문인 것이다. 또 monoglyceride와 같은 계면활성제를 물과 같이 첨가하여 주면 유리(遊離)한 지방이 고기풀에 혼화되어 균일하게 되기 쉽다.

## Ⅳ. 수산연제품의 품질관리

### 1. 제품 검사

#### (1) 외관검사

제품의 외관을 검사하고 길이 및 굵기 등 형태가 규격에 적합한지, casing에 주름이 없는지, casing 내부에 기포(氣泡) 등 이물질의 유무를 확인하고 결속상태를 확인한다. 내용물과 casing 사이에 액즙, 지방 등 분리의 유무와 색이 적합하고 균일한지를 검사한다.

#### (2) 내용물 검사

제품의 casing 상에 매직잉크로 Lot No를 표시하고 검사기록부에 시료의 규격별 Lot No를 기록한다. 칼로 제품의 가로 또는 세로를 잘라 단면의 상태(윤활성, 기공의 대소 및 분포)를 확인하고 육질의 유연, 탄력, 상태, 수분의 적부를 검사한다. 육의 결착과 조직의 균일성 및 이물의 혼입 여부를 육안으로 검사한다. 육의 단면에 광택, 색택의 균일성 여부를 검사한다. 염분의 균일한 배합여부, 관능(官能)에 의한 식미(食味), 향신료, 조미료의 조화가 잘 되는지, 이미, 이취의 유무를 검사한다.

## 2. 제품의 변패와 방지

### (1) 어묵의 변패

어묵 붙이는 그 원료어의 종류, 부원료의 배합조성 등에 따라 변패의 양식이 다르다. 성분과 변패양식과의 관계를 보면 표 9-17과 같이 일반적으로 다음 세 가지형으로 나눌 수 있다.

I형 : 투명하고 끈적끈적한 물방울과 같은 물질이 표면에 나타나서 종국에는 전면을 덮게 된다. 이것을 slime이라고 하는데, litmus에 대하여 산성을 나타내고, 악취는 없으나 산취가 있으며, 시간이 지나면 곰팡이도 발생하게 된다. 종전에는 slime은 어묵 표면에 생성된 세균 colony라고 생각하여 왔으나, dextran이 주요성분이라는 것이 밝혀졌다. 당이 많이 함유되고, 전분은 전혀 들어있지 않거나 또는 극히 소량인 경우에 나타난다.

**표 9-17 어묵붙이의 성분(무수물중)과 변패 양식**

| 전 분(%) | 포도당(%) | 설 탕(%) | 단백질(%) | 변 패 양 식 |
|---|---|---|---|---|
| 0 | 0 | 0 | 89.1 | II |
| 9.0 | 0 | 0 | 84.6 | II |
| 20.0 | 0 | 0 | 65.3 | II |
| 31.3 | 0 | 0 | 54.6 | II |
| 34.3 | 0 | 0 | 52.7 | II 또는 III |
| 35.3 | 0 | 0 | 51.6 | II 또는 III |
| 41.5 | 0 | 0 | 49.4 | III |
| 46.2 | 0 | 0 | 37.5 | III |
| 53.3 | 0 | 0 | 30.2 | III |
| 0 | 4.6 | 28.4 | 51.9 | I |
| 3.4 | 18.2 | 30.1 | 33.2 | I |
| 11.8 | 2.1 | 15.3 | 57.2 | I |
| 21.8 | 4.6 | 17.5 | 40.3 | I |

II형 : 불투명한 버터나 치즈와 같은 끈적끈적한 물질이 표면에 나타나서 종국에는 전면을 덮게 되고, 내부로부터도 변패한다. 암모니아와 같은 냄새를 강하게 풍긴다. 설탕이나 포도당과 같은 발효성의 당을 함유하지 않거나 또는 함유하여도 극히 적은 양이고, 반대로 전분함량이 많은 제품에서 볼 수 있다.

III형 : 처음부터 곰팡이가 발생하는 양식이다. II형의 변형이라고도 할 수 있는 것으로, 발효성의 당을 함유하지 않고 전분량이 상당히 많은 경우에 볼 수 있다. 전분량이 무수물 중 35% 이하이면 II형으로 되기 쉽고, 35% 이상이면 III형이 되기 쉽다. 무수물 중 35%의 전분량이라고 하면, 가령 어묵의 수분함량을 75%라고 보아 계산하면, 제품 중 8.8%의 함량에 상당하여, 값이 싼 제품은 이 정도의 전분을 함유하고 있다.

당을 함유하는 어묵에서는 변패에 따라 pH값이 떨어지는데, 산성을 나타내는 성분은 주로 젖산 및 휘발산이다. 휘발산으로는 처음은 초산만 존재할 뿐이나, slime이 생성될 무렵부터는 propionic acid, 낙산, valeric acid 등도 생성하게 된다. 이에 비하여 당을 함유하지 않는 어묵은 변패하면 암모니아가 증가하며, 그 변화는 일반 단백식품의 변패에서 볼 수 있는 변화와 같다. 일반적으로 암모니아의 함량이 30~40mg%이면 변패의 한계로 볼 수 있다.

한편 어묵 변패의 원인균에 대한 연구결과를 보면, I형의 변패제품에서 분리한 세균중 82.6%가 구균(*Streptococcus, Leuconostoc, Micrococcus, Rhodococcus*)이고, 이것들의 거의가 slime 형성능을 가지고 있으며, 나머지 17.4%는 *Pseudomonas, Flavobacterium, Achromobacter, Alcaligenes, Bacillus, Torula* 등이었다고 한다.

II형의 변패제품으로부터는 구균(*Micrococcus*)이 44%, 무아포간균(*Serratia, Flavobacterium, Achromobacter* 등)이 33%, 유아포간균(*Bacillus*)이 21%, 효모(*Torula*)가 21%였다고 한다.

어묵 내부의 변패는 고기풀의 가열온도에 따라 많이 다르며, 75℃ 이상으로 가열하면 구균을 비롯한 각종 세균은 사멸하고 유아포간균만 남게 된다. 유아포간균의 주된 것은 *Bacillus*로서 *B.megatherium, B.subtilis, B.cereus, B.coagulans, B.firmus* 등이 분리되고 있다.

가열을 마친 어묵의 내부는 혐기적이어서, 편성 호기성균인 이들 세균의 번식은 억제된다. 그러나 어묵을 공기 중에 두면 표층은 곧 호기적이 되고 이 호기적인 층은 시간의 경과와 더불어 내부로 확대된다. 호기적으로 변한 부분에서는 편성 호기성균의 번식이 가능하며, 비로소 내부로부터의 변패가 일어나게 된다.

### (2) 어육햄, 소시지의 변패

일반적으로 80℃ 이상에서 45분 정도의 가열을 받은 제품에도 1g당 $10^3$~$10^4$ 정도의 세균이 잔존하고 있다. 이것은 주로 전분, 향신료 등의 부원료에서 유래되는 내열성의 세균 아포에 의한 것이다. 저장온도가 높거나 공기 중의 산소가 casing를 투과하여 호기적인 상태가 되면, 발아 번식하여 품질을 손상시키게 된다.

pH값은 제조 직후는 6.0~6.3 정도이나, 일수가 경과하면 차차 산성 쪽으로 기울게 되고, 이와 더불어 여러 가지 변질이 일어나게 된다. 제품 중에는 상당량의 지방이 함유되어 있으므로 장기저장을 하면 지방의 산패나 기름변색이 일어나는 수가 있다. 또 육색도 퇴색하는데 직사광선을 쬐이면 약 30분만에 표층으로부터 1~2mm의 깊이까지 퇴색이 진행된다. 이러한 변화를 막기 위하여는 적색계통의 착색 cellophane으로 외장하면 어느 정도

효과가 있다.

어육소시지에서 흔히 볼 수 있는 변패의 양식에는 인화, 산패, 팽창, 반점생성, 변색 등이 있다. 연화는 제품 중의 전분입자가 붕괴하여 제품조직이 연약하게 되는 현상이다. 연화한 부분은 성냥개비 같은 것으로 쉽게 후벼낼 수가 있으며, 보통 암모니아 냄새도 나지 않고, 또한 변색이나 팽창도 볼 수 없으며, 산취가 나는 것이 특징이다.

연화의 원인균으로는 *Bacillus circulance, B.pantothenicus* 등이 알려져 있다. 팽창원인균에 대하여는 충분히 밝혀져 있지 않다. *Clostridium sporogenes, Cl.welchii, Cl.butylicum* 등을 소시지에 접종하면 가스팽창을 일으켜 육질이 붕괴하는데 팽창 변패의 양상이 약간 다르다.

반점생성은 내부표면에 지름이 수 mm의 갈색 내지 자색의 반심이 생기는 것을 말한다. 그 원인균으로는 *B.coagulans*를 들 수 있다. 이 균의 발육 최적온도는 45℃ 정도의 고온이고 30℃ 이하에서는 발육이 거의 불가능하다. 따라서 반점의 발생은 제품의 고온방치와 밀접한 관계가 있다. 전분에서 이 균을 발견하기는 어려우므로 오염원에 대하여는 아직 명백하지 않다.

### (3) 변패의 방지

#### 1) 저온에 의한 방지

제조 후부터 소비에 이르기까지의 기간 동안 1~5℃ 정도의 온도에서 냉장하는 것이 좋다. 그러나 제품을 완전히 동결하면 변패 방지의 효과는 크나 빙결정의 생성으로 조직이 열화하고 해동하면 수분이 유출하여 스펀지 모양의 제품이 된다.

#### 2) 건조에 의한 방지

연제품을 굽거나 기름에 튀겨서 표면에 엷은 건조피막을 만들면 표면에 부착한 세균의 발육을 지연시킬 수 있다. 그러나 내부의 육에는 많은 수분이 존재하고 있으므로 피막에 수분이 보급되어 비교적 낮은 수분에서도 발육할 수 있는 *Bacillus* 속의 세균이나 곰팡이류가 번식하는 수가 있다.

#### 3) 방부제에 의한 방지

2-(2-furyl)-3-(5-nitro-2-furyl) acrylamide(속명 AF-2)의 사용이 금지된 후, 연제품에 사용되고 있는 방부제는 sorbic acid 및 이것의 K 또는 Na염과 과산화수소 등이다. sorbic acid 및 그 염류는 산성 범위에서는 곰팡이, 효모를 비롯하여 부패세균에 대하여 정균작용(탈수소효소 저해형)을 나타내나, 어묵붙이와 같은 중성부근의 식품에 대하여는 강한 방부효과는 기대할 수 없다.

과산화수소는 slime의 발생을 방지하기 위한 목적으로 가열 직후의 어육 표면에 2~3%의 과산화수소를 바르는 수가 있다. 그러나 과산화수소는 순간적인 살균력은 강하나 지속성이 없으므로 방부효과는 기대할 수 없다.

#### 4) 포장에 의한 방지

내열성, 열수축성, 기체투과 방지성이 있는 plastic film에 의한 진공포장이나 casing 포장을 하고, 또한 빛에 의한 지방의 산화나 육색의 퇴색을 방지하기 위하여 적등색으로 착색한 cellophane 등으로 위장하는 수가 많다.

진공포장을 하면 제품이 압축되어 수분을 분리하기 쉬운 종류는 전분량을 조금 많이 첨가하도록 한다. 또 가열에 의하여 내용물과 film이 강하게 접착하여 벗기기가 곤란한 경우가 있는데, 방부의 목적으로는 강하게 접착하는 것이 유효하나, 상품가치의 면으로 보면 어느 정도 쉽게 벗겨지도록 하는 것이 좋다. 이렇게 하기 위하여 붉은살어육을 혼합하거나 lecithin이나 지방산의 monoglyceride 등을 배합하는 것이 효과적이다. 또 최근에는 연제품 제조용으로 적합한 film도 생산되고 있다.

#### 5) 배합재료에 의한 방지

Slime은 설탕이 중합분해하여 된 dextran인데, 이것은 glucose나 fructose와 같은 단당류나 sorbitol과 같은 당알코올로부터는 생성되지 않으므로, 감미료로 설탕대신에 단당류나 당알코올을 사용하면 slime의 발생을 억제할 수 있다.

그러나 단당류는 유리아미노산과 반응하여 갈변하기 쉽고, 또 단당류나 당알코올은 산패하면 젖산 등을 생성하게 된다. 그러나 탄력보강제인 중합인산염을 sorbitol(감미는 glucose의 반정도) 또는 제품이 갈변하여도 좋은 경우에는 glucose와 같이 첨가하면 slime의 발생이 저지되고, 또 젖산의 생성도 상당히 방지된다는 것이 알려져 있다.

#### 6) 고온처리에 의한 방지

AF-2(합성살균제)와 100℃ 이하 살균처리 및 포장기술의 조합으로 제조한 종래(1975년 이전)의 연제품 품질보존방법이 AF-2 사용금지 후 변질방지 방법으로 ① 저온살균, 저온유통 ② pH(6.0 이하) 및 수분활성 조절(Aw=0.9 이하)한 다음 저온살균하여 상온 유통 ③ Retort 열탕살균(중심온도 : 120℃, 4분 이상)하여 상온유통 등의 방법이 선택 사용되고 있다. 현재 어묵은 ①의 방법으로 어육햄은 ②의 방법으로, 어육소시지와 일부 포장어묵은 ③의 방법으로 제조되고 있다. 고온처리에 의한 방지법은 ③의 방법으로 그 원리는 통(병)조림 방법을 준용한 것이고 단지 통(병) 대신 plastic pouch(Retortable pouch)에 제품을 충진하여 양면을 clip한 것이 다르다. 고온처리는 내열성이 강한 *Clostridiumbotulinum* 균 A형 및 B형균의 아포를 살멸시킬 수 있게 제품의 중심온도를 120℃에서 4분 이상으로 해야 한다. 이 방법으로 처리한 제품은 pin hole 등 파대가 없는 한 장기간(6개월 이상) 상온 유통이 가능하다. *Clostridium botulinum*균 아포의 내열성은 표 9-18과 같다.

**표 9-18 *Clostridium botulinum* 균 아포의 내열성**

| *Cl. Botulinum* 균 | 가열온도(℃) | 최소 사멸시간(분) |
|---|---|---|
| A . B 형 | 100<br>105<br>110<br>115<br>120 | 360<br>120<br>36<br>12<br>4 |
| E 형 | 90<br>80 | 5<br>20 ~ 40 |

# 10장 수산 통조림

통조림이나 병조림은 식품을 깡통이나 병에 밀봉하여 가열살균한 것이라고 정의할 수 있다. 통조림은 깡통에 넣고 공기를 배제한 후 밀폐하여 미생물의 침입을 방지한 것으로 장기간 보존하는데 비해서 병조림은 단기간 보존하며 특히 산성이 강하여 금속을 침범하기 쉽고 내용물이 미려하고 유동성인 것만 사용한다.

통조림의 제조법은 1804년 Nicolas Appert(프랑스, 1750~1841)에 의하여 고안된 것으로, 당시 그가 고안한 방법은 광구(鑛口)유리병에 식품을 넣고 끓는 열탕 중에 담가 충분히 가열한 후 내용물이 뜨거울 때 cork 마개로 단단히 밀봉하는 아주 간단한 방법이었다. 그후 1810년에 영국의 Peter Durand는 유리병 대신에 양철을 오려서 납땜으로 만든 양철용기를 사용하는 것을 고안하여 이 양철용기를 tin canister라고 불렀다. 오늘날 통조림제조에 사용되는 양철관을 can이라고 부르는 것은 이 canister에서 유래한 약어라고 한다.

미국에서는 Ezra Daggett와 Thomas Kensett가 영국에서 통조림 제조지식을 연구하고 와서 1818년에 처음으로 New York에서 제조시험을 하였는데 이것이 오늘날 미국의 통조림공업이 전성을 이루게 된 시작이다.

이와 같이 처음 Appert, Durand 등에 의하여 창안된 통조림의 제조기술은 미국으로 건너가 크게 발전이 되었다. 이러한 발전은 통조림제조업자가 직접 수공업적으로 만들어 사용하던 양철관의 제조가 차차 기계화되고 그 기술이 혁신됨에 따라 제관업이 통조림제조업으로부터 분리 독립되므로 통조림산업은 발전의 기초가 확립되었다고 할 수 있다.

일본의 통조림은 1871년 프랑스인에게서 기름절임멸치 통조림제법을 배워 1875년 과실채소통조림 시험제조를 하였다. 이후 점점 통조림 사업의 형태가 진전되어 1894년 이후 청일전쟁과 1904년 노일전쟁 때에 통조림이 군수품으로 일반화하여 진보발전하게 되었다.

2차대전 때에는 미국을 비롯한 연합군의 식량의 2/3 정도가 통조림으로 공급되었다고 한다.

현재 세계의 통조림의 총생산은 1,400종류, 550억 관(缶) 이상으로 추산되고 있으며, 이중 미국이 약 70%를 생산하여 수위를 차지하고, 이어 영국, 서독, 프랑스, 캐나다, 일본 등이 각각 2.5~4.0%, 브라질, 호주, 아르헨티나, 이탈리아, 화란, 남아프리카 등이 각각 1.0~2.5%를 생산하여, 이들 11개국과 미국이 총생산의 90% 이상을 차지한다고 보고 있다.

우리나라에서 처음으로 통조림이 제조된 것은 1892년에 일본인들에 의해서였다. 즉 1892년에 시호리다로라는 일본인이 전남완도에서 전복 등 어획물을 통조림으로 제조한 것이 시초이고, 이어 1900년에 경남 다대포에서 1901년에 경남 거제도에서 역시 일본인들에 의하여 전복통조림이 제조되었다. 통조림공장으로 기업화되기는 1910년 함경남도 신포에서 일본인들이 공동출자하여 설립한 것이 시초가 된다. 이들은 당시 많이 어획할 수 있으면서도 별로 이용하지 않았던 털게(hairy crab)의 처리가공을 목적으로 하였던 것인데 기업적으로 성공하였다. 우리 나라의 통조림 제조업은 1960년대 하반기까지는 미미한 상태이기는 하였으나 수산물 통조림에 의해서 주도되었고 생산되는 수산물 통조림은 주로 연안산 꽁치, 오징어, 고등어 등이 중심이 되었다. 그러나 연안과 내륙 간의 교통망의 확장, 냉동업의 발달 등으로 점차 내수용에서 수출용으로 시장 전환이 되었다.

통조림은 참치, 굴, 정어리, 고등어, 꽁치 통조림이 주종을 이루고 있으며 참치통조림의 꾸준한 수요증가에 따라 1995년의 경우 63만 1천톤을 생산하였고 1997년도 생산실적은 63만 8천 톤으로 1995년보다 약간 증가하는 경향을 보였다.

**표 10-1 통조림제품의 생산동향** (단위 : M/T)

| 품 목 | 1994년 | 1995년 | 1996년 | 1997년 |
|---|---|---|---|---|
| 꽁치 | 4,981 | 4,309 | 4,096 | 3,282 |
| 정어리 | 1,748 | 3 | 757 | 1,229 |
| 고등어 | 2,018 | 1,089 | 2,251 | 533 |
| 소라 | 17 | 2 | - | - |
| 굴 | 2,442 | 2,515 | 4,402 | 3,767 |
| 골뱅이 | 4,051 | 3,112 | 6,267 | 11,369 |
| 홍합 | 328 | 347 | 407 | 274 |
| 바지락 | 79 | 17 | 242 | 417 |
| 참치 | 47,522 | 53,316 | 43,365 | 37,843 |
| 기타 | 713 | 407 | 116 | 5,102 |
| 총 계 | 63,899 | 63,117 | 61,902 | 63,816 |

통조림제품의 경우 생산량의 80%가 참치이고 그 다음이 꽁치, 골뱅이, 굴, 고등어의 순으로 나타났다. 80년대 들어서면서 내수시장용 참치통조림의 경쟁적 생산체계 하에서 주요 생산기업에서는 생산수율 향상을 위한 각 공정의 적정화, 인건비 절약을 위한 공정 자

동화, 소비의 편의성 제고를 위한 원터치관 사용, 소비기호성 제고를 위한 내용물의 조미방법 다양화 등에 연구 개발력을 집중하였으나 아직까지 실용화되지 못한 부분이 많이 있다.

# Ⅰ. 통조림 제조의 원리

통조림은 통(罐, can)에 식품을 채워 넣고 가열하여 공기의 일부를 빼어낸 후 밀봉하여 가열 살균한 것이다. 즉 밀봉에 의하여 통 내외의 공기유통을 막고 통 외부로부터 통 내부로 세균이 침입하는 것을 막고 또한 가열 살균에 의하여 통조림 안에 존재하는 세균을 살멸시켜 통 안의 식품의 변패의 원인이 되는 통 내외의 세균의 작용을 봉쇄한 것이다.

따라서 통조림에 있어서 탈기, 밀봉, 가열살균의 조작은 대단히 중요한 것이며 병조림의 경우도 통 대신 병(bottle)을 쓰는 것이 다를 뿐 기본조작은 같다.

## 1. 탈기

통조림관에 내용식품을 담을 때 탈기시 넘침방지, 진공생성을 위하여 상부공간(head space)을 띄우는데 저산성식품(어육류)은 30mm(많게), 과실같은 산성식품은 15mm(보통), 주스류는 8mm(적게) 그리고 잼같은 별도의 살균이 필요없는 식품은 4mm(아주 적게) 정도로 상부에 공간을 두어야 한다.

식품을 통에 넣고 밀봉하기 전에 통 안의 공기를 제거하는 작업을 탈기(脫氣, exhausting)라고 한다.

### (1) 탈기의 효과

① 산소에 의한 식품성분의 변화를 방지

| <산소가 관여하는 반응> | | <품질에의 영향> |
|---|---|---|
| 당-아미노 반응의 촉진 | → | 갈 변 |
| 비타민의 산화 | → | 영양 손실 |
| 지방의 산화 | → | 변색, 영양 손실 |
| 단백질의 변성 | → | 물성의 변화, 영양 손실 |
| 천연색소의 분해 | → | 변색, 퇴색 |
| 향기성분의 분해 | → | 풍미 약화 |
| 탄닌산의 산화중합 | → | 변 색 |
| 금속의 산화 | → | 반응의 촉진 |

② 관 내면의 부식을 방지
③ 가열, 냉각 중 관의 이완, 파손을 방지
④ 살균공정에 있어서 열전도를 향상
⑤ 생원료를 사용할 때 고형물의 용적 축소
⑥ 용기 내의 진공도를 높혀 제품의 shelf life를 연장
⑦ 호기성 미생물의 발육을 억제
⑧ 관의 밑바닥과 뚜껑을 오목하게 유지시켜, 변패관 검출 용이

### (2) 탈기의 방법

탈기방법에는 ① 가열탈기법 ② 기계적탈기법(진공밀봉기에 의한 방법) ③ 증기분사법 ④ 가스취입법 등이 있다. 보통 ①, ②의 방법이 많이 사용되고 있으며, ④의 방법은 맥주, 청량음료, 분유, 녹차 등의 통조림에 사용되고 있으며 $CO_2$ 또는 $N_2$ 가스를 취입밀봉한다.

#### 1) 가열탈기(加熱脫氣)법

이 방법에는 ① 식품을 먼저 가열하여 뜨거울 때 용기에 채워 곧 밀봉하는 방법과 ② 식품을 용기에 채운 후 탈기함(exhaust box)을 사용하여 용기채 가열하여 곧 밀봉하는 방법이 있다. 앞의 방법은 병조림을 만들 때 이용되나 대량생산에는 알맞지 못하다.

전자는 더운 식품을 용기에 담은 즉시 권체하므로 간편한 방법이라 할 수 있으며, 후자는 식품을 담은 후 뚜껑이 이탈하지 않을 정도로 가권체해서 탈기함(exhaust box)에 넣어 증기로 가열한 후에 식기 전에 권체한다. 가권체의 목적은 가열 중 내부의 공기는 나올 수 있으나 응축수나 기타 이물이 들어가지 않게 하고 탈기함에서 권체기에 옮기는 과정에서 헤드 스페이스(head space)내의 증기가 식지 않게 하기 위함이다.

탈기함에 의한 탈기온도는 보통 82~96℃이므로 액상 또는 염수지(鹽水漬)와 같이 용이하게 가열되는 제품에는 효과가 있으나 육류, 어류와 같은 고형식품의 통조림에는 효과가 적다. 제품의 품질, 작업능률, 경비 등을 고려하지 않고 탈기효과만 생각한다면 고온 단시간보다는 적당온도, 장시간의 가열처리가 효과적이다.

가열탈기의 경우 가열의 효과는 ① 내용물이 가열 팽창되었다가 냉각하면 그 수축에 의하여 진공이 생성되며 ② 내용물에 흡장(吸藏) 또는 용해하여 있는 공기를 기화제거 하고 ③ head space의 공기를 팽창제거 시키는 점 등을 들 수 있다.

가열탈기는 몇 가지 결점을 가진다. ① 시간이 오래 걸리며 ② 진공도가 충분히 크지 못하고 균일하지도 못하며 ③ 단백질의 변성, 지방의 가수분해, 비타민의 파괴, 향미의 변패 등이 일어난다.

그러므로 요즘 탈기공정에서는 보다 생산적이며 진공도가 높고 균일한 진공권체기(眞空卷締機)를 쓰고 있다.

### 2) 기계적 탈기(機械的 脫氣)법

진공권체기(vacuum seamer)와 같은 기계를 이용하는 방법이다. 식품을 채운 관을 기계의 작은 밀실에 넣고 순간적으로 밀실을 진공으로 하면 관의 내부도 진공이 되는데, 이때 즉시 밀봉해 낸다. 이 방법은 가열할 필요가 없고 소요시간은 극히 단시간이다. 이 방법이 가열탈기법에 비해서 좋은 점은

① 가열처리가 곤란한 식품을 진공시킬 수 있고 ② 작업장의 면적이 적어도 되고 ③ 작업 중의 내용물을 흘리는 일이 없고 ④ 관을 위생적으로 취급할 수 있다는 점이다. 반면 내용물에 흡장용해(吸藏溶解)되어 있는 기체의 제거가 불충분하여 밀봉 후 관내 진공도가 떨어지는 결점이 있다. 그러나 이것은 밀봉전의 적당한 전처리로 그 영향을 최소한으로 막을 수 있다. 일반적으로 볼 때 보통 사용되는 탈기법 중에서 기계적 진공법이 가장 높은 진공도를 얻을 수 있다.

육류, 어류 등의 고형식품통조림은 주로 기계적탈기법에 의하고, 탈기함을 사용하는 일은 적다. 이것은 이들 식품의 가열속도가 늦어 고온장시간의 가열이 필요하기 때문이다.

### 3) 증기분사탈기(蒸氣噴射脫氣)법

밀봉시에 관의 head space 내에 증기를 분사하여 공기를 증기로 바꾸어 즉시 밀봉하면 증기가 응축하고 나서 진공을 얻을 수 있다. 그림 10-1은 증기분사기구의 간단한 예인데 증기는 뚜껑 하부에서 관의 head space 내에 분사되며 밀봉이 완료될 때까지 계속된다.

이 방법에 의하면 내용물의 표면만 약간 가열될 뿐이므로 내용물에 흡장(吸藏), 용해된 공기는 거의 제거되지 않는다. 그러므로 좋은 진공도를 얻기 위하여는 흡장 용해한 공기가 적어야 하며, 적당한 head space를 가지도록 하여야 한다. 흡장, 용해한 공기를 제거하기 위하여 증기분사 전에 예비가열을 하는 수도 있다. 이 탈기법은 분유(粉乳)와 같은 dry pack에는 이용할 수 없다.

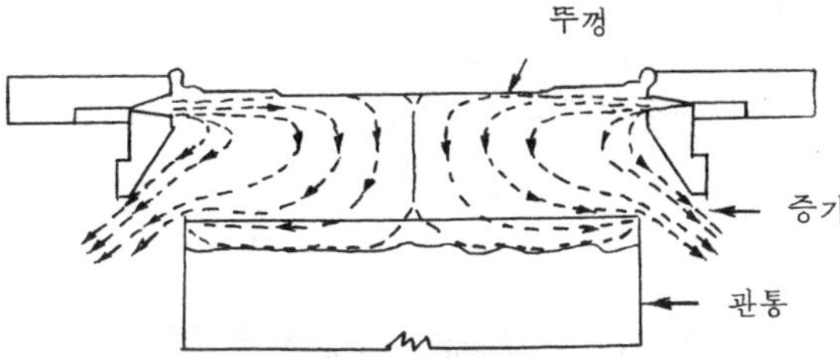


**그림 10-1 증기분사 탈기법**

### (3) 탈기와 진공도

통조림 내의 진공도는 관내기압과 관외기압의 압력차로 표시한다.

이를테면 관외기압이 75cm(29.5in)Hg이고 관내기압이 43.2cm(17in)Hg이면 관내진공도는 75.0 - 43.2 = 31.8(cm)Hg 또는 29.5-17.0-12.5(inHg)로 표시된다. 이것이 통조림진공계(vacuum can tester)의 눈금판에 지시되는 수치이다.

가열탈기에 의해 형성되는 통조림의 진공도(眞空度)는 얼마나 많은 양의 공기가 제거되는가에 따라 결정된다. 통 속에 남아 있는 공기의 무게는 다음 Clay peron의 법칙에 의해 결정된다.

$$g = PVM/RT$$

여기서 g는 부피 V인 공기의 무게(g), P는 기체의 압력(atm), V는 통의 head space ($cm^3$), M은 공기의 분자량(28.9g), R은 기체항수, T는 가열 온도(절대온도 °K)이다.

통조림 내용물은 열에 대한 타력(惰力)에 의하여 통조림이 뜨거운 체로 밀봉되었을 때 공기는 곧 냉각되지 않는다. 따라서 밀봉된 통 안의 공기의 부분압력은 냉각 후 갑자기 떨어지며 진공이 형성된다. 가열탈기에 있어 진공도는 내용물의 가열 정도에 직접 비례한다(그림 10-2).

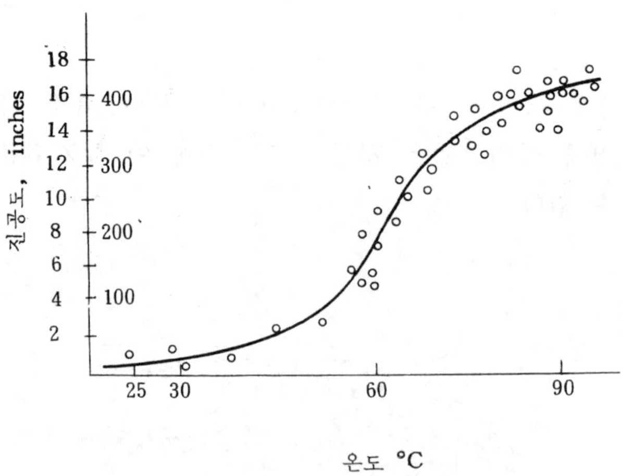


그림 10-2 통조림 진공도와 온도와의 관계

만약 최소한 200mmHg의 진공을 얻고자 하면 내용물의 중심부는 55~60℃로 가열되지 않으면 안된다. 내용물의 가열시간은 탈기온도에 반비례하며 통의 직경과 내용물 중의 고형물의 양에 직접 비례한다(그림 10-3).

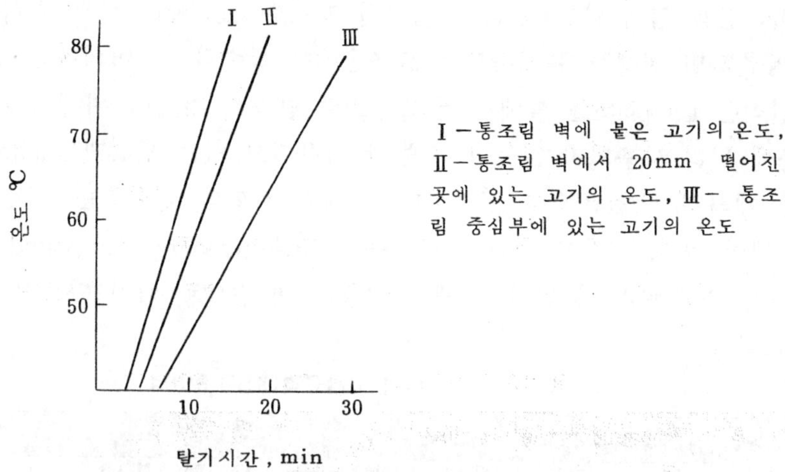


**그림 10-3 통조림 탈기시간에 따른 내용물의 온도변화**

## 2. 밀봉(密封 : seaming)

예전에는 납땜통조림이라 하여 공관에 원료를 담고 작은 구멍이 뚫린 뚜껑을 납으로 때워서 접착한 뒤 솥에서 가열하여 내부의 공기가 팽창하면 뚜껑의 작은 구멍을 메워서 봉하는 방법이 있었는데, 현재는 이 방법은 거의 쓰지 않는다. 오늘날 이용되는 공관(空罐)은 전부가 위생관(sanitary can)이며 여기에 원료가 담아지면 진공권체기(vacuum seamer)에 의해서 일시에 진공과 권체가 이루어진다.

### 1) 밀봉 용기(密封容器)

#### ① 통조림 용기

통조림 용기의 재료 석판은 0.2~0.35mm 두께의 강철판 위에 얇게 주석(Sn)을 도금한 것이며 강도가 크고 내부식성, 내수성이 큰 것이 좋다. 식품에 따라서는 주석 면을 부식하여 용기를 손상시킬 뿐만 아니라 식품 자체에 금속이 오염되어 색, 맛, 냄새 등이 손상되므로 이것을 방지하기 위하여 석면에 enamel을 도포하여 사용할 때도 있다. 통조림공업 초기에는 통조림 제조업자가 수공업적으로 각자가 제조하였으나 현재는 통조림 제조업자와 제관업자가 분리되어 관을 대량생산식인 자동제관기로 제조하고 있다. 통조림관은 그 형태에 따라 원통관, 각관이 있고 특수한 것으로는 타원형, 마름모형, 베개형, 말굽형 등이 있다. 원관중에서 직경이 높이보다 적은 것은 수관(竪罐)이라 하고 반대로 큰 것은 횡관

(横罐)이라 한다. 제관은 방식에 의하여 랍부식(鑞付式), 타발식(打拔式), 권체식이 있는데 랍부식은 blik 판을 접어대고 solder로 접착한 것이다. solder는 납과 주석의 합금으로 납이 액중에 용출하면 위생상 유해하므로 요즈음에는 특수한 것 이외에는 절대로 사용하지 않는다. 타발식은 tin plate를 틀에서 통모양으로 압출한 것이며 위생적이지만 제작상 고가이기 때문에 널리 사용되지 않는다. 오늘날 사용되고 있는 위생관(sanitary can)은 동체(body)와 두 개의 뚜껑(end)으로 구성된다. 동체와 뚜껑의 접합부는 다섯 겹으로 된 2층 권체식으로 되어 있다. 그리고 겹친 사이에는 밀봉물질(sealing compound)이 들어 있어서 기밀(氣密)하게 봉착(封着)이 된다. 동체의 접합은 네 겹으로 되어 있으며 그 외부에는 납땜으로 되어 있다.

**표 10-2 우리나라 공관규격(KSD.9004)**

| 형 태 | 명 칭 | 지름(mm) | 높이(mm) | 내용적(ml) | |
|---|---|---|---|---|---|
| 원형 | 202 | 52.3 | 56.5 | 102.8 | (일) Mushroom 1호 (중) 소형 1호 (미) 2 z Mushroom |
| | 211-1 | 65.4 | 39.2 | 108.9 | (일) tuna 3호 (중) 鮪 3호 (미) NO. 1/4 (영) 3 oz |
| | 211-2 | 65.4 | 52.7 | 152.5 | (일) 8호 (중) 8호 (미) 4 z pimento (영) 6 oz(3/4 equice) |
| | 211-3 | 65.4 | 69.2 | 210.7 | (일) Mushroom 1호 (중) 7호 C (미) 4 z mushroom 1호 (중) 7호 C |
| | 211-4 | 65.4 | 81.3 | 249.3 | (미) 4 z mushroom (영) S.S.C.1.3/8 |
| | 211-5 | 65.4 | 101.1 | 318.1 | (일) 과실 7호 (중) 7호B (미) 8 z tall |
| | 211-6 | 65.4 | 122.1 | 384.3 | (일) 7호 (중) 7호B (미) No. 1 (picnic) (영) A-1(l0 oz) (미) 211 cylinder |
| | 301-1 | 74.1 | 36.0 | 125.9 | (일) 평 3호 |
| | 301-2 | 74.1 | 39.2 | 138.6 | (일) 제 3호 |
| | 301-3 | 74.1 | 50.5 | 187.5 | (일 · 중) 휴대관 |
| | 301-4 | 74.1 | 50.5 | 223.2 | (일 · 중) 6호 |
| | 301-5 | 74.1 | 81.3 | 318.7 | (일 · 중) 5호 |
| | 301-6 | 74.1 | 95.3 | 379.3 | (일) Mushroom 3호 (미) 8 z Mushroom |
| | 301-7 | 74.1 | 113.0 | 454.4 | (일 · 중) 4호 (미) 303 |
| | 307-1 | 83.5 | 45.5 | 208.9 | (일) tuna 2호 (중) 다랑어 2호 |
| | 307-2 | 83.5 | 51.1 | 240.5 | (일) 평 2호 (중) 평 2호 |
| | 307-3 | 83.5 | 113.0 | 572.7 | (일) 제 2호 (미) No. 1 Flat |
| | 307-4 | 83.5 | 113.0 | 572.7 | (일 · 중) 제 2호 (미) No. 2 (영) A 2 |
| | 307-5 | 83.5 | 142.0 | 732.0 | (일) Mushroom 4호 (영) Jumbo |
| | 401-1 | 99.1 | 59.0 | 396.6 | (미) tuna 1호 (중) 다랑어 1호 (미) No. 1 1/4 |
| | 401-2 | 99.1 | 68.6 | 468.2 | (일) 평 1호 (중) 평 1호 |
| | 401-3 | 99.1 | 71.7 | 493.7 | (일) 제 1호 |
| | 401-4 | 99.1 | 120.9 | 872.3 | (일 · 중) 2호 (미) No. 2 1/2 (영) A 2 1/2 |
| | 603-1 | 153.5 | 169.4 | | (중) 1호 |
| | 6-3-2 | 153.5 | 176.8 | | (일) 특수 1호 (중) 진 1호 (미) No. 10 (영) A - 10 |
| | 400 | 98.6 | 117.8 | 818.7 | - |
| | 404 | 104.6 | 97.8 | 788.5 | |

표 10-2 우리나라 공관규격(KSD,9004)-계속

| | | | | |
|---|---|---|---|---|
| 타원형 | 125 | 125.7 × 83.0 | 31.5 | 225.2 (일 · 중) 타원 3 호 |
| | 158 | 158.9 × 106.7 | 38.5 | 448.2 (일 · 중) 타원 1 호 |
| 각형 | 97-1 | 97.6 × 46.0 | 20 | 61.0 (일) 각 7 호 C |
| | 97-2 | 97.6 × 46.0 | 30 | 97.7 (일) 각 7 호 A |
| | 103-1 | 103.4 × 59.5 | 19.0 | 71.7 (일) 각 5 호 C |
| | 103-2 | 103.4 × 59.5 | 30.0 | 135.0 (일) 각 5 호 A |
| | 106-1 | 106.2 × 74.6 | 18.0 | 84.0 (일) 각 3 호 C |
| | 106-2 | 106.2 × 74.6 | 22.0 | 120.9 (일) 각 3 호 B (중) 사정식관 |
| | 106-3 | 106.2 × 74.6 | 29.0 | 173.7 (일) 각 3 호 E 沙丁鰮罐 |
| | 106-4 | 106.2 × 74.6 | 52.0 | 223.0 (일) 각 3 호 D |
| | 122 | 122.2 × 74.8 | 32.4 | 233.2 (일) 각 8 호 |
| | 138-1 | 138.7 × 81.5 | 31.5 | 282.8 (일) 각 9 호 |
| | 138-2 | 148.7 × 100.7 | 40.3 | 454.4 (일) |

통조림 관에는 내면이 blik판 그대로 되어 있는 것은 흰관(白罐) 내면에 도료를 칠한 관은 lacquer관 c-enamel관이라 한다. lacquer는 옷(漆)이 아니고 송진과 cobalt를 건성유에 용해한 유성 수지도료이며 이것은 내산성이 강하므로 과실 통조림관에 사용하고 석탄산수지도료는 내유성이므로 어류와 육류통조림에 사용한다. c-enamel은 유성 수지도료에 산화아연 분말을 10% 정도 혼합한 것으로 게, 새우, 조개류, 닭고기 등 가열할 때 황화수소가 발생할 우려가 있는 것에 적합하다.

Sealing compound는 공관공장에서 칠하며 천연고무나 합성고무에 충진제(산화아연 $MgCO_3$), 수지 가소제(광물성 윤활유 등) 등을 혼합하여 물이나 유기용제에 용해한 것을 사용한다.

유리용기는 중량이 무겁고 열전도도가 좋지 않을 뿐만 아니라 가열살균할 때나 취급할 때 파손되기 쉬우므로 많이 사용하지 않는다. 그러나 유리는 내용물과 반응하지 않으므로 철용기에서 문제가 되는 산성식품이나 어린이식품에 애용된다. 공관은 사용할 때 10% NaOH 용액이나 비누물과 열탕으로 세척하는데 공관세척기를 사용하며 완전히 건조시켜 사용하고 우리 나라 표준관형(KSD 9004)은 표 10-2와 같다.

② 병조림 용기

입이 넓은 유리병(廣口甁)에 식품을 넣고 금속판으로 된 뚜껑으로 밀봉한 다음 통조림에서와 마찬가지로 살균처리한 것이다. 병조림은 내용물이 보이므로 보기에 아름다운 식품은 효과적인 점도 있으나, 결점으로는 취급중 파손되기 쉽고, 가열살균이나 급냉시에 열충격을 받기 쉽고 중량이 무거우며, 광선에 의한 식품의 퇴색 등을 들 수 있다.

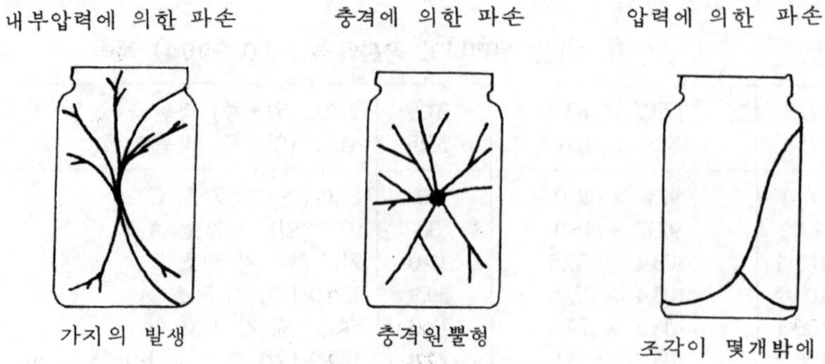


**그림 10-4 병의 파손형식**

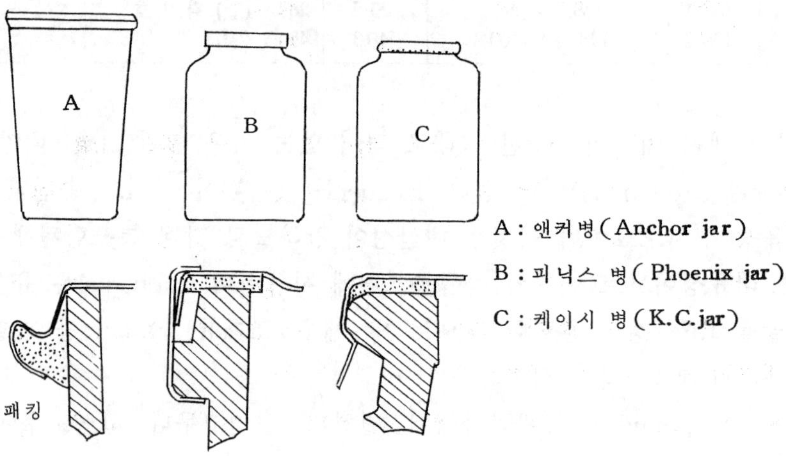


**그림 10-5 대표적인 병과 그 밀봉법**

따라서 병조림할 수 있는 식품은 당분이나 염분이 많은 것과 pH가 낮은 것 등 비교적 가벼운 열처리로 살균이 가능한 것이 좋다.

병에 뚜껑을 밀봉하는 형식에 따라 분류되는 대표적인 것을 들면 그림 10-5에서 보는 바와 같이 병은 컵모양을 하고 병둘레의 고무질 패킹에 의해서 밀봉되는 앵커병(Anchor cap jar), 통조림 뚜껑과 같이 둘레에 패킹이 붙은 뚜껑을 띠 모양으로 된 벨트를 이용해서 밀봉하는 패닉스 병(phoenix cap jar), 직경이 큰 병마개(王冠)가 사용되는 케이시 병(K, C, jar) 등이 있다.

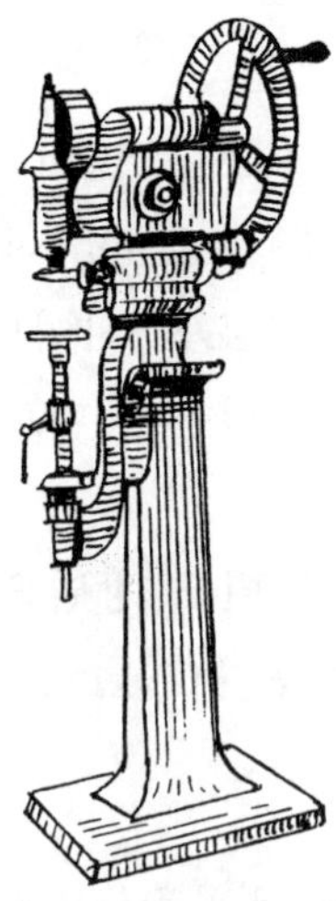

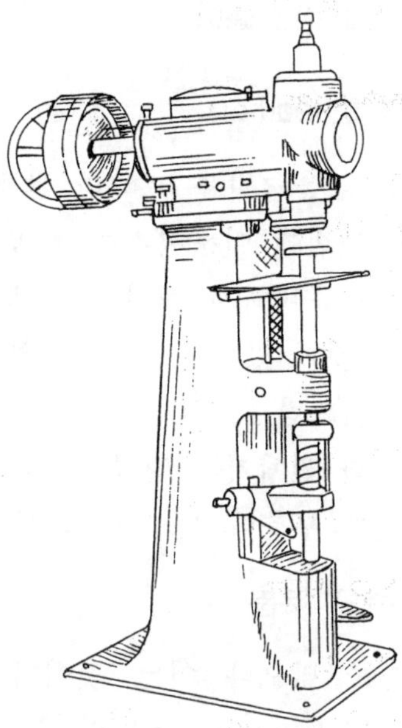

(a) 호음시이머(Home seamer) (b) 세미트로시이머(Semitro seamer)

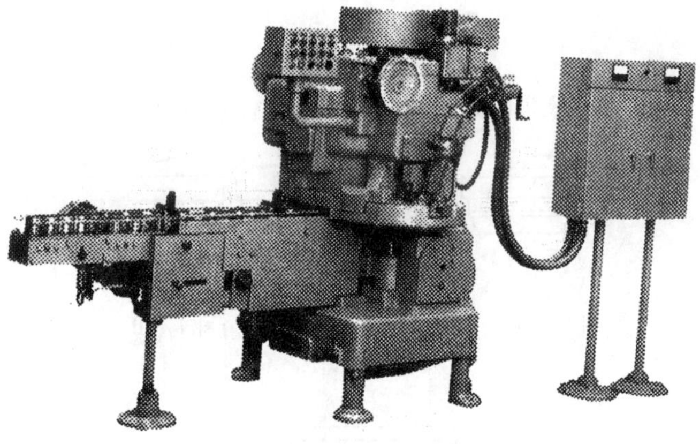

(c) 진공 권체기

그림 10-6 각종 권체기

### ③ 플라스틱 용기(Retort pouch)

식품통조림제조에는 석판, 알루미늄이나 유리 외에 플라스틱 재료가 많이 이용되고 있다.모양은 일정하지 않고 열접착이 용이하며 중량도 가볍고 취급이 용이하다. 앞으로 플라스틱 포장에 의한 가열살균으로 된 식품이 통조림과 병조림을 대신해서 많이 시판될 전망이다.

## (2) 밀봉 기계(密封機械)

### 1) 권체기(卷締機,seamer)

통조림 밀봉기로는 2중밀봉을 하는 권체기가 사용된다. 요즈음 많이 쓰이는 권체기로는 탈기와 밀봉이 한꺼번에 이루어지는 진공권체기(眞空卷締機, vacuum seamer)가 있고, 값비싼 진공권체기를 준비하지 못하는 곳에서 사용하는 값싼 호옴 시이머(home seamer)와 같이 아주 간단한 것이 있으며, 소규모 공장에서 사용할 수 있는 세미트로 시이머(semitro seamer) 등이 있다(그림 10-6).

이와 같은 간편한 권체기는 진공탈기의 능력이 없으므로 별도 방법으로 탈기한다. 용기와 뚜껑이 접어지는 부분이 2중으로 되어 있기 때문에 2중권체(二重卷締)라고 부른다.

### 2) 밀봉기의 주요 부분

밀봉기의 종류는 많으나 어느 것이나 그 주요부분은 리프터(lifter), 밀봉척(seaming chuck) 및 밀봉로올(seaming roll)의 3부로 되어 있고, 밀봉의 원리도 동일하다. 이 중 chuck과 roll을 총칭하여 seming head 라고 한다(그림 10-7).

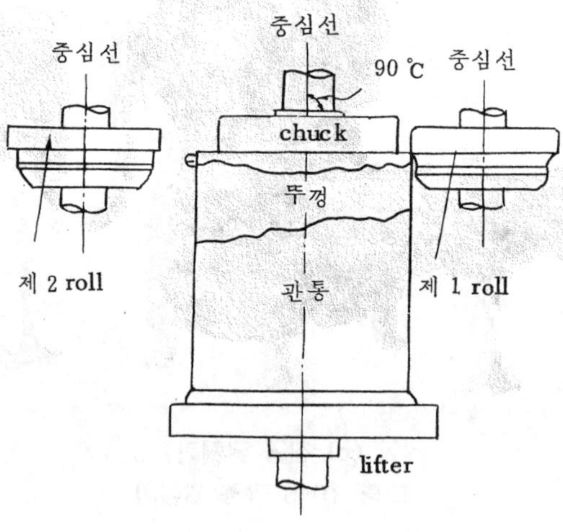


그림 10-7 밀봉기 주요부분의 관계도

lifter는 관을 들어올려 chuck에 적합시켜주는 장치로 밀봉시에 그 자신이 회전하는 것과 회전하지 않는 종류가 있다.

Seaming chuck은 lifter와 더불어 관을 고정파악 하고, 그 chuck flange는 밀봉시에 seaming roll이 밀봉부를 압착할 때의 대벽(對壁)이 된다. roll에는 보통 제 1 roll(first operation seaming roll)와 제 2 roll(second operation seaming roll)이 있는데 제 1 roll은 뚜껑의 curl부를 관동(罐胴)이 flange 밑으로 말아넣어 2중으로 겹쳐서 굽히는 작용을 하고, 제 2 roll은 이것을 더욱 압착하여 단단하게 밀착시켜 밀봉을 완성시키는 작용을 한다. 그러므로 제 1 roll과 제 2 roll의 홈(groove)의 모양은 그림 10-10과 같이 많이 달라 제 1 roll의 홈은 폭이 좁고 깊으며, 반대로 제 2 홈은 폭이 넓고 얕다. 올바르고 완전한 2중밀봉을 하기 위하여는 chuck와 roll의 관계 위치, chuck에 대한 lifter의 높이 및 이들의 작동이 적정하도록 조절하여야 한다.

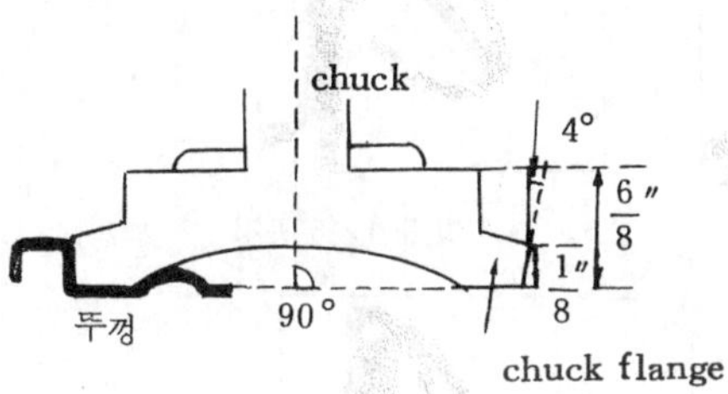


그림 10-8 chuck의 구조(길이 단위는 inch)

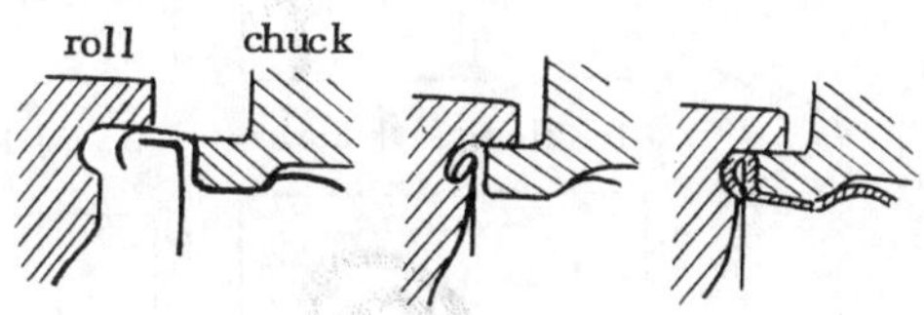


그림 10-9 roll과 chuck의 공정에 따른 위치

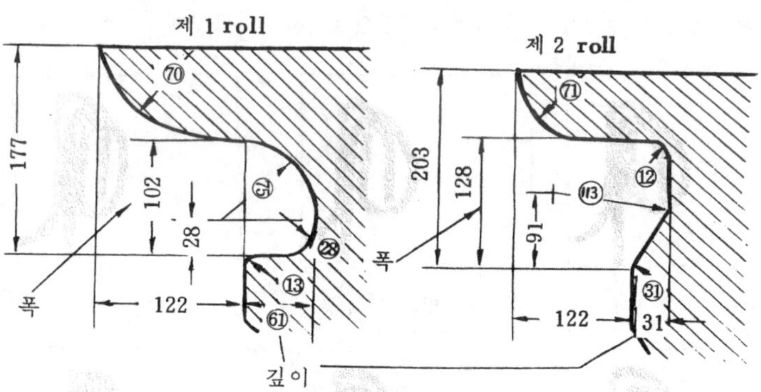


치수는 1,000분의 1 inch를 나타냄, 또 ○안의 수자는 곡선을 원주의 일부로 했을 때의 그 반경을 나타냄, 즉 ⑮라고 하면 그 곡선은 75/1,000inch를 반경으로 한 원의 원주의 반경곡선이다.

그림 10-10 roll의 홈 모양

### 3) 2중밀봉의 기구(機構)

2중밀봉기에 의한 밀봉공정을 보면 다음과 같다. 뚜껑이 얹힌 관이 lifter 위에 얹혀지면 lifter가 상승하여 관은 chuck와 lifter 사이에 고정 파악된다.

관이 고정되는 동시에 제 1 roll이 수평운동을 하여 chuck에 접근하여 뚜껑의 curl을 압착하면서 관주위를 회전한다(관을 회전시키는 것도 있음). 이것으로 curl이 flange 밑으로 말려 들어가 제1단계의 밀봉이 이루어진다.

제1단계의 밀봉이 끝나면 제 1 roll이 후퇴하는 동시에 제2 roll이 chuck에 접근하여 그 주위를 회전하면서 제1단계의 밀봉부를 더욱 강하게 압착하여 2중밀봉을 완성시킨다.

제2단계의 밀봉이 끝나면 제 2 roll이 후퇴하는 동시에 lifter가 하강(下降)하여 관은 밀봉기 밖으로 나오게 된다(그림 10-11).

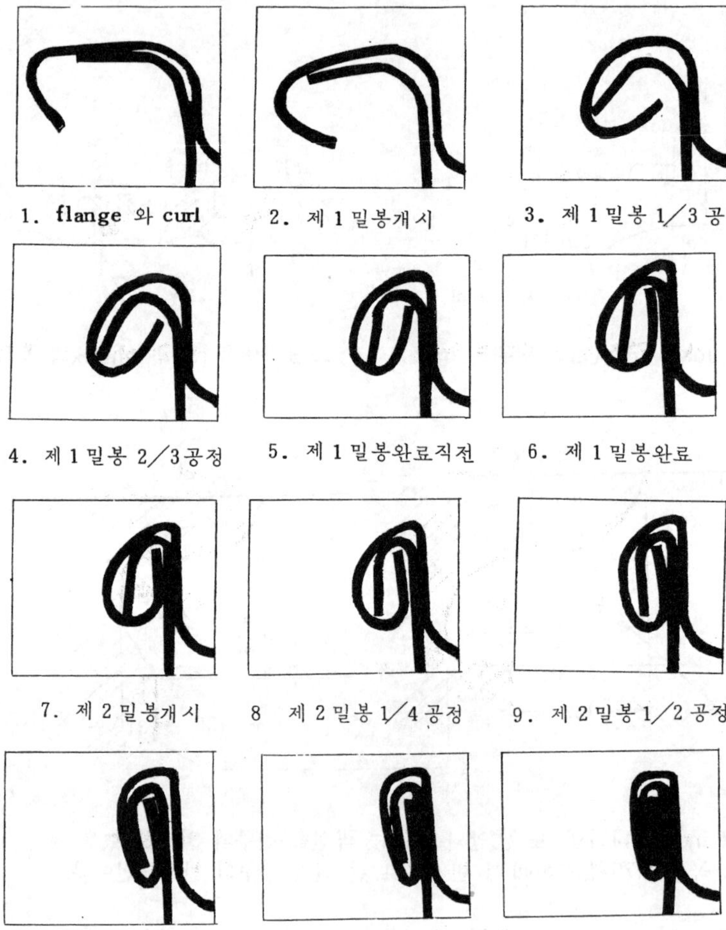


그림 10-11 2중 형성의 과정

### 4) 병조림 밀봉기

병마개를 밀봉하는 기계로는 흔히 왕관타전기(王冠打栓機)가 쓰이며 앵커병 타전기, K.C병 타전기 등이 있고 페닉스병의 경우처럼 밴드를 조여서 밀봉하는 기계도 있다(그림 10-12).

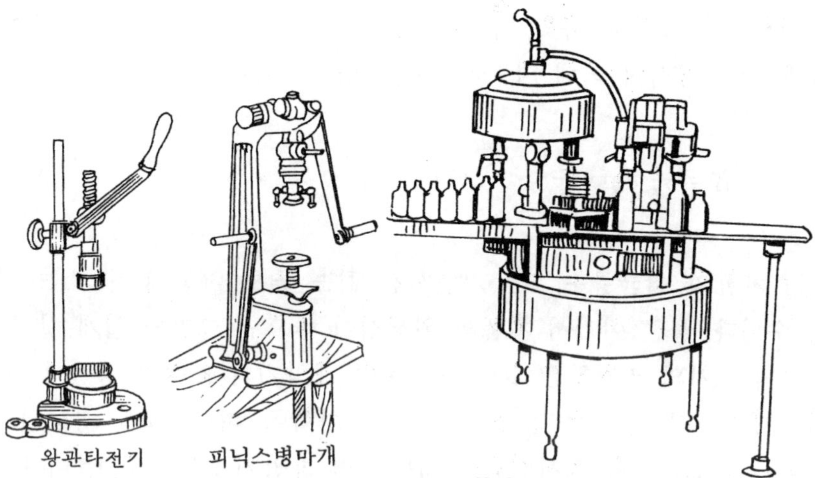


그림 10-12 병조림 밀봉기

## 3. 살균(殺菌 : sterilizing)

밀봉된 통은 내용물 중의 효소를 불활성화시키고 미생물을 살멸시키며 날것이나 반조리 상태의 어류를 먹을 수 있는 상태로 만들기 위하여 가열한다.

살균공정은 저장기간을 연장시키는데 도움이 될 뿐만 아니라 제품의 관능적 성질과 영양가를 보존하는 데도 도움이 된다.

### (1) 미생물의 열저항성

살균은 미생물세포의 원형질 단백질이 응고되는 온도에 이르렀을 때에 영향을 주게 된다. 대부분의 미생물의 경우 65~80℃에서 살멸되지만 어떤 것은 100℃에서도 견디는 것이 있고 심지어는 120℃에서 견디는 것도 있다.

세균 특히 *thermophiles*의 포자는 고온에 대하여 놀라울 정도로 저항력이 강하다. 포자벽의 탈수도(脫水度)가 높고 열전도도가 낮은 경우는 단백질이 열에 응고되지 않으며 따라서 100℃에서 20~24시간 견딜 수 있게 된다. 또 포자의 열저항성은 미생물의 형태(type), 습관, 나이, 상태(state), 기타 많은 요인에 의해 달라지거나 대체로 포자를 살멸시키는데 요구되는 시간(致死時間 : lethal time)은 온도가 상승됨에 따라 현저히 단축된다.

살균효과가 125℃ 이상의 온도에서는 크게 향상되나 식품의 경우는 115~120℃ 이상으로 가열하면 여러 가지 악변(惡變)을 초래하게 되므로 이처럼 고온에서는 가열하지 않는다.

미생물의 치사시간은 식품 속의 미생물 세포의 수에 비례하며 가열온도에 반비례한다. 따라서 다음과 같은 공식에 의해 대수곡선(logarithmic curve)을 그릴 수 있다.

$$K=\frac{l}{t}\log\frac{B}{b}$$

여기서 K는 세균의 살균항수, t는 가열시간, B는 최초 세균의 수, b는 가열이 끝났을 때의 세균의 수이다. 물론 여기서 제품의 위생성이 좋으면 그만큼 쉽게 살균될 수 있다.

미생물과 그의 포자의 열저항은 살균되는 동안 배양기의 조성과 성질에 따라 달라진다.

살균효과는 배양기의 산도(酸度, acidity)가 증가함에 따라 크게 향상된다. 예컨데 *B. mesentericus*의 110℃에서의 치사시간은 pH 7.1인 배양기에서의 190분이나 pH 4.5에서의 40분이다. 그러므로 식품이 산성용액으로 통조림되면 쉽게 살균할 수 있게 된다.

단백질, 전분과 같은 교질용액이나 채소, 어유(魚油) 등은 보호작용을 나타내며 세균세포의 표면에 열전도도가 낮은 막을 형성하여 열저항성이 증대된다. 또 10% 정도의 약한 염류용액은 원형질분리(plasmolysis)를 일으켜 미생물의 열저항성을 증대시키며 더 진한 염류 용액은 단백질 응고를 촉진시킨다. 약한 당액(syrup)은 미생물의 열저항에 별 영향을 주지 않으나 10% 이상의 당액은 보호작용이 있다. 휘발성 oil, 기타 향신료(특히 coriander)에 포함된 식물성 재료는 살균성이 있어 살균력을 향상시킨다.

포자는 생육초기에는 열에 대한 저항성이 크나 후기에는 저항성이 감소된다. 모든 형태의 미생물 포자를 살멸시키기 위해서는 아주 높은 온도에서 살균하거나 장시간 살균해야 하는데 이러한 조건하에서는 식품의 조직구조, 색, 향, 맛 등에 나쁜 영향을 주고 비타민이 파괴되는 등 영양가치가 감소된다. 반면에 적당히 높은 온도에서는 다소 세균(*B. mesentericus, B. subtilis* 등)이 살아남게 되는 것이 사실이나 통조림에서는 공기가 부족하기 때문에 이들의 번식이 현저히 억제되어 저장하는 동안 제품의 품질을 손상시킬만한 능력은 갖지 못하게 된다.

따라서 살균은 주로 변원성 세균이나 변패 미생물을 살멸시키지만 기타 미생물은 단지 생육을 억제시킬 수 있는 정도의 조건 하에서 실시한다.

## (2) 살균효과에 영향을 주는 요인

### 1) 위생 조건

통조림 공업에서는 제품의 위생조건을 개선하는 정도의 온도와 시간 하에서 살균되어진다. 어육(魚肉)은 일단 살균되어졌다 하더라도 처리 과정에서 공기와 주위 환경으로부터 미생물이 오염되므로 세균이 급격히 번식될 가능성이 많다. 어육의 각종 처리 과정에 있어서 제품의 표면 $1cm^3$당 세균의 수를 측정한 결과를 보면 아래와 같다.

○ 원료어류(wet fish)

| | | |
|---|---|---|
| 어획당시 | : | 70,000~150,000 |
| 15 ~ 18℃, 60분 보존 후 | : | 250,000~500,000 |
| 얼음 중, 60분 보존 후 | : | 35,000~50,000 |

○ 수세어류(washed fish)

| | | |
|---|---|---|
| 씻기 후 | : | 8,000~15,000 |
| 다듬기(dressing) 후 | : | 2,600,000~15,000,000 |

○ 처리어류(dressed fish)

| | | |
|---|---|---|
| 다듬고 씻기 후 | : | 350,000~600,000 |
| 15 ~ 18℃, 60분 보존 후 | : | 650,000~850,000 |
| 빵가루 부착(flouring) 후 | : | 850,000~2,800,000 |
| 다시 15 ~ 18℃, 30분 보존 후 | : | 3,500,000~6,200,000 |

○ 튀김어육(fried fish)

| | | |
|---|---|---|
| 튀김 직후 | : | nil |
| 30~35℃ 냉각 후 | : | 13,500~25,000 |
| 20~25℃, 30분 보존 후 | : | 65,000~157,000 |

○ 충진어류(packed fish)

| | | |
|---|---|---|
| 20~25℃ sauce로 채웠을 때 | : | 27,000~64,000 |
| 85℃ sauce로 채웠을 때 | : | 1,500~2,700 |

○ 밀봉제품(intermediate product)

| | | |
|---|---|---|
| 밀봉당시 | : | 15,000~25,000 |
| 20~25℃, 15분 보존 후 | : | 25,000~57,000 |
| 20~25℃, 30분 보존 후 | : | 85,000~150,000 |
| 20~25℃, 60분 보존 후 | : | 250,000~900,000 |

반조리 제품의 미생물이 튀김 후 또는 밀봉 후에 급격히 증식되는 것은 모든 가공 공정이 정확히 잘 되었다 하더라도 살균 후 채 살균되지 않은 식품에서는 똑같은 미생물의 증식이 나타날 수 있다는 것을 의미한다. 따라서 반조림 제품은 되도록 세균의 함량이 적은 상태로 retort에 보내질 수 있도록 위생 상태를 정확히 유지하는 것이 가장 중요하다.

### 2) 고형분의 함량

살균될 식품이 고기토막이나 paste처럼 결합상태에 변화가 없는 경우에 열은 열전도 양식에 의해 매우 느리게 전달될 것이다. 그러나 만약 가열하는 동안 식품에서 액체가 흘러나오는 경우에 열 전달은 처음에는 전도에 의해 일어나다가 액체가 축적됨에 따라 대류에 의해 급격히 촉진될 것이다. 만약 식품이 액체로 되어 있으면 열은 대류에 의해 전달돼 살균조작은 훨씬 더 빨리 이루어질 것이다.

가열속도(단위시간 당 온도의 상승)는 가열 매체와 식품의 온도차에 의해 서서히 감소된다. 천연어류의 통조림에 있어 가열속도는 액체가 흘러나오기 이전이 그 이후보다 현저히 낮다. 얇은 금속으로 된 통조림은 매우 열전도도가 커서 지장되는 일이 없으나 두껍고 열절연성을 가진 병조림의 경우는 열전달이 현저히 떨어진다. 열 투과율은 물질의 열전도도에 반비례한다. 따라서 단백질, 지방, 탄수화물의 함량이 증가되면 가열속도는 떨어지고 수분함량이 증가되면 가열속도도 증가된다.

만약 sauce가 존재하면 가열속도는 매우 빠르고 균일하게 되지만 고형량이 증대되고 sauce의 점도가 증대되면 열전도와 대류가 떨어지는 경향이 있다. 예컨데 고형량 함량이 각각 24.5, 31.4%인 두 sauce 통조림의 경우 가열하여 온도를 112℃까지 높이는데 각각 25, 30분이 걸린다.

대체로 sauce 중의 고형물의 함량이 증가될수록 가열속도는 늦어지며 기름 담금 통조림은 수용액 통조림보다 가열 속도가 늦어진다.

### 3) 통의 회전속도

한편 통을 회전시키면 열 효과가 증대되는데 특히 액체식품의 경우는 회전속도에 비례해서 가열속도가 빨라진다.

그러나 점도가 크고 유동성이 적은 sauce나 고체식품은 회전의 영향이 적은데 그 이유는 냉점(冷點, 열 전달이 가장 늦은 곳)의 위치가 액체의 경우에만 이동될 수 있기 때문이다(그림 10-13). 통의 회전속도는 그림 10-14에서 볼 수 있는 바와 같이 head space의 공간이 통의 중심부를 통과하도록 조절하는 것이 가열침투 속도가 최대로 되어 높은 살균효과를 가져올 수 있다.

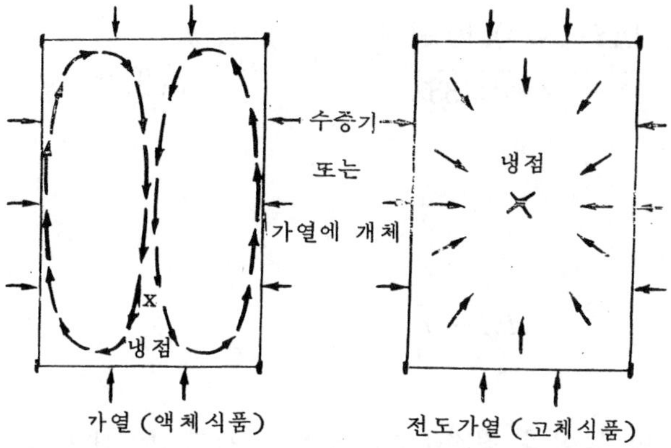


**그림 10-13 통조림의 열전달과 냉점**

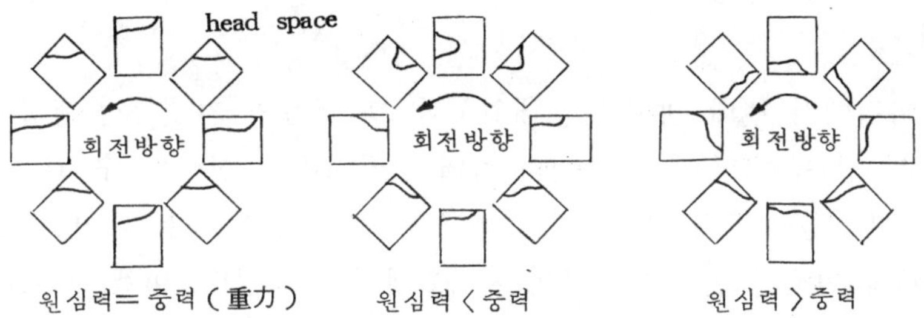


**그림 10-14 통조림을 회전할 때 head space**

## (3) 가열시간의 계산

### 1) 예비 가열시간(come-up time)

통조림이나 병조림은 상대 표면적이 크면 클수록 내용식품은 빨리 가열된다. 통이 납작하게 생긴 경우는 열이 대부분 바닥을 통해 전달되지만 cylinder형으로 생긴 경우 열은 주로 벽을 통해 전달된다. 이때 같은 높이를 가진 두 개의 cylinder형 통의 직경을 각각 r, $r_1$이라 하고 가열 시간을 각각 A, $A_1$이라고 하면

$$\frac{A}{r^2} = \frac{A_1}{r_1^2} \quad \text{따라서} \quad A_1 = \frac{A r_1^2}{r^2} \text{ 이 된다.}$$

또한 정지되어 있는 상태의 cylinder형 통의 예비가열시간(come-up time, 가열하기 시작하여 살균온도에 달할 때까지의 시간)을 계산하는 데는 다음 식이 사용된다.

$$r=\frac{(8.33hd+\ d^2)(19-\frac{1}{\log\rho-0.01})}{1133\lambda}(\min)$$

단,

$$\rho=\frac{t_f-t_i}{t_m-t_i}$$

이며 h, d는 각각 통의 높이와 직경(cm), $t_i, t_f$는 각각 통 내용물의 최초온도와 최종온도(℃), $t_m$은 가열매개체의 온도(℃), $\lambda$는 통내용물의 열전도도(kcal/m.h.℃)이다.

### 2) 살균시간

통조림 제조과정에서 변패 미생물의 내열성과 그 식품의 가열특성(냉점에 열이 도달하는 속도, 열전달곡선)을 알면 그 통조림의 가열 살균시간을 산출할 수 있다.

만일 온도가 미생물의 생육 최고온도를 넘으면 통조림의 가열 및 냉각중의 각 온도에 대한 시간(積算)에 의해서 변패 미생물의 치사효과가 나타난다. 비겔로우(Bigelow)는 가열 살균시간 계산의 일반법(general method)이라 하여 가열시간을 산출하는 한 가지 방법을 제안했다.

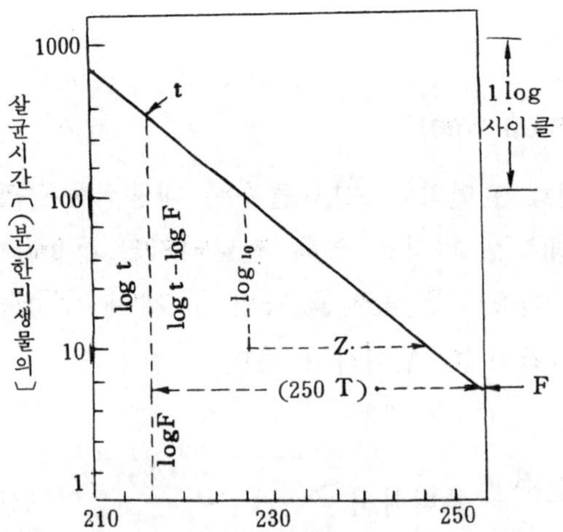


그림 10-15 통조림식품의 온도와 살균시간

가열살균 중 주어진 온도 T에 있어서 매분의 균의 치사율은 그 온도에서 미생물을 사멸시키는 데 요하는 시간(分) t의 역수이다. 그림 10-15에서 상사(相似) 직각삼각형의 기하학적 관계에서 다음 식이 성립한다.

$$\frac{\log t - \log F}{\log 10} = \frac{250 - T}{Z}$$

$\log 10 = 1$이므로 $\log \frac{t}{F} = \frac{250 - T}{Z}$

$$\frac{t}{F} = \log^{-1} \frac{250 - T}{Z} \text{ 또는}$$

$$t = F \log^{-1} \frac{250 - T}{Z}$$

여기서 Z : 가열치사 시간곡선의 경사
F : 250 ℉(121.1℃)에 있어서의 미생물의 치사시간
T : 주어진 온도( ℉)
t/F : 가령 F = 1이라고 할 때 온도 T에서 균을 사멸시키는 시간
F/t : T에 있어서의 치사율

가열시간곡선에서 F와 Z는 알고 있는 수치이다. 주어진 온도 T에서는 앞 식에서 t/F와 F/t가 산출된다. 즉 주어진 온도에 있어서의 치사율은 F 및 Z가 이미 알려진 수치라면 산출이 가능하다.

통조림의 가열살균 중에 관내의 온도는 최고에 달했다가 냉각 중에 감소된다. 각 온도에 대해서 그 온도에 대한 치사율(F/t)을 매분(分)마다 산출할 수가 있고, 이 수치와 시간과의 관계를 방안지(方眼紙)에 점으로 표시한 후 이어가면 그림 10-16과 같은 곡선이 된다. 이 치사율곡선 밑에 있는 면적은 가열살균의 치사량에 비례하고 플라니미터(planimeter)로 측정하든가 그 면적 부분을 오려내서 무게를 평량해서 구한다. 여기에서 단위 살균면적의 크기를 알아내면 된다. 단위 살균면적이라는 것은 만일 그 면적이 한 열처리 과정의 치사율 곡선 하에 포함될 때 F값이 1일 때에는 완전한 살균이 되는 그와 같은 면적을 의미한다. 이 면적을 정의하기 위해서 수직축 상의 임의의 점을 택하면 이것은 단위면적의 높이를 나타내는 것이 된다. 폭의 수치는 1을 임의 수치로 제한 것이며, 이 1의 수치는 치사율과 시간에 의해서 나타낼 수 있는 면적의 크기를 나타내는 것이 된다.

충분한 살균에 필요한 수치는 보통 1보다 큰 것이므로 충분한 가열살균은 단위면적의 F배가 되는 면적을 갖는 치사율곡선을 이루는 것이 되어야 한다. 그리고 필요한 가열살균은 어떤 통조림 식품 중의 미생물의 F값과 같은 살균치($F_0$ 값)를 줄 수 있는 것이어야 한다.

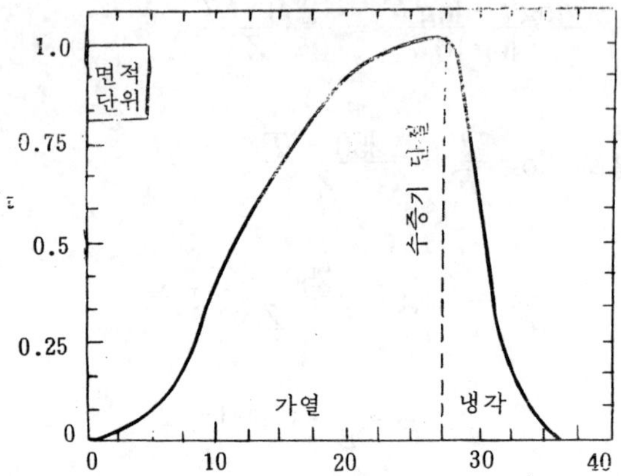


그림 10-16 통조림식품의 열처리 치사율곡선

어떤 통조림에 대해서 정확한 가열살균조건을 결정하기 위해서는 각 살균시간을 달리해서 3회 또는 그 이상의 열전달 실험을 할 필요가 있다(그림 10-17).

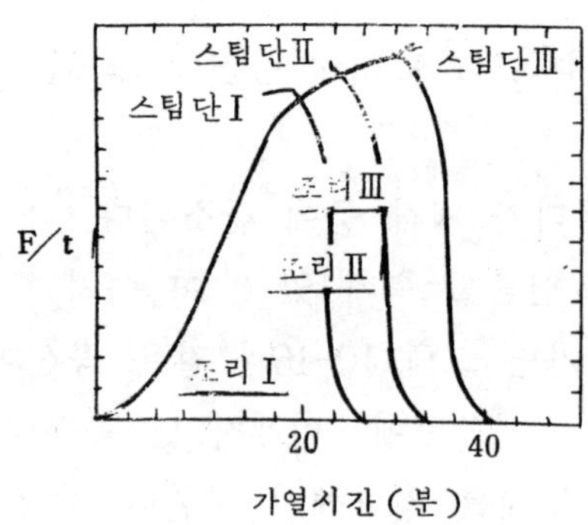


그림 10-17 정확한 살균시간을 얻는 방법

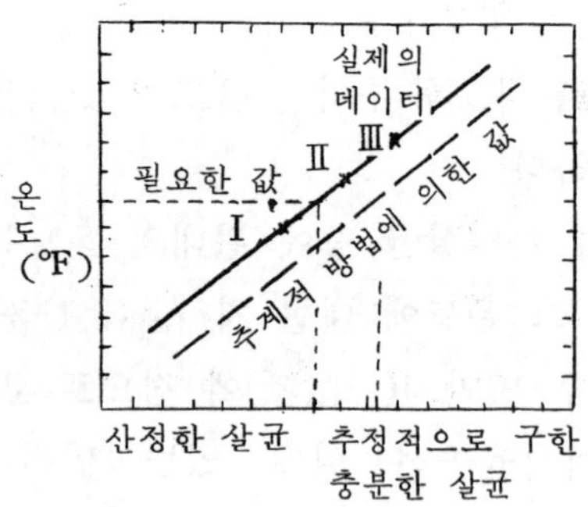


그림 10-18 가열시간연장과 치사율과의 관계

방안지에 가열살균 시간(分)에 대한 $F_0$ 값을 연결하면 그림 10-18에서 볼 수 있는 바와 같이 한 직선이 되고 요구되는 살균치에 대한 살균시간은 이 그래프에서 구할 수가 있다. 즉 정확한 수치는 $F_0$=F=100% 치사율이 되는 곳에서 얻어진다.

안전한 가열살균 과정($F_0$ requirement)을 확립하는 또 하나의 방법은 D값을 사용하는 방법이다. 이 단위는 부패균의 수를 90% 감소시키는 데에 필요한 시간과 온도의 결합(combination)으로 정의된다. pH값이 4.5보다 알칼리성인 대부분의 식품 통조림에서는 12Dm값까지의 살균을 하게 된다.

산성식품 즉 pH가 4.5보다 산성인 식품에 대해서 미국 통조림 협회(National Canners Association)는 다음(표10-3)과 같은 열처리 시간표를 추천하고 있다.

**표 10-3 통조림식품의 pH와 살균에 의한 D값**

| pH | 성공적인 통조림 제조를 위한 D값 |
|---|---|
| 3.9 이하 | 1.0 |
| 3.9~4.3 | 10.0 |
| 4.3~4.5 | 20.0 |

한 식품의 열처리시간을 수식(formula method : Ball의 방법), 속산표(Monograph, Olsen과 Steven의 방법)로 결정할 수도 있다.

직선의 반대수 가열곡선(半對數 加熱曲線)을 가진 한 식품의 열처리 시간을 결정하는 볼(Ball)의 방법은 다음 식으로 요약된다.

$$B_B \, f_h(\log jI - \log g)$$

여기서 $B_B$ : 레토르트 내의 온도에 있어서의 열처리시간 (분)

$f_h$ : 열침투곡선의 경사

$j_i$ : 가열곡선을 열처리가 시작된 시간과 교차되도록 연장하여 얻어지는 correction factor

g : 가열곡선의 직선부가 가열과정이 끝나는 시간과 교차되는 시간의 온도와 레토르트 온도와의 온도차($^0$F)

가열곡선의 경사와 가열곡선의 연장이 열처리가 시작된 시간과 교차하는 점은 열침투 연구에서 얻을 수 있다. 위의 식의 g값은 세균포자의 사멸에 필요한 최소 살균과정 중 열이 냉점에 도달하는 최고 온도와 레토르트 온도와의 온도차에 의해서 구할 수가 있다. 가열치사시간곡선의 F값 및 Z값은 g값에 고려되고 있다.

한 식품의 충분한 열처리 과정의 계산은 위의 식에 적절한 수치를 넣어서 열처리 시간의 길이(Bb)를 풀어서 얻는다. 이 수식법은 매우 응용 범위가 넓으며 편리하다.

### (4) 살균조건의 결정

살균온도는 냉점에서의 온도이며 가열하는 동안 이 온도의 변화는 그림 10-19과 같은 장치로 측정하며 그림 10-20과 같이 그래프를 그려 가열속도 조절에 사용하며 그림 10-21과 같이 살균과정을 관찰하는 데 사용된다.

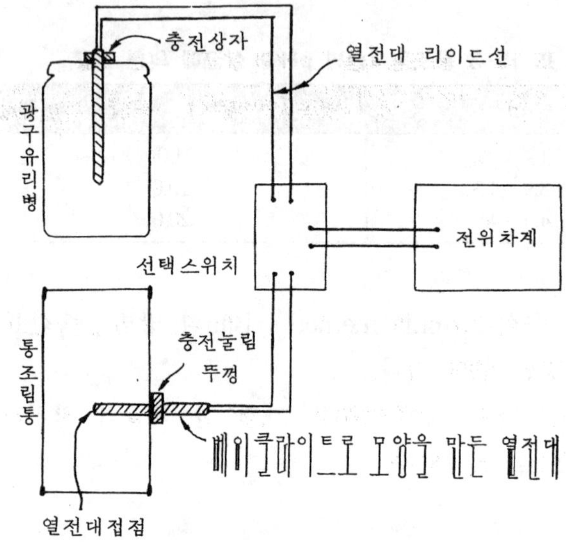


**그림 10-19 열전대를 이용한 통조림의 내부온도 측정**

통조림의 최적 살균조건은 ① 내용물의 성질과 조성, 그리고 열처리에 대한 안정성 ② 내용물에 남아 있는 세균의 형태와 수 ③ 내용물에서 예상되는 가장 열저항성이 큰 미생물 ④ 가장 열저항성이 큰 미생물의 여러 온도에 있어서의 치사기간, ⑤ 여러 온도에 있어서의 통 안에서는 열의 동력학 등에 의해서 결정된다.

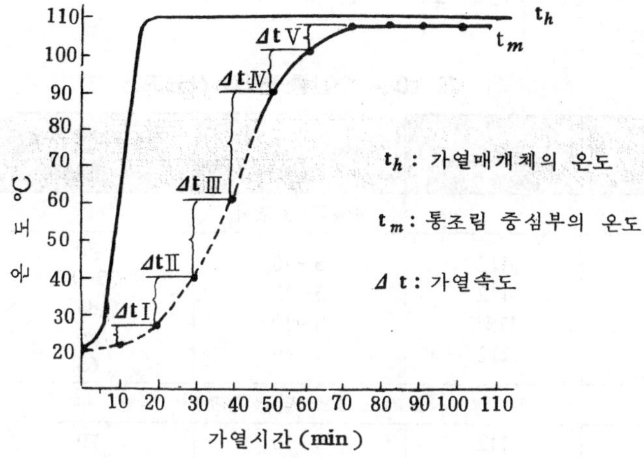


**그림 10-20 가열기간 중 통조림 중심부의 온도변화**

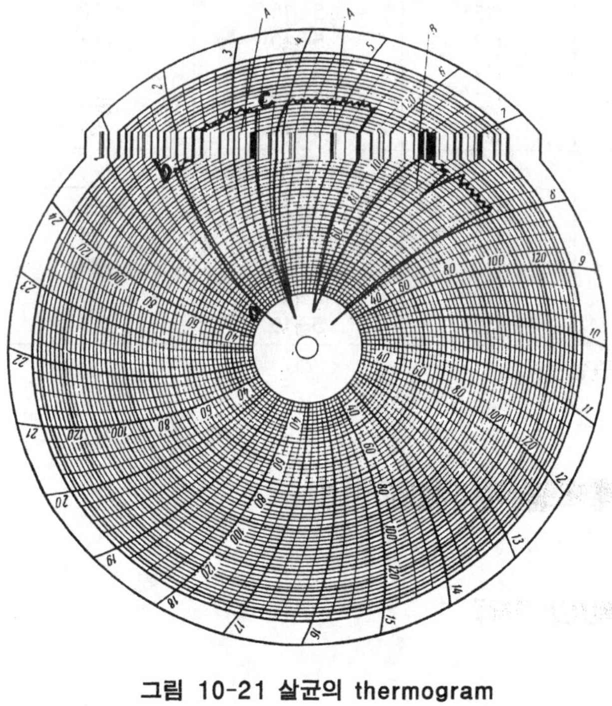

**그림 10-21 살균의 thermogram**

A. 적당한 조건 B. 부적당한 조건 a.come-up 시간의 시작 b. 살균온도의 시작 c. 살균의 끝

몇몇 수산통조림의 살균조건을 표시하면 표 10-4와 같다.

**표 10-4 수산통조림의 살균조건**

| 어류 | 살균온도(℃) | 살균시간(min) | | |
|---|---|---|---|---|
| | | 예비가열시간 | 살균 | 냉각 |
| 물담금 통조림 | | | | |
| 청　어 (245)<br>청　어 (475)<br>연　어 (245)<br>다 랑 어 (245) | 112<br>112<br>115.5<br>112 | 5~10<br>5~15<br>5~10<br>5~10 | 70<br>75~80<br>85<br>65<br>65 | 20<br>20<br>15<br>15 |
| 토마도 소스 담금 통조림 | | | | |
| 가오리, 청어 (245) | 112 | 5~10 | 70 | 15 |
| 청어 (475) | 112 | 5~10 | 80 | 15 |
| 정어리(sprats) (245) | 112 | 5~15 | 65 | 20 |
| 잉어 (475) | 112 | 5~10 | 75 | 15 |
| 기름 담금 통조림 | | | | |
| 청어 (245) | 112 | 5~10 | 70 | 15 |
| 다랑어 (245) | 112 | 5~10 | 65 | 15 |
| 카스피 정어리 (245) | 112 | 5~15 | 45 | 15 |
| 발틱 정어리 (245) | 112 | 5~10 | 50 | 15 |
| 발틱 청어 (245) | 112 | 5~10 | 55 | 15 |
| 훈연 기름 담금 통조림 | | | | |
| 정어리(sprats) (245) | 112 | 5~10 | 55 | 15 |
| 정어리 (475) | 112 | 5~10 | 75 | 15 |
| 가오리 (475) | 112 | 5~10 | 85 | 20 |
| Capolin (353) | 112 | 5~15 | 55 | 20 |
| 청어 (353) | 112 | 5~15 | 75 | 15 |

● (　)는 관의 중량 g임.

# Ⅱ. 수산통조림의 제조기술

## 1. 수산통조림의 종류

수산 통조림은 어류(魚類), 갑각류(甲殼類), 연체동물(軟體動物), 해양포유동물(海洋哺乳動物), 해조류(海藻類) 등 다섯 가지 그룹으로 나누며 그 각각에 대해서는 원료 그대로 사용할 것과 반가공품(intermediate products)을 사용한 것으로 세분된다.

생원료 사용시는 가열살균 한번으로 열처리하기 때문에 수산통조림의 맛과 향미를 사용원료특성이 좌우한다. 그러나 중간가공품을 사용하는 경우는 통조림이 되기 전에 이미 가

원료특성이 좌우한다. 그러나 중간가공품을 사용하는 경우는 통조림이 되기 전에 이미 가공처리 되기 때문에 이때 이미 성분상의 변화가 오게 되고 다시 통조림을 살균할 때 두 번째 손상을 입어 지방, 단백질 등의 심한 변화를 나타내게 되고 비타민 등의 파괴를 가져오게 된다. 몇 가지 중요한 수산 통조림을 들면 다음과 같다.

### (1) 물담금 통조림(Boiled fish)

생선, 게, 작은 새우, 무척추동물, 대구간 등을 원료로 하여 만든다. 이들 재료에 단지 맛을 내기 위해 약간의 소금을 넣거나, 또는 청어, 다랭이, halibut(북양산의 큰 넙치) 같은 어류에 후추, 피만고추, 월계수잎, 때로는 fish stick나 jelly(aspic) 등을 넣어 통조림한다. 이 천연제품은 매우 영양가치가 크고 앙트레(entrees) 주된 식사, 차거운 오르되브로(前菜), 샐러드 등으로 사용된다.

### (2) 기름담금 통조림(Fish in oil)

살재임한 어패육에 양질의 식물유를 첨가한 것으로 주된 원료는 다랑어·정어리·고등어·바지락·굴 등인데 일단 손질된 어류(dressed fish)를 원료로 하여 만든다. 원료 어류를 식물유에 살짝 튀긴 후 훈연(smoking)하고 더운 공기로 건조시킨다. 어느 정도 건조가 끝나면 활성 steam으로 찐 후 기름 속에 넣어 데친다. 첨가한 기름이 육에 스며들어 체유(體油)와 바꿔지면 어육의 맛과 조화를 이루어 생선 냄새도 없어지고, 풍미가 좋아진다고 한다. 이렇게 조제된 반가공품(intermidiate product)은 통조림되는데 이때 주입액으로서는 맑고 깨끗하며 향미와 색깔이 좋은 올리브유, 면실유, 대두유 등 고급 식물유나 혼합물(oil mixture)을 쓰며 가열살균하여 제품으로 만든다. 또한 바지락·굴 등의 기름담금 통조림 같이 훈제한 원료를 사용하는 것은 훈제 기름담금 통조림이라고 부르고 액훈(液燻)한 원료가 많이 쓰인다. 이 제품은 오르되브르(前菜 hors d'oeuvre)용으로 쓰인다.

### (3) 토마토 담금 통조림(Fish in tomato sauce)

토마토 담금 통조림은 정어리·고등어·꽁치·전갱이 등이 주된 원료이고, 살재임한 다음 퓌레(puree)나 소스(sauce)를 주입한 것인데 그대로 먹을 수 있도록 만든 일종의 오르되브르 계통의 제품이다. 원료어로는 지방이 많은 살찐 것이 좋다. 원료를 물로 씻어 머리를 절단하여 내장을 뽑아내는데, 이때 생식소는 제거하지 않아도 좋다. 손질(dress)한 고기는 식물성유에 fry하고 steam에 쪄서 기름에 데치고 열풍건조하거나 조용히 훈연한다. 반가공제품은 통에 넣어 tomato sauce를 채워 넣고 살균한다. 이 제품은 건조하지 않은 생선을 그냥 쓸수도 있는데 이때는 dress한 어류를 18% 식염수 중에 30분 정도 증자하여 끓인즙을 제거한 후 따로 토마토 퓌레 20kg에 소금을 450g 가한 것을 가열하여 주입액을 만들어, 뜨거울 때 관에 주입하여 바로 밀봉한다.

### (4) 휘쉬-페이스트(Fish pastes and pates)

생선, 게, 바닷가재, 작은 새우, 대구간 또는 기타 해산물로 만든다. 우선 원료 및 반가공품을 잘게 썰어서 식물유나 동물성 지방, 토마토, 양파, 향신료 등과 섞는다. 혼합물은 paste 또는 cutlets, fish balls 등의 형태로 통조림 또는 병조림한 후 살균처리 된다. Fish pastes는 오르되브르 제품을 만드는데 쓰인다.

### (5) 야채 담금 통조림(Fish and vegetables)

여러 종류의 소어류(小魚類), 용철갑상어의 어정(魚精), 대구간, 야채 등으로 만든다. 우선 생선을 fry하거나 marinade한 후 채소를 섞어 만든다. 이 제품에는 양배추잎, fish ball, 야채를 곁들인 croguettes, 토마토 소-스, 자극성의 marinade 등이 포함된다. 이들 제품은 오르되브르나 앙트레(entrees) 등으로 사용된다.

### (6) 연체동물 통조림(Molluses)

생산 양식과 특성이 독특하여 따로 분류되어 진다. 원료는 미리 기름에 튀기거나 데치거나 혹은 약하게 훈연시켜 사용하고 때로는 천연 그대로 사용하거나 소스를 살짝 쳐서 사용하기도 한다. 이들은 식품 가치가 매우 크며 섭조개, 굴, 해삼, 문어, 기타 연체동물이 이에 속한다.

### (7) 조미 통조림(Delicatessen products)

방향성, 신맛 그리고 식욕을 자극하는 강한 flavor를 가지고 있는 자극성 맛을 나타내는 것이다. 이 제품은 생선의 독특한 맛을 보존시키거나 또는 훈제 정어리, 기름 튀긴 생선 등과 같이 특이한 향미를 주기 위하여 응용된다.

### (8) 식이 통조림(Dietetic products)

엄격한 식이(食餌)를 요하는 환자를 위한 영양식품으로 쓰인다. 이 제품에는 자극성이 없는 양념이 사용되며 butter, 채소, 식물성 에센스, 비타민과 같은 예방적이고 약효의 가치를 증대시키는 영양물질을 섞어 만든다. 식이제품은 또한 유아식품(baby food)을 포함한다.

## 2. 수산통조림의 일반적 제조공정

통조림은 미생물과 가스를 차단할 수 있는 용기 중에 식품을 넣고 용기 속을 배기하여 바로 밀봉한 다음, 식품에 부착되어 있는 미생물을 용기와 함께 가열 살균하고 효소를 불활성화시킨 다음, 다시 용기 속의 식품이 미생물에 오염되지 않도록 하여 제품을 장기간 저장성이 있게 한 것이다. 원료로는 많은 어류·갑각류·조개류 등이 쓰이지만, 원료의 조리방법의 차이에 따라 보일드·기름담금·토마토담금·조미 통조림 등의 종류로 구분된다.

원료어패류 → 처 리 → 살재임 → 조미액주입 → 탈기·밀봉 → 살 균 → 냉 각 → 제 품

**그림 10-22 통조림 제조 공정**

통조림 제조 공정은 그림 10-22와 같이 머리, 내장, 지느러미 등을 제거하고, 원료를 절단하여 충전한 다음 조미액을 주입하고, 이어서 진공밀봉, 가열 살균 및 냉각의 순으로 행해진다.

### (1) 원료(raw material) 처리

수산통조림·원료로는 어류가 대부분이고 갑각류, 연체동물, 고래고기, 해조류 등도 쓰인다. 통조림용 원료는 우선 신선한 것이어야 한다. 선도가 떨어진 원료는 제품의 열화(劣化)와 변질을 가져오기 쉽게 된다. 우선 원료는 물로 깨끗이 씻어 오물을 제거해야 하는데 이때 쓰이는 물은 맑은 물 또는 바닷물을 쓰기도 한다. 세척이 끝난 어류는 제품의 종류에 따라 적당히 처리한다.

보통 고기의 비늘을 제거하고 머리부분을 자른 뒤 내장을 제거한다. 이어서 꼬리와 지느러미를 자른 후 큰 고기는 적당한 크기로 자르고 뼈를 제거하기도 한다.

이상의 조작은 보통 손으로 하지만 연어, 송어 통조림의 경우와 같이 대략 같은 크기의 고기를 처리할 때는 기계적으로 처리하기도 한다. 즉 머리부분을 자르는 head cutter, 배부분을 잘라 자동적으로 내장을 빼내고 세척하는 iron chink, 배부분만을 가르는 slimer, 고기를 적당한 크기로 자르는 fish cutter 등이 쓰인다.

### (2) 살재임(充塡)

만약 물고기 몸통이 깡통 속에 맞지 않을 경우 알맞은 크기로 재어 나눈 다음 척추를 가로질러 가른다. 깡통 속의 고기 조각이 잘 보이게 하기 위해서 자른 표면을 잘 평평하게 해야 한다.

조각물은 그 깊이에 잘 맞게 하기 위하여 통조림의 아래쪽 옆면으로 잘라 넣는다. 살코기가 살균처리될 때 체적이 17~18% 줄어들기 때문에 정확하게 채우기 위해서 통조림의 높이보다 5~8% 더 길게 하여야 한다. 살균처리의 결과 물고기 몸통의 수축은 고기의 화학적 구성에 의존한다. 야윈 살코기 또는 사후 경직 중의 고기는 살찌고 사후경직이 지난 고기보다 더 수축된다.

### (3) 조미액 주입

생선통조림에는 1.2~2.5% 정도의 NaCl이 섞여 있어야 한다. 소금은 고기살 속에 유입한 것이거나 통 안에 건조한 상태로 넣은 것, 그리고 액체로 만들어 넣은 것 등이 있다.

생선조각들은 포화 소금 용액(밀도 1.18~1.20g/$cm^2$) 속에서 절여진다. 절이는 시간은 소금물의 온도나 그 속에서의 소금의 농축이 유지되는가에 따라, 혹은 생선과 소금물과의 비, 조각들의 크기, 살의 지방함량 등에 따라 달라진다. 예를 들어 10℃~15℃의 소금물에서 큰 지방성 물고기는 6~8분 동안 흡수되는데 비해 작고 야윈 물고기와 조각들은 단지 2~6분 동안 밖에 안걸린다. 소금절이는 시간은 살 속의 소금함량을 기준으로 하여 조절된다.

소금물은 절이는 도중 세균 따위에 의해 더러워지고 전염성의 물질이 될 수도 있다. 보통 맨처음 소금물의 $cm^2$당 250마리의 bacteria가 있던 것이 10분 후에는 16만 마리가 되고, 20분 후에는 180만 마리, 한 시간 후에는 850만 마리의 bacteria가 번식한다. 생선을 이런 비위생적인 상태로부터 보존하려면 탱크 속의 소금물을 1.5~2시간마다 갈아넣어 주고 물고기 무게나 습도 기준에 의거 소금을 10~15% 정도 더 넣어준다.

### (4) 탈기 · 밀봉 · 살균

살재임과 조미액 주입 공정이 끝난 통은 통조림제조원리에 따라 탈기 · 밀봉 · 가열공정에 들어간다.

일반적으로 탈기는 95~100℃에서 20~50분 정도로 실시하며, 가열살균은 통의 크기에 따라 약간씩 달라 4호관의 경우는 110℃에서 70~120분, 6호관의 경우는 110℃에서 60~110분, 7호관의 경우는 110℃에서 60~100분 정도 실시한다.

### (5) 냉각

가열살균된 것은 되도록 속히 냉각시켜 잔류세균의 번식, 성분의 변질 등을 막는다. 냉각된 것은 제조년월일, 회사명, 제품명, 내용물 규격 등이 기록된 label을 붙여 제품으로 만들며 저장중의 변패를 막기 위해 냉장한다.

## 3. 물담금 통조림의 제조

원료어패육을 날 것 그대로, 또는 끓이거나 증기에 쪄서 통에 재우고, 소량의 소금 또는 소금물 등을 첨가하여 만든 것이다. 이들 물담금 통조림은 개관 후 소비자의 기호에 따라 조미나 요리를 할 수 있으므로 식성이나 인종에 관계없이 국제적으로 유통되는 제품이며,

수출통조림의 대부분이 이 종류의 제품이다. 원료로는 고등어, 꽁치, 전갱이, 전복, 백합, 바지락, 굴, 담치, 오징어, 문어, 게, 새우 등이 사용된다.

### (1) 꽁치 통조림

꽁치 물담금 및 가미(加味) 통조림의 제조공정은 그림 10-23과 같다.

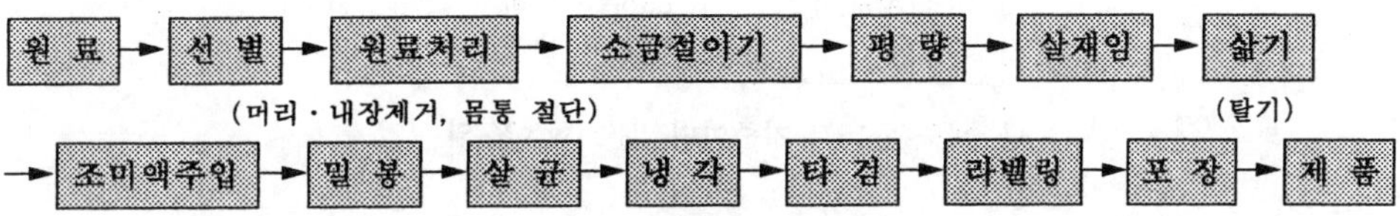


**그림 10-23 꽁치통조림의 제조공정**

#### 1) 원료

① 꽁치 : 꽁치의 신선도는 다음 상태를 갖추어 있어야 한다.

(i) 피부의 상태 : 꽁치 특유의 색채와 광택이 있으며 체액이 유출된 점액이 없고 건조되지 않은 것 (ii) 아가미 : 선홍색을 나타내며 점질물이 없고 불쾌취가 없는 것 (iii) 눈 : 혼탁하지 않고 인구가 내부로 심하게 침락(沈落)하지 않은 것, (iv) 휘발성염기질소량 : 시료 100g 당 30mg을 초과하지 않을 것

② 소금 : KSH 7101 소금규격을 2급 식용염 규격 이상이어야 한다.

③ 간장 : 다음 규격(표 10-5)에 적합해야 한다.

④ 설탕 : KS 2003 정백당 규격 합격품으로 한다.

⑤ 마늘 : 농산물검사규격 규정 2등품 이상인 것이어야 한다.

⑥ 생강 : 농산물검사규격 규정 2등품 이상인 것이어야 한다.

⑦ MSG : 순도 99% 이상인 것

⑧ 파 : 협잡물 및 이물이 없고 신선한 것이어야 한다.

⑨ 고춧가루 : 협잡물, 이물, 이취가 없고 양호한 것이어야 한다.

표 10-5 간장의 성분

| 항 목 | 규 격 |
|---|---|
| 보메 비중 | 18이상 |
| pH | 4.5~5.8 |
| 순 Ex 분 | 8% 이상 |
| 총 염분 | 17% 이상 |
| 전질소 | 0.6% 이상 |
| 완충능 | 2.2% 이상 |
| 비소($AS_2O_3$) | 1.5ppm 이하 |
| 중금속 | 20ppm 이하 |

단, 비중은 15℃ 기준이며, %는 w/v% 임

### 2) 선별

원료의 선별은 품질에 크게 관여하는 선도 면에 중점을 두고 대체로 어체의 탄력이 떨어지고 색깔이 불투명한 것은 철저히 제거하여야 한다.

### 3) 원료처리

반입된 원료는 신속히 처리하여야 한다. 신선어로서 처리대기중인 원료는 선도의 저하를 최대한 방지시켜야 한다. 0~5℃의 냉장고에 저장하거나 맑은물에 원료 4M/T 당 쇄빙 1.5~2M/T와 소금 30~50kg(Be' 3~6°)을 혼합한 얼음물에 침지하거나 하여 머리, 내장 등 불필요한 것은 충분히 제거하고 원료 꽁치는 충분히 세척한 것이어야 한다. 어체 절단은 통의 길이에 맞추되 어체에 대하여 직각으로 절단해야 한다. 머리, 내장 등 불필요한 것은 충분히 제거하고 원료 꽁치는 충분히 세척한 것이어야 한다. 어체절단의 통의 길이에 맞추되 어체에 대하여 직각으로 전달되어야 한다.

### 4) 염지작업(피빼기)

원료처리된 것은 곧 염지케 하고 염지작업 전후에는 반드시 청결히 세척한다. 피빼기 처리는 3~5°Be' 소금물에 5~30분간 염지처리하나 이때 피빼기가 불완전한 경우에는 18~20°Be'의 소금물로 20~40분간 2차 염지처리하여 절단면의 가용성 단백을 용출시켜야 한다. 피빼기가 부족하면 가용성 단백이 가열시 응고된다. 사용된 염지수가 오탁될 경우에는 새로운 맑은물로 교환하여 소정의 소금농도를 유지시키면서 염지시켜야 한다.

### 5) 평량

처리된 꽁치 어육은 다음 기준(표 10-6)에 따라 평량접시에 담아 평량한 다음 통에 담는다.

표 10-6 꽁치 통조림의 기준

| 종 류 | 고 형 량 | 내 용 총 량 | 비 고 |
|---|---|---|---|
| 물조림 4호관<br>가미 휴대관 | 350g 이상<br>135g 이상 | 430~460g<br>165~185g | 조미료 기준량 별도 |

### 6) 살재임

꽁치 꼬리부분을 먼저 넣고 몸통부분은 서로 얽히지 않도록 보기 좋도록 살재임 한다. 살재임된 통내 상부면은 가능한한 통내상부 어육면이 국화형이 되도록 평평하게 하여야 한다. 꼬리와 몸통부분과의 살재임 배합비율은 다음 표 10-7과 같이 함을 원칙으로 한다.

### 7) 끓이기

온도의 상승이 신속하도록 95~100℃에서 20~50분간 끓인다.

### 8) 조미액

물담금의 경우는 소금물을, 가미(加味)인 경우는 조미액을 추가한다.

표 10-7 꽁치통조림의 살재임배합 비율

| 어체절단 구분 | 살재임 배합 비율 |
|---|---|
| 2 등 분 | 꼬리부분과 몸통부분이 같은 수가 되도록 함 |
| 3 등 분 | 꼬리부분 1에 몸통부분2의 비율이 되도록 함 |
| 4 등 분 | 꼬리부분 1에 몸통부분3의 비율이 되도록 함 |

소금물농도는 2~3°B'로 하되 너무 짜서는 안된다. 간장의 품위는 간장 고유의 맛, 색택, 향미가 있어야 하고, 이취, 이물, 기타 불용성물질이 있어서는 안된다. 인공감미료는 식품위생법에 허용하지 않는 것이 첨가되거나 검출되어서는 안된다.

### 9) 밀봉

밀봉작업시에는 반드시 밀봉부분의 표준여부를 점검하고 불량시에는 조절 후 작업개시해야 한다. 밀봉시에는 통조림의 품온을 감안하여 통내 진공도를 조절해야 한다. 밀봉은 냉각되기 전 뜨거울 때 실시한다. 밀봉부분 표준은 다음과 같다.

① BH : 1.98mm±0.20mm

② CH : 1.98mm±0.20mm

③ WR : WR이 CH의 1/2 이하

완제품시의 통내 진공도 기준은 20cm/Hg 이상 되도록 조절해야 한다.

### 10) 살균

밀봉된 통조림은 장시간 방치하지 않고 살균작용을 신속히 실행하되 살균솥 안의 공기는 완전히 배제하여야 한다. 살균온도에 일단 도달하면 그 온도의 고저가 없이 일정온도를 유지시켜야 한다. 살균온도 및 시간기준은 꽁치보일드 통조림 4호관의 경우는 112.6~115.2℃에서 80~110분간 꽁치가미 통조림 휴대관의 경우는 115℃에서 70분간으로 한다.

### 11) 냉각

살균이 완료된 것은 냉각작업을 신속히 시행하여야 한다. 냉각작업이 완료된 것은 통외면에 묻은 오물 및 수분을 빨리 닦아 내어야 한다. 냉각수는 청결해야 하고 수온이 높지 않도록 수시 냉수로 환수해야 한다. 살균 후의 냉각에 있어서 그 정도는 내용물의 평균온도가 38℃ 내외가 되도록 하는 것이 좋다.

### 12) 라벨링

통뚜껑 표시는 수산물 검사법에 의거 꽁치명, 조리방법 통조림공장 제조허가 번호, 제조년월일 등을 표시하여야 한다. 레이블 표시는 수산물 검사법에 의하여 꽁치명, 조미료명, 살재임형태 등을 레이블의 적당한 곳에 뚜렷하게 표시하되 내용물을 설명하기 위한 그림은 실물 그대로 3색 이상의 색도로 표시해야 한다. 단, 영어를 병기(並記) 할 수 있다. 내용물은 내용총량과 고형량을 표시해야 한다.

### 13) 포장

포장규격서에 준한다.

### 14) 제품

제품품질 규격에 합격하여야 한다.

### 15) 타검

통조림을 배열하고 타검봉으로 두들겨 음량 및 손에 전도되는 촉감으로 내용물의 상태를 판정하여 합격되어야 한다.

### 16) 검사

수산물검사법에 의하여 중앙수산검사소에 검사된 합격품이라야 한다. 또 필요하다고 인정될 때는 식품위생법 수산물검사법 및 검사법에 규정된 제조시설 위생조건, 제조공정, 재료 및 최종제품에 대한 적합여부를 수시 점검한다.

## (2) 바지락 통조림(Canned boiled baby clams)

### 1) 원료처리

원료 바지락을 물통에 넣어 때때로 물을 갈아주면서 4~5시간 모래, 흙을 토하게 한다. 이 시간이 너무 길면 제품의 맛이 떨어지게 된다. 살을 바르는 데는 생박법(生剝法)과 탕박법(湯剝法)이 있다. 생박법은 날 것을 손으로 살을 바르는 것으로 풍미는 좋으나 능률이 낮다. 살을 바른 것은 신선할 때 끓는 물에서 약 3분간 삶아 방냉한다. 탕박법은 열탕이나 증기로 가열하여 껍질을 떼고 철망체를 사용하여 껍질과 살로 분리한다.

### 2) 제법

살을 바른 것은 껍질의 파편, 협잡물, 불량육 등을 제거하고, 크기별로 선별하여 수세하고 물기를 뺀 다음 C-enamel 통에 살재임을 한다. 주입액은 보통 소금물을 사용하나 흑변방지를 위하여 0.5% 정도의 phytic acid나 sodium hexametaphosphate를 첨가하든가 또는 0.15% 정도의 구연산을 첨가하는 수가 있다. 진공도를 높이기 위하여 열염수를 주입한 후 곧 밀봉하여 가열살균한다.

### 3) 살균조건

살균조건은 4호관에서는 113℃, 70~80분, 7호관에서는 113℃, 60~70분 정도이다. 그러나 수출용으로 제조할 때에는 *Cl. nigrificans* 등의 내열성이 강한 유화수소 생성균을 대상으로 한 126℃에서 60~70분의 살균을 한다.

### 4) 문제점

바지락의 내장부가 때로 녹색을 띄는 경우가 있는데, 이것을 green feed라고 하며, 바지락의 먹이 plankton에서 유래하는 것으로 수출품으로는 불합격품이다.

## (3) 연어 통조림

### 1) 원료

원료로 쓰이는 연어는 red salmon, pink salmon, silver salmon, cham salmon, king salmon 등 여러 가지 종류가 있는데 그중 가장 많이 쓰이는 것은 red salmon과 silver salmon이다. red salmon은 고기색이 붉고 지방이 풍부해 통조림원료로 가장 좋은 맛을 가지는데 값이 비싸다. silver salmon은 red salmon보다 색이 다소 옅으나 역시 고급품에 속한다.

### 2) 제조법

연어 통조림은 일반 수산물 통조림 제조법과 동일하나 대체로 대규모로 제조되므로 그의 전 공정이 기계화 되어 있다.

### 3) 검사등급의 표준

연어 통조림은 개관검사를 할 때 액즙에 얼마만큼 지방분이 떠오르느냐에 따라 등급을 먹인다. 즉 1등은 Oil이라고 부르며 고기 표면이 전부 기름으로 덮여 있는 것이고, 2등은 Oil and water라고 하여 지방이 물보다 많이 덮여 있는 것이고 3등은 Water and oil이라고 하여 지방이 물보다 적은 것, 그리고 4등은 Water라 하여 지방분이 대단히 적은 것을 말한다.

### 4) 문제점

연어 통조림에서 발견되는 문제점으로는 진공도 강하, adhesion, curd, struvite 등을 들 수 있다. adhesion, curd, struvite 등에 대해서는 통조림의 변패란에서 자세히 다루기로 하고 진공도 강하에 대해서 간단히 설명하면 연어통조림은 기온이 상승됨에 따라 제조후 진공도가 떨어지다가 일정한 기간이 지나면 일정하게 되는 것을 볼 수 있다. 대체로 10℃ 상승함에 따라 1.83inch 정도 진공도가 떨어지며 제조 후 1~2개월이 가장 심하고 3개월 경이 되면 진공도는 일정하게 되나 제조직후 보다 약 3.5inch 정도 떨어진 상태가 된다. 이에 대한 대책은 제조 당시 이를 감안하여 진공도를 약간 높게 제조하는 방법이 있다.

## (4) 게 통조림

### 1) 원료의 처리

게 통조림 원료로는 살이 많고 다리뼈가 적으면서 가늘고 향기가 좋은 것이 적당하다.

게는 우선 뚜껑을 떼고 다리만 추린다. 다리는 끓는 바닷물 또는 맑은 물에 10~12분간 삶아 살을 발라내고 다리 껍질을 칼로 쪼개어 살을 빼낸다.

### 2) 제조법

발라낸 살을 모아 물로 씻고 대소별로 선별한 후 통에 황산지를 깔고 그 위에 1번 다리살 2~3개를 붉은 쪽이 밑으로 가도록 깐다. 중심부에는 어깨육 등을 넣고, 표면에는 1번 다리살을 붉은 쪽이 표면에 오도록 살재임한다. 끝으로 황산지를 국화꽃 종이 모양으로 접는다. 다음에 적당한 농도로 조제한 소금물을 붓고 탈기 밀봉한 후 107℃에서 80~90분간 살균하여 제조한다.

### 3) 문제점

게 통조림의 경우는 흑변(黑變), 청반(靑班) 등이 일어나는 일이 있는데 흑변의 원인은

게를 가열할 때 $H_2S$를 발생하여 통의 금속과 작용하여 FeS 등을 형성하기 때문이며 이를 방지하기 위해서는 통조림 제조시 내용물에 산(酸)을 가하여 $H_2S$ 발생을 저해시키는 방법과 통 내면을 에나멜, 락카 등으로 칠하여 철의 용출을 막는 방법 등이 쓰이며 통안에 황산지를 깔아 게 살을 싸서 통조림하는 것이 이에 대한 대책의 하나가 된다.

게 통조림육에 청반이 생기는 것은 제조후 장시간을 지난 뒤에 일어나는데 그 원인은 혈액 중의 hemocyanin에 들어 있는 구리(Cu)가 $H_2S$와 반응하여 R-Cu>S를 형성하기 때문이라고 하는데(R은 단백제임) 그 방지책으로는 아연화합물과 같이 $H_2S$를 흡수하는 물질을 첨가하는 방법, 산화제, 환원제로 청반 물질을 파괴하는 방법, 게를 가공하기 전에 혈액을 빼 버리는 방법 등이 나와 있다.

## 4. 기름담금 통조림

유지(油漬) 통조림은 알맞게 조리한 어육에 양질의 식물유를 첨가하여 통조림한 것이다. 주입하는 식물유는 맑고, 향미, 색택이 양호한 것이라야 하며, 유지의 산가는 보통 올리브유는 2 이하, 면실유는 0.2 이하, 대두유는 0.3 이하의 것을 사용한다. 유지(油漬) 통조림의 원료로는 정어리, 꽁치, 고등어 fillet, 다랭이, 염장멸치 등이 사용된다.

### (1) 고등어 fillet 통조림(Canned mackerel-fillet in oil)

#### 1) 원료어의 처리

두부 및 복부를 절단하고 내장을 제거하여 잘 세척한 다음 증자함(蒸煮函)에서 100℃, 30~40분 정도 삶는다. 방냉한 후 온탕에 담그면서 솔이나 대나무칼 등으로 박피한다. 박피를 마친 것은 중골(中骨)에 따라 두 조각으로 가르고, 겉의 청흑색의 부분과 뼈가 붙어 있던 부분의 흔적이 없어질 정도로 대나무칼 등으로 cleaning을 한다. cleaning을 마친 것은 관형에 따라 절단하는데 예를 들면 각5호 A관이나 각7호 A관은 9.5~10cm 길이로 절단한다.

#### 2) 살재임 및 밀봉

각 5호 A관은 110~115g, 각7호 A관은 80~83g, 각7호 C관은 45~50g를 평량한다. 주유량 및 소금량은 표 10-8과 같다. 진공밀봉기에 의할 때는 대두유, 면실유, 올리브유 등의 정제유와 소금을 첨가하여 곧 밀봉하고, Adriance seamer를 사용할 때는 탈기함(95℃, 약 15분)을 통과시켜 수분을 제거한 후, 가열한 정제유 및 소금을 첨가하여 곧 밀봉한다.

표 10-8 주유량 및 소금량

| 품 명 | 각5호 A관 | 각7호 A관 | 각7호 C관 |
|---|---|---|---|
| 정제유<br>정제염 | 25g<br>2.5 | 20g<br>2 | 10g<br>1 |

표 10-9 살균조건의 예

| 조 건 | 각5호 A관 | 각7호 A관 | 각7호 C관 |
|---|---|---|---|
| 온도(℃)<br>시간(분) | 113.3<br>60 | 109.9<br>60 | 109.9<br>50 |

#### 3) 살균

일반적으로 표 10-9와 같은 조건으로 살균한 후 급냉한다.

### (2) 다랭이 통조림

#### 1) 원료처리

원료 다랭이에는 albacore, tunny, bonito 등 여러 종류가 있으나 albacore가 가장 많이 쓰인다. albacore는 삶았을 때 고기빛이 희고 맛이 닭고기 비슷하기 때문에 "바다의 닭고기"(sea chicken)라고 불리운다. 원료 다랭이는 머리부분을 잘라내고 내장을 제거한 후 물로 씻어 피를 빼낸다.

#### 2) 제조법

처리된 다랭이는 100℃ 열탕에서 3~5시간 삶아 하룻밤 방냉한 후 잘라서 등골, 혈합육, 가는 뼈, 껍질 등을 제거한다. 얻어진 고기는 통의 크기를 고려하여 적당히 잘라 통에 채우고 소량의 소금과 올리브유 또는 면실유를 부어 탈기 후 밀봉한다. 밀봉된 통조림은 114℃에서 80분간 가열살균한 뒤 급냉시켜 제품으로 한다.

#### 3) 문제점

다랭이 통조림은 "honey comb 현상"이 생기는데 그의 원인은 가열도중 육단백질이 불가역적으로 응고되어 축소되고 수분을 다량 방출하기 때문이라고 한다. honey comb 현상에 대해서는 통조림 변패란에서 자세히 소개하기로 한다.

## 5. 훈연 기름담금 통조림

어패육을 일단 훈연하여 정제한 식물유를 첨가하여 통조림한 것이다. 주로 온훈품을 통조림으로 하며 연어, 방어, 굴, 전복, 소라, 바지락 등을 원료로 하나 우리 나라에서는 주로 수출용 굴훈제유지 통조림이 제조되고 있다.

### (1) 굴 통조림(canned smoked-oyster in oil)

껍질이 붙은 굴을 그대로 공장에 반입하여 가열탈각하여 통조림으로 하는 경우와 박신원료(剝身原料)를 받아들여 처리하는 경우가 있다. 굴 통조림은 보통 훈제기름담금통조림과 물담금통조림을 동시에 병행하여 제조하는 수가 많으며, 원료를 삶아 선별한 것 중 대형의 것은 주로 물담금 통조림으로, 소형의 것은 훈제기름담금통조림으로 제조된다.

#### 1) 원료의 조리

〔박신원료에 의하는 경우〕 굴의 선도는 냄새, 색상, 탄력 등에 의하여 관능적으로 판정되나, 화학적으로는 pH에 의하여도 판정할 수 있다. 즉 일반적으로 pH 5.8~6.2의 것은 선도양호한 것이나, pH 5.8 이하의 것은 선도가 불량하다고 볼 수 있다. 살을 바른 것은 그 표면의 점액이나 부착된 조개껍질 조각, 흙 등을 제거하기 위하여 Be′2° 정도의 소금물을 사용하여 충분히 씻는다. 세척을 마친 것은 삶는데 1단 삶기일 때는 보통 95℃ 이상에서 10분 정도이고, 2단 삶기일 때는 1단에서 85~90℃, 5~7분, 2단에서 95~98℃, 3~5분 정도이다. 탕자(湯煮)를 마친 원료는 맑은물로 냉각하여 물기를 뺀 후 크기별로 선별한다. 〔껍질부 원료에 의하는 경우〕 조개껍질 표면에 부착한 진흙오물을 세척 제거하고 증자함에 넣어 103~105℃에서 15~20분간 정도 삶는다. 삶은 것은 껍질을 벗겨 살바르기하여 세척하고 물기를 뺀다.

#### 2) 훈제

선별을 마친 굴은 훈연하기 전에 맛을 붙이기 위하여 끓인즙(원료굴을 끓였을 때의 끓인즙을 농축한 것) 또는 소금물을 75~90℃, 2~3분 정도의 가열처리를 한다. 훈연은 100~120℃에서 10~20분 정도로 하고, 훈재로는 떡갈나무, 느티나무, 상수리나무, 벗나무, 졸참나무 등을 사용한다. 훈연의 정도는 소비자기호에 따라 다르나 일반적으로 표면이 묽은 초콜렛 빛이 되는 것을 표준으로 한다.

표 10-10 굴훈제 기름담금통조림

| 관 형 | 고 형 량 | 내 용 총 량 | 내 용 개 체 수 | | | |
|---|---|---|---|---|---|---|
| | | | L | M | S | T |
| 각 3호 B관<br>각 5호 C관 | 90g<br>55 | 105g<br>70 | 20이하<br>10이하 | 21~30<br>11~20 | 21~40<br>21~30 | 42이상<br>31이상 |

### 3) 살재임

훈제한 굴은 L, M, S, T급으로 선별하여 살재임을 한다. 고형량, 내용총량, 개수 등의 예를 들면 표 10-10과 같다. 고형량은 개관시의 양을 말하므로 훈연 후의 굴의 수분함량 및 제품후의 변화를 감안하여 충진량을 결정하여야 한다. 일반적으로 소형의 굴일수록 탈수율이 높고, 또 개관시에 검체에 부착하는 기름량이 많으므로 대형굴보다 소형굴의 충진량을 적게하여도 된다. 예를 들면 각 2호 B관의 경우, L 95g, M 90g, M 90g, S, T 85g 정도를 살재임한다.

또 개관시 기름 중의 유리수분은 L에 있어서는 50% 이하, M.S.T에 있어서는 40% 이하가 되도록 살재임할 때 굴의 수분함량을 조절하여야 한다. 살재임을 마친 것은 정제한 대두유, 면실유, 올리브유 등을 주가(注加)하는데 주유량은 각3호 B관일 때는 L 20g, M 23g, S, T 25g 정도이다. 또 주유에 앞서 정제염을 1~2g 첨가하는 수도 있다.

### 4) 밀봉 및 살균

밀봉을 마친 것은 곧 가열살균하여 급냉한다. 살균조건의 예를 들면 각3호 B관일 때는 110℃, 60분이 표준이다.

## 6. 조미통조림

조리한 어패류를 간장, 설탕 등으로 조미한 후 살재임을 하고 여기에 약간 붉은 조미액을 부어넣거나 또는 조미하지 않는 원료를 살재임하고 약간 진한 조미액을 부어넣어 만든 통조림이다. 원료로는 연어, 송어, 다랭이, 가다랭이, 정어리, 꽁치, 고등어, 전갱이, 청어, 바지락, 백합, 피조개, 전복, 소라, 오징어 등이 사용된다.

### (1) 오징어통조림(canned seasoned squid)

원료 오징어는 내장을 붙인 채 다리를 동체에서 뽑아서 내장을 제거하고, 동체와 다리를 끓는 물 속에서 10분 정도 삶는다. 이어 냉수 중에서 박피를 하고 동시에 안구, 입부리, 동체의 근골 등을 제거하고, 물기를 뺀 후 다리를 동체에 밀어 넣어 살재임을 한다. 다음 조미액을 주입하고, 밀봉하여 가열살균한다. 살균조건은 4호관의 경우는 110℃에서

90분, 6호관의 경우는 110℃에서 70분이다. 조미액의 배합 예를 들면 간장 1ℓ 설탕 450g, 소금 50g이다.

## 7. 기타 통조림

수산물통조림은 위에 들은 종류 외에도, 정어리, 꽁치, 고등어, 전갱이 등을 조리하여 살 재임한 후, 토마토 퓨레(tomoto puree)를 주입한 토마토 담근통조림, 뱅장어 꽁치 등을 조미액을 발라 구은 것을 통조림한 조미구이통조림, 바지락, 백합, 김 등을 조미조림을 하여 통조림한 조미조림통조림, 훈제품통조림 등이 있다.

### (1) 정어리 통조림

#### 1) 원료의 처리

정어리를 원료로 하는 통조림은 물담금 통조림, 기름담금 통조림, 토마토 소스 담금 통조림 등이 있다. 그 중 물담금 통조림과 토마토소스 담금 통조림을 할 때는 소위 대우(大羽)라고 불리우는 18cm 이상 되는 것을 원료로 쓰나 기름담금통조림을 할 때는 소위 중우(中羽)라고 불리우는 12~18cm되는 것을 원료로 쓴다. 원료 정어리는 우선 머리를 잘라내고 내장을 제거하고 물로 잘 씻어 오물을 제거한 후 묽은 소금물에 20~40분간 침지한다. 침지된 것은 물로 잘 씻고 물기를 뺀다. 물기를 빼지 않으면 자투리 고기가 많이 생긴다.

#### 2) 토마토 소스 담금

물기를 뺀 고기는 그냥 사용하거나 또는 건조를 시키거나 기름에 튀겨서 통에 채운다. 통에 채운 고기에 다시 토마토 퓌레를 부어 넣어 100℃에서 20분 정도 탈기시킨 후 밀봉한다. 밀봉된 통조림은 112.7℃에서 60분간 살균한다.

#### 3) 문제점

정어리 통조림은 기름튀김을 할 때 유리지방산의 영향으로 납이 용출되어 문제가 되는 경우가 있다. 따라서 기름튀김을 할 때 한번 사용된 기름에 다시 튀기는 일이 없도록 하여 용기선택에도 주의를 하지 않으면 안된다.

# Ⅲ. 수산통조림의 품질관리

## 1. 통조림의 검사

통조림검사 순서는 ① 타검 ② 진공도 검사 ③ 가온 검사 ④ 개관 검사 ⑤ 화학적 검사 ⑥ 세균학적 검사 ⑦ 밀봉부 검사 등으로 실시한다.

### (1) 타검(打檢)

타검법은 통조림을 다수 배열하여 놓고 뚜껑을 그림 10-25와 같은 타검봉으로 두들겨, 이때 나는 음향(고저청탁) 및 손에 전도되는 촉감 등에 의하여 내용물의 상태를 판정하는 방법이다. 일반적으로 높은 진공도를 가진 통조림은 맑은 음을 내나, 진공도가 낮거나 진공이 아닌 통조림은 탁음을 낸다. 또 진공도가 높을수록 타검음은 높고 짧아지는 경향이 있다. 내용물의 과도한 충진, 내용물의 부족도 타검음의 경중에 의하여 식별된다. 그러나 flat sour통은 타검에 의하여 판별할 수 없다.

그림 10-24 타검봉

### (2) 진공도 측정

진공도는 통조림진공계(vacuum can tester)에 의하여 측정한다.

그림 10-25 통조림의 진공도 검사

즉 그림 10-25와 같이 진공계의 끝은 주사바늘처럼 구멍이 있으며 뾰족하게 되어 있는

데, 이 부분을 관뚜껑의 중앙부에 대고 재빨리 누르면 뚜껑이 뚫려서 관의 내부와 진공계가 통하게 되므로 즉시 그 진공도가 눈금으로 나타난다. 이 눈금은 대기압과 통조림의 내부압력의 차이로 표시되는 것이다.

### (3) 가온검사(加溫檢査)

통조림을 세균이 발육하기에 알맞는 온도에 두어, 변패할 관을 빨리 검출해 내는 방법이다. 즉 통조림을 만든 후 관내가 무균인가 아닌가를 검사하는 방법의 하나가 가온검사이다. 가온검사의 방법은 여러 가지가 있으나 대략 표 10-11과 같이 한다.

표 10-11 통조림 가온시험 방법

| 종 류 | 상 태 | 가온 온도(℃) | 시험 기간(주간) |
|---|---|---|---|
| 보 일 드(boiled) | 액즙이 많은 것 | 37 | 1~2 |
| 보 일 드(boiled) | 액즙이 적은 것 | 55 | 2~4 |
| 조 미 통 조 림<br>점성이 큰 것(예 ; 잼) | | 36~37 | 2~3<br>2~4 |
| 과 실 통 조 림<br>(기타 산성식품) | | 25~30 | 2~3 |

### (4) 세균학적 검사

내용물을 무균(無菌)적으로 채취하여 시료를 조제한 후 ① 직접 검경 ② 접종 배양 ③ 순수분리배양 ④ 분리세균의 내열성시험 ⑤ 분리세균의 독성 검사(병원성 검사) 등의 검사를 하여, 그 결과로부터 살균공정의 적부 또는 변패의 원인을 판정한다.

### (5) 관능적 검사(개관검사)

우리의 오감(五感)을 통해 검사하는 것이며 그 방법은 다음과 같다.

#### 1) 향취(香臭)

내용물을 소량 손바닥에 문질러서 그 냄새를 맡아서 정상품과 비교한다.

#### 2) 색택(色澤)

수산통조림의 경우는 적변·흑변·청변 등의 변화가 있으므로 통상품과 비교 판정한다.

#### 3) 조직(組織)

재료에 따라서 또는 그 부위에 따라서 다르고, 선도나 제조방법에 따라서도 차이가 있으므로 빛깔·향취를 참고로 해서 판단한다.

#### 4) 미각(味覺)

단순한 맛 뿐만 아니라 취각을 겸한 소위 향미(flaver)를 판단한다. 내용물의 조각을 혀에 올려 놓고 맛본다. 분명히 썩었다고 보이는 것은 이런 시험을 하지 않는다. flat sour된 것은 이상한 산미가 느껴지고 물이 나쁜 수산물일 경우는 히스타민(histamine)의 진미(眞味)가 느껴진다.

#### 5) 혼탁(混濁)

변패의 원인이 될 수도 있으나 다른 증거를 참고로 해서 판단한다.

#### 6) 껍질 벗겨짐(loose skin)

물이 나쁜 물고기를 사용했을 때 또는 살균조건에 의해서 생긴다.

### (6) 통조림의 팽창도 검사

#### 1) 플렛 샤워(平面酸敗, flat-sour)

통조림의 뚜껑이나 밑이 편편한 것 또는 내부로 조금 오목하게 들어간 상태의 정상관으로 산패균에 의해 산만 생성된 통조림이다.

#### 2) 필립퍼(flipper)

뚜껑이나 밑이 거의 평평하거나 다소 두둑한 상태이며, 손으로 누르면 소리가 난다. 탈기부족으로 일어난다.

#### 3) 스프링거(springer)

필립퍼보다 심하고 한쪽 밑을 누르면 반대쪽이 두드러진다. 팽창(swell)이 진행되는 도중이거나 내용물이 너무 많거나 식품과 용기와의 화학반응으로 생긴 수소에 의한 경우 등이 있다.

#### 4) 팽창(swell)

관의 양면이 볼록하게 두드러진 것이며 연팽창(soft swell)과 경팽창(hard swell)이 있다. 전자는 손가락으로 눌러질 수 있는 정도의 팽창이며, 후자는 눌러지지 않을 정도로 심한 것을 말한다. 때로는 내부의 압력이 3.5kg/cm$^2$에 이르는 수도 있다.

팽창의 원인은 ① 살균 부족 ② 내부에서 화학반응으로 수소를 발생했을 때 ③ 식품이 가열 도중 부풀었거나 담기가 지나친 경우 등이 있다.

### (7) 통의 밀봉부 검사

통의 밀봉된 부분을 육안으로 살펴 그림 10-26과 같은 결함이 있나 없나를 검사한다.

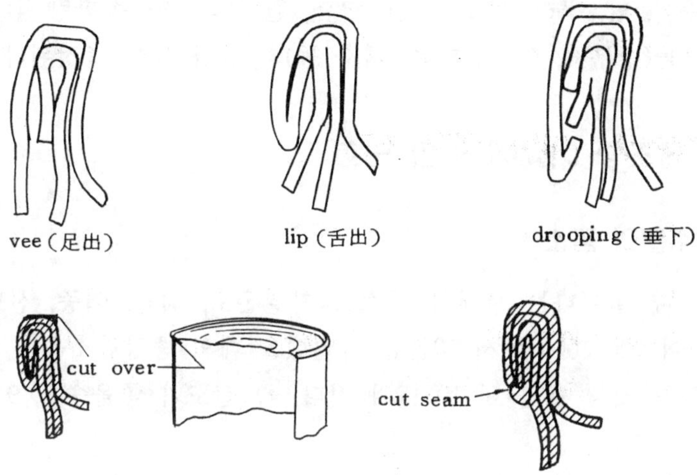


**그림 10-26 불량한 밀봉부분**

#### 1) lip(舌出)

body hook이 cover hook과 서로 말려들어가 있지 않고 빠져나와 있는 것이다.

#### 2) vee(足出)

cover의 curl부가 말려 들어가지 않고 쳐져 있는 것이다.

#### 3) drooping(垂下)

lap부에 있어서는 밀봉의 하록(下綠)이 약간 밑으로 처지는데, 이곳의 밀봉폭이 다른 곳의 밀봉폭의 1.2배를 넘어서면 밀봉력이 떨어진 것을 말한다.

#### 4) cut-over(裏切)

밀봉시 밀봉 내부의 상부가 chuck flange 위로 밀려 올라가 그 부분이 예리하게 모난 것을 말한다.

#### 5) cut-seam(垂下部切斷)

lap 밀봉부의 수하(垂下)가 극단으로 클 때에는 제 2 roll에 의하여 절단되는 수가 있는데 이것을 cut-seam이라고 한다.

### (8) 내용물의 화학적 검사

통조림 내용물의 변패여부 또는 충진원료의 선도의 적부를 판정하기 위한 화학적 검사 항목으로 ① 통조림 내용물의 반응 ② 변패 생성물의 정량 ③ 통조림 용기 또는 식품첨가물에서 유래하는 주석, 납, 구리, 비소, 아연, 크롬, 철 등의 중금속함량 ④ 통조림 내의 가스조정 ⑤ 식품첨가물(방부제, 인공감미료, 색소 등)의 함량 등이 측정된다.

## 2. 통조림 제조중 가열에 의한 변화

### (1) 무게 및 수분의 감소

어패육을 가열할 때 일어나는 무게의 감소는 가열온도, 시간, 어종, 선도, 어체의 크기 등에 따라 다르다. 어육을 100℃에서 10분간 가열했을 때의 중량감소율과 어체의 크기, 선도와의 관계를 조사한 것을 보면 표 10-12와 같다. 즉 선도가 좋을수록 또 어체가 클수록 무게감소는 적다.

육을 가열할 때 탈수가 일어나는 것은 육단백질이 변성하여 보수력이 떨어지고, 또한 근육이 열수축하여 수분을 압출하기 때문이다. 일반적으로 삶기에 의한 탈수율은 어패육의 선도가 떨어지는 데 따라서 저하한다.

표 10-12 가열시의 중량감소와 선도, 어체의 크기와 관계

| 어체크기 | 선도 | | |
|---|---|---|---|
| | 양호 | 보통 | 불량 |
| 대형어 | 11.5% | 15.7% | 21.0% |
| 중형어 | 13.2 | 18.5 | 24.4 |
| 소형어 | 13.2 | 20.3 | 30.0 |

### (2) 열 수축

오징어육의 가열에 의한 수축은 선도에 따라 상당히 다르며 선도가 떨어지는데 따라서 수축개시온도가 내려가고 수축율은 커진다고 한다.

### (3) 경도의 변화

일반적으로 어육을 가열하면 50℃ 부근부터 차차 경도가 증가하는데 그 정도는 어종에 따라 다르다.

삶은 가다랭이육을 현미경으로 보면 근섬유의 안팎에 열응고한 단백질이 충만하여 있으

며, 이 열응고는 근섬유 상호간의 접착력을 강화하여 경도를 높인다고 할 수 있다. 이에 비하여 가재미의 경우는 근섬유 내부나 또는 근섬유 사이에 다수의 공극을 볼 수 있어, 열응고 단백질에 의한 조직의 경화는 불충분하다는 것을 알 수 있다.

삶은고기의 경도는 수분과도 밀접한 관련이 있어 가다랭이와 같이 날고기 때부터 수분이 적은 것이라든가, 또는 오징어육과 같이 가열하면 강하게 탈수되는 종류는 경도가 증대한다.

### (4) 단백질의 열변성

어육이나 축육을 가열하면 액즙을 분리하고 수축하여 단단한 감촉을 가진 육으로 변한다. 이것은 육단백질이 열변성을 하기 때문이다. 단백질 분자는 가열에 의하여 peptide 사슬의 입체구조가 느려지고(unfolding) 결합력이 약한 분자내결합이 풀리어 유리기의 수가 증가하게 된다. 이 유리기의 일부는 다시 분자내 결합을 하나, 다른 분자와 새로운 분자결합을 형성하기 때문에 응집이 일어나고 응집의 정도가 커지면 침전이 일어난다. 이것이 단백질의 열응고(heat coagulation)이다.

단백질이 열응고하면 보수성이 감소되어 이때까지 단백질에 결합되어 있던 결합수의 일부는 자유수로 되어 유리하게 된다. 따라서 결합수량의 변화를 측정하면 열변성의 정도를 알 수 있다.

결체조직을 구성하는 단백질은 주로 collagen과 elastin이다. Collagen은 물에 불용성인 단백질이지만 물과 같이 가열하면 어느 온도에서 길이가 급히 1/3~1/4 정도로 수축하며, 더욱 온도를 높여 가열하면 물을 흡수하여 팽윤하기 시작하고 결국에는 분해하여 물에 가용성인 gelatin으로 된다. 그러나 elastin은 물과 같이 가열하여도 거의 그 성상이 변화하지 않는다.

### (5) 지방의 변패

어체를 물과 같이 가열하면 피하지방의 일부는 조직으로부터 이탈되어 수면 위로 떠오르게 되는데 이것을 부상유(浮上油)라고 한다. 또한 지방을 물과 같이 고온고압으로 처리하면 가수분해가 일어난다. 따라서 통조림의 가열살균 때에도 지방의 일부는 가수분해된다.

자동산화는 기름을 100℃ 이하로 공기 중에서 가열하였을 때 일어나는데 불포화산의 자동산화와 거의 같은 과정을 밟는다.

열중합은 기름을 진공 또는 $CO_2$, $N_2$ 가스 중에서 즉 산소가 없는 상태에서 200~300℃ 정도로 가열하였을 때 일어나며, 튀김기름의 중합은 주로 이 반응에 의한다. 열산화중합에 의한 중합체는 Diels-Alder 반응에 의한 환상화합물은 거의 생성되지 않고 주로 탄소-탄소 결합에 의한 중합체를 생성한다고 보고 있다.

한편, 가열하여 온도를 높이면 중합할 뿐만 아니고, 반대로 연기를 내며 분해하여 여러 가지 분해생성물을 생성한다. 예를 들면 기름을 가열할 때 발생하는 자극취는 기름을 분해하여 생성되는 acrolein 등에 의하는 것이다.

## 3. 통조림의 제조 및 저장 중에 일어나는 변화

### (1) 유화수소의 발생과 흑변

육류를 가열하면 보통 $H_2S$가 발생하는데 이것이 이들 통조림의 흑변의 원인이 된다. $H_2S$의 발생량은 육의 pH의 영향을 받아 산성일 때 적고 알칼리성일 때 많다. 일반적으로 고등동물의 근육보다 어육이 더 많은 $H_2S$를 발생한다. 어육 중 $H_2S$의 발생이 가장 오래 지속되는 것은 고등어, 참치, 잉어, 방어 등이고, 갑각류의 근육은 비교적 빨리 발생이 끝나며, 연체류에 있어서는 그 발생이 극히 적다.

어육은 자가소화 중에 $H_2S$를 발생하고 자가소화된 것을 가열하면 그 발생량이 많다. 10 종류의 조개류에 대하여 조사한 것을 보면 평균 $H_2S$ 발생량은 약 0.08% 정도이다. 단백질을 가열할 때 발생하는 $H_2S$는 단백성분 중의 - SH기가 환원되어 생성되는 것이다. 관내에 발생한 $H_2S$는 통에서 용출한 금속 또는 어류의 서식지로부터 어제 안에 이행된 철분과 혈액의 hemocyanin과 같이 가열에 의해 유리된 구리(Cu) 등과 화합하여 황화물이 되어 흑변하는 것이다. $H_2S$의 발생량이 50mg% 이상이 되면 눈으로 흑변을 인정할 수 있게 된다고 한다.

한편, 바지락생식지의 흙모래에서 유래한 *Cl. nigrificnas*와 같은 내열성 세균군은 통조림의 살균 후에도 관내에 잔존하는 수가 있어 이것이 바지락 혈액 중의 hemocyanin을 분해하여 구리를 유리시키고 또 육성분 중의 cysteine, cystine 등을 분해하여 $H_2S$를 발생시켜 황화철이나 황화구리를 생성하여 흑변을 일으키게 하는 세균학적 흑변생성기구도 있다.

이러한 바지락통조림의 흑변을 방지하는 방법으로는 ① 바지락장관의 정화법, ② 전기영동법에 바지락 장내 세균의 배출법 ③ 약품 첨가법(예를 들면 phytic acid, sodium hexametaphosphate 등을 0.5% 정도 첨가하는 방법) 등이 있다.

### (2) 어골(魚骨)의 연화(軟化)

어류통조림에는 꽁치, 정어리, 연어, 잉어 등과 같이 가열살균에 의하여 어골이 연화하여 그대로 먹을 수 있는 것과, 도미, 대구 등과 같이 뼈가 견고하여 먹을 수 없는 것이 있다. 어골은 collagen, osseo-albuminoid, osseo-mucoid 등의 단백체에 칼슘 및 인 등의 무기질이 침착한 것이다.

어골이 가열에 의하여 연화하는 것은 경단백질이 가용성의 gelatin으로 되어, 무기질을 침착시키고 있는 지지체(支持體)가 느려지기 때문이며, 무기질에 비하여 단백질이 많은 뼈일수록 연화하기 쉽다. 통조림으로 하여 먹을 수 있을 정도로 연화하는 뼈는 무기질이 50% 이하인 것이다.

### (3) Struvite

Struvite는 $Mg(NH_4)\ PO_4 \cdot 6H_2O$의 조성을 가지는 무색 또는 약간 착색된 유리조각 모양의 결정으로 게, 연어, 오징어, 참치 등의 수산물통조림에서 간혹 볼 수 있으며, 염건품, 간장, 육엑스 등에서도 볼 수 있을 때가 있다.

Struvite는 원료육 중의 마그네슘 및 인화합물과 육분해산물인 암모니아가 살균가열 중에 화합하여 냉각시에 육면에 적출하고, 저장중에 결정이 성장한다고 한다. 이 결정의 성장의 적온은 30~50℃(결정의 최대성장대)라고 하며 통조림을 가열살균 후 완만하게 냉각하면 이온도대를 통과하는 시간이 길어지기 때문에 결정이 커진다고 한다.

Struvite는 내용물이 중성 내지 미알칼리성의 통조림에 생성되기 쉬운데 이것은 이 결정이 중성 내지 미알칼리성용액에 난용성인 때문이다. Struvite는 pH 4.0 이하의 생성에서는 용해도가 커지므로 위액 중에서는 곧 용해하여 무해하게 된다.

이 결정생성의 방지법으로는 그 구성성분인 Mg를 수용성의 착염으로 만들어 제거하기 위하여 sodium hexametaphosphate, EDTA 등을 첨가하는 방법이 있다. 또 phytic acid를 0.05~0.13% 정도 첨가하면 아주 효과적이라고 한다.

### (4) Adhesion

Adhesion은 고등어, 연어, 송어 등의 통조림을 개관했을 때 육편이 통 안이나 뚜껑에 고착(固着)하여 있는 현상을 말한다. 신선한 원료일수록 이 현상을 일으키기가 쉬운데, 이것은 육자체가 가지고 있는 점착성에 의하여 육이 용기면에 점착하고 가열에 의하여 그것이 그대로 고화고착한 것이다.

Adhesion은 육과 관벽 사이에 물기가 있으면 일어나기 어려우므로 ① 공관 내면에 분무하거나 ② 육 표면에 소금을 뿌려 내부로부터의 수분의 삼출을 조장하거나 ③ 공관 내면에 식용유의 emulsion을 발라 두거나 ④ 내면 도료에 규소수지를 사용하거나 하는 등의 방지법이 제안되고 있다.

### (5) Curd

어류 물담금통조림의 표면에 부착한 두부(豆腐)모양의 응고물을 curd라고 한다. Curd는 수용성단백질이 열응고한 것으로 원료의 선도가 저하한 것일수록 생기기 쉽다. 신선한 원료라도 서서히 가열되었을 때에는 수용성 단백질이 표면으로 용출하여 다량의 curd를 생성하는 수가 있다.

Curd의 방지법으로는 ① 살재임한 육의 표면이 속히 50℃ 이상이 되도록 가열하거나 ② 살재임한 육편 사이에 수용성 단백질의 용출응고할 수 없게 긴밀하게 살재임하거나 ③ 살재임하기 전에 육을 묽은 소금물에 단시간 담그어 가용성 단백질을 미리 용출 제거하는 등의 방법이 있다.

### (6) Honey comb

가다랭이나 다랭이 등의 대형어를 통조림으로 했을 때 육면이 벌집모양으로 다수의 소공(小孔)이 생기는 수가 있는데, 이것을 honey comb이라 한다. 이것의 구성원인은 근육중의 수용성단백질이 근절사이나 근육의 상처부분에 피고, 이것이 열응고할 때 육내부에 발생한 가스나 이곳을 통하여 방출되어, 가스의 통로가 세관상으로 남게된 것이다.

Honey comb의 방지법으로는 어체 취급을 조심스럽게 하여 상처를 만들지 않도록 하는 것이다. 냉동어에 honey comb이 생기기 쉬운 이유는 동결시에 생긴 빙결정의 자리에 체액이 괴는 때문이라고 한다.

### (7) 주석의 이상(異常) 용출

주석(朱錫)은 다른 중금속과 같이 독성이 강하지는 않으나, 다량 섭취하게 되면 권태감이나 구토증 등의 중독현상을 나타낸다.

주석 용출의 기구를 보면, 관내에 잔존하는 산소와 액즙의 pH의 영향으로 먼저 미량의 주석이온이 생성하는 반응이 일어나고, 이 주석이온이 질산이온을 환원하여 아질산이온을 생성하게 된다. 이 아질산이온은 곧 주석을 용해하는 동시에 자신은 암모니아로까지 환원된다. 이와 같이 질산이온에 의한 주석의 용해반응은 관내 잔존 산소가 자동역할을 하게 되는 것이다.

주석의 이상용출(異常溶出)을 방지하는 방법으로는 ① 용수 중의 질산이온의 제거 ② 관내 잔존 산소의 배제(예를 들면 열간만주방식(熱間滿注方式), 증기치환처리, 고진공밀봉 등) ③ 질산이온의 함량이 적은 원료의 사용(예를 들면 토마토 주스의 경우 질산성질소량으로 3ppm이 허용한도라고 함) 등을 들 수 있다. 통조림을 개관하면 산소의 무제한 공급으로 주석의 용출은 급격히 증가되므로, 개관하여 먹고 남은 내용물은 반드시 유리그릇이나 사기그릇 등의 용기에 옮겨서 보관하도록 하여야 한다.

# 11장 조미 가공품

조미가공품(調味加工品)은 제품에 저장성을 주는 동시에 독특한 맛을 내게 하여 즉석에서 먹을 수 있도록 조미(調味)한 것이다.

조미가공품, 즉 인스탄트형의 즉석식품으로 분류될수 있는 제품은 1995년도 약 14.1천톤이 생산되어 1994년도에 비해 약 20% 정도 성장한 품목으로 앞으로도 꾸준한 소비의 확대가 기대되는 품목이였으나 1996년 이후 점차로 감소하여 1997년에는 6,953톤으로 크게 감소하는 경향을 보였다. 이는 조미오징어와 조미 쥐치포 제품의 감소와 기타 조미 가공품의 급격한 감소 때문이다.

**표 11-1 조미가공제품의 생산동향**

| 품 목 | 1994년 | 1995년 | 1996년 | 1997년 |
|---|---|---|---|---|
| 조미오징어 | 4,888 | 7,334 | 10,360 | 4,526 |
| 조미쥐치포 | 101 | 112 | 54 | 82 |
| 기 타 | 7,289 | 6,675 | 1,851 | 2,345 |
| 총 계 | 12,278 | 14,161 | 12,265 | 6,953 |

한편 우리나라의 주요 양식품목이라 할 수 있는 굴, 홍합을 비롯한 조개류와 생식으로 먹는 멍게는 훌륭한 조미가공식품의 소재이나 아직 적절한 가공방법을 개발하지 못한채 위생상의 문제만 대두되면 급격히 소비가 감소되어 생산자 단체나 어민들에게 많은 피해를 주는 품목이다. 따라서 이러한 원료들은 조미가공품의 좋은 소재가 될 수 있다. 수산물

을 원료로한 조미 가공 제품은 고유의 향과 맛이 살아있고 특유의 색을 그대로 유지하고 있어 안주용 및 간식용도의 편의 제품으로 각광을 받을 것으로 생각된다.

## Ⅰ. 조미가공품의 종류

조미가공품의 분류는 국가별, maker에 따라 다르지만 다음과 같이 분류 할 수 있다.

(i) 조미건품(調味乾品) : 멸치, 가자미, 복장어, 명태, 오징어, 꽁치, 맛김, 맛미역, 쥐치어
(ii) 주박지품(酒粕漬品) : 도미, 대구, 은어
(iii) 발효조미품(醱酵調味品) : 식혜
(iv) 초지품(酢漬品) : 멸치, 청어, 고등어, 소형돔
(v) 장조림(調味煮熟品) : 소형새우, 바지락, 굴, 해태, 다시마
(vi) 튀김류(油煮品) : 도미, 대구, 어간장, 굴, 멸치
(vii) 어된장, 어간장, 젓갈류, 어육햄, 어육소세지, 조미어묵
(viii) 쯔구다니(佃煮品) 전부(田麩) 등

### (1) 조미 건제품

조미건제품은 소형 어패류를 조미액에 침지한 후 건조하여 보존성과 풍미를 부여한 제품이다. 이 제품은 조미 후 건조한 꽃포류와 이를 다시 배소, 압연, 절단 등의 공정을 거친 제품으로 나눌 수 있는데 어종, 제품형태, 가공방법 등에 따라 다양한 종류가 있다.

### (2) 술지거미 담금(粕漬品)

어패육, 어란, 연골 등을 일단 염지하여 삼출되어 나오는 액을 건조하고 이것을 술지거미와 서로 엇쌓아 담근다. 술지거미는 술지거미 7에 미림박(味淋粕) 3을 섞어 사용한다. 원료로는 도미, 은어, 전복, 대구 등이 쓰인다.

### (3) 식초 담금(醋漬品)

원료는 생것 또는 염지한 것이 쓰이며 정어리, 청어, 고등어, 작은 도미 등이 쓰인다. 머리와 내장을 제거하고 묽은 소금물에 약 1시간 침지한 후 일단 식초에 담갔다가 다시 꺼내 본 담금을 한다. 본 담금은 식초에 설탕, 미원 등의 조미료를 첨가한 것에 담근다. 식초담금을 하면 어육 속에 식초와 조미료가 삼투되고 또 어육 속으로부터 단백질이 용출되어 식초담금 제품은 좋은 맛을 띄게 된다.

### (4) 발효 조미품(醱酵調味品)

어패류를 염장하여 보장성을 부여하고 이것을 다시 쌀겨, 국자(麴子) 등으로 담금하여 어패육을 발효시켜 독특한 맛이 있게 가공한 제품이다. 또한 주박(酒粕), 된장, 식초 등과 함께 절임하여 독특한 풍미를 갖도록 한 제품도 있다. 이 종류에는 식초절임, 쌀겨절임, 식혜 등이 있다.

### (5) 조미 자숙품(調味煮熟品)

조미자숙품은 어패류를 간장, 물엿, 설탕, 미림 등을 배합한 진한 조미액으로 비교적 장시간 조려서 만든 제품이다.

원료로는 여러 가지 어패류나 해조류가 사용되며 주로 소어류, 오징어, 패류, 새우, 다시마, 김 등이 사용된다.

### (6) 전자품(佃煮品)

일본에서는 "쯔꾸다니"라 하여 조미조림품의 대표적인 제품으로 애용되고 있다. 원료로는 까나리, 부시리, 빙어, 문절방둑, 명태, 대구, 가다랭이, 다랭이 등의 어류는 물론, 바지락, 백합, 피조개, 죽자가라비, 오징어 등 연체류, 새우곤쟁이 등의 갑각류, 홑파래, 갈파래, 파래 등의 해조류 등 다양하게 사용되며 이것들은 단독으로 사용되나 표고, 참깨, 강낭콩 등을 섞어 혼합조림을 만들기도 한다.

자세한 제법은 각론에서 다루기로 한다.

### (7) 전부(田麩)

일본에서는 "덴부"라고 불리우며 도미, 달강어, 대구 등 백색육을 부벼 부드럽게 하여 조미한 것이다. 즉 비늘, 머리, 내장을 제거한 어체를 일단 끓여 껍질을 벗기고 뼈를 추려 살만 빼낸 것을 물에 씻어 지방분을 제거하고 압착한 후 솥에 넣고 손으로 부벼 고기를 붕괴시켜 소위 "소보루"로 만든다. 이것을 끓는 조미액에 넣고 서서히 30분간 가열하고 마지막에 어육 1kg당 0.5*l* 넣고 잘 저어 제조한다. 조미액은 어육 1kg에 대하여 간장 0.8*l*, 설탕 1kg, 물 3.6*l* 정도씩 섞어 만든다.

# Ⅱ. 조미가공품의 제조

## 1. 조미건품

조미건품(seasoned-dried products)은 소형의 어패류를 조미액에 절였다가 말린 것으로 특별한 가공장치를 필요로 하지 않고 생산비도 싼 간이 이용법의 하나이다.

### (1) 조미 쥐치포

조미쥐치포의 제조공정은 그림 11-1과 같다.

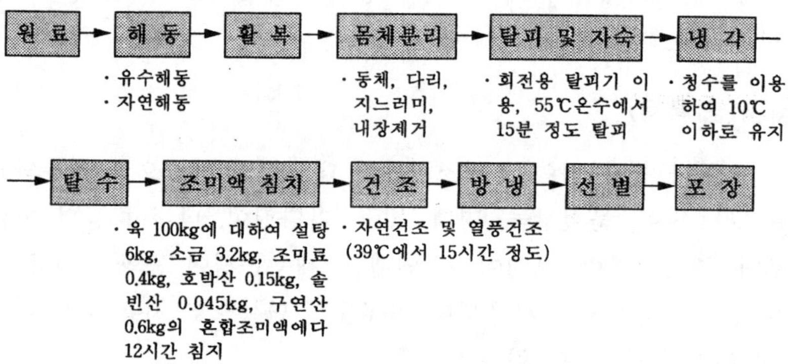


그림 11-1 조미 늘인쥐치포 제조공정도

#### 1) 원료

입고된 원료는 항상 선도유지와 위생적 관리에 세심한 배려가 있어야 하며 가급적 빙장이나 냉장하여 선도가 저하되지 않도록 하여야 한다.

#### 2) 전처리

Dress형으로 처리한 원료는 혈액을 잘 빼낸 다음 탈피를 하여 fillet로 한다. 이때 fillet가 찢어지거나 절단되지 않고 완전한 한 장이 되도록 주의를 하여야 하며, 절개된 복부내의 흑피 및 뼈를 완전 제거시킨다.

원료의 선도가 양호할 때 fillet는 원료 중량에 대하여 약 30%의 수율이 된다.

#### 3) 세척

Fillet가 되면 즉시 얼음물중에 침지하여 최대한 선도를 유지시켜야 하고 세척은 흐르는 물 중에서 5회 이상 실시하여 비린내 외 불순물의 제거 및 혈액과 표백이 완전해지도록 충분히 세척한다. 세척용수는 위생적이어야 하며 원료의 선도유지를 위하여 냉각수(또는 氷水)를 사용하는 것이 좋다.

세척방법은 유수식이 정수식보다 좋으며 세척기간은 보통 3~4시간 정도 소요되나 원료의 선도 및 외기(外氣) 등에 따라 가감할 수 있다.

### 4) 탈수

세척된 fillet를 탈수용 바구니에 잘 정돈하여 시원한 곳에 방치하여 적당히 탈수한다.

### 5) 조미

보통 용량 20~30kg의 회전혼합기가 없을 때는 적당한 혼합용기를 사용한다. 조미방법은 원료의 적당량(20~30kg)을 취하여 거기에 배합된 조미료를 필요한 양만큼 넣고 잘 섞이도록 저어 준다.

조미혼합이 완료되면 물이 새지 않는 스테인레스 용기에 담아 원료액에 조미료가 충분히 침투되게끔 시원한 장소(냉장고, 준비실 등)에서 하룻밤(8~10시간) 정도 방치한다. 이때 포리에치렌 필름으로 내용물을 덮어 이물질의 혼합을 방지토록 하고 침지 중간 시간쯤에 용기중의 윗부분과 아랫부분을 고르게 뒤집어 조미료의 침투를 균일하게 되도록 해 준다. 그리고 조미료는 제품가공시 마다 필요량 만큼씩 배합 사용하여야 하며 일시에 많은 양을 배합해 놓고 여러 번 사용하는 일이 없도록 해야 한다. 조미료의 일반적 배합율은 표 11-2와 같다.

**표 11-2 일반적 조미료 배합율**

| 조 미 료 | 원료(fillet)에 대하여 | (예) fillet 15kg에 대하여 |
|---|---|---|
| Sugar | 5~7% | 1,000 gr |
| MSG | 1~2% | 180~200 gr |
| Salt | 2~2.5% | 300~350 gr |

단, 원료의 선도상태 또는 제품의 종류에 따라 변동될 수 있음

### 6) 건조

조미침지가 완료되면 건조망으로 된 건조발에 널어서 건조시킨다.

건조방법에는 ① 전(全) 건조과정을 완전히 일광에 의하는 방법 ② 일광에서 반건(半乾)한 다음 기계건조하는 방법 ③ 완전기계 건조하는 방법 등 3가지 방법이 있다.

①의 방법은 계절과 기온에 따라 차이가 있으나, 건조기간이 보통 2~3시간 소요되며, 양건(陽乾)을 할수록 제품의 색택이 양호하여지므로 가급적 양건을 시킨다. ②의 방법은

하루 정도 일건(日乾)한 뒤(약 50% 乾燥) 반건품을 기계건조(人工乾燥)시키는 것인데 시간은 3~5시간 소요된다. ③의 방법은 처음부터 기계건조실에 넣어 12~15시간 걸려 완료시킨다.

### (2) 맛 오징어(seasoned-dried squid)

맛오징어의 제조공정도는 그림 11-2와 같다.

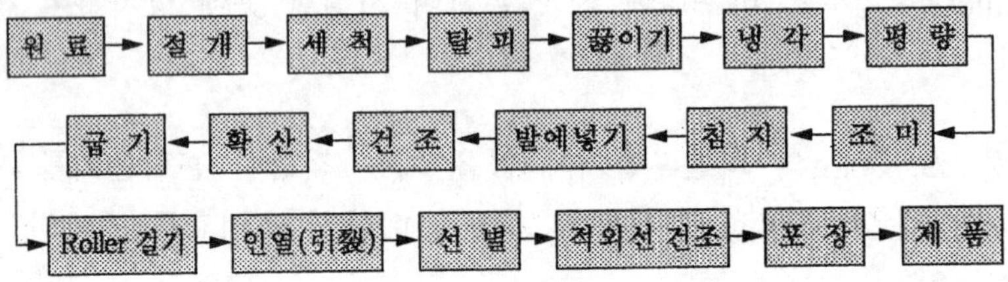


**그림 11-2 맛오징어 제조공정도**

#### 1) 제조방법

##### ① 원료

오징어의 특징은 다른 어류와 달리 선도에 따라 색택이 여러 가지로 변화한다. 제품원료는 선도가 좋은 것을 사용하여야 하며 선도를 식별하는 방법은 다음과 같다.

| 구 분 | 선도 양호 | 선도 보통 | 선도 불량 |
|---|---|---|---|
| 외 관 | 등쪽은 흑갈색이고 복부쪽은 은백색의 광택인 것 | 등쪽은 갈색이고 복부쪽은 백색인 것 | 백색과 적색의 혼합상태인 것 (멜라닌 색소의 노출) |
| 조 직 | 동체(胴體)는 원통형이고 귀를 동체에 말아 붙이면 붙는 것 | 동체가 타원형인 것 | 동체가 납작한 것, 복강부분은 내장으로 인해 붉게 착색된 것 |
| 냄 새 | 신선한 해조취 또는 바다냄새가 나는 것 | 냄새가 거의 없고 이 과정을 경과하면 오징어 특유의 냄새가 나는 것 | 비린내 내지 부패취가 나는 것 |

##### ② 절개

칼을 사용하여 그림 11-3과 같이 절개한다.

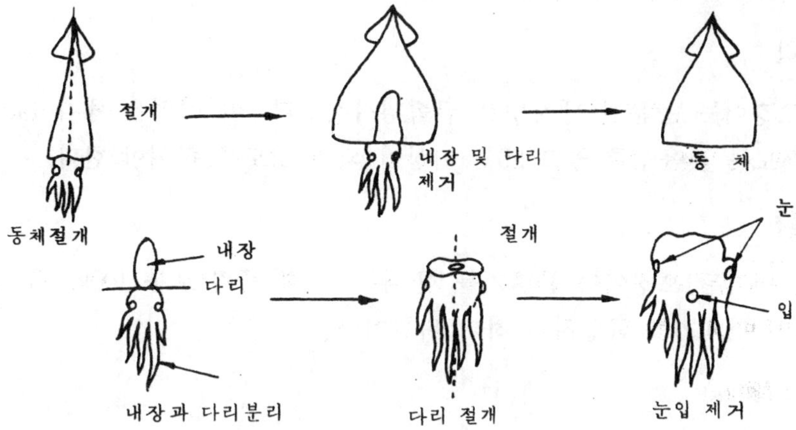


**그림 11-3 오징어의 절개**

③ 세척

절개한 동체와 다리에 내장 등의 이물질이 남지 않도록 세척하여야 하며 선도의 저하가 빠르므로 신속히 탈피 공정에 들어가야 한다.

④ 탈피(脫皮)

탈피기를 사용하여 처리한다.

㉠ 동체 탈피

탈피온도는 50℃가 표준이나 선도가 좋을 때는 온도를 낮추고 선도가 좋지 않을 때는 50~55℃로 온도를 높인다.

탈피는 완전히 할 것이며 탈피시간은 짧을수록 좋다. 껍질이 남아 있으면 조미 침투시 색소가 용출되어 흰색의 제품이 되지 않는다.

㉡ 다리의 탈피

다리의 탈피는 동체 탈피온도보다 탈피온도를 낮게할 것(약 3℃)이며 다리의 발판이 탈피가 어려우므로 온수량과 원료량에 주의하여야 한다.

⑤ 끓이기

탈피를 끝낸 후 탈피때 사용한 용수를 버리고 새로운 온수를 주입시킨 후 동체는 55℃ 정도, 다리는 3℃ 정도 낮게 하여 2~3분간 끓인다. 끓이는 것은 오징어의 육질이 물에 용해되기 쉬우므로 가열하여 육질의 용출을 방지하는 것이 목적이다.

끓이는 온도와 시간이 과도하면 다음 공정인 조미의 침투가 나빠지며 또한 건조 후 균열이 생기므로주의하여야 한다.

⑥ 냉각

끓인 오징어는 충분한 냉각수로 급속냉각시킨다. 이 작업은 냉각 tank 중에서 행한다. 냉각수 온도는 낮을수록 좋고 20℃ 이상이 되지 않도록 하여야 한다.

⑦ 평량

충분히 냉각된 오징어는 물빼기를 한 후 일정한 중량(보통 100kg)을 평량한다. 이는 조미공정에서 맛내기를 균일하게 하기 위함이다.

⑧ 조미(調味)

**표 11-3 부재료 배합비 탈피육 100kg에 대하여**

| 품 명 | A Type | B Type |
|---|---|---|
| 설 탕 | 8.0(kg) | 6.0(kg) |
| 정 제 염 | 3.80 | 3.2 |
| M S G | 0.45 | 0.5 |
| (사 카 린) | 0.023 | 0.04(사용금지) |
| 솔빈산소다 | 0.07 | 0.07 |
| 호박산소다 | 0.15 | 0.04 |
| 구연산소다 | 0.15 | — |
| 포리인산염 | — | 0.05 |
| 계 | 12.643 | 9.9 |

<참고> A, B의 배합비는 생산제품에 따라 적용됨.

전항에서 평량한 오징어 100kg에 대한 조미료의 배합비율은 표 11-3과 같으며 조미료는 반드시 mixer를 사용하여 충분히 혼합 후 사용하여야 한다. 다리부분의 조미는 동체소요량의 70%에 해당하는 혼합조미료를 사용한다.

⑨ 침지(浸漬)

물이 새지 않는 stainless steel 용기를 사용하여 조미한 오징어를 침지 tank에 넣어 방치하는데 침지 높이를 20cm 미만으로 하여 tank에 넣고 뚜껑을 덮어 이물질의 혼입을 방지토록 하여야 하며 침지 시간은 선도가 양호한 것은 8시간 보통 선도 동결품은 6~4시간으로 하고 침지시의 외기온도나 동체의 크기에 따라 침지시간의 차이는 있으나 최저 4시간을 엄수토록 하여야 한다.

침지방치중의 매 2시간마다 침지 tank 중의 오징어를 윗부분과 아랫부분을 고르게 뒤집어 조미가 균일하게 침투되도록 하여야 한다.

하절기에 작업사정에 따라 침지한 상태로 하룻밤을 방치하여야 할 때에는 냉장고에 보관하거나 또는 비닐봉지에 얼음을 넣어서 가능한 한 10℃ 이하로 냉각시켜야 한다.

⑩ 발에 널기

침지가 끝난 동체는 균일하게 건조되도록 대, 중, 소를 구분하여 건조망에 널어야 하며 건조망에 놓을 때 뼈, 내장, 표피가 남아 있는 동체는 손으로 깨끗이 제거하여야 한다.

다리는 똑바로 펴서 겹쳐지지 않게 하여 건조한다.

⑪ 건조

열풍건조기를 사용하며 건조기내의 건조온도는 40℃ 이하로 엄수하여야 한다(40℃ 이상이 되면 생건동체가 붉게 변색한다).

⑫ 수거(收去)

건조가 불충분한 것은 선별하여 재건조하고 건조가 끝난 후 건조망은 곰팡이가 생기지 않도록 세척건조하여 다음 작업에 사용토록 하여야 한다.

⑬ 확산

수거된 생건동체(生乾胴體, 다루마)는 poly bag을 씌워 수분을 고르게 확산시킨 후(수분 30~33%) 동체와 귀의 분리작업을 한다.

⑭ 굽기

망식(網式) gas 배소기에 의한 배소방법과 press roaster의 두 가지가 있다. 현재 국내에서는 망식배소기를 많이 사용하나 일본에서는 거의가 press roaster로 대체 사용하고 있다.

press roaster의 특징은 (i) 생건동체(다루마)를 배소함에 있어 건조를 목적으로 함이 아니고 단시간 내에 오징어동체 전부에 일정한 열도를 가하는 작용을 하며 (ii) 수분증발이 거의 없으므로 열의 전도가 지극히 용이하며 (iii) 상하철판으로 동체를 압축하여 열을 가함으로 형태의 축소가 없으며 섬유질이 딱딱해지지 않으므로 (iv) roller가 용이하게 작용할 수 있다.

⑮ Roller 걸기

인열기(引裂機)에서 털이 잘일 수 있도록 가볍게 걸어야 한다. roller를 너무 강하게 걸면 부스러기가 많이 발생한다.

⑯ 인열(引裂)

생건동체 2개를 연속적으로 반씩 포개어 인열기(引裂機) 송입구에 넣어 인열시킨다. 인열칼 부분을 매일 점검정비하여야 한다.

⑰ 선별

인열시 부스러기와 인열이 굵게 된 것을 선별하여 개인열분리 파품분으로 구분한다.

⑱ 적외선 건조

엄선된 인열제품은 적외선 건조기를 통해 건조한 후 fan으로 냉각시킨다. 이 적외선 건조는 제품에 함유된 수분을 일시에 발산케 함으로써 표면에 광택을 부여한다. 제품은 최종 수분함량을 약 26%로 조정한다.

⑲ 포장

poly bag에 kg 단위별로 넣은 후 공기를 빼고 밀봉한 다음 carton bag에 넣어 포장하여 서늘한 곳(냉장고 또는 10℃ 이하)에 보관한다.

### (3) 꽃포(seasoned-dried fishes, sakuraboshi, mirinboshi)

꽃포는 정어리, 꽁치, 복어, 눈퉁멸, 학공치, 보리멸, 가재미, 돔, 새우 등을 원료로 한다. 원료어류의 머리와 꼬리지느러미의 일부 및 내장을 제거한 후, 잘 세척하고 등따기 또는 배따기를 하여 조미액에 절인다. 조미액은 소금, 설탕, 글루타민산소다 등을 배합하고, 또 광택을 내기 위하여 한천이나 gelatin을 첨가하는 수도 있다.

일반적으로 정어리나 꽁치와 같은 붉은살어류일 때는 간장을 많이 쓰고 복어나 보리멸 등의 흰살어류일 때는 미림(味淋)을 많이 쓴다. 조미액에 절이는 시간은 원료어류의 크기에 따라 다르나 중간크기의 정어리 같으면 3~4시간 정도이다. 저온에서 처리하여야 하고, 또 너무 오래 저려두면 육색깔이나 광택이 떨어지는 수가 있다.

조미절임을 마친 것은 대발이나 망위에 얹어 일건이나 기계적 건조를 한다. 이때 흰참깨를 뿌리는 수도 있다. 또 소형어일 때는 여러 마리를 조금씩 겹쳐서 네모꼴 또는 부채살모양으로 만드는 수도 있다.

## 2. 조미 조림품

조미 조림품(products seasened with soy bean sauce)은 어패류를 간장과 설탕을 주로 한 진한 조미액으로 조려서 만든 제품이다. 103~120℃ 정도의 높은 온도로 가열되므로 내열성아포 이외의 세균은 거의 사멸하고 식품은 강하게 탈수되며, 또한 침투한 조미액에 의하여 내부의 삼투압이 높아져 미생물의 발육이 억제되므로 장기저장이 가능하다.

### (1) 전자품(佃煮品, Tsukudani)

간장, 설탕, 물엿, 화학조미료 등을 진하게 배합한 조미액으로 원료가 되는 어패조류를 조린 것이다.

원료 어패류는 생선물(生鮮物)을 사용하나, 경우에 따라서는 건제품이나 반건제품을 사용하는 수도 있다. 생선물(生鮮物)을 사용하는 경우는 그 선도가 제품의 품질을 결정하는 중요한 요건이 되는 것은 다른 제품과 다른 바 없다.

조미조림품 제조에 있어 좋은 제품을 얻기 위하여는 조미료의 배합, 끓이는 정도 등을 적절히 하여야 한다.

끓이는 데에는 삶는 법과 조리는 법의 두 가지가 있다. 삶는 법은 솥에 다량의 조미액을 넣어 끓여 놓고, 적당량의 원료를 넣어 조미액이 침투할 때까지 삶은 후 건져 올린다. 남은 액에는 원료에서 녹아나온 엑스분이 섞여 맛이 있으므로 조미료나 물을 보충하면서 반복하여 사용하거나, 한천 등의 점조제를 넣어 조려서 제품의 표면에 뿌리도록 하는 수도 있다. 문절망둑, 가다랭이, 바지락, 백합 등과 같이 끓이는 중에 모양이 부서지기 쉬운 것은 삶는 경우가 많다.

조림법은 원료가 전부 흡수 할 수 있을 정도의 양의 조미액과 원료를 밑바닥이 넓은 솥에 넣어 눌지 않도록 교반하면서 전체 조미액이 원료에 흡수될 때까지 조리는 방법이다. 마른오징어나 건조한 소어류를 원료로 할 때에는 거의 이 방법에 의한다.

끓이기를 마치면 냉각을 하는데 송풍기나 냉풍순환식 냉각장치가 이용된다. 냉각에 의하여 수분의 일부가 제거되는 동시에 바라는 농축조미액의 부착도 좋아져서 광택이 나게 된다.

### (2) 바지락, 백합의 조미조림

신선하고 크기가 고른 것을 흐르는 물 중에 담가 모래를 토하도록 한 후 수증기로 찌든가 삶든가 하여 박신(剝身)한다. 소규모일 때는 날 것을 손으로 까서 채육하는데, 이 때는 채육한 것을 끓는 물에 넣어, 물이 다시 끓을 때까지 삶는다. 또 날 것을 깔 때 나오는 액즙은 조미액에 첨가하여 맛있는 제품을 만들 수도 있다.

조미액은 간장 1*l*, 설탕 400~500g, 물엿 100~200g 정도의 비율로 배합하는데, 조미액 10*l*당 조개육 약 10kg을 넣어 40분간 정도 삶는다. 끓이는 중의 간장의 소모는 설탕의 소모보다 많으므로 나머지 액을 반복 사용할 때의 조미료 보충때에 가감하여야 한다.

### (3) 김의 조미조림

생김 또는 마른김을 원료로 한다. 조미액은 간장 2.7*l*, 설탕 280~940g, 미림(味淋) 135~180ml 정도의 비율로 배합한다. 생김일 때는 협잡물을 제거하고 물기를 뺀 후, 세절하여 조미액과 같이 솥에 넣어 조린다. 마른 김을 원료로 할 때에는 세절하여 미리 조미액에 담가 두었다 조린다. 원료인 마른김에 대하여 무게로 약 10배량의 제품을 얻을 수 있다.

### (4) 남극새우(Krill) 조미건품

㉮ 공정

원료(생냉동품) → 해동 → 데침(Blanching) → 반건품 → 건조 → 제품

㉯ 해동 : 동결 Block 새우(품온 - 22℃)를 0±2℃의 냉동고에서 12~15일간 정도 방치하면서 품온을 천천히 높인 다음 유수중에서 동체의 온도가. -1℃가 될 때까지 해동시킨다.

㉰ 데침(Blanching)

90~95℃의 염수(Be' 15°) 中에서 1분간 데친 다음 수돗물에 급냉한다.

㉱ 반건품

데친 새우를 42~45℃의 열풍으로 수분이 55~60%가 될 때까지 반건조 한다.

㉲ 조미

반건조한 새우에 조미료와 각종 첨가물을 배합하여 조미한다.

㉳ 건조

조미가 끝난 것은 다시 열풍건조기에서 건조시켜 제품화한다. 건조는 초기에는 85~90℃에서 20분간, 후기에는 42~45℃에서 6시간 정도 건조시켜 완성시킨다.

**표 11-4 소재의 배합비율**

| 소 재 | 배 합 비 |
|---|---|
| 남극새우 | 1,120g(56.0%) |
| 고추장 | 370g(18.5%) |
| 양파즙 | 220g(11.0%) |
| 설탕 | 40g(2.0%) |
| Sorbitol | 60g(3.0%) |
| 땅콩 | 110g(5.5%) |
| 생강 | 50g(2.5%) |
| 참깨 | 30g(1.5%) |

㉴ 용도

새우성분 조성은 표 11-5와 같이 영양이 풍부하고 새우 특유의 향긋한 냄새가 있어 맥주 안주에 좋고, 기타 기호식품으로도 많이 이용된다.

표 11-5 남극새우의 성분

| 성분 \ 시료 | A | | B | |
|---|---|---|---|---|
| | 생동결 | 자숙냉동 | 생냉동 | 자숙냉동 |
| 수 분(%) | 80.05 | 81.40 | 78.66 | 80.00 |
| 단 백 질(%) | 13.42 | 12.06 | 14.63 | 11.53 |
| 지 방(%) | 3.42 | 2.43 | 4.24 | 3.83 |
| 환 원 당(%) | 0.25 | 0.12 | 0.36 | 3.90 |
| 회 분(mg%) | 3.65 | 3.84 | 3.43 | 3.90 |
| 전 질 소(mg%) | 2,146.5 | 1,929.9 | 2,341.0 | 1,845.0 |
| 단백 질소(mg%) | 1,329.1 | 1,486.0 | 1,426.9 | 1,623.4 |
| 아미노태 질소(mg%) | 260.6 | 128.2 | 242.8 | 75.5 |
| 휘발성 염기질소(mg%) | 11.8 | 6.4 | 20.2 | 10.7 |

## Ⅲ. 조미가공품의 저장

조미가공품은 식초, 간장, 술지거미 등의 조미액이 침투되어 있고 또 건조되거나 가열농축되어 있기 때문에 저장성이 크다. 특히 식초는 대체로 2~4%의 acetic acid를 함유하고 있는데 부패균이 다른 병원균에 비하여 acetic acid에 대한 저항성이 강하다 하더라도 약 0.6% acetic acid가 되면 60분 정도로 담가두면 모두 사멸된다. 따라서 식초담금과 같이 acetic acid 농도가 1% 이상 되는 경우 1~3일간 본 담금을 해두면 부패균이나 병원균 모두 살멸된다. 또 조미조림품제조의 경우, 원료를 조미액에 넣고 가열하여 졸이면 원료중에 존재하는 미생물은 가열살균 되고 그 제품은 평균수분 함량 24.05%, 소금농도 9.13%로 된다. 즉 미생물이 발육할 수 있는 수분함량 40~50%보다 훨씬 낮고 소금농도로 발육한계 4~5%보다 높으므로 미생물은 발육을 억제할 수 없게 된다. 그러나 조미가공품을 장기간 저장하는 동안 공기중의 세균이 오염되게 되고 그 중 곰팡이는 수분함량이 13~15%만 되어도 번식하게 되므로 장기간 방치할 때는 문제가 된다. 더구나 공기중의 습도가 90% 이상이 되면 조미가공품의 수분함량이 증가하게 되고 미생물이 번식하게 된다. 그러므로 조미가공품을 장기간 저장하고자 할 때는 방습용 재료로 잘 포장하여 비교적 저온에서 저장하는 것이 가장 안전하다.

# 12장 어란 가공품

어란(魚卵)은 대단히 가치있는 식품이다. 가장 값어치 있는 것은 용철갑상어(sturgeon), 연어(salmon) 등의 알이며 잉어(carp), 백어(white fish), 창꼬치농어(pike-perch), 창꼬치(pike), 숭어(grey mullet), 대구(cod), 청어(herring) 등의 알도 향과 영양가가 좋지는 못하나 많이 가공 이용되고 있다. 소련에서는 세계적인 일품식품으로 철갑상어의 알로 곤이젓(caviar)을 생산하여 중요한 수출품의 하나로 활용하고 있다.

## Ⅰ. 어란의 성질

어란은 암컷의 복강 내에서 등뼈를 따라 양쪽으로 발달되어 있는 두 개의 tube 형의 난소 속에 들어 있다. 난소의 기본구조는 난자(ova)와 지방(fat)으로 되어 있는 결합조직이며 지방의 함량은 어란이 성숙되어감에 따라 감소된다.

난자의 크기는 어종에 따라, 어란의 성숙도에 따라, 그리고 개개 어류의 특성에 따라 다르나 대체로 어란이 성숙되면 복강의 대부분을 차지하게 되며 어체무게의 10~30%를 차지하게 된다.

어란의 색은 여러 가지이며 연갈색, 흑갈색, 검정색, 오렌지색, 황적색, 갈황색, 녹갈색, 황색 등이 있는데 가공할 때는 미리 색에 따라 분류한 후 가공하여야 한다.

어란의 맛은 진흙풀맛과 비슷한 맛을 나타낸다. 어란의 화학성분은 어란의 성숙도에 따라 달라지는데 대체로 어란이 성숙됨에 따라 지방함량이 줄고 수분함량이 증가한다. 단백질의 함량은 어종에 따라 다르나 대체로 25~30%에 이르고 표 12-1에서 보는 바와 같이 단백질의 질도 우수한 편이어서 가공성이 높다.

표 12-1 어란단백질의 아미노산조정

| Amino acids | 함 량(%) |
|---|---|
| Arginine | 4.8 ~ 8.0 |
| Histidine | 1.2 ~ 3.0 |
| Isoleucine | 5.5 ~ 8.2 |
| Leucine | 8.2 ~11.3 |
| Methionine | 1.8 ~ 9.0 |
| Phenylalanine | 1.8 ~ 3.0 |
| Threonine | 4.2 ~ 6.3 |
| Tryptophan | 4.7 ~ 6.4 |
| Tyrosine | 0.7 ~ 1.1 |
| Valine | 3.0 ~ 3.2 |
| | 6.1 ~ 8.3 |

# Ⅱ. 어란의 저장 및 가공

## 1. 신선란의 저장

어란은 단백질 함량이 크기 때문에 변패되기 쉬우며 한편 자체 내에 들어 있는 효소류와 오염되어 온 세균에 의해 변패된다. 살아 있는 생선의 생식선은 무균상태이나 일단 생선이 죽으면 자가소화(autolysis)가 일어나며 장내에 들어 있던 세균이 번식하기 좋은 조건이 되기 때문에 금방 상하게 된다. 이처럼 상하게 되면 *Cl. botulinum*을 포함한 세균에 의해 독성을 낼 수 있는 경우도 있으므로 주의하지 않으면 안된다.

대체로 고기를 잡으면 바로 생식선을 제거하는 것이 원칙인데 이때 slime이나 피 또는 배설물 등이 어란에 묻지 않도록 주의해야 한다. 처리된 어란은 되도록 빨리 가공해야 하며 지체되는 경우에는 0℃ 이하에서 냉장하여야 한다. 어란을 저장하는 방법은 주로 염장이며 때로는 가열살균, 건조 등의 방법도 실시된다.

① 건염장(Dry salting) : 어란에 3.5~12.5%에 해당하는 소금을 살포하여 저장하는 방법인데 연어를 제외한 모든 종류의 어란에 널리 쓰여지고 있다.

② 건염가열 살균법(Dry salting-pasteurization) : 어란에 3.5~5.0% 정도 해당하는 소금을 살포하여 가볍게 염장한 후 밀봉용기에 넣어 적당한 온도로 가열 살균한다. 어란 속에 함유되어 있는 세균이 살멸되기 때문에 저장기간이 길다.

③ 액염장(Brine salting) : 포화식염수액에 어란을 담가 저장하는 방법이며 연어, 용철갑상어, 숭어 등에 쓰인다. 때로는 염장된 것을 압착하여 단단한 고체상태로 만드는 경우도 있다.

④ 염장 건조법(Salting-drying) : 숭어(grey mullet)의 경우에는 일단 염장한 후에 wax로 싸서 곰팡이와 지방 산패를 막고 자연 건조시킨다. 또 최근에는 잉어알(carp roe)과 같은 것은 염장시키는 대신 냉동시키는데 이것은 해동하여 pie, fried roe, salad 등 여러 가지 제품으로 만든다.

## 2. 방부제

어란 가공에 쓰이는 주된 방부제는 소금(NaCl)이며 그것의 성질이 염장과정, 제품의 맛 등에 큰 영향을 준다. 만약 소금 중에 Ca 염, Mg 염, 황산소다 등이 들어 있으면 염장이 잘 안되고 맛도 약간 쓴맛을 내게 된다. 또 불용성 불순물이 들어 있으면 어란에 끼게 되어 외관을 상하게 한다.

참고로 곤이젓(carviar)에 사용되는 소금의 표준조성을 보면 표 12-2와 같다.

**표 12-2 곤이젓에 사용하는 소금의 규격**

| 성 분 | 가공용 건조소금 중의 함량(%) | | |
|---|---|---|---|
| | 과립형 용상어 곤이젓 | 압착형 용상어 곤이젓과 과립형 연어란 | 잉어, 숭어 등의 염장란 |
| NaCl(min) | 99.2 | 98.5 | 97.5 |
| $Ca^{++}$(max) | 0.05 | 0.2 | 0.6 |
| $Mg^{++}$(max) | 0.03 | 0.03 | 0.1 |
| SO4"(max) | 0.2 | 0.2 | 0.5 |
| Insoluble substances(max) | 0.05 | 0.2 | 0.5 |

또 곤이젓에 사용되는 화학방부제는 가루상태의 붕사(borax)와 붕산(boric acid)의 혼합물(3 : 2)을 어란에 대해 1% 정도 사용하는 경우가 있고, 연어란의 경우 등에는 0.3% 붕사와 0.1% hexamethylene tetramine을 이미 염장된 것에 섞어 포장하는 수도 있다.

그러나 붕사 등 화학방부제는 식품위생상 바람직하지 못하기 때문에 소량의 glycerine, 정제된 채종유 등을 넣어 어란이 서로 들어 붙는 것을 막고 외관을 좋게 하는 수가 있다. 잉어알 등에는 0.16% 정도의 $KNO_3$를 넣어 제품의 색이 pinkish-yellow하게 하는 수도 있다.

## 3. 용철갑상어 알의 가공

### (1) 곤이젓(caviar)

용철갑상어 알(sturgeon roe)의 가공품으로는 과립형(granular), 통조림형(packed in tins), 과립바렐통형(granular,packed in barrels), 가열살균과립형(pasteurized granular), 압착형(pressed) 등 다섯 가지 형태의 곤이젓이 있는데 처음 네 가지는 결합조직을 제거한 전(全) 난소가 사용되며 가공 방법은 어란의 질에 따라 달리 선택된다. 일반적으로 용철갑상어는 배에서 들어오면 곧 바로 쪼개어 생식선을 제거한 후 그림 12-1과 같은 체위에 통과시켜 막의 탄력성, 입자의 색과 크기 등의 품질에 따라 선별한다.

그림 12-1 어란 분리기(채란)

과립형이나 통조림형의 곤이젓 용으로는 크기가 좀 큰 편이고, 강한막을 이루고 있으며 밝고 검은 갈색으로 변패취(off-flavour)가 없는 것이 좋다. 이런 조건을 갖추지 못한 것은 과립 바렐통형이나 압착형의 것을 만드는데 쓴다. 가열살균 과립형의 원료는 가열도중 열에 의해 단단하게 되므로 어떤 형태의 것도 다 괜찮다.

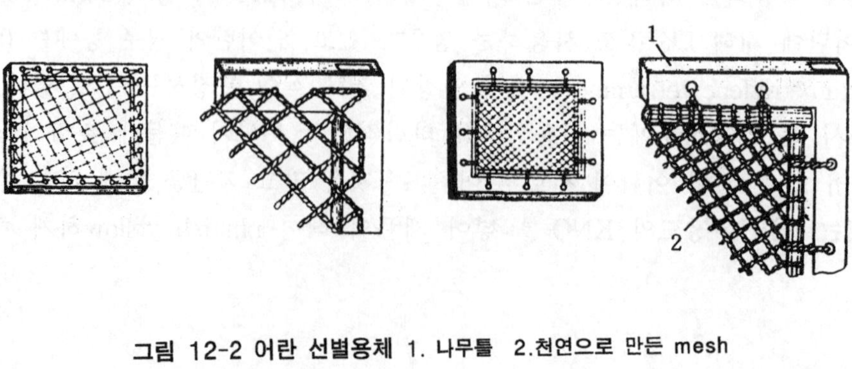


그림 12-2 어란 선별용체 1. 나무틀 2.천연으로 만든 mesh

### 1) 과립형 곤이젓(granular caviar)

어란에 붙어 있는 slime, 혈액, 기타 불순물을 제거하기 위하여 물로 씻은 뒤 염장을 한다. 보통 통(tin)이나 항아리 등에 담글 때는 3~5% 소금을 쓰고 바렐에 포장할 때는 7~10% 소금을 써서 부패를 방지한다. 경우에 따라서는 염장할 때 화학방부제를 첨가한다. 그의 제조 공정도를 소개하면 그림 12-3과 같다.

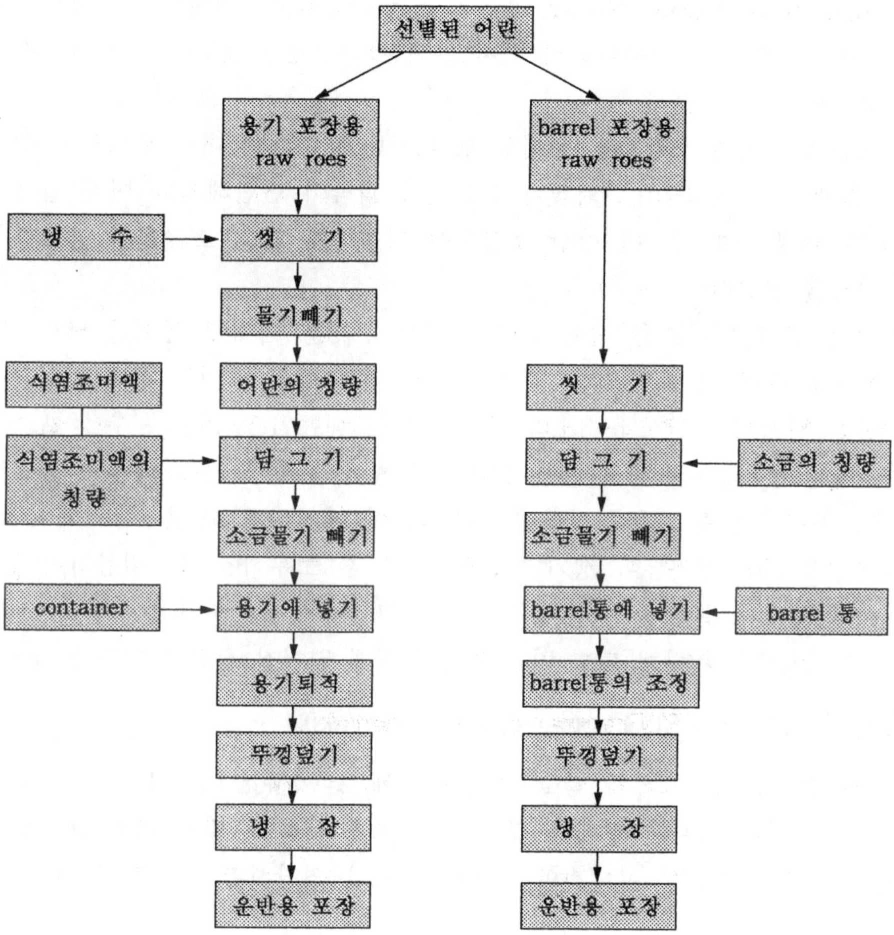


**그림 12-3 과립형 곤이젓의 제조공정도**
**A. Tin 용기형 B. 바렐통형**

### 2) 통조림 과립형 곤이젓(Granular caviar in tins)

선별한 어란을 같은 양의 깨끗한 냉수(온도 8~10℃)로 씻고 이때 위로 뜨는 어란부스러기, 기타 불순물은 따라 버린다. 이때 물에 어란을 오래 담가두면 팽창하여 탄력성(elasticity)이 없어지기 때문에 물에 씻는 것은 30초 이내, 따라버리는 것은 2~3분 이내에 끝내야 한다. 씻은 어란은 깨끗한 그릇에 옮겨 3~5%에 해당하는 소금에 버무린다. 이때 화학방부제를 첨가하기도 하는데 사용되는 소금량과 화학방부제는 계절에 따라 다르며 더운 여름철에는 양이 많아진다.

어란은 보통 8~12kg 통(batches)으로 염장하며 그 이상을 쓰면 염장이 고르게 안되고 입자가 깨지게 되어 제품이 부패하게 된다. 염장하는 동안 어란은 소금에 의해 수분이 빠져 소금물이 되며 이때 질소성분도 수분과 함께 손실되게 된다. VNIRO(All-Union Research Institute of Marine Fishers and Oceanography)에 의하면 4% 소금으로 염장한 어란에서는 4ℓ 정도의 소금물이 만들어지고 어란의 고형물 0.5~1.5%가 이 속에 빠져나오게 된다고 한다.

염장은 어란의 모양과 소금물의 상태를 보아 끝내게 되는데 어란 입자의 표면에 하얀손이 보이지 않게 되고 안쪽의 단백질이 응고되며 피막이 단단해지고 어란 입자가 점착성(stickness)를 잃게 되며 또 더 이상 소금물이 형성되지 않고 소금물이 농도가 짙어지기 시작하면 염장을 끝낸다.

염장이 끝난 곤이젓은 고운 석쇠 위에 건져서 2~3분 이내에 물기를 뺀다. 물기를 뺀 곤이젓은 통(tin) 속에 꼭 채워 넣고 뚜껑을 눌러 내부 쪽의 공기를 빼내고 뒤집어 뚜껑사이로 소금물이 빠지게 한 후 4~5개씩 엇쌓아 더울 때는 1.5~2시간, 추울 때는 6~7시간 놓아 둔다. 이때 통은 가끔 위 아래를 교대해서 쌓아 두게 되는데 이렇게 함으로써 염장이 완성되고 곤이젓은 응고되며 상당량의 소금물이 제거되게 된다. 이 작업이 끝나면 뚜껑은 되도록 꽉 눌러 공기틈이 생기지 않도록 한 후 고무 band로 밀봉하여 공기, 습기, 기타 물질이 침투되지 못하게 한다. 밀봉된 통은 저온실에 곧 옮겨 보존한다. 잘된 제품은 소금함량이 3~5%를 유지하게 되고 어란 입자가 쉽게 떨어질 정도의 밀도를 가지게 된다.

### 3) 바렐통 과립형 곤이젓(Granular caviar in barrels)

선별한 어란을 깨끗한 그릇에 넣고 씻지 않은채 25~30kg씩 7~10% 소금으로 염장한다. 이때 소금의 양은 어란의 형태와 질, 그리고 계절에 따라 달리 조절되며 염장하는 요령은 대체로 통조림 과립형 곤이젓의 경우와 같으나 염장시간이 약간 늦어 5~8분 정도 걸린다.

염장이 끝난 어란은 석쇠에 건져 물기를 뺀 후 약 50ℓ들이 바렐(떡갈나무로 만들어 안쪽에는 paraffin wax, 바깥쪽에는 linseed oil로 코팅함)에 넣는다. 다시 작은통(kego)에 갈라 채워 넣은 후 뚜껑을 덮고 1~2일간 정치해 둔다. 이 기간 동안에 곤이젓은 응고하며 수축하며 소금물이 빠져 나오게 된다. 이때 수축된 부분만큼 어란을 채워 넣은 후 밀봉하여 냉장실에 옮긴다. 표준품은 6~8% 소금을 함유하고 노슨한 밀도를 갖게 된다. 여기서 염장을 잘 하는 것은 우수한 품질의 곤이젓을 얻는데 결정적인 요인이 되는데 만약 너무 오래 염장을 하면 어란 중의 단백질이 소금물 속에 빠져 나와 제품의 점성이 큰 고형의 것이 되며 반대로 너무 빨리 염장을 끝내면 어란은 수분이 충분히 빠져 나오지 않아 저장 중에 소금물이 분리되고 제품은 액체상태가 되어 부패하게 된다. 대체로 제품의 소금량은 원래 사용한 양보다 적게 되며 이차는 표 12-3에서 보는 바와 같이 처음 사용한 소금농도가 클수록 현저해진다.

**표 12-3 곤이젓의 소금 농도**

| 곤 이 젓 | 원료 중의 소금 함량(%) | 제품 중의 소금 함량(%) | 원료에 대한 제품의 소금 함량(%) |
|---|---|---|---|
| Caspian sturgeon | 3.5 | 3.3 | 99.4 |
| | 4.0 | 3.8 | 95.3 |
| | 5.0 | 4.2 | 84.2 |
| Russian sturgeon | 3.0 | 2.9 | 96.0 |
| | 4.0 | 3.8 | 92.2 |
| | 5.0 | 4.7 | 91.8 |
| | 6.0 | 5.5 | 85.5 |
| | 11.0 | 8.0 | 71.6 |

### 4) 살균 과립형 곤이젓(Pasteurized granular caviar)

선별된 어란을 깨끗한 냉수로 씻고 통조림 과립형 곤이젓의 경우와 같은 요령으로 염장한다. 이때 사용되는 소금은 순수해야 하며 화학방부제는 첨가하지 아니한다. 또 소금은 미리 150~160℃에서 2시간 정도 가열하여 살균하는 것이 좋다. 염장된 어란은 즉시 물기를 빼고 작은 유리그릇에 넣어 미리 살균한 금속 뚜껑을 덮고 밀봉한다. 밀봉할 때에는 진공권체(vacuum seaming)를 하고 즉시 살균한다. 이때 진공도는 150~200mmHg 이상 되는 것이 좋다.

이상의 모든 조작은 세균의 오염을 방지하기 위하여 빨리 행해져야 하며 곤이젓을 살균할 때는 밀봉된 용기 채 60℃ 정도의 물에 넣어 살균하며 이때 온도가 ±1℃ 정도로 일정해야 한다. 만약 온도가 64~65℃ 정도로 되면 단백질이 응고되어 어란입자가 지나치게 굳어지며 냄새가 나빠지게 된다(그림 12-4).

살균시간은 그릇의 중심부가 살균온도 60℃에 이르는 데 요하는 시간과 살균온도에 유지되는 시간을 합한 것이 되는데 여러 형태의 용기에 따른 가열속도는 그림 12-4와 같이 나타나며 실제의 경우는 대체로 살균시간을 3시간 정도로 잡는 것이 안전하다.

살균된 그릇은 20~30℃ 냉수로 급냉시킨 후, 상자에 넣어 냉장실에 보존한다. 이때 살균의 영향으로 어란의 피막이 다소 단단해지며 곤이젓이 건조되어 점착성이 감소된다. 또 맛과 냄새가 약간 달라진다. 그러나 살균처리로 albumin, ichrulin 등의 가용성 단백질의 질이 떨어지고 지방의 산도가 0.4~1.0에서 1.5~2.0으로 증가된다.

한편 Caspian Fishery Research Institute에서 실시한 실험에 의하면 염장할 때 소량의

nisin을 첨가하면 살균시간이 1.5~2.0 시간으로 단축되어 품질이 개선된다고 한다.

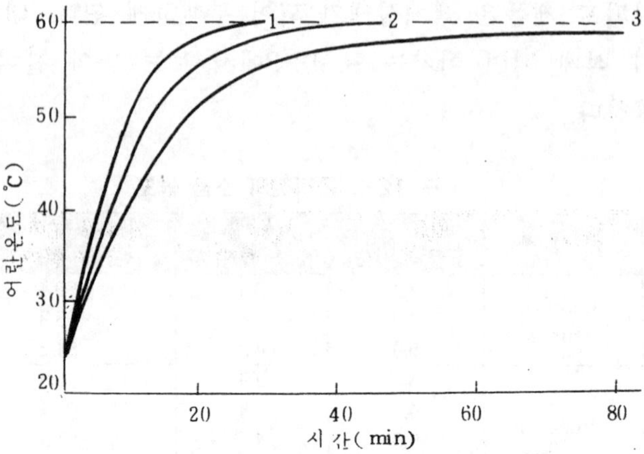


**그림 12-4 온수(60~61℃) 중에 담근 유리병 중심부에 있는 곤이젓의 온도상승.**
1…28g 병, 2…56g 병, 3…112g 병

### (5) 압착형 곤이젓(Pressed caviar)

선별된 어란을 뜨거운 포화식염용액에 담가 염장한 후 건져 압착한다. 그의 공정도를 소개하면 그림 12-5와 같다.

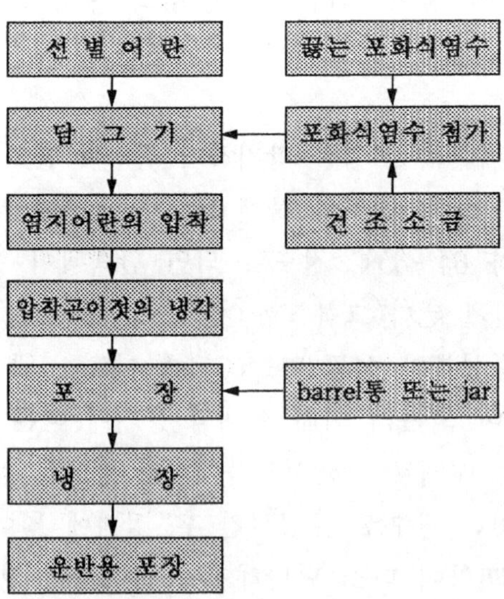


**그림 12-5 압착곤이젓의 제조공정도**

염지용 포화용액은 미리 만들어 항상 가열해 두며 콘크리트나 나무통에 담아 10일간 정치시켜 불순물을 가라 앉힌다. 또 이것을 사용하기 직전에는 다시 가열한다.

어란은 나무통에서 염지하는데 우선 나무통바닥에 5~7cm 두께의 소금을 깔고 그 위에 38~45℃ 정도로 가열한 소금물을 부은 후 어란을 넣어 골고루 섞는다. 나무통 밑에 깔린 소금은 속히 떠올려 어란에서 나오는 물로 소금물이 묽어지는 것을 방지한다. 대체로 한 번에 처리되는 어란은 25~30kg 정도이며 소금물과 어란의 비율은 5:1 정도로 한다. 염지된 어란은 탈수되면서 단백질이 응고되어 단단해지며 독특한 향을 내게 된다. 염지시간은 어란의 형태와 질 그리고 소금물의 온도에 따라 달라지는데 대체로 소금물의 온도가 높으면 염지시간이 단축된다.

Caspian sturgeon 어란의 경우는 40~42℃ 소금물에 1.5~2분간 염지하고 Russian sturgeon의 경우는 같은 온도의 것에서 3~5분간 염지한다. 염지가 끝나면 어란을 건져 압착용 자루에 넣고 압착하는데 자루 표면에 진한 우유빛 액체가 나올 때까지 압착한다.

압착된 곤이젓은 50kg들이 나무통에 포장하는데 이때 나무통은 안쪽은 paraffin wax로 바깥쪽은 linseed oil로 코팅한 것을 쓰며 나무통 안에 우선 waxed paper로 그 다음에 포화식염수에 담근 무명천을 대고 공기주머니가 생기지 않도록 주의하면서 곤이젓을 채운다. 포장된 곤이젓은 냉장실에서 보존한다. 곤이젓은 염지 및 압착과정에서 상당한 양의 수분과 단백질, 그리고 지방분의 손실을 입게 된다.

12-6 어란젓갈 자동포장기

한 연구 보고에 따르면 어란은 염지과정에서 30%, 압착과정에 20% 합계 50%의 수분손실을 입게 된다. 염지된 곤이젓의 소금함량은 7~8%이지만 이중의 60~65%가 압착 중에 손실되어 결국 압착제품 중의 소금함량은 4~5%가 된다.

압착곤이젓의 경우는 가공 도중 지방 25~30%, 질소화합물 10~15%의 손실을 입게 되며 중량도 20~30% 감소된다. 또 더운 소금물로 염지할 때는 표 12-4에서 보는 바와 같이 단백질의 변성, 지방의 변패 등이 일어나고 산가가 다소 증가한다.

**표 12-4 곤이젓 조성에 미치는 warm salting의 영향**

| | 원료어란 | 압착 곤이젓 |
|---|---|---|
| Nitrogen Content (% of T-Nitrogen) | | |
| water-soluble proteins | 9.3 | 7.8 |
| salt-soluble proteins | 77.8 | 68.9 |
| insoluble proteins | 11.1 | 20.7 |
| non-protein nitrogen | 1.8 | 2.6 |
| amine nitrogen | 0.0 | 0.5 |
| Acid value of fat | 0.4 | 0.94 |
| Iodine value of fat | 159.6 | 151.5 |

염지기술은 제품의 품질에 결정적 영향을 주게 된다. 만약 뜨거운 포화식염수에 충분한 시간 동안 염지하면 독특한 향미를 주게 되고 즙이 많은 상태의 우아한 것이 되지만 가열되지 않고 포화되지도 않은 차가운 소금물에 염지하면 좋은 향미가 나지 않고 곧 부패하게 된다. 그러나 소금물이 너무 뜨겁거나 너무 장시간 염지하게 되면 제품은 고무처럼 딱딱하게 된다. 잘된 곤이젓은 수분함량 35~41% 함유하게 되며 균일한 암흑색, 균일한 중간정도의 굳기, 특유한 향과 맛을 띄게 되며 쓴맛이나 과도하게 예민한 맛이 없게 된다. 보통 상등품의 것은 소금함량 5% 이내, 수분함량 40% 이내를 유지하게 된다.

### (6) 비(非)선별어란(unscreened roe)

어란이 미숙한 상태로 두꺼운 지방층을 가지고 있고 선별하기가 너무 약한 경우는 생식선 전부를 가지고 가공하게 된다.

생식선을 10~12cm로 잘라 가열된 포화식염수에 5:1 비율로 담가 염지한다. 염지시간은 소금물의 온도, 생식선의 크기와 질에 따라 다르며 45~50℃ 소금물에서 5~8분 정도 염지하는 것이 보통이다. 만약 차가운 소금물을 사용한 때는 35~45분 정도로 염지시간을 늘려야 한다. 염지가 끝나면 석쇠 위에 건져 2~3시간 방치하여 물기를 뺀 후 50ℓ들이 waxed oak barrel에 담아 15~20 kg의 것으로 뚜껑을 눌러 둔다. 그후 12~15시간 지나면 남아있던 물기가 빠지고 곤이젓이 치밀하게 되므로 눌러 둔 것을 치우고 밀봉한 후 냉장실에 보존한다.

잘된 것은 어란 입자가 단단하며 상급품의 소금함량은 8% 이내가 된다.

## 4. 연어의 어란 가공

연어의 어란은 주로 과립형으로 가공하며 때로는 압착형으로도 가공한다.

### (1) 과립형 연어 어란(Granular salmon roe)

제조공정도는 그림 12-7과 같다. 난소는 어육을 통조림이나 염장할 때 제거되는데 보통 저장력을 증대시키고 제품의 질이 좋게 하며 폐기물을 적게 하기 위해서 사후경직이 일어나기 이전에 제거한다. 생식선을 제거한 다음 어란은 품질 특히 색깔과 피막형태에 따라 등급을 나눈다.

엷은 오렌지색을 띄고 피막이 단단하며 점착성이 적은 것은 상등품으로 하여 가공한다. 자가소화가 일어난 어란은 암등색을 내고 피막이 약하며 끈적끈적해 지는데 이것은 2등품으로 가공한다. 더 심해서 흐물흐물해지고 붉은색을 띄며 아주 부드럽고 끈적끈적해지면 가공용으로 저장하지 못하게 된다.

등급을 나누는 동안 5~6℃ 이하의 냉수로 씻어 혈액, 기타 불순물을 제거하고 20~30분 이내에 물기를 다 빼낸다. 물기를 뺀 것은 그림 12-8과 같은 선별기에 넣어 선별한다.

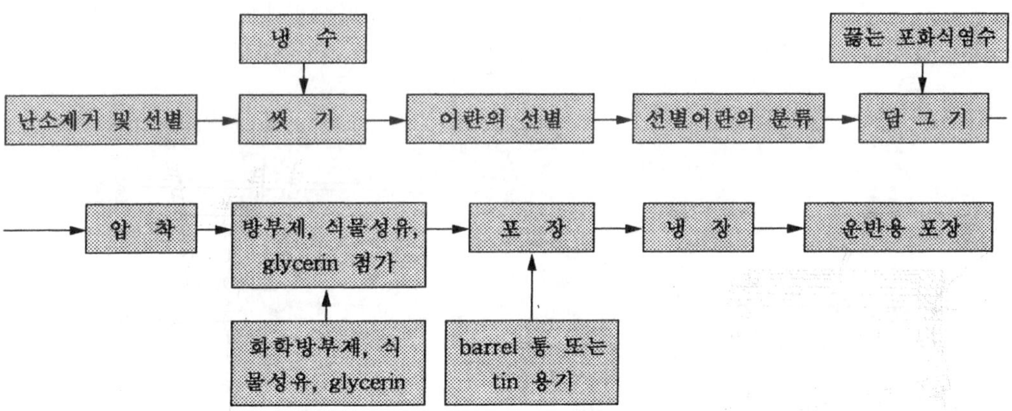


**그림 12-7 과립형 연어 어란의 제조공정도**

그림 12-8에서 upper screen의 mesh는 7~10mm로 되어 있어 실제적으로 어란 입자가 투과하는 곳이며 lower screen은 10~12mm이고 그 밑에 40~50° 경사를 가지고 있는 strainer는 4mm mesh를 가지고 있어 물, 피막조각, 파열된 입자를 분리하는데 쓰인다. 좋은 어란입자는 크고 단단한 것인데 보통 전체의 60~70%가 이 선별기의 upper screen에서 얻어진다. 선별된 어란은 15℃ 이내로 가열된 포화식염수(density 1.2g/㎤)에 염지한다. 소금물은 0.5~1.0㎥들이 용기에 깊이 1/2~3/4 되도록 붓고 매 ㎥당 5~6kg의 소금물 가

해 염지 도중 농도가 묽어지지 않도록 한다. 어란과 소금물의 비는 1 : 3으로 한다. 이 공정에서 어란은 그림 12-9에서 보는 바와 같은 기계적 mix나 또는 손으로 저어 소금물에 골고루 섞여지게 된다. 염지는 어란의 형태와 질, 소금물의 온도에 따라 다르나 8~18분 정도로 끝낸다. 염지가 끝나면 어란 입자의 내부는 혈적색이 없어지고 손가락으로 비벼도 깨지지 않을 정도로 응고되어 있게 되며 어란의 끈기도 없어져 손바닥으로 꼭 쥐었을 때 서로 들어 붙지 않게 되고 사발에 부으면 마치 강낭콩처럼 쏟아진다. 그러나 만약 염지가 덜 된 상태이면 손가락으로 부볐을 때 깨져 액체가 나오게 되며 반대로 염지가 너무 지나치면 wax모양이 되고 손으로 부볐을 때 고체 덩어리처럼 느껴진다. 어란은 피막, slime, 찌꺼기 등을 보다 잘 제거하기 위하여 두 단계로 염지한다. 우선 어란을 첫 번째 탱크에 넣어 6~7분 염지하는 동안 찌꺼기 물질을 제거하고 바로 두 번째 탱크에 어란을 건져 넣어 깨끗한 소금물로 6~9분간 염지한다. 여기서도 혼입되어 있는 불순물을 제거한다. 염지된 어란은 basket 이나 strainer에 건져 물기를 빼는데 어란의 품질에 따라 피막이 단단한 것은 2~3시간, 피막이 약한 것은 10~12시간 탈수시킨다. 물로 screen assembly를 쓰면 탈수시간을 1~1.5시간으로 줄이는 방법도 나와 있다. 염지와 탈수를 효과적으로 하는 것이 제품생산에 가장 중요한데 충분히 탈수되지 못했거나 너무 오래 염지된 것은 액체가 나오게 되고 또 한편 반대의 경우는 너무 끈적끈적해져 알맞은 점성을 갖지 못하게 된다.

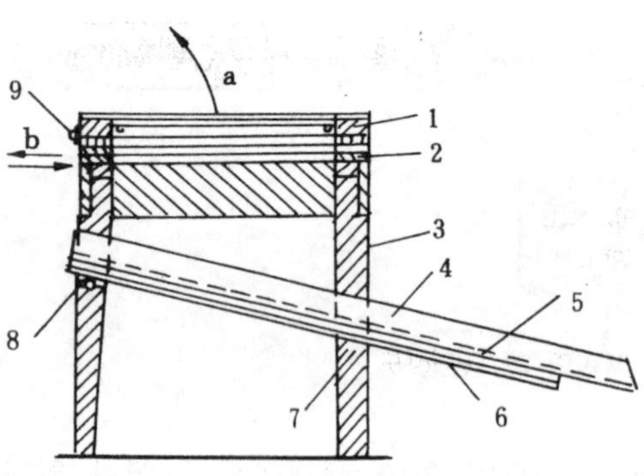


1-upper screen(화살표 a의 방향으로 돌림), 2-lower screen(화살표 b의 방향으로 돌림), 3-목제 table, 4-목제 trough, 5-fabric mesh, 6-pan, 7-trough 고정용, 8-경첩이 붙은 trough 받침대, 9-upper screen의 회전대

**그림 12-8 연어어란의 선별장치**

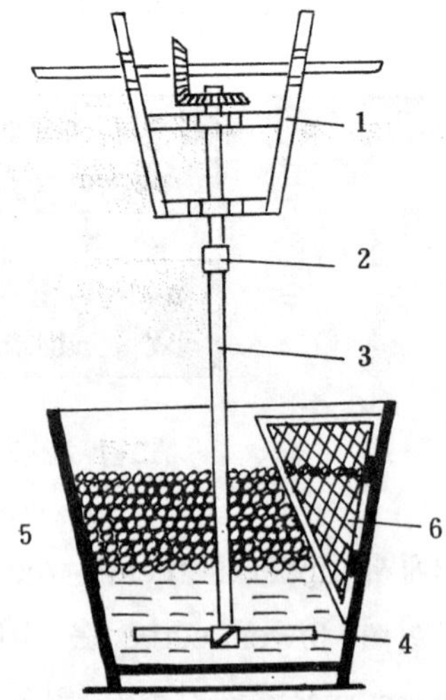


1-drive mix, 2-union, 3-mixer shaft, 4-paddle mixer, 5-vat, 6-frame with net for turning over roe

**그림 12-9 염지연어란용 혼합용**

탈수가 끝난 어란은 50~100kg들이 탱크에 넣고 화학방부제(붕사 0.3%, hexamethylene tetramine 0.1%), 식물성유 소량 및 glycerine을 어란 100kg 당 15g 정도 넣어 어란이 서로 들어 붙는 것을 방지하며 제품의 외관을 좋게 한다. 여기서 식물성유는 olive유, 땅콩유, 참깨유, 해바라기유, 옥수수유 등이 많이 쓰이며 콩기름과 아마인유는 향이 좋지 않아 안 쓰인다. 제조된 어란은 wax 코팅을 한 25~50ℓ들이 나무통에 포장한다. 바렐은 식물성유에 담근 무명천으로 감고 소금물에 담근 방수용 종이로 두른 후 어란을 가득 담아 4~5시간 방치한 후 수축되면 밀봉한다. 통조림 할 때는 공기를 완전히 뽑아내고 밀봉한다. 과립형 연어 어란은 단단한 입자를 가지고 점성이 적어 서로 들어 붙지 않으며 소금 함량은 4~6% 되는 것은 1급품, 8% 이상되는 것은 2급품으로 한다.

### (2) 살균 연어 어란(Pasteurized salmon roe)

염지 탈수된 어란을 200~250g씩 통조림 또는 병조림한 후 65~70℃에서 한시간 가열한다. 가열된 것은 20~25℃로 급냉시킨 후 냉장실에 보존한다. 피막이 약한 연어 어란은 살균해서는 안된다.

### (3) 압착 연어 어란(Pressed salmon roe)

보통 연어 어란을 압착하면 영양성분이 손실되고 맛이 떨어지므로 잘 가공하지 않는다. 그러나 과립형 어란을 만들 수 없는 약한 입자를 가지고 있는 어란으로는 압착 어란을 만든다. 연어 어란을 우선 얼음에 냉각시켜 단단하게 한 다음 55~70℃ 정도의 가열된 포화 식염수에 넣어 잘 섞으면서 3~6분 염지한다. 염지된 어란은 강한 섬유질로 만든 자루에 넣어 3~5시간 압착상태에 놓아둔다. 압착된 것은 다시 6~10시간 놓아 두어 냉각시킴과 동시에 소금기가 고루 퍼지게 한다. 이 공정이 끝나면 20~50$l$들이 바렐에 포장한 후 방습용 종이와 천으로 감싸둔다.

## 5. 숭어 어란의 가공

특수한 기호품인 염건 어란제품은 숭어 어란으로부터 만든다. 생식선을 분리하여 5℃ 이하의 냉수로 씻어 혈액 slime등을 제거한 후 밀도 1.18~1.20g/㎤ 되는 소금물에 즉시 염지한다. 염지할 때는 큰 것은 3~4시간 담그고 작은 것은 1~3시간 담그는데 소금함량 2% 정도되면 맑은 물로 살짝 씻고 깨끗한 판대기 위에 펴서 원형을 내게 한 후 공기 중에서 건조시킨다. 이때 표면에 석출되는 소금은 씻어 내어 소금층이 생기지 않게 한다. 염지된 생식선은 다시 소금물에 8~10시간 담가 어란의 소금함량이 6~7% 되게 한다. 염지된 어란은 그늘에서 공기를 순환시켜 건조시키는데 때때로 뒤집어 고루 건조되게 한다. 건조기간은 날씨와 어란의 크기에 따라 일정하지 않으나 15~20일 걸린다. 건조를 끝내기 3~4일 전에는 어란을 물로 씻어 표면층의 먼지나 과잉의 소금기를 제거한 후 70~80℃의 열수에 40~60분 담근다. 그 다음 어란을 깨끗한 판대기에 펴서 건조를 시키며 어란이 충분히 단단해지면 건조를 끝낸다. 건조된 어란은 우선 glycerine을 바르고 다음 wax로 2~3mm 되게 발라 습기를 막고 저장 중의 지방 산화를 방지한다. 완성된 제품은 8~10kg 들이 상자에 넣어 포장하고 방수용 종이로 싸둔다. 잘된 건조 어란은 갈색의 호박(amber) 모양을 이루며 단단하고 소금함량은 6% 이하 수분함량은 15%이라고 나타낸다. 보통 제품은 약간 쓴맛을 내게 된다.

## 6. 잉어와 백어 어란의 가공

잉어, 농어, 창꼬치, 도미, 붕어, 대구, 청어, 성대(lumpfish) 등의 어란도 가공되는데 이들은 주로 염장되며 때때로 냉동되기도 한다. 이들은 대부분 과립형 어란으로 가공된다.

### (1) 염지 어란(Salted screened roe)

어란을 생선에서 뽑아 0.5~0.6cm mesh의 screen에 통과시킨 다음 어란에 대하여 NaCl 12.5%, $KNO_3$ 0.16% 되도록 조제한 혼합물에 염지한다. 여기서 $KNO_3$는 어란에 특유한 핑크색을 주기 위한 것이다. 이때 혼합물은 나무 주걱으로 뒤섞어 주도록 되어 있는데 염지 정도는 어란이 차츰 단단하게 되어 주걱에 늘어 붙지 않을 때까지 하며 대체로 8~15℃에서 15~30분 정도 걸린다. 염지된 어란은 50ℓ들이 바렐에 가득 담고 위의 뚜껑을 살짝 눌러 소금물이 넘쳐 나오게 놓아 둔다. 이 어란이 든 바렐을 서늘한 상태로 4~5일 놓아 두면 더욱 염지되면서 수분이 빠져 나와 수축하게 되는데 이 줄어든 부분은 다시 어란으로 채워 넣고 밀봉한다. 밀봉된 것은 0~-4℃ 실온에서 1~2개월 숙성시킨다. 숙성된 어란은 50ℓ들이 용기에 옮겨 포화식염수에 담근 섬유천으로 감싸둔다. 완성된 제품은 균일한 연성을 가지고 있고 특유의 오렌지 또는 적등색을 띄게 된다. 소금함량은 10% 정도인 것과 10~14% 되는 것 두 종류가 있으며 $KNO_3$의 허용량은 0.1% 이하가 되어야 한다. 이들 제품은 약간의 쓴 맛을 가지게 된다.

### (2) 살균 저농도 염지란 (Pasteurizing lightly salted roe)

살균염지란은 잉어, 도미, *Aspius aspius*, 붕어, 창꼬치, 농어, 송어 등으로부터 만든다. 살아있는 고기나 거의 신선한 고기에서 얻은 어란을 선별한 후 4~5% 소금에 염지한 후 250~300 *g* 용기에 담아 밀봉한 후 70%에 1시간씩 1일 간격으로 두차례 살균하여 만든다.

첫 번째 살균과 두 번째 살균의 사이에는 24~27℃의 온도에 놓아 두게 되면 두 번째 살균이 끝나면 냉수로 실온까지 급냉시켜 포장한 후 냉장실에 보존한다. 염지와 살균을 병행시키는 이 과정에서는 가열에 의해 오렌지색이 얻어지므로 질산염(nitrate)이 필요없게 된다. 최종 제품은 균일한 굳기를 가지면서도 너무 건조되지 않고 소금함량 3.5~5.0% 정도 되는 것이 좋다. 맛도 보통 염지한 것보다 좋다.

## Ⅲ. 가공어란의 저장과 운반

염지된 어란은 상하기 쉬우므로 0℃ 이하의 냉장실에 보존하여야 한다. 또 보존할 때에는 다른 제품의 냄새가 배들어 가지 않도록 특별한 chamber를 사용해야 한다. 살균하지 않은 과립형 곤이젓은 -2~-4℃의 항온에서 보존해야 한다. 곤이젓은 온도변화에 민감해서 온도가 살짝 얼 정도로 떨어지던가 하여도 피막이 상하여 품질이 떨어진다. 살균된 과립형 및 압착형 곤이젓은 냉동시켜 -10~-20℃로 보존하는 것이 좋다. 과립형 연어 어란은 -2~-6℃에서, 그리고 저농도로 염지한 기타 어란은 0~-4℃에서 저장하는 것이 좋고 고농도로 염지한 것은 -6~-7℃에서 저장하는 것이 좋다. 과립형 곤이젓의 용기는 운반하기 편리하도록 주의깊게 포장되어 진다. 더운 계절에는 3~4겹의 깨끗한 천으로 된 bag에 넣어 상자나 또는 350~400ℓ들이 바렐에 얼음과 함께 포장한다. 바렐을 쓰는 경우는 bag은 움직이지 않도록 특수하게 제작한 나무 케이스에 넣고 사이사이 틈에는 곱게 부슨 얼음으로 제품과 거의 같은 양으로 채운다. 바렐 또는 상자가 녹는 것을 억제하기 위하여 식물성 섬유로 된 거적을 두른다. 각 바렐 또는 상자의 바닥에는 3~4㎝직경의 구멍을 3~4개 뚫어 녹아 나오는 물기가 흘러 빠지도록 한다. 겨울철에는 곤이젓의 용기는 2~3겹의 섬유질 bag이나 나무 상자에 넣고 틈바구니에는 건조한 톱밥으로 채운다. 상자는 밀봉한 후 열전도를 줄이기 위해 처음에는 felt로 싸고 다시 마대로 싼다. 살균 과립형 곤이젓이나 압착형 곤이젓 또는 과립형 연어알은 종이로 싸서 나무판 상자에 단단히 포장한다.

## Ⅳ. 어란 제품의 조성과 성질

어란 제품의 화학적 조성은 원료어란의 조성과 가공방법에 의존된다. 여러 제품의 수분,

지방, 단백질 함량, 그리고 영양가 등이 표 12-5에 표시되어 있다.

표 12-5에서 보는 바와 같이 모든 어란 제품은 질소화합물이 25~36%로 상당히 높고 지방함량도 높은 편이며 열량도 높다. 신선하게 가공된 염지 어란의 질소화합물의 90~95%는 단백질이며 5~10%만이 Ex분으로 주로 albumoses, peptones, polypeptide 등으로 구성되어 있고 소량으로 유리 아미노산, 휘발성 염기물질 등이 들어 있다. 염지어란은 단백질 지방 외에 소량의 탄수화물이 함유되어 있으며 주로 glycogen으로 존재하나 저장 중에 쉽게 분해된다. 소금을 제외한 무기물의 함량은 모든 어란에 있어 1~2% 정도이다. 생리적으로 중요한 무기물 가운데 인산(P)이 상당량들이 들어 있어 과립형 및 압착형 곤이젓 그리고 과립형 연어어란에는 0.4~0.6%, 기타의 것에는 0.1~0.2% 들어 있고 어란 중의 인산의 1/3 정도는 lecithin 형태로 되어 있다. 인산 이외의 어란 제품은 칼슘(0.1%), 카리움(0.2~0.3%), 마그네슘(0.04% 이상) 및 철분(2~3㎎%) 등이 들어 있다. 비타민 A의 함량은 크지 않으며 1㎎% 이하이다. 어란제품의 비타민 D함량에 대해서는 보고된 바가 없으나, 살균과립형 곤이젓, 잉어알 등은 어린이들의 구루병(rickets) 치료에 유효하다고 알려져 있어 비타민 D 함량은 클것으로 추축된다. 염지란(salted roe)은 소량의 유리 지방산, 즉 수용성으로 lactic acid와 지용성으로 oleic acid 등을 함유하고 있다. 신선하게 가공된 어란 속에는 주로 수용성 지방산이 들어 있다.

**표 12-5 여러 어란의 조성**

| 어 란 | 함 량(%) | | | | 열량 (cal/100g 제품) |
|---|---|---|---|---|---|
| | 수 분 | 질소화합물 | 지 방 | 소 금 | |
| 용철갑상어 | | | | | |
| 과립형(바렐포장) | 46.0 | 26.0 | 16.5 | 7.0 | 260 |
| 압착형 | 39.0 | 36.0 | 18.0 | 4.5 | 315 |
| 비선별형 | 42.0 | 25.5 | 19.5 | 7.5 | 285 |
| 연어(과립형) | 45.0 | 33.0 | 11.5 | 5.0 | 240 |
| 잉어(선별형) | 58.0 | 25.0 | 4.0 | 10.0 | 140 |
| 숭어(백어) | | | | | |
| 비선별형 풍건제품 | 17.0 | 33.0 | 40.0 | 5.0 | 505 |

이들 산의 총함량, 즉 어란의 산도(roe acidity)는 어란 1g에서 물로 추출한 산을 중화시키는데 필요한 KOH ㎎수로 나타내고 있다. sturgeon과 연어알로 만든 여러 제품의 acidity는 1.5~2.0이며 선별형 잉어알로 만든 것은 2.5~3.0 이상 되는 것도 있다.

저장하는 동안 어란 제품의 성질은 점차 변하며 영양가도 떨어진다. 맛, 냄새, 외관 등도 점차 나빠진다. 과립형 곤이젓은 보통 예민한 신맛(sour flavour)을 내게 되나 다른 것들은 예민한 쓴맛(bitter flavour)를 내게 된다. 어란의 냄새는 시간이 경과됨에 따라 약간 시고 곰팡이 냄새를 띄게 되면 압착곤이젓이나 풍건숭어란 등은 산패지방취(odour of rancid fat)를 띄는 수도 있다.

어란은 굳기가 연해져 액상으로 되는데 특히 이 변화는 과립형 곤이젓과 연어알의 경우 현저하다. 즉 난자막(卵子膜)이 연해지고 난자는 점점 그의 탄성 (elasticity)을 잃게 되어 결국 터지게 된다. 난막이 터지면 진하고 점착성 있는 액체가 흘러 나오게 되어 용기 바닥에 쌓이게 되며 어란의 색은 보통 진갈색으로 어두워진다. 또 단단히 포장해 두지 않으면 표면에 곰팡이가 슬게 되고 오래 지내면 맛, 냄새 및 외관이 상하여 먹을 수 없게 된다. 저장 중 어란의 관능적 성질의 모든 변화는 효소 및 미생물의 영향 하에서 단백질 및 지방의 절단에 의해 일어난다. 단백질 절단의 결과로 유리 아미노산, 함질소 염기 등을 포함한 질소화합물 Ex 분이 축적된다. 휘발성 염기형태의 질소함량 30㎎% 이상이 되면 어란은 먹을 수 없는 상태가 된다.

어란 중의 지방은 주로 가수분해적 해리를 일으키게 되는데, 만약 포장이 불량해서 공기로부터 완전히 차단되지 못한 상태가 되면 지방은 산화를 받게 된다. 저장기간 중의 어란 지방의 변화 정도는 어란에서 추출한 지방의 산가에 의해서 측정된다. 보통, 과립형 곤이젓 지방의 산가는 5~6을 초과해서는 안되며, 압착곤이젓 및 과립형 연어란의 경우는 11~12 정도까지 괜찮다.

단백질과 지방의 분리, glycogen의 분해 결과로 수용성 유기산의 양이 증가하며 이어서 이들 산의 함량은 어느 정도 어란의 품질을 평가하는 기준이 될 수 있다. 과립형 및 압착형 곤이젓 그리고 과립형 연어란의 수용성 산도는 보통 3% 이하이며 다른 것들은 5.0~5.5% 이하이다. 과립형 연어란의 질은 휘발성산(acetic, propionic, butyric)의 양에 의해 판정된다. 이들 단백질과 지방의 변화, 여기에 수반되는 관능적 성질의 변화 등은 일정하게 일어나는 것이 아니다. 가장 부패하기 쉬운 것은 화학방부제 없이 소금으로만 염지하여 용기에 포장한 과립형 곤이젓이다. 온도 -2~-4℃에서의 과립형 곤이젓의 저장기간은 단지 3~4개월에 불과하며, 화학방부제를 넣으면 6~7개월까지 저장할 수 있다.

바렐에 포장한 과립형 곤이젓과 연어알은 8~9개월, 압착곤이젓은 1년 이상 화학방부제 존재 하에서 저장할 수 있다. 살균어란은 더욱 안전하다.

# 13장 어분(魚粉)

어분은 착박(搾粕)에서 발전한 것으로 생선을 삶아 압착(壓搾), 전조분말로 한 것이다. 아메리카에서 최초로 시작하여 1925년경부터 점차 진보를 하였는데 그 발전의 자취를 보면 비료에서 사료로 한층 더 사료에서 식료로 진보하고 있다. 세계에 있어서 주된 산지는 미국(청어, pilchard, 정어리), 영국(white fish), 노르웨이(대구와 청어)이고, 주된 소비국은 독일, 캐나다, 미국 등이다. 일본서는 정어리를 비롯하여 청어, 가자미 등을 원료로 어분을 제조한다.

우리나라에서 생산되는 어분의 양은 표 13-1에서 보는 바와 같이 1997년도 31,384톤이며 이는 1986년도 64,531톤에 비해 절반으로 생산량이 감소되었다.

표 13-1 우리나라 어분의 생산량 (단위 : M/T)

| 품목 \ 연도 | 1995 | 1996 | 1997 | 97/96(%) |
|---|---|---|---|---|
| 어 분 | 57,391 | 46,161 | 31,384 | 70.0 |

## I. 어분의 종류

어분은 원료의 육질(肉質)에 따라 백색어분(white meal), 갈색어분(brown meal 또는 dark meal)의 2종으로 크게 나누어지고 전자는 주로 대구, 가자미 같은 흰살 고기를 원료로 하고 후자는 청어, 정어리 같이 붉은 살코기를 원료로 제조한다. 또 지방 함유량에 따라 다지어분(oily fish meal)과 소지어분(non-oily fish meal)으로 구별한다. 또 갈색 어분도 때로는 탈지공정을 행해서 그 제품을 탈지어분이라고 하는 경우도 있다. 또 어종명을 붙여 어분의 원료를 밝히는 것이 있는데 예를 들면 정어리 어분(sardine meal), 대구 어분(cod meal), 청어 어분(Herring meal)과 같은 것이 있다. 또 국명을 붙여서 노르웨이 청어 어분과 같이 부르는 것도 있다. 이 외에 제조법에 의해서 천일(天日)건조 어분, 기계건조 어분, 탈지 어분과 같이 부르는 것도 있다.

## Ⅱ. 어분의 제조 기술

### 1. 어분원료의 취급

원료는 멸치, 청어, manhaden 정어리와 같은 다지방 어류가 좋다. 그리고 시장에서 상품으로 판매가 안되는 작은 생선 또는 기타 쓸모 없는 부산물 등이 이용된다.

생선으로 쓸모없는 잡어들은 어획시 때때로 일시에 고급 어종과 같이 대량으로 어획되기 때문에 어선에서 바다에 다시 버리고 있는 것들을 원료 공급원으로 이용할 수 있다. 흰살 어분의 주요 급원은 통조림 부산물인 fillet 한 것 또는 부스러기 고기들로 이것은 뼈에 붙은 잔육으로 내장 제거한 것이나 filler한 것 또는 머리부분이나 완전한 뼈를 포함한 것으로 단백조직이 부착된 것은 다 이용할 수 있다.

한편 대부분의 어분공장은 어획기가 제한되어 있으므로 처리 능력보다 많은 물량의 원료가 일시에 입하되기 때문에 원료의 저장이 필요하다.

종래의 보관방법은 소금을 사용하여 실시하였으나 이 방법은 ① 추가 비용이 들게 되고 ② 소금의 보존작용이 한정되고 ③ 소금량이 많게 되면 최종제품의 염분이 높게 되어 상품적인 견지에서도 부적당하여 현재 이 방법은 이용되지 않고 있다. 소금 외에 염소, chloramine이나 기타 염소 화합물, 아황산, benzene 등이 사용되는데 이들 화합물은 단독으로 쓰지 않고 chloroform, sodium nitrite 등과 섞어 쓰면 훨씬 효과가 커진다.

chloroform의 장점은 ① 세균억제 효과와 ② 고기조직의 굳기를 유연하게 하고 ③ 압착액의 침투력을 높게 해준다. sodium nitrite의 보존작용도 광범위하게 연구되었는데 이들 화합물의 장점은 모두 가공 중에 쉽게 제거되어 단지 흔적 정도의 잔재가 남아 법적 허용한도 이내로 되는 점이다.

### 2. 어분의 제조법

어분제조법에는 ① 천일(天日)건조에 의한 착박을 분쇄하는 방법 ② 옥박을 인공적으로 건조해 분쇄하는 방법 ③ 생어를 사용하여 기계적으로 제조하는 방법 등이 있다. 앞의 2개를 습식(濕式)제조법(wet process), 후자를 건식제조법(dry process)이라고 부른다.

이들의 제조법이 어분 제품과 품질에 미치는 영향은 다음과 같다. ① 인공건조 제품은 천일 건조품에 비해서 대략 수분의 함유량이 적다. ② 지방의 함유량은 두 제품 모두 큰 차이가 없다. ③ 인공건조제품에는 사분(砂分)이 적다. ④ 인공건조 제품은 암모니아 함유량이 적다(원료가 신선치 못한 것은 그렇지 않음). ⑤ 인공건조 제품에는 단백질의 소화율이 떨어지는 것이 많다. 특히 건조도가 지나쳐 수분이 적은 것은 소화율이 나쁘다.

### (1) 천일 건조어분의 제조법

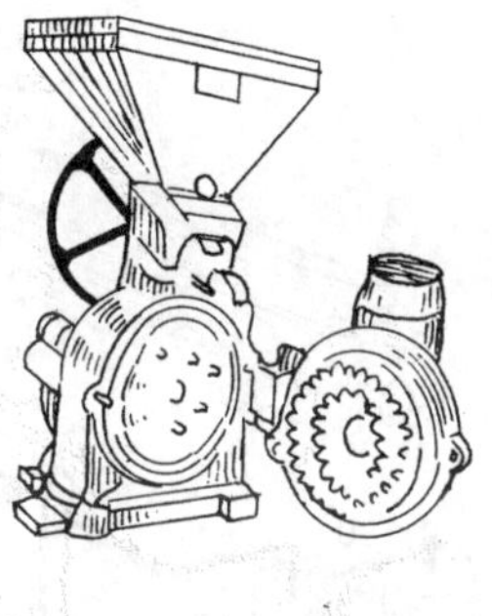

그림 13-1 분쇄기

천일 건조한 착박을 분쇄기(그림 13-1)로 분쇄한 후 일정한 크기의 구멍을 가진 체에 통과시켜 만드는 방법이다. 분쇄기에는 여러 형태가 있지만, 이것을 크게 분류하면 서차형(鼠車型)과 swing hammer형이 있다.

이들 분쇄기로 분쇄하여 체를 통과시킨 것은 탱크에 모아 자루에 담아 포장한다. 국내용 비료로 쓰이게 될 정어리, 대구, 고등어, 송어 등의 거친박은 잘 건조해서 가마니에 담는다. 큰 창자 정어리는 조분 또는 양계사료로 판매되는 경우가 있다. 노르웨이에서는 건조한 대구 그 밖의 대구제품을 만들 때 생기는 머리 등의 부산물을 그대로 또는 압착하여 햇빛에 말려 분쇄한 것을 면상어분(綿狀魚粉, flocky meal)이라 해서 수출하고 있다. 이것은 동물 사료로 이용되고 있는데 삶아져 있지 않기 때문에 분말의 섬유가 긴 깃털모양을 하고 있어 이런 명칭이 붙어 있다.

### (2) 인공건조 어분의 제조법

채 건조되지 않은 덩어리박을 적당한 크기로 절단하고 다시 기계로 거칠게 잘라서 screw conveyor로 건조기 내에 옮겨 넣어 충분히 건조해서 분쇄하고, 체로 쳐서 제품을 만드는 방법이다(그림 13-2).

이 건조법에는 직화법(直火法)과 열풍법(熱風法)의 2가지 방법이 있다. 직화법은 솥을 가열해서 내부에 덩어리박을 거칠게 자른 것을 넣어 교반(攪拌)해 가면서 건조하는 방법으로 여기에는 편강식(片岡式) 건조기가 있다. 이것은 연어, 송어 통조림의 폐기물을 비롯하여 거친박의 건조에 주로 사용된다. 열풍법은 석탄을 완전히 연소시켜 그 열공기를 직접 건조통 내에 보내는 방법이다. 이 건조기에서는 건조통의 회전에 따라 원료는 통 안에 붙어 있는 철판에 의해 교반되면서 점차 출구쪽으로 이동된다. 출구에는 배기기가 갖추어 있어 배기 작용을 한다. 열풍(450~500℃)은 건조통 안에 고정되어 있는 안쪽통을 통과해 굴뚝으로 나오는 동안에 바깥통 안에 있는 원료를 건조시키도록 되어 있다.

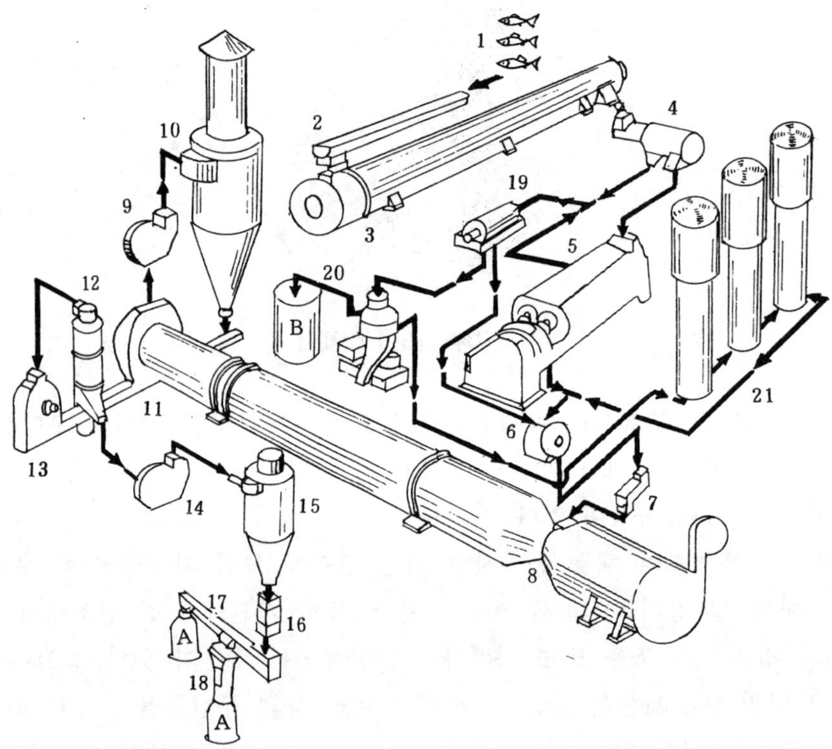


1. Fish storage
2. Screw conveyor
3. Cooker(indirect)
4. Rotating screen
5. Press(double screw)
6. Press cake disintegrator
7. Mixing screw
8. Rotatory dryer
9. Pneumatic conveyor(fan)
10. Meal collecting cyclone
11. Meal conveyor
12. Vertical sifer
13. Hammer mill
14. Pneumatic conveyor
15. Bagging cyclone
16. Separating magnet
17. Distribution screw
18. Automatic weight
A. Fish meal
19. Sludge separator
20. Oil centrifuge B. Fish oil
21. Glue-weter concentrator

**그림 13-2 어분과 어유의 제조과정**

### (3) 기계어분의 제조법

신선한 어류를 끓이고 압착, 건조 또는 분쇄하는 과정을 기계적으로 일관 연속해서 어분을 제조하는 방법이다. 이 기계어분을 제조하는 기계를 크게 나누면 미국식과 독영식(獨英式)으로 구별된다. 미국식에는 캘리포니아식, 슈왈쯔식, 레네백식, 스쿤레히라식, 아메리카 프로세스식 등이 있고, 독영식에는 슈롯델호제식이 있다. 일본에는 대야식(大野式), 수공식(水工式) 등 여러 방식이 있다.

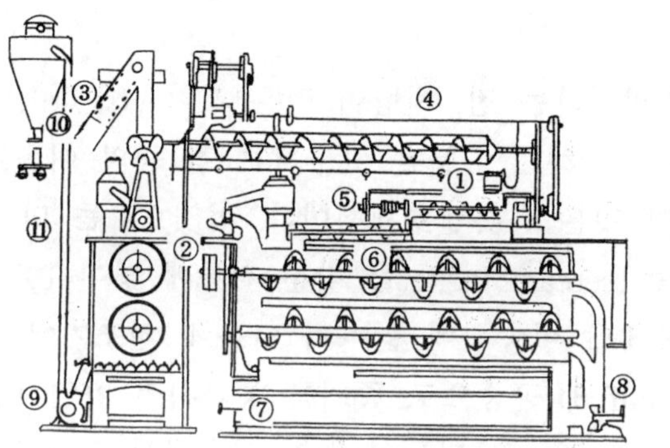


그림 13-3 california 식 어분제조기

#### A. 캘리포니아식 어분제조기계

이것은 그림 13-3에서 보는 바와 같이 자숙통, 압착기, 건조통, 분쇄기의 4부로 되어 있다. 생어를 수송기로부터 자숙변을 거쳐 자숙통에 옮겨 넣어 가열한다. 자숙변은 수평하게 회전하는 2장의 변을 갖춰 위쪽의 변이 열릴 때는 아래쪽의 변이 닫히고, 위쪽의 변이 닫힐 때는 아래쪽의 변이 열리고, 위·아래 변의 사이에 들어있는 물고기는 자숙통 안으로 떨어진다. 자숙통의 출구에도 동일구조의 변이 있어 삶아진 물고기는 그 변을 나와 압착기에 들어가 기름이 짜진다. 압착된 물고기에는 압착기 왼쪽 끝에 있는 원추장의 압착변으로부터 압출되어 해쇄기에 들어간다. 해쇄기는 압착된 어육을 거칠게 부셔서 건조통에 보낸다. 건조통은 긴 원통으로 내부에 교반수송기가 구비되어 있다. 통의 외부는 화로의 연소가스로 가열되고 또 통의 내부에는 화로에서 가열된 공기를 송풍기로 불어넣어 수분을 증발시킨다. 이 공기는 다시 배풍기로 뽑아내어 증발수분과 함께 제거한다. 건조통에 들어 있는 삶아진 물고기는 2단의 건조통을 통과하는 사이에 나선 수송기에 의해 분쇄기에 옮겨져 분쇄된다. 분쇄된 것은 아직 상당히 뜨겁기 때문에 긴 철관을 통과하는 사이에 냉각시켜 부대에 넣어진다. 압착기로 압출된 기름은 밑의 기름받이를 거쳐 홈통을 흘려서 기름통에 받는다. 이런 식의 것은 건조통이 고정되어 있지만, 회전하는 것도 있다.

### B. 일본식 제조기계

일본에서 사용되고 있는 어분제조 기계는 미국의 레네백식 또는 칼프레스식(캘리포니아식)이 처음에 수입되어 이것을 개량한 것이 많은데, 총괄적으로 보아 미국식이다. 이것에는 ① 수공식 ② 어량흥업소식(魚糧興業所式) 등의 종류가 있다. 어량흥업소식은 건조열원으로 증기를 사용하고 주요부로는 재단기, 자숙기,건조기 또는 분쇄기로 되어 있고 건조통은 2중으로 되어 있어, 이것을 회전하여 건조를 빨리 하려고 한다.

### C. 독영식 기계

독일에는 원료어가 비교적 소량이라는 점, 지방이 적은 저어육(底魚肉)이 많다는 점, 식품을 사료(주로 돼지, 소) 전용으로 하는 어분을 요구하는 점 등의 이유로 소위 독일식의 기계가 고안되었다. 그 대표적인 것은 슈롯델호제식이다. 이것으로는 먼저 큰 고기를 fish cutter로 절단해 살균기라고 하는 seteam jacket를 갖춘 원통에 넣어 105℃ 정도의 온도로 10~20분간 screw conveyor 상에서 이송중에 삶아져 다음에 건조기에 보내진다. 건조기는 내부의 screw conveyor의 shaft에 공중으로 증기를 통과시켜 가열시킴과 동시에 진공펌프로 감압해서 물의 비등점을 약 60℃로 만들어 빨리 저온에서 건조시키는 것이다.

## Ⅲ. 어분의 품질(Quality of fish meal)

일반적으로 어분은 사용원료나 제조 방법에 따라 많은 종류의 제품이 생산되고 있다. 그리하여 어분의 품질이나 성분도 다양하게 많다. 그러나 몇 종류의 어분은 몇 나라의 생산국이나 사용국에서 어분의 품질 규격이 설정되어 규제하고 있다. 일반적인 규격은 ① 제품의 적정한 소화(분해) ② 입자크기 ③ 수분, 지방, 무기물, 염분 등의 허용 최대 함량 ④ 최소의 원료 단백질량과 소화성 단백질량 등이 있다.

제품은 반드시 균일한 입자 크기를 갖고 골분조각이 혼입되어서는 안된다. 신선어분의 색은 녹회색(greenish grey)이고 저장중 황갈색(yellowish brown)으로 변하는 것이 좋다. 상품으로 어분의 품질은 표 13-2와 같이 단백질, 지방, 회분, 수분의 분석치가 일정하여야 한다. 어분제품은 흡습성(hygroscopic)물질이기 때문에 수분함량을 6% 이하로 내리기는 곤란하다. 수분함량이 12%가 되면 곰팡이의 번식이 용이하다. 적당한 포장은 수분의 흡습을 방지할 수 있다. 지방 함량의 실질적인 최소치의 제한은 다지방(多脂肪)어류를 원료로 한 경우 5%이다. 회분함량은 뼈로부터 오기 때문에 fillet 부스러기로 제조된 어분의 경우는 회분함량이 높다. 회분의 구성은 주로 인산칼슘으로 되어 있다. 소금을 보존제로 사용한 경우는 염소의 높은 함량을 갖게 된다. 단백질 함량은 타성분과 가역적인 상관관계를 갖는다.

표 13-2 어분의 성분규격

| 성 분 | % |
|---|---|
| 수 분 | 6~10 |
| 지 방 | 5~12 |
| 단백질 | 60~75 |
| 회 분 | 10~20 |

## 1. 어분의 단백질 (protein in fish meal)

단백질의 품질은 필수 아미노산의 함량과 그 조성 그리고 소화성에 의해 좌우된다. 좋은 어분은 단백질 소화율(pepsin)이 92~95%이다. 또 어분의 아미노산조성도 다른 단백질보다 우수하다. 정어리 어분의 필수아미노산 조성은 표 13-3과 같다. 어분 단백질은 보통 다른 원료로부터 만든 사료의 경우 제한 인자로 되어 있는 lysine, sulfur 함유 아미노산 등을 공급한다는 데에 의의가 크다. 또 고려해야 될 사항은 압착액인 stick water 중에 tryptophan, cystine, isoleucine, 그리고 tyrosine 등이 부족하나 농축된 stick water를 whole meal에 add back 함으로써 단백질을 더욱 균형있게 한다는 것이다. 어분 단백질의 품질평가에 사용되는 방법은① pepsin 소화율 ② 유용한 lysine 함량 ③ chick assay procedure ④ S. zymogenus에 의한 미생물을 이용한 아미노산의 평가 등이 있다.

표 13-3 정어리 어분의 필수아미노산 조성(g/16g N)

| 아미노산 | 함 량 | 아미노산 | 함 량 |
|---|---|---|---|
| Arginine | 7.4 | Methionine | 3.5 |
| Histidine | 2.4 | Cystine | 1.2 |
| Lysine | 7.8 | Thereonine | 4.5 |
| Tyrosine | 4.4 | Leucine | 7.1 |
| Tryptophan | 1.3 | Isoleucine | 6.0 |
| Phenyl alanine | 4.5 | Valine | 5.8 |

## 2. 어분의 지방(fat in fish meal)

다지방 함량은 어분의 상품가치를 저하시킨다. 영양적으로 어분 중의 지방함량은 복합적인 열량 가치에 기여하나 높은 지방함량은 가역적으로 단백질 함량 비율을 감소시킨다. 더욱 더 심각한 문제는 불포화지방산이 가공과 저장 중에 산화작용과 중합반응을 일으키는 것이다. 이러한 산화나 중합반응이 일어난 기름은 독성물질의 생성으로 영양적유용성에 영향을 주는 단백질과 결합되기 때문이다.

## 3. 어분의 무기물(minerals in fish meal)

어분은 칼슘과 인을 비롯한 Zn, I 등 많은 종류의 필수무기물 기타 흔적 무기물의 공급원이 된다. 특히 옥도 (I)의 함량은 주목할 만한 가치가 있다. 다른 식품에서 이들 요소의 분포가 제한받고 있기 때문이다. 어분의 중요한 무기물의 함량은 표 13-4와 같다.

표 13-4 어분의 무기물함량

| 무기물 | 함 량 |
|---|---|
| Ca | 3~6% |
| P | 1.5~3% |
| I | 70ppm |
| Zn | 70ppm |
| Fe | 250ppm |
| Cu | 7ppm |
| Mn | 4ppm |
| Co | 0.04ppm |

## 4. 어분의 비타민 (Vitamins in fish meal)

어분은 비타민 급원으로는 별로 중요하지 않다. 지용성 비타민의 함량은 대단한 양이 못된다. 비타민 A는 거의 없고 비타민 D는 소량 존재한다. 비타민 E도 별로 존재하지 않으나 어지방이 고도의 불포화성이기 때문에 어분에 비타민 E를 첨가하면 지방산화 방지에 유효하다. 부패된 어분 중에는 약간의 비타민 K도 함유하고 있다. 한편 어분은 비타민 B군을 꽤 함유하나 효소 작용에 의해 파괴되기 때문에 그의 유지가 어려워 함량이 적다. 기타 riboflavin, pantothenic acid, niacin 그리고 비타민 $B_{12}$ 등이 꽤 들어 있다. 이들 비타민은 가공 중에 파괴되어 stick water에서 pantothenic acid, niacin의 경우 1/2로 된다. 그리하여 습식 방법에서는 이들 성분의 손실을 보충하기 위하여 add back 방법을 채용하고 있으나 그래도 비타민의 손실을 피할 수 없다. 어분, 전어분, stick water 그리고 원료 청어 중의 비타민함량을 보면 13-5와 같다.

표에서 보는 바와 같이 모든 비타민류는 pantothenic acid를 제외하고는 제조과정에서도 꽤 안정한 것을 알 수 있다. pantothenic acid는 강한 건조 중에 50%의 손실이 된다.

**표 13-5 어분, 원료어, stick water 중의 주요 비타민 함량 (mg/kg 사료 )**

| 비타민 종류 | meal | whole meal | stick water | 청 어 |
|---|---|---|---|---|
| riboflavin | 5.1 | 7.3 | 2.2 | 2.65 |
| pantothenic acid | 15.2 | 30.6 | 10.0 | 10.4 |
| Niacin | 61.0 | 126.0 | 35.2 | 35.9 |
| Vitamin $B_{12}$ | 0.21 | 0.25 | 0.074 | 0.10 |

## 5. 어분품질에 영향하는 요소

### (1) 원료

어류 및 부산물 등의 형태나 계절변이에 따라 가공중에 성분함량이나 변질 등이 최종제품의 품질에 영향을 준다.

### (2) 가공 방법

가공 mode의 선택에 따라 아미노산, 비타민 함량이 달라진다. 높은 가공 온도(어분의 화염 건조)는 단백질의 소화율이나 영양소의 유효성을 파괴하여 불리한 영향을 준다.

### (3) 저장

저장기간 중에 자연적인 온도 상승으로 불포화 지방의 과산화가 일어난다. 독성물질을 제외하고 지방의 산화나 중합의 영향은 아미노산(특히 lysine)과 결합 반응이 일어나 그들의 유효성을 저하시킨다.

### (4) 어취(魚臭)

어분으로 사육한 고기나 계란은 어취가 난다는 보고가 있다. 이는 어분 중의 지방함량과 그의 산패로 발생되는 것으로 설명되고 있어 사양시 어분 사용량이 중요하다.

### (5) 오염

어분이 불결한 비위생적인 조건하에서 제조될 때는 세균 특히 salmonella의 오염이 쉽게 된다. 오염된 어분으로 가축을 사양하게 되면 오염된 세균에 가축이 감염되고 결국 인간에 2차 전염원이 된다.

## Ⅳ. 어분의 이용

### 1. 사료로의 이용

어분은 보통 55~70%의 조단백을 함유하고 있기 때문에 가장 농후한 단백질 사료인 것을 알 수 있다. 그러나 이 조단백질 중에는 비늘, 껍질, 뼈, 결체조직 등에 존재하는 collagen, gelatin, elastin 등의 의사단백질, 제조공정 중 변화한 불소화성분 물질, 아민 또는 암모니아 같은 비영양물질 등도 함유하고 있기 때문에 그 소화율이 문제가 된다. 소화율은 일반적으로 제조 공정중의 온도에 영향을 받아 건조 온도가 높으면 소화율은 떨어지게 되므로 저온에서 진공건조를 하는 것이 좋다. 또 저장중에도 소화율은 저하하는데 이 경우는 지방 함유량이 많은 것일수록 또 저장온도가 높고, 수분 함유량이 큰 것일수록 소화율은 저하된다. 어분에 함유된 지방은 고도의 불포화 지방산을 함유하고 있기 때문에 저장중 산화해서 악취를 내고, 가축의 생산물(우유, 계란 등)에 악취가 옮겨져 그 품질을 떨어뜨리게 되므로 좋지 못하다. 따라서 가축사료에는 항상 기름함량이 적은 어분을 주어야 하며 적어도 도살 전 3~4주간은 반드시 저지방 어분을 주지 않으면 안된다.

어분 중의 무기성분 함량은 약 8~20%이다. 이 무기 성분의 대부분은 물고기의 뼈에서 유래한 것으로 원료의 종류 제법에 따라 그 함량이 다르다. 무기성분의 주성분은 칼슘과 인산으로 가축의 골격, 젖, 알껍질 등의 형성에 관여한다.

어분은 주로 돼지나 가금류의 좋은 단백질 공급원으로 쓰인다. 반추 가축에서는 미생물이 체내에서 아미노산을 합성하기 때문에 사료중의 단백질의 품질에 의한 성장의 의존도는 적다. 그렇지만 젖을 많이 내는 젖소는 사료를 통하여 필수 아미노산의 공급이 필요하다. 어분으로 가축을 사육하려면 비용이 많이 들기는 하나 경우에 따라서는 어분을 쓰면 대단히 효과적이다. 가금류와 포유가축 사료로 어분을 사용할 때 그 적당량은 egg, milk, meat 등의 최종 생산물의 생산과 관련되나 너무 많이 주면 동물 조직에 불쾌한 어취나 flavor을 주기 때문에 이러한 악영향을 주지 않는 수준의 낮은양을 가축사료로 사용해야 한다. 일반적으로 가축별 어분의 사료 공급 수준은 다음과 같다.

가금류 : hens는 총 사료의 10% 이내
chicks는 총 사료의 5% 이내

소 : 2 Lb /day(매 1,000Lb 생체 중)

돼지 : 1/4~1/2 Lb/day
양 : 1/10~1/5 Lb/day(매 100 Lb 생체 중)

## 2. 어분의 식용화(食用化)

처음에 비료로 쓰던 어분을 사료로 쓸 수 있도록 개발한 현대 기술은 다시 어분을 식용화 하는 데까지 발전하였다. 즉 재래의 어분을 우선 정제하여 정제어분을 얻은 후 다른 조미 식품을 섞어 식용어분으로 만들고 있다. 오늘날 시도되고 있는 식용어분의 제조방법은 여러 가지가 있지만 크게 나누어 건조어분(乾燥魚粉), 탈지어분(脫脂魚粉) 및 선육성 어분(鮮肉性 魚粉)으로 분류된다.

### (1) 건조 어분(乾燥魚粉)

#### A. 소보로

대구, squid, 도미 같은 지방함량이 적은 어류의 근육을 물바램 처리한 후 증기에 쪄서 부드럽게 하고 섬유를 풀어 건조한 것이 "소보로"이고 여기에 설탕, 간장, 엿 등을 첨가한 것이 전부(田麩 : fish mashed and seasoned)이다.

#### B. 정어리 분말

쪄서 말린 정어리 또는 구워말린 정어리를 가루로 만들어 그 상태대로 또는 이것에 다른 조미료를 혼합해 만든 것이며 조미용으로[삭절(削節, 부시)]의 대용품이다. 그러나 이 제품은 장기간의 저장 중에 잔존지방이 산화해서 좋지 않은 냄새를 발생하게 된다.

### (2) 탈지어분(脫脂魚粉)

#### A. 식용 fish meal

정어리, 청어 등의 신선한 물고기를 가늘게 잘라서 상온 또는 상온 이하에서 밀봉기 안에 넣어 묽은 alcohol류 또는 묽은 alcohol 혼합액 안에 침지되기 쉽게 교반하면 단백질은 응고되고, 그 물리적 성질이 변화되어 기계적 압착이 쉽게 된다. 다음에 밀봉상태로 제 1차 압착하여 수분을 함유한 alcohol 또는 유지의 대부분을 제거한다. 이리하여 얻은 압착잔사에 유지용매인 벤젠, 아세톤, 에테르 등을 가하여 상온 또는 상온 이하에서 충분히 교반해 밀봉상태로 제2차 압착하여 용매를 제거한다. 여기서 얻은 압착잔사는 가급적 저온 그리고 진공중에서 교반하든지 또는 건조한 질소 또는 $CO_2$를 통과시켜 잔사 중에 잔류한 흔적의 수분, alchol 또는 유지 용매를 제거해서 어분을 제조한다.

이 방법에 의하면 충분히 탈수, 탈지가 되어, 백색의 영양가치가 높고 불쾌한 냄새가 없는 어분을 얻을 수 있다고 한다.

**B. G-meal**

이것은 일본 이화학연구소 노리야마의 특허품으로 그 제법은 잘 건조시킨 어분에 90% 이상의 ethyl alcohol을 첨가해 상온 또는 비교적 저온에서 상당 시간동안 방치하고 이어서 alcohol을 여과한 후, 다시 alcohol 처리를 수회 반복한 것이다. 이 방법에 따르면 어분은 동물성 고유의 맛과 영양분의 손실이 없고, 불쾌의 악취를 제거해서 본래의 감미를 발휘하게 할 뿐 아니라 장시일 보존할 수 있는 것이 된다고 한다. 이 제품은 다른 조미료와 같이 혼합해 조미료로 쓸 수도 있고 또는 5% 정도를 빵, 비스켓 등에 혼합해 영양식품으로 만들 수도 있다.

일본에서는 "G-meal" "네스카" "사뽀로" 등의 이름으로 판매되고 있다.

### (3) 선육성 어분(鮮肉性 魚粉)

어육을 찰흙모양으로 마쇄하고 이것을 밀폐된 공간중에 장치된 nozzle과 압착공기에 의해 분출시키거나 또는 고속도로 회전하는 판(plate)위에 투출시켜, 미세한 안개모양으로 만들고 밀폐공간의 밑부분으로부터 열풍을 불어 넣어주면 안개 모양의 어분은 건조되어 고운 가루로 건조실에 떨어진다. 또 그중 일부는 열풍에 섞여 나가지만 다 집진실에서 모아진다.

이 방법의 장점은 단백질이 응고되는 일이 없고, 빠르게 또 값싸게 건조 분말화하는 점이다. 건조공기의 온도가 단백질의 응고온도를 초과하더라도 이 제품의 단백질이 응고되지 않는 것은 안개모양의 작은 물방울이 거대한 표면을 가져 건조 능률이 높고, 또 건조될 때 다량의 잠열을 흡수하기 때문에 미세한 물방울 자신의 온도가 상승될 여유가 없기 때문이다. 이 제품은 어묵의 원료, 그 밖의 요리의 재료에 대하여 신선한 어육의 대용품이 될 것이라고 하나 연구 중에 있다.

### (4) 농축어 단백질(濃縮魚蛋白質, Fish protein concentrate)

개발도상국이나 후진국의 큰 영양 문제 가운데서 가장 심각한 것은 단백질 부족증이다. 특히 곡류를 주식으로 하는 나라는 고품질의 단백질 공급은 가장 긴요한 과제이다.

우유, 계란, 고기 등은 고품질의 동물성 단백질은 매우 고가이고 그 생산량도 인간에게 풍부하게 공급하기는 어렵다. 그리하여 우리의 식품에 쉽게 혼합 사용할 수 있는 알맞는 고품질의 저렴한 동물성 단백질의 공급원이 절실히 요구되고 있다. 어류는 풍부한 동물성 단백질 자원이고 이를 경제적으로 유용하게 할 수 있다면 단백질 결핍증 치료와 예방에 크게 도움을 줄 것이다.

그리하여 어류로부터 만족하고 저렴한 단백질과 무기질의 공급원으로 어류의 농축 어류 단백질을 개발하기에 이르렀다. 이 제품은 Fish flour, edible fish meal, Fish protein concentrate(FPC)로 다양하게 부르고 있다. 이것은 탈수되고 부분적 또는 거의 완전히 탈지한 제품으로 무미(無味) 무취(無臭)이다. FPC의 원료는 어류 근육으로 국한시킬 필요는 없고 whole fish, 머리부분 제거, 내장 제거한 것이나 적당히 triming한 것도 사용할 수 있다. 그러나 결국 인간의 식용에 적당한 것으로 FPC 원료로 할 수 있는 규격 요건은 다음과 같다.

① 단백질 함량이 70%, 수분 6%(최대 10% 이하)가 이상적이다.
② 무미, 무취이다.
③ 가식상태로 최소한 6개월 이상 저장되어야 한다(지방함량의 극소화가 필요).
④ 제품은 용매의 흔적도 없어야 한다.
⑤ 항산화제나 향료 같은 첨가물이 사용되지 않아야 한다.

### A. 제조방법

#### (i) 가용성물질의 제거와 조제

undressed fish whole fish가 원료로 사용된다. 원료어는 충분히 세척한 후 heavy duty meat mincer로 저민다. 저민고기는 물과 1 : 1의 비율로 혼합하고 빙초산을 저민 고기중량에 대해 0.5%(W/V) 첨가한다. 이를 70~80℃에서 30분간 water bath상에 처리한 다음 여과하고 압착한다. 압착박은 용매추출한다.

#### (ii) 용매추출

n-hexane과 ethanol의 공비혼합물(共沸混合物, azeotropic mixture)을 용매로 사용하여 압착박 중의 지방과 냄새물질을 추출한다. 추출과정은 4단계로 구분 실시한다.

① 압착박을 가열장치가 부착된 추출 drum에 투입하고 교반과 refluxing을 계속한다. Ethanol은 용매로 초기 추출에만 사용한다. 용매첨가량은 압착박의 2배량으로 하고 30분간 계속 교반하면서 boiling 한다. ② etanol은 회수하고 그 이후는 공비혼합물인 nhexane과 ethanol의 혼합물로 처리하는데 첨가량은 처리물의 1.5배로 하고 교반하면서 30분간 끓인다. ③ 사용된 용매는 회수하고 새로운 용매로 교환하여 2회 이상 반복 처리한다. 추출이 완료된 후 추출물에 붙어 있는 용매는 FPC로부터 증류제거 하고 마지막 잔유 용매는 감압하에서 처리하여 제거시킨다. 용매를 제거한 농축물은 교반하면서 저온 건조한다.

표 13-6 농축어 단백질의 조성

| 성 분 | 조 성(%) |
|---|---|
| 단 백 질 | 70~75 |
| 지 방 | 0.4 |
| 수 분 | 5~7 |
| 회 분 | 20~25 |

### B. 제품 품질

조제된 FPC(threadfin bream 원료)는 회백색이며 무미, 무취이고 제품수율은 18%이다. FPC의 화학적 성분 조성은 표 13-6과 같다. FPC의 pepsin 소화율은 약 95%이며 유효 lysine은 7.0 - 8.5 g/16gN이다.

## V. 어분의 저장

저장중의 어분은 저장법이 좋지 못하면 품질의 저하를 가져온다. 그 주된 원인은 어분중에 잔존해 있는 지방의 변화와 아울러 어분의 흡습(吸濕)에 따른 것이다. 어분 중의 잔존 지방의 변화는 공기중의 산소와 수분의 작용에 의해 일어나고, 광선 또는 온도는 이것을 촉진시킨다. 또한 어분의 흡습은 주위의 온도, 어분의 지방 및 염분량, 어분입자의 크기 등에 따라 지배된다. 어분은 흡습되면 고결(固結)되어, 에테르 가용성물질의 양이 감소되고, 심한 것은 부패해서 진흙모양이 된다.

현재 수출용 어분은 베포대로 포장한다. 그런데 베포대에서는 주위의 습도에 따라서 심하게 흡습하기 때문에 아스팔트지 포대가 방습성이 크고, 지방의 산화, 산패 또는 어분의 발효 등을 막는 힘이 크고 또 냄새의 발산을 방지하고, 충해를 막는 등의 유리한 점을 갖추고 있어 어분 포장용으로 장려하고 있지만, 취급 중 바늘 구멍으로 새거나 검사시료를 채취하기 곤란하고, 빈 포대의 이용가치가 적고, 특히 포장비가 비싸다는 등의 이유 때문에 실용화되지 못하고 있다. 어분을 저장하는 중 또는 운반하는 중 드물게 자연발화(自然發火)를 가져올 때가 있다. 이것은 주로 어분 중에 함유하고 있는 지방의 자연적 분해에 따른 것인데, 미생물에 따른 발열(發熱)도 원인이 되는 수도 있다고 한다. 이의 방지법으로는 어분을 잘 건조하는 일, 탈지를 충분히 행하는 일, 되도록 습기없고 또는 저온도인 곳에 저장하는 일 등 외에 화학물질을 첨가함으로써 어분 중의 지방의 산화를 방지하는 것 등의 방법도 고려되고 있는데 이 경우, 동물에 대해서 해가 없고 가격도 싸며 취급하기 간편한 것이 되지 않으면 안된다. 따라서 현재로서는 어분을 퇴적 저장하는 경우는 되도록 통풍을 충분히 해주는 퇴적법이 강구되고 있다.

# 14장 어유

보통 해산동물의 살(肉), 지육(脂肉) 또는 뼈 등에서 채취되는 해산 동물의 유지를 어유(魚油)라 총칭하나 엄밀히 말하면 어유는 어체유(魚體油)이고, 간유(肝油)또는 해수유(海獸油)와는 구별된다.

즉 해산동물의 유지는 다음과 같이 분류된다.

① 어유(fish oils) : 정어리, 청어, 가자미, 가다랭이, 다랭어, 꽁치, 방어 등의 기름

② 해수유(blubber oils) : 고래, 돌고래, 바다표범, 물개 등의 기름

③ 간유(liver oils) : 대구, squid, 상어, 다랑어, 복어, 개복치(head-fish), 오징어 등의 간(肝)에서 얻은 기름

해산 동물유는 고래(특히 toothed whale)와 같이 wax(지방산과 고급 1가 alcohol의 ester)으로 된 것도 있지만, 대부분은 지방산의 geycerin ester(glyceride)로 되어 있다.

**표 14-1 우리나라 어유 생산량　　단위 : 톤**

| 품 종 별 | 1995 | 1996 | 1997 | '97/'96(%) |
|---|---|---|---|---|
| 합　계 | 12487 | 30621 | 27679 | 90.4 |
| 오징어유 | 1,748 | 1,325 | 416 | 31.4 |
| 상어간유 | 1 | - | - | - |
| 명태간유 | 32 | - | - | - |
| 기타어유 | 146 | 3,200 | 3,971 | 124.1 |
| 기타가공품 | 10,560 | 26,096 | 23,292 | 89.3 |

우리나라에서 생산되는 어유는 표 14-1에서 보는 바와 같이 오징어유, 상어간유, 명태간유 등이며 그중 오징어 간유가 가장 많다. 1997년도 어유 생산량은 약 27,679톤으로 그리 많은 편은 아니다.

## Ⅰ. 채유법(採油法)

수산물에서 유지를 채취하는 데는 원료의 기름함량, 원료의 다소(多少), 유지의 성질 등에 따라 많은 방법이 실시되고 있다. 채취법은 다음의 3가지 과정으로 되어 있다. 즉 동물조직으로부터 유지를 유리시켜 유리시킨 기름을 조직으로부터 분리하고, 최후에 유지에 붙어있는 협잡물을 제거하는 과정이다. 채취법에는 용출법, 압착법, 침출법의 3종이 있다.

### 1) 용출법(溶出法)

이것은 유지원료를 가열해서 용출채취하는 방법으로 오늘날에 와서는 포유동물에 제한해서 사용하고 있다. 이것에는 전취법(煎取法)과 자취법(煮取法)이 있다. 전취법은 고래가죽과 같이 다량의 지방을 함유한 원료의 채유에 적당한 방법으로 원료를 그 상태대로 가마에 넣어 직접 불로 또는 증기로 가열하여 유지를 용출한다. 직화식(織火式)은 가마에 원료를 태워 맛과 색을 나쁘게 한다. 따라서 가마의 2중벽 또는 가마 중의 사관에 증기를 통과시켜 가열하면 온도를 100℃ 이하로 보존해 얻게 되는 까닭에 우량의 제품이 얻어진다. 자취법은 현재 어유의 채취에 가장 널리 행해지는 방법으로 원료를 가마에 넣어 물을 넣고 직화 또는 직접 증기를 불어 넣어 가열하고 유지가 함유된 세포를 파괴시켜 물 위에 떠오르는 유지를 채취한다. 큰 공장에서는 상압(常壓) 대신에 2~3기압으로 찌는데, 이것에 의하면 세포막은 쉽게 파괴되고, 조작시간이 단축되며, 채취률도 크다.

### 2) 압착법(壓搾法)

전취법, 자치법에 의해 기름을 용출한 잔사에는 상당량의 유지를 함유하고 있기 때문에, 이것은 다시 압착법에 의해 채취한다. 또 기름함량이 적은 원료에는 용출 유지량도 적기 때문에 압착에 의해 채취하지 않으면 안된다. 압착기는 어박(魚粕)을 제조할 때 쓰는 것과 같은 모양의 것을 사용한다. 보통 수압식(水壓式)의 것도 사용된다. 어유의 채취는 현재 착박(搾粕)제조와 동시에 행해지고 있는데, 고기를 가마에 넣어 쪄서(이때 나오는 기름을 부상유(浮上油)라고 함) 압착하여 얻는다(이때 나오는 기름을 압출유(壓出油)라고 함).

부상유나 압축유는 물과 고형물이 섞여 있기 때문에 이것을 분리하지 않으면 안된다. 그 작업에는 기계적으로는 원심분리를 사용하고, 정치식 분리에는 어유와 수분과의 비중의 차를 이용해서 각각을 분리하는 방법을 쓴다. 정치식으로 자연분리를 행하는 때는 정치중 각종의 변화가 일어난다. 즉 압착 액즙 중의 단백은 분리되기 어려워 그 자리에서 부패되기 쉬우며 부패되면 거품을 내게 되며 분리는 한층 어렵게 되고 기름의 산가(酸價)는 급격히 증가하는 결점이 있다.

### 3) 침출법(浸出法)

이 방법은 용제를 사용해서 유지를 침출하는 것으로 앞서 말한 채유법(잔유지방량 5~50%)에 비해서 채유률(採油率)은 대단히 크게 된다. 용제의 구비조건로는 ① 인화, 폭발성이 없고 ② 유지 또는 박(粕) 중에 나쁜 향미를 남기는 일이 없고 ③ 쉽게 휘발하지만 비점은 상당히 높으며 따라서 휘발손실이 적고 ⑤ 유지성분 이외의 것을 용해하는 일이 없고 ⑥ 철이나 구리의 장치를 침식하는 일이 없으며, ⑦ 독성이 없고 ⑧ 겨울에 동결하지 않고 ⑨ 기화열 또는 비열이 작고 ⑩ 가격이 저렴한 것이 이상적이다. 실제로 이러한 이상적인 용제는 없지만 종래 석유 benzen, benzol, ethanol, methanol, $CCl_4$, acetone, trichloro ethylene, dichloroethane 등이 장려되어 현재에는 석유 benzen이 많이 사용되고 있다. 다만 일부에서는 ethanol-benzol 혼합액, methanol-석유 benzen 혼합액 등이 잘 사용되고 있다. 사염화탄소는 불연성이어서 좋지만 철, 동을 침식하고 또 독이 있는 것이 단점이다. 석유벤젠은 원유의 증류에서 80~120℃에서 유출하는 성분인데 유지 침출용으로는 60~110℃의 것이 좋다. 비점이 높으면 유지 또는 박에 남겨져 악취를 내기 쉽고 또 비점이 낮으면 휘발하기 쉽다.

### 3) 기타

효소에 의한 자가소화법, 탄산나트륨, NaOH 같은 알카리처리법 등이 채유시 보조방법으로 이용된다.

## Ⅱ. 유지의 정제법

어유는 가공하기 전에 정제를 한다. 정제법으로는 ① 알카리처리 ② 탈취(脫臭) ③ 탈납(脫蠟) ④ 정치법 등이 있다.

### 1. 정치법(靜置法)

채유 후의 원유는 2~3%의 수분 또는 고형물을 함유하고 있기 때문에 이것을 증기사관

(蒸氣蛇管)을 갖춘 정치조에 넣어 60℃ 정도로 따뜻하게 1주야를 방치하고, 가라앉은 물과 찌꺼기를 탱크 아래의 밸브로부터 흘려 제거하는 방법이다.

### 2. 알칼리 정제

원유 중에 함유된 유리지방산을 중화하는데 충분한 알칼리 수용액을 정제하려는 기름에 가하면, 유리지방산은 비누화되고 이것이 착색물질이나 얇게 부유하는 조직편을 흡착해 어느 정도 탈색도 행해진다. 알칼리 정제법은 일반적인 방법이지만, 기름손실이 큰 것과 숙련을 요하는 결점이 있다.

### 3. 탈납(脫蠟)

이것은 물리적 (냉각) 정제법으로 유지가 냉각에 의해 고체와 액체로 나누어지는 성질을 이용한 것이다. 즉 기름은 충분히 냉각하면 융점이 높은 glyceride는 결정형으로 분리된다. 이것을 제거하면 이 온도 이상에서는 보통 투명한 액상을 이루는 부분이 얻어진다. 액상유(液狀油)는 탈납유라고도 하나, 고형분은 어납(魚蠟), 납분(蠟分) 또는 스테아린으로 불려지고 있다.

### 4. 탈색(脫色)

어유의 색은 자연적으로 존재하는 색소 또는 동물의 사후 생성하는 색소에 의한다. 천연색소로는 주로 carotenoid로 carotene, xanthophyll, astacene 등이 있으며, 그 밖의 색소는 기름을 추출하기 전에 동물의 부패에 의해 생겨나는 것, 동물체를 끓일 때 생겨나는 것 또는 추출후 기름을 가열해서 생겨나는 것 등이 있다. 이런 것들의 색소를 제거하는데는 화학적 방법 또는 물리적 방법이 쓰인다.

(1) **화학적 방법** : 이것은 색소를 환원 또는 산화작용에 의해 파괴하는 방법이다. 환원제로는 수소를 사용하고 산화제로는 중크롬산염, 염소산염, 차아염소산염, 과산화수소, 유기성 산화제 등이 있다. 산화제를 사용하는 방법은 다만 색소를 파괴할 뿐만 아니라 기름 자신에도 작용해 나쁜 결과를 불러일으키는 일이 있다. 특히 공기 중에 산화하는 방법은 어유에 유소(油燒)를 일으킨다.

(2) **물리적 방법** : 이것은 색소를 불용성 미립자에 흡착시켜 여과 분리하는 방법으로 활성탄, 천연 또는 활성화된 표백토가 사용된다. 보통은 산성백토가 사용되고 기름에 대해

0.5% 정도 첨가하고 가열 (90~100℃)한 후 여과한다. 이 방법은 기름을 변화시키지 않는 좋은 장점이 있다.

### 5. 탈취(脫臭)

어유취는 어유 중에 잔존하는 암모니아 잔기, 고도의 불포화 지방산의 산화물, 불검화물, trimethylamineoxide 등으로부터 유래된 이같은 물질을 제거하는 데는 과열 수증기를 상압 또는 감압하에서 기름 중에 통과시켜 이 조작 중에 생기는 분해물 또는 지방산을 증류에 의해 제거하는 것이다.

### 6. 기타(其他)

원심분리법(고체 분순물 제거)이 있다.

## Ⅲ. 어유의 일반성상

어유는 그 어종, 어획장소, 제유법(製油法), 채유시기 등에 따라 그 성상을 달리하고 있다.

### 1. 물리적 성상

#### (1) 색(色)

어유의 색은 일반적으로 우량의 것은 담황색 또는 담녹색이지만, 채유법 또는 채유 후의 처리법이 부적당한 것은 암갈색을 띤다. 또한 처음부터 어종특유의 색소에 의해 착색되어 있는 것도 드물게 있다. 일반적으로 어유의 색이 짙고 옅음은 그 기름의 채취법의 적당, 부적당을 표시하는 것이기 때문에 어유의 거래상 중요한 요소가 되고 있다. 색의 농도를 과학적으로 정확하게 표현하는 데는 Lovibond's Tintometer를 사용하지만, 간이비색법을 써서 간단히 검사할 수도 있다.

#### (2) 냄 새(臭)

일반적으로 어유는 일종의 냄새를 가진다. 이것을 어유취(魚油臭)라고 부르며, 이것은 현재 고도불포화산의 산화에 의한 것으로 알려져 있다.

### (3) 맛(味)

어유의 맛도 불쾌한 것이 많은데, 이것도 일반적으로 고도불포화산의 산화에 의한 것이라고 한다.

### (4) 조도(稠度)

어유는 일반적으로 실온에서 액체이지만, 종류에 따라 다소의 고체를 석출한다.

### (5) 건성(乾性)

어유는 다량의 산소를 흡수하는 성질을 가졌고, 건성식물유(아마 인유등)와 같이 견고한 건조막을 생성하지는 않는다.

### (6) 비중(比重)

청어, 상어 또는 고래 등의 기름 이외는 대체로 0.92이상이다.

### (7) 굴절율(屈折率)

대체로 옥소가에 비례한다. 예를 들면 정어리유는 1.480, 1.481, 청어유는 1.472~1.475이다.

## 2. 화학적 성상

### (1) 검화가(鹼化価)

어유는 일반적으로 190에 가까운 검화가를 가지고 있지만 저급지방산을 함유하는 돌고래 뇌유(腦油)는 217~280이며, 또 불검화물이 많은 기름은 검화가가 낮다(예 : 상어간유 23~182).

### (2) 옥소가(沃素價)

어유는 같은 종류의 것이라도 대단히 큰 차이가 있지만, 일반적으로 높은 옥소가를 가지며, 100 이하의 것은 적다. 예를 들면 정어리유는 180~190, 청어유는 103~144이다.

### (3) 다취화물(多臭化物)

어유는 그 혼합지방산에 적당한 조건하에서 취소(臭素)를 작용시킬 때 다취화물을 생성한다. 이 방법은 어유의 한 검정법으로 이용된다.

### (4) 산화산(酸化酸)

어유 또는 어유 지방산의 표면을 공기에 닿게 할 때는, 시간이 경과됨에 따라 일부는 건조해서 용기의 주위에 고형막을 생기게 해 혼탁하게 되고, 가열해도 불투명해진다. 이것은 어유중의 고도불포화산의 산화에 의한 것이다.

### (5) 불검화물(不鹼化物)

어유중에는 geyceride 이외에 불검화물을 함유하는데 이것은 기름의 종류, 채유시기 등에 따라 다르다. 그 성분으로 가장 보통인 것은 cholesterol($C_{27}$ $H_{45}$ $OH)_3$ 기타 고급알코올, 탄화수소 등을 함유한다. 또 어류의 간유에는 지용성 vitamin(A 또는 D)을 다량으로 함유한다.

# Ⅳ. 각종 어유의 성상

## 1. 정어리유(Sardine oil)

정어리로부터 자취법으로 채취한다. 비중(15℃) 0.916~0.933, 옥소가 121~187, 검화가 190~196, 주성분은 palmitin산 glyceride이다. 그 밖에 stearin산, myristin산, arachidin산 등의 glyceride의 소량과 정어리유에 특유의 정어리산(clupanodonic산)의 glyceride를 함유한다. 정어리류는 건성유로 도료의 원료에 사용되는데 옅은 악취가 있다. 또 수소를 첨가하여 경화유로 해서 비누원료로 사용된다.

## 2. 청어유(Herring oil)

청어로부터 자취법으로 채취한다. 성분용도는 정어리와 같다.

## 3. 고래유(whale oil)

고래의 지육(枝肉), 뼈, 냉장 등으로부터 자취법 또는 전취법으로 채취한다. 비중 0.917~0.977, 옥소가 121~147, 검화가 188~194, 응고점 -2℃, 주로 palmitin 산, olein 산, 고래 유산, 정어리산 glyceride로 이루어져 있다. 경화유, 비누의 제조에 사용되거나 또 피혁제조유, 윤활유, 등유에 사용된다.

### 4. 대구간유(Cod liver oil)

대구의 간장으로부터 자취법 또는 전취법으로 얻어지며, 보통 간단히 간유라고 불리우고 있다. 추성분은 palmitin산, olein산, 고래유산, 정어리산 등의 glyceride이고, 비타민 A를 함유한다. 상등품(上等品)은 비타민 A의 급원으로 약용에, 보통품은 피혁 제조유에 사용된다.

### 5. 상어간유(Shark liver oil)

상어의 간장으로부터 전취법으로 채취한다. 주성분은 palmitin 산, olein 산, glyceride와 squalene( $C_{30}H_{50}$)으로 불리우는 탄화 수소로 이루어져 있다. 상(相) 상어간유는 대부분 squalene으로 되어 있지만 갯 상어류의 작은 상어류의 간유는 지방산 glyceride가 풍부하다. 불검화물이 적은 기름은 경화유로, 혹은 제혁용유(製革用油)에 사용된다.

이상의 것 외에 각종 어류의 기름 또는 돌고래, 바다표범 등의 해수유가 있는 것은 전술한 바와 같다.

## V. 어유의 가공 또는 이용

### 1. 어유의 경화(硬化)법

어유를 정제해도 보통 맛과 냄새가 잔존한다. 따라서 적당히 처리를 하면 그 용도가 넓게 된다. 예를 들면 경화유(硬化油) 같은 것이다. 불포화산으로 되어 있는 지방유 또는 불포화산을 함유한 지방유에 환원 니켈 백금묵(白金墨)의 촉매를 가해 이것에 수소를 보내주면 수소는 불포화산의 2중 결합의 부분에 첨가되어 포화산으로 변하게 한다. 이것을 수소첨가라 하고 수소첨가해서 얻은 고체지방을 경화유라고 한다. 경화유는 비누 원료, 식용지방, 인조 버터, 납초, 감마지방(減摩脂肪)같은 것에 사용된다.

### 2. 어유의 중합(重合)

어유를 가열하면 점도가 증가하고, 적당 온도까지 가열하면 gel 또는 sol상이 된다. 이

때 일어나는 기름의 주요한 변화는 중합이며 기름안의 불포화지방산이 그 이중결합 부분에 있어서 상호 결합을 일어나게 한다. 중합에 의해 기름은 여러가지 특성을 갖추게 되어 와세린, 페인트, 그밖의 것에 사용된다.

## 3. 어유의 설폰화

불포화산에 진한 황산을 작용하면 황산은 주로 2중 결합의 부분에 결합한다. 이때 생긴 설폰화합물은 물의 존재로 분해해서 oxy 화합물과 황산을 생기게 한다. 또 어유에 작용시키는 경우 어느 정도의 가수분해를 일으키고 glyceride의 지방산은 황산에 의해 치환된다. 설폰화된 기름을 암모니아로 중화하면 대부분의 경우 수용성 기름이 되는데, 이것은 유화력이 강하고 피혁공업 등에 이용된다.

## 4. 어유의 가황(加黃)

불포화유에 유황을 첨가하는 것을 가황(加黃)이라고 하는데, 여기서 생기는 점조성 고무모양의 물질은 방치하면 부서지기 쉽게 된다. 어유를 사염화탄소에 녹이거나 염화유황을 상온에서 교반하면서 첨가하면 담황색의 가황유가 얻어진다. 이런 종류의 가황물은 강철 절단 때 사용하는 윤활유 또는 냉각유의 중요한 성분이다

## 5. 어유의 건성화(乾性化)

유지에 건조제를 첨가하여 가열법, 전기법 또는 자외선법 등에 의해 유지를 적당하게 산화, 중합, 결합시키면 보일유를 얻는다. 보일유는 페인트재료로 사용된다. 어유도 또한 열등한 보일유의 원료가 된다.

# 15장 해조 가공품

우리 나라 연안에는 한류와 난류가 교차하는 지역이기 때문에 해조류자원이 풍부하다. 우리 나라 연안에서 생육하고 있는 해조의 종류는 약 400종이나 되며 이 중 일부는 직접 식용, 호료, 해조공업(한천, 알긴산, mannite, carrageenan 등의 제조)의 원료, 약용, 사료, 비료 등으로 이용하고 있다. 그러나 이러한 용도로 이용되는 해조의 종류는 그리 많지 않으며 약 60~70종류에 불과하다. 표 15-1에서 해조가공품은 미역, 김, 톳 등이 주종을 이루고 있으며 1997년도 제품생산은 4만7천톤으로 1994년도 이후 생산량이 급격히 감소하는 경향을 보이고 있다. 이러한 감소원인은 적조 현상 및 폭풍으로 인해 생산량이 1994년 이후 원료가 크게 감소했기 때문이다.

**표 15-1 해조제품 생산동향** (단위 : 톤 )

| 구 분 | 1995 | 1996 | 1997 | '97/'96(%) |
|---|---|---|---|---|
| 소 계 | 94,435 | 88,657 | 47,223 | 53.3 |
| 김 | 28,118 | 15,188 | 16,044 | 105.6 |
| 건 미 역 | 3,424 | 13,302 | 5,207 | 39.1 |
| 염 장 미 역 | 49,407 | 22,675 | 10,088 | 44.5 |
| 다 시 마 | 396 | 14,909 | 2,917 | 19.6 |
| 우 뭇 가 사 리 | 1,111 | 809 | - | - |
| 가 사 리 류 | 66 | 42 | 73 | 173.8 |
| 해 조 분 | 45 | 4,676 | 4,221 | 90.3 |
| 톳 | 8,337 | 13,678 | 7,393 | 54.1 |
| 기 타 | 3,531 | 3,378 | 1,290 | 38.2 |
| 소 계 | 403 | 563 | 358 | 63.6 |
| 실 한 천 | 315 | 377 | 153 | 40.6 |
| 가 루 한 천 | 35 | 186 | 183 | 98.4 |
| 기 타 | 53 | - | 22 | - |

# Ⅰ. 해조류의 이용

해조류를 식품용으로 이용하는 데는 원료 해조류를 건조시키거나 염장, 조미가공 등의 방법으로 가공하여 직접 식용으로 사용하는 경우와 한천, 알긴산, 카라기난 등과 같이 해조류의 함유성분을 추출 분리하여 새로운 제품으로 만들어 이용하는 경우가 있다.

식용으로 이용할 수 있는 제품은 제6장 건제품에 서술하였고 본장에서는 한천, 카라기난, 알긴산 등 식품 가공용 중간소재에 대해 다루었다.

## 1. 미역

미역의 경우가 크게 감소하여 건미역이 전년 대비 39.1%, 염장미역이 44.5% 수준에 달하여 전체적으로 해조제품 생산량이 크게 감소하는 경향을 보였다.

표 15-2 미역제품의 생산동향 (단위 : 톤)

| 품 목 | 1994년 | 1995년 | 1996년 | 1997년 |
|---|---|---|---|---|
| 건 미 역 | 5,896 | 3,424 | 13,302 | 5,207 |
| 염 장 미 역 | 70,413 | 49,407 | 22,675 | 10,088 |
| 합 계 | 76,309 | 52,831 | 35,977 | 15,295 |

우리나라 양식어민의 주요 소득원인 해조류는 미역, 김, 다시마가 주종을 이루고 있고 1970년대 이후 양식기술이 꾸준히 발전함에 따라 생산량도 크게 증가하고 있으나 이용도는 대부분 단순 1차 가공품으로 유통되고 있어 소비한계에와 있는 품목이다. 최근들어 일본의 수출물량도 점차 감소 추세에 있고 더구나 값싼 중국산 제품까지 상륙하는 바람에 국내 양식업자 및 가공업자들은 큰 어려움에 직면해 있다.

미역은 영양적인 면으로 볼 때 열량원으로서의 가치는 적으나 ① 무기질 및 비타민의 급원, ② 섬유질 식품으로서의 정장작용 ③ 알칼리성 식품 ④ 유해중금속 원소의 체내흡수 억제효과 ⑤ 기타 특수 성분으로서 fucogalactan 황산 ester의 항콜레스테롤 효과 등의 영양적 의의를 찾아 볼 수 있다. 수출미역의 약 90%를 염장미역이 차지하고 있는데, 염장미역은 1971년부터 제조되기 시작한 새로운 미역 가공품이다. 염장미역이 일반 마른미역에 비하여 지니는 장점은 ① 건조장이 필요없고, 또한 건조공정중의 손질이 적게 들며, 일기에 구애받지 않고 처리할 수 있는 점 ② 제품 미역 특유의 향미를 오래 보유할 수 있는 점 ③ 유통에 있어서 포장식품으로서 위생적이고, 소비단위별 포장이 용이한 점 등이다.

## 2. 김(海苔)

우리 나라에서 생산되는 김은 거의 대부분 양식산김이고 자연산김은 극히 적어 전 생산량의 약 1.0%에 지나지 않는다. 양식김의 주요품종은 방사무늬김(*Prophara yezoensis Ueda*)이고 그 밖에 참김(*P,tenera Kjellman*), 둥근김(*P, huniedai Kuroigi*), 둥근돌김(*P. suborbicult*a *Kjellman*), 모무늬김(*P. seriata Kjellman*) 등이 있다

마른김은 제조방법에 따라 재래식과 개량식의 두 가지 제품이 있다. 재래식은 예로부터 전해 오는 제조방법으로 제품이 조잡하고 엷아서 값이 싸지만 소비자의 기호상 엷고 다소 구멍이 있는 재래식김을 오히려 더 즐기는 사람도 있다.

개량식은 일본식 제법으로 제조하는 것인데, 처음에는 대일 수출용으로 만들어졌으나 지금은 내수용도 거의 대부분이 개량식으로 제조되고 있다. 개량식 제품의 규격은 21×19cm 무게는 100매에 240~290g이 표준이다.

김의 채취기는 1, 2월이 최성기이고 3, 4월을 넘어서면 맛과 품질이 떨어진다. 마른김은 10매를 1첩, 10첩을 1톳(束)으로 하여 묶는다. 마른김은 보통 10% 내외의 수분을 함유하고 있는데 흡습하면 chlorophoyll이 속히 분해되고 phycobilin 색소가 주로 남게 되므로 흑자색이던 색택이 적갈색으로 변화하고 향미도 악변하게 된다. 따라서 마른김을 장기저장 하기 위해서는 염처리를 하여 더욱 건조시킨 다음 상자에 넣어 밀봉하여 보관한다. 즉 초제건조(抄製乾燥)가 끝난 마른 김을 탄열(炭熱)로써 60℃ 정도 이하로 유지된 건조실에서 4~6일간 건조시키거나 또는 60℃ 정도의 열풍건조기에서 2시간 정도 건조시킨 다음 양철 상자 등에 넣어 밀봉한다.

## 3. 다시마

다시마는 원래 이북에서만 분포하는 북방계 해조이지만 근래에 와서 실내에서 종묘를 생산하여 제주도를 제외한 연안각지에서 양식이 가능하게 되었다.

다시마의 특유한 맛은 glutamic acid, aspartic acid 등의 유리아미노산, succinic acid 와 같은 유기산 그리고 당알코올인 mannitol 등이 큰 구실을 한다고 알려져 있다. 특히 glutamic acid의 함량은 엽체(葉體) 100g당 약 4,000㎎ 정도나 되며, mannitol은 5~28% 정도 함유되며 마른다시마 표면에 흰분말상태로 삼출건조되어 묻어 있는 수가 많다.

### 4. 풀가사리

풀가사리는 주로 직물용 호료로 쓰이는데 전분호(澱粉糊)에 비하여 곰팡이가 잘 피지않으며, 광택이 좋고 풀빼기가 쉬우므로 고급직물 즉 견지물의 호료로 이용되었다. 하급품은 건축용 도벽호료로 사용된다.

해방 전까지 연생산량이 약 2~3만톤이나 되었으나, 해방 후 수요가 격감하였다. 풀가사리의 주성분은 점질 다당류인 funoran으로 한천의 agarose에 가까운 구조를 가지며 또한 다량의 황산기를 함유하고 gel화력이 약한점은 carageenan에 가깝다.

## Ⅱ. 한천(寒天)

한천(寒天 : agar-agar)은 우뭇가사리나 꼬시래기와 같은 홍조류에 함유되는 점질성의 복합다당류를 건조시킨 제품이다.

한천이 우리나라에서 처음으로 제조되기는 1926년 당시의 수산시험장에서 대구시에 [한천제조시험소]를 설치하여 제조시험에 성공한 것이 시초이다.

한천은 우뭇가사리 등의 홍조류에서 추출한 수용성 다당으로 냉수에는 불용성이나 끓는 물에는 가용성이다. 특히 1.5% 한천 용액은 34~43℃로 냉각하면 단단한 겔이 되나 85℃ 이하에서는 다시 녹지 않는 독특한 물성을 가지고 있어 식품첨가물, 미생물, 배지 및 의약품 등 다양한 용도로 이용되고 있다.

한천의 원료는 우뭇가사리, 꼬시래기, 석묵, 개우무, 새발 등의 홍조류가 이용되고 있다. 또한 한천의 제조 방법은 탈수의 방법에 따라 자연한천과 공업한천으로 나눌 수 있는데 자연 한천은 겨울의 찬 냉기로 동결, 해동을 반복하여 탈수, 건조하는 방법이고 공업 한천은 동결 건조 및 압착하여 탈수하는 방법이다. 우리 나라에서 생산되는 한천은 제주도에서 다량 생산되고 있는 우뭇가사리를 원료로 천연한천 방법으로 제조한 실 한천과 칠레산 꼬시래기를 이용하여 공업한천 방법으로 제조한 분말한천이 주종을 이루고 있다.

### 1. 한천의 화학성분

한천은 여러 가지 홍조류에서 얻어지고 있으나 우뭇가사리로부터 만들어지고 있으므로 우뭇가사리 한천이 가장 잘 연구되어 있다. 우뭇가사리 이외의 홍조류에서 얻어지는 한천분(寒天粉)도 이와 유사한 것으로 보고 있다.

한천은 단일의 다당류가 아니고 2종류의 다당류 즉 agarose(약 70%) 및 agaropectin(약 30%)의 혼합물이다. 한천을 acetyl화 또는 methyl화 한 것을 chloroform에 녹일 때 녹는 부분이 약 70%가 되며 이것이 agarose이고, 녹지 않는 부분이 약 30% 되며 이것이 곧 agaropectin이다.

Agarose는 중성다당류로 황산기함량은 적으며, gel화 능력이 강하여 한천에 응고성을 부여하는 성분이다. 구조는 1, 3 위에서 결합하는 β·D-galactose 와 1, 4에서 결합하는 3, 6-anhydro-α-L-galactose로부터 된 이당류 agarobiose가 반복하여 직쇄상으로 결합한 것이다(그림 15-1).

Agaropectin은 황산기를 많이 함유하는 산성다당류로 gel화 능력은 약하다. 구조는 D-galactose와 3, 6-anhyudro-L-galactose가 agarose와 같은 결합양식을 하고 있으며, 여기서 다시 산성기로 황산기 uronic acid, pyrvic acid 등이 결합하고 있다고 생각되고 있으나, 결합위치 등 상세한 것은 아직 밝혀져 있지 않다. 다만 pyruvic acid는 D-galactose의 4, 6 위에 결합되어 있다는 것이 알려져 있다. 즉 agaropectin은 아직 불명한 점이 많고 그 단일성에 대하여도 의문이 있다. 따라서 현재로서는 한천 중의 agarose와 agaropectin의 산성기의 함량과 gel화 능력을 비교하면 표 15-3과 같다.

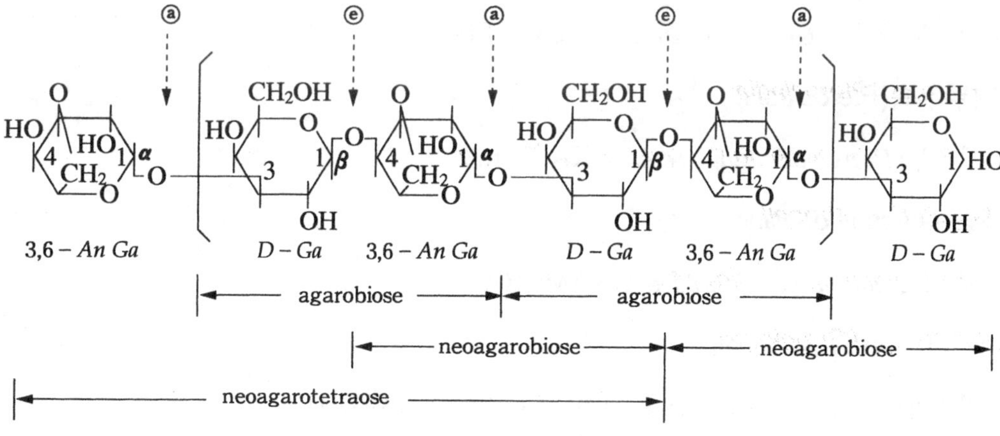


ⓐ : 미산성으로 가수분해 되는 결합
ⓔ : 효소로써 가수분해 되는 결합
3,6 - *An Ga* ; 3,6 = anhydro = α = *L* = galactose
*D* - *Ga* ; β - *D* - galactose

**그림 15-1 agarose의 화학구조**

표 15-3 한천중의 agarose와 agaropectin

| 특 성 | 한 천 | agarose | agaropectin |
|---|---|---|---|
| 황산기 ($SO_4$) % | 3.85 | 0.30 | 5.51 |
| uronic acid , % | 4.11 | 3.03 | 6.86 |
| pyruvic acid, % | + | - | ++ |
| gel화 하는 최저농도 % | 0.35 | 0.35 | 1.10 |

## 2. 원조(原繰)

한천원료가 될 수 있는 해조류를 agarophytes라고 총칭하는데, 모두 홍조류(Rhodophyte) 중의 진정홍조류의 우뭇가사리목(Gelidiales), 지누아리목(Cryptonemiales), 돌가사리목(Gigartinales), 로오디메니아목(Rhodymeniales), 비단풀목(Ceremiales)에 속하는 해조들이다. 여기에 해당하는 것으로 우리 나라 연안에 분포하고 있는 종류를 들면 다음과 같다.

① 우뭇가사리속(*Gelidium*)

ⓐ 우뭇가사리(*Gelidium amansii* LAMOUROUX)
ⓑ 애기우뭇가사리(*Gelidium divaricatum* MARTENS)
ⓒ 실우뭇가사리(*Gelidium* pusillun(STACKHOUSE) LEJOLIS)
ⓓ 막우뭇가사리(*Gelidium vagum* OKAMURA)

②. 개무우속(*Pterocladia*)

ⓐ 개우무(*Pterocladiatenis tenis* OKAMURA)

③ 새발속(*Acanthopeltis*)

ⓐ 새발(*Acanthopeltis japonica* OKAMURA)

④ 지누아리속(*Grateloupia*)

ⓐ 지누아리(*Grateloupia filicina* (WULFEN) C.AGARDH)
ⓑ 뻐지누아리(*Grateloupia dibaricata* OKAMURA)
ⓒ 틸도박 (*Grateloiupia okamurai* YAMADA)
ⓓ 미끌도박(*Grateloupia turuturu* YAMADA)

⑤ 꼬시래기속(*Gracilaria*)

ⓐ 꼬시래기(*Gracilaria verrucosa*(HUDSON) PAPENFUSS)
ⓑ 각시꼬시래기(*Gracilaria bursa-pastoris*(GEMLIN) SILVER)

ⓒ 꼬불꼬시래기(*Gracilaria incurvata* OKAMURA)
ⓓ 잎꼬시래기(*Gracilaria textorili*(SURINGAR) J. AGARDH)

⑥ **깨꼬시래기속(*Gracilariopsis*)**

ⓐ 개꼬시래기(*Gracilariopsis chorda*(HOLMES) OHOMI)

⑦ **돌가사리속(*Gigartina*)**

ⓐ 돌가사리(*Gigartina tenella* HARVEY)
ⓑ 가시돌가사리(*Gigartine teedii* (RORH) LAMOUROUX)
ⓒ 애기돌가사리(*Gigartina intermedia* (SURINGAR)

⑧ **싹새기속(*Ahnfeltia*)**

ⓐ 싹새기(*Ahnfeltia plicata*(HUDSON) FRIES var tobuchiensis) KANNO et MATSUBARA

⑨ **가시우무속(*Hypnea*)**

ⓐ 가시우무(*Hypnea charoides* LAMOUROUX)
ⓑ 사이다가시우무(*Hypnea saidana* HOLMES)
ⓒ 갈고리가시우무(*Hypnea japonica* TANAKA)

⑩ **비단풀속(*Ceramium*)**

ⓐ 비단풀(*Ceramium kondoi* YENDO emend. NAKAMURA)
ⓑ 털비단풀(*Ceramium tenerrimum* (MARTENS) OKAMURA)
ⓒ 깃꼴비단풀(*Ceramium japonicum* OKAMURA)
ⓓ 단박(*Ceramium boydenii* GEPP)

⑪ **석묵속(*Campylaephora*)**

ⓐ 석묵(*Campylaephora* hypnaeoides J.AGARDH)
ⓑ 굵은비단풀(*Campylaephora crossa* (OKAMURA) NAKAMUKA)

원조의 재취는 보통 4월에서 10월에 걸쳐 한다. 4월에서 6월까지에 채취되는 것을 1번초, 그후에 채취되는 것을 2번초라고 하는데 원조로서의 품질은 1번초가 좋다고 한다.

**표 15-4 한천원조의 일반성분** (%)

| 종 류 | 지 방 | 단백질 | 탄수화물 | 섬유질 | 회 분 |
|---|---|---|---|---|---|
| 우 뭇 가 사 리 | 0.04 | 17.25 | 68.17 | 10.49 | 4.05 |
| 〃 | 0.04 | 9.70 | 70.85 | 12.47 | 6.94 |
| 새 발 | 0.45 | 16.49 | 64.07 | 11.55 | 7.44 |
| 석 묵 | 0.02 | 7.58 | 74.30 | 13.05 | 5.05 |
| 꼬 시 래 기 | 0.02 | 17.19 | 63.12 | 14.39 | 5.28 |

일반적으로 많이 사용되는 원조는 우뭇가사리속, 개우무, 새발 등인데 이것들은 조체(藻體)가 단단하고 끓이는 중에 잘 뭉크러지지 않으므로 경초(硬草) 또는 친초(親草)라고 한다. 이에 대하여 꼬시래기, 석묵, 비간풀 등은 전(全) 점질물 함량은 적은 편이 아니나 gel의 강도가 약하고 냉수 가용성 물질이 많으므로 배합조 또는 잡초라고 한다.

꼬시래기는 산지 특히 외국에서 수입하는 경우는 그 생산국에 따라 품질에 상당한 차이가 있다. 즉 원조를 열수출하는 것만으로 응고력이 상당히 강한 한천을 얻을 수 있는 종류와 열수출만으로는 응고력이 약한 한천밖에 얻지 못하는 종류가 있다. 이러한 응고력의 강약의 차이는 한천질에 결합하는 황산기의 양과 밀접한 관련이 있다.

**표 15-5 원조의 탄수화물** (%)

| 종류 | 수분 | 열탕수추출 유기물 | galactose | pentosan | methly-pentosan |
|---|---|---|---|---|---|
| 우뭇가사리 | 17.06 | 43.31 | 43.60 | - | - |
| 〃 | 20.27 | 43.90 | 48.40 | 2.64 | 2.16 |
| 새 발 | 19.63 | 29.09 | 59.98 | - | - |
| 석 묵 | 17.59 | 52.35 | 54.80 | 6.06 | 흔적 |
| 꼬 시 래 기 | 13.88 | 62.68 | 40.28 | - | - |
| 비 고 | 풍건물에 대하여 | 무수물에 대하여 | 추출유기물 대하여 | 전유기물에 대하여 | 전유기물에 대하여 |

**표 15-6 외국산 꼬시래기의 화학성분(수세원조의 무수물에 대한 %)**

| 생산국 | 수분 | 환원당 | 전질소 | 전 $SO_4$ | 회분 | 회 분 중 | | | | 전 $SO_3$회분중 $SO_2$ |
|---|---|---|---|---|---|---|---|---|---|---|
| | | | | | | $SO_2$ | $SiO_2$ | MgO | CaO | |
| 아 프 리 카 | 13.0 | 54.2 | 3.4 | 2.1 | 9.4 | 1.5 | 1.3 | 2.1 | 0.6 | 1.4 |
| 포 르 투 갈 | 13.9 | 47.4 | 3.0 | 2.9 | 7.0 | 1.2 | 0.6 | 0.5 | 0.4 | 2.4 |
| 칠 리 | 14.4 | 50.4 | 4.4 | 3.8 | 7.4 | 2.2 | 1.4 | 0.7 | 0.5 | 1.7 |
| 아르헨티나 | 13.9 | 67.7 | 1.0 | 2.1 | 6.5 | 1.4 | 1.2 | 0.6 | 0.2 | 1.5 |
| 인 도 | 15.9 | 41.3 | 1.4 | 5.9 | 18.0* | 4.7 | 6.7 | 2.2 | 0.8 | 1.3 |
| 일 본 | 15.3 | 39.5 | 3.4 | 6.1 | 9.5 | 3.7 | 2.2 | 1.9 | 1.3 | 1.7 |

* 협잡물이 많음

즉 꼬시래기 점질물을 가성소다 용액과 같이 가열하면 황산기의 함량이 감소하는 데 따라서 응고력이 증가하고, 황산기함량의 최저점과 응고력의 최고점이 일치하는 것을 볼 수 있다. 즉 한천질은 그 황산기의 감소로 천수성이 떨어져 응고력이 강화된다고 볼 수 있다. 그러므로 응고력이 약한 꼬시래기는 알맞는 조건의 알칼리 처리를 한 후, 열수추출을 하면 응고력이 강한 한천을 얻을 수 있다.

원조에 함유되는 황산기중 제품에 이해할 수 있는 양을 추정하는 값의 하나로 원조중의 <전 $SO_4$량/회분 중의 $SO_3$량>의 값을 많이 이용한다. 이 값이 1.4 이하이면 열수추출만으로도 응고성이 강한 한천질을 추출할 수 있다고 한다. 한편 이 값이 1.7 이상의 원조라도 알칼리처리를 하여 1.4 이하로 떨어뜨리면 응고력이 강한 제품을 얻을 수 있다고 한다.

그러므로 종전에는 꼬시래기 추출물은 응고성이 약하여 한천제조의 주원조로서는 사용할 수 없고, 배합조로서만 사용하여 오던 것이 알칼리 처리법이 연구된 후부터는 한천원조 특히 공업한천의 주요 원조로 이용되고 있다. 몇 가지 외국산 꼬시래기의 예를 들면 표 15-6과 같다.

원조중의 한천질의 함량은 원조의 종류, 산지, 계절, 추출방법 등에 따라 차이가 있는데, 몇 가지 분석예를 들면 표 15-7과 같다.

**표 15-7 원조 중의 한천질함량(%)**

| 원조 | 함량 | 원조 | 함량 | 원조 | 함량 |
|---|---|---|---|---|---|
| 우뭇가사리 | 35(24) | 꼬시래기 | 51(25) | 개우무 | 40(24) |
| 〃 | 45(38) | 〃 | 33(13) | 〃 | 53(33) |
| 〃 | 55(42) | 석묵 | 57(40) | 개발 | 39(29) |

* 물바래기하여 풍건한 원조에 대한 수율, ( ) 내는 물바래기하지 않는 원조에 대한 수율임.

## 3. 자연한천의 제조법

### (1) 제조적합지(適合地)

원조에서 추출한 한천 gel, 즉 우무를 부패시키지 않고 동결, 융해를 반복하여 건조시키는데 알맞은 기온은 하루의 최저기온이 -5~-10℃, 최고기온(주간)이 5~10℃가 되는 곳이 좋다. 눈(降雪)이 많은 지방은 동결, 융해가 순조롭지 못하므로 부적당하다.

지형(地形)은 동남쪽이 장벽이 없이 트여 있어, 오전중에 햇빛을 많이 받을 수 있고 서북쪽은 산이나 숲이 둘러 있어 오후의 일사시간이 짧아 과도한 융해나 건조가 일어나지 않도록 할 수 있는 곳이 좋다. 또한 토양도 적당한 습기가 있어 바람이 불어도 먼지가 많이 나지 않는 곳이 좋다.

한편 한천제조에는 원조의 세척, 끓이기 등에 많은 양의 물을 필요로 하므로 맑고 질이 좋은 물이 풍부한 곳이라야 한다. 수원(水源)은 하천수나 우물이든 관계없으나 철분 및 진흙의 함량이 적어야 한다. 철분이 많으면 제품의 색택을 검게 한다. 일반적으로 수질이 경수이면 제품의 색택을 나쁘게 할 뿐만 아니라 한천질의 수출도 감소시켜 수율도 낮게 한다.

### (2) 원조의 배합

원조를 배합하는 목적은 첫째 값이 싼 원조를 생산원가를 싸게 하고, 둘째는 제품의 형상을 좋게 하기 위해서이다. 즉 응고력이 강한 원조만 사용하면 각한천(角寒天)의 경우 모가 튀어나와 모양이 올바르지 못할 때가 많다. 이런 경우 응고력이 약한 원조를 적당히 배합하면 이러한 결점을 보완하여 올바른 모양이 된다.

일반적으로 우뭇가사리, 게우무, 새발 또는 알칼리처리를 한 꼬시래기 등 응고력이 강한 경초(硬草)에 비단풀, 석묵, 꼬시래기 등의 응고력이 약한 배합조를 섞는데, 그 배합비율은 원조의 종류, 채취시기, 기온 등에 따라 다르나, 일반적으로 경초 : 배합조의 비율은 6~8 : 4~2 정도이다.

### (3) 원조의 전처리

원조를 물에 담가 경초는 12~20시간, 배합조는 2~3시간 정도 팽윤시킨 후, 유념기(揉捻機)에 넣어 부착하여 있는 석회조류, 조개껍질, 토사 등을 제거한다. 유념시간은 원조에 따라 다르나 보통 5~15분 정도이다. 유념을 마친 원조는 다시 유수 중에 담가 색소, 토사, 패각 및 수용성 불순물 등을 씻어 낸다. 침지 세척시간은 경초는 10~20시간, 배합조는 8시간 이상이다.

이러한 처리에 의한 원조의 무게감소는 우뭇가사리는 10~30%, 꼬시래기, 석묵 등은 30~50% 정도이다. 또 전처리과정에서 원조를 표백하는 수도 있으나, 보통 끓이기 공정중에 표백한다. 꼬시래기를 원조로 할 때에는 알칼리처리를 하는데, 그 처리법은 후에 서술하는 공업한천의 경우와 같다.

### (4) 끓이기(煮熱)

#### 1) 초벌 끓이기

끓일물의 양은 원조의 한천질 함량으로부터 계산하여 한천농도가 1.0~1.5% 정도가 되도록 조절한다. 일반적으로 물 1*l*에 대하여 40g의 비율을 표준으로 가감한다. 또 끓일때에 황산을 첨가하는데, 그 목적은 한천분의 추출을 용이하게 하고, 또 한천분을 적당히 가수분해하여 추출액의 점도를 떨어뜨려 여과를 용이하게 하는데 있다.

황산의 첨가량은 원조의 염기도, 배합비율, 끓이는 온도, 시간 등에 따라 다르며 일반적으로 경초의 사용비율이 높을 때에는 많고 기온이 높을 때 가열시간이 길 때에는 적게 한다. 황산의 사용량이 적으면 초벌끓이기의 수율이 적고, 두벌끓이기의 수율이 많아지는 경향이 있다. 반대로 너무 많이 사용하면 제품의 젤리강도가 떨어지고 부스러지기 쉽게 되며, 극단적인 경우에는 gel화 하지 않는 수도 있다. 첨가량은 일반적으로 황산농도가 0.01~0.02% 정도가 되도록 하면 좋은데, 보통 물 1ℓ에 대하여 황산 0.13g의 비율을 기준으로 가감한다.

끓이는 방법은 곳에 따라 다르나 한 예를 들면, 끓이는 솥의 물이 비등하였을 때 개우무와 같은 경질의 원조를 먼저 넣고 5~10분간 비등시키고 다음에 우뭇가사리를 넣어 40분간 정도 비등시킨다. 이어 물로 희석한 일정량의 황산을 고루 교반하면서 첨가하여 다시 40분간 비등시키고, 꼬시래기, 석묵, 비단풀 등의 배합조를 넣어 15분간 정도 끓인 후 불을 끈다. 비등을 계속하는 시간은 첨가하는 황산량과 밀접한 관계를 가져 일률적으로 말할 수 없으나 길어도 2시간을 넘지 않는다. 불을 끈 후 여열(餘熱)로 85℃ 정도에서 8~10시간 보온하여 한천질을 추출한 다음 여과하기 전에 표백제를 가한다.

황산을 첨가하는 시점은 끓이는 물에 먼저 첨가하는 선산법(先酸法), 원조를 모두 넣은 후에 마지막으로 황산을 첨가하는 후산법(後酸法), 그리고 앞에 예를 들은 바와 같은 중산법(中酸法)이 있다. 한천추출 중의 용액의 pH는 6.0~6.5 정도가 적당하며, pH가 5.6 이하로 되는 것은 바람직하지 못하다.

### 2) 표백(漂白)

원조 중에 함유되어 추출액에 이행하는 색소를 분해하기 위하여 보통 끓이기 공정말기에 표백제를 첨가한다. 또 여과공정 중에 첨가하는 수도 있다. 표백제로는 주로 hydrosulfite(차아황산소다, $Na_2S_2O_3$)를 사용하는데, 사용량은 원조의 종류나 배합비율 등에 따라 다르나 보통 원조 10kg에 대하여 12~24g 정도를 사용한다. 표백제의 첨가방법도 제조자에 따라 다르나 한 예를 들면 여과하기 직전에 분말을 액면에 뿌려 표층을 가볍게 교반한다.

### 3) 두벌 끓이기

초벌 끓인 것의 여과찌꺼기를 적당량의 열탕에 넣어 약 1시간 끓이기, 초벌 끓이기 때의 약 ⅓ 정도의 황산을 첨가한 후 다시 20~30분간 가열한다. 다음 불을 끄고 85℃ 정도에서 약 7~9시간 두어 한천질을 추출한다. 초벌끓이기, 두벌끓이기의 한천추출은 각각 80~90%, 20~10% 정도이다. 두벌끓이기의 여액은 투명도나 gel로의 성질이 떨어지므로 초벌끓이기의 여액과는 별도로 하여 한천을 만들거나, 또는 다음 번 원도(原藻)의 초벌끓이기액의 여과 약 3시간 전에 혼합하는 수도 있다.

### 4) 여과

끓이기가 끝나면 대형 나무통 위에 무명이나 합성섬유로 만든 포를 얹어, 끓인액의 상층액부터 퍼 넣어 마지막에 조체(藻體)를 퍼 넣고 가압하여 여과한다. 여액은 원조(原藻)의 부스러기 등의 침전물이 섞여 있으므로 정치(靜置)하였다가 상등액을 작은 나무통에 나누어 부어 그대로 두어 충분히 냉각하여 응고시킨다.

### 5) 우무의 동결, 융해 및 건조

응고한 우무는 우무절단기로 실한천용 또는 모한천용의 일정한 크기의 치수로 절단하여 야외의 동건대(凍乾臺) 발위에 널어 놓는다. 단 실한천을 만들 때에는 우무를 다시 항번 우무세절기로 세절한다. 우무의 동결은 기온이 -5~-10℃에서 두 밤 정도 걸려서 동결되는 것이 좋다. 기온이 너무 낮으면 제품의 광택이 적어진다. 반대로 기온이 높아 완만하게 동결이 되면 건조 때문에 색소가 잔류되기 쉽고, 제품의 모양도 좋지 못하게 된다. 기온이 -10℃ 이하일 때는 20% 정도, -5℃ 정도일 때는 50~70℃ 정도 동결시켜 방동(防凍)한다. 2일째에는 오후에 표면을 조금 녹였다가 다시 동결하도록 한다. 이렇게 하면 제품에 광택이 붙게 되는데, 기온이 높을 때에는 녹이는 일이 없이 바로 동결하도록 한다.

우무는 1.0~1.5% 정도의 한천질 외에는 대부분이 수분이고 소량의 색소, 단백질, 염류, 가용성 탄수화물 등을 함유하고 있다. 낮 동안에 기온이 상승하면 빙결정이 녹아서 수분이 유출되는 동시에 우무 중의 색소, 기타 수용성 불순물도 함께 유출 제거된다. 1일단의 해방율은 우무 무게의 20% 정도로 하고, 나머지 수분은 반 동안에 동결하여 다음날 또 20% 정도 해빙시킨다.

그러므로 낮 동안의 기온은 5~10℃가 적당하며, 그 이상이 되면 녹은 수분을 우무가 재흡수하여 보수하거나 또는 적하(滴下)하지 않고 증발에 의한 건조가 진행되므로, 색소 기타의 불순물의 제거가 불완전하고, 탈수의 불균일로 모양도 비틀어지기 쉽다. 그러므로 기온이 너무 올라가면 덮개로 덮어 해빙을 중지시켜야 한다.

기온이 높은 날이 계속되면 한천 분해세균, 색소생성 세균 등이 번식하여 우무의 부패, 제품의 불량화를 일으키므로 그 오염원이 되는 동건대(凍乾臺의 발 등을 sodium pentachlorophenate의 1/500 용액에 30분 정도 담갔다가 사용하는 것이 좋다.

우무는 융해, 건조공정 중에 전중량의 약 95% 정도의 수분이 제거되는데 이 중 약 ⅓은 증발에 의하여, ⅔는 유출적하(流出滴下)에 의하여 제거된다. 그러므로 기온이 높아 증발이 많이 되면 색소 등의 제거가 불충분하게 되는 것이다.

동결, 융해 공정이 끝나면 풍건에 의하여 나머지 수분을 제거한 후 선별하여 포장한다.

6) 수율 및 제조일수

한천의 수율은 원조류의 종류, 제조방법, 제품의 종류 등에 따라 다르나, 일반적으로 모한천보다 실한천의 수율이 적다. 보통 전처리를 마친 세척 원조에 있어서는 수율이 35~40% 정도이다.

자연한천의 제조기간은 일반적으로 12월 하순부터 2월 하순까지의 60~70일간이다. 그리고 원조의 전처리에서 제품이 완성될 때까지의 소요일수는 순조롭게 진행되면 모한천은 18~19일 정도, 실한천은 15~16일 정도이다.

## 4. 공업한천의 제조법

현재까지 실시된 일이 있는 공업한천의 제조법을 공정별로 표시하면 다음과 같다.

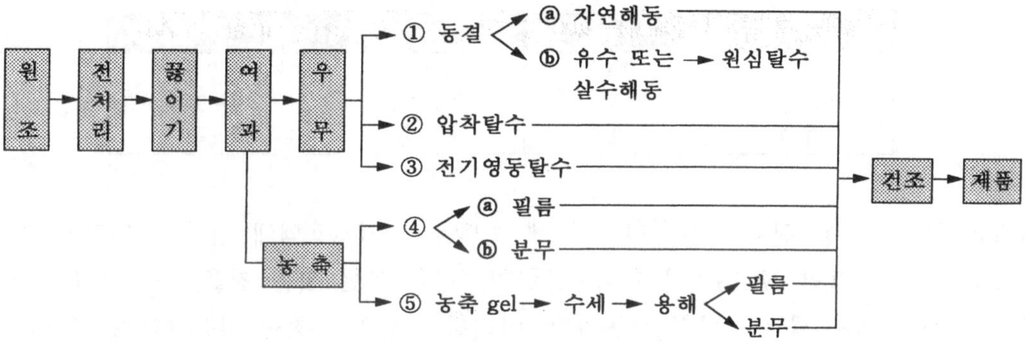


그림 15-2 공업한천 제조 공정도

그러나 현재의 공업한천의 제법은 주로 ①의 동결탈수법과 ②의 압착탈수법의 두 가지이고 ③, ④, ⑤의 분무건조법이나 전기영동법 등은 과거에 시도된 일이 있으나, 산업적으로 이용되기에는 아직도 많은 문제점이 있다.

### (1) 동결 탈수법

비교적 많은 공업한천 공장에서 이용하는 방법이다. 원조의 전처리는 거의 자연한천의 경우와 같다. 끓이기는 수증기가열을 많이 하며, 원조를 투입하여 끓인 후 1시간만에 황산을 첨가하여 pH 6으로 조절하고, 다시 3시간 조용히 비등시킨다. 다음 증기 송입을 가감하여 85℃에 3시간 유지하여 한천질을 추출한다.

추출액은 여과포나 채로 초벌여과를 한 다음, 여액을 증가로 가온하면서 원심분리기에 건다. 여과찌꺼기는 자연한천의 경우와 같이 두벌끓이기를 한다. 여액은 얕은 용기에 담아 응고시킨 다음 3~4mm 각의 실한천모양으로 잘게 끓어서 냉동팬에 담아 -8℃ 정도의 냉장고에서 약 10시간 정도 예냉한 후 -15 ~-20℃에서 동결한다. 완전히 동결하면 30~40℃를 넘지 않는 유수중이나 또는 살수(撒水)를 하여 해동시킨다. 이어 필요하면 아주 묽은 염소수(유효 염소 0.05%) 중에서 표백한다. 다음 다시 원심분리기에 걸어 탈수한 후 60℃ 정도에서 통풍건조한다.

### (2) 압착 탈수법

이 방법은 주로 꼬시래기를 원조로 할 때에 사용되는 방법이다. 즉 꼬시래기를 사용할 때에는 먼저 조체(藻體)를 알칼리처리 한 후 끓이는데 이 처리를 화성처리(化成處理)라고도 한다.

**표 15-8 꼬시래기의 알칼리 처리**

| 원조공급 | NaOH 농도 | 처리온도 | 처리시간 |
|---|---|---|---|
| 상 등 | 3% | 85~90℃ | 3.0~4.0 시간 |
| 중 등 | 3 | 80~82 | 2.0~3.0 |
| ·하 등 | 3 | 70~75 | 1.5~2.0 |

알칼리처리는 보통 원조를 세척하기 전에 그대로 알칼리용액에 담가 가온처리 하는데 처리조건의 예를 들면 표 15-8과 같다. 알칼리처리를 마친 것은 진흙, 조개껍질 등의 부착물이 적을 때에는 세척만 하여 사용하고, 이러한 것들의 부착이 많을 때에는 일단 유념기(揉捻機)에 건 후 세척한다. 그리고 외국산 꼬시래기의 경우는 그 품질이 다르므로 알칼리 처리의 조건도 다르다(표 15-9)

**표 15-9 외국산 꼬시래기의 알칼리처리**

| 생산국 | NaOH 농도 | 처리온도 | 처리시간 |
|---|---|---|---|
| 아르헨티나 | 6% | 50~60℃ | 1.0 시간 |
| 칠 레 | 6~7 | 88~90 | 2.0 |
| 멕시코 | 6 | 90 | 0.5~1.0 |
| 아프리카 | 20 | 70 | 1.0 |
| 인 도 | 10 | 85~90 | 1.0 |
| 포르투갈 | 4~5 | 60 | 1.0 |

알칼리처리를 한 꼬시래기로부터 만들어진 우무는 가압하면 용이하게 탈수된다. 그러므로 동결탈수법에 있어서와 같이 설비비가 많이 드는 동결장치가 불필요하다. 즉 이 방법

은 압착틀에 여포를 깔고 미리 표백한 두께 5~10㎝ 정도의 응고한 우무(한천농도 1% 정도)를 놓고, 그 위에 여포를 깐다. 이와 같이 여포와 응고한 우무를 교대로 쌓아 올려 1m 정도의 높이로 한 다음, 수압기로 천천히 압력을 가하면 우무중의 수분이 유출된다.

수압기에 의한 탈수의 정도는 가압조건에 따라 다르나, 예를 들면 한천농도 1%, 두께 0.5cm, 최종압력 1.5kg/cm$^2$이면 2시간후의 탈수율은 90% 정도이다. 박편(薄片)이 된 우무(한천농도 약 10%) 는 통풍 건조를 하여 분쇄기로 분말로 만든다. 일반적으로 압착탈수법에 적합한 응고우무는 꼬시래기에서 추출한 것과 같이 친수성이 적은 것이라야 한다.

### (3) 전기영동 탈수법

전기영동 탈수법은 응고 우무를 탄소 또는 규소 등의 전극판과 철판 사이에 끼어 탄소 전극을 양극으로 하여 직류전압을 걸면 우무 중의 물은 음극쪽으로 한천입자는 양극쪽으로 끌리어 용이하게 단시간에 탈수할 수가 있다.

그러나 처음 우무의 농도가 묽을 때에는 직류전압은 물과 한천입자와의 분리에만 부하되어 급속히 탈수가 이루어지나 탈수가 진행되어 한천분의 농도가 높아지는 데 따라 탈수 속도는 서서히 감소된다. 즉 탈수작용 외에 한천분의 가수분해에 대하여도 전압이 작용하여 결국에는 탈수가 되지 않게 된다. 최종적으로는 10% 정도의 수분은 탈수되지 않는다. 일반적으로 우무의 수분이 55% 정도가 된 시점에서부터 전압은 한전분의 가수분해에도 부하되기 시작하여 제품의 품질을 떨어뜨리므로 이 방법에 의하면 수분함량이 55~60% 정도에서 끝내야 한다.

이 방법에 있어서의 문제점은 전압부하시에 탄소입자가 콜로이드상으로 되어 우무속에 침입하는 문제, 발열에 의한 품질의 저하, 분극작용에 상요적인 방법이라고는 할 수 없다.

### (4) 가압탈수법

가압탈수법을 이용한 꼬시래기 분말 한천 제조 공정은 다음과 같다.

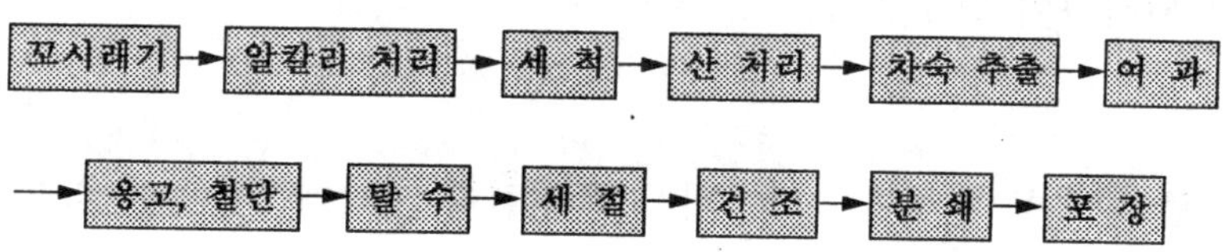


**그림 15-3 꼬시래기 한천 제조 공정도**

#### 1) 알칼리 처리

자숙 탱크에 한천의 원료가 되는 꼬시래기 375~400kg, 물 1,700ℓ, NaOH 140kg를 투입하고 미리 탱크 내의 온도를 75~80℃로 조절하여 2.5~ 3.0시간 가열한다.

알칼리 처리 후 pH가 9~10 부근이 되도록 과잉의 알칼리를 물로 여러번 세척한다.

#### 2) 처리 및 자숙 추출

알칼리 처리 및 수세한 후 황산, 초산 등의 산을 첨가하여 pH를 2.0으로 조절한 후 1 0℃ 부근에서 1시간 정도 교반한다.

산 처리는 원조 내 한천을 부분 절단하여 여과의 효율성을 높여 수율을 증가시키는 효과가 있으나 온도가 높은 상태에서 산 처리하면 오히려 한천이 분해되어 수율 및 품질이 저하된다. 따라서 산처리 후 과잉의 산을 물로 세척하여 제거하고 NaOH로 pH를 7.0 부근으로 조절한 후 물을 6,000ℓ 첨가한다. 이때의 온도와 시간은 90℃ 부근에서 4시간 정도 자숙, 추출한다. 한편, 추출액은 80℃ 정도로 여과할 때까지 보온한다.

#### 3) 여과

자숙 추출액을 금속망으로 조(粗)여과 하여 보온 탱크에 저장하면서 조여액 10,000ℓ에 여과 조제인 퍼라이트를 70~80kg 넣고 혼합한다. 여과를 효율적으로 하기 위해서는 필터 프레스를 끓는 물로 여러번 여과하여 미리 가온한다.

여과는 신속하게 하여 여과액이 냉각되어 응고되지 않게 한다.

#### 4) 응고

여과액을 연속 컨베이어식 응고기에 주입한다. 이때 컨베이어에서 충분히 냉각되어 겔화가 일어나도록 컨베이어 냉수를 살포하고 냉각되어 응고된 한천은 연속 컨베이어 벨트 끝 부분에서 적당한 크기로 연속 절단한다. 절단된 한천은 저장 탱크에 보관한다.

#### 5) 탈수

응고, 절단된 한천을 압착프레스의 용량에 맞게 여과 포에 나누어 넣는다. 유압 또는 수압을 이용하여 처음에는 낮은 압력에서 서서히 압착하고 마지막 단계에서는 100kg/cm$^2$의 압력으로 최종 압착하여 탈수한다.

#### 6) 건조

압착 프레스로 탈수한 한천을 고루 펴서 풍건한다. 풍건된 한천은 다시 최종적으로 열풍 건조기에 넣어 40~45℃에서 2시간 건조한다.

#### 7) 분쇄

건조된 한천을 사용자의 요구에 따라 분쇄기를 이용하여 적당한 크기로 분쇄한다.

#### 8) 포장

분쇄된 한천을 일정량 방습지를 깐 포장 상자에 넣어 포장한다.

### (5) 기타탈수법

원조추출액을 농축하는 방법은 상압농축을 할 경우는 한천질의 가수분해에 의한 제품 gel의 강도저하, caramel화에 의한 착색, 불순물의 제거 곤란 등으로 우수한 제품을 얻기가 어렵다.

또 진공농축의 경우도 발포의 방지가 곤란하고 설비비가 많이 드는 결점이 있다. 그러므로 추출액을 어느 정도까지 감압농축을 하여 응고시켜, 표백, 세척에 의하여 불순물을 제거한 후 다시 용해시켜 drum 건조나 분무건조를 하는 것이 좋다. 그러나 설비비, 운영비 등이 문제로 실용화되어 있지 않다.

## 5. 한천의 용도

한천의 용도는 그 보수성, 응고성, 점탄성 및 촉감 등의 물성(物性)을 이용하는 것이다. 한천의 응고력은 젤라틴(gelatin)의 7~8배나 되며, 그 젤리는 비교적 융점이 높고, 잘 부패되지 않는다. 또한 젤라틴은 가열이나 장기간 방치를 하면 성질이 변화하기 쉬운데 비하여 한천은 가열, 냉각을 반복하여도 가역성 gel을 만드는 특성은 그대로 유지된다.

응고한 우무의 특징의 하나는 수분을 일정한 형태로 가지는 능력이다. 순도가 높은 것은 0.1% 정도의 농도이면 gel을 형성한다. 한천의 gel 형성능은 기본적으로 한천분자와 물분자간의 수소결합에 의한 망상구조에 기인한다. 또 gel화 기능은 온도, 농도에 따라 다르며 예를 들면 1.5% 한천용액은 30℃까지 냉각하지 않으면 gel화 하지 않고 또 gel화 한 것은 85℃ 이하에서는 용해되지 않는다.

이러한 성질을 이용하여 젤라틴의 대용품, 성형제, 보수제, 식품안정제, 물성유지제(物性維持劑) 등으로 식품가공에 많이 이용된다. 또 한천은 보통 세균이나 효소 등의 작용으로 분해되지 않고 또한 응고력이 강하므로 세균배양기에도 이용된다.

우무는 우리들의 소화기관 내에서는 소화되지 않으므로 영양적으로는 가치가 없으나 우무의 보수성은 그대로 유지되어 다량의 수분을 함유하고 있으므로 변비를 막는 완하제로도 이용되고 있다.

한천의 용도를 분류하여 보면 다음과 같다.

① 식용품

(a) 직접식용 : 우무 요리, 중국요리
(b) 식품가공용 : 제과용(양갱, 젤리, 잼 등)

유제품용 (아이스크림, 요구르트 등의 안정제)
양조용(맥주, 포도주, 청주, 식초, 간장 등의 청징용)
통조림용(내용물의 중량, 관재(罐材)와 내용물의 접촉방지, 고기 중의 과잉수분 제거)

② 공업용

(a) 호료용 : 견직물, 제지, 사진지의 하도(下塗), 미술용의 인쇄지 등
(b) 도료용 : 방수, 방음, 방열, 방한도료 등
(c) 인쇄용 : 한천판인쇄 등
(d) 기타 : 살충제, 농약의 안정제

③ 의약용

소갈제(消渴劑), 완하제, 정장제, oblate 혼합제, 외과붕대, 치과인상제 등.

④ 학술연구용

세균배양기, 입자의 크기 측정, catalase 활성의 억제 등

## 6. 제품의 종류 및 검사

제품의 형태에는 다음과 같은 것들이 있다.

① 자연한천(natural agar)
- 실한천(細寒天, slender agar, strip agar)
- 모한천(角寒天, block agar, square agar)

② 공업한천(industrial agar)
- **그물꼴한천(網狀寒天, network agar)**
- 싸락한천(granular agar)
- 비늘한천(flake agar)
- 가루한천(powdered agar)

한천의 검사에는 관능검사와 이화학적 검사가 있다. 관능검사는 색택, 형성, 제정도(齊整度) 등을, 이화학적 검사는 수분, 조단백, 조회분(공업한천 제품), 열탕불용해성 잔류물, 젤리강도(jelly strength) 등을 검사한다.

젤리강도는 완전히 용해한 시료한천의 1.5% 용액을 20℃에서 15시간 두어 응고시킨 gel에 대하여 그 표면 $1cm^2$가 20초간 지탱할 수 있는 최대중량(g수)로 표시한다.

# Ⅲ. 카라기난(Carrageenan)

카라기난은 caragheenin 또는 carragenin이라고도 하며 홍조류의 돌가사리과(*Gigartinaceae*)에 속하는 해조로부터 뜨거운 물로 추출정제한 산성다당류이다.

Ireland나 미국의 Massachusetts주 등지에서는 진두발류인 *Chondrus crispus* STACKH를 Irish moss 또는 carrageen이라고 하며, 이것으로부터 추출한 점질물을 Irish moss extract(carrageenan)라고 하여 맥주, 포도주 등의 청징제, 약용 등으로 일찍부터 이용하여 왔다. 식품공업의 발달과 더불어 carrageenan의 식품공업면의 용도가 다양해짐에 따라 각국에서 생산량이 증가하기에 이르렀다. 우리 나라에도 경남 양산군에 카라기난 제조공장이 한 곳 있으며, 우리 나라산 원조뿐만 아니라 원조도 수입하여 제조하고 있다.

카라기난은 진두발, 돌가사리, 유케마 코토니 등의 홍조류에서 추출한 수용성 다당으로 같은 홍조류에서 추출한 수용성 다당인 한천에 비하여 겔화 능력은 약하나 점성은 강하다. 카라기난은 3, 6-언히드로 갈락토즈(*anhydro galactose*)의 유무, 황산기의 결합 위치에 따라 여러 종류로 분류되나 상업적으로 생산되고 있는 중요한 카라기난은 가파(κ), 아이오타(*i*), 람다(λ) 카라기난이다. 이들 가라기난은 70℃ 이상의 물에는 완전히 용해되고 냉각되면 점성을 나타내며 중성 및 알칼리성에서는 안정하나 산성에서는 약해 점도 및 겔화 능력이 떨어진다. 카라기난의 가장 큰 특성은 단백질과의 반응성이다. 단백질과의 반응성을 이용하여 현재 카라기난은 유제품이나 어육 연제품 등의 액즙 분리 방지제 및 보수력 증강제로 사용되고 있다.

## 1. 카라기난의 화학성분

카라기난은 galactose 또는 anhydrogalactose로부터 된 고분자다당류의 황산에스테르이다. 그러나 carrageenan은 단일의 다당류가 아니고 현재까지 밝혀진 것으로는 몇 가지 다당류의 혼합물로 알려져 있다. 즉 κ-, λ-, μ-, *i*-carrageenan 등이며 각 기본구조는 그림 15-4와 같다.

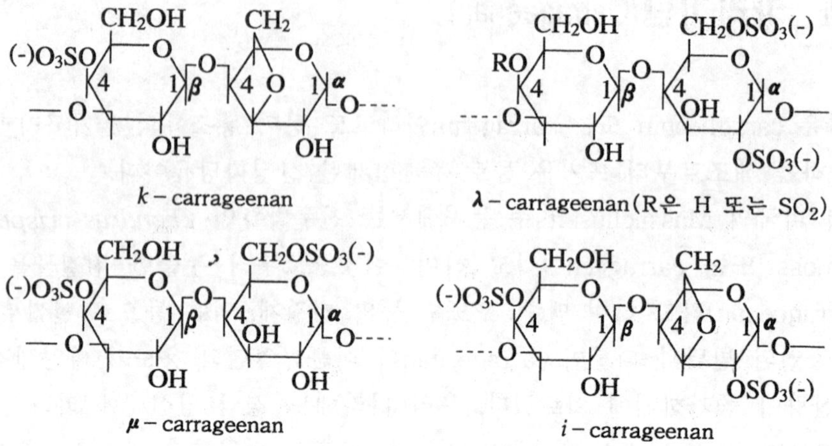


그림 15-4 carrageenan 의 기본구조

일반적으로 carrageenan 용액에 KCl을 가할 때 gel 상으로 응고침전하는 성분이 κ-carrageenan이며 양적으로는 약 40% 정도 된다. 또한 응고하지 않고 원액 중에 그대로 용존하는 성분이 λ-carrageenan이며, 양적으로는 약 60% 정도 된다. 이 비율은 원료해조의 종류, 산지, 채취시기 등에 따라 다르며, 비율이 달라지면 제품의 특성도 달라지는 것은 물론이다.

분자 중의 황산기의 결합상태에 대하여는 불분명한 점이 많으나 황산기의 함량을 보면, k-carrageenan은 약 25%, λ-carrageenan은 κ-carrageenan의 선구물질로 조체 내(藻體內)에서 μ체가 κ체로 전환한다고 한다.

## 2. Carrageenan의 성질

### (1) 일반적 특성

Carrageenan은 무미, 무취의 백색 또는 엷은 황색을 띈 분말로 60℃ 이상의 물에는 완전히 용해하며, 그 수용액을 상온으로 냉각하면 점조한 용액 또는 젤리로 된다. Carrageenan 수용액의 점도는 농도에 따라 크게 변화하는데, 예를 들면 0.2% 용액의 점도는 50cps인데 비하여 1.5% 용액은 400cps 이다. 가열에 대한 점도의 감소 정도는 크지 않다.

분자량은 일반적으로 10만~80만의 범위에 있으며, 함유하는 각 carrageenan의 혼성비율과 결합하고 있는 K, Na 등의 이온종류에 따라 그 특성이 달라지게 된다. 예를 들면 κ-carrageenan은 Ca, $NH_4$, Mg 등의 이온의 존재로 gel을 형성하며 또 밀크 단백, 대두

단백 등의 유액과 단백 gel을 형성한다. 이 단백 gel은 열가역성으로 가온하면 원래의 용액으로 되돌아 간다. 이러한 성질을 이용하여 젤리화제로 많이 이용된다.

한편 λ-carrageenan은 K, Ca 등의 이온에 의하여 gel을 형성하지 않으며, 또한 단백 gel도 형성하지 않는다. 냉수에도 녹기 쉬우며 그 수용액은 높은 정도를 나타낸다. 또한 저온의 고농도 소금용액도 용해하여 안정하므로 소스류의 증점분리(增粘分離) 방지제나, 된장의 이장(離漿) 방지제 또는 공선(工船) 에 있어서의 수산물의 glaze제로서도 쓸 수 있다. 또 carrageenan 용액은 thixotropic property(變性), 즉 단순히 교반하여 줌으로써 gel이 유동성의 sol로 변하고 이것을 방치하면 다시 gel이 되는 성질이 있다.

### (2) 단백질과의 반응성

Carrageenan의 가장 큰 특성의 하나가 단백질과의 반응성이다. 즉 우유, 콩, 육 등의 단백질의 현탁수용액에 carrageenan을 첨가하면, 그 첨가량에 따라 용액의 점도가 높아지고 또는 젤리화하는 경향을 나타낸다. 이 현상은 carrageenan과 단백질 분자간의 전기적인 상호작용에 의하여 일어나는 것으로 이때 Ca 이온의 존재를 필요로 한다. 이러한 특성을 이용하여 유제품이나 육제품의 이장방지제(離漿防止劑), 보수안정제 등으로 이용된다.

### (3) Gel화 하는 성질

일반적으로 gel화 하는 성질을 가진 carrageenan의 gel은 열가역성을 나타내어 30~40℃ 이하에서는 gel화 하고, 60℃ 이상에서는 용해하는 성질을 가진다. carrageenan은 한천에 비하여 용해온도가 낮고 gel화점과 용해온도의 차가 적으며 gel의 탄력과 보수성이 높은 점이 특이하다. 특히 친수성이 강한 gel화 하는 성질의 carrageenan gel은 일단 동결하였다가 해동하여도 수분유출이 적어 동결 전의 gel 상태로 되돌아가는 특성을 지니고 있다. carrageenan 용액에 K염이나 Ca염을 첨가하든가, 또는 설탕과 같은 가용성 고형물의 농도가 높아지면 gel 강도가 변화하는데, 일반적으로 gel화 능력이 강해진다.

### (4) 다른 천연호료와의 상용성

Carrageenan은 다른 천연호료, 예를 들면 locust bean gum, tamarind seed flour, gum guar, 한천, 젤라틴 등과 잘 혼합한다. 특히 locust bean gum과의 병용은 gel의 점탄성을 증강시키고 이수(離水)를 적게 한다.

### (5) pH의 영향

carrageenan은 알칼리성쪽에서는 안정하나 산성쪽에서는 비교적 불안정하다. pH가 5.0 이하일 때는 점도, gel 강도가 떨어지므로 식품에 첨가하는 경우는 알맞는 가공조건을 선택할 필요가 있다.

### (6) 가열의 영향

일반식품에 적용되는 온도범위에서는 carrageenan은 비교적 안정하다. 그러나 고온에서의 장시간 가열은 바람직하지 못하며, 90℃ 이상에서의 가열은 40분 이내로 하는 것이 좋다. 이상의 성질을 카라기난의 종류별로 비교해 보면 표 15-10과 같다.

**표 15-10 주요카라기난(κ -, λ -, i-)의 성상 비교**

| 성상 \ 종류 | κ-carrageenan | λ-carrageenan | i-carrageenan |
|---|---|---|---|
| 구성분 함유 성분<br>galactose<br>3, 6-anhydrogalactose<br>황산기<br>주된 구성당 | 약 29%<br>약 23~28%<br>약 13~27%<br>D-galactose-4 sulphate<br>3, 6-anhydro-D-galactose | 약 45%<br>약 0~2%<br>약 30~35%<br>D-galactose-2-sulphte<br>D-galactose-2, 6,-disulph-ate | 약 20%<br>약 20~30%<br>약 30~32%<br>D-galactose-4-sulphate<br>3,6-anhydro-D-galactose-2-sulphate |
| 용해성<br>냉수<br><br><br><br>열수<br>냉 밀크<br>온 밀크<br>농후한 당액<br>농후한 소금용액 | 팽윤하나 용해하지 않는다. Na염은 가용, K, Ca, $NH_4$염은 약간 또는 현저하게 팽윤<br>70℃ 이상에서 용해<br>불용<br>가용<br>가온하면 용해<br>냉, 온 모두 불용성 | 모든 금속염은 가용, 용액은 유동성 양호<br>용해<br>분산하여 점거하게 된다.<br>가용<br>가온하면 용해<br>가온하면 용해 | Na염은 가용, Ca염은 thixotropic성 분산액이 된다.<br>70℃ 이상에서 용해<br>불용<br>가용<br>난용성<br>가온하면 용해 |
| 응고성<br>양이온의 영향<br><br>gel의 성상<br>locust bean gum의 영향 | K 이온에 의하여 가장 강하게 gel화<br>취약하고 이장(離漿)이 됨<br>상승적 효과가 있음 | K이온에 의하여 gel화 하지 않음<br>불응고<br>없음 | Ca 이온에 의하여 가장 강하게 gel화<br>탄력이 있고 이장(離漿)이 없음<br>없음 |
| 안전성<br>중성~알칼리성, 산성<br>(pH 3.5) | 안정 용액은 가수분해 | 안정 용액은 가수분해 | 안정 gel 상태안정 |

## 3. 카라기난의 제조

돌가사리과(*Gigartinaceae*)에 속하는 진두발(*Chondrus ocellatus* HOLMES), 돌가사리

(*Gigartina tenella* HARVEY) 등을 원료로 한다. 원조중량의 20배 양의 물을 가하며 80℃에서는 2시간 정도 가열 추출한다. 다음 3배량의 열탕(약 90℃)을 가해서 묽게 하여 여과를 용이하게 한다. 이 추출액을 초벌여과를 하고, 여액에 규조토를 가하여 원심분리기에 걸어 미세입자를 흡착제거시켜 정제한다.

여과하고 남은 조체(藻體) 찌꺼기는 두벌끓이기를 하는데, 초벌끓이기 때와 같은 양의 물을 붓고, 80℃에서 1시간 가열추출한다. 추출액의 여과 및 정제법은 첫 번째와 같다. 두벌추출에서 남은 찌꺼기는 다시 세 번째의 추출을 하는데 처리법은 앞의 과정과 같고 다만 가하는 수량만 초벌추출 때의 ⅓량으로 한다.

이렇게 세 번 추출하여 얻은 추출여액에 2.5배 용량의 메틸알코올이나 이소프로필 알코올을 가하여 carrageenan을 침전시킨다. 이것을 여과하고 carrageenan을 다시 무수메틸알코올로 정제하고 알코올을 제거한 다음, 80℃에서 30분간 정도 건조시킨다. 건조를 마친 것은 80mesh 정도로 분쇄하여 포장한다. 이 처리공정 중에 알코올을 회수하여, 종류, 정제를 거쳐 재사용한다.

### (1) 카파 카라기난의 제조 공정

카라기난의 제조 공정은 각 공장의 설비 및 제품 품질에 따라 다르나 일반적으로 황산기 제거를 위해 알칼리 처리를 한 후 $K^+$이온을 첨가하여 응고시킨 후 가압 탈수법으로 제조한다. 가압 탈수법을 이용한 분말 가파 카라기난의 제조 공정은 다음과 같다.

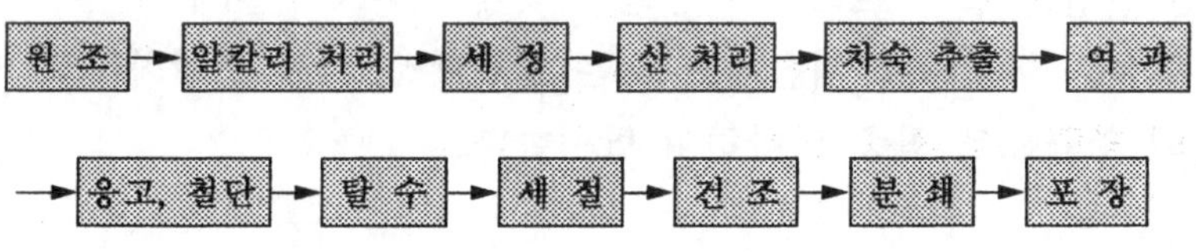


그림 15-5 가파 카라기난의 제조 공정도

#### 1) 알칼리처리

탱크에 원조를 넣고 5.5~6.5%의 NaOH용액을 원조의 5배 첨가한다. 미리 탱크 내의 온도를 75~80℃로 조절하여 2.5~3.0시간 가열한다.

알칼리 처리시 NaOH 혹은 KOH를 사용하는데 이들 알칼리는 원조의 조체를 연화하여 카라기난의 용출이 용이하게 한다. 또한 6-galactose-sulphate, 3, 6-anhydro galactose로 전환하여 카라기난의 겔 강도를 증가시키고 우유와의 반응성을 증가시킨다.

알칼리 처리 후 pH가 9~10 부근이 되도록 과잉의 알칼리를 물로 여러 번 세척한다.

#### 2) 산처리 및 자숙 수출

알칼리 처리 및 수세한 후 황산 등의 산을 첨가하여 pH를 2.0으로 조절한 후 10℃ 부근에서 30분간 교반한다.

산처리는 원조내 카라기난을 부분 절단하여 여과의 효율성을 높여 수율을 증가시키는 효과가 있으나 온도가 높은 상태에서 산 처리하면 오히려 분해되어 수율 및 품질이 저하된다. 산처리 후 과잉의 산을 물로 세척하면 제거한 후 NaOH를 사용하여 pH를 8.0 부근으로 조절한 후 가열한 물을 원조량의 4.5배를 첨가하여 90℃ 부근에서 4시간 정도 자숙, 추출한다. 추출액은 80℃ 정도로 여과할 때까지 보온한다.

#### 3) 여과

자숙 추출액을 금속망으로 조여과 하여 보온 탱크에 저장하고 조여과액 10,000ℓ에 퍼라이트 70~80kg을 넣고 교반하여 혼합한다. 이때 필터 끓는 물로 여러 번 여과하여 미리 가온한다. 조여과액을 기압 펌프로 공급하여 본 여과를 실시한다.

#### 4) 응고

여과액에 KCl농도가 1.5%가 되게 첨가하고 응고 중 차아염소산 나트륨을 100ppm 첨가한다. 응고시 온도를 40℃로 냉각하여 카라기난을 응고시킨다.

#### 5) 탈수

응고, 절단된 한천을 압착 프레스의 용량에 맞게 여과포에 나누어 넣는다.

유압 또는 수압을 이용하여 처음에는 낮은 압력에서 서서히 압착하고 마지막 단계에서는 100kg/cm$^2$의 압력으로 최종 압착하여 탈수한다.

#### 6) 건조

압착 프레스로 탈수한 카라기난을 먼저 고루 펴서 풍건하고 풍건된 카라기난은 다시 최종적으로 열풍건조기에 넣어 100℃에서 3시간 건조한다.

#### 7) 분쇄

건조된 카라기난을 사용자의 요구에 따라 적당한 크기로 분쇄기를 이용하여 분쇄한다.

#### 8) 포장

분쇄된 카라기난을 일정한 방습지를 깐 포장 상자에 넣어 포장한다.

### (2) 카라기난의 용도

카라기난의 분석 성적은 표 15-11과 같다.

표 15-11 carrageenan 분석표

| 성 분 | 비 율 |
|---|---|
| 수분 | 10~13% |
| 탄수화물(유기황산염포함) | 65~70% |
| galactose | 29~33% |
| 3.6 Anhydro-galactose | 22~28% |
| 조단백질 | 0.1~0.3% |
| 조지방질 | 0.01~0.05% |
| 조회분 | 17~20% |
| 온수에서의 불용해물 | 0.01~0.05% |
| 중금속(PbO) | 0.5~3ppm |
| 비소($As_2O_3$) | 0.1ppm |
| 세균검사(대장균) | 음성 |

### 1) 유제품

아이스크림에 0.01~0.05% 정도 첨가하면 whey 분리방지, overrun의 향상 및 보형성(保形性)을 높이는 효과가 있다. Locust bean gum를 병용하면 한층 효과를 높일 수 있다. 또 chocolate milk에 carrageenan을 0.01~0.02% 정도 첨가하면 milk 중의 cocoa 입자의 침전을 방지하는 효과를 낸다. 미국에 있어서는 이러한 아이스크림의 안정제, chocolate milk의 cocoa 입자의 침전방지제로의 용도가 가장 많다.

### 2) 제과(製菓)

양갱에 0.1~0.2%의 carrageenan을 첨가하면 이수방지(離水防止) 및 광택이 좋아지고,플라워페이스트에 0.2% 정도 첨가하면 증점효과(增粘效果)와 보수효과(保水效果)를 얻을 수 있다. 또 구미에 있어서는 식빵, cake류의 조직개량, 수분유지 등의 목적으로 첨가하고 있으며, 첨가량은 밀가루에 대하여 0.1% 정도이다.

### 3) 축육가공품

Carrageenan의 단백질과의 반응성을 이용하여 햄, 소시지 등의 축육 가공품의 육즙분리를 방지하고, 제품의 탄성 및 texture를 개량하기 위하여 첨가한다. 즉 carrageenan과 myosin이 결합하여 거대분자를 형성함으로써 보수효과와 육조직의 탄성을 높이는 것이다. 원료육에 대하여 0.2% 정도 첨가하면 효과를 볼 수 있다. 염장육에 사용하면 염용성의 myosin류의 용출을 방지하는 효과가 있는데, 미리 carrageenan을 소금과 잘 혼합한 후, 마른간 또는 물간을 하면 된다.

### 4) 수산연제품 및 조미조림품

어묵, 부들어묵에 있어서는 원료어육에 대하여 0.1% 정도의 carrageenan을 첨가하면 제품의 이장방지(離漿防止)와 광택을 내는 효과가 있다. 그러나 첨가량이 너무 많으면 제품의 gel화에 영향하여 오히려 역효과를 내므로 주의하여야 한다. 조미조림품에 있어서는 보형제(保形劑)로 0.1% 정도 첨가되고 있다.

#### 5) 소스(sauce) 케첩(ketchup)

소스류는 소금농도가 높으므로 일반 carrageenan은 용해하지 않으나 λ-carrageenan은 용해하며, 0.2~05% 정도의 첨가로 현탁고형물의 침전을 방지하는 효과가 있다. 케첩류에는 0.2~0.5% 정도의 첨가로 증점효과와 이수방지효과(離水防止效果)를 얻을 수 있는데, 제품을 오래 두었을 때 젤리화하는 수가 있으므로 pH, 고형물농도, carrageenan의 종류 등을 잘 조절하여야 한다.

#### 6) 기타의 용도

수산냉동품의 glaze제 화장품, 치약의 증점제 등으로도 사용되는데, 화장품에서는 피부의 보호콜로이드막 형성의 효과가 있다고 한다.

## Ⅳ. 알긴산(alginic acid)

알긴산(alginic acid)는 감태, 모자반, 미역 등과 같은 갈조류에 보편적으로 함유되는 산성다당류(polyuronide)이다. 알긴산이 처음으로 갈조류에서 추출된 것은 지금부터 약 100년전인 1883년의 일이지만 본격적으로 이용되기는 근래에 와서의 일이다.

### 1. 알긴산의 화학성분

알긴산( alginic acid, algin) 조체(藻體) 중에서는 대부분이 Ca염으로 존재하는데, 이 Ca염은 물에 불용성이다. 알긴산을 구성하는 uronic acid가 D-mannuronic acid라는 것이 1929년 Nelson 등에 의하여 밝혀진 이래, 오랫동안 알긴산은 D-mannuronic acid의 중합체라고하여 왔으나, 1955년에 Fischer 등에 의하여 L-guluronic acid도 구성성분으로 존재한다는 것이 밝혀졌다. 그 후 여러 사람들의 연구에 의하여 알긴산은 D-mannuronic acid와 L-guluronic acid의 공중합체(共重合體)라는 것이 확인되었으며, 현재까지 밝혀진 알긴산의 구조에 대한 것을 요약하면 다음과 같다.

(1) 알긴산은 D-mannuronic acid(M)의 polymer와 L-guluronic(G)의 polymer의 혼합물

이 아니고, 동일분자내에 M와 G가 공존하는 heteropolysaccharide이다.

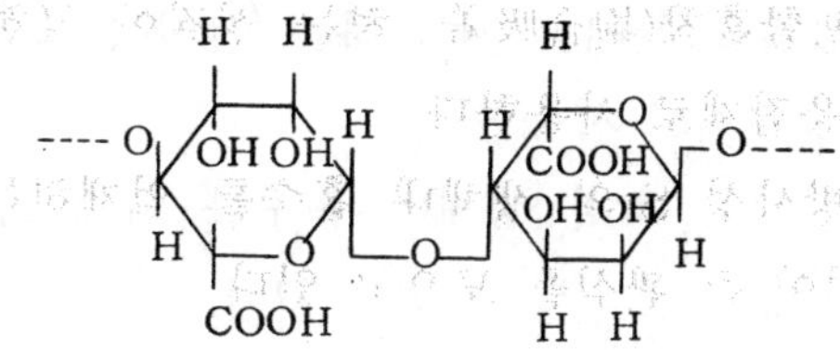

그림 15-6 알긴산의 기본 구조

(2) 분자 중에는 M 또는 G만으로 각각 이루어진 block부분이 있다. 이러한 점으로 보아 알긴산은 block heteropolymer이다.

(3) 분자 중에는 block 부분 외에 예를 들면 M-G, M-G-G, M-M-G 등과 같은 구성단위가 반복되어, M와 G가 적당한 비율로 섞여 있는 부분도 있다.

Uronic acid 는 상호간에 1, 4 glycoside 결합으로 결합하여 중합도는 220~860 정도라고 한다.

## 2. 알긴산의 일반적 성질

① 알긴산은 물에 불용성이나, 그 알칼리염은 물에 용해하여 극히 점조한 용액을 만들며, 무기산을 첨가하여 다시 알긴산을 석출한다.

② 알긴산은 유리의 carboxyl기와 수산기를 갖는 유기 고분자 전해질이다. 그 carboxyl기의 활성은 고분자 유기산 중에서 가장 강하며, 알칼리에 의하여 중화되어 염류가 되고, 또 알코올과 축합하면 에스테르로 된다. 한편 수산기는 다른 유기산과 축합하면 에스테르를 알코올과 축합하면 에테르를 생성한다.

③ 알긴산의 염류 중 Na, K, Li, Hg, $NH_4$ 염은 수용성이고, 다른 금속염들은 불용성이다. 그러나 물에 불용성인 알긴산의 금속염류 중 Fe, Ni, Co, Cu, Zn, Al 등의 염은 암모니아와 착염을 만들어 용해하게 되고, 암모니아를 휘발시키면 다시 원래의 금속염이 되어 불용성으로 된다.

④ 알긴산 및 그 염류는 거의 모든 유기용제에 대하여 불용성이다.

⑤ 알긴산염의 용액은 천연호료, 단백질, 전분, 당류 glycerin 등과는 용이하게 혼합한다.

⑥ 알긴산염의 용역은 ⊖로 대전(帶電)하고 있으므로 ⊕전하를 가진 고분자와는 강하게 결합한다.

⑦ 알긴산 용액은 2가 이상의 금속이온에 의하여 gel 상으로 석출하는데, 이것은 금속이온의 개체로 COOH기 사이에 결합이 이루어져, 망상구조를 형성하기 때문이며, 이때 다른 현탁질을 포합흡착(抱合吸着) 하는 성질이 극히 크다. 이 성질을 이용하여 용수처리에 있어서 응집제로 사용한다.

⑧ 또 최근 알긴산이 방사성 Sr의 생체내 흡수를 억제하는 효과가 있다는 것이 국제해조류회의에 보고되어 큰 관심을 모으고 있다.

그림 15-7에서 보는 바와 같이 일반적으로 식품중의 Sr은 위장에서 흡수되어 혈액 중으로 들어가 뼈에 축적이 되는데, 이때 위장 내에 알긴산이 존재하면 이것과 결합하여 알긴산 Sr염의 gel을 형성한다. 이것은 체내에 흡수되지 않고 분변과 같이 그대로 체외로 배설된다.

그리고 Sr은 알긴산과의 친화성이 크기 때문에 다른 장이온들 보다 우선적으로 결합하여 염을 형성하는 것이다.

$Sr^{++}$ / diet
↓
$Sr^{++}$ / intestine + 2 Alg-Na ⇌ $(Alg)_2Sr$ + 2 $Na^+$
↓　　　　　　　　　　　　insoluble
　　　　　　　　　　　　　non-absorbable
$Sr^{++}$ / blood
↓　　　　　　　　　　　　↓
$Sr^{++}$ / bone　　　　　　excreted

※ Alg : alginate

**그림 15-7 체내에서의 Sr과 알긴산과의 반응**

⑨ 알긴산을 진한 염산(13% 정도)과 같이 가열하면 furfural과 $CO_2$를 생성한다. 이 반응을 이용하여 알긴산을 정량할 수 있고 또 가열할 때 orcinol을 첨가하면 적자색, napthoresorcinol을 첨가하면 흑자색을 나타내므로 알긴산의 검출에도 이용할 수 있다.

## 3. 알긴산의 제법

### (1) 원조의 전처리

알긴산은 갈조류에 보편적으로 함유되는 성분으로 그 함유량은 갈조의 종류, 채취시기, 생육장소, 조체부위(藻體部位) 등에 따라 다르나, 일반적으로 15~35% 정도이다.

표 15-12 갈조류의 알긴산함량 (단위 : %)

| 원 조 | 함 량 | 원 조 | 함 량 | 원 조 | 함 량 |
|---|---|---|---|---|---|
| 미 역 | 23~28 | 패 | 16~18 | 쌍발이모자반 | 17~31 |
| 감 태 | 21~34 | 롯 | 16~22 | 짝잎모자반 | 25~31 |
| 태 황 | 18~32 | 큰잎모자반 | 17~25 | 비틀대모자반 | 23~31 |

원조는 선별하여 2cm 정도로 절단한 후 묽은 알칼리처리와 묽은 산처리를 하여 알긴산 이외의 성분을 될 수 있는대로 제거하는 동시에 다음 추출공정을 용이하게 한다.

일반적으로 원조 중량의 10~15배량의 0.03~0.05% NaOH 용액에 담가 50~60℃에서 약 1시간 처리한다. 이 처리에서 의하여 원조표피 중의 흑갈색색소(tannin의 산화성 물질)가 용해 제거된다. 다음 원조는 10배량 정도의 0.5% HCl 용액에 담가 상온에서 약 1시간 처리한다. 조체(藻體) 중의 알긴산은 대부분 Ca염으로 존재하므로 이 처리에 의하여 다음 평형반응이 일어난다.

$$\text{Alg} \cdot \text{Ca} \; + \; 2\text{HCl} \; \rightleftarrows \; \text{Alg} \cdot \text{H}_2 \; + \; \text{C}_a\text{Cl}_2$$

전처리를 마친 것은 수세한다. 이러한 전처리에 의하여 원조 중의 laminarin, funcoidin, mannite, KCl, 옥소 등의 성분도 용출된다.

### (2) 추출용해

전처리를 거친 원조는 보통 $Na_2CO_3$ 또는 NaOH 용액으로 처리하여 조체 중의 알긴산을 알긴소다로 바꾸어 물에 용출시킨다. NaOH를 사용하면 알긴산의 해중합(解重合)이 일어나 점성이 떨어지기 쉬우므로 주로 $Na_2CO_3$를 많이 쓴다.

보통 원조의 10~20배량의 1.5% 정도의 $Na_2CO_3$ 용액을 가하여 60℃ 정도에서 약 2~4시간 처리한다. 이렇게 하면 조체는 붕괴하여 아주 점조한 용액으로 된다.

또 알긴산의 추출제로 수산의 알칼리염($NH_4$, Na 등)을 쓰는 수도 있다. 이것은 $Na_2CO_3$에 의한 추출과는 달리 미산성에서 추출이 되는 결과 알긴산의 해중합에 의한 변화가 적어, 극히 고점성의 알긴산을 추출할 수 있다.

### (3) 추출액의 희석

알긴산 추출액은 원조에 대하여 10~20배의 양이 되지만 극히 점조하여 그대로는 정제 및 여과를 하기 힘들므로 7~8배의 물을 첨가하여 약 100배량 정도로 한다. 또 알긴산추출액은 단백질, 섬유질을 많이 함유하여 극히 부패하기 쉬우므로 0.2% 정도의 포르마린을 첨가하여 여과하는 수도 있다.

### (4) 청정 및 여과

묽게 한 알긴산추출액으로부터 섬유질의 불용 잔사를 제거하기 위하여 침강법, 공기부유법, 원심분리법, 규조토 첨가여과법 등이 쓰이고 있다. 일반적으로 많이 쓰이고 있는 방법은 공기부유법인데 이 방법은 알기산추출액 탱크의 저부(低部)의 파이프 세공(細孔)으로부터 $CO_2$ 또는 공기를 불어 넣어 공기의 미포(微泡)를 잔사표면에 부착시켜 추출액상층에 부유시키고 하부로 맑은 추출액을 분취(分取)하는 방법이다.

분취한 청정액은 filter press나 원심분리기에 의하여 정제한다. 여과조제(濾過助劑)로 규조토를 첨가하여 filter press로 여과하면 청정도가 높은 것을 얻을 수 있다.

### (5) 표백 및 응고

여과액에 알맞는 양의 NaClO 수용액을 가하여 알긴산을 표백한 다음, 적당량의 묽은 황산을 첨가하여 알긴산을 응고 석출시킨다. 원조의 종류에 따라 황산에 의한 응고석출이 불완전한 경우가 있는데, 이러한 경우에는 $CaCl_2$ 용액을 첨가하여 알긴산 칼슘으로 응고 석출시킨 후, 묽은 염산에 담가 Ca를 제거하고 알긴산을 얻는 방법도 있다. 또 알긴산 추출액을 전해하여 양극판상에 알긴산을 석출시키고, 음극으로부터 NaOH를 회수하는 경우도 있다.

### (6) 탈수, 중화 및 정제

응고 석출시킨 알긴산 gel은 압착 또는 원심탈수법에 의하여 될 수 있는대로 수분을 제거한다. 이것을 그대로 건조하여 제품으로 할 수도 있으나 보통 수용성의 알긴산소다로 바꾸어 제품화한다. 탈수한 알긴산 gel을 NaOH를 함유하는 알코올(메틸 또는 에틸)과 같이 밀폐용기 중에서 교반하여 탈수와 동시에 알긴소다로 전환시킨다.

### (7) 건조 및 분쇄

중화 및 정제를 마친 것은 screw press로 압착하여 알코올을 분리시키고 열풍건조나 진공건조에 의하여 알코올을 증발시킨 후 80~100 mesh 정도로 분쇄한다.

공업적으로는 탈수과정에서 건조과정까지는 밀폐 연속장치에서 처리하여 폐기알코올을 회수하여 재사용하도록 하고 있다.

## 4. 알긴산의 용도

### (1) 직물용 호료

경사호(經絲糊), 나염호(捺染糊) 등으로 이용된다. 다른 호료와 배합하여 사용되는데 전분호(澱粉糊)에 알긴산소다를 배합하면 호성(糊性)이 좋아지고, 또 잘 부패하지 않게 된다. 또 최근에는 섬유와 화학반응을 하여 염착되는 염료 즉 반응염료가 나염에 많이 사용되고 있는데, 이 염료는 섬유소의 OH기와 반응할 뿐만 아니고 나염풀의 OH기와도 반응하게 되므로 비교적 반응성이 적은 알긴산소다가 나염풀로서 많이 이용되는 것이다.

### (2) 식품 가공용

알긴산의 수용성 염류 주로 알긴산 소다는 고분자 화합물인 동시에 친수성 물질이므로 다음과 같은 특성을 지니고 있다. ① 증점성 ② 보호콜로이드성 ③ 포말 안정성 ④ 보형성(保形性) ⑤ 피막 형성성 ⑥ 이장(離漿)방지작용 ⑦ 응교성(凝膠性) ⑧ 결정석출방지작용 ⑨ 응집침강촉진 효과 등이다.

식품가공용으로 가장 큰 수요를 가지고 있는 것은 아이스크림의 안정제이다. 즉 ① 저장 중의 빙결정의 성장방지 ② 이장방지 ③ Ca과의 반응에 의한 보형성의 향상 등의 효과를 나타낸다. 최근에는 CMC, gum guar, locust bean gum, carrageenan, 중합인산염 등을 병용하여 각 성분의 특성을 살리도록 하고 있다.

연유, 주스류의 점강제(粘强制), 식육의 결착제, 연제품의 부형제, 맥주, 청주, 간장 등의 청정제 등으로 이용된다. 또 육가공에 있어서 수분 증발 방지, 산화 방지, 염석 등의 현상을 방지하기 위하여 표면 피부제로서의 용도도 있다. 특히 알긴산의 triethanolamine염 Alg-COONH$(C_2H_4OH)_3$은 유화성, 방부성, 점강성 등이 강하여 피복제로 적합하다. 또 빵, 양과자 등에 첨가하여 노화방지제로서도 많이 이용되고 있다.

### (3) 의약용

알긴산소다의 수용액을 방사액(紡絲液)으로 하여 $CaCl_2$, 에타놀 용액 중에서 응고 방사하면 알긴산칼슘섬유를 얻을 수 있다. 이 섬유는 알칼리성 수용액에 용해하나, $Al_2(SO_4)_3$ 처리를 한 것은 용해하지 않는다. 또는 염기성 철명반용액으로 처리하면 한층 알칼리의 작용에 대하여 강해진다. 알긴산칼슘섬유를 NaOH 에타놀 용액으로 처리하여 수용성의 알긴산소다섬유(Ca의 소량을 함유)를 만들어 외과용 섬유(가아제 등)로 사용하면 시일의 경과와 더불어 혈액 중에 용해하므로 후일에 실을 뽑아낼 필요가 없다.

알긴산소다 paste(알긴산소다 수용액은 고점성이므로 10% 이상의 농도에서는 paste 상태가 됨)에 소석고 분말(CaSO ½ $H_2O$)을 균일하게 연합하면 고무 모양의 탄성물이 된다. 알칼리염류를 첨가하면 응고시간을 적당히 길게 할 수 있다. 이 성질을 이용하여 치과인상재(印象材)로 사용된다.

알긴산소다 paste를 출혈하는 곳에 바르면 혈액중의 Ca와 반응하여 불용성으로 되므로 지혈제로도 이용된다. 알긴산소다의 극히 묽은 수용액에 NaCl를 녹여 혈액과 같은 삼투압을 가지도록 한 것은 대용혈장으로 사용할 수 있다.

한편 알긴산소다는 Cd, Sr 등의 중금속과 결합할 수 있어 이들 금속에 체내에 축적되는 것을 방지하는 효과가 있다고 한다.

### (4) 공업용

직포(織布)의 방수가공(防水加工)에는 알긴산소다의 함침(含浸)시켜서 초산 알루미늄 수용액으로 처리한다. 또 알긴산의 일부 금속염류(Zn, Fe, Co 등)는 $NH_3$와 착화합물을 만들어 수용성으로 되나 건조화 $NH_3$가 휘발하면 원래의 불용성염류로 되므로 이 성질을 이용하여 벽도료에 사용된다.

알긴산 제조의 폐기물인 찌꺼기는 소석회를 가하여 압착탈수한 후, 적당량의 $Na_2CO_3$을 배합하여 점결제(粘結劑, 주물사용(鑄物砂用)로 이용된다.

### (5) 경수 또는 폐수처리

하천수는 강우에 의한 진흙의 혼입, 광공업의 폐수의 유입 등으로 오탁되는 수가 많은데 이러한 하천수의 처리에 여러 가지 응접제 특히 유기고분자 응집제가 많이 사용된다. 알긴산소다와 같은 부전하를 가지는 고분자 전해질을 극히 소량 첨가하여도 수중의 소수성현탁입자를 잘 응집시키는 작용이 있다. 그러므로 수돗물의 처리에 알긴사소다가 사용되고 있다.

알긴산염은 Fe 이온과 잘 반응하여 이온교환을 하므로 공업용수의 제철제(製鐵制)로서 이용할 수 있다. 특히 수중에 가용성 규산이 많이 함유될 때에는 양이온교환수지의 Amberlite IRC-120은 제철작용이 상당히 저하되나, 알긴산칼슘은 거의 영향을 받지 않는다.

## 5. propylene-glycol alginate(PGA)

알긴산의 carboxyl기에 propylene oxide를 반응시켜 propylene glycol기를 도입시킨 것이 PGA이다.

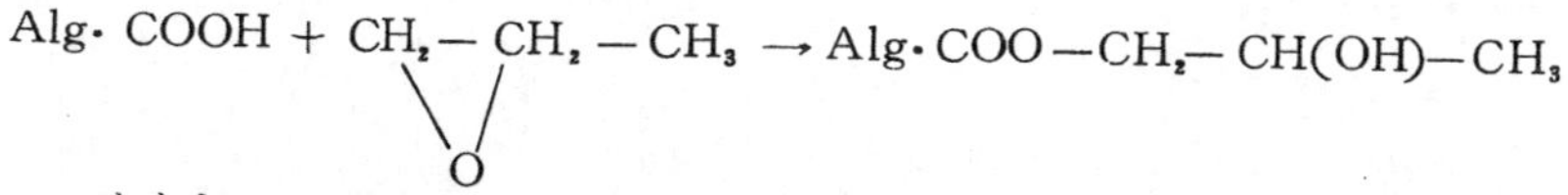

알긴산 propylene oxide PGA

이 PGA는 다음과 같은 특성을 지니고 있다.

① 내산성이 강하여 산성용액 중에서 알긴산 소다와 같이 gel화 하거나 또는 점도 저하를 일으키는 일이 없다.

② 산성에 있어서도 단백안정 효과를 나타낸다.

③ 분자 중에 친유기(親油基)를 가지기 때문에 콜로이드 용액에 의한 안정성과 계면활성제적인 유화력을 다같이 가지고 있어 뛰어난 유화안정성을 나타낸다.

④ 알긴산소다 용액은 2가지 이상의 금속염을 첨가하면 전하의 중화에 의하여 응집침전을 일으키기가 쉬우나 PGA는 비이온성이므로 안정하다.

⑤ 포말 안정효과가 있어 발포주에 첨가하면 꼭 맥주와 같이 된다.

이러한 특성을 이용하여 산성음료의 안정제(유산음료, 요구르트 등에 첨가함), 식용향료의 유화제, 유화안정제(mayonnaise, margarine, french dressing 등에 첨가함), 면류의 개질제(改質制, spaghetti 등에 첨가함), 포말안정제 등으로 사용된다.

# 16장 수산가공공장 용수와 폐수

## I. 수산가공용수

### 1. 구비 조건

공장에 쓰이는 물은 직접 식품 또는 어패류에 접촉되는 원료용수와 원료처리수 냉각, 청소, 보온보일러 등 식품에 접촉되지 않는 물로 크게 나눌 수 있다.

식품제조 공정에 쓰이는 물은 상수도, 하천, 지하수, 해수 등 상수도 검사기준에 적합하여 관계기관의 인정을 받아야 한다. 또 해수 등은 처리 후 위생검사에 합격하여야 한다.

채수(採水)는 상수도, 지하수, 하천, 호소(湖沼), 해역 등으로 되어 있으므로 법적인 여러 가지 규제나 조건을 만족시킬 필요가 있다. 위생적으로 안전하고 충분한 수량이 있어야 하고, 또한 그 식품의 가공에 알맞은 물이라야 한다.

상수도의 수질기준은 유기물 10ppm, 일반세균 100개/㎖, 염소이온 200ppm, 증발잔류물 500ppm, pH 5.8~8.6, 색도 5도, 탁도 2도 이하, 냄새, 맛은 이상이 없어야 한다. 그러므로 상수도에는 많은 무기물, 유기물이 녹아 있다.

수산물 가공에서는 미묘한 성질을 가진 어육 단백질을 물로 처리하는 공정이 많고, 용수 중의 미량 성분이 여러 가지 영향을 미친다. 이를테면 용수 중의 약간의 색깔, 냄새, 맛 등도 육질에 흡착 잔류하여 제품의 품질을 떨어뜨린다. 또 역으로 순수에는 어육 단백질이 팽화하여 탈수가 잘되지 않기 때문에, 식염 등을 100ppm 정도 첨가한 전도도가 높은 물을 사용한다. 육질의 연화, 미세화를 막기 위해서도 경수 또는 칼슘 이온을 100ppm 가한 물이 좋다. 그러나 이들 성분이 많으면 당연히 육질에 나쁜 영향을 미치게 된다.

pH는 어육 자체의 강한 완충작용 때문에 외견상 영향이 없는 것처럼 보이지만 물 자체의 pH를 크게 바꾸는 원인이라는 데 주의할 필요가 있다. 육질을 중시하는 연제품, 냉동고기풀 가공에서는 물의 조성을 잘 알아두어야 할 필요가 있다.

## 2. 가공용수의 처리

용수처리는 다량의 물을 적은 경비로서 틀림없이 어떤 목적에 맞는 정화나 조정을 하기 위하여 다음과 같은 방법으로 처리한다.

- **탁도 제거**(濁度除去) : 물이 탁하게 되는 원인은 미세한 고형 현탁물 때문이므로 제거법으로는 모래와 같은 여과재료와 자연중력을 사용하는 방법이나 각종의 filter를 사용하여 동력으로 압송하는 여과방법, 침강분리법이 있다. 이들 방법은 그 유효면적이 효율을 높이는 요소이다. 이 효율을 더욱 높이기 위하여 여과조제를 사용한다. 여과조제로는 일반적으로 규조토를 많이 쓰는데, 현탁물이 교질성이 높을 경우에는 황산 알루미늄이나 염화제2철 등을 가하여 응집시킨 후 칼슘으로 중화한다. 다시 응집분리효과를 높이기 위해서는 폴리아크릴산 나트륨 등을 ppm 단위로 미량 가하여 응집물을 크게 생성시켜 분리한다.
- **색깔 제거**(色除去) : 원인이 되는 용존 미량성분을 활성탄으로 흡착시키는 방법, 공기중의 산소를 이용하는 폭기, 염소, 오존 등으로 산화시켜 표백하는 방법이 있다.
- **냄새 제거**(臭除去) : 냄새의 원인은 무기성 가스, 휘발성 유기물 등인데 공기에 의한 폭기 휘발법, 활성탄에 의한 원인 물질의 흡착 또는 적합한 이온교환수지를 사용하여 흡착 제거한다.
- **센물의 연화**(硬水軟化) : 센물은 칼슘, 마그네슘 이온이 원인이고, 보일러에 관석(罐石)을 생성시키며, 육질을 변질시키는 등 나쁜 영향을 주게 된다. 이 양이온은 이온교환수지를 사용하여 제거한다. 이 경우 탄산의 잔류문제를 고려하여야 한다.
- **미생물의 제균**(微生物 除菌) : 식품가공에서는 필수적인 처리법이다. microfilter에 의한 제균법이 근래 발달하고 있다. 자외선에 의한 살균법이 간편하지만 현탁물이 있으면 살균효과가 급격히 떨어진다. 염소·차아염소산 소다, 오존 등에 의한 산화살균법을 사용할 경우는 시간이 걸린다.
- **미량성분의 첨가**(微量成分 添加) : 필요에 따라 미량성분을 일정량 첨가할 경우, 물에 대하여 수 백분의 일 정도로 희석, 혼합하는데 혼합을 충분히 하여야 한다.
- **용액의 조정**(溶液調整) : 포화에 가까운 염수를 만들 경우 용기의 윗쪽과 바닥에 눈금

이 고운 천과 같은 여과기를 두어 그 속에 식염 등을 넣고, 이 위에서 물을 천천히 흘려 녹여 낸다. 용기 중에 직접 식염을 넣고, 물을 가하는 방법으로는 잘 녹지 않는다.

ㅇ용수의 온도(用水溫度) : 냉각수는 온도가 중요하다. 충분한 수량을 확보할 수 없을 경우는 cooling tower법, pool 살수법 등 기화열로써 물의 온도를 떨어뜨려 순환시켜 사용한다. 얼음을 사용하는 것도 간편하다.

# II. 수산가공 폐수

## 1. 법적 규제

수산가공 폐수는 유기물 폐수로서 직접 인축에는 해롭지 않다. 단, 하천 해역에 다량으로 유입하면 분해하여 수중의 산소를 소비하므로 다른 수서생물에 영향을 미치게 하여, 환경을 심히 오염시켜 공해의 원인이 된다. 이 오수는 수질오탁방지법으로 정해져 있는 규제내로 정화하여 배수할 필요가 있고, 일본의 규제값(수산가공 관계)을 보면 표 16-1과 같다. 이 외에는 지역에 따라 이보다 엄하게 규제를 강화하는 수도 있다. 또한 하수도에 배출할 경우에는 일반적으로 BOD 값으로 300ppm라고 정하고 있다.

**표 16-1 전국 일률 배수 기준(일본국)**

(1) 유해물질에 관한 기준

| 유해물질의 종류 | 카드뮴 | 시안 | 유기인 | 납 | 크롬(6가) | 비소 | 총수은 | 알킬수은 | PCB |
|---|---|---|---|---|---|---|---|---|---|
| 허용한도 (ppm) | 0.1 | 1 | 1 | 1 | 0.5 | 0.5 | 0.005 | 검출되지 않을 것 | 0.003 |

(2) 생활환경 항목에 관한 기준

| 일반항목 | pH | | BOD | COD | SS | 대장균수 |
|---|---|---|---|---|---|---|
| 허용한도 | 하천호소 | 해역 | 160ppm(일간 평균 120ppm) | 160ppm(일간 평균 120ppm) | 200ppm(일간 평균 150ppm) | 일간평균 |
| | 5.8~8.6 | 5.0~9.0 | | | | 3,000개/㎤ |

| 특수항목 | 유분 (n-hexane추출물질) | | 페놀류 | 동 | 아연 | 철 (용해성) | 망간 (용해성) | 크롬 | 불소 |
|---|---|---|---|---|---|---|---|---|---|
| | 광물류 | 동식물 유지류 | | | | | | | |
| 허용한도 | 5ppm | 30ppm | 5ppm | 3ppm | 5ppm | 10ppm | 10ppm | 2ppm | 15ppm |

수산가공 폐수를 측정할 때는 다음과 같은 것에 유의할 필요가 있다.

**$BOD_5$** 측정 : 수치가 크기 때문에 수 백배 이상으로 희석할 필요가 있다. 폐수 중에 0.1 % 전후로 함유되어 있는 기름이나 고형분(현탁물)은 정확하게 희석하기 어렵다. $BOD_5$는 20℃, 5일간에 미생물이 오수를 분해하는데 필요한 산소 요구량이지만 단백질, peptone 등은 14~20일이 걸리지 않으면 총산소요구량이 나오지 않는다. 수산가공 폐수의 분석치의 한 예를 들면 표 16-2와 같다.

**표 16-2 수산가공 폐수의 분석치**

| 폐수의 종류 | | BOD | COD | SS | total nitrogen |
|---|---|---|---|---|---|
| | | 이상 | | | |
| 명태 처리 폐수 | | 30,000 | 3,600 | 96 | 720 |
| 명태 어체세척 폐수 | | 24,000 | 4,360 | `325 | 920 |
| 통조림공장 | 게자숙수 | 3,170 | 2,983 | 367 | 800 |
| | 게자숙냉각수 | 130 | 913 | 514 | 40 |
| | 총합폐수 | 690 | 1,236 | 274 | 140 |
| 냉장공장 어체 세척수 | | 34,700 | 3,528 | 1,989 | 100 |

**$COD_{Mn}$** 값 : 수산폐수, 수산용수의 $COD_{Mn}$ 값의 분석은 법규에서는 과망간산칼륨에 의한다고 되어 있지만, 유기질소 화합물이 많은 폐수인 경우는 중크롬산칼륨의 $COD_{Cr}$ 법이 전 유기물의 총량을 나타낸다. 식염 등 Cl가 많을 때는 알칼리법이 간편하다.

**SS값** : 수산가공 폐수는 투시도가 낮고, 심히 현탁물이 많은 외관을 나타내지만, 실측치 SS값은 적다. 또 분석할 때 심히 여과하기 어려운 경우가 많고, 또 원심분리하여도 침전하기 어렵기 때문에 정제 규조토를 여과조제(filter aid)로 사용하여, 전 증발잔류물과 용해성 증발잔류물의 차이에 의한 방법으로 측정한다.

## 2. 폐수의 수질과 성상

수산가공시 배출되는 폐수는 어육 편(片) 등의 부유물질을 함유하고 혈액 단백질, 지방 등 유기물질을 다량 함유하여 이것을 하천에 직접 유출하게 되면 미생물의 작용을 받아 신속히 산화 분해되어 수중의 용존 산소를 대량 소비하게 되므로 모든 용존 산소가 소실되어 그 중의 유기물의 혐기성 발효가 일어나 $H_2S$, mercaptan, 유기질 amine 등을 발생하여 오탁수가 악취를 발생하게 된다. 그리하여 공중위생 면이나 농업 및 수산방면에 피해를 주게 되어 폐수의 충분한 처리가 요구된다.

수산가공도 그 내용은 여러 종류가 있어 날마른치, 찐마른치, 간마른치를 비롯하여 연제품, 수산통조림, 어육햄, 소시지 등 광범위하게 발달되고 있기 때문에 이들 폐수도 다양하나 전반적으로는 해동, 피 빼기, 세척수, 자비수, 염지수, 염색수, 살균수 및 용기세척, 기계세척, 작업대 세척 등의 용수가 유출된다. 역시 이들 폐수에는 내장, 육편 등의 고형분이 다량 함유된다.

특히 내장, 연골 등을 원료로서 hormone 제품 등의 추출, 조간유(粗肝油)를 정제시킨 vitamin류를 만드는 등 2차적인 가공도 하는데 이때의 폐수는 원료의 세척수 및 알칼리폐수, 추출의 유기용제를 함유한 물, 정제시의 잔액 등이 유출되며 기타 용기세척, 작업대 세척수도 부가되어 육편 등의 고형분을 갖는 유지분을 포함하여 유출한다. 이들 폐수의 수질 분석치는 표 16-3과 같다.

**표 16-3 수산 가공 공장별 폐수 수질 성적**

| 공장 | 색상 | 냄새 | pH | 부유물 | BOD | COD | 유지물 | $NH_3$-N |
|---|---|---|---|---|---|---|---|---|
| 햄소세지 | 혈 황 탁 | 어부패취 | 6.3 | 546 | 821 | 450 | - | 57.6 |
| 통 조 림 | - | - | 6.3~6.7 | 230~582 | 96~920 | 155~820 | 3~120 | - |
| 연 제 품 | 백 탁 | 어 취 | 6.6 | 250 | 448 | 247 | 1.2 | 0.5 |
| 어 간 유 | 황 백 탁 | 어 취 | | 3,050 | 3,520 | 1,370 | - | - |

수산 가공 폐수의 측정값은 변동이 크고, 농도도 높다(표 16-2). 또 그 주성분은 표 16-4에서와 같이 함질소화합물이고, 원료 어패류에서 유출되어 나오는 것이다. 이들 성분은 폐수 중에서 단시간에 미생물이나 자가소화효소에 의해 분해하여 단백질, peptone, peptide, 아미노산, 아민, 암모니아 등의 순으로 변화한다.

**표 16-4 명태 처리 폐수의 조성***

| | 성 분 | 농 도(ppm,N) | | 비 율(%) |
|---|---|---|---|---|
| 함질소물 | 고 형 | 71 | 198 | 95 |
| | 수용성 peptone | 55 | | |
| | 엑 스 분 | 45 | | |
| | 아미노산 | 11 | | |
| | 암모니아 | 11 | | |
| | 지 질 | - | | |
| | 탄수화물 | - | | 5 |

* $COD_{Mn}$ 667 : $BOD_5$, 2100

그 때문에 $BOD_5$, $COD_{Mn}$ 값이 증감한다. 이들 원인은 표 16-5와 같이 측정법에 따라 성분과 수치에 차이가 있기 때문이다. 그 외의 성분으로는 지방, 혈액 등에서 오는 탄수화물 등이 있고, 특히 어종에 따라 지방이 극단적으로 많은 폐수도 있다.

제조업종에 따라 폐수 전체의 오탁 정도는 BOD 부하값으로 나타낼 수 있다. 즉 BOD(ppm)× $\frac{1}{1,000}$ ×수량(㎥)=BODkg 단위로 나타낸 것이다. 이것에 대하여 업계에서는 다음 기준을 정하고 있다.

① 참다랑어의 통조림 공장-원료 1ton당 폐수량은 $42m^3$, 부하량은 10~15 BODkg(단 자즙 폐수를 제거)
② 냉동 어패류 제조업-꽁치 원료 1ton당 폐수량은 42㎥, BOD는 10kg
③ 연제품 제조업-원료 1ton당 폐수량은 10~50㎥, BOD 부하량은 0.5~4kg
④ 냉동고기풀 제조업-원료의 1ton에 대하여 수량은 5~40㎥, BOD 부하량은 10~35kg

**표 16-5 측정법에 따른 함질소물의 수질오탁치의 차이**

| 질소화합물의 종류 | $BOD_5$ | $COD_{mn}$ | $COD_{Cr}$ | 비 고 |
|---|---|---|---|---|
| 고형 단백질 | ±~+ | + | ++ | －: 전연 측정되지 않는다. |
| 수용성 단백질 | +~++ | + | +++ | |
| peptone | ++ | + | +++ | ±: 다소 측정된다. (10% 이하) |
| peptide | ++ | ±~+ | +++ | |
| 엑스분 | ? | ? | ? | +: 30% 정도 측정된다. |
| 아미노산 | ++ | ± | +++ | |
| 아민류 | ++ | ± | +++ | ++: 70% 정도 측정된다. |
| 암모니아 | － | － | ± | |
| 아질산 | ± | +++ | +++ | +++: 90% 이상 측정된다. |
| 질산 | － | － | － | |

## 3. 폐수처리 방법

수산폐수는 성분적으로 가정하수와 상당히 유사하나 그 농도는 높고 특히 유기물을 많이 함유한다. 이들 폐수는 예비처리로 Screen에 의해 거친 부유물의 제거, 침전지에서 침전시킨 미세한 고형물의 제거, 아울러 부상시킨 유지류를 skimmer로 제거하는 처리를 효과적으로 하는 것이 제일 조건이며 이같이 한 후 화학적 침전처리법이나 생물학적 처리법을 채용하여 처리한다. 그 대표적인 flow Sheet는 그림 16-1과 같다.

○ 화학적 처리(化學的 處理)

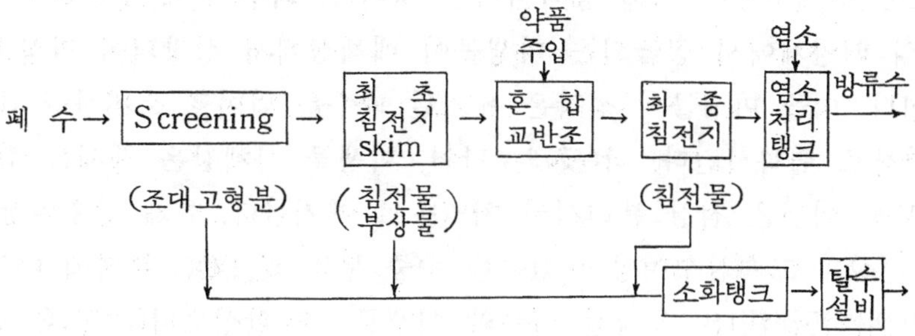


○ 생물학적 처리(高速散水濾床法)

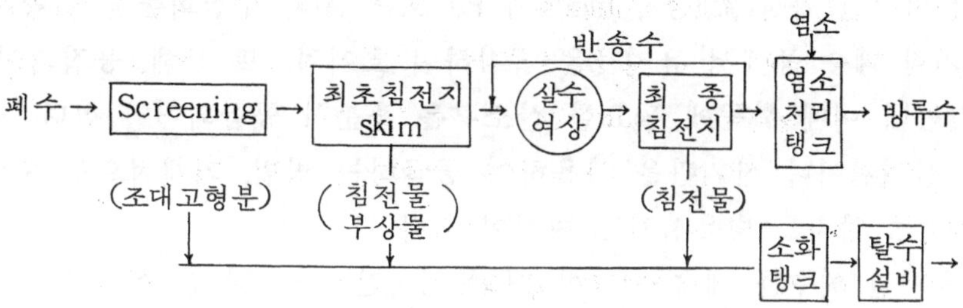


○ 생물학적 처리(活性汚泥法)

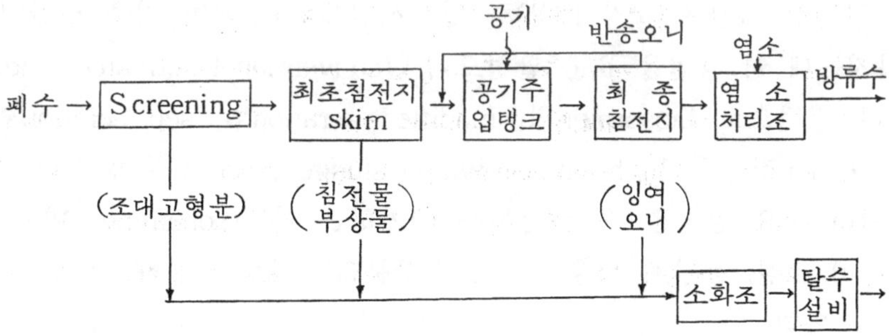


**그림 16-1 폐수처리의 Flow Sheet**

화학적 침전처리는 colloid상과 아울러 미립의 오탁물질 제거를 위해 약품을 가하여 침전물을 생성시키는 처리로 약품으로는 철염, 석회, Al철 등이 사용되며 반응조에 주입교반시켜 block 상을 형성하여 침전조에서 침강분리시켜 상징액을 방류시킨다. 침강된 오니는 농축조에서 농축시킨 후 기계 탈수하여 건조장에서 건조한다.

생물학적 처리로 널리 채용되는 방법은 산수여상법과 활성오니법이 있다. 일반적으로 산수여상법은 활성오니법에 비하여 저농도의 유기질 폐수에 대하여 채용된다.

ㅇ산수여상(散水濾床)은 파쇄암석 같은 적당한 매체를 쌓아 만든 오니에 폐수를 부어 공기를 자연 또는 강제송풍에 의해 통과시키는 것이다. 폐수 안에 생존하는 미생물, 가정 생활하수 기타의 배양체에서 공급되는 미생물이 매체상에서 성장되어 막상(膜狀)의 생물상(相)을 형성한다. 이들 미생물의 성장은 유기질 폐수를 먹이로 소비하여 대사작용에 의해 무기적 화합물로 변화시킨다. 막(膜)의 단편, 미생물 사체같은 생체를 함유한 그대로 탈락시키는데 보통 이것을 침강 분리시켜 처리수로 제거한다. 현재 산수여상(散水濾床)은 보통 표준 산수여상과 고속산수여상이 있는데 수중 부하 및 BOD 부하에 따라 구별한다.

ㅇ활성오니법(活性汚泥法)은 유기질 폐수와 미생물, 즉 활성오니(汚泥)를 큰 용량의 폭기조 안에서 접촉시켜 세균이 분비시킨 세균의 block 상의 부유물질을 성장시키는 방법이다. 활성오니는 오니와 그 주위에 서식하는 미생물로 구성된다. 대표적인 것은 zooglea(세균)로 세균이 분비시킨 가상(架狀)의 block에 Fe 또는 Al의 수산화물을 결합시킨 것이다. 활성오니는 유기질 폐수 중에서 유기물을 흡착하여 호기적으로 분해, 응집되어 쉽게 침전하는 능력을 갖는데 이때 활동에 필요한 산소량은 충분히 공급되어야 한다. 이의 산소원은 압축공기를 산기판이나 산기관을 사용하여 공급하는 방법, 기계적으로 수면을 교반시켜 공급하거나 또는 양자를 병용시키는 방법이 있다.

예비처리한 유기질 폐수를 계속 처리할 때 폭기시간은 4~6시간 실시하고 계속 침전조에 흘려 침강처리하고 block의 일부는 종균으로 폭기장치에 반송시키는데 도중 안정화조에 투입폭기를 하여 흡착된 BOD를 산화 분해시켜 흡착능력을 복원시켜야 한다.

여기서 이의 안정화 시간은 흡착 BOD량 접촉시간에 좌우되며 접촉 시간이 길면 안정화 시간은 짧아지는데 이 방법을 표준 활성오니법(conventional activated sludge process)이라 한다. 기타 방법으로 biosorpion법, modified aeration법, sep aeration법, complete mixing법, tapered aeration법, high rate activated sludge process 등이 있다.

이상의 폐수처리 주요 공정은 큰 고형분을 제거하는 사별(screening) 미세성분의 응집처리(pH 5, pH 10 조절, 응집제 사용, 부상, 침강분리), 미생물 분해, 농축처리, 소각처리 등으로 요약할 수 있다.

## 4. 수산폐액 성분의 회수 이용

앞에서 기술한 바와 같이 응집법에서는 미세한 단백질이나 지방분 등이 응고·응집하여 분리된다. 이 부상분리물이나 일반적인 응집물(block)은 함수율이 높아 보통 95~98% 정도이다. 이 탈수 처리는 다시 고분자 응집제를 가하여 탈수하거나, 가열하여 screw press로 압착 탈수하든가 원심 분리법을 이용하든가 하여 75~85%까지 떨어뜨린다. 이렇게 하여 용량을 10~20분의 1로 한다(그림 16-2). 일반적으로 이의 생성량은 폐수 1㎥당 무수물로 1kg라고 보면 된다.

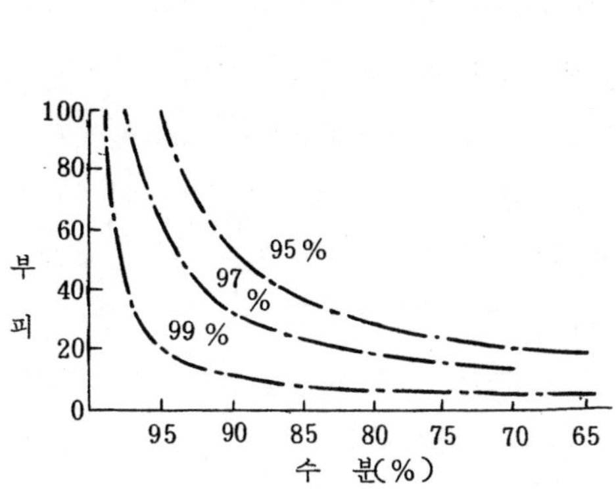


**그림 16-2 탈수와 부피 관계**

다시 탈수할 경우는 건조법을 이용한다. 이들 성분은 단백질, 지질, 회분이 주성분이고 그 조성은 원폐수 처리법과 큰 차이가 없다.

단백질은 어체의 점액, 체액 등에 의한 것이나 수세할 때 녹아 나오는 근육단백질도 있지만 모두 응고제에 의하여 변성되어 있다. 지방도 처리과정 중에 산화 변패되어 있다. 회분은 응집제의 알루미늄, 철, 석회 등이 태반을 차지한다. 다시 고분자 응집제가 함유되어 흡습성을 높이고 있다. 이들의 단백질, 지질, 회분의 분리는 곤란하고 사료나 비료료서도 성분조성이 안정하지 않고, 소화율이 나쁜 것 등 문제가 많다.

**표 16-6 응집물의 성분** (단위 : %)

| 어 종 | 수 분 | 조단백질 | 조지방 | 조회분 |
|---|---|---|---|---|
| 오징어 | 11.7 | 47.5 | 22.7 | 7.6 |
| 고등어 | 11.5 | 47.2 | 25.3 | 7.6 |
| 고등어, 꽁치 | 18.5 | 29.4 | 33.1 | 11.7 |
| 오징어 | 71.0 | 17.8 | 4.8 | 3.6 |
| 명태, 오징어 | 80.3 | 10.0 | 5.6 | 2.4 |

이들을 이용하기 위해서는 효소에 의한 소화법, 용제에 의한 지질의 분리법 등 여러 가지가 시도되고 있다.

생물처리에 의하여 생기는 오니는 하수도 등의 것과 달라 유해물이 적고, 비료 등으로 이용된다(표 16-6).

자즙 등 농도가 높은 폐액은 SCP(single cell protein), 미생물 단백질의 발효용 배지로 이용하는 연구가 진행되고 있다. 어쨌든 연간 수만 톤에 달하는 산업 폐기물의 처리는 큰 문제이고, 앞으로의 연구에 기대할 수밖에 없다.

# 17장 수산가공공장의 위생관리

## Ⅰ. 공장 위생

### 1. 공장의 시설, 설비의 식품위생법 규제

안전한 식품을 가공하는 기본적 조건으로 시설설비는 중요한 의미를 가진다. 우리 나라에서도 음식점 영업, 기타 공중위생에 영향을 많이 미치는 영업에 대해서는 식품위생법(법 22조)에 따라 관계 기관의 허가를 받도록 되어 있다.

시설기준의 준칙에는 건물의 구조, 식품 취급 설비, 급수 및 오수처리로 나누어 최저 기준이 요구되고 있는 것은 다음과 같은 점들이다.

① 식품공장은 불결한 장소에 위치하지 않을 것. 단지 적당한 처치가 있을 때는 예외

② 처리장은 주거장소와 일정한 구획을 설정할 것

③ 처리장은 계획된 가공량에 따라 알맞은 넓이가 있고, 충분한 내구력이 있는 원료창고 가공실, 기계 기구, 조제실, 냉장설비, 제품창고 등을 설치하여 일정한 구획을 설정할 것. 고정된 기계 기구 및 이동하기 어려운 기구는 세정하기 쉬운 위치에 배열할 것

④ 종업원 수에 따른 청결한 갱의실 또는 갱의 상자를 설치할 것

⑤ 가공공장의 천장은 청소하기 쉬운 구조로 할 것

⑥ 가공공장의 내벽은 불침투성 재료로 만들어져 있는 경우를 제외하고는 테이블면에서

적어도 1m까지는 불침투성 재료로 바르고, 또한 청소하기 쉬운 구조라야 할 것

⑦ 가공공장의 테이블은 불침투성 재료로 만들고 적당한 경사와 배수 홈을 만들고 또한 청소하기 쉬운 구조라야 한다.

⑧ 환기팬을 붙인 배기 장치, 기타 수증기 등을 적당한 높이로 옥외에 방산하는 것 등의 설비를 설치할 것

⑨ 가공공장은 자연광선이 충분히 들어올 수 있는 구조라야 하고, 그렇지 못할 경우나 야간에는 50lux 이상의 밝기라야 한다.

⑩ 가공공장의 문은 자동 개폐식으로 하고 창이나 출입구, 기타 개방하는 장소는 철망과 같은 것으로 쥐나 곤충의 침입을 막는 설비가 있어야 하고 배수구에는 쥐가 출입하지 못하도록 하는 설비가 필요하다.

⑪ 가공공장의 주위 지면은 배수가 좋고, 또한 청소하기 쉬운 재료로 덮여 있어야 하고, 적당한 경사가 있어야 한다.

⑫ 가공공장에는 원재료 및 기계, 기구를 세정하는 데 편리한 유수식 세정설비 및 종업원 전용의 수세식 변소를 설치하여야 한다.

이상 12항목이 식품공장의 시설 기준의 준칙으로 나타난 것으로 소위 공통의 최저기준이라고 할 수 있다. 위에서 기술한 것 외에 당연한 것이지만 각각의 제조 품목에 따른 식품의 조리, 가공 또는 제품의 보존 설비나 기계가 첨가되게 된다.

수산식품의 가공공장은 극히 소규모 공장이 많았다. 그러나 최근에는 근대적인 기계설비를 갖춘 대량생산 방식의 식품공장도 증가하고 있다. 대규모 공장 또는 대량생산 방식만이 위생적으로 바람직하다고 할 수 없지만, 소규모 영세기업과 달라 일반적으로 기술자도 많고 또한 품질이나 위생관리 체제가 잘 확립되어 있는 것도 사실이다. 실제문제로 중소기업의 수산가공공장 실정을 보면 위생관리 이전의 상태에 있다고 해도 과언이 아니다.

## 2. 위생관리대장

위생적인 시설·설비는 안전한 식품을 제조하는 기본 조건이지만, 더욱 중요한 것은 식품공장의 평소 위생관리이다. 위생관리 대상은 다음과 같이 나눌 수 있다. ① 시설·설비 ② 원재료 ③ 가공 공정 ④ 제품 ⑤ 폐기물, 폐수 등 ⑥ 종업원의 건강관리 및 개인위생 ⑦ 사용주, 그런데 수산가공공장에서는 특히 미생물이 문제가 되는 수가 많기 때문에 위에서 기술한 ①에서 ④까지의 관리대상에 있어서도 미생물 억제가 중요한 관리사항이 되고 있다.

## 3. 세척

식품공장의 위생관리에 있어서는 기계, 기구, 용기, 조리기구 등의 세정과 살균, 소독은 기본적인 중요사항이다. 그러나 실제로는 세제의 선택을 잘못하거나 불확실한 살균, 소독을 하고 있는 것을 종종 볼 수 있다.

### (1) 세제(洗劑)의 종류와 성질

세제라고 하는 것은 무기 세정제와 계면활성력을 이용한 세정제로 크게 나눌 수 있다. 무기세정제에는 가성 소다, 탄산 소다, 인산 소다 등과 같은 알칼리류 및 인산염류, 황산, 질산, 차아염소산수 등의 종류가 있다. 이들은 용기나 기구의 세정 뿐만 아니고 그 일부는 식품의 세정에도 쓰이는 경우가 있다. 무기세정제는 계면활성력(거품생성)이 없다. 이들은 다음과 같은 계면활성력이 있는 세정제와 병용하여 사용하는 수도 있다. 계면활성제라고 하는 것은 물 또는 용매에 미량 녹였을 때, 그 계면장력을 현저하게 저하시키는 물질로 보통 비누, 세제, 유화제라고 부르는 것을 총칭한 것이다. 비누나 중성세제는 물에 녹으면 그 활성부가 음이온을 나타내므로 음이온 계면활성제라고 부른다. 비누가 옛부터 널리 쓰여졌지만, 용수에 소량이라도 금속이온이 있으면(소위 센물), 이들 이온과 불용성 비누가 생겨 세정 후에도 남아 씻어지지 않게 된다. 비이온활성제는 수용액 중에서는 해리하지 않기 때문에 이런 이름이 붙었지만, 이것은 수중에 다른 전해질이 존재하여도 활성에 영향을 받지 않는다.

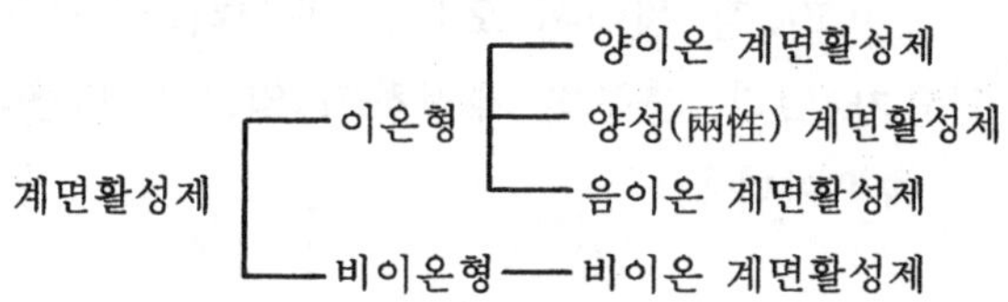


**그림 17-1 세제 분류**

세제를 선택할 때 세제의 성질, 특히 장단점을 알아두어야 한다. 세제는 강알칼리성, 약알칼리성, 중성, 약산성, 강산성 등 5종류로 나누어진다. 한편, 세제가 구비해야 할 조건으로는 습윤성, 유화성, 용해성, 분산성, 센물인화성, 세탁성, 금속 부식성 등을 들 수 있다. 실제문제로 이들 성질을 모두 만족시킬만한 성질을 가진 세제는 적다. 오물의 종류에 따라 목적에 가까운 성질을 가진 세제를 선택하여야 한다.

### (2) 오물의 종류와 세제의 선택

세제를 선택할 때에는 다음 네 가지 점에 유의하여야 한다. ① 오물의 성질 ② 세정면과 세제의 접촉시간 ③ 세정하여야 할 표면의 성질 ④ 수질 등이다.

첫째, 오물의 성질에 대하여 살펴보면 식품의 오물(잔류물)은 당분, 전분, 유지, 단백질, 유석(乳石, milk stone) 등이다. 이들은 물로 씻거나 미온탕으로 씻어 대부분 제거한다. 다시 오물에 알맞은 세제(洗劑)와 때로는 데치기(blanching) 등을 병용하여 제거한다. 대부분의 식품공장에서는 중성세제를 사용하고 있다. 중성세제는 유지성 오물을 제거하는 데는 탁월한 효과가 있지만, 단백질성 오물을 제거하는 데는 적합하지 않다. 단백질성 오물을 제거하는 데 가장 적합한 것은 알칼리세제이다. 전분성 오물은 가열 팽화하거나 타서 누렀을 때는 수세 또는 세제만으로는 제거하기 곤란하고 brushing, 기타 기계적 제거법을 사용한다. 우유 등을 사용하였을 때 생기는 유석은 산성세제로 제거한다.

둘째, 접촉 시간인데 될 수 있는대로 습윤, 침투성(浸透性)이 높은 것을 선택하면 단축된다.

셋째, 표면의 성질에 대하여 살펴보면 알루미늄 등의 금속은 부패하기 쉽고 또한 상처가 나기 쉽다.

넷째, 물의 성질에 대하여 말하면 비누는 센물을 사용할 수 없지만 합성세제는 문제가 없다.

근래 식품공장의 기계화나 자동화가 성행하고 있는데, 미생물 오염으로 문제를 야기시키는 경우가 종종 있다. 이것은 파이프나 복잡한 기계장치의 세정, 소독이 곤란하기 때문에 일어나는 수가 많다. 미생물의 오염방지 또는 미생물을 제거하는 입장에서 보면 식품과의 접촉면적이 적고 표면이 평활한 것이 좋지만 기계화는 오히려 이를 역행(逆行)하는 일이 많다. 사용한 기계 기구는 미리 잘 씻어서 오물을 제거하고, 될 수 있는대로 분해하여 알맞은 세제로 잘 씻을 필요가 있다. 충분히 세정하지 않으면 다음의 살균이나 소독이 불확실하게 될 위험이 생기기 때문이다.

## 4. 살균 소독

미생물을 죽이는 일을 총괄하여 살균(殺菌)이라고 부르고 있다. 그러나 이 말은 엄밀한 학문적 용어라기보다는 오히려 일반용어로 쓰이는 경우가 많다. 세균학에서는 살균이라고 하기보다 멸균(滅菌, sterilization)과 소독(消毒, disinfection)이란 용어가 쓰이고 있다. 멸균이란 목표로 하는 물체 중에 포함되어 있는 모든 미생물을 죽여서 완전히 무균상태로 하는 것을 말한다. 그리고 소독이란 멸균과 달리 대상물 중의 병원균(홀씨를 가지지 않는 것)만을 살멸하여 감염될 위험성을 제거하는 것으로 비병원균은 보통 존재하고 있는 상태이다. 한편 식품가공이나 기술 등에서는 보존성을 향상시키기 위한 가열을 살균이라고 부르고 있다. 이를 테면 통조림의 살균이라고 하면 보존성이나 공중위생에 관계가 있는 미생물, 특히 식중독세균 중에서 강대한 내열성이 있는 *Clostridium botulinum* A 형균 홀씨를 완전 살멸시키는 것을 목표로 가열을 행하고 있지만, 이렇게 열처리한 식품은 반드시 무균상태라고는 할 수 없고, 또한 실용적으로는 그렇게 할 필요도 없다. 이와 같은 통조림, 병조림의 가열처리를 상업적 살균(commercial strerilization)이라고 한다. 또한 어묵과 같은 연제품의 가열도 종종 살균이라는 말을 쓰고 있다. 이것은 주로 홀씨를 가지고 있지 않은 살모넬라균이나 포도상구균 등과 같은 식중독 세균의 살멸은 행해지지만(중심부의 온도 75℃ 이상 가열), 이 경우에는 세균학에서 말하는 소독의 개념에 가깝다. 식기나 기구 등에도 살균이란 말을 쓰지만 소독이란 말이 더 적합할 것이다.

살균(멸균)이나 소독을 수단으로 크게 나누면 물리적인 방법과 화학적인 방법이 있다. 또 실제에는 이들을 병용하는 경우도 있다. 물리적인 방법으로 예로부터 사용되어온 것은 열(熱)이고, 열에는 건열과 습열(濕熱)이 있고, 식품공장 등에서는 증기나 자숙 등 습열에 의한 가열을 사용하고 있다. 그 외에 여과, 자외선, 초음파(超音波), 고주파(高周波) 등이 있고, 최근에는 방사선(放射線)에 의한 살균도 연구되어 있다.

화학적 방법은 소위 소독약이나 살균제 등을 사용하는 것으로 약물에 의한 살균수단이라고 할 수 있을 것이다. 소독약에는 크레졸 비누액, 석탄산, 할로겐화합물, 승홍(昇汞) 등의 수은화합물, 알코올, 역성비누 등의 계면활성제 등 많은 종류가 있다. 그러나 식품공장에서는 냄새나 독성 등으로 보아 사용할 수 있는 약제는 한정되어 있어 보통 소독에 쓰이는 약제라고 하면 차아염소산나트륨, 역성비누 및 알코올이라고 해도 좋다. 차아염소산염은 사용수, 용기 기구, 행주 등의 소독에는 우수한 살균력을 나타내지만, 식품의 찌꺼기와 같은 유기물이 있으면 살균력이 격감한다. 역성비누는 손가락의 소독에 사용할 때에는 미리 비누액으로 손가락을 잘 씻은 다음 비누분을 물로 충분히 제거하고, 여기에 한두 방울의 역성비누액을 떨어뜨려 손을 잘 문질러서 펴도록 한다. 70~75% 알코올도 손가락의 소독에 쓰는 수가 있다. 조리식품의 분배나 포장 등 직접 식품에 손을 대는 종업원의 손가락 소독에 활용할만한 것이다.

식품에 직접 사용할 수 있는 살균제로는 과산화수소수가 허가되고 있지만, 최근 발암성이 있다는 것이 판명되어 문제가 되었다. 그래서 최종식품이 완성되기 전에 분해 또는 제거하지 않으면 안된다는 새로운 기준이 생겨 현단계의 기술로는 잔류량을 0으로 하는 것은 불가능하므로 실제로는 전면 사용금지된 것과 마찬가지다.

## 5. 위생관리 실시요령

### (3) 일상 위생관리

### 1) 공장청소 및 작업관리

① 일상위생관리는 조업시간 중 공장 내외부 및 창고주위의 청소를 포함, 쓰레기 제거와 바닥 및 기계세척 작업을 자주 실시해야 한다.

② 오물은 위생호스나 삽 또는 비로 즉시 제거해야 한다.

③ 청소작업자나 위생관리 감독자는 항상 근면하고, 계속적인 위생관리 업무수행 의욕이 깃들어야 한다.

④ 각 분야별 감독자도 자기 공장의 위생 및 안전관리에 책임을 져야 한다.

⑤ 공장의 청결을 유지하기 위하여는 모든 노력이 계속되어야 하며, 가공작업이 뜸해질 때는 라인을 일시 중지하는 한이 있어도 청소를 강행하여 시설에 있어 벨트나 휠러 등을 청결하게 닦아내야 한다.

⑥ 야간 위생관리에 있어서는 임명된 청소원이 계속적으로 염소 처리수로 배수로 및 기계 청소를 하여야 한다.

⑦ 작업 중 즉시 청소를 실시하여 공장 내의 좋은 위생상태를 유지할 수 있도록 하여야 한다.

### 2) 휴식시간 중 위생관리

점심시간 중 공장가동이 멈춰졌을 때 청소작업을 실시하면 많은 일을 할 수 있다. 청소원의 半은 점심시간을 11시~12시에 주고 나머지 半은 1시에서 2시 사이에 주고 청소를 실시하도록 하면 위생관리에 좋은 효과를 얻을 수 있다.

### 3) 가공 전 청소 작업

⑧ 벽, 천장, 배수구, 바닥을 소독제를 사용하여 청소하고 재차 닦아내야 한다.

⑨ 고압세척기로 청정제를 사용함이 좋다.

⑩ 자숙솥, 세척장치 및 살균솥 등은 뜨거운 물과 청정제를 사용 세척하여야 한다.

⑪ 자숙솥 내의 낀 녹(scale)은 황산화합물을 이용하여 제거하고 살균솥의 청소는 염산을 사용하여 씻는다.

⑫ 배수구를 모래자루나 철판으로 막고 뜨거운 청정제를 흡수 살균시켜야 한다.

⑬ 기계장치의 세척은 외부와 내부를 모두 포함시켜야 하며 최종 세척은 고압세척기나 steam 세척기를 이용하여 헹군다.

### 4) 가공 후 청소작업

다음 사항을 제외하고는 가공전 청소작업과 동일하게 실시한다.

⑭ 침식되기 쉬운 금속제의 녹방지를 위하여 특별한 주의가 필요하며 이를 방지하기

위하여는 산에 alkili 세척제를 가하여 산을 중화시켜 사용해야 한다. 산이 중화되면 그 용액은 곧 alkali화 하여 닦아내지 않으면 금속을 보호하는 막이 형성된다.

⑮ 금속표면으로 전기도금한 홈 부분이나 철제 후램 부분에는 보호용 oil을 발라두어 보호해야 하고 또 녹 방지장치를 해야 한다.

### 5) 야간 위생관리

#### (9) 위생지표

① 필요시에는 적절한 청소를 할 수 있도록 즉시 가공을 중지한다.

② 오물이 쌓여 있음은 위생수준을 가리키는 것으로 청소 후에 가공을 실시하여야 한다.

어떤 장소에서는 오물의 발효가 시작되기 쉬우며 후에는 이 오물이 흑변하고 또 악취를 내게 된다(배수구의 배수가 불량할 때).

#### (b) 토사의 제거

① 오물과 토사의 집적은 기기류에 청정제를 사용하여 세척함으로 감소시킬 수 있으며, 청정제는 사용 후 약 15분 방치 후에 닦아내지 않으면 효과가 없다. 세척에 있어서는 고압세척기나 steam 세척기를 사용하여 오물과 쌓인 토사를 세척한다.

#### (c) 청정제의 혼합

① 청정제는 가능한 따뜻한 용액으로 사용해야만 효과가 높아진다. 청정제는 먼저 뜨거운 물에 녹인 다음 혼합 사용할 것.

② 청정제를 물에 타야지 물을 청정제나 산에 타서는 안되며 청정제가 물속에 혼합되면 쉽게 용해되나 청정제를 양동이에 넣은 후 냉수를 부을 경우는 응고현상이 생기기 쉽다.

③ 약품 혼합시에는 호신용 의복을 착용해야 한다.

④ 산과 alkali는 담당직원의 지시없이 동시에 혼합하지 말 것

⑤ 미리 사용법을 습득 후 사용해야 한다.

⑥ 약품을 물에 혼합할 때는 튀어 오를지 모르니 갑자기 쏟아넣지 말 것

#### (2) 염소처리 관리

① 잔류 염소이온농도를 1일 3회 이상 ortho tolidine flash test법으로 검사할 것(특히 제빙수)

② 검사기록을 보존할 것

③ 매회 측정한 결과를 기록해두면 수일 후에는 잔류량의 상관성을 알 수 있으며 만약 이 차이가 매우 클 때는 어딘가 잘못이 있는 것이다. 또한 용수의 염소량은 이론적 잔류량을 계산하여 관측치에서 빼면 구할 수 있다.

④ 매일 같은 시간에 염소 cylinder를 평량하여 소모량을 기록한다.

⑤ Hypochlorinator 조사에 있어서는 염소용액공급 tank의 용량도 조사하고 전날 시간당 사용한 용액량도 조사한다.

### (3) 공장 종업원의 위생 준수사항

공장종업원은 아래 사항을 준수토록 교육 및 관리 감독해야 한다.

① 공장관리에 좋은 습관을 기를 것
공장바닥에 휴지나 쓰레기, 꽁초, 음식물 찌꺼기를 버리지 않는 습관을 길러 항상 깨끗이 유지한다.

② 공장 주위에 음식 찌꺼기나 휴지, 빈병, 빈깡통 등을 버리지 말 것

③ 공장 내나 창고속에서 흡연하지 말 것

④ 열려진 식품용기나 탱크 옆 혹은 위에서 기침, 재채기 및 대화를 하지 말 것

⑤ 사용 후에는 항상 손을 깨끗이 씻을 것. 공장종업원은 살균제가 들어있는 비누로 손을 씻고 작업장에는 손을 담글 수 있는 위생수를 비치하고 위생수는 옥도 25ppm이나 20~30ppm 정도 함유된 물을 사용할 것. 모든 종업원은 일이 시작되기 전 또는 작업장을 떠날 때는 항상 위생수에 손을 씻도록 한다.
수건은 수시로 삶아서 세탁한다.

⑥ 식품에 손이 닿는 것을 최소한 줄인다. 필요하다면 원료나 가공 중의 식품 취급시 장갑을 끼도록 한다.

⑦ 공장 내에서는 모자 또는 스카프를 쓸 것

⑧ 원료나 식품을 바닥에 떨어뜨리지 않도록 하고 만약 흘렸다면 즉각 치울 것

⑨ 자기가 사용하는 모든 장비와 기구는 항상 깨끗이 유지할 것

⑩ 식품에 오염을 일으킬 수 있는 가능성을 최대한 방지할 것

⑪ 열려있는 탱크나 저장 tank에는 직접 바람이 불어 들어가지 않도록 할 것

⑫ 화장실의 문은 항상 닫아놓고 화장실 옆에 원료나 제품을 놓아두지 말 것

⑬ 바닥에 떨어진 원료나 제품은 절대로 가공되고 있는 제품에 섞지 말고 버릴 것

⑭ 전염병, 질병 또는 신체의 어느 부분에도 화농증의 상처, 종기 등이 있는 자는 식품 취급에 종사하지 않을 것

⑮ 식품취급기구를 머리, 코, 입, 또는 귀에 접촉시키지 말 것

⑯ 종업원은 보건증을 확보하고 정기적으로 신체검사를 받게 할 것

⑰ 모든 위생에 관계된 권장사항을 준수할 것

### (4) 위생관리 점검표

#### 1) 위생등급

1일 2회 이상 위생상태를 점검, 별첨양식과 같이 일일 위생관리 점검표를 작성하여 위생등급이 90 이상이 되어야 한다.

#### 2) 위생등급 평가방법

① 위생관리 점검표의 제2란에는 미비사항에 대한 할당배점의 한도를 0~5의 숫자 혹은 불량이라 구분한다.

② 검사원은 이 할당배점의 한도내에서 각각 위생적인 결함은 제3란에 숫자로 기입한다. 검사가 끝나면 검사원이 검사한 각각의 전부를 합하여 총점으로 계산한다.

③ 위 숫자로 적용될 수 없는 경우에는 제2란의 숫자를 지우고 제2란과 제3란에 불량이라고 기입한다.

④ 검검표에 그 공장의 사정과 부합되지 않은 항목이 있으면 줄을 그어서 지운다. 그 지운 항목은 제2란의 총점과는 관계가 없다.

⑤ 불량으로 기입한 항목에 대해서는 비고란에 불량으로 기입하게 된 이유를 명확하고 상세하게 기록한다.

⑥ 이 점검표의 양식을 변경할 필요가 있을 때는 적절하게 조정할 수 있다.

⑦ 위생등급 산출방식의 공식은 다음과 같다.

$$\frac{\text{제2란의합계} - \text{제3란의합계}}{\text{제2란의합계}} \times 100 = \text{위생등급}$$

⑧ 품질관리 담당자는 점검표를 2부 작성하여 사업소장에게 일일 보고, 비치하고 1부는 본사에 비치한다.

| 위생관리 점검표 | | |
|---|---|---|
| 작 업 장 명 :<br>검사시 입회자 :<br>점 검 일 시 : | | |
| 위생적 결함사항(1) | 배점(2) | 검사원 평점(3) |
| 1. 외곽 | | |
| 가. 깨끗하지 못함. | 3 | |
| 나. 배수가 잘 되지 않음. | 3 | |
| 다. 주위가 불결하여 공장을 오염케 할 우려가 있음. | 5 | |
| 2. 원료 | | |
| 가. 불결한 잡물로 오염되어 있음. | 불량 | |
| 나. 불결하거나 변패된 징조가 보임. | 5 | |
| 다. 제조, 운반의 방법이 비위생적임. | 5 | |
| 라. 포장용기가 위생적으로 취급되지 않고 있음. | 4 | |
| 3. 공장 건물 | | |
| 가. 공장 건물의 벽이나 바닥, 천장이 그 구조나 짜임새에 있어 위생적이 못됨. | 4 | |
| 나. 외부로 통하는 창구가 불결할뿐더러 손질이 잘되어 있지 않음. | 4 | |
| 다. 스크린을 장치할 수 있는 창구에 스크린이 없으며 벌레나 쥐의 구제에 대한 대책이 미약함. | 4 | |
| 4. 조명 | | |
| 가. 조명이 충분하지 못함. | 4 | 5 |
| 나. 작업실의 조명등에 방호장치가 없음. | | |
| 5. 환기 | | |
| 가. 불쾌한 냄새가 남. | 5 | |
| 나. 작업실이나 저장실에 곰팡이가 피어 있음. | 3 | |
| 다. 작업실이나 저장실에 혼탁한 공기가 침체되어 있음. | 5 | |
| 6. 급수 | | |
| 가. 급수량이 충분하지 못함. | 5 | |
| 나. 필요한 곳에 급수설비가 되어있지 않음. | 4 | |
| 다. 물 검사를 할 수 없을 뿐더러 용수가 식용수로서의 가치가 없음. | 불량 | |
| 라. 식용수가 비식용수나 액상오물과 섞여질 우려가 있음. | 불량 | |
| 마. 비식용수의 수도관에 식용수와의 구별을 위한 표식이 없음. | 불량 | |
| 7. 얼음 | | |
| 가. 비식용수로 제조된 얼음임. | 불량 | |
| 나. 제조나 취급저장의 방법이 위생적이 못됨. | 5 | |
| 8. 오물 처리 | | |
| 가. 액상 오물이 위생적으로 처리되지 않음. | 5 | |
| 나. 바닥의 배수시설이 적절하지 못함. | 3 | |
| 다. 고형 오물수집통이 적절하지 않으며 공장내 적당한 위치에 비치되어 있지 않음. | 3 | |

| 위생적 결함사항(1) | 배점(2) | 검사원 평점(3) |
|---|---|---|
| 라. 작업시 생기는 찌꺼기 등의 수집통이 적당하지 않으며 뚜껑이 열려 있음 | 3 | |
| 마. 오물이 그때그때 위생적인 방법으로 처리되고 있지 않음 | 4 | |
| 9. 화장실, 탈의실, 세수설비 | | |
| 가. 인원수에 비하여 충분한 설비시설을 갖추고 있지 않음 | 불량 | |
| 나. 화장실이 공장 내 적당한 곳에 위치하고 있지 않으며 그 구조가 협소하여 불편함 | 4 | |
| 다. 화장실이 작업실과 마주 위치하고 있음 | 3 | |
| 라. 화장실의 출입문에 자동폐문장치가 되어있지 않으며 틈이 나 있음 | 3 | |
| 마. 위생관념을 고취하기 위한 표어가 붙어있지 않음 | 3 | |
| 바. 변소가 작업건물과 붙어 있음 | 불량 | |
| 사. 변소의 시설구조 짜임새가 위생적이 못됨 | 5 | |
| 아. 더운물, 찬물, 비누가 준비되어 있지 않으며, 물기를 말리는 설비가 되어있지 않음 | 5 | |
| 자. 내부 오물이 유해곤충에 개방되어 있음 | 5 | |
| 차. 화장실에 외부로 통하는 환기통이 없음 | 5 | |
| 10. 부속설비에 대한 공작 기구 | | |
| 가. 식품과 접촉하는 기구의 표면이 독성물질로 되어 있음 | 불량 | |
| 나. 기구의 구조가 세척이나 소독을 실시하기에 불편함 | 5 | |
| 다. 기구의 손질이 잘되어 있지 않음 | 5 | |
| 라. 식품이 접촉하는 기구의 표면이 세척이나 검사를 실시하기에 불편함 | 5 | |
| 11. 세척 및 소독 | | |
| 가. 식품과 접촉하는 기구의 표면을 사용한 후에 잘 닦지 않음 | 5 | |
| 나. 식품제조에 사용되는 기구를 매 작업 시간 전에 소독하지 않음 | 5 | |
| 다. 세척이나 소독에 사용되는 약품에 라벨을 붙이지 않았으며 그 보관상태가 적절하지 못함 | 4 | |
| 12. 작업 방법 | | |
| 가. 작업진행 방법이 제품을 오염시킬 우려가 있음 | 불량 | |
| 나. 제품의 변패가 우려 됨 | 5 | |
| 13. 위생 관리 | | |
| 가. 원료나 완제품에 대한 미생물 검사의 기록이 없음 | 5 | |
| 14. 해충, 조류 및 쥐의 구제 | | |
| 가. 쥐의 소굴 혹은 해충이 산란하기 편한 장소가 있음 | 4 | |
| 나. 해충이나 조류, 쥐 등이 공장 안에 보임 | 5 | |
| 다. 살충제나 쥐 구제가 식품을 오염케 할 우려가 있음 | 불량 | |
| 15. 냉각, 냉장 및 냉동설비 | | |
| 가. 이러한 설비가 그 구조나 기능에 있어 원료나 제품을 효과적으로 수용할 수 없음 | 5 | |

| 위생적 결함사항(1) | 배점(2) | 검사원 평점(3) |
|---|---|---|
| 나. 구조가 나빠서 식품을 오염시킬 우려가 있음 | 불량 | |
| 다. 온도계가 적당한 곳(가장 온도가 높은 곳)에 비치되어 있지 않음 | 3 | |
| 16. 저장 설비 | | |
| 가. 저장 방법이 식품에 변패나 오염을 일으키게 할 우려가 있음 | 5 | |
| 나. 저장 설비가 깨끗하지 못하며 손질이 잘 되어 있지 않음 | 3 | |
| 다. 저장설비 내에 선반, 캐비넷, 깔판 등이 있어야 할 곳에 비치되어 있지 않아 오염, 변패의 우려가 있음 | 5 | |
| 17. 차량 및 운반 장비 | | |
| 가. 그 구조나 취급 방법이 완전하지 못하여 오염, 변패의 우려가 있음 | 불량 | |
| 나. 위생관리가 철저하지 못함 | 3 | |
| 18. 인력 관리 | | |
| 가. 종업원 중에 전염병 환자가 있음 | 불량 | |
| 나. 신체에 찰상, 벗겨진데 혹은 외상을 가진 채 종사하고 있음 | 불량 | |
| 다. 작업복이나 머리덮개를 착용않고 있음 | 3 | |
| 라. 작업실 안에서 음식물을 먹거나 담배를 피우거나 침을 뱉음 | 3 | |
| 마. 고용 전 신체검사 혹은 정기적 신체검사에 관한 기록이 없음 | 4 | |
| 사. 종업원 중에 보건증 미소지자가 있음 | 3 | |

# 부 록

# 표 Ⅰ. 식품의 기준 및 규격

**(보사부령 206호, 1967.12.23 공포 보건 복지부 고시 1996-49호 개정)**

## 8. 어육제품

어육제품이라 함은 어육 또는 고래고기 등을 주원료로 식품 또는 식품첨가물을 가하여 제조·가공한 제품을 말한다.

### 6-1 어육가공품

● 정의

어육가공품이라 함은 어육을 주원료로 하여 제조·가공한 어묵 및 기타 이와 유사한 것 또는 이를 유탕처리한 것을 말한다.

● 주원료 성분배합 기준

(1) 용어의 정의

① 어묵 : 어묵류는 어육의 염용성 단백질을 용출시킨 고기풀에 부원료를 혼합하여 찌거나, 삶거나, 굽거나, 식용유에 튀긴 것 또는 이를 건조한 것으로 찐어묵, 삶은 어묵, 구운 어묵, 튀긴 어묵 또는 건조 어묵을 말한다.

② 혼합어묵 : 어육의 염용성 단백질을 용출시킨 고기풀에 부원료를 혼합하여 식용유에 튀기거나 찌거나 삶거나 구운 것을 말한다.

③ 냉동어묵 : 어묵을 -18° 이하에서 냉동한 것을 말한다.

④ 어육햄 : 어육의 육괴를 염지하여 훈연하거나 열처리한 것을 말한다.

⑤ 혼합어육햄 : 어육과 식육의 육괴(식육은 전체 육함량의 10% 이상이어야 한다)를 혼합 염지하여 훈연하거나 열처리한 것을 말한다.

⑥ 어육소시지 : 어육에 지방이나 향신료 등을 넣어 케이싱에 충전한 후 열처리한 것을 말한다.

⑦ 혼합어육소시지 : 어육 및 수육에 지방이나 향신료 등을 넣어 케이싱에 충전한 후 열처리한 것을 말한다.

⑧ 어육반제품 : 어육의 염용성 단백질을 용출시킨 고기풀에 부원료를 혼합한 것으로서 열처리하지 아니한 것을 말한다.

⑨ 어육살 : 생선을 채육, 가공한 어육살로서 부형제와 보존료 등 식품첨가물을 일절 첨가하지 아니한 것을 말한다.

⑩ 연육 : 생선을 채육하여 수세 · 탈수하고 이에 염 · 당류 · 인삼염 등을 첨가하여 갈아서 냉장 또는 냉동한 것을 말한다.

⑪ 기타 어육 가공품 : ①~⑩ 이외의 어육 가공제품을 말한다.

### (2) 성분배합 기준

① 어묵, 냉동 어묵, 어육 반제품 : 어육 함량 70% 이상

② 혼합어묵, 어육소시지, 어육햄, 기타 어육 가공품 : 어육 함량 각 60% 이상

③ 혼합 어육 소시지, 혼합 어육햄 : 어육 및 수육함량 60% 이상(어육 함량이 수육 함량보다 많아야 한다)

④ 연육 : 어육 함량 90% 이상

## ● 성분 규격

(1) 성상 : 고유의 색택을 가지고 이미 · 이취가 없어야 한다.

(2) 수분(%) : 10 이하(건조 어묵에 한한다)

(3) 아질산이온(g/kg) : 0.05 이하(어육햄류 및 어육 소시지류에 한한다)

(4) 타르 색소 : 검출되어서는 안된다(소시지류는 제외한다).

(5) 대장균군 : 음성이어야 한다(어육 반제품, 연육은 제외한다).

(6) 대장균 : 음성이어야 한다(어육 반제품, 연육에 한한다).

(7) 세균수 : 음성이어야 한다(멸균 제품에 한한다).

(8) 보존료(g/kg) : 다음에서 정하는 이외의 보존료가 검출되어서는 안된다.

| 소르빈산<br>소르빈산칼륨 | 2.0 이하(소르빈산으로서) |
|---|---|

**표 2. 섭씨 · 화씨 온도 비교표**

| 섭씨 (C) | 화씨 (F) | 섭씨 (C) | 화씨 (F) | 섭씨 (C) | 화씨 (F) | 섭씨 (C) | 화씨 (F) |
|---|---|---|---|---|---|---|---|
| -40 | -40.0 | 5 | 41.0 | 50 | 122.0 | 95 | 203.0 |
| -39 | -38.2 | 6 | 42.8 | 51 | 123.8 | 96 | 204.8 |
| -38 | -36.4 | 7 | 44.6 | 52 | 125.6 | 97 | 206.6 |
| -37 | -34.6 | 8 | 46.4 | 53 | 127.4 | 98 | 208.4 |
| -36 | -32.8 | 9 | 48.2 | 54 | 129.2 | 99 | 210.2 |
| -35 | -31.0 | 10 | 50.0 | 55 | 131.0 | 100 | 212.0 |
| -34 | -29.2 | 11 | 51.8 | 56 | 132.8 | 101 | 213.8 |
| -33 | -27.4 | 12 | 53.6 | 57 | 134.6 | 102 | 215.6 |
| -32 | -25.6 | 13 | 55.4 | 58 | 136.4 | 103 | 217.4 |
| -31 | -23.8 | 14 | 57.2 | 59 | 138.2 | 104 | 219.2 |
| -30 | -22.0 | 15 | 59.0 | 60 | 140.2 | 105 | 221.0 |
| -29 | -20.2 | 16 | 60.8 | 61 | 141.8 | 106 | 222.8 |
| -28 | -18.4 | 17 | 62.6 | 62 | 143.6 | 107 | 224.6 |
| -27 | -16.6 | 18 | 64.4 | 63 | 145.4 | 108 | 226.4 |
| -26 | -14.8 | 19 | 66.2 | 64 | 147.2 | 109 | 228.2 |
| -25 | -13.0 | 20 | 68.0 | 65 | 149.0 | 110 | 230.0 |
| -24 | -11.2 | 21 | 69.8 | 66 | 150.8 | 111 | 231.8 |
| -23 | -9.4 | 22 | 71.6 | 67 | 152.6 | 112 | 233.6 |
| -22 | -7.6 | 23 | 73.4 | 68 | 151.4 | 113 | 235.4 |
| -21 | -5.8 | 24 | 75.2 | 69 | 156.2 | 114 | 237.2 |
| -20 | -4.0 | 25 | 77.0 | 70 | 158.0 | 115 | 239.0 |
| -19 | -2.2 | 26 | 78.8 | 71 | 159.8 | 116 | 240.8 |
| -18 | -0.4 | 27 | 80.6 | 72 | 161.6 | 117 | 242.6 |
| -17 | 1.4 | 28 | 82.4 | 73 | 163.4 | 118 | 244.4 |
| -16 | 3.2 | 29 | 84.2 | 74 | 165.2 | 119 | 246.2 |
| -15 | 5.0 | 30 | 86.0 | 75 | 167.0 | 120 | 248.0 |
| -14 | 6.8 | 31 | 87.8 | 76 | 168.8 | 121 | 249.8 |
| -13 | 8.6 | 32 | 89.6 | 77 | 170.6 | 122 | 251.6 |
| -12 | 10.4 | 33 | 91.4 | 78 | 172.4 | 123 | 253.4 |
| -11 | 12.2 | 34 | 93.2 | 79 | 174.2 | 124 | 255.2 |
| -10 | 14.0 | 35 | 95.0 | 80 | 176.0 | 125 | 257.0 |
| -9 | 15.8 | 36 | 96.8 | 81 | 177.8 | 126 | 258.8 |
| -8 | 17.6 | 37 | 98.6 | 82 | 179.6 | 127 | 260.6 |
| -7 | 19.4 | 38 | 100.4 | 83 | 181.4 | 128 | 262.4 |
| -6 | 21.2 | 39 | 102.2 | 84 | 183.2 | 129 | 624.2 |
| -5 | 23.0 | 40 | 104.0 | 85 | 185.0 | 130 | 266.0 |
| -4 | 24.8 | 41 | 105.8 | 86 | 185.8 | 131 | 267.8 |
| -3 | 26.6 | 42 | 107.6 | 87 | 188.6 | | |
| -2 | 28.4 | 43 | 109.4 | 88 | 190.4 | | |
| -1 | 30.2 | 44 | 111.2 | 89 | 192.2 | | |
| 0 | 32.0 | 45 | 113.0 | 90 | 194.0 | | |
| 1 | 33.8 | 46 | 114.8 | 91 | 195.8 | | |
| 2 | 35.6 | 47 | 117.6 | 92 | 197.6 | | |
| 3 | 37.4 | 48 | 118.4 | 93 | 119.4 | | |
| 4 | 39.2 | 49 | 120.2 | 94 | 201.2 | | |

표 3. Retort 압력계시도와 포화수증기 온도와의 대조표

| (Lb/in$^2$) gauge 압력 | (g/㎠) gauge 압력 | 해당하는 포화수증기의 온도 | | (Lb/in$^2$) gauge 압력 | (g/㎠) gauge 압력 | 해당하는 포화수증기의 온도 | |
|---|---|---|---|---|---|---|---|
| | | ℉ | ℃ | | | ℉ | ℃ |
| 1.0 | 70.31 | 215.32 | 101.84 | 9.5 | 667.95 | 238.26 | 114.59 |
| 1.5 | 105,47 | 216.98 | 102.77 | 10.0 | 703.10. | 239.39 | 115.22 |
| 2.0 | 149.62 | 218.49 | 103.61 | 10.5 | 738.26 | 240.50 | 115.83 |
| 2.5 | 175.78 | 220.02 | 104.46 | | | | |
| 3.0 | 210,93 | 221.51 | 105.28 | 11.0 | 773.41 | 241.59 | 116.44 |
| | | | | 11.5 | 808.57 | 242.66 | 117.03 |
| 3.5 | 246.09 | 222.96 | 106.09 | 12.0 | 843.72 | 243.72 | 117.62 |
| 4.0 | 281.24 | 224.38 | 106.88 | 12.5 | 878.88 | 244.76 | 118.20 |
| 4.5 | 316.40 | 225.77 | 107.65 | 13.0 | 914.03 | 245.79 | 118.77 |
| 5.0 | 351.55 | 227.13 | 108.41 | | | | |
| 5.5 | 386.71 | 228.47 | 109.15 | 13.5 | 949.19 | 246.80 | 119.33 |
| | | | | 14.0 | 984.34 | 247.80 | 119.89 |
| 6.0 | 421.86 | 229.78 | 109.88 | 15.0 | 1.050 | 120.9 | 249.7 |
| 6.5 | 457.02 | 231.06 | 110.59 | 16.0 | 1.120 | 122.0 | 251.6 |
| 7.0 | 492.17 | 232.31 | 111.28 | 17.0 | 1.200 | 123.1 | 253.5 |
| 7.5 | 527.33 | 233.54 | 111.97 | | | | |
| 8.0 | 562.48 | 234.75 | 112.64 | 18.0 | 1.270 | 124.1 | 255.3 |
| | | | | 19.0 | 1.340 | 125.1 | 257.1 |
| 8.5 | 597.64 | 235.95 | 113.31 | 20.0 | 1.410 | 126.0 | 258.8 |
| 9.0 | 632.79 | 237.11 | 113.95 | | | | |

표 4. 기압과 물의 비등점과의 관계

| 기압 (㎜) | 비등점 (℃) | 기압 (㎜) | 비등점 (℃) | 기압 (㎜) | 비등점 (℃) | 기압 (㎜) | 비등점 (℃) |
|---|---|---|---|---|---|---|---|
| 10 | 11.2 | 260 | 72.5 | 510 | 89.2 | 720.15 | 98.5 |
| 20 | 22.1 | 270 | 73.4 | 520 | 89.7 | 722.75 | 98.6 |
| 30 | 29.0 | 280 | 74.2 | 530 | 90.2 | 725.36 | 98.7 |
| 40 | 34.0 | 290 | 75.1 | 540 | 90.7 | 727.98 | 98.8 |
| 50 | 38.1 | 300 | 75.9 | 550 | 91.2 | 730.61 | 98.9 |
| 60 | 41.5 | 310 | 76.7 | 560 | 91.7 | 733.24 | 99.0 |
| 70 | 44.5 | 320 | 77.4 | 570 | 92.2 | 735.88 | 99.1 |
| 80 | 47.1 | 330 | 78.2 | 580 | 92.6 | 738.53 | 99.2 |
| 90 | 49.4 | 340 | 78.9 | 590 | 93.1 | 741.18 | 99.3 |
| 100 | 51.6 | 350 | 79.6 | 600 | 93.1 | 743.85 | 99.4 |
| 110 | 53.5 | 360 | 80.3 | 610 | 94.0 | 746.52 | 99.5 |
| 120 | 55.3 | 370 | 81.0 | 620 | 94.4 | 749.20 | 99.6 |
| 130 | 57.0 | 380 | 81.7 | 630 | 94.8 | 751.89 | 99.7 |
| 140 | 58.6 | 390 | 82.3 | 640 | 95.3 | 754.58 | 99.8 |
| 150 | 60.1 | 400 | 82.9 | 650 | 95.7 | 757.29 | 99.9 |
| 160 | 61.5 | 410 | 83.6 | 660 | 96.1 | 760.00 | 100.0 |
| 170 | 62.8 | 420 | 84.2 | 670 | 96.5 | 762.72 | 100.1 |
| 180 | 64.1 | 430 | 84.8 | 680 | 96.9 | 765.45 | 100.2 |
| 190 | 65.3 | 440 | 85.4 | 690 | 97.3 | 768.19 | 100.3 |
| 200 | 66.4 | 450 | 85.9 | 700 | 97.7 | 770.93 | 100.4 |
| 210 | 67.5 | 460 | 86.5 | 707.27 | 98.0 | | |
| 220 | 68.6 | 470 | 87.1 | 709.83 | 98.1 | | |
| 230 | 69.6 | 480 | 87.6 | 712.40 | 982 | | |
| 240 | 70.6 | 490 | 88.1 | 714.98 | 98.3 | | |
| 250 | 71.6 | 500 | 88.7 | 717.56 | 98.4 | | |

**표 5. 기압과 높이와의 관계**

| ρ mmHg | *k* | ρ mmHg | *kg* | ρ mmHg | *kg* |
|---|---|---|---|---|---|
| 760 | 00 | 560 | 2500 | 360 | 5872 |
| 750 | 111 | 550 | 2643 | 350 | 6077 |
| 740 | 224 | 540 | 2789 | 340 | 6287 |
| 730 | 338 | 530 | 2937 | 330 | 6503 |
| 720 | 454 | 520 | 3087 | 320 | 6724 |
| 710 | 570 | 510 | 3239 | 310 | 6950 |
| 700 | 688 | 500 | 3393 | 300 | 7182 |
| 690 | 809 | 490 | 3550 | 290 | 7421 |
| 680 | 928 | 480 | 3872 | 280 | 7666 |
| 670 | 1050 | 470 | 3872 | 270 | 7919 |
| 660 | 1173 | 460 | 4037 | 260 | 8179 |
| 650 | 1298 | 450 | 4205 | 250 | 8448 |
| 640 | 1425 | 440 | 4376 | 240 | 8726 |
| 630 | 1553 | 430 | 4550 | 230 | 9013 |
| 620 | 1683 | 420 | 4728 | 220 | 9310 |
| 610 | 1815 | 410 | 4909 | 210 | 9618 |
| 600 | 1949 | 400 | 5094 | 200 | 9939 |
| 590 | 2084 | 390 | 5282 | 190 | 10273 |
| 580 | 2221 | 380 | 5474 | 180 | 10621 |
| 570 | 2359 | 370 | 5671 | 170 | 10985 |

기압을 pmmHg로 하고 높이를 ㎞라 하면 ρ와 *k*간에는 $p=760\ I-\left[\frac{0.0065h}{288}\right]^{5.256}$의 관계가 있다.

**표 6. 식염용액의 Be′도 비중 및 식염량**

| Be′도 (60° F) | 비중 (60° F) | 용액 중 식염량(%) | Be′도 (60° F) | 비중 (60° F) | 용액 중 식염량(%) | Be′도 (60° F) | 비중 (60° F) | 용액 중 식염량(%) |
|---|---|---|---|---|---|---|---|---|
| 0.8 | 1.0053 | 1 | 9.6 | 1.0707 | 10 | 18.7 | 1.1478 | 20 |
| 1.8 | 1.0125 | 2 | 11.5 | 1.0857 | 12 | 20.4 | 1.1640 | 22 |
| 3.8 | 1.0268 | 4 | 13.3 | 1.1009 | 14 | 22.2 | 1.1804 | 24 |
| 5.8 | 1.0413 | 6 | 15.1 | 1.1162 | 16 | 23.9 | 1.1972 | 26 |
| 7.7 | 1.0559 | 8 | 16.9 | 1.1319 | 18 | | | |

※ EMC Reference Data에 의함.

표 7. 토마토 puree 및 여과액의 비중과 굴절계시도와의 관계

| 비중/20℃ | 굴절계시도 | 비중/20℃ | 굴절계시도 |
|---|---|---|---|
| 1.030 | 7.2 | 1.040 | 9.6 |
| 1.031 | 7.5 | 1.041 | 9.8 |
| 1.032 | 7.7 | 1.042 | 10.0 |
| 1.033 | 7.9 | 1.043 | 10.3 |
| 1.034 | 8.2 | 1.044 | 10.5 |
| | | 1.045 | 10.7 |
| | | 1.046 | 11.0 |
| 1.035 | 8.4 | 1.047 | 11.2 |
| 1.036 | 8.6 | 1.048 | 11.4 |
| 1.037 | 8.9 | 1.049 | 11.7 |
| 1.038 | 9.1 | | |
| 1.039 | 9.3 | 10.050 | 11.9 |

비중 = 0.00430 × 굴절계시도 + 0.9989

표 8. 토마토 puree의 비중과 고형물과의 관계

| puree중 고형물(%) | 비중(20%) | | puree중 고형물(%) | 비중(20%) | | puree중 고형물(%) | 비중(20%) | |
|---|---|---|---|---|---|---|---|---|
| | puree | 여액 | | puree | 여액 | | puree | 여액 |
| 3.42 | 1.0150 | 1.0133 | 4.82 | 1.0205 | 1.0188 | 6.16 | 1.0260 | 1.0240 |
| 3.53 | 1.0155 | 1.0138 | 4.93 | 1.0210 | 1.0192 | 6.22 | 1.0263 | 1.0242 |
| 3.64 | 1.0159 | 1.0142 | 5.03 | 1.0215 | 1.0195 | 6.33 | 1.0267 | 1.0246 |
| 3.67 | 1.0163 | 1.0146 | 5.10 | 1.0217 | 1.0198 | 6.45 | 1.0272 | 1.0251 |
| 3.87 | 1.0168 | 1.0151 | 5.21 | 1.0222 | 1.0203 | 6.50 | 1.0274 | 1.0253 |
| 3.98 | 1.0172 | 1.0155 | 5.33 | 1.0236 | 1.0207 | 6.61 | 1.0279 | 1.0257 |
| 4.09 | 1.0177 | 1.0160 | 5.44 | 1.0230 | 1.0211 | 6.72 | 1.0283 | 1.0261 |
| 4.20 | 1.0181 | 1.0164 | 5.55 | 1.0235 | 1.0216 | 6.84 | 1.0288 | 1.0266 |
| 4.26 | 1.0183 | 1.0166 | 5.66 | 1.0240 | 1.0220 | 6.95 | 1.0292 | 1.0270 |
| 4.37 | 1.0188 | 1.0170 | 5.77 | 1.0244 | 1.0225 | 7.06 | 1.0297 | 1.0274 |
| 4.48 | 1.0192 | 1.0175 | 5.88 | 1.0249 | 1.0229 | 7.17 | 1.0301 | 1.0279 |
| 4.59 | 1.0197 | 1.0179 | 5.94 | 1.0251 | 1.0231 | 7.28 | 1.0306 | 1.0283 |
| 4.71 | 1.0201 | 1.0183 | 6.05 | 1.0256 | 1.0235 | 7.34 | 1.0308 | 1.0285 |
| 7.45 | 1.0313 | 1.0290 | 9.70 | 1.0404 | 1.0375 | 11.81 | 1.0490 | 1.0459 |
| 7.56 | 1.0317 | 1.0294 | 9.80 | 1.0408 | 1.0381 | 11.93 | 1.0494 | 1.0463 |
| 7362 | 1.0320 | 1.0296 | 9.92 | 1.0413 | 1.0385 | 12.05 | 1.0499 | 1.0467 |
| 7.74 | 1.0324 | 1.0300 | 10.02 | 1.0417 | 1.0389 | 12.10 | 1.0501 | 1.0469 |
| 7.85 | 1.0329 | 1.0305 | 10.14 | 1.0421 | 1.0394 | 12.21 | 1.0505 | 1.0474 |
| 7.90 | 1.0331 | 1.0307 | 10.25 | 1.0426 | 1.0398 | 12.32 | 1.0510 | 1.0478 |
| 8.02 | 1.0336 | 1.0311 | 10.35 | 1.0430 | 1.0402 | 12.43 | 1.0512 | 1.0482 |
| 8.12 | 1.0340 | 1.0315 | 10.41 | 1.0433 | 1.0404 | 12.55 | 1.0519 | 1.0487 |
| 8.24 | 1.0345 | 1.0320 | 10.52 | 1.0437 | 1.0409 | 12.65 | 1.0524 | 1.0491 |
| 8.35 | 1.0349 | 1.0324 | 10.64 | 1.0442 | 1.0413 | 12.77 | 1.0528 | 1.0496 |
| 8.46 | 1.0354 | 1.0328 | 10.70 | 1.0414 | 1.0415 | 12.88 | 1.0533 | 1.0500 |
| 8.57 | 1.0358 | 1.0333 | 10.80 | 1.0449 | 1.0419 | 12.99 | 1.0538 | 1.0504 |
| 8.68 | 1.0363 | 1.0337 | 10.91 | 1.0453 | 1.0424 | 13.10 | 1.0542 | 1.0508 |
| 8.74 | 1.0365 | 1.0339 | 10.97 | 1.0456 | 1.0426 | 13.22 | 1.0547 | 1.0513 |
| 8.86 | 1.0370 | 1.0344 | 11.08 | 1.0461 | 1.0430 | 13.32 | 1.0551 | 1.0517 |
| 8.96 | 1.0374 | 1.0348 | 11.20 | 1.0435 | 1.0435 | 13.44 | 1.0556 | 1.0521 |
| 9.14 | 1.0381 | 1.0354 | 11.25 | 1.0467 | 1.0437 | 13.55 | 1.0560 | 1.0525 |
| 9.25 | 1.0386 | 1.0359 | 11.36 | 1.0472 | 1.0441 | 13.66 | 1.0565 | 1.0529 |
| 9.36 | 1.0390 | 1.0363 | 11.47 | 1.0476 | 1.0446 | 13.78 | 1.0569 | 1.0533 |
| 9.47 | 1.0395 | 1.0368 | 11.59 | 1.0481 | 1.0450 | 13.89 | 1.0574 | 1.0537 |
| 9.53 | 1.0400 | 1.0372 | 11.70 | 1.0485 | 1.0454 | 14.01 | 1.0579 | 1.0541 |

## 표 9. 통조림의 가열 살균 일람표(1)

| 품명 | 판 형 | | 내용물의 pH | 가열초온 (℃) | 살균온도 (℃) | 압력계시도( lbs/in2) | 살포시간 (분) | 가열개시에서 정온까지의 시간(분) |
|---|---|---|---|---|---|---|---|---|
| | 한국명 | 일명 | | | | | | |
| 1. 수산물 | | | | | | | | |
| 가. <보일드> | | | | | | | | |
| 게 | 401~3 | 게 1호 | 6.8~7.2 | 10.0 | 110.6 | 6.5 | 100 | 10 |
| 게 | 307~3 | 게 2호 | 6.8~7.2 | 10.0~15.0 | 109.2~109.9 | 5.5~6.0 | 80~90 | 5~25 |
| 게 | 301~2 | 게 3호 | 6.8~7.2 | 10.0~15.0 | 108.4~109.9 | 4.5~6.0 | 50~53 | 5~25 |
| 꽁치 | 401~4 | 2호 | 6.0~7.0 | - | 114.0~115.2 | 9.0~10.0 | 80~110 | 18~20 |
| 꽁치 | 301~7 | 4호 | 6.0~7.0 | 21.0~70.0 | 112.6~115.2 | 8.0~10.0 | 80~110 | 5~30 |
| 꽁치 | 301~4 | 6호 | 6.0~7.0 | 21.0~65.0 | 111.3~115.2 | 7.0~10.0 | 80~90 | 15~18 |
| 꽁치 | 158 | 타원 1호 | 6.0~7.0 | 50.0 | 112.6 | 8.0 | 105 | 25 |
| 꽁치 | 125 | 타원 2호 | 6.0~7.0 | 60.0 | 114.6 | 9.5 | 80 | 15 |
| 꽁치 | | 소형 1호 | 6.0~7.0 | 50.0 | 111.3~115.2 | 7.0~10.0 | 60~100 | 8~30 |
| 고등어 | 301~7 | 4호 | 6.0 | 13.0~15.0 | 112.6~115.8 | 8.0~10.5 | 110 | 5~20 |
| 고등어 | 301~4 | 6호 | 5.7~6.5 | 10.0~90.0 | 114.0~115.8 | 9.0~10.5 | 80~90 | 5~25 |
| 고등어 | 401~2 | 평 1호 | 5.7~6.5 | 13.0~75.0 | 115.2~115.8 | 10.5~10.5 | 100~120 | 13~25 |
| 고등어 | 307~2 | 평 2호 | 5.7~6.5 | - | 114.0~115.8 | 9.0~10.5 | 90~100 | 10~25 |
| 정어리 | 301~7 | 평 4호 | 5.8~6.2 | 77.0~88.0 | 112.6~115.8 | 8.0~10.5 | 80~90 | 12~17 |
| 정어리 | 307~2 | 평 2호 | 5.8~6.2 | - | 115.2 | 10.0 | 85 | 5 |
| 정어리 | 158 | 타원 1호 | 5.8~6.2 | 21.0 | 112.6 | 8.0 | 100 | 15 |
| 정어리 | | 소형1호 | 5.8~6.2 | 82.0~89.2 | 115.2 | 10.0 | 90 | 12~17 |
| 다랑어 및 참치 | 401~1 | tuna 1호 | 5.8~6.2 | 15.0~22.0 | 112.6 | 8.0 | 80~90 | 12~25 |
| 다랑어 및 참치 | 307~1 | tuna 2호 | 6.0~6.2 | 15.0~25.0 | 111.3~112.6 | 7.0~8.0 | 70~90 | 12~30 |
| | 211~1 | tuna 3호 | 6.0~6.2 | 20.0~23.0 | 111.3~112.6 | 7.0~8.0 | 60~90 | 12~20 |
| 다랑어 flake | 401~1 | tuna 1호 | 5.8~6.0 | 21.0 | 112.6 | 8.0 | 95 | 15 |
| " | 307~1 | tuna 2호 | 5.8~6.0 | 21.0 | 112.6 | 8.0 | 90 | 15 |
| 전복 | 301~7 | 4호 | - | 37.0 | 115.2 | 10.0 | 90 | 20 |
| 전복 | 211~5 | 7호 | - | - | 111.3 | 7.0 | 70 | 15 |
| 굴 | 211~5 | 7호 | - | 60.0 | 109.9~111.3 | 6.0~7.0 | 70 | 15 |
| 굴 | 211~4 | 과실 7호 | - | 60.0 | 109.9 | 6.0 | 60 | 15~20 |
| 성게 | 301~1 | 평 3호 | - | - | 108.4 | 5.0 | 60 | 15 |

### 표 9. 통조림의 가열 살균 일람표(2)

| 품명 | 판형 | | 내용물의 pH | 가열초온 (℃) | 살균초도 (℃) | 압력계시도 (lbs/in2) | 살포시간 (분) | 가열개시에서 정온까지의 시간(분) |
|---|---|---|---|---|---|---|---|---|
| | 한국명 | 일명 | | | | | | |
| 나. <油漬> | | | | | | | | |
| 다랑어 | 401～1 | tuna 1호 | 3.5～6.2 | 15.0～28.0 | 111.3～112.3 | 7.0～8.5 | 70～90 | 5～20 |
| 다랑어 | 307～1 | tuna 2호 | 5.8～6.2 | 15.0～26.0 | 111.3～112.6 | 7.0～8.0 | 70～80 | 7～25 |
| 다랑어 | 211～1 | tuna 3호 | 5.8～6.2 | 15.0～28.0 | 111.3～112.6 | 7.0～8.0 | 60～90 | 5～30 |
| 다랑어 | | tuna 2kg | 5.8～6.2 | 15.0～26.0 | 111.3～113.3 | 7.0～8.5 | 180 | 12～40 |
| 다랑어 flake | 401～1 | tuna 1호 | 5.8～6.2 | 21.0 | 112.6 | 8.0 | 95 | 15 |
| | 307～1 | tuna 2호 | 5.8～6.2 | 21.0 | 112.0 | 7.5 | 90 | 15 |
| | | tuna 2kg | 5.8～6.2 | 21.0 | 112.6 | 8.0 | 180 | 30 |
| 꽁치 | 125 | 원 3호 | - | - | 114.0 | 9.0 | 80 | - |
| 꽁치 | 103～2 | 각 5A | - | 21.0 | 111.3 | 7.0 | 90 | 15～20 |
| 꽁치 | 122 | 각8호 | - | - | 114.0 | 9.0 | 80 | - |
| 꽁치 fillet | 103～2 | 각 5A | - | 21.0～25.0 | 111.3～112.6 | 7.0～8.0 | 75～80 | 15～35 |
| 다. <훈제기름담금> | | | | | | | | |
| 굴 | 106～2 | 각 3B | - | 50.0～60.0 | 103.4～111.3 | 5.0～7.0 | 60～70 | 7～20 |
| 굴 | | Ankor 70㎜ | - | 64.0 | 109.9 | 6.0 | 60 | 30 |
| 바지락 조개 | | 각 3B | - | 21.0 | 112.8 | 8.0 | 60 | 20 |
| 바지락 조개 | | 각 5A | - | - | 111.3 | 7.0 | 70 | - |
| 라. <토마토 담금> | | | | | | | | |
| 꽁치 | 301～7 | 4호 | 4.2～5.8 | 50.0～60.0 | 112.6～115.8 | 8.0～10.5 | 90～110 | 18～30 |
| 꽁치 | 158 | 타원 1호 | 4.2～5.8 | 50.0～63.0 | 112.6～115.8 | 8.0～10.5 | 90～110 | 12～30 |
| 꽁치 | 125 | 타원 3호 | 4.2～5.8 | 70.0～82.0 | 112.6～114.0 | 8.0～9.0 | 85～100 | 12～30 |
| 꽁치 | | 소형 1호 | 4.2～5.8 | 50.0～80.0 | 111.3～115.8 | 7.0～10.5 | 70～90 | 12～30 |
| 꽁치 | 122 | 각 8호 | 4.2～5.8 | - | 112.6 | 8.0 | 100 | 20 |
| 마. <가미> | | | | | | | | |
| 고등어 | 301～7 | 4호 | - | - | 114.0～115.8 | 9.0～100 | 90～100 | 4～30 |
| | 301～4 | 6호 | 5.7～6.5 | 21.0～60.0 | 111.3～115.8 | 7.0～10.5 | 70～100 | 5～20 |
| | 401～2 | 평 1호 | 5.7～6.5 | 22.0～93.0 | 112.6～118.2 | 8.0～12.5 | 90～120 | 13～20 |
| | 307～2 | 평 2호 | 5.7～6.5 | 22.0～90.0 | 111.3～115.8 | 7.0～10.5 | 70～100 | 13～25 |
| 다랑어 flake | 301～7 | 4호 | 5.8～6.1 | 20.0 | 112.6 | 8.0 | 100 | 15 |

## 표 9. 통조림의 가열 살균 일람표(3)

| 품명 | 판형 | | 내용물의 pH | 가열초온 (℃) | 살균온도 (℃) | 압력계시도(lbs/in2) | 살포시간 (분) | 가열개시에서 정온까지의 시간(분) |
|---|---|---|---|---|---|---|---|---|
| | 한국명 | 일명 | | | | | | |
| | 301~5 | 5호 | 5.8~6.1 | 15.0~38.0 | 112.6~115.8 | 8.0~10.5 | 50~90 | 5~25 |
| 꽁치 가미 | 307~2 | 평 2호 | 5.8~6.1 | 21.0 | 113.3~112.6 | 7.0~8.0 | 70~90 | 10~15 |
| | 301~3 | 휴대 | 5.8~6.1 | 21.0 | 112.6 | 8.0 | 100 | 15 |
| | 301~7 | 4호 | - | - | 114.0 | 8.0 | 100 | - |
| | 301~4 | 6호 | 6.0~7.0 | 50.0 | 111.3~114.0 | 7.0~9.0 | 70~90 | 5~30 |
| | 158 | 적원 1호 | 6.0~7.0 | 52.0~85.0 | 112.6~115.2 | 8.0~10.0 | 90~110 | 13~30 |
| | 125 | 적원 3호 | 6.0~6.2 | 15.0~18.0 | 112.6~114.0 | 8.0~9.0 | 60~90 | 13~20 |
| 전갱이 가미 | 153 | 적원 1호 | - | 60.0 | 114.0 | 9.0 | 90 | 20 |
| | 125 | 적원 3호 | - | 60.0 | 114.0 | 9.0 | 90 | 20 |
| 다랑어 및 참치 | 401~2 | 평 1호 | 5.8~6.1 | 15.0~21.0 | 111.3~114.0 | 7.0~9.0 | 80~120 | 15~20 |
| 가미 | 307~2 | 평 2호 | 5.8~6.1 | 15.0~30.3 | 111.3~112.6 | 7.0~8.0 | 50~90 | 10~35 |
| 오징어 가미 | 301~7 | 4호 | 5.6~6.4 | 27.0~60.0 | 108.4~114.6 | 5.9~7.0 | 60~90 | 5~22 |
| 오징어 가미 | 301~4 | 6호 | 5.6~6.4 | 19.0~60.0 | 108.4~114.6 | 5.0~9.5 | 50~90 | 3~20 |
| 꼬막 가미 | 301~4 | 6호 | 9.0 | 27.0~40.0 | 109.9~112.6 | 6.0~8.0 | 60~90 | 13~20 |
| 꼬막 가미 | 211~5 | 7호 | 5.0 | 40.0 | 106.9~112.6 | 4.0~8.0 | 60~70 | 7~30 |
| 바. <구이, 기타> | | | | | | | | |
| 고등어 구이 | 301~2 | 평 2호 | - | 20.0 | 112.6 | 8.0 | 90 | 15 |
| 꽁치 구이 | 103~2 | 각 5A | 6.5 | 18.0~29.0 | 111.3~112.6 | 7.0~8.0 | 70~90 | 12~35 |
| 장어 구이 | | 각 3E | 6.0 | 20.0~30.0 | 104.5~112.6 | 2.5~8.0 | 55~80 | 7~25 |
| 바지락 꼬치구이 | 211~5 | 7호 | - | 20.0 | 106.9 | 4.0 | 80 | 15 |

표 9. 통조림의 가열 살균 일람표(4)

| 품명 | 판형 | | 내용물의 pH | 가열초온 (℃) | 살균온도 (℃) | 압력계시도(lbs/in²) | 살포시간(분) | 가열개시에서 정온까지의 시간(분) |
|---|---|---|---|---|---|---|---|---|
| | 한국명 | 일명 | | | | | | |
| 다랑어 야채저 | 301~3 | 휴대 | - | 20.0 | 111.3~112.6 | 7.0~8.0 | 70~80 | 15~20 |
| 꽁치 야채저 | 301~4 | 6호 | - | 20.0~21.0 | 112.6~115.2 | 8.0~10.0 | 90 | 15 |
| 튀김 야채저 | 211~5 | 7호 | - | 25.0 | 114.0 | 9.0 | 90 | 10 |
| 튀김 야채저 | 307~2 | 평 2호 | - | 21.0 | 112.6 | 8.0 | 70 | 30 |
| 튀김 야채저 | 301~3 | 휴대관 | - | 25.0 | 114.0 | 9.0 | 80 | 10 |
| 어단 | 301~7 | 4호 | - | 25.0 | 115.2 | 10.0 | 80 | 10 |
| 굴 Soup | 211~5 | 7호 | 5.8 | 7.0 | 109.9 | 6.0 | 65 | 15 |
| 2. 야채<br>가. <보일드> | | | | | | | | |
| 죽순보일드 | 603~2 | 특수 1호 | 4.5~5.8 | 50.0~97.0 | 98.9~109.9 | 0~6.0 | 50~120 | 30 |
| 죽순보일드 | 401~4 | 2호 | 4.5~5.8 | 60.0~97.0 | 106.9~109.9 | 4.0~6.0 | 50~70 | 15~30 |
| 죽순보일드 | 307~4 | 3호 | 4.5~5.8 | 66.0~93.0 | 93.9~109.9 | 0~6.0 | 40~90 | 5~60 |
| 죽순보일드 | 301~7 | 4호 | 4.5~5.8 | 66.0~85.0 | 101.8~108.4 | 1.0~5.0 | 35~60 | 10~30 |
| 아스파라거스 보일드 | 301~7 | 4호 | 5.0~5.6 | 70.0~80.0 | 108.4~115.8 | 5.0~10.0 | 26~40 | 10~15 |
| 아스파라거스 보일드 | 211~5 | 7호 | 5.0~5.6 | 60.0~85.0 | 109.9~115.8 | 6.0~10.0 | 23~30 | 10~20 |
| 아스파라거스 보일드 | | 각 1호 | 5.0~5.6 | 20.0~85.0 | 109.9~115.8 | 0~10.5 | 23~50 | 3~40 |
| 연근 보일드 | 401~4 | 2호 | - | - | 103.6 | 2.0 | 40 | 15 |
| 그린피스 보일드 | 603~2 | 특수 1호 | 5.0~6.0 | 50.0~85.0 | 104.5~109.9 | 2.5~6.0 | 60~90 | 10~25 |
| 그린피스 보일드 | 401~4 | 2호 | 5.0~6.0 | 80.0 | 108.4 | 5.0 | 60 | 15 |

### 표 9. 통조림의 가열 살균 일람표(5)

| 품명 | 관형 | | 내용물의 pH | 가열초온 (℃) | 살균온도 (℃) | 압력계 시도 (lbs/in2) | 살포시간 (분) | 가열개시에서 정온까지의 시간(분) |
|---|---|---|---|---|---|---|---|---|
| | 한국명 | 일명 | | | | | | |
| 그린피스 보일드 | 370~4 | 3호 | 5.0~6.0 | 90.0 | 105.3 | 3.0 | 50 | 15 |
| 그린피스 보일드 | 301~1 | 4호 | 5.0~6.0 | 40.0~90.0 | 104.5~109.9 | 2.5~6.0 | 35~75 | 8~30 |
| 그린피스 보일드 | 301~4 | 6호 | 5.0~6.0 | 60.0~85.0 | 105.3~108.3 | 3.0~5.0 | 30~60 | 5~25 |
| 양송이 보일드 | 211~3 | 2호 | - | - | 111.3 | 7.0 | 60 | - |
| 양송이 보일드 | 301~6 | 3호 | - | - | 111.3 | 7.0 | 80 | - |
| 양송이 보일드 | 301~7 | 4호 | - | - | 111.3 | 7.0 | 100 | - |
| 양송이 보일드 | 211~5 | 7호 | 4.2 | 60.0~95.0 | 109.9 | 6.0 | 60 | 15~30 |
| 양송이 보일드 | 603~2 | 특수 1호 | - | - | 115.2 | 10.0 | 80 | - |
| sweetcorn | 301~7 | 4호 | - | 27.0 | 115.8 | 10.5 | 80 | 15 |
| 나. <가미> | | | | | | | | |
| 송이 구이 | 211~5 | 7호 | 6.2~6.5 | 68.0~90.0 | 103.6~111.3 | 2.0~7.0 | 50 | 4~30 |
| 꽁자반 | 301~4 | 6호 | 5.5 | 60.0 | 103.4~109.9 | 5.0~6.0 | 35~75 | 20~25 |
| 꽁자반 | 211~5 | 7호 | 5.0 | 60.0 | 112.6 | 8.0 | 30~60 | 15 |
| 짬(채) 감로자 | 301~5 | 5호 | 5.6~6.2 | 80.0 | 98.9 | - | 60 | - |
| 밥(채) 감로자 | 211~5 | 7호 | 5.6~6.2 | 68.0~77.0 | 100.0~103.6 | 0~0.2 | 80 | 15~40 |
| 다. <절임물 기타> | | | | | | | | |
| 김치 | 301~1 | 평 3호 | 4.0~4.5 | 65 | 81.0~85 | - | 12~15 | - |
| 김치 | 301~3 | 휴대관 | 4.0~4.5 | 65 | 81.0~85 | - | 12~15 | - |
| 깍두기 | 301~3 | 휴대관 | 4.0~4.5 | 65 | 83.0~95 | - | 12~16 | - |
| 깍두기 | 301~4 | 6호 | 4.0~4.5 | 65 | 83.0~95 | - | 12~16 | - |

표 9. 통조림의 가열 살균 일람표(6)

| 품명 | 관형 | | 내용물의 pH | 가열초온 (℃) | 살균초온 (℃) | 압력계시도 (lbs/in2) | 살포시간 (분) | 가열개시에서 정온까지의 시간(분) |
|---|---|---|---|---|---|---|---|---|
| | 한국명 | 일명 | | | | | | |
| 토마토 퓌레 | 603~2 | 특수 1호 | 4.2 | 80.0 | 90.0 | - | 10 | - |
| 토마토 퓌레 | 401~4 | 2호 | 4.2 | 80.0 | 90.0 | - | 10 | - |
| 마늘 장아찌 | 301~1 | 평 3호 | 3.8~4.4 | 65 | 81~84 | - | 12~16 | - |
| 마늘 장아찌 | 301~3 | 휴대관 | 82~85 | 65 | 81~84 | - | 12~16 | - |
| 3. 과실<br>가. <Syrup 류> | | | | | | | | |
| 귤 | 603~2 | 특수 1호 | 3.6~4.0 | 18.0~24.0 | 80.0~85.0 | - | 26~30 | - |
| 귤 | 401~4 | 2호 | 3.6~4.0 | 10.0~40.0 | 78.0~87.8 | - | 13~25 | - |
| 귤 | 301~7 | 4호 | 3.6 | 21.1 | 82.8 | - | 14 | - |
| 귤 | 301~5 | 5호 | 3.6~4.0 | 10.0~30.0 | 78.0~90.6 | - | 7~25 | - |
| 귤 | 211~5 | 7호 | 3.6~4.0 | 21.1~25.0 | 82.2 | - | 12 | - |
| 귤 | 211~4 | 과실 7호 | 3.6~4.0 | 21.0 | 82.2 | - | 12 | - |
| 백도 | 401~4 | 2호 | 3.6~4.2 | 18.0 | 97.0~100.0 | - | 18~60 | 3~6 |
| 백도 | 301~7 | 4호 | 3.6~4.2 | 18.0 | 95.0~100.0 | - | 18~50 | 3~20 |
| 백도 | 301~5 | 5호 | 3.6~4.2 | 18.0 | 90.0~100.0 | - | 20~60 | 2~10 |
| 백도 | 211~4 | 과실 7호 | 3.6~4.2 | - | 95.0 | - | 25 | - |
| 황도 | 301~7 | 4호 | 3.2~4.0 | 18.0~40.0 | 93.3~100.0 | - | 25~35 | - |
| 황도 | 301~5 | 5호 | 3.2~4.0 | 21.1 | 93.3 | - | 20 | - |
| 사과 파인류 | 603~2 | 특수 1호 | 3.8 | - | 93.3 | - | 30 | - |
| 사과 파인류 | 301~5 | 5호 | 3.8 | 21.0~40.0 | 82.2~85.0 | - | 15~30 | - |
| 포도 | 301~7 | 4호 | 3.0~3.7 | 15.0~25.0 | 82.2~109.1 | 5.5 | 15~25 | - |
| 포도 | 301~5 | 5호 | 3.0~3.7 | - | 109.1 | 5.5 | 16 | - |
| 양배 | 401~4 | 2호 | 3.7~4.2 | 21.0 | 93.3~95.0 | - | 25~40 | - |
| 양배 | 301~7 | 4호 | 3.7~4.2 | 21.0 | 90.0~93.3 | - | 14~30 | - |
| 양배 | 301~5 | 5호 | 3.7~4.2 | 21.0 | 90.0~93.3 | - | 12~30 | - |
| 살구 | 401~4 | 2호 | - | - | 95.0 | - | 15 | - |
| 살구 | 301~7 | 4호 | - | 85.0 | 85.0~95.0 | - | 10~18 | - |
| 살구 | 301~5 | 5호 | - | 10.0 | 90.0 | - | 13 | - |

### 표 9. 통조림의 가열 살균 일람표(7)

| 품명 | 판형 | | 내용물의 pH | 가열초온 (℃) | 살균온도 (℃) | 압력계시도 (lbs/in2) | 살포시간 (분) | 가열개시에서 정온까지의 시간(분) |
|---|---|---|---|---|---|---|---|---|
| | 한국명 | 일명 | | | | | | |
| 나. <Jam. Marmalade. Preserve> | | | | | | | | |
| 딸기잼 | 301~5 | 5호 | 3.4~4.0 | 77.0~95.0 | 93.3~93.3 | - | 10~30 | - |
| 딸기잼 | 211~2 | 8호 | 3.4~4.0 | 77.0 | 93.3~95.0 | - | 10~25 | - |
| 딸기잼 | | 18 ℓ | 3.4~4.0 | 77.0 | 93.9 | - | 40 | - |
| 복숭아잼 | 301~5 | 5호 | 3.8 | 77.0 | 93.3 | - | 30 | - |
| 살구잼 | 301~5 | 5호 | - | - | 95.0 | - | 5~15 | - |
| 살구잼 | | 18 ℓ | - | - | 100.0 | - | 10 | |
| 사과잼 | 301~5 | 5호 | 3.4~3.6 | 77.0~87.0 | 93.3~95.0 | - | 10~30 | - |
| 사과잼 | 211~2 | 8호 | 3.4~3.6 | 77.0 | 93.3 | - | 20 | - |
| 사과잼 | | 18 ℓ | 3.4~3.6 | 87.0~89.0 | 95.0~93.0 | - | 20 | - |
| 사과잼 | | 9 ℓ | 3.4~3.6 | - | 95.0~93.0 | - | 20 | - |
| 포도햄 | 301~5 | 5호 | - | - | 85.0 | - | 15 | - |
| 오렌지 마레드 | 301~5 | 5호 | 3.8 | 77.0 | 93.3~95.0 | - | 10~30 | - |
| 과실푸리집 | 301~5 | 5호 | - | 80 | 85.0 | 5.5 | 15 | - |
| 다. <주우스> | | | | | | | | |
| 오렌지 주우스 | 301~7 | 4호 | 3.2 | 60.0 | 82.2 | - | 20 | - |
| 오렌지 주우스 | | 200g 관 | - | 70.0~75.0 | 85.0 | - | 12 | - |
| 사과 주우스 | 301~7 | 4호 | 3.4~3.8 | 40.0~70.0 | 87.8~91.7 | - | 20~15 | - |
| 포도 주우스 | | 200g 관 | - | 70.0~75.0 | 85.0 | - | 10 | - |
| 토마토 주우스 | 301~7 | 200g 관 | - | 60.0~75.0 | 90.0~95.0 | - | 12~15 | - |
| 토마토 주우스 | 301~7 | 4호 | - | 60.0 | 95.0 | - | 21 | - |
| 라. <Solid Pack 기타> | | | | | | | | |
| 과실 젤리 | 301~5 | 5호 | - | 80.0 | 85.0 | - | 15 | - |
| 사과 Solid Pack | 307~4 | 3호 | - | - | 98.0 | - | 13~18 | - |
| 사과 Solid Pack | 603~2 | 1호 | 3.8 | 66.0 | 98.9 | - | 20 | - |
| 4. 축산물<br>가. <가미> | | | | | | | | |
| 쇠고기 가미 | 301~4 | 6호 | 5.6~7.4 | 21.0~54.0 | 108.4~112.6 | 5.0~8.0 | 50~80 | 5~12 |
| 쇠고기 가미 | 211~2 | 8호 | 5.6~7.4 | - | 108.4 | 5.0 | 50 | 8 |
| 쇠고기 가미 | 301~3 | 휴대 | 5.6~7.4 | 15.0~45.0 | 109.9~112.6 | 6.0~8.0 | 50~60 | 5~20 |
| 쇠고기 야채 가미 | 301~5 | 5호 | 6.0 | 30.0 | 109.9 | 6.0 | 60 | 15~18 |
| 쇠고기 야채 가미 | 301~4 | 6호 | 6.0 | 18.0~30.0 | 111.3~112.6 | 7.0 | 70 | 15~25 |
| 쇠고기 야채 가미 | 301~3 | 휴대 | 6.0 | 18.0~50.0 | 109.9~112.6 | 6.0~7,0 | 45~70 | 7~25 |

**표 9. 통조림의 가열 살균 일람표(8)**

| 품명 | 판형 |  | 내용물의 pH | 가열초온(℃) | 살균온도(℃) | 압력계시도(lbs/in2) | 살포시간(분) | 가열개시에서 정온까지의 시간(분) |
|---|---|---|---|---|---|---|---|---|
|  | 한국명 | 일명 |  |  |  |  |  |  |
| 닭고기 가미 | 301~4 | 6호 | - | - | 112.6 | 8.0 | 70 | - |
| 나. <콘 비후 소시지 베이컨> |  |  |  |  |  |  |  |  |
| 콘비후 | 211~2 | 콘비후 1호 | 6.0 | 60.0 | 108.4 | 5.0 | 50 | 10 |
|  |  | 콘비후 2호 | - | 40.0~80.0 | 108.4~112.6 | 5.0~8.0 | 60~90 | 5~15 |
| 윈나 소시지 | 211~5 | 8호 | 6.0 | 16.0~30.0 | 106.9~112.6 | 4.0~8.0 | 90 | 10~20 |
| 후랑크, 글로드 소시지 |  | 7호 | - | 21.0 | 108.4 | 5.0 | 60 | 10 |
| 슬라이스 메콘 |  | 소시지 각관 | - | - | 100.0 | - | 80 | - |
| 소시지 미트 |  | 소시지 각관 | - | 45.0 | 111.3 | 7.0 | 70 | 10 |
| 다. <기타> |  |  |  |  |  |  |  |  |
| 닭고기 보일드 | 401~4 | 2호 | - | 50.0 | 115.8 | 10.5 | 90 | 15 |
| 닭고기 보일드 | 301~7 | 4호 | - | 25.0~40.0 | 115.8 | 10.5 | 70~90 | 10~25 |
| 육 페스트 | 401~4 | 2호 | - | 75.6~80.0 | 112.0 | 7.5 | 90 | 10 |
| 육 페스트 |  | 포켓 3호 | - | 80.0 | 112.0 | 7.5 | 90 | 10 |
| 닭고기 가미 | 301~4 | 6호 | - | - | 112.6 | 8.0 | 70 | - |
| 나. <콘 비후 소시;지 베이컨> |  |  |  |  |  |  |  |  |
| 콘비후 | 211~2 | 콘비후 1호 | 6.0 | 60.0 | 108.4 | 5.0 | 50 | 10 |
|  |  | 콘비후 2호 | - | 40.0~80.0 | 108.4~112.6 | 5.0~8.0 | 60~90 | 5~15 |
| 윈나 소시지 | 211~5 | 8호 | 6.0 | 16.0~30.0 | 106.9~112.6 | 4.0~8.0 | 90 | 10~20 |
| 후랑크, 글로드 소시지 |  | 7호 | - | 21.0 | 108.4 | 5.0 | 60 | 10 |
| 슬라이스 메콘 |  | 소시지 각관 | - | - | 100.0 | - | 80 | - |
| 소시지 미트 |  | 소시지 각관 | - | 45.0 | 111.3 | 7.0 | 70 | 10 |
| 다. <기타> |  |  |  |  |  |  |  |  |
| 닭고기 보일드 | 401~4 | 2호 | - | 50.0 | 115.8 | 10.5 | 90 | 15 |
| 닭고기 보일드 | 301~7 | 4호 | - | 25.0~40.0 | 115.8 | 10.5 | 70~90 | 10~25 |
| 육 페스트 | 401~4 | 2호 | - | 75.6~80.0 | 112.0 | 7.5 | 90 | 10 |
| 육 페스트 |  | 포켓 3호 | - | 80.0 | 112.0 | 7.5 | 90 | 10 |

# 표 10. 연습문제

## A. 어육연제품

**문 1. 연제품 제조에서 동결어를 원료로 할 때 가장 좋은 해동법은?**

(해설) 흐르는 물에 낮은 온도로 유지하면서 해동시간을 길게 하여 균등 해동시킨다.

**문 2. 쇄육(Chopping) 때 초파(Chopper)의 스크류(Screw)와 플레이트(Plate)의 조절은 어떻게 하는 것이 가장 좋은가?**

(해설) 밀착시켜 스크류와 함께 Knife가 돌아가도록 한다.

**문 3. 고기풀을 성형할 때 주의사항을 두가지 적으시오.**

(해설) ① 성형 때 기포가 들어가지 않도록 한다. ② 고기풀의 자연응고(Setting)를 일으키기 전에 신속히 성형한다.

**문 4. 어묵의 제조공정에서 중요한 사항**

(해설) ① 採肉工程 ② 고기 갈이 工程

③ 成形工程 ④ 가열 工程 ⑤ 마무리 工程

**문 5. 중요한 첨가물의 혼합 장치기구에는 어떤 것들이 있나?**

(해설) ① 사이렌트 컷터(Silent Cutter) ② 스토운 몰탈(Ston Mortar)

**문 6. 연제품의 탄력 형성능의 주체 성분은?**

(해설) 단백질 중에서도 Myosin 區蛋白(Actomyosin)

**문 7. 고기풀을 가공할 때 彈力增强劑 및 PH 調節劑로 쓰이는 첨가물과 그의 양은 얼마인가? 그리고 주의 사항은?**

(해설) 첨가물 : 중합인산염

양 : 0.2~0.3%

주의사항 : 冷凍 가염 고기 풀에는 넣지 않음

**문 8. 냉동고기풀 제조시 단백질의 변성을 방지하기 위하여 첨가하는 물질과 그의 양은?**

(해설) 첨가제 : 설탕

양 : 무염 고기풀-5%의 당류(0.2~0.3 중합인산염)

→가염 고기풀-2배 해당의 10%의 당류(2~3% NaCl)

**문 9. 어육을 저장할 때 빙결정 최대 생성권을 어떻게 하여야 하나?**

(해설) 빨리하는 것이 좋다. 시간이 길어지면 조직에 큰 빙결정이 생성되고 또 체액 중 수분이 근 섬유 내에서 밖으로 분리되어 결빙이 쉽고 조직 손상이 우려된다.

문 10. 어육동제품의 중심가열온도는?

(해설) ① 어묵류는 75~85℃에서 30~40分 ② 어육, 햄, 소시지류는 80℃~90℃에서 30분(120℃에서 4分)

## B. 수산건제품

문 1. 마른 멸치 제조 때 자숙용수의 온도와 자숙시간은 어느 정도로 함이 가장 적당한가? 또 주용도는?

(해설) 자숙용수 온도 : 90℃(100℃에서 하강시켜 90℃로 함)

자숙시간 : 10~15분. 주용도 : 스프 원료, 조립품의 재료)

문 2. 건오징어 제조 때 조소(朝燒) 오징어 방지책을 들어 보시오.

(해설) ① 신선 원료를 잠깐 퇴적 방치하거나 물에 잠깐 담군다. ② PH6.5에 넘지 않도록 유의한다.

문 3. 오징어 건제품 제조에 있어 원료의 처리 때 내장을 제거함에 있어서 가장 주의할 점을 본 다면?

(해설) 먹물 주머니를 파괴하지 않도록 한다.

문 4. 대구 필레(fillet)의 동건품 제조에 있어서 다음 사항에 답하시오.

① 어떤 건조 장치가 필요한가?

건조장치 : 동결 건조기기

② 이 건조법의 원리는?

건조법의 원리 : 승화 작용

③ 이 제품을 상온에서 유통시킬려면 어떠한 처리를 하여야 하나?

처리방법 : 저장 장소 및 습도에 유의한다.

④ 이 제품의 장점을 든다면?

장점 : ㉮ 성분의 변화가 적다. ㉯ 보존성이 높다

문 5. 간단한 상자형 건조기를 설치코자 할 때 필수적으로 갖추어야 할 장치기구에는 어떤 것들이 필요하나?

(해설) ①송풍기 ②가열장치 ③Tray(건조차) ④건습구 온도계

문 6. 북어(北魚)의 건조법은?

(해설) : 동건법(동결 · 융해 · 건조)

문 7. 표면경화를 파괴시켜 수분증발을 계속하게 할 수 있는 조작법은?

(해설) 암증(퇴적)

## C. 수산 훈제품

문 1. 오징어를 열탕에 담그어 박피하는 일반적 방법은?

(해설) 50℃ 부근에서 10～15分間 마찰하여 표피의 1～2층을 용해시킨다.

문 2. 훈연재료요 중에서 가장 기피해야 할 특성은?

(해설) 수지분이 많고 매연이 많은 나무는 어육에 불쾌 취와 맛을 주고 때로는 3.4-benzprene을 발생하여 암을 유발할 수 있다.

문 3. 훈제품의 가공 기술에서 수산물 훈제품의 가공순서를 열거해 보시오.

(해설) ①원료의 선별 ②염지 ③풍건 ④화입(훈연)

문 4. 훈제품의 제조장치에서 어류의 온훈품을 만들고자 할 때 훈연실의 괘봉은 몇단으로 함이 좋을까?

(해설) 1단

문 5. 간이 훈연실을 만들고자 한다. 훈연실의 구비 조건을 5가지 이상 적어 보시오.

(해설) ① 온도와 발연을 자유롭게 조절할 수 있어야 한다. ② 훈연이 실내에 고르게 확산되어야 한다. ③ 작업이 편리하여야 한다. ④ 실화의 염려가 없어야 한다. ⑤ 경제적이어야 한다. ⑥ 건축비가 적게 들어야 한다.

문 6. 훈제품 제조에 있어 어류를 속성법으로 훈제코자 할 때 쓰이는 방법에는 어떤 방법을 적용하는가?

(해설) 액체 훈연법

문 7. ① 훈연성분 중 근육 조직에 잘 흡착되어 방부효과가 큰 대표성분은?

(해설) Aldehyde 류

② 또 지방조직에 잘 흡착되어 항산화 작용을 갖는 대표 훈연 성분은?

(해설) Phenol 류

## D. 염장 수산품

문 1. 굴비(염건품) 제조에 있어서 염장 기간은?

(해설) 4~7일간

문 2. 고등어 꽁치와 같이 지방이 많은 어종을 염장하고자 할 때는 어떠한 염장 방법이 가장 좋은가?

(해설) 물간법

문 3. 성게 알 젓을 제조코자 할 때 탈각법은 어떻게 하는가?

(해설) 적도(赤道)면에 따라 쪼갠다.

문 4. 장기 저장용 일반염장품의 소금농도와 보통세균의 발육을 저지시킬 수 있는 소금 농도는?

(해설) ① 20% 이상(一般鹽藏品) ② 10% 이상(보통세균의 발육 저지 소금 농도)

문 5. 염장법에서 피클 큐어법(Pickle Cure)은 어떻게 하는가?

(해설) ① 큰 나무통(vat) 바닥에 소금을 약간 깔고 ② 그 위에 고기를 처음 한층은 등을 밑으로 하고 다음은 엎에서 층층이 쟁인다. 이때 소금을 손자국이 날 정도로 고기와 소금을 번갈아 놓으며 ③ 맨 위층은 두꺼운 소금 층을 만든다.(소금량 : 20%) ④ 어체가 탈수됨에 따라 높이 쌓았던 것은 차츰 꺼져서 내려와 고기는 완전 염수에 잠기게 된다.

## E. 어유 · 어분

문 1. 농축어육단백질(Fish protein concentrate, FPC)의 특성이 일반 어분과 다른 점을 요약하면? 또 가장 많이 쓰이는 용제는?

(해설) 일반 어분은 사료로 이용되나, FPC는 신선어를 완전 위생처리. 완전 탈수, 완전 탈지하여 단백질 농도를 높인 식용 어분의 일종이며 무미, 무색, 무취의 저장성이 높은 어분이다. 용제 : Isopropyl alcohol

문 2. 어유 채취법에 많이 이용되는 채유법은?

(해설) 채유법은 압착법, 용출법, 추출법의 셋으로 크게 나누고 어유 채취에는 주로 습식 용출법과 압착법을 병용한 자숙압착법을 이용하고 특별한 간유채취에는 추출법을 이용하는 수도 있다.

문 3. Sgualene 함량이 많은 원료 간은?

(해설) 심해 상어 간유에 함량이 많고 어떤 것은(相鮫) 80% 이상 되는 것도 있다. 상어 간유의 비중이 0.9 이하의 것은 불검화물 중에 Squalene 함량이 많고, 비중이 0.9 이상의 무거운 간에는 Vitamin A 함량이 많다.

Squalene($C_{30}H_{50}$)은 이중결합이 6개 있는 불포화탄화수소이므로 수소 첨가하여 안전한 포화 Squalane($C_{30}H_{62}$)로 한 것은 내한윤활유로 쓰인다.

**문 4. 자숙압착법(습식)에 의한 어분제조공정을 대별하면 몇 단위 조작으로 요약할 수 있을까?**

(해설) 어분은 대부분이 수증기를 열매체로서 자숙하는 습식법으로 생산되고 그 공정은 전처리(절단), 자숙, 압착, 건조, 분쇄, 방열(후처리) 등으로 나눌 수 있으나, 주요 공정은 자숙, 압착, 건조의 3 단계로 요약할 수 있다.

**문 5. 어분의 변패를 방지할 수 있는 건조도(수분 함량)은?**

(해설) 어분의 수분 분포는 5~14%이나, 12% 이상의 것은 저장성이 없고 10~12%의 것은 곰팡이 발생 또는 덩어리져서(固結) 부패되기 쉽고, 자연 발열로 위험성도 크다. 그러므로 어분을 장기저장 할려면 적어도 10~12% 이하의 수분량으로 건조해야 된다.

**문 6. 어분의 흡습성과 저장성과의 관계는?**

(해설) 어분의 흡습성은 고체의 표면적과 저장환경의 공기습도에 비례한다. 그러므로 어분을 저장할 때는 알맹이가 큰 상태로(1.5㎝ 정도) 건냉한 장소(습도 60% 이하)에 보관했다가 사용할 때 분쇄하여 이용하는 것이 좋겠다. 또 기름 함량이 많은 어분은 흡습량이 많으므로 탈지 어분으로 보관하는 것이 좋겠다.

**문 7. 어분의 사료 배합량은 얼마 정도가 좋을까?**

(해설) 어분의 사료 가치는 체중 증가, 산란율 증가, 착유량 증가 등의 효과가 있으나 과량을 장기 사용하면 산패독의 피해와 Taint 현상으로 해가 되는 수도 있다. 그러므로 어분의 사료 중 배합량은 약 25~30%를 배합할 수 있다.

**문 8. Taint 현상의 원인이 되는 성분은?**

(해설) 사료에 어분을 섞어서 오랫동안 사육하면 肉, 卵, 乳 등에 어취가 이행(전이) 되는 일이 있다. 이런 현상을 Taint라 하고 대개 어분 중의 불포화산유에 기인하는 것이며, 백색어분을 사용하면 Taint 현상이 일어나지 않는다. 그러나 도살전 3~4 주간 어분을 먹이지 않으면 이 현상을 방지할 수 있다.

**문 9, 유수(油水)분리를 촉진시키는 방법은 어떤 것이 있는가?**

(해설) 압착액 또는 자숙액에 부유하는 부상유는 수, 유, 박으로 되어 있고, 정치법 또는 원심분이법에 의하여 기름을 회수한다. 이때 물, 기름분리 속도(V)는 물과 기름의 밀도의 차(dw - do)가 일정하면 등속원운동의 가속도(a)와 지방구의 반경의 자승($r^2$)에 비례하고, 액의 점도(n)에 역비례한다.(Stokes의 법칙)

$$V = \frac{2(dw - do)ar^2}{9n}$$

그러므로 유수분리속도를 촉진 시킬려면 첫째 액을 70 ~ 80℃로 가온하면 액의 점도는 작아지고 기름과 물의 비중의 차도 약간 증가하여 유수분리속도는 커진다. 둘째는 액즙을 서서히 교반 또는 진탕하면 지방구가 서로 응집하여 커지므로 유수분리가 쉬워진다. 셋째는 동속원운동의 가속도를 증대시키면 유수 분리속도는 비례적으로 빨라진다.

문 10. 기름을 Wintering으로 제거할 수 있는 성분은?

(해설) 기름을 저온(4~8℃)으로 처리하여 융점이 높은 성분은 석출시켜 분리 제거하는 방법을 Wintering(低溫處理法)이라 하고, 이때 제거되는 물질을 Stearine이라 한다. Wintering한 기름은 Wintered oil탈납유(脫蠟油)라 하며, 항상 투명한 기름을 얻을 수 있다.

문 11. 기름을 Alkali 정제하는 주 목적은?

(해설) 기름을 Alkali 처리하여 유리지방산을 비누로 만들어, 이 비누에 불순물을 흡착 또는 용해시켜, 비누(Soap stock)를 기름과 분리시킴으로서 기름을 정제하는 방법을 기름의 Alkali 정제법이라 한다. 그러므로 알칼리 정제의 주 목적은 유지 중의 유리지방산을 비누로 해서 제거함에 있으나, 동시에 유지중의 효소와 유기성불순물을 분해 용해하고, 생겨난 비누에 기계적 불순물이 쌓여 제거하는 데 있다.

문 12. 대구 간유의 원료 간을 선별하는 방법은?

(해설) 원료 간의 선별은 옛날에는 주로 색에 의하였으며, 유백색이 가장 좋고 회백색, 담홍색, 농홍색의 순서이었으나, 현재는 비중에 의하고, 물에 넣어서 부상하는 간을 약용 간유용으로 쓰이는 대구 간원료로 하고, 가라앉는 간을 공업용 대구 기름의 원료로 사용하고 있다. 간의 양은 전 체중의 4% 정도이고, 채유수율은 20~40%이다.

## F. 해조가공품

문 1. 한천을 구성하고 있는 다당류의 종류는?

(해설) 한천은 다당류의 황산에스텔이라 하며, Agarose 70%와 Agaropectin 30%의 혼합물로 구성되어 있다. Agarose는 D-galactose와 3.6-anhydro-L-galactose의 결합체이고, agaropectin은 agarose이외의 불용성 다당류를 총칭한 성분이다.

문 2. 개량식 마른 김 1속의 규격은?

(해설) 206×189㎜판 마른 김 100장의 무게가 225g(수협 기준은 180g) 이상이고, 수분량은 15% 이하로 건조된 청태의 혼입이 3% 이내인 것을 1등품으로 검사하고 있다.

문 3. 건조 김(火入海苔)의 함수율과 보관법은?

(해설) 15% 이하의 마른 김을 화입실에서 50℃로 3~4일간 또는 70~80℃의 열풍 건조실에서 12~20시간 열처리하여 함수율 5% 이하로 제습하여 밀봉 포장하면 품질저하를 오랫동안 방지할 수 있다.

문 4. 자연 한천 제조 공정을 3가지로 요약하면?

(해설) 한천은 원조를 세척 배합하여 자숙으로 한천질을 추출한 우무액을 응고시켜 절단하여 한기로 동결 융해를 반복시켜 건조한 제품이다(세척-자숙-동건).

문 5. 우무를 동결하는 주 목적은?

(해설) 이장을 촉진시켜 탈수를 도와 건조를 촉진하는 방법이다.

문 6. 한천질을 추출할 때 산을 첨가하는 주 목적은?

(해설) 산을 첨가하여 자숙하면 원조의 세포막이 파괴되어 우무의 용출이 쉽고, 녹아 나온 한천질의 가수분해로 점도를 떨어뜨려 여과를 돕고, 색소를 분해시켜 제품의 색택을 좋게 한다(PH 6.0~6.5로 조정).

문 7. 한천 원조로 주로 많이 사용되는 풀의 종류는?

(해설) 한천 원조는 우무가사리(天草)를 주원료로 한다. 꼬시래기, 석묵, 비단풀 등을 배합(잡초)하여 수율과 품질을 조절하고 있다.

문 8. 우무가사리의 채취 시기는?

(해설) 4~10월에 채취하나, 4~7월 중순까지 채집된 것은 응고성이 강하고 한천질 함량이 많아 1번초라고 한다.

문 9. 한천 sol ⇌ gel의 가역성 온도차는 대개 몇도나 될까?

(해설) 한천 sol의 응고 온도는 30~35℃, 한천 gel의 융해 온도는 85~90℃이며, 그 온도차가 50~55℃나 되는 것이 한천의 특성이다.

문 10. 알긴산 원조가 될 수 있는 것은?

(해설) 알긴산은 갈조류의 세포막을 구성하는 고분자의 Polyuronide이고, D-Mannuronic acid와 L-Guluronic acid의 공중합체이다.

문 11. Kelp meal의 배합사료비는?

(해설) Kelp meal의 탄수화물은 소화율이 67.7%로 일반 식품보다 낮으나 무기질(특히 Na, I, K), 비타민(특히 C) 등이 많아 양계 및 반추동물 사료로서는 유효하다고 하나, 전 사료량의 30% 이상을 배합하면 안된다고 한다.

문 12. Carrageenan의 원조가 될 수 있는 것은?

(해설) 홍조류의 돌가사리과에 속하는 돌가사리, 진두발 등을 원조로 하여 열수 추출한 고분자 다당류를 Carrageenan이라 하고, Carrageenan은 우무가사리과의 그것과는 달리 gel化 하기는 힘드는 대신 점성이 극히 큰 안전한 점질물의 주체성분이다.

문 13. 미역가공에서 재를 묻히는 목적과 재의 품질은?

(해설) 생미역에 재를 묻혀 말리면 수분의 흡수와 염분의 삼출이 촉진되어 건조가 빨라지고 직사광선을 차단시킬 수 있어 변색과 산성화를 방지한다. 재는 가급적이면 가리성분이 적고, 부착성이 좋은 조밀한 흰색의 재질이 좋다. 보통 양치류의 재가 가장 좋고, 다음은 초록색의 초목잎 재가 좋다.

문 14. 염장 데친 미역의 데치는 방법은?

(해설) 생미역을 90℃ 해수 또는 4~5% 식염수에 30~60초가 적신 후 해수에 급냉하여 40% 소금량에 소금비빔을 하여 탈수시킨 것을 염장 데친 미역이라 한다.

## G. 수산 가공장의 위생 관리

**문 1. 수산가공 폐수처리법의 종류와 원리를 간단히 설명하시오.**

(해설) ① Screening : 회전체를 사용하여 비늘 절편 등 큰 고형물은 제거한다. ② 응집처리 : 현탁된 미세성분은 응집 후 분리(응집제 첨가로 pH5(산성법) 또는 pH10으로 조정하는 Alkali 법이 있다. ③ 생물학적 처리 : 수용성 유기물은 미생물을 이용하여 汚泥처리 ④ 농축처리 : BOD가 수만에 이르는 자즙 등은 농축하여 Soluble로 처리 ⑤ 소각처리 : 유분 등 연소 칼로리가 높은 것은 연소 처리

**문 2. 수산제조 공장에서 위생관리상 가장 어렵고 중점을 두어야 할 점은?**

(해설) 미생물의 억제

**문 3. 기구의 세정방법을 3가지로 적어 보면은?**

(해설) ① 맑은 물로 세척 ② 온수 세척 후 손질

③ 계면활성제와 알칼리성 세제로 세척 ④ 살균 · 소독 후 맑은 물로 세척

**문 4. 살균 및 소독에 있어 법적으로 허가된 살균료는?**

(해설) ① 표백분 ② 차아염소산 나트륨 ③ 과산화수소

**문 5. 상수도 수질 기준 중에서 다음에 맞는 것은?**

① 일반 세균수는 1㎖당? (100) ② 대장균은 몇 ㎖에서 검출되지 않아야 하는가? (50㎖)

③ PH는 얼마이어야 하나? (5.8～8.0) ④ 색도, 탁도는 얼마 이하로 하나? (5) (2)

⑤ 암모니아성 질소량은?(0.5㎖/ ℓ 이하) ⑥ 증발 잔류 물량은?(500㎖/ ℓ 이하)

⑦ cl 이용량은?(150㎖/ ℓ 이하)

**문 6. 수산제조 공장의 시설 설비 위생에서 다음에 답하시오**

① 벽면은 바닥에서 몇 m까지 타일 등 내수성 자료를 설치하나?(1 m)

② 창문유리 면적은 바닥 면적의 몇 % 이상이 되어야 하나?(5～20%)

③ 작업장의 적당한 밝기는 몇 Lux 이상이 되어야 하나? (50 룩스 이상)

④ 바닥은 배수구를 향하여 얼마의 경사가 되도록 하나? (2/100 이상)

⑤ 방충망의 크기는 1 inch당 몇 mesh가 적당하나? (30 mesh)

⑥ 출입구의 문턱 높이는 (20㎝ 이상) 이어야 하고, 입구에는 소독용 구조물(깊이 20㎝ 이상)을 설치하여야 한다.

# SYLLABUS FOR FISH TECHNOLOGY

## A. THEORY

1. Introduction(Fisheries Resources of the world and Korea. Defination of fish science and technology · present status and future prospect of fisheries and its industry)
2. physical Characteristics of fish
3. Chemical composition of fish
4. Chemistry of fish spoilage(change after death)
5. Handling live fish
6. Freshness retention methods of fish and shell fish
7. Methods of analysis of fish and fish products(chemical, physical, panel, microscopic, bacteriological) for quality control/STD
8. Preservation : Refrigeration and Freezing , Thermal processing
   Drying and Dehydration , Irradiation , Chemicals and Antibiotics)
9. Production of chilled and Frozen Fish
10. Drying and Dehydration of fish
11. Smoking , Curing , Pickling of fish
12. Fish Paste and Sauces
13. Canning of Fish and Fish Products
14. Roe Products of Fish
15. Fish Oils
16. Fish Protein Concentrates(FPC), F. P. Isolate, Fish meal
17. Marine Algae (Seaweed) Processing
18. Water Treatments for Fish Processing
19. By-Products of Fish Processing
20. Fish Process Plant Sanitaion

## B. PRACTICALS

1. Evaluation of quality of fish for processing(physico-chemical indices of quality)
2. Analysis of fish products
3. Freezing and Chilling
4. Drying and Dehydration
5. Cured Products. Smoked Products
6. Canning
7. Fish Pastes Preparation
8. Quality evaluation of processed products
9. Preparation of fish oil and meal
10. Visit to Fishing Harbour and fish processing Plant (Actioning market )

# 참 고 문 헌

李聖甲. 金柄默 : 水産食品 加工學, 進路研究社(1982)

朴榮浩 : 水産食品加工學, 螢雪出版社(1976)

李 應 昊 : 水産加工學, 先進文化社(1985)

朴喜烈 : 水産加工學, 修學社(1990)

수산식품(요리와 영양) : 수산식품 보급협회(1996)

수산 제조업무 편람 : 해양수산부(1996)

이철호 외 : 한국의 수산 발효식품, 유림문화사(1989)

통조림 통계자료 : 한국 통조림 수출조합(1995)

수산년감 : 한국 수산진흥회(1996)

이성갑 : 잡어를 이용한 fish stick 개발, 한냉 연구 보고서 1집(1976)

이성갑 : 정어리 연육개발, 한냉 연구보고서 2집(1978)

이성갑 : Tuna ham 개발, 한냉 연구보고서 2집(1978)

이성갑 : 염장미역 가공시험, 한냉 연구보고서 2집(1978)

이성갑 : 꽁치 가미 통조림 제품개발, 한냉 연구보고서 2집(1978)

이성갑 : 생선어 품질유지를 위한 저온관리, 기술사 20(1)(1987)

이성갑 : 어육 연제품의 열탕 살균기술, 식품공업, 51(1979)

이성갑 : 수산가공공장의 배출폐수 처리기술, 환경기술 감리자료, 환경처(1985)

이성갑 : 어육 연제품의 조미기술과 연육개발, 식품공업, 44(1978)

이성갑 : 수산 가공품의 품질 유지를 위한 저온 관리, 식품과학 14(4)(1981)

이성갑 : 수산 가공품의 현황, 식품과학, 14(4), 한국식품과학회(1981)

이성갑 : 어육 가공에서 인산염의 효과, 안성 산업대 논문집, 22(1990)

이성갑 : 농축 어육단백의 어취 제거, 안성 산업대 논문집, 21(1991)

김동수, 김영명 : 오징어 조미젓갈의 품질유지기한 연구, 한국수산학회지, 26(1), (1993)

김동수, 정보영 : 멸치 액젓의 가온 숙성 중 지질 함량 변화, 한국수산학회지 27(5), (1994)

김동수 : 한국의 수산 가공기술 어디까지 왔나?, 부경대, 해양과학 공동 연구소(1996)

김동수 : 수산 제조 응용기술, "냉동 고기풀의 제조", 문교부(1998)

김동수 : 수산 제조 응용기술, "젓갈 및 액젓의 제조", 문교부(1998)

박영호. 장동석. 김선봉 : 수산 가공 이용학, 형설출판사(1994)

국립 수산물 검사소 : 수산 제품 가공, 검사지침 1, 2(1984)

해양수산부 : 수산업 동향에 관한 연차 보고서(1997)

김범숙, 강훈이 , 노낙현 : 수산가공, 수 · 해운계전문대학표준교재개발위원회, 상 · 하(1986)

김영명. 김동수 : 한국의 젓갈(그 원료와 특성), 창조사(1988)

홍상필. 김동수 : 키틴. 키토산의 기능성과 올리고당의 생산기술, 한국식품과학회, 30(2), (1997)

조길석. 홍상필 : 해조의 기능성 성분, 식품기술, 한국식품개발 연구원(1996)

조영도, 이성갑 : 멸치젓 발효숙성종 주요 성분의 변화, 기술사 29(2), 1980

野中順川 : 水産食品學, 恒省社厚生閣(1965)

谷川英一 : 水産加工學, 恒省社厚生閣(1965)

太田冬雄 : 水産製造加工技術, 恒省社厚生閣(1981)

須山三千三 外 1人 : 水産加工, 建帛社(1981)

野中順三九 外 3人 : 新版水産食品學, 恒星社厚生閣(1976)

太田冬雄編 : 米・大豆と魚, 光生館(1984)

小嶋秩夫 : 冷凍水産物の保管 と 低溫浸透脫水 について, 水産振興(1986)

Rhee. S. K. : Outlines of Fish Technology, jinro Pub. Co(1994)

Zaitsev(Merindol譯) : Fish Curing and Processing, Moscow, (1969)

Eiichi Tanikawa : Marine Products in Japan, Kosei놈 Koseikaku Co. Ltd.(1985)

FAO : Fisheries Year Book of the World(1997)

France Soudan : La Conservation Par le Froid des Poissons, Crustaces et Mollusques, J.B. Bailliere et Fils(1965)

Fredrick W. Wheaton, : Processing Aquatic Food Products, A wiley interscience Pub. Co .Ltd (1985)

Geory Borgstrom : Fish as Food(Vol. 1-4), Academic Press(1965)

Gillies, M.T : Seafood Processing, Noyes Data Corporation(1971)

Kreuzer, R. : Fishery Products, Fishing News Books Ltd. (1974)

Lonnell, J.J : Advances in Fish Sci. and Technology, Fishing News Books Co. Ltd. (1980)

Rome T.Toledo : Fundamentals of Food Process Engineering. AVI(1980)

# 찾아보기

**(R)**



**(S)**

**(ㄴ)**

## (ㅇ)

## (ㅈ)

**(ㅊ)**

## ▣ 저자 약력


### 이 성 갑(李聖甲)

■ 學歷

1. 고려대학교 농화학과(농학사)
2. Mysore University(India) 대학원 식품공학과 (식품공학 석사)
3. 중앙대학교 대학원 식품가공학과(농학석사)
4. 충북대학교 대학원 식품공학과(농학박사)
5. 식품기술사 자격 취득(1974)

■ 經歷

1. 농촌진흥청, 농공이용연구소, 농업연구관 (1964~1976)
2. 농개공, 한국냉장(주) 연구개발부장(1976~1980)
3. 국립 한경대학교 식품공학과 교수, 학장 (1981~현재)
4. 농촌진흥청 겸임농업연구관
5. 보건복지부 식품정책 심의위원
6. 한국산업인력공단 국가기술자격시험위원(식품)
7. 중소기업청 협동기술향상추진위원
8. 한국식품기술사 회장

### 김 동 수(金銅洙)

■ 學歷

1. 부산 수산대학교 식품공학과
2. 고려대학교 대학원(농학석사)
3. 한양대학교 대학원(이학박사)
4. 일본 동경 수산대학 객원 연구원
5. 수산제조기술사 자격 취득(1990)

■ 經歷

1. 농어촌 개발공사 식품연구소(1980~1987)
2. 한국식품개발연구원(1988~현재)
   · 수산물 이용 연구부장, 책임연구원
3. 해양수산부 수산식품유통 가공분야 심의위원
4. 공업진흥청 화학분야 공인평가 위원


# 수산식품 가공이용학


1999년 3월 5일 1판 1쇄 발 행
2015년 3월 2일 2판 3쇄 발 행

지은이 : 이성갑 · 김동수

펴낸이 : 박 정 태

펴낸곳 : **광 문 각**

413-120
파주시 파주출판문화도시 광인사길 161
광문각빌딩 4층
등 록 : 1991. 5. 31 제12-484호
전화(代) : 031) 955-8787
팩 스 : 031) 955-3730
E-mail : kwangmk7@hanmail.net
홈페이지 : www.kwangmoonkag.co.kr

• ISBN : 978-89-7093-764-9 93590

값 24,000원

한국과학기술출판협회회원
KSPA